AF540850

भारतीय भाषा लोक-सर्वेक्षण (PLSI)

मध्य प्रदेश की भाषाएँ, खंड 16, भाग 1

भारतीय भाषा लोक–सर्वेक्षण

मध्य प्रदेश की भाषाएँ

खण्ड 16, भाग 1

मुख्य संपादक

गणेश एन. देवी

खंड संपादक

दामोदर जैन

bhasha

ओरियंट ब्लैकस्वॉन

भारतीय भाषा लोक-सर्वेक्षण : मध्य प्रदेश की भाषाएँ, खंड 16, भाग 1

ओरियंट ब्लैकस्वॉन प्राइवेट लिमिटेड

मुख्य कार्यालय
3-6-752 हिमायत नगर, हैदराबाद 500 029 (तेलंगाना), भारत
ई-मेल : centraloffice@orientblackswan.com

शाखाएँ
बंग्लुरू, भोपाल, भुवनेश्वर, कोलकाता, चेन्नई, एर्नाकुलम, गुवाहाटी,
हैदराबाद, जयपुर, लखनऊ, मुंबई, नई दिल्ली, नोएडा, पटना

ओरियंट ब्लैकस्वॉन द्वारा सर्वप्रथम प्रकाशित 2015

ISBN 978-81-250-5971-4

पुस्तक सज्जा : ओरियंट ब्लैकस्वॉन

आवरण सज्जा : बारान इजलाल

मानचित्र : संगम बुक्स

लेज़रटाइपसेटर

मैक्रोकॉम एन्टरप्राइज़ेज, नई दिल्ली द्वारा (देवनागरी चाणक्य) 12/15 में टंकणांकित

मुद्रक
ग्लोरियस प्रिंटर्स, दिल्ली

प्रकाशक
ओरियंट ब्लैकस्वॉन प्राइवेट लिमिटेड
1/24 आसफ़ अली रोड
नई दिल्ली 110 002
ई-मेल : delhi@orientblackswan.com

यह भारतीय भाषा लोक-सर्वेक्षण, सर जमशेद जी टाटा ट्रस्ट, मुंबई द्वारा प्रदत्त आंशिक आर्थिक सहयोग से, 'भाषा रिसर्च एवं पब्लिकेशन सेंटर' बड़ौदा द्वारा संपन्न किया गया।

विषयानुक्रम

I. अनुसूचित भाषाएँ

II. गैर-अनुसूचित भाषाएँ

परिशिष्ट

भारतीय भाषा लोक-सर्वेक्षण

भारतीय भाषा लोक-सर्वेक्षण क्या है?

'भारतीय भाषा लोक-सर्वेक्षण' भारतीय भाषाओं के सर्वेक्षण का राष्ट्रीय आन्दोलन है। विशेष तौर पर खानाबदोशों, तटीय एवं पहाड़ी, द्वीपों, जंगलों में रहने वाले समुदायों और हाशिए पर के समुदायों की भाषा को समझना और उनका दस्तावेज़ीकरण करना इसका खास मकसद है।

'भारतीय भाषा लोक-सर्वेक्षण' विद्वानों, लेखकों व कार्यकर्ताओं का विभिन्न बोली समुदायों के सदस्यों के साथ साझेदारी में चलाया गया एक अभियान है।

भारतीय भाषा लोक-सर्वेक्षण के मुख्य उद्देश्य

- 2011 तक विकसित भारत की भाषाओं का जिस रूप में वे हैं, सिंहावलोकन प्रदान करना;
- बिना विभिन्न सामाजिक और सांस्कृतिक भेदभाव के, सदस्यों का एक कार्रवाई नेटवर्क बनाना, जो सतत विकास के लिए प्रतिबद्ध हो और ज्ञान प्रणालियों के जीवन को बढ़ाने और परंपराओं के लिए समुदाय संरक्षक तैयार करना;
- विभिन्न भाषा समुदायों के बीच पुल तैयार करना, जिससे भारतीय समाज का बहुभाषी और बहुसांस्कृतिक आधार मज़बूत हो सके;
- सरकार और भाषायी समुदायों के बीच घनिष्ठ संबंध बनाना एवं विविध पारिस्थितिकी और सांस्कृतिक संदर्भों को ध्यान में रखते हुए सरकार की सार्वभौमिक विकास रणनीति को सद्भाव के साथ लागू कराना;
- शिक्षण सामग्री और मातृभाषा में शिक्षा को बढ़ावा देने के लिए क्षमता का विकास करना;
- भविष्य में भारत के भाषायी और सांस्कृतिक विरासत के सर्वेक्षण के लिए एक आधार प्रदान करना;
- मानव सुरक्षा व अस्तित्व के हित में दुनिया में भाषायी समुदायों द्वारा पीढ़ियों से पोषित और संरक्षित भाषायी, सांस्कृतिक व जैविक विविधता के क्षय व पतन को रोकना एवं उन्हें विलुप्त होने से बचाना।

भारतीय भाषा लोक-सर्वेक्षण क्या नहीं है

भारतीय भाषा लोक-सर्वेक्षण का मकसद न ही ग्रियर्सन के भारतीय भाषायी सर्वेक्षण को दोहराना है और न ही यह उसका विकल्प या प्रतिस्थापन है, और न ही एक नमूना सर्वेक्षण या जनगणना सर्वेक्षण का कोई हिस्सा है।
यह भारत की उस प्रत्येक भाषा का जो आज अस्तित्व में है, एक विस्तृत सर्वेक्षण भी नहीं है।
और न ही भारतीय भाषा समुदायों के लेखन या ध्वनि के मानक तय करने की कवायद है।

भारतीय भाषा लोक-सर्वेक्षण है

भारतीय भाषा लोक-सर्वेक्षण एक त्वरित, गैर पदानुक्रमित, सार्वजनिक परामर्श और मूल्यांकन है, जिसका लक्ष्य विकास के सांस्कृतिक प्रभाव का आकलन करना और सभी के स्वत्व व आत्मसम्मान को स्वीकार करना है, विशेष रूप से भारत के लुप्तप्राय बोली-समुदायों का। भारतीय भाषा लोक-सर्वेक्षण का निर्देशन, स्वैच्छिक रूप से संगठित राष्ट्रीय संपादन मंडल द्वारा किया गया है।

राष्ट्रीय संपादक मंडल

भारतीय भाषा लोक-सर्वेक्षण (ग्रंथमाला)

Volume 1
The Being of Bhasha: General Introduction to the People's Linguistic Survey of India
G. N. Devy

Volume 2
The Languages of Andaman and Nicobar Islands
Edited by Francis Xavier Neelam

Volume 3
The Languages of Andhra Pradesh and Telangana

Part One—Telugu
Edited by Usha Devi

Part Two—English
Edited by Usha Devi and Chandra Shekhar Reddy

Volume 4
The Languages of Arunachal Pradesh
The PLSI National Editorial Collective

Volume 5
The Languages of Assam

Part One—Assamiya
Edited by Bibha Bharali and Banani Chakravarty

Part Two—English
Edited by Bibha Bharali and Banani Chakravarty

Volume 6
The Languages of Bihar

Part One—Hindi
Edited by Vibha Chauhan

Part Two—English
Edited by Vibha Chauhan

Volume 7
The Languages of Chhattisgarh

Part One—Hindi
Edited by Chitta Ranjan Kar

Part Two—English
Edited by Chitta Ranjan Kar

Volume 8
The Languages of Goa
Edited by Madhavi Sardesai

Volume 9
The Languages of Gujarat, Diu & Daman and Dadra & Nagar Haveli

Part One—Gujarati
Edited by Kanji Patel

Part Two—English
Edited by Kanji Patel

Volume 10
The Languages of Haryana
Edited by Roop K. Bhat and Omkar N. Koul

Volume 11
The Languages of Himachal Pradesh

Part One—Hindi
Edited by Tobdan

Part Two—English
Edited by Tobdan

Volume 12
The Languages of Jammu and Kashmir
Edited by Omkar N. Koul

Volume 13
The Languages of Jharkhand

Part One—Hindi
Edited by Ramnika Gupta and Prabhat Kumar Singh

Part Two—English
Edited by Ramnika Gupta and Prabhat Kumar Singh

Volume 14
The Languages of Karnataka

Part One—Kannada
Edited by M. Maheshwaraiah

Part Two—English
Edited by M. Maheshwaraiah and Rajeshwari Maheshwaraiah

Volume 15
The Languages of Kerala and Lakshadweep
Edited by M. Sreenathan and Joseph Koyippally

Volume 16
The Languages of Madhya Pradesh
Part One—Hindi
Edited by Damodar Jain
Part Two—English
Edited by Damodar Jain

Volume 17
The Languages of Maharashtra
Part One—Marathi
Edited by Arun Jakhade
Part Two—English
Edited by Arun Jakhade

Volume 18
The Languages of Manipur
Edited by Nipuni Mao

Volume 19
The Languages of Meghalaya
Part One—Khasi and Garo
Edited by Esther Syiem
Part Two—English
Edited by Esther Syiem

Volume 20
The Languages of Mizoram
Edited by L. Thangi Chhangte

Volume 21
The Languages of Nagaland
Edited by Duovituo Kuolie

Volume 22
The Languages of Odisha
Part One—Odiya
Section One—Edited by D. P. Pattanayak
Section Two—Edited by Mahendra Kumar Mishra
Part Two—English
Section One—Edited by D. P. Pattanayak
Section Two—Edited by Mahendra Kumar Mishra

Volume 23
The Languages of Paschim Banga
Part One—Bangla
Edited by Sankar Singha and Indranil Acharya
Part Two—English
Edited by Sankar Singha and Indranil Acharya

Volume 24
The Languages of Puducherry
Edited by L Ramamoorthy and G. Ravishankar

Volume 25
The Languages of Punjab
Edited by Omkar Koul and Roop K. Bhat

Volume 26
The Languages of Rajasthan
Part One—Hindi
Edited by Madan Meena and Suraj Rao
Part Two—English
Edited by Madan Meena and Suraj Rao

Volume 27
The Languages of Sikkim
Part One—Nepali
Edited by Balaram Pandey
Part Two—English
Edited by Balaram Pandey

Volume 28
The Languages of Tripura
Edited by Sukhendu Debbarma

Volume 29
The Languages of Tamil Nadu
Part One—Tamil
Edited by V. Gnanasundaram and K. Rangan
Part Two—English
Edited by V. Gnanasundaram and K. Rangan

Volume 30
The Languages of Uttarakhand
Part One—Hindi
Edited by Uma Bhat and Shekhar Pathak
Part Two—English
Edited by Uma Bhat and Shekhar Pathak

Volume 31

The Languages of Uttar Pradesh

Part One—Hindi

Edited by Badri Narayan

Part Two—English

Edited by Badri Narayan

Volume 32

The Scheduled Languages—Assamiya, Bangla, Bodo, Maithili, Manipuri, Oriya, Nepali, Santali

The PLSI National Editorial Collective

Volume 33

The Scheduled Languages—Dogri, Kashmiri, Punjabi, Urdu

Edited by Omkar N. Koul

Volume 34

The Scheduled Languages—Gujarati, Konkani, Marathi, Sindhi

Edited by G. N. Devy

Volume 35

The Scheduled Languages—Kannada, Malayalam, Tamil and Telugu

Edited by V. Gnanasundaram and K. Rangan

Volume 36

The Scheduled Languages

Part One—Hindi

Part Two—Sanskrit

Edited by Avadhesh K. Singh

Volume 37

International Languages

Part One—European—-English, French, Portuguese

Edited by T. Vijay Kumar

Part Two—Asian—Arabic, Karen, Nepali, Persian, Syriac, Tibetan, etc.

Edited by Sukrita Paul Kumar

Volume 38

Indian Sign Language(s)

Edited by Tanmoy Bhattacharya, Nisha Grover and Surinder P. K. Randhawa

Volume 39

The Coastal Languages

Edited by B. Mallikarjun

Volume 40

The Tribal Languages—The North-Eastern States

Edited by Esther Syiem, Juanita War and Badaplin War

Volume 41

The Tribal Languages—The Eastern States—Bengal, Bihar, Jharkhand, Orissa

Edited by Indranil Acharya

Volume 42

The Tribal Languages—Central Indian States—Chhattisgarh, Gujarat, Madhya Pradesh, Maharashtra, Rajasthan

The PLSI National Editorial Collective

Volume 43

The Tribal Languages—The Southern States and the Islands

The PLSI National Editorial Collective

Volume 44

The Tribal Languages of the North-West and the Himalayan States

Edited by Omkar N. Koul

Volume 45

Language Census, Survey and Policy

Edited by B. Mallikarjun

Volume 46

Scripts in India

National Editorial Collective

Volume 47

Indian Languages in Diaspora

Edited by T. Vijay Kumar

Volume 48

Comparative Wordlist—Kinship and Social Relations

The PLSI National Editorial Collective

Volume 49

Comparative Wordlist—Time and Space

The PLSI National Editorial Collective

Volume 50

The Future of Indian Languages

The PLSI National Editorial Collective

आभार

भाषा के निदेशक डॉ. गणेश देवी, राज्य शिक्षा केन्द्र के तत्कालीन आयुक्त श्री मनोज झालानी (आई.ए.एस), प्रेमचंद्र शोध पीठ के निर्देशक श्री जगदीश तोमर, संयुक्त संचालक लोक शिक्षण श्री धीरेन्द्र चतुर्वेदी, डॉ. गोपाल नारायण आवटे, मध्य प्रदेश प्राथमिक एवं पूर्व माध्यमिक शिक्षक संघ के प्रांतीय संरक्षक श्री रमेश जोशी जी सहित डॉ. एस.एस.मिश्रा, डॉ. फूल सिंह नरवरिया, अभिमन्यु सिंह नरवरिया, मंजु नरवरिया, आशा नरवरिया, शैलेन्द्र सिंह नरवरिया, रमेश सिंघाड़, संध्या मायवाड़, आशीष मालवीय, संजय मिश्रा, रेखा भांगरे, सुरेश कुमार रामटेक, श्री राम गोपाल रैकवार, श्री दिनेश भट्ट, श्री दीपक बुंदेले, श्री बिजेन्द्र भदौरिया, श्री विनय सिंह चौहान, मोहम्मद शाहिद खान, सीमा प्रकाश, प्रवीण गोखले, एवं स्व. श्रीमती सुधा सक्सेना के प्रति आभार व्यक्त करता हूँ, जिन्होंने भारतीय भाषाओं के लोक सर्वेक्षण संबंधी कार्य दायित्व का निष्ठापूर्वक निर्वाह कर इस महत्त्वपूर्ण दस्तावेज़ का सृजन किया है।

भाषा सर्वेक्षण के इस कार्य में हमें 'एड इट एक्शन' संस्था के क्षेत्रीय निदेशक रवि प्रताप सिंह, श्री प्रवीण अरुण भोपे (रीजनल मैनेजर), श्री प्रशांत अंचल (तत्कालीन कार्यक्रम प्रबंधक) और श्री अमर कुमार का सक्रिय एवं सतत सहयोग मिला। प्रदेश के शिक्षक संगठनों (मध्य प्रदेश शिक्षक संघ, शिक्षक कांग्रेस, मध्य प्रदेश राज्य कर्मचारी संघ, मध्य प्रदेश तृतीय वर्ग कर्मचारी संघ) सहित स्कूल शिक्षा पत्रिका के संपादक श्री सुरेन्द्र नाथ दुबे का भी सक्रिय सहयोग मिला। आदिवासी शोध संस्थान, आदिवासी लोक कला परिषद एवं साहित्य परिषद के कार्यकर्ता भी हमारे इस अभियान में सहयोगी बने। मैं शिक्षक संदर्भ समूह की ओर से सभी के प्रति आभार व्यक्त करता हूँ।

दामोदर जैन

समर्पण

देश की आज़ादी के लिए आजीवन संघर्षरत

पूज्य महात्मा गाँधी के पदचिह्नों पर सतत् चलने वाले

निष्काम कर्मयोगी, यायावर महर्षि, राष्ट्रशिक्षक बहुभाषाविद

युवा शक्ति के प्रेरणा स्रोत डॉ. एस.एन. सुब्बाराव (भाईजी) को

भारतीय भाषाओं के लोक सर्वेक्षण से सृजित

यह दस्तावेज़ सादर समर्पित है।

भूमिका

मैं जब भारतीय भाषा लोक-सर्वेक्षण के बारे में सोचता हूँ, तब मुझे अनायास ही भारत के संविधान की आरंभिक पंक्तियाँ याद आती हैं–'हम भारत के लोग'। संसद तथा सर्वोच्च न्यायालय की सर्वोपरिता की बहस में हम भारत के लोगों को भूल चुके हैं। यद्यपि लोग सर्वोपरि हैं, किंतु लोग न तो संसद, न ही न्यायालय के प्रतिस्पर्धी हैं। इसी तरह भारतीय भाषा लोक-सर्वेक्षण भी न ग्रियर्सन और न ही रजिस्ट्रार जनरल ऑफ़ इंडिया द्वारा किए गए सर्वेक्षण का प्रतिस्पर्धी है। यह एक स्वतंत्र तथा स्वायत्त कार्यक्रम है, जिसका उद्देश्य अपनी भाषा के प्रति लोगों की धारणा को जानना है। इस कार्यक्रम का मुख्य लक्ष्य लोगों में इस बात का विश्वास पैदा करना है कि उनकी भाषा शिक्षा, प्रशासन तथा व्यवहार के लिए उपयुक्त है, उनकी भाषा विकास तथा संवाद के लिए योग्य है। एक बार उनका आत्मविश्वास बहाल हो जाने पर वे जान जाएँगे कि उनकी मातृभाषा ही एक बेहतर बुनियाद है, जिसके आधार पर वे विविध विषय तथा भाषाएँ सीख सकेंगे।

भारतीय बुद्धिजीवियों ने 'इंग्लिश डिक्शनरी' में एक शब्द का योगदान दिया है, वह है–'मुख्यधारा'। इस मुख्यधारा ने छोटी भाषाओं व संस्कृतियों को हाशिए पर धकेलने व तबाह करने का काम किया है। यह विध्वंस का ही पर्यायवाची है। विशेष रूप से आदिवासी, जिन्हें पहले ही उनके जंगलों व पहाड़ों से बेदखल कर दिया गया है, अब उन्हें मानक भाषाओं को ही मातृभाषा के रूप में स्वीकार करने के लिए बाध्य किया जा रहा है। हिन्दी को कई भारतीय भाषाओं की मुख्यधारा माना जाता है तथा अंग्रेज़ी को हिन्दी सहित सभी भारतीय भाषाओं की मुख्यधारा माना जाने लगा है। आदिम-सभ्य, सरल-उन्नत, ऊँच-नीच इत्यादि सभी दोहरे मानदंडों का प्रयोग चालाकी से प्रभुत्त्व तथा अधीनता स्थापित करने के लिए किया जा रहा है। वे ''मुख्यधारा की इसी मानसिकता से भाषा का संवाद तथा मुद्रित स्तर पर उपयोग कर रहे हैं एवं इसी मानसिकता से 'अर्थ' तथा अनुभव का बोध कर रहे हैं।'' (Maybin 1994, from *the savage mind to ways with words*) मुख्यधारा की मानसिकता में 'मौखिकता एक सामाजिक दूषण है जिसका उन्मूलन अनिवार्य है।' (रामपाल)

भारतीय समाज रिश्तों पर आधारित समाज है तथा पश्चिमी सभ्यता के दोहरे व अनुबंध आधारित समाज से अलग है। भारतीय समाज विस्तारित परिवार, विस्तारित समाज तथा भाषा-संस्कृति को दर्शाता है। हज़ारों वर्ष पहले कहा गया है–

'अयं निज: परो वेत्ति गणना लघुचेतसाम्।
उदारचरितानां तु वसुधैव कुटुम्बकम्।।'

अर्थात् 'यह मेरा है तथा वह मेरा नहीं है, यह एक संकीर्ण विचारधारा है जबकि व्यापक विचारधारा के लोग पूरे ब्रह्मांड को ही एक परिवार के रूप में देखते हैं।'

सामाजिक स्तर पर इसे भारत में खुदरा विक्रेताओं की अधिकता के आधार पर देखा जाता है। भारत में लगभग आठ भारतीयों के लिए एक खुदरा विक्रेता है। इस लिहाज़ से भारत दुनिया का सबसे बड़ा रिटेलर बेस्ड समाज है। सामाजिक व आर्थिक स्तर पर इसे रिश्तों पर आधारित समाज का एक श्रेष्ठ उदाहरण कहा जा सकता है। भाषा, धर्म, जाति-समाज, अनेकता में एकता भी अपने आप में मिसाल हैं। तीन हज़ार मातृभाषाएँ, चार हज़ार जातियाँ व समुदाय, चार हज़ार से अधिक श्रद्धा व मान्यताएँ! भारत में जितनी विविधता है, उतनी दुनिया में कहीं भी देखने को नहीं मिलती। फिर भी लोग रिश्तों के ताने-बाने में बँधे हुए हैं। हमारे रिश्तों में जिस प्रकार की एकसूत्रता है, उसकी तुलना किसी से नहीं की जा सकती। भारत की भाषाएँ छह अलग-अलग भाषा-परिवारों का प्रतिनिधित्व करती हैं फिर भी दुनिया भर के विद्वान भारत को एक ही भाषायी क्षेत्र के रूप में देखते हैं। जब से विद्वानों ने भाषाओं तथा बोलियों का वर्गीकरण किया है, तभी से भाषाओं की क्रम-व्यवस्था आकार लेने लगी। यहाँ इस तथ्य को भुला दिया गया कि प्रत्येक भाषा भी बोली ही होती है। किसी भी भाषा का बोली के बिना तथा बोली का

भाषा के बिना कोई अस्तित्व नहीं होता है। एक आम आदमी की भाषा के बारे में जो धारणा है, विद्वानों की धारणा उससे काफ़ी अलग है। विद्वानों की भाषा शक्तिशाली, एकल तथा एकाधिकारी होती है, जबकि आम आदमी की भाषा सामूहिक, बहुविध व पारस्परिक होती है। आम आदमी की भाषा में सर्वसमावेशकता होती है। जब हम किसी समूह को उसकी पहचान के अधिकार से वंचित करते हैं, तब हम उसके अस्तित्व को भी नकारते हैं तथा उसके नामशेष होने पर हम उसका स्मारक बना देते हैं। आम तौर पर सभी सर्वेक्षण परित्याग करने की भावना से किए जाते हैं। सहयोग की विफलता एक तरीके से संरक्षण की विफलता ही है। भाषा का विलुप्त होना सिर्फ़ मौखिकता का विलुप्त होना न होकर जैव-सांस्कृतिक ज्ञान का विलुप्त होना भी है। भारतीय भाषा लोक सर्वेक्षण की दृढ़ मान्यता है कि बहुभाषी परिवेश में एकभाषी व्यवस्था की अपेक्षा मिथक मात्र है। पश्चिम के विकसित देशों में द्विभाषावाद को एकभाषावाद के विस्तार के रूप में ही देखा जाता है तथा बहुभाषावाद को अनियमितता माना जाता है। एक समय द्विभाषावाद को नकारात्मक अंश तथा बोझ के रूप में देखा जाता था व बहुभाषावाद को भाषा ही नहीं माना जाता था।

भारतीय भाषा लोक-सर्वेक्षण भाषा अधिग्रहण तथा भाषा परामर्श के बारे में महत्त्वपूर्ण संकेत देता है। कोई भी बहुभाषायी बालक एक के बाद दूसरी भाषा तथा एक के बाद दूसरी कला आत्मसात नहीं करता, वरन् वह कई भाषाएँ एक साथ सीखता है। बच्चे जिस भाषा को चार वर्ष की उम्र में बिना किसी मार्गदर्शन के सीखते हैं, वह उनकी मातृभाषा होती है। स्कूल के वातावरण में जो भाषा सिखाई जाती है, वह दूसरी भाषा होती है तथा जो भाषा सिर्फ़ क्लासरूम तक सीमित होती है, वह विदेशी भाषा होती है। इस समझ के परिणाम स्वरूप यह माना जाता है कि बच्चे की एक से अधिक मातृभाषाएँ हैं, एक से अधिक द्वितीय भाषाएँ हैं तथा भारतीय भाषा को एक विदेशी भाषा के रूप में पढ़ाया जा सकता है। सीखने की प्रक्रिया न तो सिलसिलेवार होती है और न ही रैखिक होती है। ग्रामीण समाज में लोग बिना स्कूली शिक्षा के अपने वातावरण से कई भाषाएँ सीखते हैं, उन्हें सिर्फ़ अपने वातावरण से बाहर की दुनिया से संपर्क करने के लिए साक्षरता की आवश्यकता होती है। ग्रामीण समाज में राष्ट्रीय अथवा अंतर्राष्ट्रीय स्तर पर सामाजिक-आर्थिक गतिशीलता के लिए साक्षरता की आवश्यकता होती है। जहाँ मातृभाषा ही बहुभाषायी हो, वहाँ पहली भाषा अथवा दूसरी भाषा इस प्रकार का क्रम बेमानी हो जाता है।

भाषा सीखने की प्रक्रिया में एकभाषी उच्च-नीचता अब भी मौजूद है। चाहे वह पहली भाषा हो, दूसरी भाषा हो या विदेशी भाषा हो अथवा भाषा संबंधित चार कौशल–सुनना, बोलना, पढ़ना तथा लिखना हो, इन्हें भी विशिष्टक्रम में ही संगठित किया है। शैक्षणिक पद्धति के अभाव में एक ही भाषा को पहली, दूसरी अथवा तीसरी भाषा के रूप में स्कूलों में पढ़ाया जाता है।

यह स्पष्ट है कि बहुभाषावाद तथा बहुभाषी बच्चों के बारे में कोई सार्थक अनुसंधान नहीं हुआ है। यदि भारतीय भाषा लोक सर्वेक्षण का निष्कर्ष लोगों में इस बात को लेकर जागरूकता का निर्माण करता है कि बहुभाषावाद शिक्षा का आधार है अथवा लोगों को अनुसंधान के लिए प्रेरित करता है तो यह परियोजना न्यायोचित होगी। साथ ही यदि यह शैक्षणिक भाषा तथा संस्कृति के बीच संपर्क बना सकता है अथवा लोकप्रिय, सांस्कृतिक और विकास की तरफ़दारी करता है तो यह सर्वेक्षण सफल माना जाएगा।

डी. पी. पटनायक
संयोजक
राष्ट्रीय संपादक मण्डल
भारतीय भाषा लोक-सर्वेक्षण

मुख्य संपादकीय

एक देश जिसे अपनी भाषायी विविधता पर गर्व है

वैश्विक भाषा-संकट

पिछले दो दशकों से वैज्ञानिक भाषाओं के अस्तित्व पर गणितीय मानकों के आधार पर अनुमान लगा रहे हैं। ये भविष्यवाणियाँ निरपवाद रूप से संकेत दे रही हैं कि मानव प्रजाति की भाषायी विरासत का काफ़ी बड़ा हिस्सा विलुप्त होने की कगार पर है। ये भविष्यवाणियाँ इस बात पर सहमत नहीं हैं कि नुकसान कितना भारी होने वाला है। हाँ, सहमति इस बात पर ज़रूर है कि मौजूदा तीन-चौथाई या उससे भी अधिक भाषाओं में आधे से ज़्यादा मरणासन्न अवस्था में हैं। दूसरी तरफ़ भाषायी वैश्वीकरण के समर्थक चाहते हैं कि एक या कुछ ही भाषाओं का प्रसार हो, जिससे राष्ट्रीय सीमाओं के आर-पार संप्रेषण आसान हो सके। वास्तविकता यह भी है कि वे देश या समुदाय, जिन्होंने एक ही भाषा की परिधि में रहना सीख लिया है तथा जिनकी आर्थिक प्रगति अपनी भाषा के अलावा किसी अन्य भाषा को जानने पर निर्भर नहीं है या जिनकी ज्ञान-व्यवस्था अपनी भाषा के भीतर ही अच्छी तरह सुरक्षित है, उन्हें अभी भाषाओं के विलुप्त होने के तनाव की कतई अनुभूति नहीं है। कम-से-कम अभी तो नहीं। हालाँकि यह भी सही है कि विश्व की समूची भाषायी विरासत विलुप्त होने से दुनिया की मानव बुद्धिमत्ता एवं सभ्यता कमज़ोर होगी जिसका सीधा एवं गहरा परिणाम उनपर भी होगा। निश्चित तौर पर भाषा ही है जो न सिर्फ़ हमें मनुष्य बल्कि अन्य प्रजातियों तथा प्रकृति से अलग बनाती है। चूँकि मानव चेतना भाषायी अभिव्यक्ति की योग्यता के सहारे कार्य करती है, अतएव यह आवश्यक है कि भाषा को सांस्कृतिक संपदा का सबसे महत्त्वपूर्ण पहलू माना जाए। इस अमूल्य संपदा को संग्रहित करने में हमें लगभग पाँच लाख वर्षों तक सतत एवं गंभीर प्रयास करना पड़ा है। आज हम इस संपदा के बड़े हिस्से को खोने की कगार पर हैं। कुछ अनुमानों के अनुसार, बाईसवीं शताब्दी में लगभग छह हजार मौजूदा भाषाओं में से मात्र तीन सौ भाषाएँ ही सुरक्षित रह जाएँगी। गहन सर्वेक्षण के अभाव के कारण यह अनुमान लगाना मुश्किल है कि इनमें से कितनी भाषाएँ अथवा कौन-सी भाषाएँ बच पाएँगी। प्रत्येक भाषा का इतिहास काफ़ी रोचक होता है तथा कई बार अप्रत्याशित करवटें लेता है। भारत में कुछ आदिवासी भाषाओं की उन्नति का जो रुझान देखा गया है, उनमें भीली भाषा का उदाहरण दिया जा सकता है। इस रुझान ने सभी स्थापित सामाजिक-भाषायी अनुमानों को नकार दिया है। इतिहास साक्षी है कि कुछ महान भाषाएँ जिन्हें ताकतवर साम्राज्यों का समर्थन प्राप्त था, उन्हें भी बिखरते देखा गया तथा सत्ता के बदलाव के चलते उनकी जगह नई भाषाओं का जन्म हुआ। विस्मित कर देने वाले ऐसे अपवाद मौजूद हैं तथा संभवत: भविष्य में भी मौजूद रहेंगे। फिर भी नाइजीरिया, मेक्सिको, पापुआ न्यु गिनी, इंडोनेशिया तथा भारत जैसे देशों के लोग यह महसूस कर रहे हैं कि इनके भाषायी क्षेत्र तथा भाषाओं के शब्द-भण्डार निरंतर कम हो रहे हैं। यह देखा जा रहा है कि गैर-वैश्विक भाषा बोलने वाले लोगों में जटिल अवधारणाओं को व्यक्त करने की क्षमता में चिंताजनक कमी आ रही है। इतना ही नहीं, इन भाषाओं के शब्दों के बहुस्तरीय अर्थ (अर्थ छटाएँ) भी अदृश्य होते जा रहे हैं।

इतिहासकार हमें बताते हैं कि संभवत: सात या आठ हज़ार साल पहले इसी तरह की या इससे कुछ अलग स्थिति बनी थी। यह उस समय की बात है जब मनुष्य ने प्रकृति के चमत्कार के रूप में बीज की खोज की थी। उस समय शिकारी-कबीलाई या पशुचारक (पैस्ट्रोलिस्ट) अर्थव्यवस्थाओं से हटकर कृषि आधारित नई व्यवस्था ने आकार लेना शुरू किया था। हमें यह भी बताया गया कि यही वह समय था जब दुनिया की भाषायी विविधता बुरी तरह प्रभावित हुई। इस निष्कर्ष पर पहुँचना गलत नहीं

होगा कि मानवीय भाषाओं का मौजूदा संकट बुनियादी रूप से आर्थिक बदलाव से शुरू हुआ है, जिसने उत्तर से दक्षिण, पश्चिम से पूर्व तक समूची दुनिया को घेर लिया है। इस संकट में एक और आयाम जुड़ गया है क्योंकि आज मनुष्य की गतिविधियाँ कृत्रिम बुद्धिमत्ता से प्रभावित हैं। मनुष्य का मस्तिष्क तथा भाषायी व्यवहार तकनीक तथा कृत्रिम बुद्धिमत्ता पर अधिक निर्भर है। भाषा आधारित तकनीक ने मानव समूह को जोड़ने वाले भाषा व्यवहार में भी पैठ जमा ली है, जिसके चलते हमारा भाषा-विश्व भी अब नया आकार ले रहा है। इस परिस्थिति को हम भले ही दार्शनिक अथवा सामाजिक रूप में चाहे जैसे परिभाषित करें, हमारी जीवनशैली तो प्रभावित हो रही है। इस असाधारण परिवर्तन के चलते उन समुदायों की जीवनशैली विशेष रूप से प्रभावित हो रही है, जिनकी आवाज़ सुनी नहीं जा रही है। यह देखा गया है कि अगर आपकी भाषा, लेखन-व्यवस्था का प्रतिनिधित्व नहीं करती है, तो उस भाषा को बोझ या विकास की प्रक्रिया में एक अवरोध के रूप में तथा पिछड़ी हुई भाषा के रूप में देखा जाता है। इतना ही नहीं, उस भाषा में निहित ज्ञान को भी अधकचरे ज्ञान के रूप में देखा जाता है। जिन देशों का ऊपर उल्लेख किया गया है, उन देशों ने सदियों के प्रयत्नों के बाद अनेक भाषाओं को विकसित किया है, जैसे—पापुआ न्यु गिनी 900, भारत 700, इंडोनेशिया 600, नाइजीरिया 400 तथा मेक्सिको 300—इन देशों की भाषाओं की संख्या का निर्धारण अलग-अलग अनुमान के ज़रिए लगाया गया है। ये देश यह भूल गए हैं कि यह समृद्ध विरासत ही उनकी सांस्कृतिक निधि है। हमारे देश में 1971 की जनगणना के बाद अधिकारियों ने निर्णय लिया कि 10,000 या उससे कम लोगों द्वारा बोली जाने वाली भाषाओं से संबंधित जानकारी प्रकाशित करने की आवश्यकता नहीं है। इस निर्णय ने इन भाषाओं को गैर-नागरिक (नॉन-सिटिजन) बना दिया जबकि भारत को इतिहास में भाषाओं का गणतंत्र माना जाता रहा है। यह निर्णय 1970 में अचानक अथवा एकदम नहीं लिया गया। इस प्रक्रिया की शुरूआत औपनिवेशिक काल में तब हुई जब इस देश की केवल दो प्रतिशत भाषाएँ ही मुद्रित स्वरूप में थीं। यह एक प्रकार से दो सदियों से चले आ रहे बौद्धिक इतिहास का भी अंत था।

सन् 1970 में पहली बार मैंने ग्रियर्सन का सर्वेक्षण पढ़ा। एक युवा पाठक होने के नाते उनके इस अविस्मरणीय कार्य को पढ़ते हुए मैं न तो इस बात से प्रभावित हुआ कि ग्रियर्सन को भारत की भाषाओं की जानकारी है, न ही इस बात ने मुझे प्रभावित किया कि भारी चुनौतियों के बाद भी इस सर्वेक्षण को पूरा करने की उनमें प्रतिबद्धता थी। इसलिए यह कहने की कोई आवश्यकता नहीं कि कोई भी पाठक इससे खास प्रभावित हुआ हो। यह सर्वेक्षण मुझे अनेक जगहों पर खामोश दिखाई दिया। बीसवीं शताब्दी के प्रारंभ में ग्रियर्सन के सर्वेक्षण से यह बात सामने आई कि उन्होंने जिन 179 भाषाओं को सूचीबद्ध किया था, उनमें से लगभग 165 भाषाएँ धीरे-धीरे समाप्ति की ओर बढ़ रही थीं। मुझे इस बात की कोई जानकारी नहीं मिल सकी कि ग्रियर्सन के सर्वेक्षण तथा उनके पूर्ववर्ती विद्वान सर विलियम जोन्स के इसी प्रकार के सर्वेक्षण का कहीं कोई तुलनात्मक अध्ययन हुआ है। सर विलियम जोन्स इस बात से काफ़ी उत्साहित थे कि भारत में विभिन्न तरह की भाषाएँ हैं। हालाँकि उनके पास ऐसा कोई तरीका नहीं था जिससे वे यह पता लगा सकते कि उनके समय में उनमें से कितनी भाषाएँ मौजूद थीं। इसके विपरीत, ग्रियर्सन के विवरण में इस तरह की कोई नई खोज नहीं थी। जब कोई ग्रियर्सन के सर्वेक्षण में झाँकता है तो वह इस प्रभाव के साथ वापस लौट आता है कि उनके सर्वेक्षण में, बचकानी तथा मानव-विज्ञान का गुणगान करने वाले लोक गायकों के लिए अनुकूल विविधताएँ हैं। एक ओर वे दो सौ भाषाओं का जिक्र करते हैं तो दूसरी ओर पाँच सौ बोलियों का वर्णन करते हैं। यह सूचित करता है कि इस महान कार्य का समीकरण ही पूर्वाग्रह ग्रसित है। शायद, इसकी शुरूआत विलियम जोंस के कार्य के साथ ही जुड़ी हुई थी, बजाए उनके इस उत्साह के कि जैसे उन्होंने भारत को सभ्यता के 'अज्ञात द्वीप' के रूप में खोज लिया है।

खामोश आवाज़

सर विलियम जोन्स के समय से ही लगातार यह प्रयास किए जा रहे थे कि भारत की ज्ञान परंपराओं तथा जैव-सांस्कृतिक विविधता को परिभाषित करने के लिए उन्हें ज्ञानात्मक श्रेणियों में परिभाषित किया जाए। इसके साथ-साथ उपनिवेशवाद को समाप्त करने की प्रक्रिया में पश्चिमी आधुनिकता के परिप्रेक्ष्य में देश के परंपरागत ज्ञान को उपनिवेशिक ज्ञान से जोड़ने की भी कोशिश की गई।

हमारी मौखिक परम्परा में निहित ज्ञान तथा पाश्चात्य विचारधारा के बीच समन्वय तथा संघर्ष के चलते हमारी मौखिक परम्परा ने इस काल्पनिक परिवर्तन को स्वीकारना प्रारंभ कर दिया। हमारी पारंपरिक संस्थाओं जैसे–स्कूल, कॉलेज, विश्वविद्यालय, अस्पताल, न्यायालय इत्यादि ने ऐसा रूप धारण कर लिया जिससे भारतीय उपमहाद्वीप में अनेक जटिलताएँ उत्पन्न हो गईं। इस बौद्धिक चुनौती से इक्कीसवीं सदी के विचारकों को मुकाबला करना पड़ेगा। भाषा के ज़रिए सृजनात्मक अभिव्यक्ति के क्षेत्र में यह परिवर्तन एक बड़ी चुनौती पैदा करेगा। अतएव समकालीन भारतीय बुद्धिजीवियों को भारतीय सौन्दर्यशास्त्र तथा भारतीय भाषा-विज्ञान को औपनिवेशिक प्रभाव से बाहर निकालने का चुनौतीपूर्ण काम करना पड़ेगा। हाल के समय में इस बात को समझने की कोशिश की जा रही है कि भाषा एवं बोली के संदर्भ में वर्णनात्मक वर्गीकरण कितना कारगर होगा। भारतीय भाषा लोक सर्वेक्षण का यह केंद्रीय बिंदु रहा है। अपने उद्देश्य की पूर्ति के लिए भारतीय भाषा लोक सर्वेक्षण ने भाषा-विवरण की पद्धति को अपनाया है। इसीलिए भारतीय भाषा लोक सर्वेक्षण ने जानबूझकर उस भाषा-वैज्ञानिक सोच से दूर रहने का प्रयत्न किया है, जिसमें किसी भाषा की उत्पत्ति तथा उसके परिवार का विचार किया जाता है। इसके विपरीत इसमें ऐतिहासिक तरीका अपनाया गया है, जिसमें इक्कीसवीं सदी के आरंभ में मौजूद भाषाओं की वास्तविक तस्वीर पेश करने की कोशिश है। किसी भाषा की उसके भाषा परिवार के आधार पर पहचान निश्चित करने के लिए सर विलियम जोन्स तथा ग्रियर्सन के स्थापित सिद्धांतों तथा उससे भी आगे बढ़कर जो काम हुआ है, वह है भाषा व बोली में अंतर करना। तीन दशकों के गहन चिंतन तथा विभिन्न समुदायों, सहपाठियों एवं भाषा सर्वेक्षण के सम्पादक मंडल से बात करने के बाद मैंने यह तय किया कि हमें किसी भी भाषा को 'बोली' कहने से बचना होगा। अगर कोई समूह यह मानता है कि उसकी भाषा बोली न होकर भाषा ही है तो यह बेहतर होगा कि हम उसे भाषा मानें। भले ही भाषा वैज्ञानिक उनके दावे को तर्कसंगत न मानते हों। भाषा विज्ञान ने पिछले दो दशकों में सराहनीय प्रगति की है। फिर भी अभी उसे मानव द्वारा प्रयुक्त उन मौखिक संकेतों के इर्द-गिर्द उलझे रहस्यों को सुलझाने का लंबा रास्ता तय करना है जिसके ज़रिए मानव जटिल तथा अमूर्त व्यवहार करता है। बोली भी उन सवालों में से एक है जिस पर अभी तक सहमति नहीं बन सकी है।

भाषा और सच्चाई

मानव उत्पत्ति की प्रक्रिया बहुत रहस्यपूर्ण है। इस प्रक्रिया की अपर्याप्त समझ के चलते हम वैज्ञानिक अनुमानों का आश्रय लेते हैं। हालाँकि ये अनुमान ऐसे हैं कि इनके ठीक विपरीत अनुमान भी सच लगते हैं।

सामाजिक संस्था के रूप में भाषा, इसकी उत्पत्ति तथा इसके निर्माण का सटीक अनुक्रम मानव उत्पत्ति के महाकाव्य में एक रहस्य ही है।

जब ब्रह्मांड अस्तित्व में आया क्या तब कोई ध्वनि उत्पन्न हुई थी? जीव की आवाज़ सुनने की क्षमता से पहले क्या ध्वनि मौजूद थी? क्या अनहत ध्वनि और गले से निकलने वाली ध्वनि एक ही प्रकार की है? मनुष्य प्रजाति ने स्वर यंत्र से नियंत्रित हवा का ही अर्थ-व्यवहार (meaning-transaction) के लिए क्यों इस्तेमाल किया? जबकि आँखों की भाषा तथा अंग-संचालन (मधुमक्खी की तरह) का 'अर्थ' के आदान-प्रदान के लिए समान रूप से उपयोग किया जा सकता था। फिर मनुष्य प्रजाति ने उसी जुनून से अन्य अभिव्यक्ति के माध्यमों की तलाश क्यों नहीं की? सैद्धांतिक स्तर पर इन सभी सवालों का जवाब तो दिया जा सकता है। संभव है, कोई जवाब दार्शनिक स्तर पर भी सही लगे परंतु अंतिम सत्य नहीं हो सकता। बौद्धिक उत्पत्ति के किसी पड़ाव पर स्वर-यंत्र के माध्यम से हवा को नियंत्रित कर संवाद व्यवहार स्थापित किया गया होगा। तत्पश्चात् संकेत व्यवस्था में अक्षर तथा अंक ने ध्वनि को पीछे छोड़ दिया। फिर भी लिपि की भाषा ध्वनि की भाषा को पूर्ण रूप से विस्थापित क्यों नहीं कर सकी?

शिशु के मस्तिष्क में निहित भाषा ग्रहण की संरचना के सिद्धांत को तो प्रतिपादित किया जा चुका है। फिर भी उन ज्यामितीय आकारों, जिन्हें हम 'अक्षर' कहते हैं तथा मानव ध्वनि जिन्हें हम 'स्वर' कहते हैं, के परस्परावलंबन के सिद्धांत को क्यों प्रतिपादित नहीं किया जा सका है?

अंग संचालन से होने वाली अभिव्यक्ति, ध्वनि-नियंत्रण से होने वाली अभिव्यक्ति तथा लिपि इन तीनों के अलावा मौन एवं निश्चलता द्वारा अभिव्यक्त '*अर्थ*' भी अर्थ-व्यवहार में समाहित होता है। इसीलिए '*अर्थ*' वास्तव में क्या है, यह अभी तक निश्चित रूप से निर्धारित नहीं किया जा सका है। '*अर्थ*' से सम्बन्धित ज्यादातर सिद्धांत दार्शनिक अटकलों तक ही सीमित हैं। इसके उपरांत अभी तक सटीक रूप से यह कहना भी संभव नहीं हो सका है कि '*अर्थ*' ही भाषा है या '*अर्थ*' भाषा से पहले अस्तित्व में था या यह एक ऐसी सामाजिक, आध्यात्मिक प्रणाली है जो भाषा से पूर्णतया स्वतंत्र है। यह सही है कि भाषा मनुष्य का व्यक्तिगत अनुभव है, परंतु यह भी सही है कि संसार को समझने की हर एक की क्षमता भाषा पर ही निर्भर होती है। इसीलिए हम इस निर्णय पर पहुँचते हैं कि भाषा एक सामाजिक संस्था है।

परंतु, क्या भाषा ही '*अर्थ*' है या यह कोई भौतिक वस्तु है? क्या यह ईश्वरीय शक्ति है या महज़ एक सामाजिक संस्था? क्या यह मानव शरीर तथा मस्तिष्क को प्राप्त एक जैविक क्रिया है, जो उत्पत्ति की प्रक्रिया में प्राप्त हुई है या यह इन सभी का मिला-जुला रूप है? भाषा विज्ञान सभी मानव-विज्ञानों में सबसे विकसित शास्त्र माना जाता है, फिर भी उपर्युक्त सभी प्रश्नों को पूरी तरह समझने की आवश्यकता है।

यह एक स्थापित सत्य है कि भाषा से परे संस्कृति का अस्तित्व नहीं हो सकता अथवा ये दोनों एक ही सिक्के के दो पहलू हैं। यह भी माना जाता है कि भाषा के बिना ज्ञान का बोध संभव नहीं है। '*अर्थ*' के संबंध में भी यही मान्यता है। दूसरे शब्दों में कहा जाए तो भाषा को मनुष्य की बुद्धि-व्यवहार क्षमता का पर्यायवाची शब्द माना गया है।

यहाँ तक कि स्वप्न भी भाषायी संरचना पर आधारित नहीं होते हैं। फिर भी उनकी अवधारणा को भाषा संरचना के समान ही माना गया है। सपनों की उत्पत्ति, स्मृति में याद करने की क्षमता पर निर्भर है। हमें यह भी विश्वास दिलाया जाता है कि भाषा की अनुपस्थिति में स्मृति का अस्तित्व नहीं हो सकता है। इसी तरह हमने यह भी मान लिया है कि मानवीय बुद्धि-व्यवहार क्षमताएँ जैसे प्रेरणा, कल्पना और विवेक आदि भाषा के अभाव में संभव नहीं होतीं।

यह भी सही है कि ऐसे कई अनुभव हैं, जो मानव अन्य पशुओं के साथ समान रूप से अनुभव करता है, जिनमें भाषा पूरी तरह से नगण्य है। जैसे ऊँचाई से गिरने का भय, प्रेम अथवा वासना इसके कुछ मुख्य उदाहरण हैं।

फिनॉमिनॉलॉजी (घटनाक्रिया विज्ञान) जो मानवीय बोधगम्यता का ही एक विज्ञान है, इसके तहत यह माना जाता है कि मनुष्य की वैश्विक अनुभूति निरंतर विकसित होती रहती है जिसके चलते उसकी ज्ञानात्मक क्षमता तथा भाषा विकसित होती है। इसके विरुद्ध यह तर्क दिया जाता है कि मनुष्य की अनुभूति निरंतर विकसित होती भाषा क्षमता के अनुपात में बढ़ती है। यह निश्चित तौर पर नहीं कहा जा सकता कि अनुभव क्षेत्र स्वतंत्र एवं भाषा क्षेत्र के बाहर विकसित होता है। अनुभव क्षेत्र के अस्तित्व को नकारना उससे भी मुश्किल काम है।

इसी तरह यह भी एक कठिन सवाल है कि मौखिक सामग्री—जिसे लिपि, व्याकरण तथा संस्कृति भाषा नहीं मानते, वह भाषा है भी या नहीं? सामान्यत: इसे बोली या क्षेत्रीय विविधता के नाम पर हाशिए पर धकेल दिया जाता है।

वस्तुत: ध्वनि की रहस्यमय उत्पत्ति के साथ '*अर्थ*' की उत्पत्ति हुई होगी। अत: मानव अस्तित्व तथा मानवीय समय तक भाषाओं को बोली ही मानना चाहिए। इसी प्रकार अर्थ-व्यवहार के भौतिक तथा प्रतीकात्मक साधनों में ध्वनि-संकेतों पर आधारित भाषा को ही बोली के रूप में भी देखा जाना चाहिए।

इसके अलावा विश्व के बारे में हमारी व्यापक और सतत विकसित होती समझ भी इस संभावना को व्यक्त करती है कि

हमारे विकास के वर्तमान स्तर पर ज्ञात भाषा भी हमें उपलब्ध पूर्ण विकसित भाषा का अंश मात्र ही है। इसलिए कुछ मायनों में अनुभव की समग्रता में भाषा को भी बोली के रूप में ही देखा जाना चाहिए। इतना ही नहीं, शब्दों तथा लिपियों के माध्यम से स्थिर मनुष्य की भाषा को भी 'अनुभव' की समग्रता में, 'अर्थ' की समग्रता में एवं 'ध्वनि' की समग्रता में एक इकाई के तौर पर देखा जाना चाहिए। अतः, वह बोली है, इसलिए उसे पीछे नहीं छोड़ा जा रहा है बल्कि वह आगे-आगे पथ-प्रदर्शक बन कर चले।

बोली की वास्तविक प्रकृति को समझने के लिए यह आवश्यक है कि हम उसे भाषा के एक मुख्य घटक के रूप में मानें, न कि एक जर्जर अवशेष, जिसकी नियति मुश्किल घड़ी से गुज़रना है। बोली को ही 'अर्थ' की अप्रयुक्त सीमाओं को पाने के लिए आगे आना होगा। भाषाओं के इतिहास से पता चलता है कि बोलियों के साथ चलना ही उनके भाग्य का हिस्सा है। बोलियों की नियति 'अर्थ' की निरंतर संभावनाओं को खोजने में निहित है। यह काम उन्हें मानक भाषाओं के साथ संबंध खोए बिना करना होगा क्योंकि वे राजनीतिक तथा ऐतिहासिक हालातों से बँधी हैं। प्रचलन में रहना बोली की नियति है परंतु दुर्भाग्यवश बनावटी मूल्य के साथ।

अगर इसे एक मूर्तरूप में समझने का प्रयत्न करें तो यह कहा जा सकता है कि बोली उस अमूर्त पदार्थ की तरह है, जो एक नए जन्मे ग्रह के इर्द-गिर्द घूम रहा है। यह ग्रह अभी भी अपनी चरम गति को खोज रहा है। भाषा रूपी ग्रह का वातावरण भी बोलियों से परिभाषित होता है। बोलियों के माध्यम से भाषा ब्रह्मांड के साथ व बाह्य जगत से लगातार संपर्क बनाए रखती है। इसीलिए वह इसके साथ संबंधित हो जाती है।

अब तक यह माना गया है कि किसी भाषा की विभिन्न बोलियों में से प्रमुख वर्गों की बोली को ही मानक भाषा का दर्जा प्राप्त होता है। जबकि आम जनता की भाषा को बोली के रूप में ही देखा जाता है। इस विचार के पार्श्व में इंग्लैंड में बोली जाने वाली मानक अंग्रेज़ी का ऐतिहासिक अनुभव है। इसी लिहाज़ से भारत के प्रमुख राजनैतिक वर्ग की हिंदी को ही हिंदी की प्रमुख बोली के रूप में पहचाना जाना चाहिए था या फिर महाराष्ट्र के राज्यकर्ता मराठाओं की बोली को ही प्रमुख मराठी का दर्जा हासिल होना चाहिए था, जबकि ऐसा नहीं है। भारतीय अनुभव के आधार पर यह कहा जा सकता है कि इंग्लैंड के अंग्रेज़ी भाषा के इतिहास के आधार पर मानक भाषा तथा बोली के संबंध में किसी निष्कर्ष पर नहीं पहुँचा जा सकता है।

इसके अलावा जिन संस्कृतियों में जहाँ प्रमुख राजनीतिक वर्ग अक्सर एक गैर देशी भाषा बोलते हैं तथा जहाँ समाज का प्रमुख वर्ग बहुभाषी है, वहाँ की बोलियों तथा भाषा के बारे में ठीक से विचार करना होगा।

यदि हम इस समीकरण तथा धारणा को एक तरफ़ रख दें और यह मान लें कि भाषा एक माध्यम है, जो अनुभव के निरंतर विस्तारित विश्व को मानव ग्रहण के अनुकूल बनाती है, तब बोलियाँ मानक भाषा के लिए इस बोध-प्रक्रिया का एक महत्त्वपूर्ण उपक्रम होंगी।

इस प्रक्रिया में यह आवश्यक हो जाता है कि नित नए अनुभव, नई संवेदनाएँ तथा प्राचीन यादों को एक साथ लाने की कोशिश की जाए। हालाँकि इस एकीकरण को प्राप्त करने के लिए बोलियों को अपने अस्तित्व तथा पहचान को दाँव पर लगाना पड़ता है व भाषा को समृद्ध संवेदनशीलता तथा अभिव्यक्ति की क्षमता प्रदान करनी पड़ती है।

बोलियों के बिना भाषा एक अर्थहीन ढेर बन जाती है। ऐसी स्थिति में शब्द बेमानी और बिना किसी व्यक्तित्व के बन जाएँगे। शायद इस तरह की भाषा व्याकरण की शुद्धता के चलते अवधारणात्मक परिपक्वता तो प्राप्त कर सकती है लेकिन इसमें समाहित ध्वनि इतनी क्षय होगी कि वह उपयोगकर्ता को विमुख कर देगी।

भाषा का अपना एक व्यक्तित्व (चेहरा) होना चाहिए। मनुष्य भाषा का बोझ लंबे समय तक केवल तभी झेलेगा जब वह अपनी भाषा से जुड़कर गर्व महसूस करेगा।

सदियों से यूरोपियन भाषाविदों ने भाषाओं की जननी के रूप में किसी मूल भाषा का पता लगाने के अनेक प्रयास किए हैं। इन प्रयासों के पीछे 'टावर ऑफ बाबेल' (Tower of Babel) की किंवदंती थी। माना जाता है कि 'टावर ऑफ बाबेल' विघटित होने पर असंख्य बोलियाँ अस्तित्व में आई थीं। कालांतर में इन पिछड़ी भाषाओं को मानक भाषा के अपरिपक्व रूप में देखा जाने लगा। वस्तुत: ये बोलियाँ अपने आप में अस्तित्व तथा विकास की निशानियाँ हैं। बोलियाँ, भाषा विविधता तथा पिछड़ी बोलियाँ ही भारतीय भाषाओं के प्रवाह को ऊर्जा प्रदान करती हैं। प्रवाह के ही मिथक के आधार पर हम यह कह सकते हैं कि तथाकथित मुख्य भाषाएँ इस प्रवाह के किनारे हैं तथा बोलियाँ ही मुख्य प्रवाह हैं। हमें कम-से-कम इतना तो प्रयत्न करना चाहिए कि यह प्रवाह बहता रहे।

सीमांत आवाज़ें

पूर्व-औपनिवेशिक काल में भाषा से सम्बन्धित ज्ञान-मीमांसाओं में 'मानक भाषा' तथा 'बोली' के संबंध में किसी भी प्रकार की उच्च-नीचता (पदानुक्रम) नहीं थी। भाषा विविधता जीवन का एक स्वीकृत तथ्य था। साहित्यकार एक ही कृति में कई भाषाओं का प्रयोग किया करते थे तथा दर्शक अथवा आस्वादक इसे आसानी से स्वीकार किया करते थे। महाभारत जैसा महाकाव्य बीसवीं शताब्दी के आरंभ तक कई भाषाओं तथा संस्करणों में उपलब्ध था। साहित्य समीक्षक जब इस संबंध में विचार करते हैं तब वे कई भाषाओं के साहित्य को सम्मिलित करते हैं। मध्यकालीन मुनि मतंग का शैली सिद्धांत बृहद-देशी इस बात का एक सटीक प्रमाण है कि भाषायी विविधता का सिद्धांत सामान्य है। औपनिवेशिक काल में भारत की कई भाषाओं को मुद्रित स्वरूप मिला। इससे पूर्व भी लेखन कला अस्तित्व में थी तथा कई लिपियाँ लेखन के लिए उपयोग में लाई जाती थीं। कागज़ भी लिखित सामग्री के पुनर्मुद्रण के साधन के रूप में उपयोग में लिया जाता था। इसके बावजूद भी सामग्री मुख्यत: मौखिक रूप में ही प्रचलन में थी। मुद्रण की तकनीक ने मौखिक परंपरा को क्षीण कर दिया। मौखिक सामग्री के मुकाबले लिखित सामग्री को अधिक महत्त्व देने जैसे नए साहित्यिक मानदंड तय किए गए। साहित्य के लिए उसका एक भाषा में होना अनिवार्य माना गया। इन विचारों तथा औपनिवेशिक सत्ता के चलते भारत में भाषाओं की निधि प्रभावित होती गई। उस भाषा को निम्न कोटि का माना जाने लगा जो मुद्रित स्वरूप में उपलब्ध नहीं थी।

स्वतंत्रता के पश्चात, भाषाओं के आधार पर भारतीय राज्यों का गठन किया गया तथा उन्हें भाषायी राज्य की पहचान दी गई। जिस भाषा की अपनी लिपि थी तथा जिसका अपना मुद्रित साहित्य था, उसे भारत के संघीय ढाँचे में अलग क्षेत्रीय राज्य की पहचान दी गई। समृद्ध मौखिक परंपरा होने के बावजूद भी उन भाषाओं के राज्य नहीं बनाए गए जिन भाषाओं का अपना मुद्रित साहित्य नहीं था। इतना ही नहीं, इन राज्यों की अधिकृत भाषा को ही प्राथमिक तथा उच्चतर माध्यमिक स्कूली शिक्षा का माध्यम बनाया गया। साथ ही भारतीय संविधान के दायरे में भाषा की एक विशेष अनुसूची (आठवीं अनुसूची) तैयार की गई। इस अनुसूची में प्रारंभ में चौदह भाषाओं को सम्मिलित किया गया था। आज अनुसूची में बाईस भाषाएँ सम्मिलित हैं। इन भाषाओं के माध्यम से दी जाने वाली शिक्षा से संबंधित सभी व्यय करने के लिए सरकार बाध्य है। सन् 1961 में की गई जनगणना के अनुसार, भारत में 1652 मातृभाषाएँ मौजूद थीं। अगली जनगणना (1971) में यह संख्या घटकर 108 रह गई। इस जनगणना में सिर्फ़ उन्हीं मातृभाषाओं को आधिकारिक तौर पर स्वीकार किया गया था जिन्हें 10,000 या उससे अधिक लोग बोलते थे। इस प्रकार लगभग 1500 मातृभाषाओं को खामोश कर दिया गया था। इनमें से अधिकांश भाषाएँ लुप्त नहीं भी हुई हैं तो लुप्त होने की कगार पर हैं। हाशिए पर धकेली गई भाषाओं में अधिकांश भाषाएँ वे हैं, जो खानाबदोश अथवा यायावर समूह बोलते हैं। इन भाषाओं को सुनियोजित पद्धति से खामोश किया जा रहा है। 'भारतीय भाषा लोक सर्वेक्षण' भारत के लोगों द्वारा किया जा रहा एक सामूहिक प्रयास है जिसमें सभी अपनी 'भाषा' को दर्ज कर सकते हैं। इस प्रयास को ग्रियर्सन के सर्वेक्षण को दोहराने अथवा विस्थापित करने के प्रयत्न के रूप में नहीं देखा जाना चाहिए। उन सर्वेक्षणों की उपलब्धियों के मापदंड काफ़ी अलग थे।

भारतीय भाषा लोक सर्वेक्षण एक अनौपचारिक प्रयत्न है, जिससे दुनिया के सामने भारत की अभूतपूर्व भाषा विविधता को लाया जा सके, दुनिया के बाकी हिस्सों में इसका विस्तार हो सके तथा भारतीय लोकतंत्र को अक्षुण्ण रखा जा सके जिसे काफ़ी लंबे तथा कड़े संघर्ष के बाद प्राप्त किया गया है।

यह सुनिश्चित करना काफ़ी कठिन है कि कौन-सी भाषा 'खामोश' होने की कगार पर है, कौन-सी भाषाएँ उस ओर बढ़ रही हैं अथवा कौन-सी भाषाएँ भाषा-स्थानांतरण की प्राकृतिक प्रक्रिया के चलते लुप्त हो रही हैं। यह कहना अनुचित नहीं होगा कि भाषाओं के संबंध में हमारे पास उपलब्ध जानकारी (डाटा) पर्याप्त नहीं है।

सर जॉर्ज ग्रियर्सन के भारत में किए गए भाषा-सर्वेक्षण (1903-1923), जिसकी सामग्री उन्नीसवीं शताब्दी के अंत में संग्रहित की गई थी, इसके अनुसार 179 भाषाओं तथा 544 बोलियों को मान्यता दी गई थी। 1921 की जनगणना में यह संख्या क्रमशः 188 व 49 दिखाई गई थी।

1971 की जनगणना में संकलित सामग्री को दो भागों में बाँटा गया था। जिसमें एक ओर उन भाषाओं को सम्मिलित किया गया था, जो पहले से ही संविधान की आठवीं अनुसूची में सम्मिलित थीं तथा जिन्हें बोलने वालों की संख्या 10,000 या उससे अधिक थी। दूसरी ओर उन सभी भाषाओं को 'अन्य भाषाओं' की श्रेणी में डाल दिया गया था, जिन्हें बोलने वालों की संख्या 10,000 या उससे कम थी।

जिस देश में यायावरों की संख्या काफ़ी अधिक हो तथा जनगणना की सार्थकता, साक्षरता के स्तर के कारण प्रभावित होती हो, वहाँ इस प्रकार के आँकड़े प्राप्त होना आश्चर्य की बात नहीं है। हालाँकि यह भी कम आश्चर्य की बात नहीं है कि लगभग 310 भाषाएँ, जिनमें से 263 भाषाओं के बारे में दावा किया जाता है कि उन्हें बोलने वालों की संख्या पाँच से भी कम है, तथा सैंतालीस ऐसी भाषाएँ जिन्हें बोलने वालों की संख्या एक हजार से भी कम है, विलुप्त होने के कगार पर हैं। 1961 की जनगणना की कार्य-प्रणाली की विश्वसनीयता पर बहस हो सकती है परंतु उसमें सूचिबद्ध 1652 मातृभाषाओं में ये 310 भाषाएँ सम्मिलित हैं। दूसरे शब्दों में कहें तो पिछली आधी शताब्दी में भारत की भाषायी विरासत का पाँचवाँ हिस्सा विलुप्त होने की कगार पर है। इसके अतिरिक्त पिछली तीन जनगणनाओं के लिए अपनाई गई प्रणाली के कारण भी कई ऐसी भाषाएँ होंगी, जो विलुप्त होने की कगार पर हों, लेकिन दर्ज नहीं की जा सकी हों।

एक आशंका यह भी है कि ये हालात महज़ किसी एक देश में नहीं हो सकते हैं, बल्कि यह स्थिति पूरी दुनिया में हो सकती है क्योंकि किसी देश में भाषा अवमूल्यन के ज़िम्मेदार कारण किसी अन्य देश में आधुनिकता के संदर्भ के रूप में मौजूद हो सकते हैं।

भारत में इस प्रकार का नुकसान मात्र 'छोटी' या 'अवर्गीकृत बोलियों' का ही नहीं है बल्कि उन बड़ी एवं प्रमुख भाषाओं का भी है, जो लंबे समय से साहित्यिक परंपराओं, सृजनशील तथा दार्शनिक लेखन की समृद्ध विरासत से जुड़ी रहीं। वे भाषिक समाज जो मराठी, गुजराती, कन्नड़ तथा उड़िया को अपनी मातृभाषा कहते हैं, उनकी युवा पीढ़ी इन भाषाओं को भले ही मातृभाषा के रूप में बोलना सीख चुकी हो, परंतु उनमें से अधिकांश अपनी मातृभाषा की लिखित विरासत के बारे में या तो बहुत कम जानते हैं अथवा वे उससे बिलकुल ही अनभिज्ञ हैं। इस स्थिति को आंशिक भाषा ग्रहण के रूप में परिभाषित किया जा सकता है, जिसमें एक पूर्ण साक्षर व्यक्ति अपनी मातृभाषा के अतिरिक्त दूसरी भाषा को पढ़-लिख अथवा बोलकर उच्चशिक्षित तो हो सकता है परंतु जिसे वह अपनी मातृभाषा कहता है उसमें सिर्फ़ बोल सकता है, लिख नहीं सकता।

भाषा क्षति, भाषायी विवर्त (परिवर्तन) और भाषायी विरासत में गिरावट के लिए केवल व्यवस्था विषयक कारणों को ही अकेले दोषी नहीं ठहराया जा सकता है। उदाहरण के लिए, संविधान के प्रावधान के अनुच्छेद 347 को ही लें जो कहता है–

'इस विषय में माँग किए जाने पर, यदि राष्ट्रपति संतुष्ट हो जाए कि, किसी राज्य के जनसमुदाय का पर्याप्त अनुपात चाहता है कि उसके द्वारा बोली जाने वाली कोई भाषा राज्य द्वारा अभिज्ञात की जाए, तो वह निर्देश दे सकेगा कि ऐसी भाषा को भी उस राज्य में सर्वत्र अथवा उसके किसी भाग में ऐसे प्रयोजन के लिए, जैसा कि वह उल्लिखित करें, राजकीय अभिज्ञा दी जाए।'

इस विषय में एक अन्य कारण काम कर रहा है, वह यह कि विश्व में विकास की चर्चा ज़ोर-शोर से हो रही है। भारत तथा अन्य एशियाई एवं अफ़्रीकी देशों के माता-पिताओं में अपने बच्चों को अंग्रेज़ी, फ़्रेंच या स्पेनिश माध्यम में पढ़ाने की एक तीव्र इच्छा देखने को मिलती है। वे यह सोचते हैं कि ये भाषाएँ उनके बच्चों को वैश्विक बाज़ार में रोज़गार के अवसर उपलब्ध कराएँगी। अंतर्राष्ट्रीय भाषा में पढ़ाने की इस होड़ के चलते स्कूली शिक्षा प्रणाली भी प्रभावित हुई है।

उन्नीसवीं शताब्दी के शुरूआती वर्षों में भारत में सामाजिक सुधार आंदोलन के दौरान एक दिलचस्प बहस छिड़ी। बंगाली बुद्धिजीवी अंग्रेज़ी माध्यम में स्कूली शिक्षा की वकालत कर रहे थे तो माउंट स्टुअर्ट एल्फिंस्टन का विचार था कि स्कूलों में भारतीय भाषाओं में शिक्षा की आवश्यकता है। यह विवाद तब समाप्त हुआ जब 1835 में लॉर्ड मेकॉले के मिनिट्स ऑन एज्युकेशन के अंतर्गत यह तय किया गया कि भारत में शिक्षा का माध्यम अंग्रेज़ी होगा। यह बताना उल्लेखनीय होगा कि इसके बाद भारतीय भाषाओं में महत्त्वपूर्ण एवं उल्लेखनीय रचनात्मकता दिखाई दी। यहाँ इन सारे तर्कों को प्रस्तुत करने का आशय इतना ही है कि मातृभाषा में शिक्षा ही सबसे उपयुक्त है। मेरा यह भी मानना है कि मातृभाषा में शिक्षा से वंचित किए जाने से मानवीय रचनात्मकता तो प्रभावित होगी ही, साथ ही समूचे समुदाय के अस्तित्व को भी गंभीर खतरा उत्पन्न हो सकता है। जब समाज में यह मान्यता दृढ़ हो जाती है कि सिर्फ़ किसी विशिष्ट भाषा में शिक्षा लेने से उनका अस्तित्व बच सकता है, तब वह समाज उस नई भाषा को अपना लेता है। इसलिए यह मानना उचित होगा कि समकालीन दुनिया के विकास की इस व्याख्या में वैश्विक भाषायी विरासत विलुप्त होगी अथवा बर्बाद हो जाएगी। इस स्थिति में हमारी भाषाओं का भविष्य भयावह लगता है। जो समुदाय पहले से ही अपने स्थानीय या राष्ट्रीय संदर्भ में हाशिए पर हैं तथा वे जो अपने ही सांस्कृतिक संदर्भों में अल्पमत हैं, वे अपनी बात कहने की क्षमता खो चुके हैं।

भारत में सामान्य शिक्षा प्रदान करना माता-पिता का दायित्व है और बच्चों का अधिकार भी। सरकार द्वारा उपलब्ध शिक्षा लगभग निःशुल्क है और निश्चित रूप से सबसे वंचित तबका भी इससे लाभान्वित हो सकता है। इसके अलावा बच्चों के लिए मध्याह्न भोजन का भी प्रावधान है ताकि भोजन के अभाव में बच्चे स्कूल से दूर न रहें। केंद्र तथा राज्य सरकारें स्कूली शिक्षा को अपनी प्राथमिक जिम्मेदारियों में से एक मानती हैं। बाल श्रम को आधिकारिक तौर पर अवैध घोषित किया जा चुका है तथा कई राज्यों में महिलाओं के लिए उच्च शिक्षा भी निःशुल्क उपलब्ध है। अनुसूचित जाति और जन-जातियों के साथ-साथ अन्य पिछड़ी जातियों के बच्चों के लिए शैक्षणिक संस्थाओं में आरक्षण का प्रावधान है। भारत में लगभग पचास भारतीय भाषाओं तथा कई विदेशी भाषाओं में प्राथमिक शिक्षा उपलब्ध है। प्रौढ़ शिक्षा तथा अनौपचारिक शिक्षा को लगातार प्रोत्साहित किया जा रहा है। शैक्षणिक कार्यक्रमों में सूचीबद्ध भाषाओं को बढ़ावा देने के उद्देश्य से संवैधानिक प्रावधान भी किए गए हैं।

इन सभी प्रयासों के बावजूद हाशिए पर जा चुकी कई भाषाओं तथा कुछ प्रमुख भाषाओं में अपनी उन्नति के प्रति उदासीनता दिखाई देती है। बच्चों की बड़ी तादाद अत्यधिक फ़ीस देकर अंग्रेज़ी माध्यम के स्कूलों में पढ़ रही है। जब कोई बच्चा किसी भारतीय भाषा माध्यम के स्कूल में प्रवेश लेता है तो उसे एक सामाजिक पिछड़ेपन के रूप में देखा जाता है। इन परिस्थितियों में भाषाओं के संरक्षण का काम, विशेष रूप से ऐसी भाषाएँ जिनके संरक्षण की नितांत आवश्यकता है, काफ़ी चुनौतीपूर्ण है। यह काम महज व्यवस्था संबंधी परिवर्तनों से संभव नहीं होगा।

भाषाओं के संरक्षण के कार्य को स्मारकों के संरक्षण कार्य से अलग रूप में देखा जाना चाहिए। भाषा हमारी सामाजिक व्यवस्था है एवं उसपर अन्य सभी सामाजिक विकासों का प्रभाव पड़ता है। सामाजिक व्यवस्था के रूप में भाषा का, इस संदर्भ में एक उद्देश्यपरक अस्तित्व है कि भाषाओं के शब्दकोश और व्याकरण तैयार किए जा सकते हैं, भाषाओं का लिप्यांतरण किया

जा सकता है, उनकी वर्तनी बनाई जा सकती है उनकी प्रतिलिपि तैयार की जा सकती है और उन्हें दस्तावेज़ों के रूप में रिकॉर्ड किया जा सकता है। लेकिन निश्चित रूप से मानवीय चेतना से मुक्त भाषा का अपना अस्तित्व नहीं होता। इसीलिए किसी भी भाषा को उस समुदाय से अलग करके नहीं देखा जा सकता, जो इसका उपयोग करता है। अतएव यह कहना भी तर्कसंगत होगा कि भाषा का संरक्षण उस समुदाय का भी संरक्षण है, जो इसे जीवित रखता है।

समाज की सामुदायिक चेतना तथा भाषा, जिसके द्वारा वह अपनी चेतना को मुखर करता है, के साथ-साथ उस समाज की अपनी विचारधारा होती है। भाषा के संरक्षण में उस समाज की विचारधारा के प्रति सम्मान व्यक्त करना भी समाहित है। यदि कोई समाज यह मानता हो कि पृथ्वी की संपत्ति उसकी अपनी नहीं बल्कि मनुष्य की नियति ही पृथ्वी की देन है, तब विकास के नाम पर पृथ्वी के संसाधनों को लूटने की प्रवृत्ति वाली राजनैतिक विचारधारा से उस समाज की भाषा को बचाने का आवाहन करना व्यर्थ होगा। इस परिस्थिति में समाज के पास सिर्फ़ दो विकल्प होंगे। या तो वह प्राकृतिक संसाधनों को व्यावसायिक वस्तु मानकर उस आदर्श मान्यता को खारिज करे, जो उसे प्राकृतिक संसाधनों के दोहन का अधिकार देती है। या वह दुनिया को देखने के अपने नज़रिए को छोड़ कर अपनी भाषा प्रणाली से बाहर आ जाए जो उसे वैश्विक नजरिए से बाँधे रखती है।

वस्तुत: दुनिया में, विशेष रूप से यायावरों, हाशिए पर जा चुके लोगों व अल्पसंख्यक समुदायों जिन्होंने विदेशी सांस्कृतिक वर्चस्व को झेला है अथवा झेल रहे हैं, की भाषा तथा संस्कृति अस्थिर हो चुकी है। इनके लिए आवाज़ उठाने में एक दिन की देरी भी ठीक नहीं होगी। फिर भी इस बात की उम्मीद की जा सकती है कि राजनैतिक दलों पर इसका दायित्व डाल कर एक छोटे प्रयास से भी इस लक्ष्य को प्राप्त किया जा सकता है। इस मिशन को राष्ट्रीय या राज्य स्तर की स्वायत्त एजेंसी, समाज के विभिन्न वर्ग, विश्वविद्यालय, भाषा-साहित्य अकादमी, समाज के विभिन्न संगठन, गैर-सरकारी संगठन, विद्वज्जन, अनुसंधानकर्ता तथा कार्यकर्ताओं के माध्यम से सफल बनाया जा सकता है। अवनत होती भाषाओं में लेखन, शब्दकोश, शब्दावलियाँ तथा व्याकरण तैयार करना काफ़ी उपयोगी होगा। लेकिन अगर हम भाषाओं के जीवित रहने की अपेक्षा करते हैं तो बोली समुदायों को गरिमा व सम्मान दिए जाने की आवश्यकता है, जिसके वे हकदार हैं।

किसी समाज को भाषा विकसित करने में सदियों का समय लगता है। मानव समुदाय द्वारा विकसित सभी भाषाएँ हमारी सामूहिक सांस्कृतिक विरासत हैं। अतएव यह हमारी सामूहिक जवाबदेही है कि हम यह सुनिश्चित करें कि वैश्विक हमलों के इस समय में हम इन भाषाओं को खो न दें।

भारतीय भाषा लोक-सर्वेक्षण का विचार भाषा रिसर्च सेंटर के प्रारंभिक दिनों में आया। सन् 2010 में बड़ौदा में *लैंग्वेज कॉन्फ्लूएन्स एट ग्राउंड ज़ीरो* (Language Confluence at Ground Zero) शीर्षक से भाषा संगम आयोजित किया गया था, उसी समय इस विचार को एक निश्चित दिशा मिली। यह मेरा सौभाग्य था कि 320 भाषा प्रतिनिधियों ने एक स्वर से मुझे इस काम के नेतृत्व की ज़िम्मेदारी सौंपी। पहली कार्यशाला हिमाचल प्रदेश के केलाँग की कड़कड़ाती ठंड में उस समय आयोजित की गई जब समूचा देश भीषण गर्मी से प्रभावित था। मेरे लिए अब यह बताना संभव नहीं है कि अब तक कितनी कार्यशालाएँ आयोजित की जा चुकी हैं। मुझे यह भी ठीक से याद नहीं है कि शायद ही कोई ऐसा दिन होगा जब मैं सर्वेक्षण के काम से अलिप्त रहा। इस काम के चलते मुझे भारत के सभी राज्यों तथा केंद्र शासित प्रदेशों की यात्रा करनी पड़ी। हालाँकि पहले भी मैंने भारत के कई राज्यों तथा कई देशों की यात्राएँ की हैं। परंतु भारतीय भाषा लोक-सर्वेक्षण ने मुझे भारत की यथार्थ तस्वीर दिखाई, जिसे मैंने पहले कभी नहीं देखा था। लोगों ने अपनी भाषा के बारे में लिखने के मेरे आवाह्न को उत्साहपूर्वक स्वीकार किया। इन लेखकों में एक ओर विश्वविद्यालयों के कुलपति हैं तो एक सामान्य बस चालक हैं, विद्वानों के साथ-साथ रास्तों पर भटकते गायक हैं, कानून के रखवाले हैं तो कानून को तोड़ने वाले भी हैं, पुरुष हैं तो महिलाएँ भी हैं, बच्चे तथा बूढ़े भी हैं। इन सब लोगों ने साथ बैठकर मेरी बात ध्यान से सुनी तथा अपनी भाषा के बारे में लिखा। इनमें से अधिकांश लोग यह नहीं जानते थे कि व्याकरण क्या होता है। उन्हें यह भी नहीं पता था कि अंतर्राष्ट्रीय भाषा उच्चारण क्या होता है। उन्होंने कभी पाणिनि, भर्तृहरि, सोस्यूर, सापीर

अथवा चॉम्स्की के बारे में नहीं सुना था। अधिकांश को यह पता नहीं था कि जॉर्ज ग्रियर्सन कौन था। मेरा मानना है कि भारतीय भाषा लोक-सर्वेक्षण की यही विशेषता है कि यह भाषाविदों द्वारा किया गया काम नहीं है। यह बात अलग है कि भारत के विशेषज्ञ भाषाविदों ने हमारा इस कार्य में न सिर्फ़ साथ दिया है, बल्कि मार्गदर्शन भी किया है। इस सर्वेक्षण का प्रधान सम्पादक होने के नाते मुझे विश्वास है कि आप इस सदी के पहले दशक में मौजूद भारतीय भाषाओं के इस 'स्नॅप शॉट' का आत्मीयता से स्वागत करेंगे तथा अपनेपन की भावना से अपना प्रतिभाव देंगे। मैं उन सभी लोगों के प्रति हृदय से धन्यवाद ज्ञापित करता हूँ, जिन्होंने इस महान कार्य को पूरा करने में अपना अमूल्य योगदान दिया है। मैं भारतीय भाषा लोक-सर्वेक्षण के संपादक मंडल के सदस्यों, सलाहकारों तथा मेरे सहयोगियों के प्रति भी अपनी कृतज्ञता ज्ञापित करता हूँ जिनका स्थानाभाव के कारण व्यक्तिगत उल्लेख करना संभव नहीं है।

गणेश एन. देवी
अध्यक्ष
भारतीय भाषा लोक-सर्वेक्षण

संपादकीय

मध्य प्रदेश यानि देश के मध्य स्थित एक ऐसा राज्य, जिसकी सांस्कृतिक विविधता में अनेक आंचलिक संस्कृतियों के दर्शन अनायास होते हैं। मध्य प्रदेश में पूरे देश का लघुरूप दिखाई देता है। सांस्कृतिक विविधता का यह पवित्र रूप पुरा पाषाणकाल से लेकर नदी घाटियों में विकसित विभिन्न संस्कृतियों के संगम से उत्पन्न हुआ प्रतीत होता है। यहाँ नर्मदाघाटी स्थित भीम बैठका जैसा मानवीय कला का प्राचीन अवशेष, अभी भी दर्शनीय बना हुआ है जो संभवत: दुनियाँ भर का एकमात्र ऐसा पुरास्थल है जहाँ निम्न पुरापाषाण काल से लेकर ऐतिहासिक काल तक की कला के अवशेष एक साथ देखने को मिल जाते हैं। मध्य प्रदेश में देशभर के लोगों का आना और उनका यहीं का हो जाना, यहाँ के प्राचीन मूल सांस्कृतिक तत्त्व (इथॉस) की सहिष्णुता का प्रतीक है। मध्य प्रदेश सांस्कृतिक रूप में विविधतापूर्ण है और यहाँ की विविधता में समग्र की एकीकृत विविधता शामिल है। ऐसी विविधता बिखरी हुई नहीं है इसलिए मध्य प्रदेश सबका साथी और सुख का दाता है।

देश की हृदयस्थली मध्य प्रदेश का गठन राज्यों के पुनर्गठन के एक भाग के रूप में 1 नवम्बर 1956 में हुआ था। पुराने मध्य प्रांत के महाकौशल, विन्ध्य प्रदेश, मध्य भारत तथा भोपाल को विलीन कर नए मध्य प्रदेश राज्य का गठन किया गया। गठन की प्रक्रिया के दौरान मध्य प्रांत तथा बरार के कुछ जिले महाराष्ट्र में शामिल कर राजस्थान, गुजरात तथा उत्तर प्रदेश के कुछ जिलों को समायोजित किए जाने से मध्य प्रदेश राज्य भौगोलिक दृष्टि से देश का सबसे बड़ा राज्य बन गया और चार विभिन्न और विशिष्ट इकाइयों के होते हुए भी देश के मध्य में एक इकाई के तौर पर देखा जा सकता है। भारत के मध्य में स्थित होने के कारण इस प्रदेश का नाम मध्य प्रदेश कहलाया। यह नाम तत्कालीन प्रधानमंत्री पं. जवाहरलाल नेहरू द्वारा दिया गया था। इस प्रदेश के अन्य नाम हृदय प्रदेश, टाइगर स्टेट, सोयाबीन जिंस तथा नदियों का मायका हैं।

मध्य प्रदेश की भौगोलिक स्थिति 18° से 26.30° उत्तर अक्षांश तथा 74° से 84.30° उत्तर पूर्व देशांतर के मध्य है। समुद्र 300 कि.मी. से अधिक दूर नहीं है। प्रदेश के उत्तर में उत्तर प्रदेश, दक्षिण में महाराष्ट्र, पूर्व में छत्तीसगढ़ तथा पश्चिम में गुजरात व राजस्थान प्रदेश हैं। यहाँ की जलवायु समशीतोष्ण मानसूनी है। मध्य प्रदेश का धरातलीय स्वरूप यहाँ की जलवायु, वनस्पति, कृषि, उद्योग एवं परिवहन को प्रभावित करता है। प्रदेश की धरातलीय बनावट सर्वत्र एक समान नहीं है। कहीं भूमि समतल और पठारी है तो कहीं ऊँची-नीची पहाड़ियाँ हैं। बीच-बीच में कटे-फटे भू-भाग और नदियों की घाटियाँ हैं। भौतिक दृष्टि से मध्य प्रदेश का अधिकांश भाग दक्षिण के पठार का अंग है जो अत्यंत प्राचीन कठोर शैली का बना हुआ है। सतपुड़ा, विन्ध्याचल और मैकल यहाँ के प्रमुख पठार हैं तथा नर्मदा, चम्बल, बेतवा, टोंस, कालीसिन्ध, पार्वती, माही, सोन, घसान, महानदी, इन्दावती, सोनार तथा क्षिप्रा यहाँ की प्रमुख नदियाँ है। नर्मदा यहाँ की सबसे बड़ी नदी है जो प्रदेश की जीवन रेखा कहलाती है।

देश के केन्द्र में स्थित मध्य प्रदेश, देश का हृदयस्थल कहलाता है। वैज्ञानिक दृष्टि से यह देश का प्राचीनतम भाग है। हिमालय से भी पुराना यह भूखण्ड, प्राचीनकाल में गौड़वाना महाद्वीप कहलाता था। यहाँ अनेक भागों में किए गए उत्खनन एवं खोजों में प्रागैतिहासिक सभ्यता के चिह्न मिलते हैं। आदिम प्रजातियाँ नदियों के गह्वर प्रदेश और गिरी कंदराओं में रहती थीं। प्रदेश के भोपाल, रायसेन, छनेरा, नेमावर, मोजावाड़ी, महेश्वर, देहगाँव, बोरखेड़ा, हंडिया, कबरा, पचमढ़ी, होशंगाबाद, मंदसौर तथा सागर के अनेक स्थानों पर इनके रहने के प्रमाण मिले हैं। इस काल के मानव ने अपनी कलात्मक अभिरुचियों की अभिव्यक्ति की है जो होशंगाबाद के निकट पहाड़ियों से प्राप्त शैलचित्रों के रूप में प्रमाणित होती है। यूरोपीय विद्वानों ने इस राज्य का पूर्व, मध्य एवं सूक्ष्माश्मीय काल ईसा से 4000 वर्ष पूर्व का माना है। एच.डी. सांकलिया इस सभ्यता को ईसा से 1,50,000 वर्ष पूर्व का मानते हैं।

पौराणिक गाथाओं के अनुसार कारकोट नागवंशी नर्मदा के गह्वर प्रदेशों के शासक थे। मौनेय गंधर्वो से जब उनका संघर्ष हुआ तो अयोध्या के इक्ष्वाकु नरेश मांधाता ने अपने पुत्र पुरूकुत्स को नागों के सहायतार्थ भेजा। उसने गंधर्वों को पराजित किया। नागकुमारी रेवा का विवाह पुरूकुत्स से कर दिया गया। पुरूकुत्स ने रेवा का नाम नर्मदा कर दिया। इसी वंश के मुचकुंद ने रिक्ष और परिपात्र पर्वत मालाओं के बीच नर्मदा तट पर अपने पूर्वज नरेश मांधाता के नाम पर मांधाता नगरी (ओंकारेश्वर) बसाई। यादव वंश के हैहय शासकों ने नर्मदा किनारे महिष्मति नगरी बसाई। उन्होनें इक्ष्वाकुओं और नागों को हराया। कालांतर में गुर्जर देश के भार्गवों से संघर्ष में हैहयों की पराजय हुई। इनकी शाखाओं ने तुड़ीकेरे (दमोह), त्रिपुरी, दर्शाण (विदिशा), अनूप (निमाड़), अवंति (उज्जयिनी) आदि जनपदों की स्थापना की।

ईसापूर्व छठी शताब्दी के सोलह महाजनपदों में इस क्षेत्र का अवंति महाजनपद प्रमुख था, जिसकी दो राजधानियाँ थीं माहिष्मति और उज्जयिनी। विदिशा और ऐरण इसके अन्य प्रमुख नगर थे। महासेन चण्डप्रद्योत यहाँ का शासक था। यह मगध के श्रोणिक बिम्बिसार एवं तथागत बुद्ध का समकालीन था। उसकी पुत्री वासवदत्ता ने कोशाम्बी नरेश उदयन से गंधर्व विवाह किया था, जिसकी प्रणयकथा भारतीय इतिहास की प्रथम प्रेमकथा है। चण्डप्रद्योत की मृत्यु उपरांत दुर्बल उत्तराधिकारियों के कारण अवंति महाजनपद का पतन हुआ। बाद में यह मगध के शिशुनाग और नंद सम्राटों की साम्राज्यवादी नीति के कारण नंद और उसके बाद मौर्यों के अधीन रहा। मौर्य सम्राटों ने अवंतिराष्ट्र नामक प्रांत बनाया जिसकी राजधानी उज्जयिनी थी। सम्राट बिंदुसार ने अपने पुत्र युवराज अशोक को यहाँ का राज्यपाल बनाया। अशोक ने विदिशा के वैश्यश्रेष्ठि की पुत्री श्रीदेवी से प्रेम विवाह किया। श्रीदेवी बुद्ध की परिजन थी। अशोक ने उज्जयिनी तथा कसरावद (निमाड़) में स्तूप बनवाए। सम्राट बनने के बाद अशोक ने सांची एवं भरहुत के विश्व प्रसिद्ध स्तूपों का निर्माण कराया।

मौर्यों के पतन के बाद शुंग मगध के शासक हुए। सम्राट पुष्यमित्र शुंग ने विदिशा को अपनी राजधानी बनाया। कालांतर में कुषाणों ने भी कुछ समय इस क्षेत्र पर शासन किया। इसके बाद नागवंश नौ शताब्दियों तक विदिशा में शासनरत् रहा। चौथी शताब्दी में गुप्तों के उत्कर्ष के पूर्व विन्ध्यशक्ति के नेतृत्व में वाकाटकों ने कुछ भागों पर शासन किया। गुप्तवंश के प्रतापी राजा समुद्रगुप्त ने शकों को हराया और नर्मदा के उत्तर के अधिकांश भाग जीते। चन्द्रगुप्त द्वितीय विक्रमादित्य ने शकों को मालवा एवं उत्तर भारत से खदेड़ दिया। मध्य प्रदेश वाक एवं वाकाटक वंशों से उसने विवाह संबंध स्थापित कर नर्मदा के उत्तर के अधिकांश क्षेत्र को अपने अधीन किया। गुप्तों ने उदयगिरी की विश्व प्रसिद्ध गुफा का निर्माण कराया।

गुप्तों के पतन के बाद इस क्षेत्र पर कई राजवंशों ने राज किया। इस काल का इतिहास अंधकार में है। प्राचीन भारत के अंतिम हिंदू सम्राट हर्षवर्धन उत्तर मध्य प्रदेश के कई क्षेत्र जीतने में सफल हुए। बाणभट्ट द्वारा *कादम्बरी* में उल्लेख है कि हर्षवर्धन विन्ध्य एवं नर्मदा के उत्तर का स्वामी था। बौद्ध चीनीयात्री ह्येनसांग ने भी प्रदेश के प्रमुख नगरों की यात्रा कर उज्जयिनी और महिष्मति का वर्णन किया है।

हर्षवर्धन की मृत्यु के बाद सन् 648 में प्रदेश अनेक छोटे-बड़े राज्यों में बंट गया। मालवा में परमारों ने, विन्ध्य में चंदेलों ने और महाकौशल में कलचुरियों ने शासन कायम किया। विदिशा कुछ समय तक राष्ट्रकूटों के अधीन रहा। ग्वालियर और आसपास के क्षेत्र महेन्द्रपाल गड़वाल के अधीन रहे। दसवीं सदी के लगभग मालवा में परमारों ने एक स्वतंत्र राज्य स्थापित किया। इन्होंने धार को अपनी राजधानी बनाया। इस वंश में मुंज एवं भोज ने सर्वाधिक ख्याति अर्जित की। मुंज ने त्रिपुरा के कल्चुरियों, राजस्थान के चौहानों, गुजरात और कर्नाटक के चालुक्यों से संघर्ष किया। भोज ने अपने पूर्ववर्ती शासकों की नीति को जारी रखते हुए कल्याणी के चालुक्यों से संघर्ष जीता। भोज ने चित्तौड़, बांसवाड़ा, डूगरपुर, भेलसा और भोपाल से गोदावरी तक का क्षेत्र जीतकर भोपाल के निकट भोजसागर एवं भोजनगर की स्थापना की। भोजनगर में विशाल शिवमंदिर बनवाया जिसे मध्य भारत का सोमनाथ कहा गया है। राजा भोज ने अनेक ग्रंथों की रचना की।

विन्ध्यप्रदेश में चंदेलों ने स्वतंत्र राज्य की स्थापना की, रोहित, हर्ष, यशोवर्धन और धंग ने कान्यकुंज, अंग, कांची एवं कल्चुरियों से संघर्ष किया। चंदेलवंश का अंतिम नरेश परमादिदेव था जो पृथ्वीराज चौहान का समकालीन था। चंदेलों ने खजुराहो

में विश्व प्रसिद्ध मंदिर बनवाए। 1192 में मुहम्मद गोरी ने चौहानों की सत्ता उखाड़ फेंकी। सन् 1200 में परिहारों ने ग्वालियर मुसलमानों को सौंपा। इल्तुतमिश ने 1231-32 में ग्वालियर के मंगलदेव को हराकर विदिशा, उज्जैन, कालिंजर और चंदेरी पर विजय प्राप्त कर, भेलसा और ग्वालियर में मुस्लिम गर्वनर बनाए एवं उलमुल्क मुल्तानी को मालवा का सूबेदार बनाया। मालवा तुगलकों के अधीन रहा। तुगलकों के पतन के बाद मालवा में स्वतंत्र सल्तनत दिलावर खाँ गौरी ने कायम की। माँडू के सुल्तानों में दुशंगशाह प्रसिद्ध हुआ। उसने होशंगाबाद नगर बसाया। ग्वालियर 1479 में पुन: स्वतंत्र हुआ। दिल्ली सल्तनत के पतन के बाद गढ़ मंडला में गौड़ों ने अपने राज्य की पुन: स्थापना की और गढ़कटंगा को अपनी राजधानी बनाकर राज्य का नाम गोंडवाना रखा। जादोराय इस वंश का संस्थापक बना तथा दूसरा राजा संग्रामशाह बना। इसके अधीन 52 गढ़ थे। संग्रामशाह ने 1480 से 1542 तक शासन किया इसके बाद दलपतशाह शासक बना। इस वंश की दुर्गावती ने सर्वाधिक कीर्ति हासिल की। इस गोंडवाना की सीमा पूर्व में रतनपुर (झारखंड), पश्चिम में रायसेन, उत्तर में पन्ना तथा दक्षिण में दमन सूबे तक बताई जाती है।

1826 में पानीपत की लड़ाई में इब्राहिम लोधी को हराकर बाबर ने मुगल साम्राज्य की नींव डाली। हुमाँयू ने मंदसौर के युद्ध में गुजरात के बहादुरशाह को हराया। शेरशाह ने मालवा को जीता। शेरशाह की मृत्यु के बाद मालवा स्वतंत्र हुआ। कुछ समय बाद अकबर ने बाज बहादुर से मालवा छीन लिया। अकबर ने आसफ खाँ को गोंडवाना पर हमले के लिए भेजा। रानी दुर्गावती से आसफ खाँ का भयंकर युद्ध हुआ जिसमें दुर्गावती पराजित हुईं। अकबर की साम्राज्यवादी नीति के कारण मध्य प्रदेश मुगल साम्राज्य का अंग बना।

क्षेत्रफल की दृष्टि से देश का दूसरा बड़ा राज्य मध्य प्रदेश पर्यटन की दृष्टि से अपना विशिष्ट स्थान रखता है। यहाँ की चहुँ ओर बिखरी हुई प्राकृतिक सुषमा एवं सुंदरता पर्यटकों को आकर्षित करने की क्षमता रखती है। पर्यटक चाहे शिल्पी, पुरातत्त्ववेत्ता, इतिहास प्रेमी अथवा सामान्य सैलानी क्यों न हों, उन्हे यहाँ के पर्यटन स्थलों को देखकर आनंद की अनुभूति होती है। यहाँ के पर्यटन केन्द्रों को चार श्रेणियों में बाँट सकते हैं–

1. प्राकृतिक एवं पुरातत्त्वीय महत्त्व के स्थान
2. प्राकृतिक सौंदर्य के स्थान
3. धार्मिक महत्त्व के स्थान
4. वन्य प्राणी पर्यटन स्थल

प्रदेश के पर्यटन केन्द्रों में से कुछ प्रमुख पर्यटन एवं धार्मिक स्थानों का विकास विशेष रूप से किया गया है, जिनमें खजुराहो, कान्हा, साँची-भोपाल, माण्डू-इंदौर, ग्वालियर-शिवपुरी, पचमढ़ी, चित्रकूट, (भेड़ाघाट) संगमरमर की चट्टानें, ओरछा, भोजपुर, भीमबेटका आदि हैं।

मध्य प्रदेश की राजभाषा हिन्दी है। मध्य प्रदेश की प्रमुख भाषाएँ (बोलियाँ) गोंडी, निमाड़ी, मालवी, बुंदेली (बुंदेलखण्डी) एंव बघेली हैं। राज्य की कुल जनसंख्या का तेईस प्रतिशत जनजातियों की संख्या है। मध्यप्रदेश में जनजातियों का बाहुल्य है। देश की जनजाति संख्या का सात प्रतिशत अनुसूचित जनजाति तथा पच्चीस प्रतिशत अनुसूचित जनजाति जनंसख्या मध्य प्रदेश में है। उनसठ जनजातियाँ या जनसमूह मध्य प्रदेश में पाए जाते हैं। कठिन भौगोलिक परिस्थितियों में रहने के कारण एवं परिवहन की सीमित सुविधाओं के कारण जनजातियों का संपर्क देश के अन्य भागों से नहीं रहा। बाहरी दुनिया से संपर्क न होने के कारण इनके आवास, वस्त्र, आर्थिक कार्य, भाषा, रीति-रिवाज, धर्म आदि जीवन के सभी पक्ष आदिम काल जैसे हैं। जनजातियों का कोई लिखित इतिहास उपलब्ध न होने से इनका परम्परागत ज्ञान पीढ़ी-दर-पीढ़ी हस्तांतरित होता रहता है। प्रदेश की प्रमुख जनजातियाँ गोंड, भील, भिलाला, कोरकू, बैगा सहरिया, कोल, बारेला, भारिया, पटेलिया, कमार, धनगड़, पारधी आदि हैं।

मध्य प्रदेश में अनेक जनजातियाँ एवं उपजनजातियाँ हैं। यहाँ की कुल जनसंख्या का लगभग छह प्रतिशत आबादी जनजातियों की है, जिनमें अगरिया, बैगा, भील, बंजारा, भारिया, गौड़, कोरकू, सहरिया, पनिका, पारथी शामिल हैं। यहाँ की तीन जनजातियों–बैगाचक के बैगा, पातालकोट के भारिया तथा ग्वालियर संभाग के सहरिया को आदिम जनजाति की मान्यता है। अनेक सरकारी योजनाओं के बावजूद अभी भी यहाँ की जनजातियाँ अपने अस्तित्व के लिए संघर्षरत हैं।

प्रदेश की सबसे बड़ी जनजाति गोंड है जो मुख्यत: नर्मदा–सोन घाटी में रहती है। भील जनजाति मध्य प्रदेश के पश्चिम क्षेत्र झाबुआ, धार में तथा सहरिया उत्तर पश्चिमी मध्य प्रदेश में ग्वालियर, गुना एवं शिवपुरी में रहती है। बैगा का निवास मण्डला, बालाघाट क्षेत्र में है। कोल रीवा, जबलपुर, शहडोल, सीधी और सतना क्षेत्र में रहते हैं। अधिकांश जनजातियों की अपनी–अपनी भाषाएँ (बोलियाँ) हैं। विभिन्न भाषाओं के विकास में इन बोलियों की पारस्परिक समृद्धि के प्रयासों का अपना अलग महत्त्व रहा है। प्रदेश में प्रचलित सभी भाषाओं को पारस्परिक संबंधों का फायदा मिला है।

मध्य प्रदेश के ग्रामीण क्षेत्र में अनेक लोक नृत्य प्रचलित हैं जिनमें बुंदेलखण्ड का कानरा नृत्य, राई नृत्य, बधाई नृत्य एवं सैरा नृत्य, कोरकू आदिवासियों का चटकोटा नृत्य, बैगा तथा गौड़ समुदाय का परधौनी नृत्य, रीना नृत्य एवं विमला नृत्य, भीलों का भगोरिया नृत्य, मालवा का मटकी नृत्य, गौड़ों का गोचो नृत्य, कंवर आदिवासियों का बार नृत्य, कंजर, बंजारों और सहरिया लोगों का लंहगी, ढुल–ढुल घोड़ी नृत्य एवं ग्वाला एवं गुर्जर समुदाय का बरेली नृत्य प्रमुख है।

प्रचलित लोक नाट्यों में प्रमुख रूप से मालवा अंचल का माचा, बुंदेलखण्ड का राई स्वांग, निमाड़ का काठी, बुंदेलखण्ड एवं बघेलखण्ड में नौटंकी एवं राजस्थान की सीमा से जुड़े क्षेत्रों में ढोला मारू की कथा सभी का लोक प्रतिनिधित्व करते हैं।

प्रदेश में प्रचलित सभी भाषाओं (निमाड़ी, मालवी, बुंदेलखण्डी, बघेली एवं अन्य आदिवासी भाषाएँ) को पारस्परिक संबंधों का फायदा मिलने से यहाँ का साहित्य (लोक साहित्य और शहरी साहित्य) समान रूप से पल्लवित हुआ है। प्रसिद्ध उपन्यासकार वृन्दावन लाल वर्मा ने अपने उपन्यास में बुंदेलखण्ड में बोली जाने वाली भाषा का यथावत उपयोग किया है। साहित्य मानव निर्मित है परन्तु प्राकृतिक रचनाएँ जैसे–पहाड़, नदी, मैदान आदि साहित्य की जिंदगी में शामिल हैं। रसीले लोकगीत मध्य प्रदेश की आत्मा हैं। इन लोकगीतों और किंवदंतियों की प्रत्येक कड़ी से व्यक्त होता है कि लोग क्या कहना चाहते हैं। प्रागैतिहासिक काल में निर्मित भित्तिचित्र और प्राचीन काल के स्मृति चिह्न इसका प्रमाण प्रस्तुत करते हैं। काव्य के पिता वाल्मीकि, महान कवि कालिदास और बाणभट्ट मध्य प्रदेश के निवासी रहे हैं। महान संगीतज्ञ रीवा के राज दरबार की शोभा बढ़ाते थे। मध्य प्रदेश में अनेक पवित्र तीर्थ स्थान हैं। भास, आचार्य भरत, पतंजलि, वात्सायन, वराहमिहिर और राजशेखर ने अपने विचारों को इस राज्य में मूर्तरूप किया। *महाभारत* और *स्कंध पुराण* के कुछ भाग यहीं रचे गए।

हिन्दी साहित्य के वीरागाथाकाल अन्तर्गत राजा भोज की पुत्री राजमति *विशाला देव रासो* की नायिका है। बहुचर्चित *आल्हा* की रचना लोककवि जगनिक ने की थी। मध्ययुगीन कवि तुलसी, फक्कड़ बाबा कबीर, पन्ना के संत प्राणनाथ, प्रसिद्ध कवि भूषण आदि का कार्यक्षेत्र भी मध्य प्रदेश रहा है। बुंदेलखण्ड की राजधानी ओरछा से कला और साहित्य की कोपलें फूटीं। मध्य युग में मध्य प्रदेश कला और संस्कृति का अत्यंत समृद्ध केंद्र रहा है। महान कवि बिहारी, सुंदर, अक्षर अनन्य, पद्माकर, बैलाल, बोध ठाकुर, करण नवाज और मनचित ने अपने साहित्य से इस काल को प्रभावित किया।

आधुनिक युग के साहित्य में मध्य प्रदेश का विशेष योगदान है। ठाकुर जगमोहन सिंह की कविता 'श्याम स्वरूप' अद्वितीय है। प्रकृति का चित्रण और ग्रामीण जीवन के प्रयोग से ठाकुर जगमोहन अन्य कवियों से अलग रहे हैं। गद्य में भी सामान्य जीवन के सुंदर दृश्यों का वर्णन किया है। विद्रोह और उन्माद को चित्रित करने की कला उनके गद्य और पद्य दोनों में पाई जाती है। आप विजय राघौगढ़ जिला जबलपुर के रहने वाले थे। नौग्रही जिला रीवा के कवि गोपाल शरण सिंह की प्रमुख रचनाएँ *माधवी, मानती, संचिता, ज्योतिषमिति, कादम्बरी* आदि हैं। आपने अपनी कविताओं में सामाजिक बुराइयों और कठोर परम्परा में जकड़ी महिलाओं को मुक्त कराने का प्रयास किया है।

दादा माखनलाल चतुर्वेदी 'एक भारतीय आत्मा', बाल कृष्ण शर्मा 'नवीन', सुमद्राकुमारी चौहान और शिव मंगल सिंह सुमन ने मुकुटधर पाण्डेय की कविताओं की विधा को आगे बढ़ाया। छायावादी कवियों ने स्वतंत्रता संग्राम के दौर में खूब कविताएँ लिखीं। उत्तर छायावादी युग में बच्चन, अंचल तथा नरेन्द्र शर्मा ने प्रतिनिधित्व किया। इन कवियों ने प्यार की प्रचुरता का और अलंकारिक विधा का उपयोग किया। इस दौरान साहित्य को बेहतरीन कृतियाँ मिलीं। मार्क्सवादी रचनाकार शाजापुर के नेमीचंद्र जैन, मालवा क्षेत्र के प्रभाकर माचवे और गजानन माधव मुक्ति बोध, गिरिजा कुमार माथुर, भारत भूषण अग्रवाल,

रामविलास शर्मा आदि मध्य प्रदेश के थे। इस दौर में हिंदी कविता चरम पर थी। अपनी प्रकाशन क्षमता के आधार पर अज्ञेय को भी इस दल में जोड़ा गया। *तार सप्तक* का संपादन अज्ञेय ने किया। जिसमें नई कविता की प्रतिनिधि रचनाएँ हैं। *तार सप्तक* की समालोचना ने प्रयोगवाद को जन्म दिया और कविता से नई कविता के आंदोलन की शुरूआत हुई। मार्क्सवाद के समर्थक मुक्तिबोध और अज्ञेय थे। *तार सप्तक* के दूसरे और तीसरे संस्करण में मार्क्सवाद का विरोध होना शुरू हो गया। इन सप्तकों में भवानी प्रसाद मिश्र, शमशेर, नरेश मेहता और हरिनारायण व्यास मध्य प्रदेश के थे।

कथात्मक परिदृश्य में प्रमोद वर्मा, प्रकाश दीक्षित, हरिनारायण व्यास, वीरेन्द्र मिश्रा, चंदकांत देवताले, मलय, श्रीकांत जोशी, अशोक वाजपेयी, सुदीप बैनर्जी, शिवकुमार श्रीवास्तव, भगवत रावत, आग्नेय, विष्णु खरे, रमेश दवे, रमेश दुबे, विनय दुबे, प्रभात त्रिपाठी, माणिक वर्मा, मुकुट बिहारी सरोज, नरेन्द्र जैन, शलभ श्रीराम सिंह, नरेन्द्र जैन, गिरिधर राठी, मोहन श्रीवास्तव, उदयन वाजपेयी, ओम भारती, ललित सुरजन, ओम ठाकुर, विनोद शुक्ल, ओम भारती, गोविन्द द्विवेदी, राजेश जोशी, फ़जल तपिश, उदय प्रकाश, पूर्ण चंद्ररथ, राजेन्द्र शर्मा, बनाफ़र चंद्र, सीता किशोर खरे, विजय गुप्ता, रवि श्रीवास्तव, निरंजन श्रोत्रिय, कुमार अंबुज, हरिओम राजोरिया, ध्रुव शुक्ल, सेवाराम त्रिपाठी, प्रतापराव कदम, दिनेश कुशवाह, विजय अग्रवाल ने सृजनात्मक लेखन किया।

समालोचना के क्षेत्र में भी मध्य प्रदेश ने उच्च स्तरीय पहल की। सागर विश्वविद्यालय के हिंदी विभाग के प्रमुख नंद दुलारे वाजपेयी ने 'छायावाद' के व्याख्याता के रूप में अपना विशिष्ट प्रभाव छोड़ा। आपने विभाग में ऐसे शिक्षकों को भर्ती किया जिन्होंने आधुनिक साहित्य को स्थायित्व प्रदान किया। गंगाधर झा और प्रेम शंकर ऐसे लोगों में से ही थे। सागर विश्वविद्यालय से निकले अनेक छात्रों में से धनंजय वर्मा, कांतिकुमार जैन, चंदभूषण तिवारी, नरेन्द्र देव वर्मा, प्रभात त्रिपाठी, चंदकांत देवताले, विजय बहादुर सिंह, राजेश्वर दयाल सक्सेना, गणेश खरे, रामकुमार सिंह आदि ने समालोचना के क्षेत्र में उल्लेखनीय कार्य किया है। अशोक वाजपेयी के द्वारा सृजनात्मक समालोचना आगे बढ़ी। रमेशचन्द्र शाह की कई पुस्तकें प्रकाशित हुईं। श्री रमेश दवे आज भी इस क्षेत्र में सक्रिय हैं।

कहानी लेखन में भी मध्य प्रदेश को विशेष स्थान मिला है। माधवराव सप्रे को पहला कहानीकार होने का श्रेय मिला। स्वतंत्रता के पूर्व उपन्यास और कहानी के क्षेत्र में कोई उल्लेखनीय काम नहीं हुआ लेकिन स्वतंत्रता के बाद नई कहानी आंदोलन को गति मिली। मुक्तिबोध और हरिशंकर परसाई ने एक नए प्रारूप में पर्याप्त कहानियाँ लिखी। उन्हे व्यंग्यकार के रूप में प्रसिद्धि मिली। इस शृंखला में शरद जोशी दूसरे लेखक थे। जोशी के सभी लेख उनके प्रकाशन, 'यथा संभव' में प्रकाशित हुए हैं। इनके बाद बाल पांडे, रामनारायण उपाध्याय, मोहन श्रीवास्तव, ज्ञान चतुर्वेदी, प्रभाकर चौबे, संतोष खरे, अंजली चौहान, सुबोध श्रीवास्तव, जगत सिंह विष्ट, गंगाप्रसाद गुप्ता, महावीर अग्रवाल ने भी व्यंग्य विधा में नाम कमाया।

छठे और सातवें दशक में कहानी लेखन की नई पीढ़ी का उदय हुआ जिनमें ज्ञानरंजन प्रमुख थे। मृणाल पाण्डे, मालती जोशी, ज्योत्सना मिलन, उर्मिला शिरीष उत्कृष्ट महिला कहानीकारों में जानी जाती हैं। प्रसिद्ध लेखिका शिवानी का जन्म मध्य प्रदेश में ही हुआ था।

नाटक लेखन में भी मध्य प्रदेश का काम उल्लेखनीय रहा है। उज्जैन से संबंधित कालिदास ने अनेक महत्त्वपूर्ण नाटक लिखे हैं। नरसिंहपुर के रामकुमार वर्मा को एकल नाटक का जनक माना जाता है। उनके भाई चंद्रप्रकाश वर्मा कविता और नाटक लिखते थे। जगन्नाथ मिलिंद और हरिकृष्ण प्रेमी के ऐतिहासिक नाटक प्रसिद्ध हैं। हबीब तनवीर ने अनेक नाटक लिखे और उनका मंचन भी किया।

मध्य प्रदेश में साहित्य सृजन की परम्परा जारी है। अनेक श्रेष्ठ लेखक और रचनाकार मध्यप्रदेश की साहित्यिक गतिविधियों को ऊँचाइयों की ओर ले जा रहे हैं। अनेक साहित्यिक संस्थाएँ और साहित्यकार निरंतर साहित्य सृजन में जुटे हैं।

प्रदेश में लोक साहित्य की रचना करने वाले भी अनेक लोकप्रिय साहित्यकार हुए हैं। निमाड़ी भाषा के संत सिंगाजी ने निमाड़ी में लगभग एक हजार एक सौ भजनों की रचना की। आपकी रचनाएँ *अनहद का नाद* नामक पुस्तक में शामिल हैं। सिंगाजी को निमाड़ का कबीर कहते हैं। सम्पूर्ण निमाड़ एवं मालवा क्षेत्र में सिंगाजी के भजन पूर्ण आदर के साथ गाए जाते हैं। बुंदेली के जयदेव कहे जाने वाले प्रसिद्ध लोक रचनाकार ईसुरी, बुंदेली के शिखरपुरुष के रूप में विख्यात हैं। *ईसुरी की फागें, ईसुरी प्रकाश* और *ईसुरी सतसई* इनकी प्रमुख रचनाएँ हैं। वियोग शृंगार की आपने उत्कृष्ट रचनाएँ कीं। प्रेम, विरह, शृंगार और आध्यात्मिकता से युक्त आपकी रचनाएँ अपने आप में उत्कृष्टता का नमूना हैं। कृषि वैज्ञानिक के रूप में घाघ अत्यंत प्रभावी और लोकप्रिय रहे हैं। घाघ और भडडरी की कहावतें लोक प्रसिद्ध हैं। वीर गाथाकाल में लोक नायकों की चरित्र गाथा वीर रस में रचने वाले जगनिक ने नैनागढ़ की लड़ाई, लोहागढ़ की लड़ाई, मंजरियों की लड़ाई, इंदलका विवाह आदि के साथ *आल्हाखण्ड* की श्रेष्ठतम रचना की थी। गीत, वाद्य और नृत्य के समुच्चय के प्रतीक संगीत का भी मध्य प्रदेश में गौरवशाली इतिहास रहा है। तानसेन और बैजूबाबरा ने राग भैरवी में विशेषज्ञता हासिल की। उनकी स्वर लहरियाँ आज भी ग्वालियर के संगीत समारोहों में गूँजती हैं। उस्ताद अलाउद्दीन खाँ महान सरोद वादक रहे हैं। आपकी अद्‌भुत गायन क्षमता को प्रोत्साहित करते हुए संगीत के क्षेत्र में उन्हें आफतावे हिन्द, भारतगौरव, संगीत नायक, पद्म विभूषण आदि सम्मानों से अलंकृत किया गया। पंडित रविशंकर जी, अली अकबर खाँ, पन्नालाल घोष, अन्नपूर्णा आदि आपके प्रसिद्ध शिष्य हैं। कर्नाटक संगीत की मधुर परम्परा के गायक कुमार गंधर्व मध्य प्रदेश की मालवा भूमि को गौरवान्वित करते रहे हैं। अपनी उदान्त भावनाओं की अभिव्यक्ति के लिए यहाँ भरथरी शैली, पण्डवानी, कालबेलिया शैली, नट शैली, भाट-भाड़ चारण शैली, तथा मौर्य शैली, अलग-अलग क्षेत्रों में प्रचलित है। फागगीत, संजागीत, आल्हागायन, विरहगीत, विदेशिया गीत, बाबुलिया, बरेदी, दादरिया आदि लोकगीतों के माध्यम से यहाँ के लोग अभी भी अनेक प्रेरणाओं का संचार करते हैं। यहाँ की प्रयोगधर्मी चित्रकला लोक प्रसिद्ध है। आधुनिक चित्रकला के प्रवर्तक डीडी देवलालीकर, नारायण श्रीधर बेन्द्रे, विष्णु चिंचालक आदि ने परम्परागत चित्रकारी और अकादमीवादी चित्रकला से हटकर लोक साहित्य, लोकमत और पाश्चात्य कला का अनुसरण किया है। सैय्यद अली हैदर रजा द्वारा मुसलमान होते हुए भी वेद मंत्रों को चित्रों पर अंकित किया गया।

मध्य प्रदेश की लोककला में पिथौरा चित्रकला, भित्ति शिल्प, दीपा शिल्प/शैली, भीली चित्रकला, गुड़िया शिल्प, काष्ठ शिल्प, कंघी शिल्प तथा कठपुतली आदि प्रचलन में हैं। लोकचित्रकला के माध्यम से लोकांचल एवं आदिवासी अंचलों में अनेक संस्कृतियों का प्रस्तुतिकरण हो रहा है। मालवी लोक चित्रकला, निमाड़ी चित्रकला, बुंदेली चित्रकला, बघेली चित्रकला, गौड़ी चित्रकला, बैगा चित्रकला के साथ-साथ जनजातियों की चित्रकला विशेष रूप से प्रचलित है।

ऐसे विशाल राज्य की सत्ताइस भाषाओं का सर्वेक्षण करने का गुरुतर दायित्व प्रदेश के शिक्षकों ने निभाया है। अलग-अलग क्षेत्रों के शिक्षकों के माध्यम से तैयार भाषाओं के दस्तावेज़ों का यह संग्रह अनुपम कृति है। अनोखे प्रदेश का यह अनोखा संग्रह, लोक जीवन की विविधताओं को अपने में समेटे हुए है। भाषाओं के माध्यम से लोक सांस्कृतिक परम्पराओं को संरक्षित करने की पवित्र भावना से ओतप्रोत शिक्षक साथियों की ओर से प्रदेश वासियों के लिए यह अनुपम भेंट है।

दामोदर जैन

भारतीय भाषा लोक-सर्वेक्षण से मेरा जुड़ना

मुझे भाषा से जुड़ने का सुअवसर 'एड इट एक्शन' के क्षेत्रीय निदेशक श्री रवि प्रताप सिंह के माध्यम से मिला। सितम्बर 2010 में मेरी सहमति से रवि प्रताप सिंह ने भाषाओं के सर्वेक्षण की एक बैठक में भाषाओं के लिए कार्य करने वालों की सूची में मध्य प्रदेश की ओर से मेरा नाम शामिल करा दिया। 2 अक्टूबर 2010 को हमें भाषा शोध एवं प्रकाशन केंद्र बड़ौदा द्वारा आमंत्रित किया गया। मैं और मेरी सहयोगी टीम ने भाषा के कामकाज को समझा और हम सभी भारतीय भाषाओं के लोक सर्वेक्षण के काम से जुड़ गए।

भाषा के साथ जुड़ना और जुड़कर काम करने को मैं अपना सौभाग्य मानता हूँ। यद्यपि शुरूआत में इस काम की गति और प्रगति के जो अनुभव मिले उनसे बहुत निराशा हुई, लेकिन शनैः शनैः सब ठीक होता गया। जब मध्य प्रदेश की लोकभाषाओं के बारे में हमने लोगों से बात की तथा साहित्यिक-सांस्कृतिक संस्थाओं से जानकारी प्राप्त की तो हमें भाषाओं के नाम तो बताए गए लेकिन किसी भाषा के बारे में व्यवस्थित जानकारी कहीं नहीं मिली। 'भाषा' ने न केवल भाषाओं के बारे में लोक दृष्टि दी बल्कि काम को व्यवस्थित करने में हर संभव मदद की। मध्य प्रदेश देश का वह प्रदेश है जहाँ पूरे देश की तेइस प्रतिशत आदिवासी आबादी है। प्रदेश में अनेक आदिवासी लोकभाषाएँ प्रचलित हैं। सांस्कृतिक दृष्टि से पूरा प्रदेश प्रमुख रूप से पाँच भागों में विभाजित है- बघेलखण्ड, बुंदेलखण्ड, मालवा, निमाड़ और गोंडवाना (महाकौशल)। अलग-अलग क्षेत्रों की अलग-अलग लोकभाषाएँ हैं- बघेली, बुंदेली, मालवी, निमाड़ी और गोंडी। इन भिन्न क्षेत्रों की लोकभाषाओं का एकीकृत दस्तावेज़ तैयार करना समय की मांग है क्योंकि सर्वत्र क्षेत्रीय बोली ही 'संवाद' का प्रमुख माध्यम है। भाषा द्वारा कराए जा रहे इस सर्वेक्षण के बारे में जिस से भी हमारी चर्चा हुई सभी ने इसकी उपयोगिता और महत्त्व को समझा। मुझे सर्वत्र इस महत्त्वपूर्ण कार्य दायित्व को शीघ्र पूरा करने की प्रेरणा और उत्साह प्राप्त हुआ।

मध्य प्रदेश में भाषा के सर्वेक्षण को प्रमुखतः 'एड इट एक्शन' संस्था के सहयोग से संचालित शिक्षक संदर्भ समूह (स्वैच्छिक रूप से कार्य करने वाले शिक्षकों का रचनात्मक मैत्री समूह) द्वारा पूरा किया गया है। शिक्षकों के इस समूह को दिशा व सहयोग देने का उत्तरदायित्व निभाया 'एड इट एक्शन' संस्था के क्षेत्रीय प्रबंधक श्री प्रवीण अरुण भोपे ने। प्रथमतः भाषा (बड़ौदा) के साथ हुए प्रारंभिक संवाद में हमारे साथीगण शामिल हुए, तत्पश्चात समूह के साथियों ने क्षेत्र में काम करने की जिम्मेदारी स्वीकार की। अनेक बार साथियों ने काम पूरा न कर पाने की स्थिति में निराशा प्रकट की, परन्तु हम सभी को सतत प्रेरणा प्राप्त हुई डॉ. गणेश देवी जी से। शिक्षा और साहित्य के तालमेल ने भाषा के सर्वेक्षण के महती उत्तरदायित्व को सहज पूरा कर लेने में विशेष सहयोग दिया। एस. एस. मिश्रा, फूल सिंह नरवरिया, श्री राम गोपाल रैकवार, सीमा प्रकाश, प्रवीण गोखले, सुधा सक्सेना सहित सभी मित्रों ने अच्छा सहयोग दिया।

भाषा के काम को समझने के बाद सभी साथियों ने अपने-अपने क्षेत्र की प्रचलित लोकभाषा का सर्वेक्षण करने का कार्य सहज स्वीकार किया। यह सौभाग्य रहा कि हमारे समूह में सभी क्षेत्रों (बुंदेलखण्ड, बघेलखण्ड, निमाड़, मालवा और महाकौशल) के प्रतिनिधि शामिल हैं। सभी ने विचारपूर्वक भाषा द्वारा विकसित 'प्रारूप' के दायरे में 'भाषा-सर्वेक्षण' का दायित्व निष्ठापूर्वक निर्वाह किया है। मध्य प्रदेश की क्षेत्रीय लोकभाषाओं के सर्वेक्षण में फूल सिंह नरवरिया ने अत्यधिक श्रमपूर्वक कार्य किया। चूंकि सभी साथी पूर्व से ही लोकभाषाओं के कार्य से जुड़े रहे हैं वह कार्य अनुभव हमें बहुत सहयोगी रहा। मुझे यह जानकर अत्यंत प्रसन्नता हुई कि शिवशंकर मिश्र 'सरस' की बघेली भाषा पर पुस्तक रीवा विश्वविद्यालय में प्रचलित है।

प्रथमत: 2 से 4 अक्टूबर 2010 में बड़ौदा कार्यशाला में सहभागिता उपरांत मध्य प्रदेश के कार्यदल द्वारा बघेली, बुंदेली, ब्रज, गोंडी, कोरकू पर कार्य की सहमति बनी। इसके अलावा निमाड़ी, मालवी, सहरिया, भीली, भदावरी, गूजरी, सिकरवारी, बारेला आदि पर भी कार्य की संभावना प्रकट की गई। भाषा द्वारा प्रकाशित साहित्य का भी सभी साथियों ने अध्ययन किया। इसके बाद 28 से 31अक्टूबर 2010 को हमें पुन: बड़ौदा जाने का सुअवसर मिला। इस कार्यशाला में हमारे दस प्रतिनिधियों को छत्तीसगढ़, राजस्थान एवं महाराष्ट्र के साथियों से परिचित होने तथा इन प्रदेशों में किए जा रहे कार्यों को भी समझने का अवसर प्राप्त हुआ। कार्य की प्रकृति के अनुरूप तय किया गया कि 3 से 4 दिसम्बर 2010 को प्रोफेसर गणेश देवी जी मध्य प्रदेश आकर कार्य करने वाले प्रतिनिधियों को व्यापक दिशा-निर्देश और सहयोग प्रदान करेंगे। 3 से 4 दिसम्बर को भोपाल में शिक्षक संदर्भ समूह की कार्यशाला सम्पन्न हुई। जनवरी 2011 में हमें केन्द्रीय शिक्षा संस्थान किशनगढ़, अजमेर (राजस्थान) में आयोजित तीन दिवसीय राष्ट्रीय बैठक में सहभागी होने का सुअवसर मिला। वर्ष 2011 में हमारे साथियों ने कार्य पूरा कर अपने-अपने दस्तावेज़ प्रस्तुत किए, जिनका अवलोकन एवं मार्गदर्शन का कार्य गणेश देवी जी के साथ-साथ सुरेखा देवी जी द्वारा किया गया। वर्ष 2011 में आयोजित राष्ट्रीय कार्यशालाओं में भागीदारी के माध्यम से भी भाषा सर्वेक्षण संबधी कार्य की समीक्षा और संशोधन का कार्य निरंतर किया गया। जनवरी 2012 में 7-8 जनवरी को 'भाषा वसुधा' के अवसर पर मध्य प्रदेश के सभी प्रतिनिधियों ने उत्साहपूर्वक भागीदारी की। इस आयोजन में भाषा के प्रति लोगों के जुड़ाव को सभी ने अत्यंत गंभीरता के साथ अनुभव किया। अप्रैल 2012 में हमारे अनुरोध पर डॉ. गणेश देवी जी पुन: भोपाल पधारे और कार्य की प्रगति की समीक्षा कर अपना प्रेरक मार्गदर्शन दिया।

लगभग दो वर्ष की कार्यावधि में तैयार भाषा के दस्तावेज़ को जो देखता है, प्रसन्न हो जाता है। सब इस कार्य की सराहना करते हैं और पुस्तक प्राप्त करने के प्रति लालायित रहते हैं। मैंने इसे स्कूल शिक्षा विभाग, प्रौढ़ शिक्षा विभाग, राज्य संदर्भ केन्द्र (एस.आर.सी), शिक्षा मंत्री, शिक्षा सचिव, महामहिम राज्यपाल जी के समक्ष प्रस्तुत किया है। सभी ने इसे देखा और अपनी खुशी जाहिर की। समाचार पत्रों के साथियों, साहित्यकारों और शिक्षकों द्वारा भी इस कार्य को उपयोगी बताया गया है। मुझे बताया गया कि भाषा पर एक साथ ऐसी सामग्री, अब तक किसी को भी प्राप्त नहीं हुई। संभव है इसके प्रकाशन उपरांत शेष रह गई लोक भाषाओं के दस्तावेज़ीकरण का कार्य भी हमें शीघ्र करना पड़े। शैक्षिक दृष्टि से इस दस्तावेज़ के आधार पर छोटी (प्राथमिक) कक्षाओं के बच्चों के लिए *प्रवेशिकाएं* एवं *शब्दकोश* तैयार कराए जाएँ, जिनकी आवश्यकता और उपयोगिता सर्वत्र महसूस की जा रही है। जिन भाषाओं के दस्तावेज़ तैयार हुए हैं उनसे संपर्क व सरोकार रखने वालों के लिए यह दस्तावेज़ एक धरोहर स्वरूप है ऐसा एक अनुभव हमें निमाड़ी के साथी द्वारा बताया गया। साहित्यकारों के लिए लोकभाषाओं की यह सामग्री अत्यंत उपयोगी है। मेरे विचार से इसे मध्य प्रदेश के सभी पुस्तकालयों, ग्रंथालयों, शिक्षण-संस्थाओं और साहित्यिक संस्थाओं सहित सामाजिक संदर्भ में कार्य करने वाले सभी संगठनों तक पहुँचाया जाना चाहिए।

भाषा निरंतर बहने वाली नदी के समान होती है। जिस प्रकार विभिन्न जल स्रोत नदी को सबल बनाते हैं, सजल बनाते हैं उसी प्रकार अनेक प्रकार के शब्द, भाषा के रूप को गढ़ते चलते हैं; उसमें निरंतर परिर्वतन की प्रक्रिया चलती रहती है। वस्तुत: परिर्वतन ही भाषा को विकास की दिशा प्रदान करता है। विगत तीन हजार वर्षों से हमारे देश में भाषा का विकास होता रहा है। संस्कृत के लौकिक रूप से प्राकृत भाषाएँ– शौरसेनी, मागधी, अर्धमागधी, महाराष्ट्री और पैशाची आदि विकसित हुईं और इन प्राकृतों के लौकिक रूप से शौरसेनी अपभ्रंश, महाराष्ट्री अपभ्रंश, मागधी अपभ्रंश, अर्धमागधी अपभ्रंश, और पैशाची अपभ्रंश का विकास हुआ। वस्तुत: अपभ्रंश की कोख से हिन्दी का जन्म हुआ। काव्य की भाषा की दृष्टि से हिन्दी डिंगल और पिंगल दो भेदों में विभाजित हुई। शब्द-रचना-प्रक्रिया की दृष्टि से हिन्दी अपभ्रंश भाषा के अधिक निकट है। अपभ्रंश भाषा प्राचीन और आधुनिक भारतीय भाषाओं के बीच की महत्त्वपूर्ण कड़ी है। अपभ्रंश शब्दावली प्राकृत से बहुत अधिक प्रभावित है। अपभ्रंश भाषा अनेक भाषाओं का एक समुदाय है जिसका समय 500 ई. से 1000 ई. तक का था। ग्रियर्सन के अनुसार अपभ्रंश का प्रयोग ईसा की छटी शताब्दी में हुआ तथा यही अपभ्रंश भाषाएँ जनभाषा के रूप में प्रतिष्ठित हुईं।

आज़ादी के बाद भारतीय संविधान में पंद्रह भारतीय भाषाओं को मान्यता दी गई। बाद में इसमें तीन और भाषाएँ जोड़ी गईं। 26 जनवरी 1950 को संघ सरकार की ओर से हिन्दी को 'राष्ट्रीय सम्पर्क भाषा' के रूप से स्वीकार किया गया। हिन्दी हमारी संस्कृति की धरोहर एवं प्राण है। किसी भी भारतीय भाषा से हिन्दी का कोई टकराव नहीं हैं अपितु सभी भाषाएँ परस्पर पूरक हैं। भारतीय भाषाओं और लिपियों के साथ हिन्दी की प्रगति सभी चाहते हैं। हिन्दी में भारतीय भाषाओं का समन्वित रूप देखने को मिल सकता है। विभिन्न जनपदीय बोलियों के साथ हिन्दी का घनिष्ठ संबंध है और जनपदीय बोलियों के शब्दों को अपनाकर ही हिन्दी समृद्ध हो सकती है।

भावों की अभिव्यक्ति के सार्थक ध्वनि समूह को हम भाषा कह सकते हैं। भाषा लिपि का पर्याय नहीं है। भाषा को अंकित करने की व्यस्थित विधि लिपि है। भावों की अभिव्यक्ति हेतु प्रयुक्त लिपि चिह्न ही लिपि है। भाषा के अस्तित्व के लिए लिपि का होना बहुत ज़रूरी नहीं है। भावों की अभिव्यक्ति लिपि के बगैर भी संभव है। भाषा के विकास की दिशा में विचारों को सुरक्षित रखने के लिए ही लिपि का निर्माण हुआ है। भाषा ध्वनियों की व्यवस्था है किन्तु लिपि 'वर्णों' का संयोजन। लिपि भाषा की अनुगामिनी होती है। भाषा लिपि की तुलना में अधिक प्रवाहमान, स्वच्छंद, परिवर्तनशील एवं गतिशील होती है। लिपि भाषा को संरक्षण एवं प्रगतिशीलता प्रदान करती है। भाषा सीखने में लिपि का महत्त्वपूर्ण योगदान होता है। लिपि भाषा का शरीर है। अर्थ भाषा की आत्मा है जो भाषा को मानस् तत्त्व से जोड़ता है। भाषा के प्रमुख अंग हैं– शब्द, अर्थ, भाव, अनुभूति और संवेदना। अर्थ अमूर्त एवं गुणात्मक होता है जिसको जानने पर ज्ञान का सार प्राप्त किया जा सकता है।

भाषा सामाजिक उत्पाद और बहता नीर है। भाषाओं में आदान-प्रदान होना स्वाभाविक है। समुद्र के पानी और लहरों में जो संबंध है वही शब्द और अर्थ की अभिव्यक्ति में निहित है। प्रत्येक भाषा का अपना समाज है और उस समुदाय विशेष का अपनी भाषा से लगाव होना स्वाभाविक है। भाषा पर सांस्कृतिक वातावरण का प्रभाव पड़ता है। सामाजिक मूल्य भाषा की संरचना एवं शब्दावली के प्रयोग को जकड़े रहते हैं। किसी भाषा की शब्द संकल्पना अपनी होती है। शब्द हमारे मस्तिष्क को दूसरे तक पहुँचाने में महत्त्वपूर्ण योगदान करते हैं।

भाषा सर्वेक्षण कार्य दल के सदस्यों की सकारात्मक और सहयोगी भूमिका से अंतत: हम मध्य प्रदेश के सभी क्षेत्रों की अधिकांश लोकभाषाओं का सर्वेक्षण कार्य पूरा कर सके हैं जो इस दस्तावेज़ में प्रस्तुत हैं। इन लोकभाषाओं के अतिरिक्त हिन्दी और उर्दू के साहित्य और साहित्यकारों के बारे में भी संक्षिप्त जानकारी देने का प्रयास किया है। इस कार्य में अत्यधिक मेहनत के बावजूद अनेक त्रुटियाँ रह गई हैं जिन्हें हम सुधारने की हर संभव कोशिश करेंगे। सुधार की संभावना तो सदैव बनी ही रहेगी अत: पाठकों से अपेक्षा है कि आप हमारा सहयोग करेंगे। आप सभी के सुझावों का सदैव स्वागत रहेगा।

लोकभाषाओं के विलुप्त होते स्वरूप को बचाने के लिए किए गए इस लोकभाषा सर्वेक्षण संबंधी कार्य को अभी और अधिक गंभीरता पूर्वक किए जाने की ज़रूरत है। अनेक लोकभाषाओं के दस्तावेज़ तैयार करना भी अभी शेष है। इस दस्तावेज़ के माध्यम से यह संदेश प्रभावी होगा कि लोकभाषाओं का एक समग्रग्रंथ बनाना समय की मांग है। लोकभाषाएँ, भाषा के स्वरूप और अस्तित्व को प्रभावी बनाती हैं। लोकभाषाएँ भाषा से न छोटी हैं और न बड़ी। भाषा और लोकभाषाओं की परस्परता का भाव लोककल्याण की दृष्टि से उपयुक्त है। लोकभाषाएँ, भाषा रूपी सागर की नदियाँ हैं जिनके निर्मल नीर से भाषा रूपी सागर सदैव भरा हुआ रहेगाा। हमारे अनुभव में यह तथ्य भी स्पष्ट हुआ है कि अभी हमारे पास प्रदेश की अनेक लोकभाषाओं के बारे में समग्रत: जानकारी उपलब्ध ही नहीं है। इस महत्त्वपूर्ण कार्य दायित्व में सभी संस्थाओं और लोगों का विशेष सहयोग वांछनीय है।

दामोदर जैन

पाठकों से विनती

इस ग्रंथ में भारतीय भाषाओं के लोक-सर्वेक्षण के अंतर्गत उर्दू, हिन्दी, बघेली, बुंदेली, कछवायघारी, कोरकू, कौरवी, जटवारी, जादोंमाटी, तौरघारी, पवारी, पंचमहली, भदावरी, रजपूती, लोधघारी, सिकरवारी, ब्रज, निमाड़ी, मालवी, गोंडी, नहाल, बारेला, बंजारी, भीली, मवासी, सहरियाई एवं पारधी भाषाओं पर जानकारी प्रस्तुत की गई है। प्रस्तुत दस्तावेज़ में अभी मध्य प्रदेश की अनेक भाषाओं (कहानी (ढिमरयाई), कंजरयाई, किरारी, मरारी, अगरिया, बैगानी, कबूतरी, कोष्ठी, राठवा, डंगरयाई, गुर्जरी आदि) के दस्तावेज़ तैयार करना शेष है। आगामी संस्करण में यह प्रयास किया जा सकता है।

पाठकों से अनुरोध है कि मध्य प्रदेश की ऐसी भाषा या भाषाएँ जिनका इस दस्तावेज में उल्लेख नहीं हुआ है (और पाठक जिन्हें इस दस्तावेज़ में सम्मलित कराना चाहते हैं) वे इस संदर्भ में निम्न से संपर्क स्थापित कर भाषाओं के सर्वेक्षण कार्य में सहयोगी बन सकते हैं।

दामोदर जैन

लिपि

मध्य प्रदेश की अधिकांश भाषाओं के लिए देवनागरी लिपि का प्रयोग होता है।

स्थानीय भाषाओं के अनेक स्वनिमों को अंकित करने के लिए देवनागरी में पर्याप्त ध्वनि चिह्न नहीं हैं। अत: अनेक पुस्तकों में वैकल्पिक चिह्नों का प्रयोग करने का प्रयास किया गया है। मध्य प्रदेश की विभिन्न भाषाओं के लिए निम्न लिपि चिह्नों का प्रयोग किया जाता है–

देवनागरी

स्वर : अ आ इ ई उ ऊ ए ऐ ओ औ अं अः

व्यंजन : क ख ग घ ङ
च छ ज झ ञ
ट ठ ड ढ ण ड़ ढ़
त थ द ध न
प फ ब भ म
य र ल व
श ष स ह

मध्य प्रदेश में देवनागरी के अतिरिक्त गोंडी एवं उर्दू का भी प्रयोग होता है। गोंडी एवं उर्दू लिपि के उदाहरण अगले पृष्ठों में दिए जा रहे हैं।

गोंडी भाषा लिपि

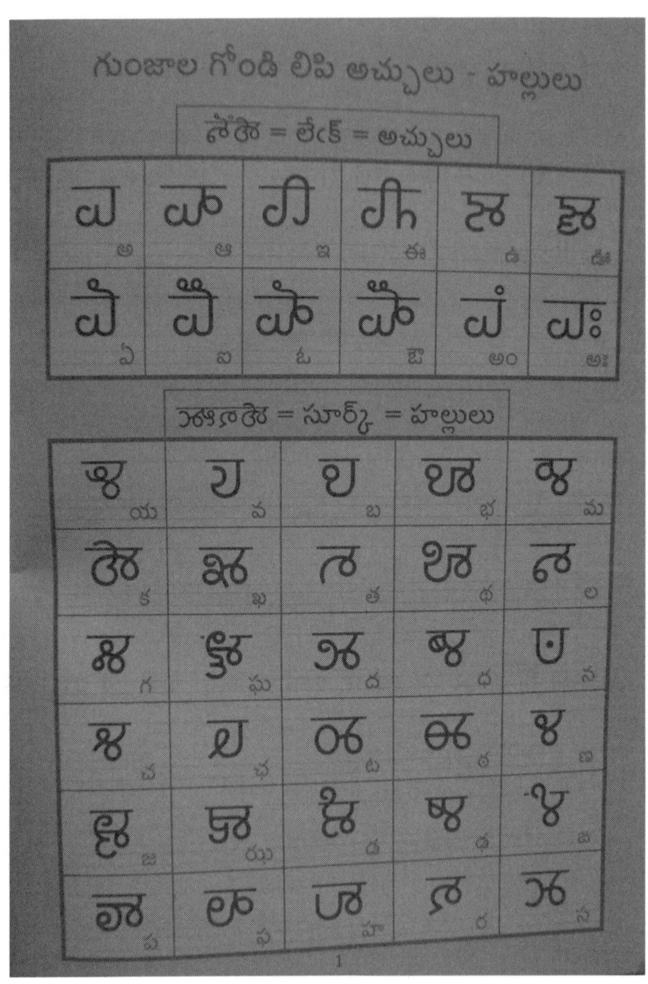
గుంజాల గోండి లిపి అచ్చులు - హల్లులు
= లేక్ = అచ్చులు
అ ఆ ఇ ఈ ఉ ఊ
ఏ ఐ ఓ ఔ అం అః
= సూర్క్ = హల్లులు
య వ బ భ మ
క ఖ త థ ల
గ ఘ ద ధ న
చ ఛ ట ఠ ణ
జ ఝ డ ఢ ఞ
ప ఫ హ ర స
1

उर्दू भाषा लिपि

خ xē ख़े	ح baṙī ḥē बड़ी हे	چ čē चे	ج jīm जीम	ث ṣē से	ٹ ṫē टे	ت tē ते	پ pē पे	ب bē बे	ا alif अलिफ़
ص ṣuād सुआद	ش šīn शीन	س sīn सीन	ژ žē झ़े	ز zē ज़े	ڑ ṙē ड़े	ر rē रे	ذ ẕāl ज़ाल	ڈ ḋāl डाल	د dāl दाल
ل lām लाम	گ gāf गाफ़	ک kāf काफ़	ق qāf क़ाफ़	ف fē फ़े	غ ġǣn ग़ैन	ع 'ǣn ऐन	ظ ẓōē ज़ोए	ط ṭōē तोए	ض źuād ज़ुआद
		ے baṙī yē बड़ी ये	ی čȟōṫī yē छोटी ये	ء hamzah हमज़ा	ھ dō-čašmī ȟē दोचश्मी हे	ہ čȟōṫī hē छोटी हे	و wāō वाओ	ن nūn नून	م mīm मीम
۰ ० 0 ṣifar सिफ़र	۱ १ 1 ēk एक	۲ २ 2 dō दो	۳ ३ 3 tīn तीन	۴ ४ 4 čār चार	۵ ५ 5 pā^{n}č पांच	۶ ६ 6 čȟē छे	۷ ७ 7 sāt सात	۸ ८ 8 āṫȟ आठ	۹ ९ 9 nō̤ नौ

भारतीय भाषायी वितरण : पाई चार्ट

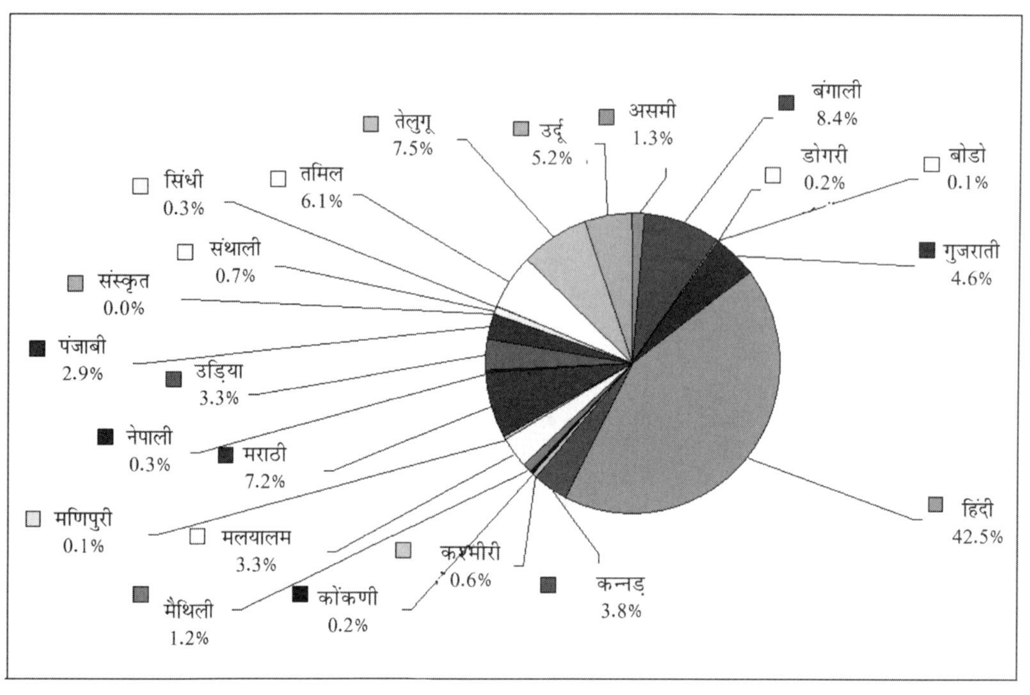

मध्य प्रदेश की अनुसूचित भाषाएँ : पाई चार्ट

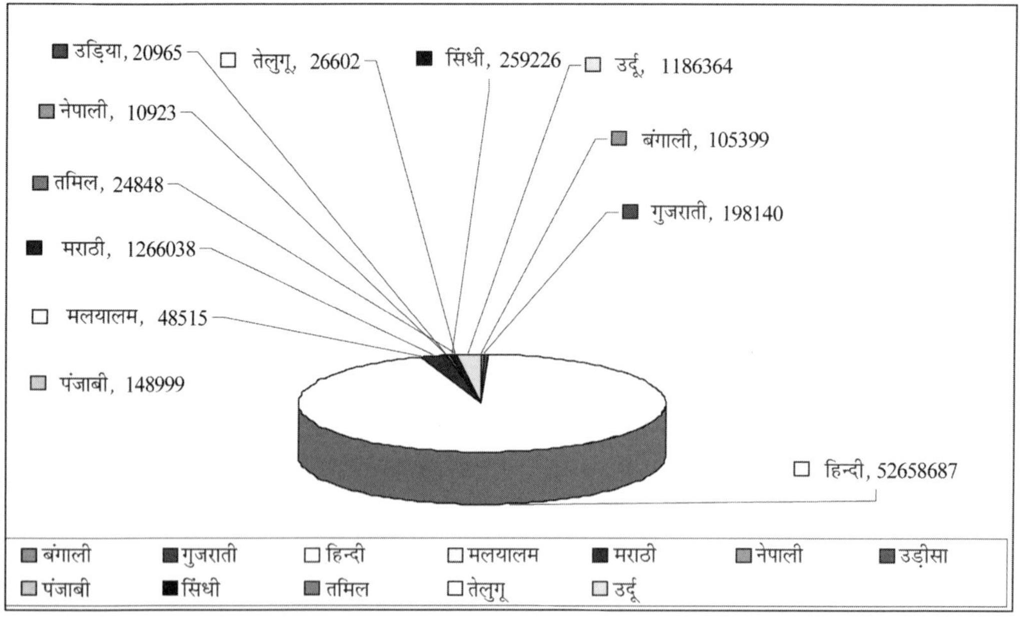

सभी आंकड़े जनगणना सर्वेक्षण 2001 पर आधारित हैं। 10,000 से कम लोगों द्वारा बोली जाने वाली भाषाओं को इस चार्ट में प्रदर्शित नहीं किया गया है।

सहयोगी लेखकों की सूची

उर्दू
आसिफ़ सईद, महमूद मलिक, सालेहा कौसर

हिन्दी
दिनेश भट्ट

कछवायघारी
मंजू नरवरिया

कोरकू
सीमा प्रकाश

कौरवी
फूल सिंह नरवरिया, आशा नरवरिया

गोंडी
सुरेश कुमार रामटेक

जटवारी
फूल सिंह नरवरिया
दामोदर जैन

जादोंमाटी
अभिमन्यु सिंह नरवरिया
मंजू नरवरिया

तौरघारी
शैलेन्द्र सिंह नरवरिया

नहाल
दीपक बुंदेले

निमाड़ी
स्व. सुधा सक्सेना, मोहम्मद शाहिद खान

पंचमहली
फूल सिंह नरवरिया, रमेश चंद्र जोशी

पवारी
आशीष मालवीय, रेखा भांगरे, संजय मिश्रा

पारधी
गोपाल नारायण आवटे, राम गोपाल रैकवार

बंजारी
फूल सिंह नरवरिया, प्रवीण अरुण भोपे

बघेली
शिवशंकर मिश्र 'सरस'

बारेला (भिलाली)
प्रवीण गोखले

बुंदेली
राम गोपाल रैकवार, दामोदर जैन

ब्रज
बिजेन्द्र भदौरिया

भदावरी
फूल सिंह नरवरिया, शैलेन्द्र सिंह नरवरिया

भीली
रमेश सिंघाड़, संध्या मायवाड़, दामोदर जैन

मवासी
दिनेश भट्ट

मालवी
विनय सिंह चौहान

रजपूती
फूल सिंह नरवरिया

लोधघारी
फूल सिंह नरवरिया, आशा नरवरिया

सहरियाई
फूल सिंह नरवरिया, मंजू नरवरिया

सिकरवारी
फूल सिंह नरवरिया, मंजू नरवरिया

अकारादि क्रम में मध्य प्रदेश की भाषाओं के नाम

I. अनुसूचित भाषाएँ

- उर्दू
- हिन्दी

II. गैर-अनुसूचित भाषाएँ

- कछवायघारी
- कोरकू
- कौरवी
- गोंडी
- जटवारी
- जादोंमाटी
- तौरघारी
- नहाल
- निमाड़ी
- पंचमहली
- पवारी
- पारधी
- बंजारी
- बघेली
- बारेला
- बुंदेली
- ब्रज
- भदावरी
- भीली
- मवासी
- मालवी
- रजपूती
- लोधघारी
- सहरियाई
- सिकरवारी

अनुसूचित भाषाएँ

1

उर्दू

आसिफ सईद, महमूद मलिक, सालेहा कौसर

1. मध्य प्रदेश में उर्दू के तारीखी पसमंजर[1] और इर्तिका[2]

मध्य प्रदेश के कयाम से पहले रियासत की सरकारी ज़बान उर्दू थी। अलबत्ता मुग़लिया दौर में ज़रूर सरकारी ज़बान हिन्दुस्तान के मुख़्तलिफ़[3] इलाकों की तरह मध्य प्रदेश में भी इल्म[4] और अदब[5] के इज़हार की ज़बान[6] फ़ारसी ही थी।

मुग़लिया दौर के खात्मे के बाद जब रियासती दौर की शुरूआत हुई तो उर्दू ज़बान वजूद पाकर परवान चढ़ चुकी थी। लिहाज़ा दूसरी रियासतों की तरह मध्य प्रदेश में उर्दू को फ़रोग़[7] हासिल हुआ। सरकारी कामकाज के अलावा आम बोलचाल की ज़बान भी उर्दू ही थी।

रियासत के दौर में छोटी-छोटी रियासतों में तालीम[8] का ज़रिया उर्दू ही थी। मध्य प्रदेश में आने वाली रियासतों में भी तालीम का ज़रिया उर्दू ही थी। इस तरह उनमें उर्दू की ख़ूब तरक़्क़ी हुई। हुक्मरान ने अपनी रियासतों में आलिमों[9] और दानिशवरों[10] को जगह दी। स्कूलों और मदरसों का क़याम[11] अमल[12] में आया। जहाँ दीनी तालीम के अलावा दुनियवी तालीम की ज़बान उर्दू ही थी। रियासती दौर में मध्य प्रदेश में उर्दू मीडियम के स्कूल जगह-जगह खोले गए। उनमें आलिम-फ़ाज़िल उलेमाओं[13] का तक़र्रुर[14] किया गया। भोपाल, जावरा, बुरहानपुर, कुरवाई इत्यादि शहरों में जहाँ नवाबों की हुकूमत थी वहाँ-वहाँ उर्दू ज़बान की ख़ातिरख़्वाह[15] तरक़्क़ी हुई।

धीरे-धीरे रियासतें खत्म होने लगी और जब मुल्क आज़ाद हो गया तो उसके बाद भी कई बरस तक उर्दू का बोल-बोला रहा। खण्डवा, बुरहानपुर, भोपाल, जावरा, वग़ैरह में जो उर्दू मीडियम स्कूल खोले गए थे उनमें से कुछ आज भी क़ायम हैं। मगर 1956 में जब मध्य प्रदेश का क़याम अमल में आया तो धीरे-धीरे हालात बदलने लगे। हालांकि बोलचाल और खत-ओ-किताबत की ज़बान काफ़ी अर्से तक उर्दू ही रही लेकिन वक्त और हालात के सबब धीरे-धीरे उर्दू को वो अहमियत[16] हासिल न रही जो रियासत के जमाने में हुआ करती थी; मौजूदा दौर में भी जैसा के ऊपर अर्ज़ किया गया है, कई शहरों में उर्दू मीडियम स्कूल क़ायम हैं मगर उनकी सेहत[17] अच्छी नहीं है।

---

1. तारीखी पसमंजर = ऐतिहासिक दृष्टि. 2. इर्तिका = आरंभ. 3. मुख़्तलिफ़ = विभिन्न. 4. इल्म = ज्ञान. 5. अदब = साहित्य. 6. ज़बान = भाषा. 7. फ़रोग़ = उन्नति. 8. तालीम = शिक्षा. 9. आलिमों = जानकारों, विद्वानों. 10. दानिशवरों = विशेषज्ञ, बुद्धिजीवी. 11. क़याम = स्थापना. 12. अमल = प्रक्रिया. 13. आलिम फ़ाजिल उलेमा = शिक्षाविद्. 14. तक़र्रुर = नियुक्ति. 15. ख़ातिरख़्वाह = बहुत तीव्र व्यवस्थित, मनचाही. 16. अहमियत = वरीयता. 17. सेहत = स्थिति.

ऐसा नहीं है कि आज मध्य प्रदेश से उर्दू बिल्कुल खत्म हो गई है। मध्य प्रदेश के हर उस इलाके में जहाँ मुस्लिम समाज रहता है; वहाँ उर्दू लिखी-पढ़ी और बोली जाती है। और इसकी सबसे बड़ी वज़ह वहाँ चलने वाले मदरसे हैं; इससे इनकार नहीं किया जा सकता के आज उर्दू को बचाए रखने में मध्य प्रदेश के मदरसों का बहुत अहम रोल है। इसके अलावा उर्दू मशायरों ने भी अवाम[1] के दिलों में दिलचस्पी पैदा की है।

2. मध्य प्रदेश में उर्दू की तालीम और तालीमी इदारे

जैसा के उर्दू के तारीख़ी पसमंजर में अर्ज़ किया गया है कि मध्य प्रदेश में उर्दू के फ़रोग़ में या यूँ कहना चाहिए कि उर्दू की बक़ा[2] में उर्दू मदरसों को बहुत अहमियत हासिल है। मध्य प्रदेश में जहाँ-जहाँ मुस्लिम आबादी है, वहाँ प्राइवेट और सरकारी स्कूलों में उर्दू तालीम का बेहतरीन इंतेज़ाम है। और इन स्कूलों में दर्जा एक से दर्जा बारहवीं तक उर्दू तालीम का माकूल[3] इंतेज़ाम है। जहाँ-जहाँ मुस्लिम आबादी कम है वहाँ ज़रूर स्कूलों में उर्दू असातिज़ा[4] की कमी है। लेकिन उन मक़ामात पर भी मदरसे क़ायम हैं और वो इस कमी को पूरा कर रहे हैं।

जबसे सरकार ने मदरसों को दुनियवी तालीम से जोड़कर ग्रांट देना शुरू किया है तबसे इस जानिब उर्दू की पूछ-परख थोड़ी बढ़ गई है। सरकारी स्कूलों में भी जहाँ मुस्लिम तुलाबा[5] ज़ेरे तालीम[6] हैं वहाँ उर्दू टीचर का तक़र्रुर किया जाता है।

मध्य प्रदेश मे उर्दू की तालीम, उसकी बक़ा और फ़रोग़ के लिए बहुत-से सरकारी और ग़ैर-सरकारी इदारे[7] काम कर रहे हैं; जो इस तरह हैं-

1. सरकारी स्कूल-सरकार ने अपने स्कूल तालीमी कानून में यह साफ़ लिखा है के क्लास में यदि दस तालिब और पूरे स्कूल में चालीस तालिब उर्दू पढ़ना चाहते हैं तो वहाँ उर्दू टीचर का इंतेज़ाम किया जाएगा।

2. प्राइवेट स्कूल-ऐसे सभी प्राइवेट स्कूल जिसमें उर्दू के तालिब तालीम हासिल कर रहे हैं वहाँ उर्दू तालीम का इंतेज़ाम किया जाता है।

3. राज्य शिक्षा केन्द्र-उर्दू तालीम के सिलसिले में ये इदारा सबसे अहम कड़ी है। जो बहुत ही अहमतरीन[8] ज़िम्मेदारी निभा रहा है। इस इदारे का बेहद अहम काम उर्दू किताबों के निसाब[9] की तशकील[10] करना है। इस निसाब की तशकील में मध्य प्रदेश के काबिलतरीन असातिज़ा से कई-कई महीनों अर्क़रेज़ी[11] कराकर बच्चों की ज़हनी सतह[12] के ऐन मुताबिक़ दर्जावार निसाब तशकील करवाया जाता है। जिसको लाइक़ और फ़ाज़िल असातिज़ा[13] की कमेटियाँ अपनी कसौटी पर जाँचती और परखती हैं। कई नैशनल लेबिल के वर्कशाप और सेमीनार का इनइक़ाद[14] किया जाता है। कमियों को दूर किया जाता है। हर सिन्फ़[15] का बहुत बारीकी और ज़रूरत के मुताबिक इंतेखाब[16] किया जाता है। तब कहीं जाकर किसी दर्जे का निसाब तैयार होता है। फिर इस निसाब पर एक कमेटी नजरे सानी[17] करती है। तब उसे फाइनल माना जाता है।

दर्जे के हिसाब से जनरल और स्पेशल उर्दू के निसाब की कुतुब[18] तैयार की जाती हैं; इसके बाद इसकी प्रिंटिंग और महकमे[19] स्कूली तालीम के ज़रिए इन्हें सूबे[20] के तमाम स्कूलों तक पहुँचाने की अहम ज़िम्मेदारी भी मध्य प्रदेश राज्य शिक्षा केन्द्र भोपाल बखूबी निभाता है।

इस तरह पूरे वुसुक़[21] से यह बात कही जा सकती है के उर्दू के फ़रोग़ में मध्य प्रदेश राज्य शिक्षा केन्द्र की कोशिशें लाइके सताइश[22] हैं।

---

1. अवाम = जनता. 2. बक़ा = अस्तित्व, वजूद. 3. माकूल = सुव्यवस्थित. 4. असातिज़ा = शिक्षकगण. 5. तुलाबा = विद्यार्थी. 6. ज़ेरे तालीम = अध्ययनरत. 7. इदारे = संस्थाएँ. 8. अहमतरीन = महत्त्वपूर्ण. 9. निसाब = पाठ्यक्रम. 10. तशकील = निर्माण करना. 11. अर्क़रेज़ी = सार, निचोड़ निकालना. 12. ज़हनी सतह = बौद्धिक स्तर. 13. फ़ाज़िल असातिज़ा = विद्वान शिक्षक. 14. इनइक़ाद = आयोजन. 15. सिन्फ़ = विधा. 16. इंतेखाब = चयन. 17. नजरे सानी = दृष्टिगोचर. 18. कुतुब = किताबें. 19. महकमे = विभाग. 20. सूबे = प्रदेश. 21. पूरे वुसुक = पूर्ण विश्वास. 22. लाइक़े सताइश = स्वीकारात्मक.

4. मध्य प्रदेश मदरसा बोर्ड–मध्य प्रदेश में मुस्लिम आबादी वाले शहरों में जहाँ मदरसे क़ायम हैं वे उर्दू के अलावा सरकारी तालीम पर भी पूरा-पूरा ध्यान दे रहे हैं। इन मदरसों से खासतौर से छोटे-छोटे कस्बों और गाँवों में रहने वाले उर्दू तुलाबा को क़ाफ़ी फैज़[1] पहुँच रहा है। और इसमें मध्य प्रदेश मदरसा बोर्ड अपनी कोशिशों में काफ़ी हद तक कामयाब है। प्राइमरी और मिडिल सतह पर मध्य प्रदेश मदरसा बोर्ड अपनी सतह पर उर्दू मीडियम के इम्तिहानात मुनअक़िद[2] करता है। जो उन तुलाबा के लिए बेहद मुफ़ीद[3] हैं जिनकी ज़बान उर्दू है और जो दूसरी ज़बानों में इम्तेहानात नहीं दे सकते। इसका सबसे बड़ा फ़ायदा यह है के ऐसे तुलाबा जो उर्दू मीडियम से मध्य प्रदेश मदरसा बोर्ड से दर्जा आठवीं पास करते हैं सरकारी स्कूल में दर्जा नवीं में दाख़िला ले सकते हैं।

इसके अलावा दर्जा दसवीं और बारहवीं में भी उर्दू मीडियम से इम्तेहान देने के लिए मदरसा बोर्ड मदद करता है।

5. मध्य प्रदेश उर्दू अकादमी–मध्य प्रदेश उर्दू अकादमी उर्दू अदब को फ़रोग़ देने में सरगरमे अमल[4] है। यह एक सरकारी इदारा है जो मध्य प्रदेश के शायरों, अदीबों[5], कहानीकारों, नाटककारों की किताबें शाया[6] करता है या किताब शाया कराने में माली इमदाद देता है। बेशक अपने क़याम से लेकर आज तक मध्य प्रदेश उर्दू अकादमी ने सैकड़ों बेशकीमती किताबें शाया की हैं। जिनसे उर्दू अदब में गिराक़दर[7] इज़ाफ़ा[8] हुआ है। इन किताबों का फ़ायदा तो यही है के उर्दू अदब में इनके ज़रिए मध्य प्रदेश के फ़नकारों की तख़लीक़[9] यकजा[10] और महफ़ूज़[11] हो रही हैं।

मध्य प्रदेश उर्दू अकादमी अपना उर्दू का रिसाला भी शाया करती है जिसमें ख़ासतौर से मध्य प्रदेश के उर्दू राइटर्स को जगह दी जाती है। इसके अलावा उर्दू अकादमी अलग-अलग शहरों में मुशायरों और सेमीनारों का इनइक़ाद भी करती है जिससे उर्दू अदब हर खास-ओ-आम तक पहुँचता है।

6. उर्दू लाइब्रेरियाँ–लाइब्रेरी की अहमियत किसी से पोशीदा नहीं[12] है जहाँ ब यक वक़्त हर मकतबे फ़िक्र[13] की बेशक़ीमती किताबों के मुतालअ:[14] का मौक़ा मिलता है। भोपाल के अलावा इन्दौर, खण्डवा, बुरहानपुर, सिरोंज, ग्वालियर, जावरा वग़ैरह कई शहरों में उर्दू की कई-कई लाइब्रेरियाँ क़ायम हैं। जहाँ उर्दू के चाहने वाले अपने ज़ौक़[15] की तसकीन[16] करते हैं।

7. अंजुमन तरक्की उर्दू हिन्द और दीगर उर्दू अंजुमनें–मध्य प्रदेश में कई सरकारी और ग़ैर सरकारी अन्जुमनें क़ायम हैं जो अपनी-अपनी हैसियत के मुताबिक़ उर्दू की ख़िदमत अंजाम दे रही हैं। ये अंजुमने मुशायरों और सेमीनारों का इनइक़ाद करती हैं और सूबे के शायरों और अदीबों को इनामात से नवाज़ती[17] हैं।

3. मध्य प्रदेश में बोली जाने वाली और दीगर इलाक़ों में बोली जाने वाली उर्दू ज़बान में फ़र्क़

बोली ज़बान की माँ है, खासतौर पर उर्दू ज़बान का जन्म हिन्दोस्तान की मुख़्तलिफ़ इलाक़ाई ज़बानों और बोलियों से हुआ है। यह ज़बान हिन्दोस्तान ही में पैदा हुई, यहीं पनपी, पली बढ़ी। किसी भी ज़बान पर उसके इर्द-गिर्द के इलाक़े और साथ रह रहे लोगों की ज़बान और बोलियों के असरात[18] मुक़ामी ज़बान[19] पर पड़ते हैं जिसके सबब ज़बान का अपना लहज़ा बदल जाता है। दूसरी तकनीकी गलतियाँ बोलने के दौरान की जाती हैं। इस बात से भी ज़बान मुतासिर[20] होती है। मसलन[21] बोलने के दौरान[22] Vowels और Consonants का इस्तेमाल गलत करने से ज़बान में नुमायाँ फ़र्क़ आ जाता है। हर ज़बान की तरह उर्दू ज़बान का भी Phonetic System है जिसमें Vowels और Consonants का इस्तेमाल आवाज़ों को अल्फ़ाज[23] की शक्ल देता है। दरअसल Phonetics तो कुदरत[24] ने हर जानदार[25] में रखे हैं लेकिन इन्सान को छोड़कर कोई जीव आवाज़ों को अल्फ़ाजों में तबदील नहीं कर पाता और अगर कोई इन्सान भी ऐसा है जो आवाज़ों को अल्फ़ाज में नहीं बदल पाता है तो उसे हम गूंगा कहते हैं। लिहाज़ा[26] इलाके के ऐतबार से उर्दू ज़बान पर इलाकाई फ़र्क़ बोलने के दौरान देखने को मिलता है जिससे बोलने वाले शख़्स की पहचान भी होती है कि यह किस इलाक़े का है।

---

1. फ़ैज़ = लाभ. 2. मुनअक़िद = संचलित या संपन्न. 3. मुफ़ीद = लाभदायक. 4. सरगरमे अमल = कार्य कर रहा है. 5. अदीब = साहित्यकार. 6. शाया = प्रकाशित करना. 7. गिराक़दर = बहुत. 8. इज़ाफ़ा = वृद्धि. 9. तख़लीक = रचनाएँ. 10. यकजा = एकत्र. 11. महफ़ूज़ = सुरक्षित. 12. पोशीदा नहीं = छुपी नहीं. 13. मकतबे फ़िक्र = पाठशालाओं से संबंधित सोच. 14. मुतालअ: = अध्ययन. 15. ज़ौक = शौक, लगाव, रसानुभव. 16. तसकीन = तसल्ली. 17. नवाज़ती = प्रदान करना. 18. असरात = प्रभाव. 19. मुक़ामी ज़बान = स्थानीय भाषा. 20. मुतासिर = प्रभावित. 21. मसलन = उदाहरण. 22. दौरान = समय. 23. अल्फ़ाज = शब्द. 24. कुदरत = प्रकृति. 25. जानदार = जीव-जंतु. 26. लिहाज़ा = अत: एवं.

यहाँ मिसाल के तौर पर कुछ अल्फ़ाज ऐसे दिए जा रहे हैं जो लिखे तो सही जाते हैं लेकिन बोलने के दौरान उन शब्दों की अदायगी में तकनीकी त्रुटि से इलाक़ाई फ़र्क़ महसूस किया जा सकता है–

मैंने	मेने	मेंनु
कौन	कोन	कउन
मैं आ रहा हूँ	में आरिया हूँ	हम आ रहा हूँ
भाग गया	भग गया	
बारात	बरात	
मोहल्ला	मेहिल्ला	
गर्म	गरम	
नर्म	नरम	
फ़िल्म	फ़िलिम	
कितनी	कित्ती	
चोरनी	चोट्टी	
जाने दो	जान दो	
आने दो	आन दो	
खाने दो	खान दो	
सोने दो	सोन दो	
लम्बाई-चौड़ाई	लम्बान चौड़ान	
जो चीज़	जोनसी चीज़	
उसके पास	उसके कने	
इस वज़ह से	इस मारे	
बिला वज़ह	बे फ़ालतू	
छलनी	चन्नी	
बहिन	भैन	
रास्ता	रस्ता	
गेहूँ	गऊँ	
रुपया	रुपा	
दूल्हा	दूला	
तुम्हारा	तुमार	
आ रहा हूँ	आरिया हूँ	
जा रहा हूँ	जारिया हूँ	
कह रहा हूँ	केरिया हूँ	

इस तरह ऐसे बहुत-से अल्फ़ाजों की बोलने के दौरान अदाएगी से उर्दू ज़बान का इलाक़ाई फ़र्क़ वाज़ेह (स्पष्ट) हो जाता है।

4. मध्य प्रदेश में उर्दू शुअ़रा

मौजूदा मध्य प्रदेश जिन इलाक़ों से मिलकर बना है, उनमें मध्य भारत, महाकौशल, विन्ध्य प्रदेश और रियासते भोपाल शामिल हैं। इन इलाकों की अपनी तहज़ीबी रिवायत[1] और अदबी तारीख़ रही है। यहाँ उर्दू का चलन कई सदियों से जारी है। मध्य प्रदेश में नज़्म[2]-ओ-नस्र[3], सहाफ़त[4], इल्म-ओ-अदब के हर शोबे[5] में जो कारनामें अंजाम[6] दिए गए हैं उन पर बजा[7] तौर से नाज़[8] किया जा सकता है।

यह तो जग ज़ाहिर है के शायरी अपनी लताफ़त[9] और दिलकशी[10] के सबब हर ख़ास-ओ-आम के ज़हन-ओ-दिल[11] में रची-बसी हुई है। मध्य प्रदेश ने भी उर्दू शायरी में कई ब कमाल शायरों को जन्म दिया जिन्होंने मध्य प्रदेश ही नहीं बल्कि पूरी उर्दू दुनिया को अपनी तरफ़ मुतावज्जेह[12] किया और अपने फ़न का लोहा मनवाया।

इलाक़ाई ऐतबार से न सिर्फ़ भोपाल ने बल्कि मध्य प्रदेश के तमाम इलाक़ों ने कई नामवर शुअ़रा पैदा किए जिन्होंने उर्दू शायरी को तमाम असनाफ़[13] जैसे गज़ल, नज़्म, रूबाई, गीत, दोहे वग़ैरह में तबा-आज़माई[14] की और शोहरत और नामवरी हासिल की। इन शुअ़रा[15] ने अखबारात, रिसाइल[16], शायरी मजमुओं[17], रेडियो, टी. वी और मुशाअरों के जरिए अपनी शायरी की सलाहियत[18] को दूर-दूर तक पहुँचाया।

मध्य प्रदेश के चन्द शुअ़रा ने शायरी में ऐसे जौहर दिखाए कि न सिर्फ़ पूरे हिन्दुस्तान में बल्कि पूरी दुनिया में जहाँ-जहाँ उर्दू लिखी, पढ़ी और बोली जाती है वहाँ उन्हें पूरी इज़्ज़त और एहतराम के साथ पढ़ा और सुना जाता है मसलन–

जां-निंसार अख्तर (शेअरी मजुमआ–*पिछले पहर*),

पद्मश्री डॉ. बशीर बद्र (शेअरी मजमुए–*इकाई, आमद, इमेज*),

जनाब निदा फ़ाज़िली (शेअरी मजमुए–*मोर नाच, आँख और ख़्वाब के दरमिया, खोया हुआ सा कुछ, ज़िदिंगी की तरफ़, शहर मेरे साथ चल तू*),

जनाब मुज़फ़्फ़र हनफ़ी (शेअरी मजमुऐ–*तीख़ी गज़लें, खुल जा सिम-सिम, यम-बयम, या अखी, तिलिस्मे हर्फ़*),

जावेद अख़्तर (शेअरी मजमुआ–*तरकश*),

डॉ. शाहिद मीर (शेअरी मजमुए–*साज़ीना, रेगे रवा*) वग़ेराह।

भोपाल के अलावा मध्य प्रदेश के कई छोटे बड़े शहरों और कस्बों के शुअ़रा ने शायरी के ज़रिए अपनी तरफ मुतवज्जे किया है उनके नाम इस तरह हैं–

भोपाल के शुअ़रा–शरीफ़ फ़िक्री, फ़हमी तिरमज़ी, महवी सिद्दिक़ी, मोहम्मद यूसुफ़ कैसर, बासित भोपाली, वकील भोपाली, मुमताज़ा रसूल यमता, कैफ़ भोपाली, शेरी भोपाली, शिफ़ा ग्वालियरी, अख़्तर सईद खां, बशीर बद्र, गौहर जलाली, ताज भोपाली, इशरत क़ादरी, वहीद परवाज़, रफ़अतुल हुसैनी, सरफ़राज दानिश, वफ़ा सिद्दीक़ी, अरशद सिद्दीक़ी, नसीर परवाज़, फ़ज़ल ताबिश, इजलाल मजीद, कामिल बहज़ादी, नजीब रामिशं, मुर्तुज़ा अलीशाद, अब्दुल मतीन नियाज़, अली अब्बास उम्मीद, वाहिद प्रेमी, रहबर जौनपुरी, इमतियाज़ अजुंम, बशर सहबाई, ज़फ़र नसीमी, सहबा क़ुरैशी, असद भोपाली, शाहिद भोपाली, ज़फ़र सहबाई, फ़ारूक़ अन्जुम, अख़्तर वामिक़, कौसर सिद्दीक़ी, मुनीर भोपाली, अ. क़दीर आज़ाद भोपाली, फ़ज़ल अलीसुरूर भोपाली, अशट्ट भोपाली, गोविन्द प्रसाद ''निशांत'', ज़िक्री भोपाली, अज़मत भोपाली, इमरान अंसारी, अता सिद्दीक़ी, नसीम

---

1. रिवायत = परम्परा. 2. नज़म = काव्य, पद्य. 3. नस्र = गद्य. 4. सहाफ़त = पत्रकारिता. 5. शोबे = उपविभाग. 6. अंजाम = अंतिम रूप. 7. बजा = बिना संकोच के. 8. नाज़ = गर्व. 9. लताफ़त = मिठास. 10. दिलकशी = दिल को लुभाने वाला. 11. ज़हन-ओ-दिल = दिल और दिमाग. 12. मुतावज्जेह = ध्यानाकर्षण. 13. असनाफ़ = विधाएँ. 14. तबा-आज़माई = भागीदारी, उपयोग. 15. शुअ़रा = बहुत-से शायर. 16. रिसाइल = पत्रिकाएँ. 17. मजमुओं = बहुत-से संकलन. 18. सलाहियत = योग्यता.

भोपाली, मक़सूद इरफ़ान, तालिब भोपाली, शौकत रमूज़ी, अफ़सर सहबाई, आनन्द मोहन एजाज़, अख़्तर अली ''अख़्तर'', शफ़क़ तनवीर, जी. एम. नग़मी, मसूद भोपाली, सईद भोपाली, राशिदा रूही, ताज उद्दीन ताज, इक़बाल मसूद, हसन फ़तेहपुरी, ज़िया फारूक़ी, मक़बूल वाजिद, इक़बाल बेदार, यूनुस मख़मूर, याक़ूब यावर कोटी, इक़्तेदार ''दिल'', रूबाब फ़ातिमा, मुमताज सिद्दीकी, शरीफ़ शिफ़ाई, नूर मो. यास, मन्ज़र भोपाली, साजिद भोपाली, नसीम अंसारी, तरन्नुम भोपाली, मसूद अख़्तर नकवी, रज़ा रामपुरी, अयाज़ क़मर, काज़िम रज़ा राही, डॉ. अन्जुम बाराबंकवी, परवीन कैफ़, परवीन सबा, बद्र वासिती, आरिफ़ अली आरिफ़, परवेज़ अख़्तर, साजिद प्रेमी, मौ. शोएब भोपाली, मलिक नवेद, हुमा कानपुरी, विजय तिवारी वग़ैराह।

जबलपुर के शुअ़रा–सबा बिलगिरामी जबलपुरी, अन्जुम जबलपुरी, अब्दुल हय अजुंम, पन्नालाल नूर जबलपुरी, सिराज़ आग़ाज़ जबलपुरी, शरीफ़ कामिल जबलपुरी, मुबारक हुसैन ''सोज़'' जबलपुरी, बाक़ी सिद्दीक़ी जबलपुरी, नज्र निज़ामी जबलपुरी, वाजिद हमीदी जबलपुरी, बिस्मिल हमीदी जबलपुरी, मुशताक़ निज़ामी जबलपुरी, बेख़ुद हमीदी जबलपुरी, तालिब जबलपुरी, आबिद आग़ाज़ी जबलपुरी, सग़ीर रियाज़, सलीम अन्सारी वग़ैराह।

ग्वालियर के शुअ़रा–मुज़तर ख़ैराबादी, नारायण प्रसाद ''मैहर'' ग्वालियरी, ग़नी ग्वालियरी, जां निसार अख़्तर, रियाज़ अन्सारी ग्वालियरी, मुर्तुज़ा हसन, सरूप नारायण, साइल हैदरी मीनाई, फ़य्याज़ ग्वालियरी, अनवर नूही ग्वालियरी, रज़ा कुरैशी सीमाबी ग्वालियरी, शिफ़ा ग्वालियरी, पण्डित रविनाथ कौल ''शाकिर'', चांद नारायण, महादेव प्रसाद ''खंजर'', नूर बख़्श मुशताक़ ग्वालियरी, उमा शंकर शादाँ ''ग्वालियरी'', प्रेमचंद कश्यप ''सोज़'', अब्दुल करीम शौक़, मुमताज़ अली तसव्वुर, हकीम ग्वालियरी, रफ़ी ग्वालियरी, दीपक लुधियानवी, निसार परवेज़ ग्वालियरी, शमीम फ़रहत ग्वालियरी, निदा फाज़िली, डॉ. अख़्तर नज़्मी, वक़ार सिद्दीक़ी, नुसरत ग्वालियरी, वक़ार कुरैशी, शफ़ीक रहमानी, क़ासिम रज़ा, हामिद ग्वालियरी, नसीम रफअत, क़मर ग्वालियरी, इशाक़ सिद्दीक़ी, कमर उद्दीन ''बरतर'', बरकत अली ''हयात'', शकील ग्वालियरी, सैय्यद अली हैदर नक़वी, ज़फ़र बिन उसमान, वफ़ा सिद्दीक़ी, सलीम अशक़, रऊफ जावेद, किशन तलवानी, विजय कलीम, साबिर ग्वालियरी, हसन खा़ ''ख़लिश'', शम्स ग्वालियरी, ख़ुश्तर ग्वालियरी, मुज़तर ग्वालियरी, अख़्तर ग्वालियरी, ज़हमत ग्वालियरी, रईस फातिमा सिद्दीक़ी, जैबुन-निसां ''तस्वीर'' वग़ैराह।

इन्दौर के शुअ़रा–बैरिस्टर मुनीर, उमराव बहादुर ''दिलेर'', सरदार बहादुर ''फ़रयाद'', ताबां इन्दौरी, बशशाश इन्दौरी, अहसान अली बहादुर, शॉदा इन्दौरी, मन्ज़र ग़रीक़ी, क़ैसर इन्दौरी, बद्रउद्दीन ''राहत'', शरीफ़ ग़रीक़ी, नश्तर इन्दौरी, मुन्शी अख़्तर, सैफ़उद्दीन मलिक, दानिश अदीबी, अरमान इन्दौरी, काशिफ़ इन्दौरी, मुज़तर इन्दौरी, अमीक़ हनफ़ी, अज़ीज़ इन्दौरी, आरिफ़ जलाल, रहबर इन्दौरी, रशीद इन्दौरी, याक़ूब साकी, अनवर सादिक़ी, नासिर इन्दौरी, समद ''सोज़'', नसीर अन्सारी, वली इन्दौरी, डॉ. राहत इन्दौरी, नूर इन्दौरी, इसहाक़ असर, साबिर सहबा, इशरत क़ुरैशी, तारिक़ शाहीन, अज़ीज़ अन्सारी वग़ैराह।

सिरोंज (जिला विदिशा) के शुअ़रा–मरम्मत खां ''मरम्मत'', सैय्यद अहमद अली, मज़हरउद्दीन ''मज़हरी'', मुन्शी नथन लाल, अहमद मुर्तुज़ा ''नज़र'', सैय्यद रफ़ीउद्दीन, वाहिद अली ''राज़'', अताउल्ला ख़ां, असग़र अली ''राना'', गुलाम शाह खां ''मन्जर'', एज़ाज़ फ़ातमी, नसरूल्लाह ख़ां ''शोहरत'', ''जोश'' मालवी, ताहिर मालवी, नातिक़ मालवी, दानिश मालवी, अच्छन मियां राज़, इस्माइल ज़बीह, एजाज़ मालवी, मीर इरफ़ानी, राही क़ासमी, कलीम सिरोंजी, तालिब इरफानी, अहमद सईद ख़ाँ "अख़्तर", मुफ़्ती मेहमूद, ग़ाज़ी वली एहमद "वली", मज़रूह इरफानी, मुनब्बर जुबैरी, वकार फ़ातमी, प्रोफ़ेसर मुख़्तार शमीम, प्रोफ़ेसर ख़ालिद मेहमूद, डॉ. शाहिद मीर, हसीन सफ़दर, डॉ. सैफ़ी सिरोंजी, डॉ. शान फ़ख़री, डॉ. नफ़ीस तक़ी, मुहीउद्दीन अजुंम, सलाहउद्दीन अनवर, मुन्नू कैफ़ी, मारूफ़फ गौहर, डॉ. ज़फ़र सिरोंजी, कदीर सेहरा, नफ़ीस शादाब, शफ़ीक सिरोंजी, डॉ. आसिफ सईद, सुलेमान आज़र, नफ़ीस परवेज़, डॉ. इरशाद अली, आसिफ़ सिरोंजी, मेहमूद मलिक, सरवर अली सुरूर, मसीहा खुशनफ़स, हामिद सिरोंजी वग़ैराह।

खण्डवा के शुअ़रा–नूर निज़ामी, ज़फ़र खण्डवी, अमीरउद्दीन ''असर'', तज्म्मुल हुसैन जौहर, हमीद ''काकुल'', याकूब खां, अब्दुर्रहमान ''नसीम'', हिकमत अल्लाह अख़्तर, हयात ख़ां मुज़्तर, शुजाअत ख़ां राहत, शारिक़ नियाज़ी, मुमताज़ ख़ुश्तर, शौक़ माहिरी, मुईनउद्दीन फ़ारूकी, अजीज़ कसरी, हिफ़ाज़त खण्डवी, गिरामी चिश्ती, ऐश माहरी, फरीद शेरब, आज़ाद उम्मीदी, मकबूल नियाजी, जावेद अन्सारी, मेहमूद दुर्रानी, अब्दुल हमीद माहिरी, ज़हीरउद्दीन मदनी, काज़ी हसन रज़ा, डॉ. मुज़फ़्फ़र

हनफ़ी, शादाँ एहसानी, मख़दूम जाबिर, नश्तर खण्डवी, हसन बशीर, तालिब क़ुरैशी, ख़ुर्शीद साज़, काज़ी अन्सार, वक़ार हुसैन, साहिर अदीबी, ख़लील खण्डवी, क़मर इक़बाल, आदम अली, रियाज़ अहमद ख़ां, आसी फाइक़ी, सिकन्दर इरफ़ान, अब्दुल्लाह शेख, इक़बाल नसीब, अख़्तर कुरैशी, कुदरत उल्ला राही, रफ़ीक़ शाहिद, हबीब हुबाब, इक़बाल गिरामी, अख़्गर आसिफ, असद उल्ला असद, सग़ीर मन्ज़र, अज़हरउद्दीन अज़हर, हारून ''फिराक़'', अख़्तर मेहमूद, बशीर ज़ैदी, अब्दुल गफ़्फ़ार शातिर, दिलकश खण्डवी वग़ैराह।

बुरहानपुर के शायर–मिर्जाअता जिया बुरहानपुरी, मीर मेहदी मतीन, सैय्यद शाह मीर, मिर्जा आशिक़, सैय्यद मन्सूर ''असीरी'', शाह मोहम्मद तक़ी, मीर शुजाउद्दीन हुसैन, मौ. साहिब जीशान, मो. अब्दुल्लाह ''निगराँ'', सैय्यद जमील, मो. फक़ीर उद्दीन वासिफ़, मो. अलीम उल्लाह ''ख़्याली'', मो. कासिम ''लताफत'', ज़हूर हुसैन रियाज़ी, ''फ़हमी'' बुरहानपुरी, ''जक़ी'' बुरहानपुरी, फाज़िल अन्सारी, रहमत अन्सारी, ''हाज़िक़'' बुरहानपुरी, ''रौनक़'' बुरहानपुरी, ''राग़िब'' बुरहानपुरी, ''आगाज़'' बुरहानपुरी, ''राशिद'' बुरहानपुरी, साबिर बुरहानपुरी, ''ग़ालिब'' बुरहानपुरी, ''शफीक़'' बुरहानपुरी, ''शमीम'' बुरहानपुरी, ''आज़ाद'' बुरहानपुरी, ''ख़ुशट्टद'' बुरहानपुरी, ''आरिफ़'' बुरहानपुरी, ''राज़'' बुरहानपुरी, ''ख़ादिमाम'' बुरहानपुरी, ''अरमान'' बुरहानपुरी, ''खलीक़'' बुरहानपुरी, ''फ़हमी'' अन्सारी, मेहमूद बेग ''साज़'', नईम अख़्तर ''ख़ादिमी'', कैसर अन्सारी, शादाँ ख़लीक़ी, लतीफ़ शाहिद, कलाम आज़र, मज़ाज ''आशना'', जमील असग़र, शौकत अन्सारी, अमीन एजाज़, नासिर शाही वग़ैराह।

जावरा के शुअ़रा–सुल्तान हामिद ख़ां ''सरवत'', ''नादाँ'' जावरी, बेदिल जावरी, अज़ीज़ रहीम इशरत, गुलाम रब्बानी ख़तीब, मिर्ज़ा ग़फ़्फ़ार बेग ''असर'', सैफ़ उद्दीन ''सैफ़'', सैय्यद अहमद जाफ़री, साहिर अफ़ग़ानी, शकेब जावरी, इक़बाल जावेद, परवेज़ जावरी, आरिफ़ जावरी वग़ैराह।

सीहोर के शुअ़रा–नादान लखनवी, अब्दुल ग़फ़ूर आसी, असग़र मो. ख़ां, इज़्ज़त ख़ां, वाहिद वकील, अज़ीज़उद्दीन, गुलाम रसूल ''यकता'', सरशर कसमन्डवी, मो. अली नजमी सीहोरी, अ. वहीद, नज़मी सीहोरी, याक़ूब सलीम, रूस्तम अली रूस्तम, फारूक़ अनदिलीप, अबरार शाहजहाँपुरी, ''हिना'' सीहोरबी, अब्बास अलवी, अ. मजीद सालिक, मसूद अख़्तर, सईदमतरब, अज़ीज़ फारूकी, डॉ. हैदर शाहीन, अन्जुम अफ़शाँ, रियाज़ सीहोरवी, रईस सीहोरवी, असग़र ''ताज'', सग़ीर अहमद ''जख़्मी'', हबीब सीहोरवी, सुहैल आसिफ़, मसरूर कौसर, आसिफ बुरव़ारी, क़मरउद्दीन ''कमर'' वग़ैराह।

उज्जैन के शुअ़रा–बासित उज्जैनी, सादिक़, अतीक़ उल्ला, अहमद कमाल परवाजी, रशीद इमकान, वाजिद क़ुरैशी, शाहिद इक़बाल, जिन्नात उज्जैनी, अ. हमीद गौहर, अन्जुम क़ुरैशी वग़ैराह।

इन शुअ़रा इकराम के अलावा भी मध्य प्रदेश के मुख्तलिफ इलाकों में ऐसे शायर हुए हैं जिन्होंने अदबी दुनिया में अपना नाम दर्ज कराया है। उनमें से कुछ इस तरह हैं–

रतलाम से–बिस्मिल नक़्शबन्दी, दानिश अलीगढ़ी, **धार से**–अब्राहीम अश्क़ मसीहउद्दीन, तालिबशादानी, अजहर शादानी, **सागर से**–मियां मो. हुसैन खां मैहर, सलाम सागरी, अरब़लाक सागरी, शाहिद सागरी, हुनर सागरी, दिलकश सागरी, मुस्लिम सागरी, कौसर सागरी, असर सागरी, वग़ैराह **दमोह से**–मोहसिन दमोहबी, कैफ़ दमोहबी, नय्यर दमोहब्री, नश्तर दमोहब़ी, कामिल दमोहबी, मुज़तर दमोहबी, वग़ैराह **रायसेन से**–मज़हर सईद ख़ां, अबरार नग़मी अहधप्रकाश, सैय्यद इसरार कुरेशी, वग़ैराह **रीवा से**–हसन रीवानी, नदीम रीवानी, वग़ैराह **सिवनी से**–ख़लीक़उज़ ज़मा, अब्दुर्रब सदा, वग़ैराह **कोरबाई से**–ख़न्जर कोरबाई, मन्ज़र कोरबाई, रईसउद्दीन "फ़ैज़ी", डॉ. अनवार, मजाज़ कोरबाई, अकबर मालवी, वग़ैराह **बासौदा से**–जौहर बासौदवी, **विदिशा से**–निसार मालवी, चौधरी महमूद अली, वग़ैराह **गुना से**–रहबर गुनावी, क़मर गुनावी वग़ैराह।

5. मध्य प्रदेश के उर्दू अफ़साना निगार और नाविल निगार

मध्य प्रदेश में अफ़साना निगारों के मुकाबले शुअ़रा की फ़ेहरिस्त[1] ख़ासी तवील[2] है। लेकिन ऐसा भी नहीं है कि मध्य प्रदेश में अफ़साने[3] का मैदान बिल्कुल ही ख़ाली है। कुछ अफ़साना निगार ऐसे हैं जिनका शुमार हिन्दुस्तान के सफ़े अव्वल के अफ़साना

1. फ़ेहरिस्त = सूची. 2. तवील = लंबी, बड़ी. 3. अफ़साने = कहानी.

निगारों में किया जाता है। उनके नाम हैं कौसर चाँदपुरी, जनाब इकबाल मजीद, रतन सिंह एवं नईम कौसर। इनमें कौसर चाँदपुरी सबसे सीनियर अफ़साना निगार का दर्जा रखते हैं।

इकबाल मजीद साहब को उनके बेहतरीन नाविल और अफ़सानों के सबब हिन्दुस्तान की कई अहम तरीन तन्ज़ीमों[1] की जानिब[2] से इनामात से नवाज़ा जा चुका है।

इकबाल मजीद के बाद मध्य प्रदेश के जिस नाविल और अफ़साना निगार का नाम अहमियत का हामिल[3] है वो हैं रतन सिंह। रतन सिंह ने अपनी ज़िंदगी के बेहतरीन दिन जबलपुर में गुज़ारे और वहीं उन्होंने अपनी अहम कहानियाँ लिखीं। हिन्दुस्तान के बेहतरीन अफ़साना निगारों में उन्हें तस्लीम[4] किया जाता है।

इनके अलावा नईम कौसर भी अफ़साना निगारों की इसी सफ़[5] में शामिल हैं। वे भी मध्य प्रदेश के नुमाइन्दा अफ़साना निगारों में शुमार किए जाते हैं। इधर पिछले दस सालों में उनके कई अफ़सानवी मजमुऐं मकबूल हुए हैं जिनमें *अग्नि परीक्षा* और *आखिरी रात* काबिले ज़िक्र हैं।

रशीद अन्जुम ने उर्दू दुनियाँ में अपनी पहचान कई तरह से क़ायम की है। वह एक साथ अच्छे ड्रामा निगार, नाविल निगार, अफ़साना निगार और शायर भी हैं। उन्हें भी उनकी तख़लीकात के सबब कई इनामात से सरफ़राज़[6] किया गया है।

हालांकि मध्य प्रदेश में शायरों की तादाद बहुत ज्यादा है मगर अफ़साना और नाविल के हवाले से जो कुछ भी लिखा गया वह भी कुछ कम नहीं है। कुछ क़ाबिले ज़िक्र नाविल निगार और अफ़साना निगारों के नाम इस तरह हैं–

कौसर चांदपुरी (भोपाल), इकबाल मजीद (भोपाल), रतन सिंह (जबलपुर), नईम कौसर (भोपाल), रशीद अन्जुम (भोपाल), फ़रहत जहाँ (भोपाल), मुख़्तार शमीम (सिरोंज), इक़बाल मसूद (भोपाल), मुजफ़्फ़र हनफी (खण्डवा), अनीसा सुल्ताना (भोपाल), शकैब (जावरा), अब्दुल कादर खां (जावरा), शफ़ीक़ रहमानी (ग्वालियर), मेहमूद शेख़ (जबलपुर), निसार राही (भोपाल) वग़ैराह।

6. मध्य प्रदेश के उर्दू ड्रामा निगार

इस सच्चाई से इन्कार नहीं किया जा सकता के जहाँ मध्य प्रदेश में हिन्दी नाटकों का बोलबाला है वहीं उर्दू ड्रामा निगारों की कमी खटकती है। पर ऐसा भी नहीं है कि मध्य प्रदेश में उर्दू ड्रामा निगारी का मैदान बिल्कुल खाली है, हालांकि इस सिन्फ़ में चन्द ही नाम हैं मगर वे मुल्कगीर शोहरत के हामिल हैं।

मध्य प्रदेश में सबसे बड़े उर्दू ड्रामा निगारों में इकबाल मजीद और इब्राहीम युसुफ का नाम इज़्ज़त की निगाह से देखा जाता है।

चूंकि हबीब तनबीर साहब की ज़िंदिगी के आख़िरी अय्याम[7] भोपाल में ही गुज़रे थे इस लिहाज़ से उन्हें मध्य प्रदेश और भोपाल का तस्लीम किया जाता है तो फिर इस सिन्फ़ में भी मध्य प्रदेश का उर्दू अदब मालामाल है, क्योंकि हबीब तनबीर हिन्दुस्तान ही नहीं बल्कि पूरी दुनिया के मशहूर ड्रामा निगारों में से एक हैं। उनके कई ड्रामे जिनकी ज़बान खालिस उर्दू है शाहकार का दर्जा रखते हैं। "आगरा बाजार" वगैरह उनके ऐसे ही शाहकार ड्रामे हैं। इकबाल मजीद ने भी उर्दू अदब को कई बेशकीमती ड्रामे अता किए हैं, जो स्टेज, रेडियो, टी.वी. के ज़रिए अवाम तक पहुँचे।

उर्दू अदब में इब्राहीम यूसुफ़ को ड्रामा निगार की हैसियत से बहुत अहमियत हासिल है। उनके कई ड्रामों के मजमुऐ मनज़रे आम पर आकर शोहरत की सनद हासिल कर चुके हैं। मध्य प्रदेश के उर्दू ड्रामा निगारों का तज़किरा[8] इब्राहीम यूसुफ़ के बग़ैर न मुकम्मल है।

इनके अलावा फज़ल ताबिश और रशीद अजुंम भी ख़ालिस उर्दू के शानदार ड्रामा लिखने वालों में नुमायां हैं। नज़ीर कुरैशी, हसन अहमद, ख़ालिद आबिदी मध्य प्रदेश के अच्छे उर्दू ड्रामा निगार की फ़ेहरिस्त में शामिल हैं।

---

1. तन्ज़ीमों = समितियों, संगठनों. 2. जानिब = तरफ़ से, द्वारा. 3. अहमियत का हामिल = महत्त्व का. 4. तस्लीम = स्वीकार. 5. सफ़ = पंक्ति. 6. सरफ़राज = गौरवान्वित. 7. आखिरी अय्याम = जीवन के अंतिम दिन. 8. तज़किरा = चर्चा, वार्ता.

7. मध्य प्रदेश के उर्दू तन्ज़-ओ-मिज़ाह़ निगार (व्यंगकार)

मध्य प्रदेश में उर्दू के तन्ज़[1]-ओ-मिज़ाह़[2] निगारों ने मुल्कगीर शोहरत हासिल की है और अपनी तरफ़ मुतवज्जह किया है।

मध्य प्रदेश के तन्ज़-ओ-मिज़ाह़ निगारों में मुल्ला रमूज़ी को अव्वलियत हासिल है। जिन्होंने हिन्दुस्तान में ''गुलाबी उर्दू'' की बुनियाद डाली। आज भी उन्हें हिन्दुस्तान के चन्द अच्छे तन्ज़-ओ-मिज़ाह़ निगारों में शुमार किया जाता है।

मुल्ला रमूज़ी के बाद इस मैदान में जिस शख़्सियत को सबसे ज्यादा शोहरत हासिल हुई वे हैं शफ़ीक़ा फरहत। शफ़ीक़ा फ़रहत ने इस मैदान में खूब नाम कमाया। *गोलमाल, रांग नम्बर, लो आज हम भी* उनके मशहूर तन्ज-ओ-मिज़ाह के मजमुऐ हैं। मुन्दरजा ज़ैल[3] भी इस सिन्फ़ के मशहूर नाम हैं–तख़ल्लुस भोपाली, मुस्तुफ़ा ताज, हामिद हसन, मसूद मलिक, क़य्यूम जावेद, ख़ालिद आबिदि, नासिर कमाल, अनीस सुल्तान, ख़ालिद कुरैशी, सिकन्दर गालिब, ख़ालिद कमाल।

8. मध्य प्रदेश में उर्दू सहाफ़त (पत्रकारिता)

हिन्दुस्तान में सहाफ़त की इब्तिदा हुई 13 मई, 1823 में कलकत्ता से, *जाम-ए-जहाँ* जो मुन्शी सदा सुखलाल ने निकाला था। इस शुरूआत के सत्रह साल बाद मध्य प्रदेश में सहाफ़त का आग़ाज़[4] हुआ एडीटर ख़ैराती लाल और लक्ष्मी प्रसाद के अख़बार *अख़बार-ए-ग्वालियर* से, जो 1840 से मनज़र-ए-आम पर आया। यह अख़बार हफ्त रोज़ा[5] था। इस अख़बार में मक़ामी ख़बरों की कसरत होने की वजह से ग्वालियर के बाहर इसे शोहरत न मिल सकी। मगर सहाफ़त की तारीख[6] में मध्य प्रदेश का पहला अखबार *अख़बार-ए-ग्वालियर* को ही माना जाता है।

मध्य प्रदेश का दूसरा अख़बार *मालवा*, 6 मार्च, 1849 को इन्दौर से शाए हुआ[7]। इसके एडीटर प्रेम नारायण और धर्म नारायण थे। *अख़बारे मालवा* दोनों रस्मुलख़त[8] फ़ारसी और देवनागिरी में शाए होता था यानी एक ही सफ़े[9] पर आधे हिस्से में उर्दू और आधे में हिन्दी ख़बरें छापी जाती थीं। 24 मार्च, 1871 को भोपाल से *उम्दातुल अख़बार* एडीटर-हकीम अस्ग़र हुसैन की इदारत में निकलना शुरू हुआ जो ख़ालिस उर्दू ज़बान का पहला अख़बार था। ये अख़बार अपनी आला किताबत[10], तबाअत[11] और मक़ामी[12], गैर-मक़ामी, सियासी, समाजी, मआशरती[13], साइंसी, उलूमें तिब[14], अदब, और मज़हबी ख़बरों की वज़ह से न सिर्फ़ भोपाल बल्कि बेरूने भोपाल[15] में भी मक़बूल[16] हुआ। अठारहवीं सदी में मशहूर सहाफ़ी[17] और अख़बारांत में से *अख़तर-हिन्द* (1876, भोपाल), *रेलवे समाचार* (1877, खंडवा), *दबीरूल मुल्क* (1881, भोपाल), जिसके मुदीर अमजद अली अशहरी सदाक़ते हफ़्त रोज़ह भोपाल, मुदीर मुंशी अब्दुल करीम ओज थे। फिर अब्दुल करीम ओज ने एक और अख़बार होशंगाबाद में *मोजे नर्बदा* के नाम से निकाला जिसने काफ़ी शोहरत बटोरी। अमजद अली अशहरी पहले ऐसे सहाफ़ी थे जिन्होंने हुकूमत पर तनक़ीद[18] की क्योंकि एक निडर सहाफ़ी अपना फर्ज़ समझ कर अवाम को हुकूमत की लग़ज़िशों[19] से ख़बरदार करता है और उसे ग़लत राह पर गामजन[20] होने से रोकता है ख़्वाह[21] ऐसा करने में उसे ख़तरात का अनदेशाह[22] ही क्यों न हो। *सफीरे आम* (हफ्त रोज़ह 1885, भोपाल), एडीटर-अब्दुल वाहिद, *एहतिशामुल अख़बार* (1887, जावरा), *हिलाल* (पन्द्रह रोजह 1892, भोपाल), सर परस्त[23] यासीन मौ. ख़ा मुदीर उनके फरज़न्द[24] अरहमन्द मौ. खां, *तबलीग* (पन्द्रह रोजह 1893, जबलपुर), एडीटर-मौलाना अब्दुल जब्बार उमर पुरी, *मुजफ़्फ़री* (पन्द्रह रोजह 1896, भोपाल), मुदीर अरजुमंद मौहम्मद ख़ां, वग़ैराह अठारहवीं सदी के काबिले ज़िक्र[25] सहाफ़ी हैं।

उन्नीसवी सदी में मध्य प्रदेश ही नहीं पूरे हिन्दोस्तान में मुल्की और ग़ैर-मुल्की आन्दोलन के सबब अवाम में सियासी बेदारी[26] का एक नया सैलाब आया तो सहाफ़त ने भी अपने तेवर दिखाना शुरू किए और नए-नए अख़बार के इजरा[27] अमल में आए–

---

1. तन्ज़ = व्यंग. 2. मिज़ाह = व्यंग. 3. मुन्दरजा ज़ैल = निम्नलिखित. 4. आग़ाज़ = आरंभ. 5. हफ़्त रोज़ा = साप्ताहिक. 6. सहाफ़त की तारीख में = पत्रकारिता के इतिहास में. 7. शाए हुआ = प्रकाशित हुआ. 8. रस्मुलख़त = लिपि. 9. सफ़े = पृष्ठ. 10. किताबत = कंपोजिंग, सुलेख. 11. तबाअत = छपाई. 12. मकामी = स्थानीय. 13. मआशरती = सोसाएटी. 14. उलूमे तिब = चिकित्साई ज्ञान, 15. बेरुने भोपाल = भोपाल से बाहर. 16. मकबूल = प्रसिद्ध. 17. सहाफ़ी = पत्रकार. 18. तनक़ीद = आलोचना. 19. लग़ज़िशों = गल्तिओं, कमियों. 20. गामज़न होने = चलने से, जाने से. 21. ख़्वाह = चाहे फिर. 22. अनदेशाह = आभास. 23. सरपरस्त = संरक्षक. 24. फ़रज़न्द = सुपुत्र. 25. क़ाबिले ज़िक्र = चर्चित. 26. सियासी बेदारी = राजनैतिक हलचल. 27. इजरा = विमोचन.

अलरियाज (1911, भोपाल), में मास्टर रियाजउद्दीन, *सान्झ-सवेरा* (1912, जबलपुर), एडीटर-लाला जेराम बहादुर, *आफताब* (1914, जबलपुर), एडीटर-हाजी मोहम्मद यहया वली, *कौम* (1916, जबलपुर), एडीटर-लाला जगन्नाथ रसिया, *इन्सान* (1911, ज़बलपुर), एडीटर-हाजी मौहम्मद नूर फेहमी और रामशंकर आदिल, *मालवाह रेव्यू* (1912, भोपाल), एडीटर-सैय्यद मोहम्मद युसुफ़ क़ैसर थे। युसुफ क़ैसर का नाम मध्य प्रदेश की सहाफ़त में बड़ा अहम है। युसुफ़ क़ैसर ने नबाब सुल्तान जहाँ बेग़म से मुताल्लिक एक तनक़ीदी मज़मून[1] लिखा जिसके सिले में इनको भोपाल से जिला बदर कर दिया गया।

ताज 1920, में मुदीर ताजुद्दीन जबलपुर, तन्ज़ोमज़ह से भरपूर *बागोबहार* (1931, भोपाल), एडीटर-अब्दुल रशीद कुरैशी, *लम्हात* (1933, भोपाल), ये ख़वातीन का पहला अखबार था जिसकी मुदीरा कमरून निसाँ बेगम थीं, *आवाज़* (हफ़्त रोज़ा 1933) एडीटर-शरीफ़ अज़मी और कबीर कुरैशी थे, *आवाज़ अख़बार* की अशाअत[2] के साथ मध्य प्रदेश में पहली बार जम्हूरी[3] अंदाज़ में अवामी जद्दो-जहद का आगाज़[4] हुआ। ये वो दौर था जब अवाम शाही सामन्त निज़ाम में बुरी तरह गिरफ़्तार थी और अख़बार ही इस निज़ाम के बरख़िलाफ[5] आवाज़ उठाकर मुल्क में हरारत[6] ताक़त और जोशो वलवला[7] पैदा कर रहे थे, पूरे हिन्दुस्तान में हंगामा कुन हालात बरपा थे।

बीसवीं सदी की चौथी दहाई में रियासत भोपाल में कई सहाफ़ी[8] और उर्दू अख़बार एहमियत के हामिल[9] हैं। जिन की मुख्तसिर[10] फ़ेहरिस्त[11] इस तरह है–

सुबह वतन (दिसम्बर, 1933), जिसके एडीटर-शाकिर अली खाँ थे, *रेहबर-ए-वतन* (मई, 1934), एडीटर-अब्दुल हफीज़ थे, 1934 में ही *पयाम,* भोपाल शाए हुआ, जिसके एडीटर-मोहम्मद मुशताक थे, 1935 में *नदीम,* भोपाल जिसके एडीटर-मेहमूद उलहसन और 1935 में ही *कारवाँ,* जिसके एडीटर-सैय्यद ज़हूर हाशमी, 16 दिसम्बर 1935 को *रैहनुमाँ,* जिसके एडीटर-अबूसईद बज़मी, 1936 में *किसान,* एडीटर-एहमद मक्की और हकीम क़मरुल हसन थे, 1936 में ही *नोरोज़,* जिसके एडीटर-मौलाना तरज़ी मशरिकी थे, 1938 में *भोपाल टाइम्स,* एडीटर-क़ाजी मज़हर उद्दीन सिद्दीकी थे, 1939 में *एहतिजाज,* एडीटर-मौलाना तरजी मशरिक़ी थे, 5 अक्तूबर 1945 को *तरजुमान,* एडीटर-जौहर क़ुरैशी थे, फरवरी 1946 में *दौलत,* एडीटर-शरख़ी खालिदी थे, 20 जून 1946 में *अल्हमरा,* एडीटर-डॉ. खलील बदर थे, सितम्बर 1947 में *परचम,* एडीटर-जी. एम.नग़ामी थे, 1948 में *नई राह,* एडीटर-रतन कुमार और ज़ौहर क़ुरैशी थे, यह सभी अख़बार हफ़्त रोज़ा थे। इस तरह रोज़नामा[12] अख़बारों में *अफ़कार,* 20 फरवरी 1951 में शाए हुआ जिसके एडीटर-ए.आर.रिज़वी और इशतियाक़ आरिफ थे, जुलाई 1951 में *पयाम,* एडीटर-महेमूदुल हुसैनी थे, अप्रैल 1955 में *नया समाज,* एडीटर-गोपी किशन थे, 25 नवम्बर 1966 में *अलहमरा,* एडीटर-मेहमूद उल हुसैनी थे, 12 सितम्बर 1978 में *आफ़ताब जदीद,* एडीटर-इशतियाक़ आरिफ़ थे, 12 दिसम्बर 1983 में उर्दू *एक्शन,* एडीटर-डॉ. माजिद हुसैन हैं। रोजनामा *नदीम,* भोपाल, एडीटर-हकीम सैय्यद क़मरुल हसन रहे वग़ैराह! ऐसे और भी अखबार अवाम की सियासी और समाजी रेहबरी[13] का ज़रिया[14] बनते रहे। दैनिक साप्ताहिक उर्दू अख़बारों के अलावा माहनामा[15] अख़बारों में *नदीम,* जिसके एडीटर-सईद उल्लाह ख़ाँ रज़मी थे जो 1922 में शाया[16] हुआ और बहुत पसन्द किया गया, और भी कई माहाना अखबार शाया हुए और थोड़े-थोड़े समय में बन्द हो गए। मौजूदा वक़्त में माहनामा *सदाऐ उर्दू,* उर्दू *हलचल, कारवाने अदब* प्रकाशित हो रहे हैं जो भोपाल से ही प्रकाशित होते हैं। जिनमें ज़्यादातर साहित्यिक गतिविधियों का ज़िक्र होता है।

ऊपर ज़िक्र किए गए अख़बारों से जुड़े एडीटर्स के अलावा भोपाल सहाफ़त की दुनियाँ में नुमायाँ मुकाम[17] रखने वाले पत्रकारों में बासित भोपाली, जसराम कामिल, अखतर अब्बास, जहाँक़दर चुकताई, अब्दुल ग़फ्फार, ए.आर.रुश्दी, शौकत रमूजी, क़मर जमाली, अज़मत भोपाली, सुलेमान आरज़ू, हबीब नज़र, आरिफ़ अज़ीज, हबीब एहमद वग़ैराह हैं।

---

1. तनक़ीदी मज़मून = आलोचनात्मक लेख. 2. अशाअत = प्रकाशन. 3. जम्हूरी = लोकतांत्रिक. 4. आगाज़ = आरंभ. 5. बरखिलाफ़ = विरोध में. 6. हरारत = उथल-पुथल. 7. वलवला = बैचेनी. 8. सहाफ़ी = पत्रकार. 9. एहमियत के हामिल = विशेषता रखते हैं. 10. मुख़्तसिर = संक्षिप्त. 11. फ़ेहरिस्त = सूची. 12. रोज़नामा = दैनिक. 13. रेहबरी = मार्गदर्शन. 14. ज़रिया = साधन. 15. माहनामा = मासिक. 16. शाया = प्रकाशित होना. 17. नुमायाँ मुकाम = विशेष स्थान.

मध्य प्रदेश की रियासत में भोपाल के अलावा जबलपुर, इन्दौर, ग्वालियर, उज्जैन, बुरहानपुर, रतलाम, जावरा, सीहोर, आष्टा, सागर, जबलपुर आदि ने सहाफ़त की दुनियाँ में चार चाँद लगाए।

मध्य प्रदेश का पहला रोज़नामा अखबार *नौरोज,* (1936) जो जबलपुर से शाऐ हुआ। जिसके एडिटर–अब्दुल बाकी बैदल थे। *हसरत,* एडिटर–खान अब्दुल गफ़्फ़ार, होशंगाबाद, *नुमाईन्दा,* सीहोर, मुदीर–अज़मत भोपाली और इमरान अंसारी, *ज़र्मींदार* आष्टा, एडिटर–हाफिज़ अब्दुल क़ादिर अख्तर, *हमारा अख़बार* और *सफ़ीना,* जबलपुर, अजनोशाद जौनपुरी, *सीहोर समाचार,* अज[1] शौकत रमूज़ी जौहर कुरैशी, *सफ़ीर मालवा* और *मुकद्दर,* रोजनामा *दुशवार,* इन्दौर, *पयाम,* बुरहानपुर अज़ फज़ल सिद्दीकी, उर्दू *सभा,* सागर, अज़ अख़तर सागरी, *हमरंग,* महू छावनी। ये तमाम अख़बारात अदबी, सियासी, मुल्की, सामाजी, तिब्बी[2] तिज़ारती[3], मज़हबी, इनकलाबी और मालुमाते आम्मा[4] वग़ैरा मौज़ुआत[5] से मुज़्यीन[6] रहे हैं।

मध्य प्रदेश में उर्दू अख़बार भोपाल में सिमट कर रह गए लेकिन मुसलसल [7]शाए होने वाले अखबारों में रोज़नामा *नदीम* है। उर्दू ज़बान का *कॉलम* आरिफ़ अजीज़ की मेहनतों का समरा[8] है। हबीब एहमद संडे एडिशन में अदबी गौशा[9] तरतीब[10] देते आ रहे हैं। माहनामा *सदआऐ* उर्दू अख़बार, गुजिश्ता[11] तेरह साल से उर्दू ज़बान व अदब की ख़िदमत में मशगूल[12] है जिसके एडिटर व बानी[13] नईम कौसर हैं।

9. मध्य प्रदेश के मशहूर अदीब (उर्दू लेखक)

डॉ. ज्ञान चन्द जैन, प्रोफ़ेसर अब्दुल क़वी दसनवी, डॉ. अब्दुल वदूद, डॉ. सलीम हामिद रिज़वी, डॉ. अबु मोहम्मद सहर, अमीक़ हनफ़ी, प्रोफ़ेसर मुज़फ़्फ़र हनफी, डॉ. हामिद हुसैन, प्रो. आफाक़ अहमद, प्रो. अफाक़ हुसैन सिद्दीकी, प्रो. शफीक़ा फ़रहत, मुल्ला रमूजी, जौहर कुरैशी, कौसर चाँद पुरी, एम. इरफ़ान, इब्राहीम युसुफ़, मेंहदी जाफ़र, निदा फ़ाज़ली, फ़ाज़ल ताबिश, अख़लाक़ असर, अजीज इन्दौरी, अतीक़ उल्लाह, डॉ. सादिक, प्रो. मुखतार शमीम, प्रो. ख़ालिद मेहमूद, नईम कौसर, प्रोफ़ेसर मोहम्मद नोमान खाँ, इक़बाल मसूद, ख़ालिद आबिदि, डॉ. रज़िया हामिद, रशीद अंजुम,प्रो. हैदर अब्बास रिज़वी, रशीद अन्जुम, अज़हर राही, मेहमूद शेख वगेराह।

एक बड़ी लम्बी फ़ेहरिस्त इन उर्दू लेखकों की है, सभी के नाम इस वक्त लिखना एक मुश्किल मरहला है। इसी तरह उर्दू शायरों, ड्रामानिगारों, अफ़साना निगारों, सहाफ़ियाँ, वग़ेराह के नामों की जो फ़ेहरिस्त इस मजमून[14] में अंकित की गई है उनमें और नाम भी हैं जो लिखे जा सकते थे। किंतु वक्त की तंगी[15], मज़मून की तवासत[16] की वज़ह से मुम्ताज़, मशहूर, मारूफ़[17] हजरात के नाम ही मजमून में शमिल किए गए हैं।

1. अज = के द्वारा. 2. तिब्बी = चिकित्सा. 3. तिज़ारती =व्यापारिक. 4. मालुमात आम्मा = सामान्य ज्ञान. 5. मौज़ुआत = विषयों. 6. मुज़्यीन = भरपूर या शामिल. 7. मुसलसल = निरंतर. 8. समरा = नतीजा या फल. 9. अदबी गौशा = साहित्यिक पृष्ठ. 10. तरतीब देना = क्रमबद्ध संकलित करना. 11. गुजिश्ता = पिछले. 12. मशगूल = व्यस्त. 13. बानी = संपादक. 14. मज़मून = लेख. 15. वक्त की तंगी = समय की कमी. 16. मज़मून की तवासत = लेख की अधिकता. 17. मारूफ़ = बहुचर्चित.

2

हिन्दी

दिनेश भट्ट

1. नामकरण एवं उत्पत्ति

भारत एक बहुभाषायी देश है जिसकी राजभाषा के पद पर हिन्दी भाषा आसीन है। 'हिन्दी' शब्द की व्युत्पत्ति और अर्थ पर विद्वानों ने कई दृष्टियों से विचार किया है। 'हिन्दी' शब्द का संबंध 'हिन्दी', 'हिन्दू' आदि शब्दों से हैं।

हिन्दी शब्द का प्रयोग विशिष्ट अर्थ में भाषा के लिए प्रयुक्त होता है। भाषा के अर्थ में यह कब से प्रयुक्त होने लगा यह कहना कठिन है। विद्वानों का मानना है कि हिन्दू शब्द मूलत: 'सिन्धु' शब्द से बना है। प्राचीनकाल में भारत ईरान का घनिष्ट संबंध था। चूंकि फारसी में 'स' ध्वनि का उच्चारण 'ह' हो जाता है इसलिए 'सिन्ध' प्रदेश 'हिन्द' प्रदेश हो गया। 'ऋग्वेद' में सिन्धु शब्द का प्रयोग नदी विशेष या जल देवता आदि के अर्थ में मिलता है। ईरान के धर्म ग्रंथ *अवेस्ता* में 'सन्धु' और 'सप्तसिंधव' (सात नदियाँ) के लिए हिन्दू और हप्तहिन्दव का प्रयोग मिलता है।

प्राचीन ईरान साहित्य में 'हिन्दू' शब्द नदी के अर्थ में तो प्रयुक्त हुआ ही है साथ ही सिन्धु नदी के पास के क्षेत्र के अर्थ में भी प्रयुक्त हुआ है। ईरान से लोग भारत में प्रवेश करते थे तो सिन्धु नदी से ही आते थे जिससे भारत प्रदेश को वे सिन्ध प्रदेश अर्थात हिन्द प्रदेश कहते थे। धीरे-धीरे वे भारत के विस्तृत क्षेत्र से भी परिचित होते गए और इस शब्द का विस्तार हो गया और यह हिन्द शब्द धीरे-धीरे पूरे भारत का वाचक हो गया। इसी 'हिन्द' शब्द में ईरानी का 'ईक' प्रत्यय लगने से 'हिन्दीक' बना, जिसका अर्थ है 'हिन्द का'। यूनानी शब्द 'इन्दिका' या अंग्रेज़ी शब्द 'इण्डिया' आदि इस 'हिन्दीक' के ही विकसित रूप हैं।

कालान्तर में 'सिन्ध' और 'हिन्द' क्षेत्र में भी भेद हो गया। सिन्धु नदी के दक्षिणी सिरे पर दाहिने-बाएँ बसा हुआ क्षेत्र तो सिन्ध कहलाया और सारी सिन्धु नदी के पार उत्तर और दक्षिण में अपनी प्राकृतिक सीमाओं तक और पूर्व में राजनीतिक सीमा तक के विशाल देश का नाम 'हिन्द' पड़ा। 'हिन्द' देश में बोली जाने वाली सभी भाषाओं (संस्कृत, पालि, प्राकृत आदि) को 'हिन्दी' कहा गया। यह उसी प्रकार हुआ जिस प्रकार हम रूस देश की भाषा को रूसी भाषा, चीन देश की भाषा को चीनी भाषा आदि कहते हैं। अरबी भाषा के विभिन्न ग्रन्थों में भारत की सभी भाषाओं के लिए 'ज़बाने हिन्दी' का प्रयोग मिलता है।

संस्कृत के *पंचतंत्र* का जो अनुवाद अरबी में *करिला-दमना* नाम से है उसकी भूमिका में लिखा है कि यह पुस्तक हिन्दी से अरबी में अनूदित हुई है। इसी प्रकार फिरदौसी और अलबरूनी (ग्यारहवीं शताब्दी), अमीर खुसरो (चौदहवीं शताब्दी), अबुल फ़जल (सोलहवीं शताब्दी) आदि ने हिन्दी शब्द का प्रयोग किया है। *तुजुक-इ-बाबरी* और *तुजुक-इ-जहाँगीरी* में भी हिन्दी का अर्थ है 'हिन्दी की कोई भाषा'। फ़ारसी भाषा से अन्तर स्पष्ट करने के लिए भी मुसलमान 'हिन्दी' शब्द का प्रयोग 'हिन्द'

की भाषा के अर्थ में किया करते थे। कलिंजर के हिन्दू नरेश ने बिना हौदे और महावत के हाथियों को सरलता से पकड़ने और उन पर सवारी करने वाले तुर्कों की प्रशंसा में कुछ पद्य हिन्दी भाषा में लिखे थे, जिसे महमूद गजनवी ने अपने दरबार के हिन्दू विद्वानों को दिखाया।

अम्बा प्रसाद सुमन स्थापित करते हैं कि सन् 1206 में भारत में गुलाम वंश का शासन प्रारम्भ हो गया था। महमूद गजनवी का समय इससे पूर्व का है। अत: निश्चित रूप से कहा जा सकता है कि ईसा की बारहवीं शताब्दी में भाषा के अर्थ में 'हिन्दी' शब्द का प्रयोग प्रारम्भ हो चुका था।

प्रसिद्ध इतिहासकार फरिश्ता लिखता है कि –''बहमनी राज्य (1374 ई.) के दफ़्तरों में हिन्दी ज़बान प्रचलित थी।'' मुल्ला बजही ने भी *सर्बरस* (पृ. 11) में हिन्दुस्तान के हिन्दू-मुसलमानों की भाषा का नाम 'हिन्दी' ही लिखा है।

साहबुहीनुद्दीन जामन बीजापुरी ने सन् 1582 में *इर्शादनामा* में लिखा है–

हिन्दी बोलों किया बखान।
जेकर परसाद था मुझ ज्ञान।।

उर्दू शायर मीर तकी (सन् 1712) ने भी लिखा है–

क्या जानूँ लोग कहते हैं
किसको सुरूरे कल्ब।
आया नहीं है लफ़्ज यह
हिन्दी जुबां के बीच।।

इस प्रकार हम देखते हैं कि भारत की आम जनता जिसमें बोलती या लिखती थी वह 'हिन्दी' ही कही जाती थी।

भारतीय संविधान के अनुसार आज 'हिन्दी' भाषा से तात्पर्य साहित्यिक खड़ी बोली 'हिन्दी' से है। इसे ही जॉर्ज ग्रियर्सन (*लिंग्विस्टिक सर्वे ऑफ इण्डिया*, वॉल्यूम 9, पार्ट 1, पृ. 47) ने 'साहित्यिक हिन्दुस्तानी' नाम दिया था। इसकी ही मूल बोली को वर्नाक्यूलर हिन्दुस्तानी नाम दिया गया था जो मेरठ, रूहेलखण्ड की ठेठ बोली है। उनमें से एक शैली विशेष का नाम उनके मतानुसार 'हिन्दी' है। उर्दू, रेख्ता, दक्खिनी–ये तीन 'साहित्यिक हिन्दुस्तानी' की विशेष शैलियाँ मानी गई हैं। वास्तव में खड़ी बोली का देवनागरी में लिखा हुआ साहित्यिक रूप ही 'हिन्दी' कहलाता है।

विकास क्रम में देखें तो 'हिन्दी' के अनेक नाम पाए जाते हैं–हिन्दी, हिन्दवी, उर्दू, हिन्दुयी, रेख्ता, रेखती, हिन्दुस्तानी देहलवी, आगरी आदि। नगेन्द्र के शब्दों में कहें तो 'हिन्दी' शब्द का प्रयोग आज मुख्य रूप से तीन अर्थों में हो रहा है–

(1) 'हिन्दी' शब्द अपने विस्तृत अर्थ में हिन्दी प्रदेश में बोली जाने वाली सत्रह बोलियों का द्योतक है। हिन्दी साहित्य के इतिहास में 'हिन्दी' शब्द का प्रयोग इसी अर्थ में होता है। इसीलिए इसके अन्तर्गत ब्रज, अवधी, डिंगल, मैथिली, भोजपुरी, खड़ी बोली आदि के लिखित साहित्य का विवेचन किया जाता है।

(2) भाषा विज्ञान में प्राय: 'पश्चिमी हिन्दी' और 'पूर्वी हिन्दी' को ही हिन्दी माना गया था क्योंकि जॉर्ज ग्रियर्सन ने अपने सर्वे में राजस्थानी, पहाड़ी, बिहारी को हिन्दी में समाहित नहीं किया था। लेकिन शोधों के बाद आज भाषा विज्ञान में हिन्दी से तात्पर्य उसकी पाँच उपभाषाओं से लिया जाता है–

1. पश्चिमी हिन्दी–बांगरू (हरियाणवी), खड़ी बोली, ब्रजभाषा, कन्नौजी और बुंदेली।
2. पूर्वी हिन्दी–अवधी, बघेली, छत्तीसगढ़ी।
3. बिहारी–भोजपुरी, मगही, मैथिली।

4. राजस्थानी–मेवाती-अहीरवाटी, मालकी, जयपुरी-हाड़ौती और मारवाड़ी-मेवाड़ी।

5. पहाड़ी–गढ़वाली, कुमायुँनी।

(3) संकुचित अर्थ में हिन्दी से तात्पर्य है–खड़ी बोली साहित्यिक हिन्दी, जो आज हिन्दी प्रदेशों की सरकारी एवं पूरे भारत की राजभाषा है। समाचार पत्रों और फिल्मों में जिसका प्रयोग होता है, जो हिन्दी प्रदेश में शिक्षा का माध्यम है और जिसे 'परिनिष्ठित हिन्दी' 'मानक हिन्दी' आदि नामों से भी अभिदित करते हैं। देश की भावात्मक अस्मिता के रूप में जो राष्ट्रभाषा पद पर आसीन है वही हिन्दी है।

2. क्षेत्र

भाषा वैज्ञानिक दृष्टि से देखें तो 'हिन्दी' शब्द एक विशेषण है, जिसका अर्थ है 'हिंद की'। इसका प्रयोग 'हिंद के रहने वाले' अथवा 'हिन्दी' का क्षेत्र समग्र हिन्दुस्तान है। किन्तु सीमित अर्थ में पश्चिम एवं पूर्वी हिन्दी के सम्मिलित क्षेत्र को हिन्दी का क्षेत्र माना जाता है। हिन्दी ऐतिहासिक दृष्टि से युग-युग की मध्यदेशीय भाषाओं–संस्कृत, पालि, प्राकृत की उत्तराधिकारिणी है। ये भाषाएँ मध्य प्रदेशीय होते हुए भी देशव्यापी रही हैं। हिन्दी व्यवहार में राष्ट्रभाषा है ही, संविधान में इसे राज्यभाषा बनाया है, किन्तु देश में राज्यों द्वारा इसे मान्यता प्राप्त नहीं हो पाई है इसलिए अभी यह नहीं कहा जा सकता कि हिन्दी सारे हिन्द की भाषा है।

हरदेव बाहरी के अनुसार, "ग्रियर्सन द्वारा निर्धारित सीमाओं के आगे पूर्व में बिहारी, पश्चिम में राजस्थानी और उत्तर में मध्य पहाड़ी की सीमाएँ सम्मिलित कर लें, अर्थात पश्चिम में अंबाला से बीकानेर और जेसलमेर, दक्षिण में ताप्ती नदी, बालाघाट से दुर्ग, पूर्व में रायगढ़ से भागलपुर एवं उत्तर नेपाल की सीमा को छूते हुए गंगोत्री-जमनोत्री तक चले जाएँ-इस 1050 मील लंबे और लगभग 600 मील चौड़े भू-भाग को हिन्दी प्रदेश कहते हैं।"

धीरेन्द्र वर्मा के अनुसार, "हिन्दी तथा उसकी बोलियों से संबंधित भूमि-भाग की सीमाएँ पश्चिम में जेसलमेर, उत्तर-पश्चिम में अंबाला, उत्तर में शिमला से लेकर नेपाल के पूर्वी छोर तक के पहाड़ी प्रदेश तथा दक्षिण-पश्चिम में खंडवा तक पहुँचती हैं।" लक्ष्मीसागर वार्ष्णेय ने भी इसी क्षेत्र निर्धारण का समर्थन किया है।

ग्रियर्सन ने पश्चिम में अंबाला (पंजाब) से लेकर पूर्व में बनारस तक और उत्तर में नैनीताल की तलहटी से लेकर दक्षिण में बालाघाट (मध्य प्रदेश) तक की सीमा को हिन्दी का क्षेत्र निर्धारित किया था, किन्तु बाद में विद्वानों ने अपनी शोध रिपोर्ट के आधार पर इस क्षेत्र को विस्तार दिया। भोलानाथ तिवारी ने हिन्दी भाषा का भौगोलिक विस्तार काफी दूर-दूर तक बताते हुए इसे तीन क्षेत्रों में विभक्त किया है–

(क) हिन्दी क्षेत्र–हिन्दी में मुख्यत: हरियाणा, राजस्थान, मध्य प्रदेश, दिल्ली, हिमाचल प्रदेश, उत्तर प्रदेश तथा बिहार आते हैं। मूल: पंजाब के कुछ भाग अबोहर तथा फ़ज़िल्का तथा महाराष्ट्र के कुछ भाग भी इसमें आते हैं।

(ख) अन्य भाषा क्षेत्र–इसमें कर्नाटक तथा आंध्र के दक्खिनी हिन्दी वाले भाग एवं कोलकाता, शिलांग, मुंबई तथा अहमदाबाद आदि भारत के अहिन्दी भाषी छोटे-छोटे क्षेत्र आते हैं।

(ग) भारतेतर क्षेत्र–भारत के बाहर भी कई देशों में हिन्दी भाषी लोग काफी बड़ी संख्या में बसे हैं, जैसे मॉरिशस, फीजी, सूरीनाम, ट्रिनिडाड आदि, साथ ही नेपाल के सीमावर्ती इलाकों में भी हिन्दी भाषी हैं। इनके अतिरिक्त भी कई देशों में हिन्दी भाषी हैं, जैसे इंग्लैंड, लंदन, सोवियत संघ, तजाकिस्तान-उज्बेकिस्तान की सीमा पर, अफ्रीका, गियाना तथा दक्षिणी अफ्रीका में। अमेरिका के भी कई बड़े नगरों जैसे न्यूयार्क, वाशिंगटन इनके अतिरिक्त हांगकांग, मलेशिया, सिंगापुर आदि पूर्वी देशों में भी हिन्दी भाषी हैं।

3. हिन्दी भाषा के स्रोत

भारत के सभी प्रांतों, जातियों, धर्मों, भाषाओं और विभिन्न रीति-रिवाजों को लेकर चलने वाली इस बहुभाषीय संस्कृति के बीच यदि भारतीय जीवन की उदात्तता एवं एकात्मकता किसी एक भाषा में दिखाई देती है तो वह हिन्दी ही है। हिन्दी विश्व की तीन हजार भाषाओं में से एक है। एक सौ अस्सी करोड़ से अधिक लोगों की मातृभाषा हिन्दी है। भारत के बाहर तीन सौ करोड़ से अधिक लोग हिन्दी का द्वितीय भाषा के रूप में प्रयोग करते हैं।

संसार की भाषाओं की आकृति के आधार पर हिन्दी वियोगात्मक भाषा है, वंश अथवा परिवार के आधार पर हिन्दी यूरेशिया खंड के भारोपीय परिवार की भारत-ईरानी शाखा की भारतीय आर्य उपशाखा की एक भाषा है। संसार की जातियों का भाषा के आधार पर वर्गीकरण किया जाए तो, एक आर्य जातियाँ हैं, दूसरी अनार्य जातियाँ। आर्यों के आदि पुरखा पूरे यूरोप, ईरान, अफ़गानिस्तान और भारतीय उपमहाद्वीप में फैले हुए हैं। मोटे तौर पर आर्यभाषा के दो वर्ग हैं–

(1) यूरोपीय आर्य भाषाएँ (2) भारत-ईरानी भाषाएँ।

भारत-ईरानी वर्ग की तीन शाखाएँ हैं–

(1) ईरानी (ईरान और अफ़गानिस्तान की भाषाएँ)

(2) दरद (कश्मीर और पामीर के पूर्व-दक्षिण की भाषाएँ) और

(3) भारतीय आर्य भाषाएँ।

विकास क्रम के अनुसार भारतीय आर्य भाषाओं को तीन कालों में विभक्त किया गया है।

क्र. सं.	नाम	प्रयोगकाल	उदाहरण
1.	प्राचीन भारतीय आर्य भाषा	2000 ई.पू. से 500 ई.पू. तक	वैदिक संस्कृत एवं लौकिक संस्कृत
2.	मध्यकालीन भारतीय आर्य भाषा	500 ई.पू. से 1000 ई. तक	पालि, प्राकृत, अपभ्रंश
3.	आधुनिक भारतीय आर्य भाषा	1000 ई. से ...	हिन्दी और हिन्दीतर भाषाएँ–बांग्ला, उड़िया, असमी, मराठी, गुजराती, पंजाबी, सिंधी।

3.1 प्राचीन भारतीय आर्य भाषा

प्राचीन भारतीय आर्य भाषा का स्वरूप ऋग्वेद से प्राप्त होता है। यह विकास क्रम के अनुसार दो भागों में विभक्त है–(1) वैदिक संस्कृत (2) लौकिक संस्कृत।

3.1.1 वैदिक संस्कृत

वैदिक संस्कृत का काल 2000 से 1000 ई.पू. है। वैदिक संस्कृत को 'वैदिक', 'वैदिकी' तथा 'छांदस' भी कहा जाता है। ऋग्वेद 'छंदोबद्ध' है, अतः इसे 'छंदस्' भी कहा जाता है। चारों वेद, बाह्मण ग्रंथ एवं उपनिषद् इसी काल की रचनाएँ हैं। वैदिक संस्कृत किसी समय जनभाषा थी अतः समस्त प्राचीनतम संस्कृत वाङ्मय वैदिक संस्कृत में मिलता है।

वैदिक संस्कृत में बावन ध्वनियाँ थीं जिसमें चौदह स्वर थे, इसकी रचना क्लिष्ट योगात्मक थी। संगीतात्मक स्वरों की प्रमुखता थी। वेद में उपसर्ग धातु से पृथक भी प्रयुक्त होते थे। ऋग्वेद में 'ल' की अपेक्षा 'र' का प्रयोग अधिक हुआ है। वैदिक साहित्य में संधि और समास प्रायः दो शब्दों के मेल से होते थे। वैदिक भाषा में व्याकरण की जटिलता थी, एक-एक कारक रूपों में भी विविधता थी। उदाहरण–

कर्ता द्विवचन–देवा, दैवौ　　कर्ता बहुवचन–देवाः, देवासः

करण एकवचन–देवी, देव्या　　करण बहुवचन–देवेभिः, देवै

वैदिक संस्कृत में मध्य स्वरागम के अनेक उदाहरण मिलते हैं जैसे–पृथ्वी-पृथिवी, स्वर्ण-सुवर्ण, स्वर-सुवर, दर्षत-दरषत। वैदिक संस्कृत में संगीतात्मक स्वराघात और बलात्मक स्वराघात है।

3.1.2 लौकिक संस्कृत

लौकिक संस्कृत का काल 1000 ई.पू. से 500 ई.पू. है। वैदिक संस्कृत का ही विकसित रूप लौकिक संस्कृत है। पश्चिमी आर्य भाषा पर पूर्वी भाषाओं के प्रभाव के फलस्वरूप लौकिक संस्कृत का उद्‌गम हुआ अर्थात् उस समय मध्य प्रदेश में जो आर्य भाषाएँ बोली जा रही थीं उनके सामान्य रूप का नाम संस्कृत, पाणिनी (सातवीं शती) के बाद पड़ा। संस्कृत की वास्तविक उन्नति मौर्यकाल के अंत से आरंभ होकर नवीं-दसवीं शताब्दी तक लगातार होती रही। लौकिक संस्कृत में *वाल्मीकि रामायण, महाभारत, पुराण, काव्य, नाटक* आदि लिखे गए। कात्यायन, पतंजलि आदि के लेखों से सिद्ध है कि ईसा पूर्व तक संस्कृत लोकव्यवहार की भाषा थी।

लौकिक संस्कृत में अड़तालीस ध्वनियाँ थीं। इसमें बारह स्वर रह गए थे। इस काल की भाषा भी क्लिष्ट योगात्मक थी, शब्दों में धातु रूप सुरक्षित थे। स्वर-प्रयोग बलघातात्मक थे। पदों का स्थान निश्चित नहीं था। शब्द भंडार में शब्दों की प्रचुरता थी।

3.2 मध्यकालीन भारतीय आर्य भाषा

वैदिक संस्कृत और लौकिक संस्कृत के विकसित रूप मध्यकालीन भारतीय आर्य भाषा को निम्न वर्गों में विभाजित किया गया है–

क्र. सं.	नाम	प्रयोगकाल	विशेष टिप्पणी
1.	प्रथम प्राकृत या पालि	500 ई.पू. से सन् 1 ई. तक	भारत की प्रथम लोक भाषा है, भगवान बुद्ध के सारे उपदेश पालि में ही हैं।
2.	द्वितीय प्राकृत या प्राकृत	सन् 1 ई. से 500 ई. तक	भगवान महावीर के सारे उपदेश प्राकृत में ही हैं।
3.	तृतीय प्राकृत या अपभ्रंश	500 ई. से 1000 ई.	संक्रमणकालीन भाषा
4.	अवहट्‌ट	900 ई. से 1100 ई.	संक्रांतिकालीन भाषा

3.2.1 पालि (प्रथम प्राकृत)

पालि भाषा का काल 500 ई.पू. से 1 ई. तक है।

मध्यकालीन आर्य भाषाओं का युग, पालि भाषा के उदय से आरंभ होता है। सिंहली बौद्धों के अनुसार पालि मगध की भाषा है, परंतु मागधी के जो लक्षण प्राकृत वैयाकरणों ने बताए हैं और जो अशोक के अभिलेखों में मिलते हैं वे पालि से भिन्न हैं। संभवत: अनेक विभाषाओं के मध्य एक कड़ी का काम करने वाली मध्यदेशीय भाषा ही पालि है।

पालि को हम बौद्ध प्राकृत भी कह सकते हैं, इस भाषा का लगभग समस्त साहित्य भगवान बुद्ध तथा उनके शिष्यों की परम्परा के बौद्ध भिक्षुओं द्वारा लिखा गया। पालि भाषा के अध्ययन के प्रमुख स्रोत *त्रिपिटक* (बुद्धवचन), *टीका साहित्य* और *वंश* (ऐतिहासिक साहित्य) हैं। इस भाषा का प्रचार विशेष रूप से उत्तर भारत में हुआ। वर्मा, लंका, तिब्बत, चीन आदि की भाषाओं पर पालि ने अपना प्रभाव डाला। प्राचीन भारतीय आर्य भाषा और आधुनिक आर्य भाषाओं के बीच की स्थितियों को समझने के लिए पालि महत्त्वपूर्ण है।

पालि में ऋ, ॠ, लृ., लृ, और ऐ, औ, लुप्त हो गए हैं। संयुक्त व्यंजन से पहले का दीर्घ स्वर ह्रस्व हो गया, जैसे–मार्दंव से मद्दव, धार्मिक से धाम्मिको। व्यंजन 'श' और 'ष' दोनों का उच्चारण 'स' हो गया, शेष व्यंजन यथावत बने रहे, जैसे–'नाशयति' से 'नासेति', 'कोष' से 'कोस' आदि। शब्द के अंत में आने वाले व्यंजन का भी लोप हो गया; जैसे–'भगवान' का 'भगवा', 'यावत' का 'याव', आदि।

अघोष व्यंजन का घोषीकरण–'शाकल' से 'सागल' एवं अल्पप्राण व्यंजन का महाप्राणीकरण 'कील' से 'खील' हो गया। प्राचीन आर्य भाषा के आठ कारकों के स्थान पर छह कारक रह गए। पालि में तत्सम और देशज शब्द कम हैं, तद्‌भव शब्दों का आधिक्य है। वाक्य में पदों का क्रम बदल सकता है। पालि संयोगात्मक भाषा है। पालि का उदाहरण–बौद्ध धर्म की गीता अर्थात् *धम्मपद* से कुछ पंक्तियाँ उद्धृत हैं– सब्बा दिसा सप्पुरिसो पवाति।

हिन्दी अनुवाद– सब दिशाओं में सत्पुरुष सुगंध बहाता है।

3.2.2 प्राकृत (द्वितीय प्राकृत)

प्राकृत का काल 1 ई. से 500 ई. तक है।

प्राकृत मध्यकालीन भारतीय आर्य भाषाओं में पालि और अपभ्रंश के मध्य की भाषा है। "नाम प्रकृते: आगतं प्राकृतम" अर्थात् जो भाषा मूल रूप से चली आ रही है उसका नाम 'प्राकृत' है। मूलभाषा के संबंध में मतभेद है–हेमचंद्र, मार्कंडेय, सिंहदेव आदि आचार्यों के अनुसार 'प्रकृति संस्कृतम् तद्‌भव' अर्थात् मूल भाषा संस्कृत है उससे उत्पन्न प्राकृत है।

संस्कृत-जनभाषा थी, वही विकसित-विकृत होते-होते प्राकृत सिद्ध हुई। दूसरे विचार के अनुसार प्रकृति का अर्थ स्वभाव है अर्थात् जो भाषा स्वभाव से सिद्ध है, वह प्राकृत है।

प्राकृत में धार्मिक और लौकिक साहित्य मिलता है। बौद्ध और जैन धार्मिक साहित्य प्रमुख रूप से मागधी और अर्द्धमागधी में और मौलिक साहित्य शौरसेनी (गद्य) और महाराष्ट्री (पद्य) में प्राप्त है। *गौडवहो* (गौंडवध) और *सेतुबंध* जैसे महाकाव्य तथा *गाहासत्तसई* (गाथा सप्तशती) और *वज्जालग्ग* जैसे खंडकाव्य प्राकृत की अमूल्य संपत्ति हैं।

इस साहित्य के आधार पर व्याकरण ग्रंथ लिखे गए जिनमें वररुचि कृत *प्राकृत-प्रकाश* और हेमचंद्र का *प्राकृत व्याकरण* प्रसिद्ध है। आचार्य भरत ने सर्वप्रथम नाट्‌यशास्त्र में सात मुख्य प्राकृत–मागधी, अवंतिजा, प्राच्या, सूरसोनी (शौरसेनी) अर्द्धमागधी, बाहलीक, दक्षिणात्य (महाराष्ट्री), और सात गौण प्राकृत–शाबरी, आभीरी, चाण्डाली, सचरी, द्राविड़ी, उदरजा एवं वनेचरी बताई हैं।

वररुचि ने चार प्राकृत–शौरसेनी, महाराष्ट्री, मागधी, पैशाची मानी हैं। मागधी के दो रूप हैं–मागधी और अर्द्धमागधी। इस प्रकार ये पाँच प्राकृत हैं। इसके अतिरिक्त एक वैयाकरण ने प्राकृत के सत्ताइस भेद तो दूसरे ने बयालीस भेद बताए हैं।

प्राकृत की स्वर ध्वनियाँ वही हैं जो पालि में हैं, ह्रस्व स्वर- अ, इ, उ, एँ, ओँ तथा दीर्घस्वर- आ, ई, उ, ए, ओ। प्राचीन आर्यभाषा के 'ऐ' का 'ए' हो गया, जैसे–'तैल' का 'तेल', 'चैत्र' का 'चेत्र'।

शब्द के आदि में 'य' का 'ज' हो गया है, जैसे–'युवान' से 'जुआण', 'यश' से 'जस', 'वार्ता' से 'वात्रा' आदि। महाप्राण ध्वनियों में 'ख, घ, थ, ध, भ', का 'ह' हो गया; जैसे–'कथानिका' से 'कहाणिआ', 'दधि' से 'दहि' आदि।

अन्त्य व्यंजन का लोप पालि में ही हो गया था, प्राकृत में यह प्रवृत्ति बनी रही, उदाहरण–'कर्मन' से 'कम्म', 'चंद्रमस' से 'चंद्रमो', 'महान' से 'महा'। मुखसुख के कारण प्राकृत में विचित्र परिवर्तन हुए है; जैसे–'अप्सरा' से 'अच्छरा', 'पुष्कर' से 'पोखर', 'चिकुर' से 'चिहुर' आदि।

प्राकृत में एक महत्त्वपूर्ण घटना हुई संस्कृत के, केरक और मज्झ से आगे चलकर, 'के लिए', 'के' और 'में' आदि परसर्गों का विकास हुआ, इससे भाषा वियोगात्मक बनने लगी।

प्राकृत में सबसे अधिक तद्‌भव, उनसे कम देशज और सबसे कम तत्सम शब्द मिलते हैं। मुख्य प्राकृतों का संक्षिप्त परिचय इस प्रकार है–

(i) **पैशाची**–इसे पिशाची एवं भूतभाषा भी कहा गया है। इसका आदिम स्थान पंजाब, अफगानिस्तान और चीनी तुर्किस्तान है, *महाभारत में* कश्मीर के पास रहने वाली 'पिशाच' जाति का उल्लेख मिलता है। गुणाढ्‌य की अतिप्रसिद्ध रचना

बृहत्कथा 'पैशाची' प्राकृत में ही थी, इसका ही विकसित रूप लहँदा है। हेमचंद्र कृत *कुमारपाल चरित* और *काव्यानुशासन* तथा *हम्मीरमदमर्दन* नाटक में इसका प्रयोग मिलता है।

पैशाची भाषा में तृतीय वर्ण प्रथम वर्ण हो जाता है; जैसे–नगर–नकर। इसमें पंचम नासिक्य वर्ण केवल 'न' है। इस काल में भाषा संयोगात्मक से वियोगात्मक की ओर अग्रसर हुई।

(ii) **अर्द्ध मागधी**–अर्द्धमागधी का क्षेत्र मागधी और शौरसेनी के मध्य में है। यह प्राचीन कौसल के समीपवर्ती क्षेत्र की भाषा है, इसे जैन अर्द्धमागधी और आर्य भाषा भी कहा जाता है। इसमें भरपूर जैन साहित्य प्राप्त है। अर्धमागधी में भगवान महावीर के उपदेशों का संग्रह है। इसमें गद्य और पद्य दोनों प्रकार का साहित्य है। आचार्य विश्वनाथ ने *साहित्य दर्पण* में इसे चेटों, राजपुत्रों एवं सेठों की भाषा कहा है। *मुद्राराक्षस* और *प्रबोधचंद्रोदय* में अर्द्धमागधी का प्रयोग हुआ है। इसी प्राकृत से पूर्वी हिन्दी का विकास हुआ है।

अर्द्धमागधी में ह्रस्व स्वरों की गति बड़ी विचित्र है, जैसे–'मुसा' का 'मोंस', 'गिरू' का 'गुरू', 'गेरू'। इसी प्रकार दो स्वरों के बीच में सरल व्यंजनों के स्थान पर 'प' आगम होता है; जैसे-'सागर' से 'सापर'।

अर्द्धमागधी में रूपों की विविधता से प्रतीत होता है कि आस-पास की कई बोलियों के तत्त्व इसमें हैं।

(iii) **मागधी**–यह मगध की भाषा है, बिहारी हिन्दी बोलियों और अन्य पूर्वी भाषाओं का विकास क्रम समझने के लिए मागधी महत्त्वपूर्ण है, अश्वघोष के नाटकों में पुरानी 'मागधी प्राकृत' के नमूने मिलते हैं। कालिदास के नाटकों में तथा शूद्रक के *मृच्छकटिकम्* में भी मागधी का प्रयोग मिलता है। भारत के *नाट्यशास्त्र* के अनुसार यह अंतःपुर के नौकरों, अश्वपालकों आदि की भाषा है, मार्कंडेय के अनुसार भिक्षु, क्षपणक, राक्षस, चेट आदि मागधी बोलते थे। लंका में पालि को मागधी कहा जाता था।

मागधी में 'अः' का 'ए', 'र' का 'ल', 'श', 'ष', 'स' का 'श', 'ज' का 'य' हो जाना इसकी पहचान है; जैसे–'देवः' से 'देवे', 'राजा' से 'लाया' आदि। मागधी में 'मैं' के लिए 'हके/अहके' उल्लेखनीय है।

(iv) **शौरसेनी**–इसका क्षेत्र शूरसेन (मथुरा के आस-पास) का प्रदेश था, जिसे शौरसेनी कहते थे। इसका विकास पालिकालीन स्थानीय भाषा से हुआ है, पश्चिमी हिन्दी बोलियों–ब्रजभाषा, कन्नौजी, कौरवी, हरियाणवी, राजस्थानी आदि का विकास इसी प्राकृत से हुआ है, नाटकों में इसका व्यवहार स्त्री पात्रों, मध्यम वर्गों के लोगों और विदूषकों से कराया गया है। यह भाषा संस्कृत के अधिक निकट है, राजशेखर कृत *कर्पूरमंजरी* का समस्त गद्य भाग शौरसेनी प्राकृत में है। भरत, कालिदास आदि के नाटकों में गद्य शौरसेनी में ही है। इसका प्राचीनतम रूप अश्वघोष के नाटकों में मिलता है। शौरसेनी से ही वर्तमान हिन्दी का विकास हुआ है।

शौरसेनी में सामान्य प्राकृत की तरह 'अः' का 'ओ', एवं स्वर, तथा मध्यम अल्पप्राण अघोष व्यंजनों का सघोषीकरण हो गया जैसे–'विकल' से 'विगल'। इसमें 'न' का 'ण' हो जाता है जैसे–नाथ-णाध, भागिनी-बहिणी।

इस भाषा में सरलता, सरसता, श्रवण सुखदता अधिक थी, अतः यह अधिक लोकप्रिय हुई।

(v) **महाराष्ट्री**–यह उत्तर भारत की ही एक सामान्य परिनिष्ठित भाषा थी, इसका शुद्ध शब्द महाराष्ट्री है। दंडी ने इसे प्रकृष्ट प्राकृत कहा है। हार्नले ने महाराष्ट्र का अर्थ महान राष्ट्र माना है। प्राकृतों में सबसे अधिक साहित्य महाराष्ट्री में है। महाराष्ट्री प्राकृत के प्रसिद्ध ग्रंथ है-राजाहाल कृत *गाहा सतसई,* प्रवरसेन कृत *रावणवहो,* वाक्पति कृत *गउडवहो,* जयवल्लभ कृत *वज्जालग्ग,* हेमचंद्रचार्य कृत *कुमारपाल चरित* आदि। भरतमुनि ने दक्षिणात्य से महाराष्ट्री का ही निर्देश किया है। दंडी के *काव्यादर्श में* महाराष्ट्री को सर्वश्रेष्ठ प्राकृत माना गया है।

महाराष्ट्री स्वर बाहुल्य है, मध्यगत व्यंजनों के लोप से स्वरों की प्रधानता एवं संगीतात्मकता होती है। दो स्वरों के बीच में क, ग, च, ज, त, द और य का लोप जैसे–'लोक' से 'लोओ', 'हृदय' से 'हिअअ' आदि एवं पंचमाक्षर का अनुस्वार हो जाता है; जैसे–'गङा' से 'गंगा', 'ऊष्म' वर्णों (श, ष, स) का प्रायः 'ह' हो जाता है, जैसे–'दष' का 'दह', 'पाषाण' का 'पाहाण' आदि।

3.2.3 अपभ्रंश (तृतीय प्राकृत)

अपभ्रंश मध्यकालीन आर्य भाषा के तृतीय चरण की प्रथम भाषा है। 'अपभ्रंश' शब्द की व्युत्पत्ति अप (उपसर्ग)+भ्रंश (धातु)+घञ् (प्रत्यय) से मानी जाती है। अप उपसर्ग तथा भ्रंश धातु दोनों का ही प्रयोग अध:पतन (गिरना या विकृत होना) के अर्थ में होता है। अपभ्रंश शब्द का सर्वप्रथम प्रयोग आचार्य व्याडि और महाभाष्यकार पतंजलि ने किया।

वाग्भट और आचार्य हेमचंद्र ने अपभ्रंश को ग्रामभाषा, कुछ विद्वानों ने देशीभाषा एवं दंडी ने आभीरादि की भाषा कहा।

अपभ्रंश के सबसे प्राचीन उदाहरण भरतमुनि (400 ई.पू.) के *नाट्यशास्त्र* में मिलते हैं। कालिदास के *विक्रमोवर्शीयम* में अपभ्रंश और कुछ पद्य मिलते हैं। अपभ्रंश में विशाल साहित्य है। इसकी प्रमुख रचनाएँ हैं–स्वयंभू रविषेणाचार्य कृत-*पउमचरिअ*, पुष्पदंत कृत-*महापुराण* और *जसहर चरिउ* (यशोधरा-चरित), विद्यापति कृत-*कीर्तिलता*, अद्दहमाण (अब्दुर रहमान) कृत-*संदेश रासक*। अपभ्रंश में ह्रस्व स्वर–अ, इ, उ, एँ, ओॅ एवं दीर्घ स्वर–आ, ई, ऊ, ए, ओ हैं, 'ऐ' और 'औ' नहीं मिलते। अपभ्रंश को उकार बहुल भाषा कहा गया है इसमें मनु, कारणु, अंगु, चलु, चलतु आदि रूप मिलते हैं।

अपभ्रंश में ङ्, ञ, न, श, और ष नहीं हैं। सामान्यत: 'ट' प्रधान भाषा है, 'ण' बहुत अधिक है। 'न' का 'ण', 'य' का 'ज' एवं 'श-ष' का 'स' होता है; जैसे-'णयर' (नगर), 'जइ' (यदि), 'केस' (केश), 'तुस' (तुष) आदि।

अपभ्रंश में शब्द के एक ही रूप से सभी कारकों का अर्थ ग्रहण हो जाता है, जैसे–हिं प्रत्यय से कर्म, कारण, संप्रदाय, अपादान और अधिकरण कारकों का काम चल जाता है। वाक्यों में पदक्रम निश्चित हो गया। इससे विभक्ति-जन्य अस्पष्टता बहुत कम हो गई और भाषा क्लिष्ट योगात्मक से वियोगात्मक होने लगी। पहचान के लिए अप्रभंश का उद्धरण–

कहउं संगहनि हत्थ (कहता हूँ जोड़कर हाथ)।

नमि साधु के अनुसार अपभ्रंश के तीन भेद हैं–उपनागर, आभीर, एवं ग्राम्य। मार्कंडेय ने भी इसके तीन भेद माने हैं–नागर, उपनागर और ब्राचड। तगारे ने अपभ्रंश के तीन भेद गिनाए हैं–दक्षिणी, पश्चिमी और पूर्वी। नामवर सिंह ने इसके केवल दो ही भेद माने हैं–पश्चिमी और पूर्वी। आधुनिक आर्यभाषाओं का विकास इसी अपभ्रंश से हुआ है। अन्य विद्वानों ने अपभ्रंश के उत्तर भारत में सात क्षेत्रीय रूपांतर माने हैं, जिनसे कालांतर में आधुनिक भारतीय आर्य भाषाओं का विकास हुआ। जिनका विवरण निम्नानुसार है-

क्र.सं.	अपभ्रंश	विकसित होने वाली आर्यभाषाएँ
1.	शौरसेनी अपभ्रंश	पश्चिमी हिन्दी, राजस्थानी, गुजराती
2.	पैशाची अपभ्रंश	लहँदा, पंजाबी (इस पर शौरसेनी अपभ्रंश का प्रभाव है)
3.	ब्राचड अपभ्रंश	सिंधी
4.	खस अपभ्रंश	पहाड़ी
5.	महाराष्ट्री अपभ्रंश	मराठी
6.	अर्द्धमागधी अपभ्रंश	पूर्वी हिन्दी
7.	मागधी अपभ्रंश	बिहारी, उड़िया, बांग्ला, असमिया

इस वर्गीकरण के आधार पर भाषाओं के क्रमिक विकास को निम्न रूप में समझा जा सकता है–

वैदिक संस्कृत, → संस्कृत, → पालि, → प्राकृत, → अपभ्रंश, → अवहट्ट, → प्राचीन/प्रारंभिक हिन्दी। हिन्दी भाषा की उत्पत्ति विद्वानों के अनुसार मूलत: शौरसेनी अपभ्रंश से मानी जाती है।

3.2.4 अवहट्ट

अवहट्ट अपभ्रंश का परिवर्तित रूप है। ग्यारहवीं से लेकर चौदहवीं शताब्दी के अपभ्रंश कवियों ने अपनी भाषा को अवहट्ट कहा है। इस शब्द का सर्वप्रथम प्रयोग ज्योतिरीश्वर ठाकुर ने अपने *वर्ण रत्नाकार* में किया। *प्राकृत पैंगलम* की भाषा को उसके टीकाकार वंशीधर ने अवहट्ट माना, *संदेश रासक* के रचयिता अद्दहमाण ने अवहट्ट भाषा का प्रयोग किया एवं विद्यापति ने अपनी कृति *कीर्तिलता* की भाषा को अवहट्ट कहा है। आधुनिक भाषा विज्ञानियों ने तुलनात्मक अध्ययन के आधार पर अवहट्ट को परवर्ती अपभ्रंश माना है, और बताया है कि अवहट्ट में ध्वनिगत, रूपगत और शब्द संबंधी बहुत से तत्त्व ऐसे हैं जो इसे पूर्ववर्ती अपभ्रंश से अलग करते हैं।

अहवट्ट का काल सन् 900 से 1100 ई. या थोड़ा बाद तक निश्चित किया गया है। साहित्य में इसका प्रयोग चौदहवीं शताब्दी तक होता रहा है। इस दृष्टि से यह भाषा अपभ्रंश और पुरानी हिन्दी के बीच की कड़ी मानी जा सकती है।

अवहट्ट के प्रमुख रचनाकार–अद्दहमाण कृत सनेहयरासय (*संदेश रासक*), दामोदर पंडित (*उक्ति-व्यक्ति प्रकरण*), ज्योतिरीश्वर ठाकुर (*वर्ण रत्नाकार*), विद्यापति (*कीर्तिलता*), कवि रोडा (*राउलबेलि*) आदि हैं।

अवहट्ट में 'ऐ', 'औ' दो नए स्वर जो इस युग में विकसित हुए हैं, आते हैं। तद्भव शब्दों में 'ऋ' का स्थान 'अ', 'इ', 'उ', 'ए' ने ले लिया, स्वर गुच्छों में संधि या संकोच अवहट्ट की महत्त्वपूर्ण विशेषता है, जैसे–अपभ्रंश के 'भंडारिअ' 'सनआर' का अवहट्ट में 'भंडारी' एवं 'सुनार' हो गया। इसमें अकारण अनुनासिकता के बहुत-से उदाहरण मिलते हैं, जैसे–आँखि, जूआँ, पाँव, निंद आदि। आदि अक्षर में स्वर के दीर्घीकरण की प्रवृत्ति बहुत अधिक है, जैसे–पाँति, मीत, मानुस, भीत आदि। लिंग निर्धारण में जटिलता है। अवहट्ट अपभ्रंश से तीन बातों में भिन्न है, यथा–विदेशी शब्दों का प्रयोग, तत्सम शब्दों का प्रयोग और देशी शब्दों का प्राचुर्य है।

3.3 आधुनिक भारतीय आर्य भाषा

3.3.1 प्राचीन या पुरानी हिन्दी/आरंभिक हिन्दी

मध्यदेशीय भाषा-परम्परा की विशिष्ट उत्तराधिकारिणी होने के कारण, हिन्दी का स्थान आधुनिक भारतीय आर्य भाषाओं में सर्वोपरि है। हिन्दी का आरंभ कब हुआ? यह प्रश्न उलझन भरा है। हरदेव बाहरी के अनुसार आठवीं शताब्दी में सिद्धों की भाषा में हमें अपभ्रंश से निकलती हुई हिन्दी स्पष्टत: दिखाई देती है। सरहपा, कंहपा, सिद्ध कवियों ने अपनी भाषा को जन के अधिक निकट रखा है; इसमें हिन्दी के रूप असंदिग्ध हैं–

1. जिम बाहिर तिम अब्भंतरू। चउदह भुवणे ठिअउ निरंतरू। (सरहपा)
2. कुछ विद्वानों ने जैन कवि पुष्पदंत को हिन्दी का आदि कवि माना है, परंतु उनकी कृति *तिसंठि्ठ महापुरिस गुणालंकार* की भाषा नि:संदेह अपभ्रंश है। कहीं-कहीं विकासमान हिन्दी के प्रयोग अवश्य मिल जाते हैं। आचार्य हेमचंद्र के *प्राकृत व्याकरण* से उद्धृत 'भल्ला हुआ जु मारिआ बहिणि महारा कंतु', आरंभिक पश्चिमी हिन्दी का सुंदर उदाहरण है।
3. *पउम चरिउ* के महाकवि स्वयंभू ने अपनी भाषा को देशी भाषा कहा है, उसमें भी उदीयमान हिन्दी के छिटपुट प्रयोग मिल सकते हैं, जैसे–रामकथा (रूपा) सरि एह सोहंती।
4. विद्यापति की दो पुस्तकें एवं वर्ण रत्नाकार के संपादक की भाषा पूर्वी अवहट्ट है, परंतु पूर्वी हिन्दी के उदाहरण भी उनमें मिल जाते हैं। जैसे–

   तोहर बदन सम चाँद हो अथि नाहि, कैयो जतन बिह केला।
   कै बेरि काटि बनालय नव कै तैयो सुलित नहीं भेला।।

5. *उक्ति-व्यक्ति प्रकरण* में भी (दामोदर पंडित) पूर्वी हिन्दी के अंकुर विद्यमान हैं, जैसे–

   को मैं भोजन मागब। जब-जब धर्मु बाढ़ तब-तब पापु ओहट।

6. अवधी के प्रथम कवि मुल्ला दाऊद की भाषा को आरंभिक हिन्दी नहीं कहा जा सकता, क्योंकि उनका रचनाकाल चौदहवीं शताब्दी के अंतिम चरण का माना गया है, उनसे पहले अन्य बोलियों की साफ-सुथरी रचनाएँ उपलब्ध हैं।
7. नाथ जोगियों की वाणी में आरंभिक हिन्दी का रूप अधिक निखरा हुआ है एवं तत्सम शब्दों की बहुलता देखने योग्य है। उदाहरण–

   (i) "ने जाने गुरू कहा गेला, मुझ नींदड़ी न आवैं" (गोरखनाथ)

   (ii) किसका बेटा, किसकी बहू, आप सवारथ मिलिया सहू। (चरपट)

8. इसी परम्परा को बाद में जयदेव, नामदेव, त्रिलोचन, बेनी, साधना, कबीर आदि ने आगे बढ़ाया। उदाहरण-"अबल बल तोडिया, अचल चलु थापिआ।" (जयदेव)
9. इससे भी स्पष्ट और परिष्कृत खड़ी बोली का दक्खिनी रूप है, जिसमें शरफुद्दीन बू-अली (मृत्यु 1343 ई.) ने लिखा–

   बिधवा ऐसी रैन कर, भोर कधौं न होय।
सजन सकारे जाएँगे, नैन मरेगे रोय।। (बू-अली)

10. शुद्ध खड़ी बोली (हिन्दवी की) के नमूने अमीर खुसरो की शायरी में प्राप्त होते हैं।

    उद्धरण- खुसरो रैन सुहाग की, जागी पी के संग।
तन मेरे मन पीउ को, दोउ भए इक रंग।।

11. खड़ी बोली में रोडा कवि की रचना–*राउलबेलि* की खड़ी बोली कुछ पुरानी है।
12. राजस्थान और उसके आस-पास हिन्दी के इस आदिकाल में चार प्रकार की भाषाओं का प्रयोग होता रहा है। एक तो अपभ्रंश मिश्रित पश्चिमी हिन्दी जिसके नमूने स्वयंभू के *पउमचरिउ* में मिल सकते हैं, दूसरी डिंगल, तीसरी शुद्ध मरू भाषा (राजस्थानी) और चौथी पिंगल भाषा। हिन्दी के आदिकाल का अधिकतम साहित्य राजस्थान से ही प्राप्त हुआ है।
13. शुद्ध राजस्थानी में इस युग के वात और ख्यात प्राप्त हैं। वात को कथा-साहित्य और ख्यात को इतिहास-साहित्य कह सकते हैं। लेकिन हिन्दी की वास्तविक प्रकृति का ज्ञान इनसे नहीं होता है।

आदिकाल की भाषा के ये समस्त रूप प्रारंभिक या पुरानी हिन्दी के आधार हैं। लेकिन कठिनाई यह है कि उस संक्रांतिकाल की सामग्री इतनी कम है कि उससे किसी एक भाषा के ध्वनिगत और व्याकरणिक लक्षणों की पूरी-पूरी जानकारी नहीं मिल सकती। *सनेहयरासय* (संदेशरासक), *प्राकृत पैंगलम, प्राकृत व्याकरण, पुरातन प्रबंध संग्रह, उक्ति-व्यक्ति प्रकरण, वर्ण रत्नाकार* और *कीर्तिलता-सब* की प्रमुख भाषा अवहट्ट है और छाँटने पर किसी से दो-चार पदबंध अवधी के, किसी से ब्रजभाषा के, किसी से खड़ी बोली के और किसी से बिहारी बोली के मिल जाते हैं, किसी-किसी ग्रंथ में तीन-चार बोलियों के उद्धरण भी पाए जाते हैं। यह स्पष्ट है कि कोई भाषा कहीं से एकदम से फूटकर नहीं निकल पड़ती, उसके बीज पूर्ववती भाषाओं में विद्यमान होते हैं लेकिन पंडित चंद्रधर शर्मा गुलेरी का मत सही प्रतीत होता है कि ग्यारहवीं शताब्दी की परवर्ती अपभ्रंश (अर्थात् अवहट्ट) से पुरानी हिन्दी का उदय माना जा सकता है और पुरानी हिन्दी से ही खड़ी बोली हिन्दी ध्वनित होती है।

अपभ्रंश, अवहट्ट तथा प्रारंभिक हिन्दी में खड़ी बोली की मूल प्रवृत्तियाँ मिलती हैं। *संदेशरासक, प्राकृत पैंगलम्, उक्ति-व्यक्ति प्रकरण, वर्ण रत्नाकार* और *कीर्तिलता* में जिसकी सामान्य प्रवृत्तियाँ झलकती हैं, वह है आज की खड़ी बोली। इन तथ्यों और सत्यों से यह निष्कर्ष निकाला जा सकता है कि हिन्दी की अन्य बोलियों के विकास की भाँति खड़ी बोली का जन्म नौवीं-दसवीं शताब्दी में हुआ।

जैन साहित्य और हेमचंद्र के *प्राकृत व्याकरण, देशीनाममाला* में खड़ी बोली दृष्टिगोचर होती है। गुरु गोरखनाथ की सधुक्कड़ी भाषा खड़ी बोली मिश्रित राजस्थानी है। कवि चंद ने डिंगल के *रासो* में एवं शारंगधर ने अपने *सुभाषितों* में खड़ी बोली को अपनाया है। फारसी भाषा में पारंगत अमीर खुसरो खड़ी बोली के प्रथम उन्नायक के रूप में प्रतिष्ठित हुए तदुपरांत महात्मा कबीर ने अपनी शिष्य परम्परा से पोषित होकर खड़ी बोली को दूर-दराज के क्षेत्रों में फैलाया। इस पद्यमंडित बोली ने केवल उत्तर भारत को ही रसमय नहीं किया अपितु इसका प्रादुर्भाव एक हजार वर्ष पूर्व दक्षिण में भी था। ग्यारहवीं शताब्दी का उषाकाल था जब खड़ी बोली हैदराबाद, महाराष्ट्र और मैसूर में प्रवाहमान थी, उस समय महाराष्ट्र में *उमाम्बा की कविताएँ* एवं *नामदेव के गीत* खड़ी बोली में गूँजे। संत कवि ज्ञानेश्वर ने तेरहवीं शताब्दी में *ज्ञानेश्वरी टीका* एवं सोलहवीं शताब्दी में संत एकनाथ, जनार्दन, संत तुकाराम, कांहोबा इत्यादि ने अपनी रचनाओं में खड़ी बोली का सम्पुट लगाया। इसके अतिरिक्त 'शिवजी' की कविता एवं समर्थ रामदास, देवदास, दयाबाई की रचनाओं में यत्र-तत्र खड़ी बोली दृष्टव्य है।

अत: यह सिद्ध होता है कि आरंभिक हिन्दी जो 1000 वर्ष पूर्व गुमनाम किंतु अपनी छाप छोड़ी हुई थी, वह उन्नीसवीं शताब्दी में अपना नामकरण करवाने में सफल हुई, वह नाम था खड़ी बोली। 'हिन्दी' मध्यदेश की सारी बोलियों का सामूहिक नाम है, लेकिन यह निर्विवाद है कि शौरसेनी अपभ्रंश की 'पश्चिमी हिन्दी' की खड़ी बोली से हिन्दी उद्भूत हुई।

4. हिन्दी की शब्द संपत्ति

किसी भी भाषा के समस्त शब्दों को उस भाषा की शब्द सम्पदा कहते हैं। शब्दों के माध्यम से ही भाषा एवं संस्कृति में संबंध स्थापित होता है। भाषा की शब्दावली से उस जाति के सांस्कृतिक विकास को भी समझा जा सकता है। विश्व की सभी उन्नत भाषाओं में शब्दों का आदान-प्रदान होता ही रहता है। भाषा की रूढ़ता उसकी समाप्ति का भी सूचक बन जाती है। शब्द समूह की दृष्टि से हिन्दी का सबसे बड़ा कोश *बृहत हिन्दी कोश* है। इसमें लगभग 1,36000 शब्द हैं। इसके आधार पर इस समय हिन्दी में लगभग डेढ़ लाख शब्दों के होने का अनुमान लगाया जा सकता है।

हिन्दी भाषा की व्युत्पत्ति एक समृद्ध भाषायी परम्परा से विकसित हुई है। जिसकी जड़ें वैदिक संस्कृत तक जाती हैं। वैदिक संस्कृत, क्लासिकल संस्कृत, पालि, प्राकृत, अपभ्रंश की परम्परा में हिन्दी का उद्भव हुआ है। स्वाभाविक है कि अपनी स्रोत भाषा संस्कृत के शब्दों से हिन्दी अनुप्रमाणित हुई। संस्कृत के साथ ही हिन्दी भाषा ने प्राकृत, अपभ्रंश, देशी, विदेशी शब्दों से अपने को समृद्ध किया है। सबसे अधिक शब्द हिन्दी भाषा में तद्भव के हैं, जो अपनी स्रोत भाषाओं के परिवर्तित रूप या विकसित रूप हैं।

हिन्दी की शब्द सम्पदा के स्रोतों की खोज कई भाषा वैज्ञानिकों ने की है, जिनमें प्रमुख है–धीरेन्द्र वर्मा, श्री कांता प्रसाद गुरु, उदयनारायण तिवारी, बाबूराम सक्सेना, अम्बाप्रसाद 'सुमन', भोलानाथ तिवारी, हरदेव बाहरी आदि। इनके श्रम साध्य विवेचन के आधार पर हम हिन्दी शब्द सम्पदा को दो वर्गों में विभक्त कर सकते हैं–ज्ञातमूलक एवं अज्ञातमूलक।

अज्ञातमूलक शब्द वे हैं जिनमें मूल स्रोत अर्थात भाषा का पता नहीं है। सामान्य रूप से इन शब्दों को देशज कहा जाता है।

ज्ञातमूलक शब्द वे हैं जिन शब्दों के मूल का अर्थात स्रोत का पता है।

हिन्दी की शब्दावली को चार वर्गों में विभाजित किया जाता है–

1. तत्सम शब्द 2. तद्भव शब्द 3. देशज शब्द 4. विदेशी शब्द (अज्ञात मूलक)

1. **तत्सम शब्द** -'तत्' का अर्थ है 'वह' और 'सम' का अर्थ है 'समान'।

वे शब्द जो भाषा की मूल भाषा से ज्यों-के-त्यों रूपों में ही प्रयुक्त होते हैं तत्सम कहलाते हैं। हिन्दी में व्यवहृत होने वाले तत्सम शब्द संस्कृत से सीधे-सीधे लिए गए हैं। संस्कृत के गृह, पुस्तक, पुष्प, उषा, उर्मिला, उर्वरा, औषधि, कलश, आदि हिन्दी में इसी रूप में व्यवहृत होते हैं। अंबा प्रसाद 'सुमन' ने *हिन्दी और उसकी उपभाषाओं का स्वरूप* पुस्तक में हिन्दी में प्रयुक्त संस्कृत शब्दों की एक लम्बी सूची प्रस्तुत की है। अगर देखा जाए तो तत्सम कहे जाने वाले सभी शब्द मूलत: संस्कृत के नहीं हैं। अनेक शब्द अन्य भाषाओं से भी संस्कृत में आ गए थे जिनका प्रयोग ज्यों-का-त्यों या परिवर्तित रूप में संस्कृत में होने लगा फिर वे संस्कृत में मान लिए गए। आज वे संस्कृत के ही माने जाते हैं। वास्तव में प्रारम्भ में भाषा वैज्ञानिक खोज अपनी परिपक्वता में नहीं था इसलिए जिस भाषा में जिस शब्द का प्रयोग मिलता था वह उसी भाषा का शब्द मान लिया जाता था।

भोलानाथ तिवारी के अनुसार गौ, लौह 'सुमेरी भाषा', परशु 'अक्कादी भाषा', असुर 'असीरियन भाषा', कूप, श्लाका 'फिनो ग्रीक भाषा' से संस्कृत में आए हैं। इसी प्रकार कदली, बाण, तांबूल, पिनाक, गंगा, लिंग 'आस्ट्रिक भाषा' से, कला, गण, नाना (प्राकर) पुरुष, राजी, मर्कट, शव, 'द्रविड़' भाषा से एवं यवन, होडा, द्रम्म, कमेल 'यूनानी' भाषा से आए हैं।

सरयू प्रसाद अग्रवाल 'गंगा' शब्द चीनी भाषा से आया हुआ मानते हैं। इसका मूल कुछ विद्वान मंगोलियन शब्द खांग क्यांग शब्दों में ढूंढते हैं।

2. तद्भव शब्द-'त्' अर्थात वह (संस्कृत) 'भव' अर्थात उत्पन्न या विकसित।

इस प्रकार तद्भव शब्द वे हैं जो प्राचीन आर्य भाषा (संस्कृत) से विकसित हुए हैं किन्तु जिनका रूप बदल गया है अथवा विकृत हो गया है। जैसे–

कृश्ण-कान्हा, कर्म-काम, मित्र-मीत, गृह-घर, पुश्प-फूल, पत्र-पत्ता, धर्म-धाम, दुग्ध-दूध, नृत्य-नाच, घोटक-घोड़ा, उष्ट्र-ऊँट आदि। तद्भव को भरत ने 'विभष्ट', वाग्भट्ट ने 'तज्ज' तथा हेमचन्द्र ने संस्कृत 'योनि' कहा है। ये अपभ्रंश या अपभ्रष्ट भी कहे गए हैं। हिन्दी का विकास चूंकि अपभ्रंश भाषाओं से हुआ है, इसलिए भाषा के विकास क्रम में तद्भव शब्दों के अधिकतम शब्दों से हिन्दी भाषा की शब्द सम्पदा बनी है।

3. देशज शब्द–ये अज्ञात मूलक शब्द हैं। भरत मुनि ने इन्हें 'देशीमत', चन्ड ने 'देश प्रसिद्ध', हेमचन्द और मार्कण्डेय ने 'देश्य' या 'देशी' कहा है। इसकी परिभाषा के विषय में विवाद है। चण्ड ने उन शब्दों को देश प्रसिद्ध कहा है जो संस्कृत एवं प्राकृत अर्थात तत्सम एवं तद्भव न हों।

रुद्रट के अनुसार–इनकी प्रकृति प्रत्ययमूलक व्युत्पत्ति नहीं दी जा सकती है। हेमचन्द्र, बीम्ज, भण्डारकर आदि के अनुसार–संस्कृत से इन शब्दों की व्युत्पत्ति संभव नहीं है। हार्नले ने संकेत किया है कि ये वे तद्भव शब्द हो सकते हैं जो इतने विकृत हो गए हैं कि उनका तद्भव रूप पहचाना नहीं जा सकता है। ग्रियर्सन, मुण्डा द्रविड़ प्रांतों में विकसित प्रांतीय शब्द एवं प्राथमिक प्राकृतों के तद्भव आदि को जो संस्कृत शब्दों से जोड़े नहीं जा सकते हैं, देशज मानते हैं। चटर्जी ने इन्हें आर्यपूर्व द्रविड़, कोल शब्द कहा है।

वास्तव में देशज शब्द वे हैं जिनके मूल स्रोत अर्थात् भाषा का पता नहीं है। भोलानाथ तिवारी टट्टू, तेंदुआ, कबड्डी, गड़बड़, घपला, चंपत, चूहा, झंझट, झगड़ा, टीस, ठेठ, थोथा, धब्बा, पेड़, भर्ता आदि को देशज शब्द मानते हैं। अनुकरणात्मक शब्द भी इसके अन्तर्गत आते हैं। जैसे–खड़खड़, भड़भड़, खटखट, धमधम, चटचट, फटफटिया, टर्राना आदि।

4. विदेशी शब्द या आगत शब्द–भारतीय आर्य भाषा में विदेशी शब्दों के लिए जाने की परम्परा अत्यंत प्राचीन है। भारोपीय भाषा-भाषियों ने बहुत पहले (भारत में आने से पूर्व) सुमेरी भाषा से 'ग्वाउ' (संस्कृत गौ, अंग्रेज़ी काउ, फारसी गाँव आदि) तथा 'रोध' (संस्कृत लोह, रुधिर आदि) लिए थे। भोलानाथ तिवारी ने ऐसे कई शब्दों का विस्तार से वर्णन किया है।

भिन्न भाषा-भाषी राष्ट्र, प्रांत या क्षेत्र एक-दूसरे के सम्पर्क में आते हैं तो दोनों एक-दूसरे से शब्द लेते हैं। भारत के सम्पर्क में ईरानी, पुर्तगाली तथा अंग्रेज़ आदि आए और परिणाम यह हुआ कि भाषा के शब्दों का आदान-प्रदान हुआ। संसार की सभी भाषाओं में सम्पर्क के कारण कुछ शब्द इस प्रकार ग्रहण किए हैं–

(i) हिन्दी भाषा में पश्तो के शब्द–पश्तो या अफ़गानी भारोपीय परिवार की भाषा है तथा यह भारत-ईरानी वर्ग में आती है। अफ़गानिस्तान से भारत के संबंध बहुत प्राचीन हैं। अफ़गानिस्तान या उसके कुछ भाग भारतीय राजाओं के अधिकार में भी रह चुके हैं। इसके अतिरिक्त भारत का अधिकांश व्यापार उसी रास्ते से होता रहा है। मध्ययुग में अफ़गानी लोग काफी संख्या में भारत आए तथा अनेक सरदारों ने यहाँ अपनी सल्तनतें कायम कीं। रूहेलखण्ड का पूरा इलाका अफ़गानियों का गढ़ रहा है। इन्हीं कारणों से अनेक पश्तो शब्द हमें मिले हैं।

धीरेन्द्र वर्मा ने हिन्दी में 'पठन' और 'रोहिला' दो शब्द पश्तो के माने हैं। उदयनारायण तिवारी ने केवल एक शब्द 'पठानी' का संकेत किया है।

भोलानाथ तिवारी के विचार से हिन्दी में सौ से अधिक शब्द पश्तो के हैं। जैसे–पठान, रूहेला, अटेरन, डाकर (कड़ी भूमि), ढांढा (छोटा कुआं), अल्लम गल्लम, बकलोल, मटरगश्ती, गुंडा, अचार, तड़ाक, खर्राटा, तहस-नहस, टसमस, जमालगोटा, खचड़ा, अखरोट, गुटरगूं, कुड़कुड़ाना (मुर्गी की आवाज), गुलगपाड़ा, कलूटा, गड़बड़, गंडेरी, लताड़, लुच्चा, नगाड़ा, हडबड़ी, हमजोली, अटकल, बाड़स, भड़ास इत्यादि।

(ii) हिन्दी भाषा में तुर्की के शब्द–तुर्किस्तान, विशेषत: पूर्वी प्रदेश से भी भारत का संबंध अति प्राचीन है। यह संबंध धर्म, व्यापार तथा राजनीति आदि स्तरों पर था। 1000 ई. के बाद तुर्क बादशाहों के यहाँ राज्य स्थापित करने के कारण बहुत-से तुर्की शब्द हिन्दी में आए। चटर्जी, धीरेन्द्र वर्मा तुर्की शब्दों को प्राय: फ़ारसी से आया मानते हैं।

भोलानाथ तिवारी का मत है कि ये सीधे तुर्की के माध्यम से भी आए हैं। भारतीय इतिहास के गुलाम (वंश), खिलजी (अंशत:), मुगल बादशाह तुर्क ही थे और उनकी सेना में भी पर्याप्त संख्या तुर्कों की थी। हिन्दी में तुर्की के कुल कितने शब्द हैं इसकी पूरी तरह से अभी छानबीन नहीं हुई है।

चटर्जी के अनुसार हिन्दी में सौ से कम तुर्की के शब्द है। 'फैलन' के *कोश* में इनकी संख्या लगभग सत्तर तथा 'प्लाट्स' में लगभग अस्सी हैं। भोलानाथ के अनुसार हिन्दी भाषा में प्रयुक्त तुर्की शब्दों की संख्या लगभग एक सौ पच्चीस से कम नहीं है। कुछ प्रमुख शब्द–उर्दू, बहादुर, तुर्क, आका, कलगी, चाकू, कैंची, कुली, तोप, चम्मच, लाश, सौगात, बाबा, चेचक, सुराग, बारूद, कुर्ता, खच्चर, सराय, गनीमत, मुगल आदि। (इनमें बहुत से शब्द तुर्की में मंगोल या चीनी भाषा से आए हैं)।

(iii) हिन्दी भाषा में फ़ारसी के शब्द–भारत और ईरान के संबंध बहुत पुराने हैं। भारत और ईरानी भाषाएँ एक ही मूल से विकसित हैं। यही कारण है कि अनेक शब्द कुछ थोड़े परिवर्तनों के साथ संस्कृत और फ़ारसी दोनों में मिलते हैं।

संस्कृत	**फ़ारसी**	**संस्कृत**	**फ़ारसी**
नक्षत्र	अख्तर	अश्व	अस्प
अंगुष्ट	अंगुश्त	आपत्ति	आफत
दश	दह	मास	माह
दन्त	दन्द	नम्र	नर्म
छाया	साया	जार	यार
शोक	सोग आदि।		

इसके अतिरिक्त राजनीतिक एवं सांस्कृतिक सम्बन्धों के कारण भी अनेक शब्दों का आदान-प्रदान हुआ है। भोलानाथ तिवारी का मानना है कि हिन्दी में प्रयुक्त फ़ारसी शब्दों की गणना लगभग छह हजार है, जिनमें लगभग 3500 तो फ़ारसी के अपने हैं तथा 2500 अरबी के हैं। जैसे–

शासन–सरकार, चपरासी, सिपाही, अदालत, फौज आदि।

पोशाक–पाजामा, कमीज, मोजा, शलवार।

स्थान–मुहल्ला, देहात, शहर, जिल्ला, कस्बा।

फल–अंगूर, नाशपाती, किशमिश, शहतूत।

तरकारी–सब्जी, पुदीना, शलजम, चुकंदर।

मिठाई–बर्फ़ी, हलवा, जलेबी, शकरपारा, कलाकंद, बालूशाही, गुलाबजामुन, समोसा।

श्रृंगार–इत्र, सुर्मा, साबुन, हजामत, आईना, शीशा, हिना।

फर्नीचर–कुर्सी, तख्त।

व्यवसाय–बजाज, दर्जी, रईस, बावर्ची, दलाल, हलवाई, जुलाहा।,

मकान संबंधी–मकान, बुनियाद, दीवार, दरवाजा, दालान, मंजिल, बारमदा आदि।

बीमारी संबंधी–हकीम, बुखार, बवासीर, बदहज्मी, हैजा, लकवा, ताउन, जुकाम, नासूर, दवा, मरीज, मर्ज, बीमार आदि।

इसी प्रकार अगर, व, लेकिन, कि, वरना का प्रयोग वाक्य में फ़ारसी से आया है।

(iv) हिन्दी भाषा में पुर्तगाली के शब्द–भारत में पुर्तगाली बहुत पहले आ गए थे। किन्तु हिन्दी प्रदेशों से उनका विशेष संबंध नहीं हुआ था। यही कारण है कि उनकी भाषा से आए शब्द प्रायः बांग्ला आदि भाषाओं के माध्यम से हिन्दी में आए हैं। हिन्दी में पुर्तगाली शब्द सौ से कम हैं।

उदाहरण–अन्नानास, अलकतरा, अलमारी, आलपिन, आया, इस्त्री, इस्पात, कनस्तर, कप्तान, कमरा, कर्नल, काजू, गोभी, गोदाम, चाबी, चाय, जंगला, तम्बाकू, तौलिया, पपीता, नीलाम, रोटी, पादरी, पिस्तौल, बाल्टी, बिस्कुट, बोतल, संतरा, पगार आदि।

(v) हिन्दी भाषा में अंग्रेज़ी के शब्द–यों तो भारत में अंग्रेज़ी का आगमन 1579 में ही 'अंग्रेज़ टॉमस स्टीवेन्स' के साथ हो गया था। लेकिन हिन्दी प्रदेशों से अंग्रेज़ी का विशेष सम्पर्क अठारहवीं शताब्दी के उत्तरार्द्ध से ही आरम्भ होता है। अंग्रेज़ी शासन के फलस्वरूप भारत में अंग्रेज़ी भाषा का प्रचार-प्रसार बढ़ा। अंग्रेज़ी न केवल यहाँ की शासन भाषा ही थी वरन् यह कई वर्षों तक शिक्षा का माध्यम भी रही है। ऐसी स्थिति में अंग्रेज़ी शब्दों का हिन्दी भाषा में प्रयोग बहुतायत में है। हिन्दी में अंग्रेज़ी शब्दों की संख्या हजार से ऊपर है। उदाहरण–इंजन, मोटर, कैमरा, टाइपराइटर, टेपरिकार्डर, टेलीफोन, टेलीविज़न, रेडियो, मशीन, मीटर, बस, लॉरी, टेक्सी, स्कूटर, साइकल, ट्रेन, कार, टेम्पो, इंजेक्शन, ऑपरेशन, अस्पताल, डॉक्टर, यूनिवर्सिटी, लेक्चरर, रीडर, प्रिंसपल, चांसलर, होस्टेल, बी.ए., एम.ए आदि।

अन्य यूरोपीय भाषाओं के कम ही शब्द हिन्दी में आए हैं। कुछ ज्ञात निम्न हैं–

हिन्दी भाषा में फ्रांसीसी शब्द–कारतूस, कूपन, अंग्रेज़। यूं अंग्रेज़ों के माध्यम से अनेक फ्रांसीसी शब्द हिन्दी में आ गए हैं। जैसे–बेसिन, लैम्प, टेबुल, लेस, कप, जज, मेम, मशीन आदि।

स्पेनी–अंग्रेज़ी के माध्यम से पिउन, सिगार, सिगरेट आदि।

डच–तुरुप (ताश में), बम (गाड़ी का)।

रूसी–जार, वोदका, सोवियत।

जर्मन–डॉक (बन्दरगाह), वैगन, ट्रेन, सेमिनार आदि।

इटैलियन–(इटली) लॉटरी, रॉकेट, कार्टून, मलेरिया, पियानो, वायलिन, स्टूडियो।

केल्टिक–व्हिस्की।

जापानी–रिक्शा, हाराकारी, जूडो।

आस्ट्रेलियन–कंगारू।

अफ्रीकी–जेब्रा, चिम्पैंजी।

अनेक भारतीय भाषाओं से भी हिन्दी में शब्द आए हैं–

द्रविड़–डोसा, इडली, सांभर, पिल्ला आदि।

मराठी–वाड्य, चालू, लागू।

गुजराती–गरवा, हड़ताल, श्रीखंड।

बंगाली–कविराज, उपन्यास, गल्प, नितांत, रसगुल्ला, संदेश (मिठाई), चमचम, अभिभावक, आपत्ति आदि।

उड़िया–अटका।

पंजाबी–सिक्ख, छोले, खालसा, भंगड़ा आदि।

(vi) अनूदित शब्द–बहुत-से शब्द अनूदित रूप में हिन्दी में आए हैं। जैसे–

लालफीता शाही	Redtapsim
दृष्टिकोण	Angle of vision
श्वेतपत्र	White Paper
काला जादू	Black Magic
अन्तरिम	Interim
प्रार्थनापत्र	Application
ललित कला	FineArt
प्रकाशक	Publisher
संस्करण	Edition
तदर्थ	Ad-hoc

5. आरंभिक चरण में हिन्दी का विकास

प्राय: सभी भाषा वैज्ञानिकों नें 'हिन्दी' शब्द का संबंध मूलत: 'सिन्धु' शब्द से माना है जो कि नदी विशेष का वाचक शब्द था। डॉ. भोलानाथ तिवारी का मानना है कि सिन्धु नदी तथा उसके आसपास के प्रदेश का नाम मूलत: संस्कृत का नहीं है तथा आर्यों के आने के पूर्व से चला आ रहा है, और उसका मूल द्रविड़ शब्द 'सिंद' या 'सित' था जो उस नदी तथा उसके आसपास के प्रदेश का आर्यपूर्व नाम था। 'सिन्धु' नाम उसी का संस्कृत बनाया हुआ रूप है। ईरान में जाकर यह 'सिन्धु' शब्द ध्वनि परिवर्तन से 'हिन्दु' (स - ह, था, द) हो गया और पहले तो यह सिंध प्रदेश का नाम था, फिर ईरानी भारत के जितने भी भाग से परिचित होते गए, उसे इसी नाम से अभिहित करते गए तथा धीरे-धीरे यह पूरे भारत का वाचक हो गया। 'हिन्दु' शब्द आगे चलकर पुरानी फ़ारसी आदि में 'हिन्द' बना तथा उसका अर्थ भी भारत था। इसी में 'ईक' प्रत्यय लगने से 'हिन्दीक' बना जो ग्रीक में

जाकर 'इन्दीक' 'इन्दिका' तथा अंग्रेज़ी में 'इंडिया' बन गया। हिन्दीक के 'क' के लोप से 'हिन्दी' शब्द बना जिसका मूल अर्थ है-'भारत का'। इसी आधार पर 'जबान-ए-हिन्दी' का अर्थ हुआ-'भारत की भाषा' और इसका प्रयोग समय-समय पर भारत की भाषाओं के लिए हुआ। धीरे-धीरे 'जबान-ए' लुप्त हो गया और केवल हिन्दी बचा तथा यह शब्द भारत की केंद्रीय भाषा के लिए प्रयुक्त होने लगा। इस अर्थ में 'हिन्दी' शब्द का प्राचीनतम प्रयोग शरफुद्दीन यज्दी के *ज़फ़रनामा* (1424) में मिलता है। उन्नीसवीं शताब्दी के प्रारंभ तक 'हिन्दी' नाम 'उर्दू' के लिए भी आता था। हातिम, नासिख, सौदा, मीर, गालिब आदि ने अपनी भाषा के लिए इस नाम का भी प्रयोग किया है। 1800 में कलकत्ते में फोर्ट विलियम कॉलेज की स्थापना के बाद अंग्रेज़ों की हिंदू-मुसलमानों में फूट डालने की नीति ने मूल के संस्कृतनिष्ठ रूप के लिए 'हिन्दी' तथा अरबी-फ़ारसीनिष्ठ रूप के लिए 'उर्दू' को रूढ़ कर दिया।

6. हिन्दी भाषा का उद्‌भव और विकास

संस्कृत-पालि-प्राकृत-अपभ्रंश-पुरानी हिन्दी के रूप में ऐतिहासिक भाषिक विकासक्रम की दृष्टि से देखा जाए तो आधुनिक भारतीय आर्यभाषाओं के विकास की कड़ी की भाँति हिन्दी के विकास की कड़ी अपभ्रंश है। उदय नारायण तिवारी अपने ग्रंथ *हिन्दी भाषा का उद्‌गम और विकास* में इसी बात पर जोर देते हुए लिखते हैं कि, 'अपभ्रंश मध्य भारतीय आर्यभाषा और आधुनिक आर्यभाषाओं (हिन्दी, बंगला, मराठी, गुजराती आदि)' के बीच की कड़ी हैं। हरदेव बाहरी भी इसी मत की पुष्टि करते हुए लिखते हैं कि सन् एक हजार के आसपास नव्य भारतीय आर्यभाषाओं का उत्पत्ति काल माना जाता है किंतु आठवीं, नवीं शताब्दी के सिद्धों की भाषा में हमें अपभ्रंश से निकलती हुई हिन्दी स्पष्टत: दिखाई पड़ती है। हजारी प्रसाद द्विवेदी अपंभ्रश को पुरानी हिन्दी न मानते हुए कहते हैं कि अपभ्रंश को अब कोई भी पुरानी हिन्दी नहीं कहता है, परंतु जहाँ तक परम्परा का प्रश्न है, नि:संदेह हिन्दी का परवर्ती साहित्य अपभ्रंश साहित्य से क्रमश: विकसित हुआ है।

भोलानाथ तिवारी का मानना है कि विभिन्न अपभ्रंशों से आधुनिक भारतीय आर्यभाषाओं का जन्म हुआ–(i) शौरसेनी अपभ्रंश से पश्चिमी हिन्दी, नागर अपभ्रंश से राजस्थानी, गुजराती, पहाड़ी बोलियाँ, (ii) पैशाची अपभ्रंश से लहँदा और पंजाबी, (iii) ब्राचड अपभ्रंश से सिंधी, (iv) महाराष्ट्री अपभ्रंश से मराठी, (v) अर्द्धमागधी अपभ्रंश से पूर्वी हिन्दी, (vi) मागधी अपभ्रंश से बिहारी, बंगाली, उड़िया और असमिया भाषाओं का विकास हुआ है।

अपभ्रंश द्वारा हिन्दी को प्रारंभिक व्याकरणिक देन निम्नलिखित रूप में अत्यंत महत्त्वपूर्ण है–

6.1 ध्वन्यात्मक रूप में

(i) क्षतिपूरक दीपीकिरण : संयुक्त व्यंजनों की एक ध्वनि से पूर्ववर्ती ह्रस्वस्वर का दीर्घीकिरण होना, यथा– कर्म-कम्म-काम, अश्रु-अस्सु-आँसू, अग्नि-अग्गि-आग, चंद्र-चंद्र-चाँद आदि।

(ii) नासिक्य व्यंजन में नासिक्य व्यंजन ध्वनिक्षीण होते-होते लुप्त हो गए और पूर्ववर्ती स्वर सानुनासिक हो गया, यथा– दंत-दाँत, कळटक-सण्टअ-काँटा, कम्प-काँप आदि।

(iii) अंत्य स्वर का लोप, यथा– जिह्वा-जिब्भ-जीभ, ग्रंथि-गठि-गाँढ, दूर्वा-दूब, निंदा-नींद, बिंदु-बूँद, बुभुक्षा-भूख, संध्या-साँझ आदि।

(iv) पंचमाक्षर के स्थान पर अनुस्वार का प्रयोग, यथा– अडम-अंक, पइय-पंच, दण्ड-दंड आदि।

(v) संस्कृत के संयुक्त व्यंजनों के सरलीकरण की प्रक्रिया, यथा– काष्ठ-काठ, आम्र-आम, आन्त्र-आँत, श्रेष्ठि-सेठ आदि।

(vi) महाप्राण ध्वनियों का कहीं-कहीं ह के रूप में परिवर्तन, यथा– आखेह-अहेर, गंभीर-गहरा, गोधूम-गेहूँ, विक्षोभ-विद्योह आदि।

(vii) स्वर गुच्छों में संकोचन की प्रवृत्ति, यथा– अइसड-ऐसा, करक-करो, तहसह-तैसा, जहसह-जैसा आदि।

6.2 व्याकरणिक रूप में

पुरानी हिन्दी के व्याकरणिक रूपों के निर्माण में अपभ्रंश का अत्यंत महत्त्वपूर्ण योगदान है जिनमें से कुछ का विवेचन निम्नानुसार है–

(i) निर्विभक्तिक प्रयोग : निर्विभक्ति पदों के प्रयोग से भाषा में सरलीकरण की प्रवृत्ति आरंभ हुई और भाषा पूर्ण वियोगात्मता की ओर प्रवृत्त हुई; यथा–राम का भाई मोहन विद्यालय में पढ़ने के लिए जाता है।

(ii) परसर्गों का प्रयोग आरंभ हुआ, यथा–ने, को, से, के लिए, का, की, के, रा, री, रे, ना, नी, ने, में, पर आदि।

(iii) लिंग रूप : हिन्दी में मात्र दो लिंग–पुल्लिग और स्त्रीलिंग शेष रहे तथा नपुंसकलिंग का समाहार इन्हीं में हो गया।

(iv) सर्वनाम : तू, तुम, आप, यह, वह, जो, सो आदि विकास शृंखला में हिन्दी ने अपभ्रंश से प्राप्त किए।

(v) संख्यावाचक विशेषण और अधिक स्पष्ट बन गए, यथा–अर्द्द-आधा, दुइज्जत-दूसरा, तिइज्ज-तीसरा, चउत्थक-चौथा आदि।

(vi) क्रियारूप : अपभ्रंश के क्रियारूप परिवर्तन-परिवहन के साथ हिन्दी में प्रयुक्त हुए, यथा–आज्ञार्थक-कर, करहु से- करो, पूर्वकालिक क्रिया-करि के-से करके, देखि के-से देखकर, प्रेरणार्थक क्रिया-करावइ से करवाया, बैठाया आदि।

(vii) कृदंत : अपभ्रंश से हिन्दी में वर्तमानकालिक कृदंत त और इआ ने क्रिया की कालरचना में सरलता उत्पन्न की, यथा–चलंता-चलता, मरंता-मरता आदि। संयुक्त क्रियाएँ भी अपभ्रंश से ही हिन्दी में परिवर्तित रूप में आईं।

(viii) अव्यय : हिन्दी में बहुत-से अव्यय संस्कृत से तद्भवीकरण की प्रक्रिया से आए हैं, यथा– अद्य-अज्जु-आज, यदि-जइ-जो, अद्युना-एवाहि-अबहि-अब, कुत्र-कहि-कहं-कहाँ, आदि।

इस प्रकार उपर्युक्त विवेचना से स्पष्ट है कि ध्वन्यात्मक एवं व्याकरणिक रूप में हिन्दी के विकास की प्रक्रिया में विकासक्रम की दृष्टि से अपभ्रंश का योगदान अत्यंत महत्त्वपूर्ण है।

7. हिन्दी भाषा का विकास-क्रम

हिन्दी भाषा के विकास का आरंभिक चरण 1000 ई. के आसपास माना जाता है। अत: 1000 ई. से आरंभिक हिन्दी भाषा के विकास को ऐतिहासिक दृष्टि से निम्नानुसार रूप में बाँटा जा सकता है–

1. हिन्दी भाषा का आदि काल (1000 ई. से 1500 ई. तक)
2. हिन्दी भाषा का मध्यकाल (1500 ई. से 1800 ई. तक) और
3. हिन्दी भाषा का आधुनिक काल (1800 ई. से अब तक)

7.1 हिन्दी भाषा का आदि काल (1000 ई. से 1500 ई. तक)

अवहट्ट भाषा काल : विद्वानों ने अवहट्ट का काल 1000 ई. से 1100 ई. के बाद तक माना है लेकिन अवहट्ट भाषा में रचनाएँ चौदहवीं शताब्दी तक होती रहीं। अवहट्ट की प्रसिद्ध रचनाएँ निम्नलिखित हैं–*सनेहयरायस* (संदेश रासक) कवि अद्दहमाण या अब्दुल रहमान की रचना बारहवीं शताब्दी पूर्वाद्ध, *प्राकृत पैंगलम* के कुछ अंश-यह छंद शास्त्र का ग्रंथ है जिसमें 1100 से 1400 ई. तक की रचनाएँ संकलित हैं, पुरातन संग्रह की कुछ रचनाएँ, नाथ और सिद्ध साहित्य, *वर्ण रत्नाकर*-शेखराचार्य ज्योतिरीश्वर ठाकुर चौदहवीं शताब्दी पूर्वाद्ध, *नेमिनाथ चौपइ*-विनयचंद्र सुरि-1200 ई. गुजरात, *बाहुबलि रास*-शालि भद्रसूरि 1184 ई. गुजरात, *थूलिभद्द फागु*-जिनपट्मसूरि-1200 ई., *ज्ञानेश्वर की ज्ञानेश्वरी* (श्री भद्भागवतगीता की टीका तेरहवीं शताब्दी), *राउलबल*-रोडा ग्यारहवीं शताब्दी, *उक्ति व्यक्ति प्रकरण*-पंडित दामोदर, बारहवीं शताब्दी, *कीर्तिलता*-विद्यापाति-चौदहवीं शताब्दी उत्तराद्ध, मिथिला, *समररास*-अंबदेवसूरि-1314 ई., *नेमिनाथ फागु*-राजशेखर सूरि-1314 ई. गुजरात, *शालिभद्र कक्का*-अज्ञात 1300 ई., *षडाश्वयक बालावबोध*-तरुण प्रभु सूरि-1354 ई. गुजरात, *श्री कृष्ण संकीर्तन*-चंदीदास बंगाल।

कैलाशचंद्र भाटिया ने अपने ग्रंथ *हिन्दीभाषा* (पृ. 11) पर लिखा है कि उत्तरकालीन अपभ्रंश के लगभग दो-तीन सौ वर्षों की भाषा 'अवहट्‌ट' अपभ्रंश और आधुनिक भारतीय आर्यभाषाओं के मध्य की भाषा है। मोटे रूप में उसको ग्यारहवीं शताब्दी से चौदहवीं शताब्दी के मध्य माना जाता है। काफी समय तक 'अपभ्रंश' के ही विभिन्न नामों में 'अवहट्‌ट' को सम्मिलित कर 'अपभ्रंश' के अंतति ही इस भाषा को उपरूप की भाँति और इनसे रचित साहित्य को अपभ्रंश का ही अंग माना जाता रहा। इसमें कोई दो राय नहीं कि इसमें प्रारंभिक काल में अपभ्रंश की प्रवृत्तियाँ अधिक थीं किंतु बाद में धीरे-धीरे कम होती गईं और उसके स्थान पर मध्य का समय ही संक्रांत काल है। चौदहवीं सदी के लगभग आधुनिक भारतीय आर्य भाषाओं का निखरा हुआ रूप धीरे-धीरे प्रकट होने लगा।

अपभ्रंश का पश्य विकास रूप अवहट्‌ट है। ग्यारहवीं शताब्दी से लेकर चौदहवीं शताब्दी तक की प्रयुक्त भाषा को अवहट्‌ट नाम दिया जाता है। यह भाषा पूर्ववर्ती अपभ्रंश से शब्द, रूप, ध्वनि आदि की दृष्टि से भिन्न है। आगे अवहट्‌ट से हिन्दी के विकसित रूप नजर आने लगते हैं।

अवहट्‌ट की व्याकरणिक विकासयात्रा

ध्वनि व्यवस्था–

1. ध्वनि विकास की दृष्टि से देखा जाए तो 'ऐ' और 'औ' ऐसी दो ध्वनियाँ हैं जिनका उच्चारण अपभ्रंश में 'अइ' और 'अह' के रूप में होता था लेकिन अवहट्‌ट में 'ऐ' और 'औ' के रूप में ये ध्वनियाँ विकसित हुईं। अवहट्‌ट में संस्कृत शब्दों में 'ऋ' का प्रयोग होता था लेकिन तद्‌भव शब्दों में 'ऋ' का स्थान अ, इ, उ, ए ने ले लिया, यथा–तृण-तिन, दृष्टि-दिट्‌ठि आदि।

2. अवहट्‌ट में स्वरगुच्छों में संकोचन की स्थिति व्यापक हुई, यथा–धरणिअ-धरणी, गोरुअ-गोरु, स्वर्णकार-सुन्नआर-सुनार, अंथाआर-अंथार, आदि। साथ ही स्वर संकोच में किसी शब्द में दो समान स्वरों के आने पर एक का लोप भी होता है; यथा–विरहिणी-विरहणि आदि।

3. निरर्थक रूप में अनुनासिकता का प्रयोग; यथा– निद्रा-नींद, अक्षि-आँखि आदि।

4. स्त्रीलिंग शब्दों में अन्त्य 'आकारांत' के स्थान पर अकारांत का प्रयोग; यथा– शिक्षा-सीख, भिक्षा-भीख, रक्षा-रख आदि।

5. आद्य स्वरों में दीर्घीकरण की प्रकृति; यथा– मित्र-मीत, अंचल-आँचल, भक्त-भात्, पस्व-पाम आदि।

6. संयुक्त व्यंजनों में एक व्यंजन रखने की प्रवृत्ति; यथा–आलस्य-आलरस-आलसु, एकस्थ-इक्कट्‌ठ-इकट्‌ठ, दृश्यो-दिस्सइ-दीसइ आदि।

7. शब्दरूपों में सरलीकरण की प्रवृत्ति; यथा–अनुरागिन-अणुराइय, ऋषि-रिसिय, आदि।

व्यंजन व्यवस्था

अवहट्‌ट में व्यंजन अपभ्रंश के समान ही रहे तथा तद्‌भवीकरण की प्रक्रिया में ड़ और ढ़- दो ध्वनियाँ विकसित हुईं। अवहट्‌ट की व्यंजन व्यवस्था के संबंध में कुछ महत्त्वपूर्ण तथ्य इस प्रकार हैं–

1. 'ड' के स्थान पर 'ल' हो जाना। यथा– प्रतिहार-पडिहार-पलिहार आदि।

2. 'स' का 'ह' के रूप में परिवर्तन; यथा– दस-दह आदि।

3. अवहट्‌ट में व्यंजनों के द्रित्व रूप की भरमार; यथा– अक्षर-अरखर, कर्पूर-कप्पूर आदि। यह प्रवृत्ति अपभ्रंश में भी थी जो कि अवहट्‌ट में यथावत जारी रही।

4. तत्सम शब्दों के मध्यस्थ अल्पप्राण और महाप्राण व्यंजनों में होनेवाले परिवर्तन यथावत रहे।

5. कहीं-कहीं नासिक्य व्यंजनों का द्रित्व हो जाना; यथा– शाम्बपुर-सम्बकर-सम्मकर आदि।

व्याकरण

अवहट्ट तक व्याकरणिक संरचना में काफी परिवर्तन आया। अवहट्ट की व्याकरणिक कोटियों ने अपभ्रंश से होते हुए एक लंबी दूरी तय की जिससे पुरानी हिन्दी को एक व्यापक धरातल प्रदान किया। संक्रमणकाल की स्थिति में व्याकरणिक अस्पष्टता का दिखना स्वाभाविक ही है। अवहट्ट में परसर्गों का प्रयोग अपेक्षाकृत अधिक होने लगा। अवहट्ट के परसर्ग निम्नानुसार हैं–

कर्ता– ने (यह केवल पश्चिमी अवहट्ट में पाया जाता है।)

कर्म– केहि, केहिं, कहँ

करण– सउँ, से, सन, तण

संप्रदान– केहि, केहिं, लागि, काजि (पूर्वी भाषा में) अपादान और अधिकरण के लिए मात्र चंद्रबिंदु ही प्रयुक्त हुए हैं।

विभक्तियाँ– कर्ता के लिए 'ए' विभक्ति का प्रयोग अवहट्ट की अपनी निजी विशेषता है। प्राय: 'ए' तथा 'हि' विभक्तियों से सम्प्रदान, अपादान और अधिकरण को छोड़कर शेष समीकरणों का काम लिया जाता रहा जो कि भाषा की सरलीकरण की प्रवृत्ति का द्योतक है।

सर्वनाम सार्वनामिक विशेषण, क्रियारूप, कर्मवाच्य आदि भी अवहट्ट में विकसित होकर पुरानी हिन्दी को प्राप्त हुए।

पुरानी हिन्दी : भाषा काल

पुरानी हिन्दी के अंतर्गत प्रमुखत: सिद्ध साहित्य, जैन साहित्य, नाथ साहित्य, अवहट्ट भाषा में लिखित ग्रंथ, *प्राकृत पैंगलम, प्रारंभिक संहसाहित्य, राउलबेलि डिंगल-पिंगल* आदि को समाहित किया जाता है। अपभ्रंश पश्च अवहट्ट से पुरानी हिन्दी का विकास होना सहज स्वाभाविक है। कैलाशचंद्र भाटिया अपने ग्रंथ *हिन्दी भाषा* (पृ. 42 से 44) में ग्यारहवीं शताब्दी में रोडा कृत *राउलबेलि* को पुरानी हिन्दी की रचना स्वीकार करते हैं। हरदेव बाहरी इसकी पुष्टि करते हुए लिखते हैं कि 'हम कैलाशचंद्र भाटिया के विचार से सहमत हैं कि रोडा कवि कृत *राउलबेलि* एकमात्र ऐसी कृति है जिसमें एक भाषा के लक्षण मिलते हैं। इसी के आधार पर हिन्दी का पूर्व रूप निर्धारित किया जा सकता है। (*हिन्दी भाषाएँ,* 1995, पृ. 29)

पुरानी हिन्दी का व्याकरणिक विकास

स्वर ध्वनियाँ– 1. ह्रस्व स्वर ध्वनियाँ - अ, इ, उ।

1. दीर्घ स्वर ध्वनियाँ–आ, ई, ऊ, ए, ऐ, ओ, औ।

(i) प्राय: शब्द स्वरांत मिलते हैं तथा व्यंजनांत ध्वनियों का अभाव देखने को मिलता है; यथा– सीसा-दीसा, मुंजु, पुंजु, जुगुति, किछु, सकोर आदि।

(ii) अपभ्रंश की भाँति पुरानी हिन्दी उकार बहुला है; यथा– आपु, पापु, जाहु-लेहु-देहु आदि।

(iii) पुरानी हिन्दी में 'ऐ' और 'औ' ध्वनियों का प्रयोग होने लगा था; यथा– मेटावा, एम्म, दोस्कादार आदि।

(iv) ऋ ध्वनि अ, उ, इ, ई में परिवर्तित हो गई; यथा– ऋतु-रितु, नृत्य-नच्च, वृद्ध-बुडढो, अमृत-अमिय, मृत्यु-मीचु आदि।

(v) प्राय: उकारांत शब्द पुल्लिग और इकारांत शब्द स्त्रीलिंग है; यथा– धर्मु, पुंजु, सरि, दिसि आदि।

(vi) अपभ्रंश की भाँति स्वरगुच्छों का प्रयोग; यथा– अउसर, पाइआ, आदि।

(vii) कहीं-कहीं ह्रस्व स्वर दीर्घ हो गए हैं, यथा– मित्र-मीत, चित्र-चीत आदि।

(viii) कुछ शब्दों के स्वर पूरी तरह से परिवर्तित हो गए हैं; यथा– मृत-मुआ, ज्वल-जारइ, पुरुष-पुरिस आदि।

व्यंजन ध्वनियाँ

(i) पुरानी हिन्दी में प्रयुक्त व्यंजन अवहट्ट के माध्यम से प्राप्त हैं।

(ii) 'श' का प्रयोग प्राय: तत्सम शब्दों में किया जाता है। 'ष' का उच्चारण 'ख' हो गया है।

(iii) अल्पप्राण व्यंजत अपभ्रंशकाल में ही 'अ' या 'य' हो गए; यथा– वचन-बयन, पाद-पाद, मेध-मेह, आभीर-अहीर।

(iv) कुछ विशिष्ट व्यंजन परिवर्तन हुए; यथा– उपाध्याय-उबाज्झा-ओझा, तिथिवार-तिहिवार-त्योहार, भवति-होति-होद आदि।

(v) संयुक्त व्यंजनों में भी परिवर्तन हुए; यथा–कई संयुक्त व्यंजन एकाकी रह गए; जैसे–स्कंध-कंधा, ग्राम-गाँव, ज्वलन-जलन आदि।

(vi) स्वर संधि के अंतति संयुक्त व्यंजन को तोड़कर किसी अन्य व्यंजन का आगमन होने से उच्चारण में सरलता का समाहार हुआ; यथा– कर्म-करम, धर्म-धरम, मर्म-मरम, नर्म-नरम आदि।

(vii) मध्यस्थ संयुक्त व्यंजन कहीं-कहीं द्रित्व हो गए; यथा– दुर्जन-दुज्जन, अक्षर-अकरकर, दुष्ट-दुष्ठ आदि।

(viii) क्षतिपूरक दीर्घीकरण की प्रवृत्ति रही; पृष्ठ-पिट्ठ-पीठ, निद्रा-निद्रदा-निद्रद-नींद, पर्ण-पण्ण-पान, पुत्र-पुत्र-पूत आदि।

(ix) 'क्ष' का पूर्वी हिन्दी में 'छ' तथा पश्चिमी हिन्दी में 'ख' हो गया। यथा– लक्ष्मण-लछिमन या लखन, अक्षर-अच्छर या आखर

व्याकरणिक परिवर्तन:

संयोगात्मकता से वियोगात्मकता की प्रवृत्ति इस काल में अनवरत लागू रही, अत: परसर्गों और कृदंतों का विकास हुआ जो कि निम्नानुसार हैं–

1. परसर्ग

कर्ता / कर्म– कहं, कह, कौ, को, कूँ।

करण / अपादान– सउं, सौं, सैं, तै, ते, थै, सेती, हुत, हतें।

अधिकरण– में, मैं, महँ, माँह, माझ, पर, पै।

अन्य परसर्ग   तक, ताई, लौ।
पास-पह या पहं।
साथ-संगि, साथि।

कारण-   करनि
परे, निएर, पासि, दूरि, बाहिर, सरि, ऊपरि।

इसी प्रकार न, न्ह, नि, न्हि भी सभी करकों के लिए प्रयोग में लाए जाते रहे। करण के लिए 'ऐ' विभक्ति तथा अधिकरण के लिए 'ए' का प्रयोग देखने को मिलता है।

2. वचन–पुल्लिग बहुवचन-ए और न; यथा–बेटे, बेटन

स्त्रीलिंग बहुवचन-अन, न्ह, णें, आँ यथा–सखियन, सखिन्ह, सखियाँ।

3. लिंग–स्त्रीलिंग शब्द प्रायः इकारांत हैं।

4. सर्वनाम–उत्तम पुरुष–मैं-मइं, मुज्यु, मोंहि, मोर, मेरो, मेरा, हम, हमार, अम्हार, हमारो, म्हारो, हमारा, हमें, हमहिं, अम्हणक।

मध्यमपुरुष–तुम, तुम्ह, तुमहिं, तुझ, तुज्झ, तुम्हारा, तुम्हारों, तिहारो।

अन्यपुरुष–सौ, से, सेइ, ताहि, ते, वे, वै।

संकेतवाचक–

यह, उन, ओ, वाहि, ओह, तासु, ताहि, उस–वे, ते, उन्ह, तिन, यह–इह–ई, ए, एहु, याहि, इस–ये, ए एह, इन–इन्ह, इन्हन।

प्रश्नवाचक–

को, कौन, कवन, कवण, का, काहे, केहि, किन्ह, का, काह, क्या।

संबधसूचक–

जे, जो, जेइं, जो, जिहि, जो, जिस, जिह, जिन्ह, जिन्है, जिनहि।

अनिश्चयवाचक–

कोउ, कोइ, काहु, लिसी, किन्हहिं।

5. विशेषण–

उच्चा, नीचा, केतिक, बहुतै

संख्यावाचक–

हिन्दी में संख्यावाचक शब्दों के रूप धीरे-धीरे व्यक्त होने लगे; यथा– एक, एकु, दुहु, तीनि, चारि, दूनो, चउगुणा, दूसरा, दोसर, बीजउ, चउथा आदि।

अन्य विशेषण–

उकरांत तथा अकारांत विशेषण स्त्रीलिंगवत प्रयुक्त होने पर ईकारांत हो जाते हैं। इसी प्रकार पुल्लिग बहुवचन के रूप एकारांत हो जाते हैं।

6. क्रियारूप–समायिका क्रियाएँ-

सामान्य वर्तमानकाल–उत्तम पुरुष एकवचन-मि, आमि। इन रूपों का विकास इस प्रकार से हुआ–मि- अमि या आमि- अउँया अउ। *संदेश रासक* में उँ–उ वाले रूपों तथा *प्राकृत पैंगलम* की पश्चिमी हिन्दी में मि उँ–उ दोनों रूपों का प्रयोग देखने को मिलता है; यथा– मेकखामि, भणामि, पिंधाक, पावउँ आदि।

कीर्तिलता में इसके लिए अओं; यथा–जम्मेओं, लावओं रूप प्राप्त होते हैं। *उक्ति व्यक्ति प्रकरण* में उँ वाले रूप अधिक मिलते हैं इनके अतिरिक्त औं रूप; यथा–देखौं भी प्राप्त होते हैं।

उत्तम पुरुष बहुवचन–हुँ, अहु, हि और ऐ रूप देखने को मिलते हैं; यथा– देखहुँ, देखिअहु, देखहि, ए देखै आदि।

मध्यम पुरुष बहुवचन के अर्थ को दर्शाने के लिए निम्नलिखित रूप प्राप्त होते हैं– अन्ति, ए, हिं, थि, हि, ह, ऐ आदि।

भूतकाल के लिए 'इआ' का प्रयोग होता है; यथा– लेकिखस, बकिकअ आदि।

भविष्यकाल में निम्नलिखित रूप प्राप्त होते हैं–

'ब' रूपों का प्रयोग, पूर्वी हिन्दी में विशेषरूप से; यथा– पढ़ब, कहब, आदि।

'स' और 'इ' वाले रूप; यथा– जाइहि, करिहि, होसइ, होसउँ आदि।

अन्य रूप; यथा– देखिसि, देखिसइ, देखिहि, देखिहहि।

7.2. हिन्दी भाषा का मध्यकाल (1500 ई. से 1800 ई. तक)

हिन्दी भाषा के मध्यकाल में आकर ध्वनि, शब्द भंडार तथा व्याकरण के क्षेत्र में कुछ परिवर्तन हुए जो निम्नानुसार हैं–

ध्वनि–

ध्वनि के क्षेत्र में हुए परिवर्तन निम्न हैं–

(i) शब्दांत 'अ' कम-से-कम मूल व्यंजन के बाद आने पर लुप्त हो गया। 'राम' का उच्चारण 'राम्' होने लगा। (ii) फ़ारसी की शिक्षा की कुछ व्यवस्था तथा दरबार में फ़ारसी भाषा का प्रयोग होने से उच्च वर्ग में तथा नौकरीपेशा लोगों में फ़ारसी का प्रचार हुआ इस कारण हिन्दी में तुर्की, अरबी, फ़ारसी के काफी शब्द प्रचलित हो गए तथा क़, ख़, ग़, ज़, फ़-ये पाँच नए व्यंजन हिन्दी में आ गए। (iii) 'ह' के पहले का 'अ' कुछ स्थितियों में 'ए' जैसा उच्चारित होने लगा था।

व्याकरण–

व्याकरण के क्षेत्र में मुख्यत: परिवर्तन निम्नानुसार हुए–

(i) इस काल में हिन्दी भाषा व्याकरण के क्षेत्र में पूरी तरह अपने पैरों पर खड़ी हो गई। अपभ्रंश के रूप प्राय: हिन्दी से निकल गए तथा जो शेष रहे उन्हे हिन्दी ने आत्मसात कर लिया था। (ii) भाषा भी आदिकालीन भाषा की तुलना में और अधिक वियोगात्मक हो गई तथा संयोगात्मक रूप और कम हो गए। परसर्गों और सहायक क्रियाओं का प्रयोग और अधिक होने लगा। (iii) फ़ारसी का प्रभाव हिन्दी वाक्य रचना पर आने लगा।

शब्द भंडार–

शब्द भंडार की दृष्टि से मुख्य बातें निम्नानुसार हैं–

(i) भोलानाथ तिवारी का मानना है कि इस काल में काफी शब्द फ़ारसी (लगभग 3500), अरबी (लगभग 2500), पश्तो (लगभग 50) और तुर्की (लगभग 125) हिन्दी में आ गए तथा इन विदेशी शब्दों की संख्या हिन्दी में लगभग 6000 से ऊपर हो गई। साथ ही फ़ारसी के कुछ मुहावरे और लोकोक्तियाँ भी हिन्दी में आ गईं। (ii) भक्ति आंदोलन के चरम बिंदु पर पहुँचने के कारण तत्सम शब्दों का अनुवाद हिन्दी भाषा में और बढ़ गया। (iii) यूरोप से संपर्क होने के कारण कुछ पुर्तगाली, रूसी, फ़ांसीसी तथा अंग्रेज़ी शब्द भी हिन्दी में आ गए।

इस तरह स्पष्ट है कि हिन्दी भाषा के मध्यकाल तक हिन्दी भी भाषा की दृष्टि से पूर्णत: परिपुष्टित हो गई तथा उसकी बोलियों का विकास भी परिपुष्टित हुआ।

हिन्दी का मध्यकालीन साहित्य

हिन्दी साहित्य के उत्तर मध्यकाल को रीतिकाल कहा जाता है, जिसका कालमान संवत् 1700 से 1900 (सन् 1643 से 1843) तक माना जाता है। मिश्र बन्धुओं ने इस काल को 'अलंकृतकाल', विश्वनाथ प्रसाद मिश्र ने 'शृंगारकाल' और आचार्य रामचन्द्र शुक्ल ने 'रीतिकाल' और रामशंकर शुक्ल ने 'कलाकाल' नाम दिया है। 'अलंकृतकाल' कविता की सुशोभन वृत्ति मात्र का वाचक है। शृंगारकाल प्रवृत्तिवाचक है परन्तु रीति-ग्रन्थों, भाव-रसों और रीति-मुक्त विशेषताओं को समाहित नहीं कर पाता। 'कलाकाल' भी अलंकृति का ही सूचक है। 'रीतिकाल' स्वीकृति एवं अधिमान्य नामकरण के रूप में प्रचलित नाम है।

रीतिकाल का प्रारम्भ मुगलकाल में वैभव और सहिष्णुता के अन्तिम प्रतिनिधि शाहजहाँ के शासन के उत्तरार्ध से होता है। औरंगजेब की कट्टरता और कलाओं के प्रति उपेक्षा के साथ मुगल साम्राज्य का पतन हो गया। सत्ताएँ प्रान्तीय शासकों एवं सामन्तों में सिमटती चली गईं। नादिरशाह और अहमदशाह अब्दाली के क्रूर आक्रमणों से टूटते-बिखरते अन्तत: ब्रिटिश राज

काबिज हो गया। यह काल विलासिता, भोग और सामाजिक पतन का था। छोटे-छोटे सामन्तों के राज्याश्रय में पलते हुए कवि दरबारी होते गए। उनकी अभिव्यक्ति चमत्कार, राजा और राजसभा में केन्द्रित थी। सामाजिक रूप से यह काल साधारणजन की उपेक्षा और अमीर-उमरावों के भोग विलास का था। नारी इस काल में भोग की वस्तु या विलास का उपकरण बन गई और श्रृंगार का ऐहिक रूप राजसभाओं को रिझाता रहा। मन्दिरों के आराध्य भी लीला-विलास के नायक बनते गए और इस्लाम भी रूढ़िवादिता का शिकार होता गया। श्रृंगारिक एवं चमत्कारिक रचनाओं से सम्मान और प्रशस्तियाँ पाने की आकांक्षा के कारण राजाओं के दरबार काव्य के केन्द्र बनते गए।

रीतिकालीन साहित्य की प्रमुख प्रवृत्तियों में रीतिग्रन्थों का निर्माण, काव्य में श्रृंगारिकता की केन्द्रीयता, प्रकृति का उद्दीपक रूप में प्रभावी वर्णन, चरित काव्यों के माध्यम से राजप्रशस्तियाँ, भक्ति और नीति साहित्य की परम्परा का अनुगमन परिलक्षित होता है। रीतिकाल हिन्दी काव्यशास्त्र का उद्भवकाल है और पूर्ववर्ती भाषाओं के काव्यशास्त्र एवं महाकवियों की वाणी के दाय का अनुवर्तन इस काल के लक्षणग्रन्थों में हुआ है। इनमें आचार्य-कवियों के पाण्डित्य-चमत्कार, रसिक श्रोताओं के लिए काव्यशिक्षा एवं राजसभाओं को रससिक्त करने वाले श्रृंगार के उदाहरणों की प्रधानता है। श्रृंगार तो इस काल का रसराज है। नायिकाभेद, नखशिख वर्णन, संयोग-वियोग की अन्तर्दशाओं, रतिप्रसंगों, कामदशाओं के दृश्यबिम्ब राजसभा के विलासी समाज के प्रिय रहे। श्रृंगार का रूप प्रेममय न होकर, भोगपरक है। प्रेम की अनन्यता के स्थान पर एकाधिक से प्रेम, अभिसार-लीलाएँ, वासनात्मक आस्वादन के कारण नारी का भोगपरक सौन्दर्यरूप ही काम्य रहा है। नायिकाभेद के साथ उद्दीप्त करने वाली कामदशाओं, अनुभवों संचारियों का चित्रण सर्वाधिक है। सामन्तीय दृष्टिकोण बहुनारीरमण और नारी के अंग सौन्दर्य के चित्रण में साधक ही रहा है। परन्तु रीतिमुक्त काव्यधारा इन प्रवृत्तियों का अतिक्रमण कर हृदयानुभूति के स्वच्छन्द प्रेम को प्रवाहित करती है। राजप्रशस्ति के लिए चरितकाव्यों की प्रबन्धात्मक रचनाएँ भी कवियों के लिए यश और अर्थ की साधक रही हैं। इनमें राज्याश्रित कवियों ने अपने राजा की वीरता, पराक्रम, दानशीलता का अतिशयोक्तिपूर्ण वर्णन किया है। यद्यपि मुक्तक वीरकाव्य में भूषण के *शिववावनी* और *छत्रसालदशक* वीरता के प्रकर्श, राष्ट्रीयता और छन्दों के आवेग के लिए प्रख्यात हैं। लालकवि का *छत्रप्रकाश*, पद्माकर भट्ट की *हिम्मतबहादुर बिरदावली*, सूदन का *सुजानचरित*, खुमान का *नृसिंह चरित*, जोधराज का *हमीररासो*, बांकीदास का *सूरछतीसी और वीर विनोद* इसी प्रवृत्ति के वाहक काव्य हैं।

भक्ति और नीतिग्रन्थों की रचनाएँ भी रीतिकाल में प्रवाहमान रही हैं। परन्तु श्रृंगार प्रथम प्रेय है, भक्ति और नीति गौण। भिखारीदास ने कहा है-"आगे के कवि रीझिहैं तो कविताई ना तु राधा कन्हाई सुमिरन को बहानो है।" विद्वानों के अनुसार सामाजिक आस्तिकता, श्रद्धाभाव, मनोवैज्ञानिक परितुष्टि एवं क्षरणशील सामाजिक मूल्यों के अनुरक्षण की आकांक्षा ही भक्ति-नीति रचनाओं का उद्देश्य रही है। वृन्द, गिरिधर राय, बेताल, रामसहाय दास, दीनदयाल गिरि आदि उल्लेखनीय नीति कवि हैं। भक्तिकाव्य के रूप में सूफी परम्परा, रामकाव्य परम्परा और कृष्णकाव्य धारा भी सक्रिय रही है।

रीति काव्य में प्रकृति का उद्दीपन रूप में चित्रण हुआ है, यद्यपि सेनापति, ग्वाल, बिहारी, पद्माकर आदि ने काव्य के आलम्बन रूप में प्रकृति का चित्रण किया है। पद्माकर का बसन्त ऋतु का चित्रण तो काव्यरसिकों की जबान पर रहता है-

कूलन में केलि में, कछारन में कुंजन में
क्यारिन में कलिन कलीन किलकन्त है।

षड्ऋतुवर्णन में भी इन कवियों में नवीनता और ताजगी है। प्रकृति के साथ संयोग और वियोग की हृदयदशाओं के चित्रण मार्मिक हैं।

रीतिकाल की दो प्रमुख बोलियाँ हैं-ब्रज और अवधी। पर बाद में अवधी का अभिव्यक्ति क्षेत्र सिमटता गया। अवधी काव्य के नायक राम थे। पर यह काल राम-सीता की मर्यादाओं के विकास का न होकर कृष्ण-राधा की कामकेलियों की श्रृंगारिक अभिव्यक्ति का है फिर भी ब्रजभाषा की बोलियों के शब्दों और प्रयोगक्षम्य बदलाव की छूट के साथ काव्य में नए रंग भरे हैं। फ़ारसी काव्यधारा के समानान्तर रीतिकाल की कविता कला की चुनौती को स्वीकार कर उसे 'कलाकाल' से अभिहित करने

में सक्षम है। प्रबन्धकाव्य भी इस काल में प्रचुर हैं, पर मुक्तक काव्य में इस काल को रसोद्रेक एवं अभिव्यक्ति क्षमता में सिद्धि मिली है।

रीतिकाल में गद्य साहित्य का विकास ब्रजभाषा, राजस्थानी, खड़ीबोली, दक्खिनी और मैथिली में हुआ है। गद्य विधाओं में कहानी, वार्ता, जीवनी, नाटक, टीका, वार्तिक आदि का विकास हुआ है। अनूदित रचनाओं, शिलालेखों और भित्तिप्रशस्तियों में भी गद्य का रूप दृष्टिगत होता है। काव्यशास्त्र के अतिरिक्त धर्म, दर्शन, भूगोल, इतिहास, ज्योतिष आदि इस काल के गद्यसाहित्य में समाहित हुए हैं। वल्लभ सम्प्रदाय में 'वार्ता साहित्य' की प्रचुरता है। इनमें आचार्यों के वचनामृत, इतिवृत्त, चरित्र प्रचार परक और सोद्देश्य हैं। खड़ी बोली में भी अनेक टीकानुवाद, चिकित्सा शकुन, धर्म-दर्शन आदि पर गद्य रचनाएँ उपलब्ध हैं।

रीतिकाल के साहित्य को तीन धाराओं में विभक्त किया गया है–रीतिबद्ध, रीतिसिद्ध और रीतिमुक्त या रीतिस्वच्छन्द। रीतिबद्ध काव्यधारा के कवियों ने संस्कृत प्राकृत अपभ्रंश के काव्यशास्त्र की परम्परा को आत्मसात करते हुए ब्रजभाषा या अवधी में रीति या लक्षणग्रन्थों की रचना की। अलंकार, रीति, वक्रोक्ति, रस, ध्वनि और औचित्य सम्प्रदायों के संस्कृत आचार्यों के ग्रन्थों के आधार पर ब्रज-अवधी में भी लक्षण ग्रन्थ लिखे गए। इनमें नायिका भेद और छंद शास्त्र वाले ग्रन्थों या अध्यायों की बहुलता है। ये लक्षण ग्रन्थ मौलिकता के प्रतिपादक कम हैं, परन्तु ब्रज-अवधी के छन्दों के माध्यम से उन सिद्धान्तों के प्रभावी उदाहरण बन गए हैं। इन्हीं से हिन्दी का काव्यशास्त्र उद्भित हुआ है।

रीतिकाल की आचार्य परम्परा में रामचन्द्र शुक्ल ने केशवदास (संवत् 1618) को रीतिग्रन्थ के प्रथम आचार्य के रूप में स्थापित किया है, परन्तु चिन्तामणि त्रिपाठी (संवत् 1666) को रीतिकाल का प्रवर्तक आचार्य-कवि कहा है। केशव ने *कविप्रिया* और *रसिकप्रिया* ग्रन्थ रचे। केशव अलंकारवादी आचार्य हैं। उनकी स्थापना थी–

जदपि सुजाति सुलक्षणी, सुबरन सरस सुवृत्त।
भूषण बिनु न बिराजई, कविता बनिता मित्त।

रामचन्द्रिका, वीरसिंह देव चरित, जहाँगीर जस चन्द्रिका, रतन बावनी और विज्ञान गीता केशवदास के प्रबन्धकाव्य हैं। *रामचन्द्रिका* रीतिकाल का महत्त्वपूर्ण प्रबन्धकाव्य है, जो वर्णनात्मक दृश्यों एवं संवाद कौशल के लिए प्रख्यात है, पर आरोपित किया गया है कि केशव 'कठिन काव्य के प्रेत' हैं या उन्हें मार्मिक स्थलों की पहचान नहीं है। मुक्तक काव्य के अन्तर्गत *रसिक प्रिया, कवि प्रिया* और *नखशिख* में काव्यांग विवेचन किया गया है। चिन्तामणि रसवादी आचार्य-कवि हैं। *रसविलास, पिंगल, शृंगार मंजरी, कवकुलकल्पतरु कृष्णचरित* आदि ग्रन्थ उपलब्ध हुए हैं। पर *काव्यविवेक, काव्यप्रकाश, कवित्तविचार* आदि ग्रन्थों का उल्लेख मिलता है। *शृंगारमंजरी* में नायिकाभेद, *कविकल्पतरु* में काव्यभेद, काव्यलक्षण, गुण-दोष, शब्दालंकार तथा पिंगल में छन्द-परिचय विशिष्ट हैं। इनके लक्षण ग्रन्थों पर मम्मट, विश्वनाथ, धनंजय, भानुदत्त आदि का गहरा प्रभाव है और काव्य में शृंगार, वीर, वात्सल्य रसों की सृष्टि हुई है। जयपुर के राजा रामसिंह के आश्रित आचार्य-कवि कुलपति मिश्र का *रसरहस्य* प्रख्यात है, जिसमें काव्यांग का सर्वांग विवेचन हुआ है। देव कवि (सं. 1630) का *भावविलास, अष्टयाम, भवानीविलास, रसविलास, प्रेमचन्द्रिका, देवमायाप्रपंच, देवशतक, शब्दरसायन, रागरत्नाकर, कुशलविलास* प्रसिद्ध हैं, जो कई राज्याश्रयों में लिखे गए। सर्वांग निरूपक आचार्य-कवि देव रसवादी हैं–

अलंकार भूषण सुरस जीव छन्द तन भाख,
तन भूषण है बिन जिये, बिन जीवन तन राख।

इन्होंने संचारी भावों की संख्या में 'छल' को भी योजित किया है। कामदशाओं के उपभेदों, नायिका भेद के आधारों, तात्पर्य वृत्ति के साथ चार शब्दशक्तियों और काव्यरीतियों का विवेचन किया है। देवर्षि कृष्ण शृंगाररस निरूपक आचार्य हैं। *शृंगाररसमाधुरी, अलंकार कलानिधि* आदि काव्यशास्त्र विषयक ग्रन्थ हैं। भिखारीदास ने *रससारांश, काव्यनिर्णय, शृंगारनिर्णय, छन्दोर्णव, पिंगलशब्दनामप्रकाश, विष्णुपुराण भाषा* तथा *शतरंजशतिका का* प्रणयन किया है। *काव्यनिर्णय* उनका

सर्वाधिक प्रसिद्ध काव्यशास्त्रीय ग्रन्थ है। प्रतापसाहि ने *जयसिंह प्रकाश*, *शृंगारमंजरी*, *व्यंग्यार्थ कौमुदी*, *शृंगार शिरोमणि*, *अलंकार चिन्तामणि*, *काव्यविनोद*, *जुगल नखशिख* तथा *रसचंद्रिका* आदि ग्रन्थों की रचना की। *व्यंग्यार्थ कौमुदी* में व्यंग्यार्थ, शब्दशक्ति अलंकार और नायिका भेद तथा अन्य काव्यांगों का विवेचन हुआ है। सूरति मिश्र के सत्रह ग्रन्थों में *काव्यांग सिद्धान्त* में संस्कृत काव्यशास्त्र की तरह काव्यांगों का विवेचन, *रसरत्न* में रसपरिपाक, *अलंकारमाला* में अलंकार एवं *छन्दसार पिंगल* में छन्दों का विवेचन किया गया है। इनके अतिरिक्त पदुमनदास का *काव्यमंजरी*, मुमारमणि शास्त्री के *रसिकरंजन* और *रसिकरसाल*, सोमनाथ के *रसपीयूशनिधि*, *शृंगारविलास*, *कृष्णलीलावती*, *पंचाधयायी*, *सुजान विलास* और *माधव विनोद*, जयराज का *कविता रस विनोद*, जगतसिंह के *साहित्य सुधानिधि* और *चित्रमीमांसा*, ग्वाल के *रसरंग* और *भ्रमभंजन*, अमीरदास के *सभामण्डल शेरसिंह प्रकाश*, *श्रीकृष्ण साहित्य सिन्धु*, *वृत्त चन्द्रोदय* आदि ग्रन्थ संस्कृत काव्यशास्त्र की परम्परा की तरह काव्यांगों का सर्वांग विवेचन करते हैं। श्रीपति के ग्रन्थों का उल्लेख मात्र मिलता है।

काव्यशास्त्र के विशिष्ट अंगों या सम्प्रदाय विशेष तथा रसरत्नाकर रसलीन के *रस प्रबोध* और *अंगदर्पण*, पद्माकर का *जगद्विनोद*, बेनीप्रवीन के *शृंगारभूषण*, *नवरस तरंग* और नानाराव प्रकाश, देवर्षि कृष्णभट्ट का *शृंगार रस माधुरी* आदि प्रसिद्ध ग्रन्थ हैं। मतिराम ने *ललित ललाम*, *रसराज सतसई*, *छन्दसार पिंगल*, *अलंकार पंचाशिका* आदि में शृंगार रस का विस्तृत विवेचन किया है।

नायिका भेद तो सभी कवि-आचार्यों का निरूपक काव्यांग तत्त्व रहा है। कालिदास त्रिवेदी का *वार बधु विनोद* नायिका भेद का स्वतन्त्र ग्रन्थ है। अलंकार विशेष के निरूपक आचार्यों में केशवदास के अतिरिक्त जसवंत सिंह के *अनुभव-प्रकाश*, *आनन्दविलास*, *सिद्धान्तसार*, मतिराम की *अलंकार पंचाशिका* और *ललितललाम*, भूषण का *शिवराजभूषण*, पद्माकर का *पद्माभरण* रीतिकाल के प्रसिद्ध ग्रन्थ हैं। पिंगल या छन्द का निरूपण करने वाले आचार्यों में मुरलीधर 'भूषण' का *छान्दोहृदय प्रकाश*, सुखदेव मिश्र के *वृत्त विचार* और *छन्द विचार*, समसहायदास का *वृत्त तरंगिणी* प्रसिद्ध काव्य ग्रंथ है। ये आचार्य *प्राकृत पैंगलम्* और *वृत्तरत्नाकर* से प्रभावित थे, पर नए छन्दों की निर्मिति में भी अग्रणी हैं।

रीतिबद्ध काव्यधारा संस्कृत-प्राकृत-अपभ्रंश के काव्यशास्त्रीय ग्रंथों और महाकवियों से सीखकर पंथ या रीति में अभिव्यक्त हुई है। काव्यांगों के विवेचन में जयदेव का *चन्द्रालोक*, अप्पयदीक्षित का *कुबलयानन्द*, भानुदेव की *रसमंजरी*, जयदेव की *रतिमंजरी*, वीरभद्र की *कन्दर्प-चिन्तामणि* सहायक हैं, परन्तु विश्वनाथ का *साहित्य-दर्पण*, मम्मट का *काव्यप्रकाश*, आनन्दवर्धन के ध्वन्यालोक का गहरा प्रभाव रीतिकालीन लक्षण ग्रंथों पर स्पष्ट है। नायिका भेद इस काव्यधारा का विशिष्ट काव्यांग है। परन्तु छन्दोधारा में क्षेमेन्द्र के *सुवृत्ततिलक*, हेमचन्द्र का *छन्दोनुशासन*, भट्टकेदार का *वृत्तरत्नाकर* और गंगादास की *छन्दोमंजरी* सहायक रहे हैं। साहित्यिक पृष्ठभूमि में ऐहिकता की अभिव्यक्ति के लिए हाल की *गाथा सप्तशती*, अमरूक का *अमरूकशतक* और गोवर्धनाचार्य की *आर्यासप्तशती*, विभिन्न स्रोतों के आधार *राधाकृष्णलीला*, वात्स्यायन का *कामसूत्र* और कोक्कान का *रतिरहस्य* जैसे संस्कृत-प्राकृत-अपभ्रंश ग्रंथ रीति साहित्य की पृष्ठभूमि में विद्यमान हैं।

रीतिबद्ध काव्यधारा के आचार्यों-कवियों ने संस्कृत की काव्यशास्त्रीय परम्परा के अनुरूप काव्यांगों का विवेचन किया है। इनमें संचारी भावों, अनुभवों, भावदशाओं के विवेचन में संख्यावृद्धि के साथ उदाहरण-पुष्टता का परिचय दिया है। शृंगार का विवेचन केन्द्रीय है, अत: नायिकाभेद का शास्त्रीय पक्ष सामान्य वृत्ति रही है। संस्कृत काव्यशास्त्र काव्यांगों के स्वरूप विवेचन में सूक्ष्मता, तर्कशीलता और गम्भीरता का परिचय देता है। रीतिकालीन लक्षणग्रन्थ इस कसौटी पर उतने पुष्ट भले ही नहीं हों, पर काव्यशास्त्रीय लक्षणों के उदाहरण बहुत पुष्ट और मौलिक हैं। इन उदाहरणों में शृंगाररस का भरपूर शोषण है, जो रीतिकाल की केन्द्रीय वृत्ति है। संस्कृत काव्यशास्त्र में सूत्रवृत्ति और कारिकावृत्ति का उपयोग किया गया है। रीतिकालीन आचार्यों ने कारिकावृत्ति का उपयोग अवश्य किया है। उदाहरण पद्यात्मक शैली में दिए गए हैं।

रीतिसिद्ध काव्यधारा के कवियों ने लक्षण-ग्रन्थों की रचना तो नहीं की, परन्तु वे रीति ग्रन्थों की परिपाटी में पूरी तरह निष्णात हैं। रीतिबद्ध कवियों ने लक्षण-ग्रंथों को प्रमुखता दी, जबकि रीति सिद्ध कवि इन लक्षणों को सिद्ध करते हुए काव्यरचना या लक्ष्य-ग्रंथों की रचना करते रहे। बिहारी (1595 ई.) रीतिसिद्ध काव्यधारा के शीर्ष कवि हैं। जयसिंह के दरबारी कवि के

रूप में उनकी प्रसिद्धि *सतसई* के दोहाकार के रूप में है, जिसकी टीका अनेक भाषाओं में लिखी गई है। जगन्नाथदास 'रत्नाकर' की टीका में बिहारी के सात सौ तेरह दोहे संकलित हैं। बिहारी के काव्य में पाण्डित्य के विविध क्षेत्र हैं—शृंगार, भक्ति, नीति, दर्शन, जगत् व्यवहार, ऋतु वर्णन, नायिका भेद, नखशिख वर्णन, गणित, ज्योतिष आदि। पर यह पांडित्य कविता में अनुभूतिपरक, वाक्चातुर्य से परिपूर्ण, रस-सिक्त, दोहे के लघु आकार में मर्मस्पर्शी और काव्यलक्षणों में सिद्ध होकर काव्यत्व का ही परिचय देता है। कई दोहों में, फ़ारसी प्रभाव में अतिश्योक्तियों ऊहावृत्ति के भी दर्शन होते हैं। रंगयोजना, चित्रपरकता, प्रभावात्मकता, उक्तिवैचित्र्य, अलंकारपरकता उनके दोहों की विशेषता है—

दृग उरझत टूट कुटुम, जुरत चतुर चित प्रीति।
परति गाँठ दुजरन हिये, दई नई यह रीति।।

विश्वनाथ प्रसाद मिश्र के अनुसार बिहारी जैसे कवियों में भंगिमा चाहे अनुभूतिपूर्ण हो चाहे शुद्ध भंगिमा ही हो, पर उसमें साहित्यिक चारुत्व अपने चरम उत्कर्ष पर दिखाई पड़ता है।

सेनापति के *कवित्तरत्नाकर* एवं *काव्यकल्पद्रुम* ग्रन्थों में से प्रथम ही प्राप्य है। पाँच तरंगों में विभाजित इस संग्रह में श्लेष और ऋतुवर्णन में कवि की सिद्धि रही है। वृन्द के सोलह ग्रन्थों *बारहमासा, भावपंचादिशका, नयनपचीसी, पवनपचीसी, शृंगारशिक्षा, यमक्सतसई* प्रसिद्ध हैं। सूक्तिकार के रूप में इनकी *वृन्दसतसई* प्रसिद्ध है—

भले बुरे सब एकसम जौं लौं बोलत नाहिं।
जनि परत है काग पिग ऋतु बसन्त के माहिं।।

बेनी के नाम से तीन कवि प्रसिद्ध हैं—*रसविलास* के रचनाकार बेनी, *नवरसतरंगाकर* बेनी प्रवीन और तीसरे कवि बेनी असनीके बन्दीजन माने जाते हैं। इनका कोई स्वतन्त्र ग्रन्थ नहीं है।

कृष्णकवि को जगन्नाथदास रत्नाकर ने बिहारी का पुत्र माना है। इनका कोई स्वतंत्र ग्रंथ नहीं है। *बिहारी सतसई* पर इन्होंने टीका लिखी थी। पृथ्वीसिंह 'रसनिधि' के नाम से प्रख्यात हैं, *रतनहजारा, विष्णुदीप-कीर्तन, बारहमासी, रसनिधिसागर* आदि इनके ग्रंथ हैं। *रतनहजार* में शृंगारनिरूपण हुआ है।

इनके अतिरिक्त नृपशम्भु का *नखशिख*, रामसहाय दास का *रामसतसई, वाणीभूषण, वृत्ततरंगिणी*, राजा मानसिंह (द्विजदेव) के *शृंगारलतिका, शृंगारबत्तीसी* तथा *शृंगारचालीसा* प्रसिद्ध काव्यग्रन्थ हैं।

रीतिसिद्ध कवियों का वर्ण्यविषय मुख्यत: शृंगार है, पर इस शृंगार में अनन्य प्रेम के स्थान पर विलासभाव की मादकता है। आचार्य शुक्ल ने रससिद्ध कवि बिहारी के लिए लिखा है—कविता उनकी शृंगारी है, पर प्रेम की उच्च भूमि पर नहीं पहुँचती।

रीतिमुक्त काव्यधारा को रीति स्वच्छन्द काव्यधारा भी कहा जाता है पर स्वच्छन्द शब्द से रोमांटिसिज्म या आधुनिक काल की काव्यधारा का भ्रम उत्पन्न होता है। रीतिमुक्त कविता रीतिकालीन शास्त्रीयता या काव्यांगसिद्धता का अतिक्रमण करती है। यह शास्त्र प्रचालित न होकर, आत्मानुभूति से व्यंजित है। इसका लक्ष्य न तो चमत्कार है, न राज-प्रसादन, न ही शास्त्रीय लक्षणों के अनुरूप काव्य-सिद्धि। रीतिमुक्त कविता का उत्स व्यक्ति का हृदय है, उसका भावावेग है। बाह्यजगत् उसका वर्ण्य विषय नहीं है, न ही वह काव्यरूढ़ियों का उपासक है। वह हृदयानुभूति और आत्मकेन्द्रित अनुभवों की सांकेतिक व्यंजना करता है। इसीलिए कला या अलंकार या काव्यशास्त्र उसके लक्षण नहीं हैं, यह अलग बात है कि वे भी उसकी हृदयानुभूति की व्यंजना में सहज ही प्रयुक्त हो जाते हैं। इस काव्य में लौकिक सृष्टि भी है और उसकी परिणति अलौकिक भाव या रहस्य में भी है। इस काव्यधारा के कवि उक्ति वैचित्र्य में नहीं उलझते। अपनी अनुभूतियों के आवेग की व्यंजना में ही अपनी सिद्धि मानते हैं।

घनानन्द रीतिमुक्त काव्यधारा के शीर्ष कवि हैं। 'सुजान' से लौकिक प्रेम उनके काव्य *विरहानुभूति* का चरम बन गया है। आचार्य रामचन्द्र शुक्ल ने लिखा है कि प्रेम मार्ग का ऐसा प्रवीण और धीर पथिक तथा जबाँदानी का ऐसा दावा रखने वाला ब्रजभाषा का दूसरा कवि नहीं हुआ। घनानन्द की कविताओं के संग्रहकर्ता ब्रजनाथ ने लिखा है—

प्रेम सदा अति ऊँचो लहे सु कहै इहि भाँति की बात छकी,
सुनिकै सबके मन लालच दौरे परे बौरे लखै सब बुद्धि चकी,
जग की कविताई के धोखे रहै हाँ प्रबीनन की मति जाति जकी,
समुझै कविता घन आनन्द की हिय-आँखिन नेह की पीर तकी।

प्रेम की पीर से की हुई घनानन्द की कविता को काव्यशास्त्र की प्रवीण बुद्धि से नहीं समझा जा सकता। यह प्रेम विरहकातर हृदयानुभूति से अपनी उच्चता का प्रतिमान गढ़ता है, जिसे हृदय की आँखों से ही अनुभूत किया जा सकता है। घनानन्द के काव्य में वैयक्तिकता, हृदय की स्वच्छन्दता, अनुभूतिप्रधानता, मार्मिकता, लौकिक शृंगार और उसका अलौकिक स्तर पर विस्तार, तड़पते रहने की भाववृत्ति और प्रियदर्शन की आस, बुद्धि को थका देने वाली प्रेमानुभूति और काव्यशास्त्रीय लीक से हटी लाक्षणिक व्यंजना, विरोधाभास और वैशम्य की अनुभूतिमय चमत्कारिक अभिव्यंजना उनके काव्य की मौलिक विशेषताएँ हैं। वे वियोग शृंगार या प्रेम के कवि हैं, जिनमें हृदयवृत्ति और काव्यवृत्ति में सहज साम्य है, वह अर्जित या निर्मित नहीं, बल्कि सहज प्रवाहित है–

अंक भरौं, चाकि चौंकि परों कबहूक लरौ छिन ही में मनाऊँ,
देखि रहौ, अनदेखे दहौं सुख सोच सहौं जु लहौं सुनि पाऊँ,
जान तिहारी सो मेरी दसा यह समझै अरु काहि सुनाऊँ,
यौं घन आनन्द रैनि-दिना नहिं बीत्त जानियै कैसे बिहाऊँ।।

ठाकुर (संवत् 1823) कवि के दो संग्रह–*ठाकुर ठसक* और *ठाकुर शतक* हैं। ठाकुर ने काव्य की बँधी-बँधाई रीतिबद्धता पर प्रहार करते हुए लिखा है–

सीखि लीन्हों मीन मृग खंजन कमल नैन,
सीखि लीन्हों जस और प्रताप को बहानो है,
सीखि लीन्हों कल्पवृक्ष कामधेनु चिन्तामनि,
सीखि लीन्हों मेरु और कुबेर गिरि आनो है,
ठाकुर कहत याकी बड़ी है कठिन बात,
याको नहिं भूलि कहूं बांधियत बानो है,
ढेल सो बनाय आय मेलत सभा के बीच,
लेगन कवित्त कीबो खेल करि जानो है।

ठाकुर के काव्य में हृदयानुभूति के साथ कहावत-लोकोक्तियों की जीवन्त अभिव्यक्ति है। वे कहीं उत्सवों के उल्लास में रमे हैं तो कभी काल की गति से उदास नजर आते हैं। उनके काव्य में भक्ति भावना के साथ लोकजीवन की भी स्वच्छन्द और वैयक्तिक अभिव्यक्ति है।

बोधा की दो कृतियाँ हैं–*विरहवारीश* प्रबन्धकाव्य है, जो माधवनल-कामकन्दला की प्रेमकथा पर लिखी गई है। *इश्कनामा* मुक्तक काव्य है। बोधा के काव्य में मनोवेगों का नैसर्गिक प्रवाह उनकी अभिव्यक्तिगत स्वाभाविकता में प्रवाहित है। द्विजदेव के काव्य में रीतिबद्धता के साथ स्वच्छन्दता के गुण भी प्रभावी हैं। *शृंगारलतिकासौरभ* में हृदय की अनेक अन्तर्दशाओं, आलम्बनरूप में प्रकृतिप्रेम तथा अभिव्यक्ति में रीतिबद्धता की झलक के साथ लाक्षणिकता एवं सजीव मुहावरेदानी उनकी विशेषता है।

रामचन्द्र शुक्ल का मानना है कि आलम नाम के दो कवि हैं। *माधकामकन्दला* प्रबन्धक काव्यकार पहले आलम हैं और *आलमकेलि* आलम दूसरे। एक सूफी प्रेमाख्यानक काव्यपरम्परा के और दूसरे मुक्तकाकार। *आलमकेलि* के कवित्त सवैयों में

रीतिपरम्परा की छाप है, विरह वियोग आन्तरिक एवं भावनिमज्जित है। विरह की अन्तर्दशाओं में वेदना, प्रियतम से मिलन का अभिलाष भाव, मौनव्यथा की अभिव्यक्ति हुई। शैली में चमत्कार और अलंकार मोह नहीं है।

द्विजदेव (1820–1861) के *शृंगारललितासौरभ* में वसन्त का वर्णन किया गया है। उनमें रीतिबद्धता की अपेक्षा स्वच्छन्दता की प्रवृत्ति व्यापक है। अन्तर्मन की अनेक भावदशाओं की अभिव्यंजना प्रभावी है, खासकार दैन्य, अधीरता, स्मृति, उद्वेग, जड़ता भावों के चित्रण मार्मिक हैं। इनकी अभिव्यंजना भी लाक्षणिक एवं लोकोक्तियों से पुष्ट है। प्रकृति से प्रेम और रीतिमुक्त काव्यधारा काव्यशास्त्रीय आदर्शों, लक्षण-ग्रन्थों की बँधी-बँधाई रीतियों से स्वच्छन्द है। काव्यशास्त्रीय बौद्धिकता वाले बाह्य उपकरणों से मुक्त होकर आभ्यन्तर आकुलता और भावावेगमयता को ही काव्य का निमित्त मानती है। शृंगार के शास्त्रीय और नायिकाभेदपरक शैली से मुक्त होकर प्रेमानुभूति को वैयक्तिक स्तर पर अभिव्यक्त करते हैं। इसीलिए काव्यशास्त्रीय वस्तुविधान का अतिक्रमण कर वैयक्तिक भावानुभूति इस काव्यधारा का प्राण बन गई है। परम्परागत काव्यशास्त्र चलित काव्यरीतियों का अतिक्रमण कर यह काव्यधारा आलंकारिक शैली के चमत्कार से भिन्न ऐसी लक्षणाओं, मुहावरों को रचती है, जिनमें विरोध और वैशम्यमूलक पीड़ी-बोध अपनी सहज शैली में ही चमत्कारिक एवं भावसंवेदी बन जाता है। रीतिमुक्त काव्यधारा के कवि प्रमुखत: विप्रलम्भ शृंगार या विरहानुभूतियों के ही गायक हैं। उनका कवि काव्य जल से अलग होने वाली मछली की तरह मर जाने में नहीं, बल्कि अन्तिम सांस तक दरस-परस की अभिलाषा में तड़पते रहने को ही प्रेम का आन्तरिक सौन्दर्य और मूल्य मानता है। सूफी प्रेमाख्यानक परम्परा का भी प्रभाव इस काव्यधारा में दृष्टिगत होता है। इन कवियों में प्रेम का उदात्त रूप है। अनुभूति की एकान्तिकता है, एन्द्रिय और वासनापरक प्रेम से ये कोसों दूर हैं। प्रेमी के अनमिल स्वभाव के बावजूद इनका आभ्यन्तर प्रेम उसके प्रति अनन्यता, वेदना की मूकता और प्रेम की चाहत में ही मग्न रहता है।

रीतिकालीन काव्य भले ही जन-सापेक्ष न रहा हो, परन्तु फ़ारसी प्रभाव से आई हुई चुनौतियों को बोलियों के साहित्य और छन्द-प्रवाह में ढालने में सक्षम रहा। काव्यशास्त्रपरक चिन्तन में मौलिकता का संदर्शन भले ही कम हो, पर हिन्दी को संस्कृत की विरासत का हकदार बनाकर काव्यशास्त्रीय परम्परा को जीवन्त बनाया। रीतिकाव्य रसात्मक सिद्धि और वाग्विदग्धता की दृष्टि से अनूठा है। उसमें माधुर्य और श्रुतिपेशलता है। उसमें शुद्ध काव्यद्ध के लक्षण भी भास्वर हैं। छन्दों में लय और प्रकृति-चित्रों में नवीनता है। परन्तु रीतिमुक्त कविता में तो वैयक्तिक अनुभूतियों की तीव्रता का ऐसा प्रसार है, जो सरलता में वक्रता को संजोती है। निश्चय ही काव्यशास्त्र की दृष्टि में चिन्तामणि, भिखारीदास प्रभृति आचार्य-कवि, देव, मतिराम पद्माकर, बिहारी, सेनापति जैसे कवि, घनानन्द, बोधा ठाकुर जैसे रीतिमुक्त कवि रीतिकाल की प्रकाशमान उपलब्धियाँ हैं।

7.3 आधुनिक हिन्दी व इसके रूप

7.3.1 1800 ई. के आसपास आधुनिक भारतीय आर्यभाषाओं का उद्‍भव होने लगा। भोलानाथ तिवारी ने अपने ग्रंथ *हिन्दीभाषा* (पृ. 20) में इसे इस प्रकार प्रस्तुत किया है–

अपभ्रंश	**आधुनिक भारतीय भाषाएँ तथा उपभाषाएँ**
शौरसेनी	पश्चिमी हिन्दी, राजस्थानी, पहाड़ी, गुजराती
केक्य	लहँदा
टक्क	पंजाबी
ब्राचड	सिंधी
महाराष्ट्री	मराठी
मागधी	बिहारी, बंगाली, उड़िया, असमिया
अर्धमागधी	पूर्वी हिन्दी

हिन्दी की उपभाषाओं और बोलियों का वर्गीकरण भोलानाथ तिवारी ने अपने ग्रंथ *हिन्दी भाषा* (पृ. 20) में इस प्रकार किया है–

भाषा	**उपभाषाएँ**	**बोलियाँ**
हिन्दी	1. पश्चिमी हिन्दी	(i) कौरवी (खड़ी बोली)
		(ii) ब्रजभाषा
		(iii) हरियाणवी
		(iv) बुंदेली
		(v) कन्नौजी
	2. पूर्वी हिन्दी	(i) अवधी
		(ii) बघेली
		(iii) छत्तीसगढ़ी
	3. राजस्थानी	(i) पश्चिमी राजस्थानी (मारवाड़ी)
		(ii) पूर्वी राजस्थानी (जयपुरी)
		(iii) उत्तरी राजस्थानी (मेवाती)
		(iv) दक्षिणी राजस्थानी (मालवी)
	4. पहाड़ी	(i) पश्चिमी पहाड़ी
		(ii) मध्यवर्ती पहाड़ी (कुमायूँनी-गढ़वाली)
	5. बिहारी	(i) भोजपुरी
		(ii) मगही
		(iii) मैथिली

7.3.2 हिन्दी की विविध सत्रह बोलियों का उल्लेख निम्न रूप से किया गया है–

1. खड़ीबोली–'खड़ीबोली' शब्द का प्रयोग दो अर्थों में किया जाता है, एक तो साहित्यिक खड़ी बोली हिन्दी के अर्थ में और दूसरे, दिल्ली-मेरठ आदि के आसपास की लोकबोली के अर्थ में। लोकबोली के अर्थ में कुछ लोग 'कौरवी' का प्रयोग भी करते हैं। खड़ीबोली की कौरवी का उद्‌भव शौरसेनी अपभ्रंश के उत्तरी रूप से हुआ है तथा इसका क्षेत्र देहरादून का मैदानी भाग, सहारनपुर, मेरठ, दिल्ली का कुछ भाग, बिजनौर, रामपुर तथा मुरादाबाद है। हिन्दी, उर्दू, हिन्दुस्तानी एक सीमा तक इसी खड़ीबोली पर आधारित हैं। इसमें दीर्घ स्वर के बाद मूल व्यंजन के स्थान पर द्रित्व व्यंजन (बेट्टा, बाप्पू, रोट्टी आदि।), महाप्राण के पूर्व इसी स्थिति में अल्पप्राण का आगम (देकखा, भूकखा आदि), न का ण (अपणा, राणी, जाणा आदि)ए ल का ळ (काळा, नीळा), अवधी व्यंजनांत तथा ब्रज ओकारांत के स्थान पर आकारांत (घोड़ा, आदि) इसकी विशेषताएँ हैं।

2. ब्रजभाषा–इसका विकास शौरसेनी अपभ्रंश के मध्यवर्ती रूप से हुआ है। ब्रजभाषा मथुरा, आगरा, अलीगढ़, धौलपुर, मैनपुरी, एटा, बदायूँ, बरेली तथा आसपास के क्षेत्रों में बोली जाती है। इसकी कई उपबोलियाँ जिनमें भरतपुरी, डाँगी, आदि प्रमुख हैं। साहित्य और लोकसाहित्य दोनों की दृष्टि से यह अत्यंत सम्पन्न भाषा है, हिन्दी प्रदेश से बाहर भी भारत के अनेक क्षेत्रों जैसे–पंजाब, गुजरात, महाराष्ट्र, केरल आदि में ब्रजभाषा में साहित्य की रचना होती रही। खड़ीबोली की आकारांतता के स्थान पर ओकारांतता (भलो, छोरो, बड़ो), व्यंजनांत के स्थान पर उकारांत (सबु), 'ने' के स्थान पर नै, को, का कूँ, से, का, सौ, पर का पै आदि इसकी मुख्य विशेषाताएँ हैं।

3. हरियाणवी–हरियाणवी का विकास उत्तरी शौरसैनी अपभ्रंश के पश्चिमी रूप से हुआ है। खड़ीबोली, अहीरवादी, मारवाड़ी, पंजाबी से घिरी इस बोली को कुछ लोग खड़ीबोली का पंजाबी से प्रभावित रूप भी मानते हैं। इसका क्षेत्र मोटे तौर से हरियाणा, पंजाब का कुछ भाग तथा दिल्ली का देहात भाग है। इसकी मुख्य बोलियाँ जाटू तथा बाँगरू है। हरियाणवी में लोकसाहित्य मिलता है। अनेक स्थानों पर ल का ळ (माळा, सोळा, माळा) एवं व्यंजन के स्थान पर द्रित्व (बाब्बू, मित्तर, गाड्डी), न का ण (होणा), सहायक क्रिया हूँ, है, हैं के स्थान पर सूँ, सै, सैं, सो तथा ड़ का ड (बडा पेड) आदि इसकी कुछ विशेषताएँ हैं।

4. बुंदेली–'बुंदेले' राजपूतों के कारण मध्य प्रदेश तथा उत्तर प्रदेश की सीमारेखा के झाँसी, छतरपुर, सागर आदि तथा आस-पास के भागों को बुंदेलखण्ड कहा जाता है। इसी स्थान की बोली बुंदेली या बुंदेलखंडी है। इसका क्षेत्र झाँसी, जालौन, हमीरपुर, ग्वालियर, भोपाल, ओरछा, सागर, नृसिंहपुर, सिवनी, होशंगाबाद तथा आसपास का क्षेत्र है। बुंदेली का विकास शौरसेनी अपभ्रंश से हुआ है। इस भाषा में लोकसाहित्य काफी है। जिसमें इसुरी के फाग अत्यंत प्रसिद्ध हैं। बुंदेली की ही एक बोली बनाफरी में प्रसिद्ध लोकगाथा 'आल्हा' है जिसे हिन्दी साहित्य में स्थान प्राप्त है।

इसकी अन्य उपबोलियाँ राठौरी, लोधाती आदि हैं। ब्रज के ऐ, औ का ए, ओ (जेसो, ओर), अन्त्य अल्पप्राणीकरण (भूक, हात, दूद, जीब), स का छ (सीढ़ी-छीड़ी), च का स (साँचे-साँसे), कर्म-सम्प्रदान में 'को' के स्थान पर खों, खाँ, खें का प्रयोग इसकी कुछ विशेषताएँ हैं।

5. कन्नौजी–इस बोली का केंद्र कन्नौज (संस्कृत-कान्यकुब्ज होने से इस बोली का नाम कन्नौजी पड़ा है)। यह इटावा, फर्रुखाबाद, शाहजहाँपुर, कानपुर, हरदोई, पीलीभीत आदि में बोली जाती है। कन्नौजी शौरसेनी अपभ्रंश से निकली है। यह ब्रजभाषा के अधिक समान है जिससे कुछ लोग इसे ब्रजभाषा की उपबोली भी मानते हैं। इस भाषा में केवल लोकसाहित्य मिलता है। इसकी कुछ विशेषताओं में उकारांतता (खातु, धरु, सबु), ओकारांतता (हमारो या हमाओ), औ का अउ (मौन-मउन), बहुवचन के लिए हार (हमहार-हम लोग), स्वार्थी प्रत्यय इया (छोकरिया, जिभिया) तथा वा (बेटवा, बचवा) आदि हैं।

6. अवधी–अयोध्या का विकसित रूप 'अवध' है तथा इस बोली का केंद्र अयोध्या होने से इसे अवधी कहा जाता है। अधिकांश विद्वान इसका संबंध अर्धमागधी अपभ्रंश से मानते हैं। अवधी का क्षेत्र इलाहाबाद, गोंडा, बस्ती, बहराइच, सुल्तानपुर, प्रतापगढ़, बाराबंकी आदि है। इस भाषा में साहित्य तथा लोकसाहित्य दोनों हैं। इसमें ऐ, औ का अइ, अउ या अए, अओ उच्चारण संज्ञा के तीन रूप (धोर, धोरवा, धोरौना), बा का व्यापक प्रयोग (भोलबा, मोरबा), ई का ह (सईस-सहीस, इच्छा-हिच्छा), या का र, (वियोग-विरोग) का आगम, कुछ में महाप्राणीकरण (पुनः-पून, पेड़-फेड़), व का ब (विद्यार्थी-बिद्यार्थी, विद्यालय-बिद्यालय), मौसा के लिए मौसिया, व्यंजनांतता (धोड़ा-धोर, इसी तरह-होत, होब, करत, खोट्, नीक) आदि इसकी प्रमुख विशेषताएँ है, अवधी भाषा की मुख्य बोलियाँ बैसवाड़ी, मिर्जापुरी तथा बनौथी हैं।

7. बघेली–रीवा और उसके आसपास का क्षेत्र बघेल राजपूतों के आधार पर बघेलखंड कहलाता है तथा यहाँ की बोली को बघेली या बघेलखंडी कहा जाता है। इस भाषा का उद्‌भव अर्धमागधी अपभ्रंश के ही एक क्षेत्रीय रूप से हुआ है। इसका क्षेत्र रीवा, नागौद, शहडोल, सतना, मैहर तथा आसपास का क्षेत्र है। कुछ अपवादों को छोड़कर बघेली में केवल लोकसाहित्य है। सर्वनामों में मुझे के स्थान पर म्वाँ, मोही, तुझे के स्थान पर त्वाँ, तोही, विशेषण में 'हा' प्रत्यय (नीमहा), धोड़ा का घ्वाड़, मोर का म्वार, पेट का व्याट, देत का दयात आदि इसकी कुछ विशेषताएँ हैं।

8. छत्तीसगढ़ी–इस भाषा का मुख्य क्षेत्र छत्तीसगढ़ होने के कारण इसका नाम छत्तीसगढ़ी पड़ा है। इसका विकास अर्धमागधी अपभ्रंश के दक्षिण रूप से हुआ है। इसका क्षेत्र सरगुजा, बिलासपुर, रायगढ़, खैरागढ़, रायपुर, दुर्ग, नंदगाँव, काँकेर आदि है। छत्तीसगढ़ी में लोकसाहित्य के साथ-साथ सतनामी साहित्य आदि भी शामिल हैं। छत्तीसगढ़ी की मुख्य उपबोलियाँ सरगुजिया, सदर, बैगानी, बिंझवाली आदि हैं। उड़िया और मराठी की सीमा पर छत्तीसगढ़ी में 'ऋ' का उच्चारण 'रू' किया जाता है। कुछ शब्दों में महाप्राणीकरण (इलाका-इलाखा), अधोप्राणीकरण (बन्दगी-बन्दकी, शराब-शराप, खराब-खराप), 'स' का 'छ' तथा 'छ' का 'स' (सीता-छीता, छेना-सेना) आदि इसकी कुछ विशेषताएँ हैं।

9. पश्चिमी राजस्थानी–पश्चिमी राजस्थानी पश्चिमी राजस्थान अर्थात-जोधपुर, अजमेर, मेवाड़, सिरोही, जैसलमेर, बीकानेर आदि में बोली जाती है। इसे मारवाड़ी भी कहा जाता है। इसका विकास शौरसेनी अपभ्रंश के उपनागर रूप से हुआ है। मारवाड़ी में साहित्य और लोकसाहित्य दोनों ही प्रचुर मात्रा में हैं। मीराबाई के पद इसी में लिखे गए हैं। इसकी उपबोलियाँ मेरवाड़ी, ढुँढारी, मेवाड़ी, सिरोही, आदि हैं। इसमें ध और स दो ध्वनियाँ हैं। से का सूँ या ऊँ, में का माँय, का, की, के, का नौ, नी, ने आदि इसकी कुछ विशेषताएँ हैं।

10. उत्तरी राजस्थानी–इसका क्षेत्र अलवर, गुडगाँव, भरतपुर, तथा आसपास का भाग है। इसे मेवाती भी कहते हैं। इसकी एक मिश्रित बोली अहीरवाटी है जो गुड़गाँव, दिल्ली तथा करनाल के पश्चिमी क्षेत्रों में बोली जाती है। इसकी अन्य बोलियाँ राठी, नहेर, कटर, गुजरी आदि हैं। इस पर हरियाणवी का बहुत प्रभाव है। कर्ता-कर्म में नै; कर्म-सम्प्रदान में मों, कै, करण-अपादान सै, तै; तथा इसको आदि के अतिरिक्त ऐंको, बैको, झैको, कैहको आदि कुछ विशेषताएँ हैं। इसमें मात्र लोकसाहित्य है। इसका भी उद्‌भव शौरसेनी अपभ्रंश के उपनागर रूप से हुआ है।

11. पूर्वी राजस्थानी–राजस्थान के पूर्वी भाग में जयपुर, अजमेर, किसनगढ़ आदि में यह बोली जाती है। इसकी प्रतिनिधि बोली जयपुरी है जिसका केंद्र जयपुर है। इस क्षेत्र का पुराना नाम ढुँढाण होने के कारण जयपुरी को ढुँढाणी भी कहते हैं। शौरसेनी अपभ्रंश के उपनागर रूप से इस का विकास हुआ है, इसमें मात्र लोकसाहित्य मिलता हैं। तोरावादी, कौठड़ा-चौरासी आदि इसकी मुख्य उपबोलियाँ हैं। इसकी मुख्य विशेषताओं में अधिकरण में मालै, मैने के लिए मने और मूँने, पूर्णकृदंत दीनू, लीनू आदि हैं।

12. दक्षिणी राजस्थानी–दक्षिण राजस्थानी का क्षेत्र इंदौर, उज्जैन, देवास, रतलाम, भोपाल, होशंगाबाद तथा आस-पास का भाग है। इसकी प्रतिनिधि बोली मालवी है, जिसका मुख्य क्षेत्र मालवा है। शौरसेनी अपभ्रंश के उपनागर रूप से विकसित इस बोली में पर्याप्त मात्रा में लोकसाहित्य है। इसकी मुख्य उपबोलियों में सोंड़वाड़ी, रांगड़ी, पाढवी, रतलामी आदि हैं। इसकी कुछ विशेषताओं में कर्म-परसर्ग खे, रे, करण, अपादान-ती, मारे, संप्रदान-दे, सारु तथा संबध-थाका, थाका आदि हैं।

13. पश्चिमी पहाड़ी–इसे जौनसार, सिरमौर, शिमला, मंडी, चंबा तथा आसपास से विकसित माना जाता है। भोलानाथ तिवारी इसे शौरसेनी अपभ्रंश के उत्तरी रूप से विकसित मानते हैं। इसमें मात्र लोकसाहित्य मिलता है। यह वस्तुत: जौनसारी, सिरमौरी, वधाटी, चमेआली, क्योंठली आदि का आधुनिक नाम है, इसे 'हिमाचली' भी कहा जाता है।

14. मध्यवर्ती पहाड़ी–शौरसेनी अपभ्रंश से विकसित इस बोली का क्षेत्र गढ़वाल, कुमायूँ, तथा उसके आसपास का कुछ क्षेत्र है। यह गढ़वाली और कुमायूँनी की मुख्य उपबोलियाँ खसपर, जिया कुमैया, गंगोया तथा गढ़वाली की राढी बध्यानी, सालानी, टेहरी आदि हैं।

15. भोजपुरी–मागधी अपभ्रंश के पश्चिमी रूप से विकसित इस बोली का क्षेत्र बनारस (अंशत:) जौनपुर (अंशत:) मिर्जापुर (अंशत:) गाजीपुर, बलिया, गोरखपुर, देवरिया, आजमगढ़, बस्ती, शाहाबाद, चंपारन, सारन तथा आसपास का क्षेत्र है। इसमें लोकसाहित्य मिलता है। साहित्य की रचना भी इसमें हुई है। भोजपुरी की मुख्य उपबोलियाँ उत्तरी, दक्षिणी-पश्चिमी तथा नागपुरिया हैं। स्वर मध्यम र का लोप (थारि-थाइ, लरिका-लइका, मरि-कइ), न्द का न, न्न (बूँद-बून, सुंदर-सुन्नर) म्ह का म (ब्रहम-बरम), म्भ का म्ह (खम्भ-खम्हा), न का ल (नोट-लोट, नंबर-लंबर, नोटिस-लोटिस) संगीतात्मकता आदि इसकी कुछ विशेषताएँ हैं।

16. मागधी–मागधी अपभ्रंश से विकसित यह बोली पटना, गया, पलामू, हजारीबाग, मुंगेर, भागलपुर तथा आसपास के क्षेत्रों में बोली जाती है। इसमें लोकसाहित्य प्रचुर मात्रा में हैं। पूर्वी, टलहा, जंगली आदि कुछ इसकी मुख्य उपबोलियाँ हैं।

17. मैथिली–मागधी अपभ्रंश के मध्य रूप से विकसित यह बोली मिथिला में बोली जाती है। दरभंगा, मुजफ्फरपुर, पूर्णियाँ तथा मुंगेर आदि इसके क्षेत्र हैं, लोकसाहित्य की दृष्टि से मैथिली बहुत सम्पन्न है। साथ ही, इसमें साहित्य रचना अत्यंत प्राचीनकाल से होती चली आई है। इसकी मुख्य उपबोलियाँ उत्तरी, दक्षिणी, पूर्वी, पश्चिमी, छिकाछिकी आदि हैं। अवधी की तरह तीन रूप (धोरा,

धोरवा, धोरउवा), ड़ के स्थान पर र (घोड़ा-घोरा, सड़क-सरक), स, श, ष का संयुक्त होने पर ह (मास्टर-महटर, पुठप-पुहुप), ज का च (मेज-मेच, कमीज-कमेच) आदि इसकी कुछ मुख्य विशेषताएँ हैं।

7.3.3 इस प्रकार उपर्युक्त विवेचन से स्पष्ट है कि हिन्दी के अंतर्गत हिन्दी की सत्रह बोलियों का समावेश होता है। इनका विवेचन विकासयात्रा के रूप में निम्नानुसार है–

ध्वनि–

आदिकालीन हिन्दी में मुख्यत: उन्हीं ध्वनियों का प्रयोग मिलता है जो अपभ्रंश में प्रयुक्त होती थीं। मुख्य अंतर निम्नानुसार हैं–

(i) अपभ्रंश के पश्चात ऐ, औ विकसित हुए जिनका उच्चारण अए, अओ जैसा था।

(ii) च, छ, ज, झ संस्कृत, पालि, प्राकृत, अपभ्रंश में स्पर्श व्यंजन थे किंतु आदिकालीन हिन्दी में ये स्पर्श संघर्षी हो गए तथा तब से ये स्पर्श संधर्षी ही हैं।

(iii) न, र, ल, स संस्कृत, पालि, प्राकृत, अपभ्रंश में दंत्य ध्वनियाँ थीं जबकि आदिकालीन हिन्दी में से वर्त्स्य ध्वनियाँ हो गईं।

(iv) अपभ्रंश में ड़, ढ़ व्यंजन नहीं थे। आदिकालीन हिन्दी में इनका विकास तद्‌भवीकरण की प्रक्रिया में हुआ।

(v) न्ह, म्ह, ल्ह पहले संयुक्त व्यंजन थे जो कि आगे क्रमश: न, म, ल, के महाप्राण रूप हो गए।

(vi) संस्कृत तथा फ़ारसी शब्दों के आ जाने के कारण कुछ संयुक्त व्यंजन हिन्दी में आ गए जो अपभ्रंश में नहीं थे।

व्याकरण–

आदिकालीन हिन्दी का व्याकरण अपभ्रंश के बहुत निकट था लेकिन धीरे-धीरे अपभ्रंश के व्याकरणिक रूप कम होते गए और हिन्दी के अपने रूप विकसित होते गए तथा 1500 ई. तक आते-आते हिन्दी व्याकरणिक दृष्टि से अपने पैरों पर खड़ी हो गई और अपभ्रंश के रूप प्रयोग से निकल गए। व्याकरणिक दृष्टि से मुख्य परिवर्तन इस प्रकार हुए–

(i) हिन्दी वियोगात्मकता की ओर प्रवृत्त हुई तथा वियोगात्मक रूपों का हिन्दी में प्राध्यान्य हो गया। सहायक क्रियाओं और परसर्गों का प्रयोग काफी होने लगा तथा संयोगात्मक रूप कम होते चले गए।

(ii) नपुंसकलिंग का प्रयोग आदिकालीन हिन्दी में पूर्णत: समाप्त हो गया।

(iii) कृदंतों से बनी क्रियाओं में लिंग परिवर्तन पूरी तरह होने लगे।

(iv) हिन्दी वाक्य रचना में शब्दक्रम धीरे-धीरे निश्चित होने लगा।

(v) हिन्दी की बोलियों के अपने-अपने व्याकरणिक रूप पूर्णत: अलाग-अलग नहीं हुए थे।

शब्द भंडार–

आदिकालीन हिन्दी का शब्द भंडार अपने आरंभिक चरण में अपभ्रंश का ही था लेकिन धीरे-धीरे इसमें कुछ परिवर्तन आने लगे–

(i) भक्ति आंदोलन प्रारंभ होने से तत्सम शब्दावली आदिकालीन हिन्दी में अपभ्रंश की तुलना में बढ़ने लगी (ii) मुसलमानों के आगमन से कुछ पश्तो, फ़ारसी-अरबी, तुर्क शब्द हिन्दी में आ गए। (iii) भक्ति आंदोलन तथा मुस्लिम शासन का प्रभाव समाज पर भी पड़ा अत: अपभ्रंश के पुराने शब्द हिन्दी के शब्द भंडार से निकलने लगे तथा उनका प्रयोग कम होने लगा।

8. हिन्दी राज्यों का उद्‌भव : भाषा अस्मिता

मौजूदा समय में हिन्दी राज्यों में-राजस्थान, हरियाणा, दिल्ली, हिमाचल प्रदेश, उत्तर प्रदेश, बिहार, झारखंड, मध्य प्रदेश, छत्तीसगढ़ आदि-दस राज्य आते हैं। आजादी के पहले कूटनीतिक तौर पर प्रशासनिक दृष्टि से वृहद राज्यों के विभाजन की नीति

अंग्रेज़ी सरकार ने अपनाई। बाद में उसने राज्यविभाजन नीति के आधार के रूप में भाषा को भी शमिल किया। पहले-पहल बंगाल, बिहार, उड़ीसा, बाद में पूर्वी बंगाल और पश्चिमी बंगाल के विभाजन के पीछे अंग्रेज़ी सरकार की 'फूट डालो और राज्य करो' की नीति मुख्य थी। यद्यापि अंग्रेज़ सरकार इस विभाजन को प्रशासनिक सुविधा के लिहाज से जायज़ ठहराती थी। स्वाधीनता आंदोलन संघर्ष में मुख्य भूमिका निभानेवाली महात्मा गाँधी की अगुआई वाली कांग्रेस पार्टी, कम्युनिष्ट पार्टी भाषा के आधार पर राज्यों के विभाजन की समर्थक थी। आजादी के बाद भारत के प्रथम प्रधानमंत्री जवाहरलाल नेहरू ने राज्यों के विभाजन में अपनी पार्टी की पुरानी नीतियों का विशेष रूप से ध्यान रखा। उन्होने अहिन्दी भाषी राज्यों के विभाजन में जैसे–महाराष्ट्र, गुजरात, आंध्रप्रदेश आदि–भाषायी आधार को सबसे ज्यादा महत्त्व दिया; लेकिन यह विभाजन प्रशासन की सुविधा के लिहाज से किया गया, भाषा के मद्देनज़र नहीं। हरियाणा और पंजाब पहले एक प्रांत में शामिल थे। हरियाणा की बोली 'हरियाणवी' है, जो पश्चिमी हिन्दी बोली में आती है। हरियाणावालों के कठिन संघर्ष के बाद उसे पंजाब से अलग राज्य का दर्जा दिया गया। मुगलों के समय का राजपूताना राज्य 'राजस्थान' राज्य के रूप में सामने आया। पहाड़ी हिन्दी बोलियाँ उत्तर प्रदेश के उत्तरी पहाड़ी इलाके में बोली जाती है और हिमाचल प्रदेश में भी। पहले इनमें से हिमाचल प्रदेश एक राज्य के रूप में गठित हुआ था। तीन हिन्दी भाषी प्रदेशों को तीन नए राज्यों में विभाजित कर दिया गया है। उत्तर प्रदेश के उत्तरी हिस्से को अलग करके 'उत्तराखंड' एवं बिहार के दक्षिण हिस्से को अलग करके 'झारखण्ड' और मध्य प्रदेश के पूर्वी हिस्से को अलग करके 'छत्तीसगढ़' राज्य का गठन किया गया है। निश्चित रूप से इन राज्यों का गठन भाषा के आधार पर नहीं; बल्कि उनका पिछड़ापन दूर करने यानी उनका तेजी से विकास करने के मद्देनज़र किया गया है। इस प्रकार अहिन्दी भाषी राज्यों के विभाजन और गठन की तरह हिन्दी राज्यों का न तो विभाजन हुआ है, न ही उनका गठन किया गया है।

हिन्दी राज्यों की सामान्य भाषा खड़ी बोली हिन्दी है। उनकी भाषा एक है, लेकिन प्रदेश और उनके बोली वर्ग (उपभाषाएँ) अलग-अलग हैं। यहाँ तक कि एक बोली वर्ग में आने वाली बोलियाँ दो-दो हिन्दी राज्यों में विभाजित हैं। उदाहरण के लिए 'मालवी' राजस्थानी बोली वर्ग में आती है, लेकिन उसका भौगोलिक क्षेत्र और उसके बोलनेवाले विशेष रूप से मध्य प्रदेश से सम्बद्ध हैं। 'भोजपुरी' का संबंध 'बिहारी' से है, लेकिन उसका क्षेत्र और बोलनेवाले उत्तर प्रदेश से जुड़े हैं। इसी प्रकार पश्चिमी हिन्दी में 'हरियाणवी', 'कौरवी' और 'ब्रज' बोलियाँ हैं, लेकिन 'हरियाणवी' हरियाणा में, 'कौरवी' उत्तर प्रदेश में और 'ब्रज' उत्तर प्रदेश और राजस्थान के भरतपुर तक फैली है। 'बघेली' जो पूर्वी हिन्दी बोली वर्ग में शामिल हैं वह मध्य प्रदेश में बोली जाती है। 'बुंदेलखण्डी' उत्तर प्रदेश और मध्य प्रदेश दोनों राज्यों का हिस्सा है। बोलियों की दृष्टि से नहीं, लेकिन भाषा की दृष्टि से दसों राज्य हिन्दी राज्य कहे जाते हैं। इस प्रकार हिन्दी किसी प्रदेश विशेष की भाषा नहीं, बल्कि कई प्रदेशों की भाषा है।

यदा-कदा हिन्दी के लिए 'हिन्दुस्तानी' नाम भी मिलता है, लेकिन इसका प्रयोग विशेष रूप से अंग्रेज़ों ने किया। हाँ, यह बात अवश्य है तब हिन्दी भाषी क्षेत्र या हिन्दुस्तान की सीमाएँ निश्चित नहीं थीं और हिन्दी या हिन्दवी या हिन्दुस्तानी से हमेशा खड़ीबोली का आशय नहीं होता था। संविधानिक तौर पर आज भी हिन्दी भाषी प्रदेश की सीमाएँ निश्चित नहीं है। धीरेन्द्र वर्मा, हरदेव बाहरी हिन्दी भाषी प्रदेशों को 'मध्य प्रदेश' और भोलानाथ तिवारी 'हिन्दी भाषी क्षेत्र' कहते हैं तथा रामविलास शर्मा 'हिन्दी जाति'। संविधानिक दृष्टि से हिन्दी अन्य राज्यों की भाषाओं की तरह किसी एक राज्य की भाषा न होकर भारतीय गंणतंत्र की 'राजभाषा' है और उसकी लिपि 'देवनागरी' है। वह भारत की सबसे बड़ी सम्पर्क भाषा पहले भी थी और आज भी है। मौजूदा समय में भारतीय जनसंचार और बाजार की सबसे ताकतवर और सबसे व्यापक भारतीय भाषा हिन्दी है।

हिन्दी भाषी प्रदेश का विस्तार कहाँ तक है और उसमें कितनी हिन्दी बोलियाँ शामिल हैं इस पर भाषा वैज्ञानिकों की राय एक नहीं है। सर जॉर्ज ग्रियर्सन पूर्वी, पश्चिमी हिन्दी की आठ बोलियों–हरियाणवी, कौरवी, ब्रज, बुंदेली, कन्नौजी, अवधी, बघेली एवं छत्तीसगढ़ी–वाले क्षेत्र को हिन्दी प्रदेश मानते हैं वे राजस्थानी और बिहारी को हिन्दी से अलग भाषा मानते हैं, जबकि सुनीतिकुमार चाटुर्ज्या राजस्थानी को हिन्दी में शामिल करते हैं, लेकिन बिहारी को हिन्दी से अलग भाषा मानते हैं। रामविलास

शर्मा, भोलानाथ तिवारी, हरदेव बाहरी राजस्थानी, पहाड़ी, पश्चिमी, पूर्वी, बिहारी बोली समूह के क्षेत्र को हिन्दी भाषी प्रदेश के अन्तर्गत मानते हैं और वे इसका भौगोलिक, ऐतिहासिक, सामाजिक, आर्थिक और भाषायी औचित्य भी सिद्ध करते हैं। हरदेव बाहरी हिन्दी प्रदेश का भौगोलिक सीमांकन करते हुए लिखते हैं कि "ग्रियर्सन द्वारा निर्धारित सीमाओं के आगे पूर्व में बिहारी, पश्चिम में राजस्थानी और उत्तर पहाड़ी की सीमाएँ सम्मिलित करते अर्थात पश्चिम में अम्बाला से बीकानेर और जैसलमेर, दक्षिण में तापी नदी, बालाघाट से दुर्ग; पूर्व में रायगढ़ से भागलपुर; एवं उत्तर में नेपाल की सीमाओं को छूते हुए गंगोत्री-जमुनोत्री तक चले जाएं-इस 1050 मी. लम्बे और लगभग 600 मील चौड़े भूभाग को हिन्दी प्रदेश कहते हैं।" भोलानाथ तिवारी तो हिन्दीतर प्रदेशों में दकनी हिन्दी (आंध्रप्रदेश) और कर्नाटक का सीमांतक्षेत्र, बम्बइया हिन्दी, कलकतिया हिन्दी और भारत के बाहर मॉरीशस, फ़ीजी, सूरीनाम, त्रिनिनाड, तज़ाकिस्तान की भोजपुरी, अवधी, हरियाणी, बोली आधारित भाषाओं को भी हिन्दी भाषा में गिनते हैं।

धीरेन्द्र वर्मा हिन्दी भाषा के ऐतिहासिक स्रोत की खोज करते हैं और उसकी पुष्टि रामविलास शर्मा भी करते हैं। उनका मानना है कि हिन्दी की आधुनिक बोलियों का संबंध किसी-न-किसी पुराने जनपद से अवश्य है जिनका एक निश्चित भौगोलिक क्षेत्र भी था। जैसे-पुराना पंचाल जनपद 'कभौगी' बोली का, कुरु जनपद 'खड़ीबोली' का, शूरसेन जनपद 'ब्रज' का, मत्सय जनपद 'जयपुरी' और 'मेवाती' का, कोशल जनपद 'अवधी' का, विदेह जनपद 'मैथिली' का, काशी जनपद 'भोजपुरी', मगध जनपद 'मगही' का, विदेह जनपद 'बघेली' का, चेदि जनपद 'बुंदेली' का, अवन्ती जनपद 'पश्चिमी मालवी' का प्रदेश है। रामविलास शर्मा का कहना है कि "वर्मा ने हिन्दी की आधुनिक बोलियों का संबध प्राचीन जनपदों से जोड़ा है, किन्तु उन्होंने आधुनिक बोलियों के क्षेत्रों को प्राचीन जनपदों के बराबर मान लिया है। प्राचीन शूरसेन जनपद और आधुनिक ब्रज की सीमाओं में बहुत अंतर है। प्राचीन जनपद रक्त संबंध पर आधारित जनों की निवास भूमि थी। आधुनिक ब्रज का निर्माण सामंतयुग में हुआ; वह जन के बदले लघुजाति का निवास भूमि बना। वह लघुजाति घुलमिलकर अब एक महाजाति का अंग बन गई है। लघु जातियों के निर्माण और विघटन की इस प्रक्रिया को न देखने के कारण राहुलजी ने 1943 में हिन्दी प्रांतों को प्राचीन जनपदों के अनुसार बांटने का सुझाव दिया था।" और उनका यह सुझाव इतिहास विरोधी था। शर्मा हिन्दी समेत सभी आधुनिक भारतीय भाषाओं के विकास को क्रमशः तीन चरणों में देखते हैं। वे रस्त वाले जनों से प्राचीन जनपद, सामन्तीयुग से लघुजातियों और व्यापारिक पूँजीवाद से आधुनिक आर्य भाषाओं के प्रदेश और उसके विकास को जोड़ते हैं।

सामान्य संस्कृति, सामान्य आर्थिक जीवन, सामान्य भाषा और सामान्य प्रदेश आधुनिक जातियों के निर्माण के आवश्यक तत्त्व हैं। ये कमोवेश प्राचीनजनों और सामंतयुगीन लघुजातियों में मौजूद थे, लेकिन उनके विकास की गति धीमी थी। सामन्तीयुग से लेकर ठेठ पूँजीवादी युग में उनकी सीमाएँ पूरी तरह निश्चित न होने पर भी लघुजातियों और महाजातियों का अस्तित्व अंसदिग्ध रहा है। शर्मा का कहना है कि "जन से महाजाति तक से परिवर्तन की धुरी आर्थिक जीवन है। इसी से जन संगठित होकर संघ बनाते हैं, विभिन्न जनपद सिमटकर लघुजाति का विस्तृत प्रदेश बनाते हैं; विभिन्न बोलियाँ बोलनेवाले एक-दूसरे के निकट आते हैं; बोलियों के बीच व्यापक व्यवहार के लिए 'भाषाओं' का अभ्युदय होता है। सभी परिस्थितियों में आर्थिक जीवन की नियामक भूमिका रहे, यह आवश्यक नहीं है।"

शर्मा का कहना है कि तेरहवीं सदी में 'हिन्दीजाति' के निर्माण की प्रक्रिया आरंभ हो चुकी थी। इस जाति के निर्माण और सांस्कृतिक आदान-प्रदान में ब्रज, अवधी और खड़ीबोली की महत्त्वपूर्ण भूमिका रही है और इस भूमिका के लिए आवश्यक परिस्थितियाँ व्यापारियों ने अनेक नगरों को व्यावसायिक संबंधों द्वारा जोड़कर तैयार कीं। इस प्रकार "हिन्दी जाति का निर्माण, हिन्दीजन समुदाय के साहित्य का निर्माण तब होता है जब सामन्ती व्यवस्था के गर्भ में व्यापरिक पूँजीवाद का यथेष्ट विकास हो चुका होता है। अपभ्रंश काल में बोलचाल की भाषाएँ काव्यपरम्परा की रूढ़ियों से दबी हुई थीं, उसी तरह हिन्दी जनसमुदाय की संस्कृति सामंती वर्ग की साम्प्रदायिक रूढ़ियों से दबी हुई थी। भक्ति साहित्य हमारे जातीय जागरण का साहित्य है।"

हिन्दी का निर्माण हिन्दुओं और मुसलमानों ने मिलकर किया है। इस प्रक्रिया के निर्माण में अलाउद्दीन खिलजी, मुहम्मद तुगलक, फिरोजशाह तुगलक, शेरशाह सूरी के शासन का योगदान तो है ही, लेकिन सर्वाधिक योगदान है केन्द्रबद्ध मुगल शासन

का, इस शासन के मुख्य केन्द्र दिल्ली और आगरा थे। ये केन्द्र हिन्दी भाषी प्रदेश के व्यापारिक और सांस्कृतिक केन्द्र थे। व्यापार के चलते दिल्ली और आगरा के लखनऊ, पटना से पूँजीवादी संबंध कायम हुए। इस प्रकार दिल्ली और आगरा शासन और व्यापार के केन्द्र तो थे ही; खड़ीबोली बोलने वालों के केन्द्र भी थे। हिन्दी और उर्दू का विकास दिल्ली के आसपास की बोली के आधार पर हुआ। जब मुगल शासन के केन्द्रीय शासन का पतन शुरू हुआ तब दिल्ली, आगरा के आस-पास के व्यापारियों, शायदों नें लखनऊ, फैजाबाद, प्रयाग काशी, पटना, कलकत्ता, मुर्शिदाबाद आदि पूर्वी शहरों का रूख किया और वे अपने साथ अपनी भाषा खड़ीबोली भी लेते गए। इस बात को ग्रियर्सन, एडवर्डटेरी, विलियम जॉन्स, विलियम केरी भी मानते हैं। वे खड़ीबोली के लिए 'हिन्दुस्तानी' शब्द का उपयोग करते हैं। एडवर्ड टेरी ने हिन्दुस्तानी को दाँये सें बाँयें लिखने-पढ़ने की लिपि का उल्लेख किया है। हाइनरिश रॉय और जे. एफ. फ्रिंज ने नागरी लिपि के व्यवहार का उल्लेख किया। हिन्दीभाषा और नागरीलिपि का यह उल्लेख सत्रहवीं-अठारहवीं शताब्दी के बारे में है।

1857 के प्रथम स्वाधीनता संघर्ष में अंग्रेज़ी प्रशासन को 'हिन्दी या हिन्दुस्तानी जाति' के अस्तित्व और शक्ति दोनों का पता चल गया था। अंग्रेज़ों ने इसका प्रयोग जाति विशेष के लोगों के संदर्भ में किया था। सुनीतिकुमार चटर्जी ने भी इसे स्थानविशेष उत्तर प्रदेश, बिहार, राजस्थान के संदर्भ में प्रयुक्त किया है। इस प्रकार 'हिन्दुस्तान' एक जाति विशेष का इतिहास सम्मत प्रदेश है। इस जाति का गठन अंग्रेज़ों से आने के पहले हुआ। इसी कारण मुसलमान और अंग्रेज़ दोनों ही उसे आसानी से पहचान सके। "जिस प्रकार ब्रिटिश, जर्मन, फ्रांसीसी, रूसी आदि जातियों का निर्माण हुआ। उसी प्रकार, उसी पद्धति के अनुसार मराठी, गुजराती, बंगला आदि जातियों के साथ हिन्दुस्तानी जाति का गठन हुआ। जैसे गुजराती से गुजरात प्रदेश और बोलने वालों का बोध एक साथ होता है उसी तरह हिन्दी या हिन्दुस्तानी से एक क्षेत्र विशेष, उसकी भाषा और उसे उसे बोलने वाले का बोध एक साथ होता है।" इस बात ने 'हिन्दी है हम वतन है हिदोस्तां हमारा' में 'हिन्दी' शब्द का व्यवहार पूरे देश के निवासियों के लिए किया है। लेकिन हिन्दी जाति, हिन्दुस्तानी भाषा, हिन्दी का विवाद विशेष रूप से अंग्रेज़ों ने उन्नीसवीं शताब्दी में खड़ा किया। गिलफ्राइस्ट, गार्सा दतासी 'उर्दू' को हिन्दुस्तानी और संस्कृत आधारवाली भाषा को 'हिन्दी' कहते हुए उसे साम्प्रदायिक रंग देते हैं। बावजूद इसके हिन्दी और हिन्दू जाति की भाषायी एकता अनदेखी नहीं थी। बगांल के विभाजन के मद्देनजर सन् 1911 में हिंदुस्तानी भाषी राज्यों के एकीकरण का सवाल श्यामाचरण मांगली ने उठाया था। धीरेन्द्र वर्मा ने 1930 में हिन्दी भाषी जनता के एकीकरण को ध्यान में रखकर *हिन्दी राष्ट्र या सूबा हिन्दुस्तान* नामक पुस्तक लिखी थी और सन् 1946 में भारतीय कम्युनिस्ट पार्टी ने अपने संवैधानिक मसौदे में भाषायी आधार पर गठित होनेवाले राज्यों में एक राज्य का नाम 'हिन्दुस्तान' प्रस्तावित किया था। पर हकीकत कुछ और है। अहिन्दीभाषी राज्यों का गठन भाषा के आधार पर अवश्य किया गया, लेकिन हिन्दी भाषियों के एक राज्य बनाने की बात बड़े दूर की है, ब्रज, मालवी, बुंदेली, भोजपुरी आदि बोली बोलनेवाले भी दो-दो राज्यों में विभाजित हैं। राजस्थानी, मैथिली को, हिन्दी से स्वतंत्र भाषा का संवैधानिक दर्जा मिल चुका है। भोजपुरी भी उन्हीं की राह पर है। लेकिन इनकी भाषायी अस्मिता किसी प्रदेशमात्र तक सीमित नहीं है। उत्तराचंल, झारखंड, छत्तीसगढ़ राज्यों का गठन भाषायी अस्मिता के कारण नहीं; बल्कि उनके पिछड़ेपन को दूर करने की मंशा से भारतीय सरकार ने किया है। हिन्दी राज्यों की भाषायी अस्मिता अन्य भारतीय भाषाओं की सापेक्षता और राष्ट्रीय अखंडता एवं एकता के मद्देनज़र से स्वागत योग्य है।

9. हिन्दी राज्य शासन की भाषा

हिन्दी के उद्भव और विकास को रेखांकित करते समय लिपि, भाषा, वैदिक, लौकिक, संस्कृत, पालि, प्राकृत, अपभ्रंश, अवहट्ट एवं प्रारम्भिक हिन्दी को खंगालना पड़ेगा। यानी भाषा की प्रकृति जन से अभिजात्य एवं आभिजात्य से जनोन्मुखी रही है। वैदिक संस्कृत के कई रूप मिले हैं जबकि लौकिक संस्कृत परिष्कृत भाषा का कलेवर ग्रहण करती है। यानी यहाँ कौत्स, पाणिनि, वररुचि, कात्यायन एवं पतंजलि का प्रभाव माना जाए या 'भाषा बहता नीर' की तरह हिन्दी का विकास कहा जाए। यह तो तय है कि पालि, प्राकृत, अपभ्रंश का वर्चस्व न बढ़ता तो मुसलमानों को अरबी, फ़ारसी एवं उर्दू न थोपनी पड़ती। या यों कह लीजिए कि विभिन्न सम्प्रदायों के मिश्रण से एक नई भाषा का जन्म हुआ। पंच अपभ्रंशों का प्रभाव माना जाए या भाषा की प्रकृति या

प्रशासनिक भाषा का वर्चस्व जिसका परिणाम हिन्दी भाषा है। मुसलमानों की प्रशासनिक भाषायी नीति के चलते ही भारतीय भाषाएँ प्रकाश में आईं क्योंकि यहाँ की आचार्य परम्परा संस्कृत की आग्रही रही है। शंकराचार्य, रामानुजाचार्य, वल्लभाचार्य एवं माधवाचार्य की संस्कृत परम्परा जगजाहिर है। भरत से लेकर राजपंडित जगन्नाथ भी संस्कृत परम्परा के हैं। सिद्धों ने (सरहपाद आदि) हिन्दी का प्रयोग प्रारम्भ किया। मुस्लिम शासकों ने अरबी-फ़ारसी को कार्यालयी भाषा बनाया तो यहाँ के तथाकथित बुद्धिजीवी अरबी-फ़ारसी सीख गए। चूंकि हिन्दुस्तान की तासीर ही कुछ इस प्रकार है कि जिसे हम उर्दू कहते हैं, उसका जन्म भी प्रारम्भ में लश्कर की भाषा के रूप में ही हुआ। इसीलिए रेख्ता, रेख्ती के माध्यम से उर्दू के गढ़ अवध, रामपुर एवं हैदराबाद बन गए। यानी किसी भी भाषा की प्रकृति लोकतांत्रिक ही होती है। उसका मानकीकृत स्वरूप बाद में व्याकरण के कारण विकसित होता है। यों, देखा जाए तो खड़ी बोली एवं उर्दू के प्रथम कवि अमीर खुसरो ही माने जाते हैं। आदिकाल की भाषा को राजस्थानी या प्रारम्भिक हिन्दी या पुरानी हिन्दी कहा जाता है। जबकि निर्गुण ज्ञानमार्गी कवियों की भाषा को सधुक्कड़ी या संध्या भाषा कहा जाता है। यहाँ पाँच प्राकृतों के विकेन्द्रीकृत स्वरूप के तहत हिन्दी अपना आयाम एवं आकार ग्रहण करती है। निर्गुण प्रेममार्गी या सूफी कवियों ने ठेठ अवधी बोली को काव्यभाषा बनाया। इसीलिए आगे चलकर तुलसीदास ने रामकथा के माध्यम से अवधी को साहित्यिक भाषा बनाया। यानी सूफी कवियों से लेकर तुलसीदास की अवधी भाषा का भाषा वैज्ञानिक अध्ययन अपेक्षित है क्योंकि इससे बोली से भाषा बनने की प्रक्रिया का ज्ञान होता है। पूर्वी हिन्दी की बोली अवधी रामकथा के माध्यम से विकसित हुई तो पश्चिमी हिन्दी की बोली ब्रज कृष्णकथा के माध्यम से भाषा बनती है। यानी ब्रजभाषा पाठशाला या ब्रजबुलि आदि का प्रयोग प्रादेशिक के बदले साहित्यिक भाषा का कलेवर ग्रहण कर रहा था। जिस तरह भक्ति के गोद से शृंगार पैदा हुआ, उसी तरह बोली को भाषा बनाने में कथाकारों ने महत्त्वपूर्ण भूमिका निभाई। यहाँ तक कि सभी भारतीय भाषाओं का विकास भक्ति के ही कारण हुआ है। यानी बोली से भाषा बनने की प्रक्रिया लोकतांत्रिक से प्रशासनिक बनने की रही है। इसीलिए फ़ारसी में सिन्ध से हिन्द बनने का भी अपना इतिहास है। यानी हिन्दी को प्रशासनिक स्तर पर लाने का काम मुसलमानों ने किया। इस तरह से देखा जाए तो हिन्दी में अरबी, फ़ारसी, तुर्की एवं सिन्धी के शब्द सहज ही घुल-मिल गए, जिनको अलग कर पाना काफी कठिन है। मुसलमानों ने भलीभांति समझ लिया था कि यदि भारतीय लोग संस्कृत भाषा को छोड़कर पालि, प्राकृत, अपभ्रंश सीख सकते हैं तो आज नहीं तो कल अरबी, फ़ारसी एवं उर्दू तो सीखेंगे ही। इसीलिए अंग्रेज़ों ने प्रशासनिक भाषा के रूप में हिन्दुस्तानी का प्रयोग प्रारम्भ कर दिया। यानी ग्राम विशेष या पंचायत या तहसील स्तर पर हिन्दुस्तानी का प्रयोग तथा जिला एवं न्यायिक मामलों की रिपोर्ट शुद्ध अंग्रेज़ी में तैयार करते थे। शासन को सुचारु रूप से चलाने के लिए अंग्रेज़ों ने शब्दकोशों की रचना प्रारम्भ की। जे. फर्ग्युसन ने भारतीय भाषाओं में दो शब्दकोश 1773 में रोमन में *हिन्दुस्तानी अंग्रेज़ी* एवं *अंग्रेज़ी हिन्दुस्तानी* लंदन से प्रकाशित किए। यानी मुसलमानों ने अरबी, फ़ारसी, उर्दू एवं हिन्दुस्तानी कोशों की ओर ध्यान नहीं दिया। जबकि 1790 में हेनरी हेरिश ने भी इस दिशा में महत्त्वपूर्ण भूमिका निभाई। इन दो कोशों के अलावा 1808 में विलियम हंटर द्वारा सम्पादित *हिन्दुस्तानी अंग्रेज़ी कोश* में अरबी, फ़ारसी, हिन्दी, संस्कृत के साथ 'दक्खिनी हिन्दी' के शब्दों को भी सम्मिलित किया गया था। यों देखा जाए तो मुगल सत्ता अस्त हो चुकी थी, अंग्रेज़ी सत्ता अपने प्रचार-प्रसार में जोर-शोर से लग गई थी। एक तरफ अंग्रेज़ों ने 1791 में वाराणसी में संस्कृत कॉलेज प्रारम्भ किया तो दूसरी तरफ 1800 में फोर्ट विलियम कॉलेज कलकत्ता में स्थापित करके भाषा एवं उर्दू विभाग को अलग-अलग रखा। 1817 में जॉन शेक्सपीयर ने सत्तर हजार शब्दों वाला एक कोश *हिन्दुस्तानी अंग्रेज़ी* (2329 पृष्ठों का) प्रकाशित करवाया।

1829 में पादरी टी. एडम ने एक हिन्दी शब्दकोश के साथ एक हिन्दी व्याकरण की भी पुस्तक प्रकाशित करवाई। इसके बाद 1835 में लॉर्ड मैकाले ने अंग्रेज़ी माध्यम विद्यालयों की पहल की तथा 1857 में कलकत्ता, मद्रास एवं बम्बई में अंग्रेज़ी माध्यम के विश्वविद्यालय भी स्थापित किए। ए.टी. थॉम्प्सन ने एक लाख तीस हजार शब्दों वाला *हिन्दी अंग्रेज़ी कोश* 1846 में प्रकाशित करवाया, हिन्दी साहित्य के रीतिकाल के समय अंग्रेज़ों ने शब्दकोशों की ओर ध्यान दिया। इसीलिए 1846 में किंग्स कॉलेज में भाषा और साहित्य के प्राध्यापक डंकन फोर्ब्स ने *हिन्दुस्तानी अंग्रेज़ी कोश* लंदन में तैयार किया। इसी प्रकार 1870 में पादरी जे.टी.बट ने हिन्दी भाषा का शब्दकोश *ए डिक्शनरी ऑफ हिन्दी लैंग्वेज* प्रकाशित की। इसी प्रकार 'फोर्ट विलियम

कॉलेज' के मुंशी लल्लूलाल ने भी इस दिशा में ध्यान दिया और 1885 में भारतीय राष्ट्रीय कांग्रेस की स्थापना हुई। शिवकुमार सिंह एवं बाबू श्यामसुंदरदास के प्रयत्नों से 1893 में काशी नागरी प्रचारिणी सभा स्थापित की गई। इसके पूर्व 1883 में अंग्रेज़ी माध्यम का चौथा विश्वविद्यालय इलाहाबाद में स्थापित हुआ। काशी नागरी प्रचारिणी सभा की देख-रेख में *हिन्दी शब्दसागर* तैयार करवाया गया। 1894 में थॉमस क्रेवेल द्वारा तैयार *इंग्लिश हिन्दी डिक्शनरी* प्रकाश में आई। मदन मोहन मालवीय, राजर्षि पुरुषोत्तमदास टण्डन के सहयोग से 1910 में 'हिन्दी साहित्य सम्मेलन प्रयाग' की स्थापना की गई। गाँधी जी ने 1909 में *हिन्द स्वराज* किताब में कांग्रेस के घोषणापत्र के साथ त्रिभाषा सूत्र का भी सूत्रपात कर दिया था। 1915 में तमाम अवमाननाओं के कारण गाँधी जी भारत वापस आए थे। उधर सर सैय्यद मोहम्मद की पहल पर 'अलीगढ़ मुस्लिम विश्वविद्यालय' एवं मदन मोहन मालवीय की कोशिश पर 'बनारस हिन्दू विश्वविद्यालय' स्थापित किए गए। अंग्रेज़ों ने 1917 में *इंग्लिश-हिन्दुस्तानी वैक्युबुलरी* नामक कोश भी प्रकाशित किया। उपरोक्त छह विश्वविद्यालयों की गतिविधियों को ध्यान में रखते हुए गाँधी जी ने 1920 में 'गुजरात विद्यापीठ' की स्थापना की। गाँधी जी हिन्दुस्तानी के माध्यम से लोगों को शिक्षित करना चाहते थे। अंग्रेज़ों ने कचहरियों की भाषा हिन्दुस्तानी अर्थात् उर्दू या हिन्दी ही रखी जबकि सर्वोच्च न्यायालय एवं उच्च न्यायालयों की भाषा अंग्रेज़ी रखी। 1867 में स्वामी दयानंद सरस्वती ने *सत्यार्थ प्रकाश* के तृतीय परिच्छेद में रूढ़िगत ग्रंथों को न पढ़ने की सलाह देकर भारतीयों को आधुनिकता की ओर लाने की कोशिश की थी। अंग्रेज़ों ने उन्हीं धार्मिक सामंती व्यवस्थाओं के ग्रंथों पर खूब लिखा। चूंकि दयानंद सरस्वती ने वेदों की ओर लौटने की बात की थी, इससे भारतीयता का वर्चस्व बढ़ता। इसीलिए गार्सा द तॉसी ने द *इस्तवार दला ऐंदुई ऐ ऐन्दुस्तानी* ग्रंथ फ्रेंच भाषा में लिखा। यहाँ तक कि फ्रांसीसियों ने विश्व के तमाम साहित्यों के इतिहास को फ्रेंच भाषा में लिखा। आगे चलकर डॉ. जॉर्ज ए. ग्रियर्सन ने द *माडर्न वर्नाक्यूलर ऑफ हिन्दुस्तान* एवं द *लिंग्विस्टिक सर्वे ऑफ इण्डिया* जैसे ग्रंथ अंग्रेज़ी में लिखे।

यानी स्वाधीनता आंदोलन की लड़ाई के साथ महात्मा गाँधी राष्ट्रभाषा को लेकर आंदोलन छेड़ चुके थे। इसीलिए 1918 में राष्ट्रभाषा प्रचार समिति, वर्धा स्थापित की गई। एक तरह से देखा जाए तो सम्प्रेषण की भाषा हिन्दी बन गई। आचार्य रामचंद्र शुक्ल जिसे प्रथम उत्थानकाल या भारतेन्दु युग कहते हैं, उसमें भारतेन्दु ने 'निज भाषा उन्नति अहै, सब उन्नति को मूल' का मंत्र फूंका। राजा शिव प्रसाद सितारे हिन्द, उर्दूनिष्ठ हिन्दी के तो, राजा लक्ष्मण सिंह संस्कृतनिष्ठ हिन्दी के पक्षधर थे। पत्र-पत्रिकाओं का प्रकाशन भी हिन्दुस्तानी में प्रारम्भ हो चुका था। इसीलिए द्वितीय उत्थानकाल या द्विवेदी युग में संस्कृतनिष्ठ हिन्दी पर विशेष बल 'सरस्वती' पत्रिका के माध्यम से दिया गया। इसका प्रभाव द्विवेदी एवं छायावादी कवियों के साथ हिन्दी आलोचक रामचंद्र शुक्ल पर भी देखा जा सकता है। 1922-23 के आसपास इलाहाबाद एवं बनारस हिन्दू विश्वविद्यालयों में हिन्दी विभाग खुले। साहित्यिक गतिविधियों को देखकर सम्पर्क भाषा हिन्दी की गति को पहचानते हुए भारतीय संविधान निर्माताओं ने संविधान के अनुच्छेद 343 से 351 तक राजभाषा पर गम्भीरता से विचार किया। इसीलिए 12, 13, 14 सितम्बर 1949 की संविधान सभा ने 14 सितम्बर को हिन्दी दिवस के रूप में घोषित किया। यहाँ तक कि गृह मंत्रालय के राजभाषा प्रकोष्ठ को यह जवाबदारी सौंपी गई। संविधान लागू होने के पन्द्रह वर्षों के अंदर यदि सभी राज्य हिन्दी को राष्ट्रभाषा के रूप में स्वीकार करेंगे तो राष्ट्रीय भाषा बनाने का भी प्रावधान है। लेकिन दक्षिण के चार राज्यों के चलते 1963 में राजभाषा अधिनियम फिर से पारित किया गया। यों, देखा जाए तो भारतीय संविधान का समग्र मसौदा अंग्रेज़ी में तैयार किया गया जबकि संविधान अंग्रेज़ी एवं हिन्दी में लिखा गया। यहाँ तक कि लोकसभा, राज्यसभा की कार्यवाही के साथ सर्वोच्च न्यायालय, उच्च न्यायालयों, राष्ट्रीय ग्राहक तकरार आयोग, भारतीय महिला आयोग एवं संघ लोक सेवा आयोग की भाषा हिन्दी एवं अंग्रेज़ी है। यह भी प्रावधान है कि किसी भी प्रकार की गलतफहमी या विवाद उत्पन्न होने पर अंग्रेज़ी वर्जन को ही सर्वमान्य रखा गया है। जॉर्ज पंचम की प्रेरणा से स्थापित राष्ट्रीय मिलिटरी स्कूल अजमेर, धौलपुर, चेल, बेलगाम, बंगलौर के साथ दस सैनिक स्कूल, एक हजार से ज्यादा केन्द्रीय विद्यालय एवं छह सौ बत्तीस नवोदय विद्यालयों के पठन-पाठन का मुख्य माध्यम अंग्रेज़ी एवं भाषा के रूप में हिन्दी है।

अब आईआईटी, आईआईएम, मेडिकल साइंस, एनडीए, कम्बाइण्ड इंजीनियरिंग सर्विस, इण्डियन फोर्स सर्विस, इण्डियन एस्टेटिकल सर्विस की परीक्षा मात्र अंग्रेज़ी में हो रही है। ऐसी विषम परिस्थितियों में अभ्यार्थियों को विशेष ध्यान देना होगा।

आइसीएआर, सीएसआईआर, एवं यूजीसी की परीक्षा का माध्यम अंग्रेज़ी एवं हिन्दी है। जिसमें सामान्यतय अंग्रेज़ी माध्यम के ही अभ्यार्थी बाजी मार रहे हैं। यों देखा जाए तो धीरे-धीरे भारत का अंग्रेज़ीकरण हो रहा है। केन्द्र सरकार ने गृह मंत्रालय के तहत राजभाषा प्रकोष्ठ भले ही स्थापित किया है। केन्द्रीय हिन्दी निदेशालय, केन्द्रीय हिन्दी संस्थान, भारतीय भाषा संस्थान, साहित्य अकादमी, राष्ट्रीय नाट्य विद्यालय, हिन्दुस्तानी एकेडमी, वैज्ञानिक एवं तकनीकी शब्दावली आयोग की स्थापना करके राज्य प्रशासन की भाषा हिन्दी को ही बनाया है। यहाँ तक कि वैज्ञानिक एवं तकनीकी शब्दावली हर वर्ष प्रकाशित होती है। हर राज्य में भाषा निदेशक होते हैं। जिससे वे केन्द्र सरकार के परिपत्र, आदेशपत्र या अन्य पत्रों को प्रादेशिक भाषा में अनूदित करते हैं। यदि प्रत्येक राज्य सरकार उपरोक्त शब्दावली को अंग्रेज़ी, हिन्दी एवं प्रादेशिक भाषा में तैयार करेगी तो वैश्विक परिदृश्य बदलेगा। यानी केवल हिन्दी दिवस या राजभाषा अधिकारी या अनुवाद रिपोर्ट भेजने की राज्यशासन की भाषा हिन्दी है। इसीलिए हर राज्य यूजीसी एवं सीएसआईआर से अनुमति लेकर एसएलइटी या स्टेट लेवल पात्रता परीक्षा अंग्रेज़ी एवं प्रादेशिक भाषा में ले रहे हैं। इससे हमारी औपनिवेशिक मानसिकता का पता चलता है। हमारे यहाँ केन्द्रीय विश्वविद्यालयों में राजभाषा अधिकारी एवं अनुवादक नियुक्त होते हैं, जबकि राज्य विश्वविद्यालयों, प्राइवेट विश्वविद्यालयों एवं डीम्ड विश्वविद्यालयों में यह व्यवस्था नहीं है। इसीलिए प्राइवेट अंग्रेज़ी माध्यम के विद्यालय एवं विश्वविद्यालय उत्तरोत्तर बढ़ते जा रहे हैं। जब से वैश्वीकरण, निजीकरण एवं उदारीकरण का दौर आया है तब से अंग्रेज़ी बाजार, शोध एवं अन्वेषण की भाषा बन गई है। यानी भारत में भाषिक गुलामी उत्तरोत्तर बढ़ती जा रही है। अब तो यहाँ शिक्षा को उद्योग का दर्जा मिल गया है। भारतीय सूचना एवं प्रसारण विभाग भले ही हिन्दी, उर्दू एवं अंग्रेज़ी में रोजगार समाचार पत्र या अन्य सूचनाएँ छापें, लेकिन लोगों को यह खबर हो गई है कि बिना अंग्रेज़ी कुछ भी होने वाला नहीं है।

आज हिन्दुस्तान में अंग्रेज़ी को विशेष महत्त्व मिल रहा है जबकि संवैधानिक प्रक्रियाओं की मजबूरी बस लोग हिन्दी का प्रयोग कर रहे हैं। अब सभी क्षेत्रीय भाषाओं के साथ अंग्रेज़ी को अनिवार्य बना दिया गया है जिस तरह से हिन्दी के साथ अंग्रेज़ी को भी अनिवार्य बनाया है। इसीलिए आधारकार्ड एवं चुनावकार्ड अंग्रेज़ी एवं प्रादेशिक भाषा में होते हैं तो पासपोर्ट, रेलवे टिकट हिन्दी एवं अंग्रेज़ी में और कुछ राज्यों में ड्राइविंग लाइसेंस मात्र अंग्रेज़ी में ही होता है। इसी तरह से बैंकों के एटीएम भी मात्र अंग्रेज़ी में ही होते हैं। यह बात अलग है कि एटीएम मशीनों में भाषिक वैकल्पिकता उपलब्ध है। एयर टिकट मात्र अंग्रेज़ी में होता है। हिन्दी फिल्मों ने हिन्दी के प्रचार-प्रसार में महत्त्वपूर्ण भूमिका निभाई है। इसीलिए कई विदेशी फिल्मों को हिन्दी में डब करके या भारतीय फिल्मों को अंग्रेज़ी में डब करके दिखाया जा रहा है। केन्द्र सरकार की तरह हिन्दी अंग्रेज़ी के सॉफ्टवेयर को राज्य सरकारों को त्रिभाषा सूत्र में ढालना होगा। इसीलिए हर भारतीय भाषाओं में अंग्रेज़ी के शब्द ज्यों-के-त्यों प्रयुक्त हो रहे हैं। ई-ट्रांसलेशन में यदि सावधानी बरती गई तो हिन्दी के साथ सभी भारतीयों को लाभ होगा। यानी यहाँ पर बोली से भाषा और भाषा से लक्ष्य भाषा का शब्दकोश वाला सॉफ्टवेयर तैयार करना होगा। जिस तरह से अंग्रेज़ी भाषा की स्त्रीलिंग मीनिंग को लेकर सॉफ्टवेयर उपलब्ध होना चाहिए। इससे किसी भी भाषा की प्रकृति बरकरार रहेगी। हिन्दी राज्यशासन की भाषा जब से बनी है तब से उसका विरोध भी बढ़ा है। लेकिन इससे साहित्यिक लेखन एवं तकनीकी भाषा को विशेष बल मिला है। हिन्दी तकनीकी भाषा राज्यशासन के ही कारण बनी है। बहुसंख्यक की भाषा हिन्दी है इसीलिए राज्यशासन की भाषा है।

10. राजभाषा हिन्दी की कार्यान्वयन स्थिति

भारत संघ की राजभाषा हिन्दी की कार्यान्वयन-स्थिति को समझने के लिए हमें, भारत के संविधान के भाग 17 "राजभाषा" (Official Language) के अनुच्छेदों (Articles) में दिए गए उपबंधों/प्रावधानों (Provision(s)) पर आधारित व्यवस्था को देखना होगा एवं उनके अनुपालन (Implementation) में बने राजभाषा-अधिनियम (Official LanguageAct) 1963 (यथा संशोधित 1967 as Amended), राजभाषा-नियम (Official Language Rules) 1976 (यथा संशोधित as Amended 1987) की प्रमुख बातों को जानना होगा। इन्हीं के आधार पर, पूरी सत्यनिष्ठता के साथ यह देखना होगा कि राजभाषा से संबंधित इन अनुच्छेदों, प्रावधानों, राजभाषा-अधिनियम, राजभाषा-नियमों, कार्यालय-ज्ञापनों (Office Memoranda), आदेशों (Orders),

आदि को लेकर प्रतिवर्ष 14 सितंबर को हिन्दी-दिवस समारोह मनाने, राजभाषा विषयक कार्यशालाएँ लेने, केंद्र-सरकार के कर्मचारियों को हिन्दी/राजभाषा-हिन्दी का प्रशिक्षण देने के लिए सरकारी खर्च पर कक्षाएँ चलाने एवं इन सबका देश-विदेश में कार्यान्वयन देखने के लिए संसदीय-समितियों आदि के निरीक्षणों पर प्रतिवर्ष अरबों रुपये खर्च करने के बाद भी आज वास्तव में, राजभाषा हिन्दी का स्थान और उसके कार्यान्वयन की वास्तविक स्थिति क्या है? आइए इसे देखें–

10.1 भारत के संविधान में हिन्दी: भारत के संविधान में कहीं भी हिन्दी को राष्ट्रभाषा का स्थान नहीं दिया गया है। ज्ञातव्य है, गुजरात उच्च-न्यायालय ने अपने एक निर्णय में इस तथ्य को स्पष्ट किया है ('लोकमत समाचार', नागपुर पृ. 4, दि. 1/2/10)। तो प्रश्न उठता है कि भारत के संविधान में हिन्दी की स्थिति, हैसियत, उसका पद (Status) एवं स्थान क्या है?

इस संदर्भ में हमें भारतीय संविधान सभा में दिनांक 12, 13, एवं 14 सितंबर 1949 को, भाषा मुद्दे पर हुई बहस एवं अंततोगत्वा 14 सितंबर 1949 को लिए गए निर्णय को ध्यान में रखना होगा जिसके अनुसार, भारत के संविधान के सत्रहवें भाग (Chapter) - *राजभाषा* (Official Language) के अध्याय-1 'संघ की भाषा' (Language of the Union) के अनुच्छेद 343 में, हिन्दी को संघ की राजभाषा (Official language of the Union) के रूप में स्पष्ट करते हुए कहा गया कि–

(1) संघ की राजभाषा हिन्दी और लिपि देवनागरी होगी। संघ के शासकीय प्रयोजनों के लिए प्रयोग होने वाले अंकों का रूप भारतीय अंकों का अंतर्राष्ट्रीय रूप होगा।

(2) खंड (1) में किसी बात के होते हुए भी, इस संविधान के प्रारंभ से पंद्रह वर्ष की अवधि तक संघ के उन सभी शासकीय प्रयोजनों के लिए अंग्रेज़ी भाषा का प्रयोग किया जाता रहेगा जिनके लिए उसका ऐसे प्रारंभ से ठीक पहले प्रयोग किया जा रहा था:

परंतु राष्ट्रपति उक्त अवधि के दौरान, आदेश द्वारा (-1),* संघ के शासकीय प्रयोजनों में से किसी के लिए अंग्रेज़ी भाषा के अतिरिक्त हिन्दी भाषा का और भारतीय अंकों के अंतर्राष्ट्रीय रूप के अतिरिक्त देवनागरी रूप का प्रयोग प्राधिकृत कर सकेगा।

(3) इस अनुच्छेद में किसी बात के होते हुए भी, संसद उक्त पंद्रह वर्ष की अवधि के पश्चात्, विधि द्वारा-

(क) अंग्रेज़ी भाषा का, या

(ख) अंकों के देवनागरी रूप का,

ऐसे प्रयोजनों के लिए प्रयोग उपबंधित कर सकेगी जो ऐसी विधि में विनिर्दिष्ट किए जाएँ।

संविधान के प्रस्तुत उपबंधों/प्रावधानों को अगर हम ग़ौर से देखें तो स्पष्ट हो जाएगा कि संविधान सभा ने हिन्दी को संघ सरकार में केवल राजभाषा का दर्जा दिया; न कि राष्ट्रभाषा (National Language) का। संविधान सभा में, 14 सितंबर 1949 को लिए गए निर्णय की अवधि पर अगर ध्यान दें तो पाएँगे कि इस दिन हमारे राष्ट्रपिता महात्मा गाँधी जी हमारे बीच नहीं थे जब कि देश की आज़ादी की लड़ाई में उन्होंने ही 20.10.1917 को भरूच में, गुजरात शैक्षिक सम्मेलन में दिए गए अपने अध्यक्षीय भाषण में हिन्दी को राष्ट्रभाषा के रूप में स्थापित किया और राष्ट्रभाषा के लक्षण/गुण गिनाते हुए बताया कि–

(क) उसे सरकारी कर्मचारी आसानी से सीख सकें;

(ख) वह समस्त भारत में धार्मिक, आर्थिक और राजनीतिक संपर्क माध्यम के रूप में प्रयोग के लिए सक्षम हो;

(ग) वह अधिकांश भारतीयों द्वारा बोली जाती हो;

(घ) सारे देश के लिए उसे सीखना आसान हो;

(ङ) ऐसी भाषा को चुनते समय अस्थाई या क्षणिक हितों को महत्त्व न दिया जाए।

---

*द कॉंस्टीट्यूशन ऑफ इंडिया, एज ऑन 1 नबंवर, 1988, गवर्नमेंट ऑफ इंडिया, मिनिस्ट्री ऑफ लॉ एंड जस्टिस, लेजिस्लेटिव डिपार्टमेंट ऑफिशियल लैंग्वेज डिवीजन, द अथाराइज्ड टैक्स्ट इन हिन्दी, पृ. 96.

राष्ट्रीय एकता को लेकर एवं स्वतन्त्रता-आंदोलन को तेज करने, भारत जैसे देश में सैकड़ों की संख्या में भाषाएँ बोलने वाले लोगों को एक मंच पर लाने के लिए उन्होंने तटस्थ हो कर, देश की सबसे बड़ी संपर्क भाषा के रूप में हिन्दी की शक्ति को पहचाना और उसे स्वतन्त्रता-आंदोलन की लड़ाई का एक सशक्त औज़ार बनाया एवं एक बड़े मकसद को लेकर राष्ट्र-प्रेम के नाते, उसे राष्ट्रभाषा का दर्जा दिया और देश के लिए बलिदान देने वाले इस महान योद्धा के जाने के बाद हमने उनके विचारों का क्या किया?

10.2 राजभाषा हिन्दी का कार्यान्वयन

हिन्दी की स्थिति को लेकर, विचारणीय तथ्य यह है कि अंग्रेज़ी तो, भारत के संविधान के, 26.1.1950 से लागू होने के साथ ही भारत सरकार के कार्यालयों, न्यायालयों के कामकाज की भाषा अपने आप ही बन गई परंतु हिन्दी को, सरकारी कार्यालयों, न्यायालयों के कामकाज की भाषा रूप में प्रयुक्त करने के लिए समय-समय पर अलग से, अधिसूचनाएँ (Notifications), आदेश (Orders), कार्यालय ज्ञापन (Office Memoranda), अधिनियम (Act(s)), नियम (Rules), कार्यालय आदेश (Office Orders) आदि जारी करने पड़े। यह सिलसिला राष्ट्रपति के आदेश (-1)* सी. ओ. 41 (विधि मंत्रालय की दि. 27 मई, 1952 की अधिसूचना (एस.आर.ओ 938 ए), से लेकर आज तक किसी-न-किसी रूप में चला आ रहा है। ग़ौर से देखा जाए तो क़ानून की बैसाखियों पर राजभाषा हिन्दी का कार्यान्वयन, दिखावटी कार्यों एवं सीमित पत्राचार में, अनुवादकीय रूप में, आधे-अधूरे मन से हो रहा है।

तदनसार, संविधान के अनुच्छेदों: 120, 210 + 345, 346, 347, एवं 348 + 349, के अनुसार हिन्दी का प्रयोग क्रमश: संसद, विधान मंडलों/राज्य सरकारों (जिन्होंने हिन्दी को, विधि द्वारा राज्य की राजभाषा मान लिया है) में, प्रादेशिक (राजभाषा) हिन्दी में, एवं इन राज्यों के जिला एवं उच्च न्यायालयों में सीमित रूप में हिन्दी के प्रयोग हो रहा है।

राजभाषा अधिनियम-1963 (यथा संशोधित 1967), के अनुसार, प्रमुख रूप से धारा 3(3) के अनुसार, केंद्र सरकार के कार्यालयों द्वारा; संकल्प (Resolutions), सामान्य आदेश (General Orders), नियम, अधिसूचना, प्रेस विज्ञप्ति (Press Communique(s)), करार (Agreements), संविदा (Contracts), अनुज्ञप्तियाँ (Licences), अनुज्ञा पत्र (Permits), निविदा-सूचना/फार्म (Tender Notices/Forms), प्रशासनिक व अन्य रिपोर्ट (Administrative and other Reports) तथा संसद के समक्ष रखे जाने वाले क़ागज़ात (Official Papers laid before the house of Parliament) अंग्रेज़ी के साथ साथ, अनिवार्यत: हिन्दी में भी जारी किए जाएँ एवं राजभाषा-नियम-1976 (यथा संशोधित-1987) के अनुसार, 'क' क्षेत्र में आने वाले राज्यों/संघ-राज्यों (जिन्होंने विधि द्वारा, अपने राज्य की राजभाषा हिन्दी घोषित की है, (अर्थात: मध्य प्रदेश; उत्तर प्रदेश; हिमाचल प्रदेश; बिहार; हरियाणा; राजस्थान; छत्तीसगढ़; उत्तरांचल; झारखंड; दिल्ली; अंडमान निकोबार) का अपना, 'क' क्षेत्र के राज्यों, केंद्र के साथ, इन राज्यों में स्थित केंद्र-सरकार का अपने कार्यालयों के बीच पूरा पत्र व्यवहार हिन्दी में होना चाहिए। साथ ही, अन्य राज्यों में स्थित केंद्र-सरकार के अपने कार्यालयों के बीच प्रति-वर्ष निर्धारित प्रतिशत में, पत्र व्यवहार हिन्दी में होना चाहिए। आवश्यकतानुसार, अंग्रेज़ी अनुवाद भी जा सकता है। तमिलनाडु राज्य पर ये नियम लागू नहीं होते पर राजभाषा अधिनियम पूरी तरह लागू होता है। पत्राचार के साथ साथ, मोहरें, साइन-बोर्ड, स्टेशनरी आदि द्विभाषिक (अंग्रेज़ी + हिन्दी) हों।

इन सबके कार्यान्वयन के लिए हिन्दी कर्मियों की लंबी-चौड़ी फौज काम कर रही है। जो आकर्षक आंकड़ों में रिपोर्टें भेजने के साथ-साथ, धूम-धाम से 14 सितंबर हिन्दी-दिवस/पखवाड़े मनाते हैं। कर्मियों को राजभाषा के रूप में हिन्दी पढ़ाने, हिन्दी में कार्य करने हेतु कई तरह के पुरस्कार दिए जाते हैं। सरकार ने, राजभाषा हिन्दी को लेकर कई तरह की पारिभाषिक शब्दावलियाँ, सामग्री तैयार कर मुफ्त/काफी सस्ते दामों पर उपलब्ध करवाई हैं। राजभाषा हिन्दी के कार्यान्वयन का आकलन करने के लिए कई समितियाँ देश-विदेश के दौरे करती हैं।

फिर भी, आज 60 वर्षों की वरिष्ठ अवधि के बाद भी राजभाषा के रूप में हिन्दी कितनी चल पाई है? इस दिशा में, भारतीय-रेल के एक वरिष्ठ सेवानिवृत्त अधिकारी के इस संदर्भ पर गंभीरता से विचार करना होगा जिसके अनुसार "भारत

सरकार के कार्यालय प्रतिवर्ष राजभाषा हिन्दी पर 15 हजार करोड़ रुपयों से भी अधिक राशि खर्च करते हैं." ... (Over Rs. 15 thousand crores is spent annually by government organizations in keeping Hindi alive. ...absolutely no work is done around the year) (अमृतलाल, 2004)

आज जहाँ हमारी 25 प्रतिशत से भी अधिक आबादी ग़रीबी रेखा से नीचे है, जिन्हें एक जून की रूखी-सूखी रोटी भी नसीब नहीं होती, वहाँ प्रतिवर्ष इतनी बड़ी राशि वर्षों से जिस कार्यक्रम पर खर्च हो रही है, समाज की आर्थिक प्रगति के रूप में उसका प्रतिफल क्या है? यह ईमानदारी से आत्ममंथन का विषय है, हिन्दी एक सशक्त भाषा है, कई क्षेत्रों में यह एक बहुत बड़े उद्योग का रूप ले चुकी है, जहाँ से सरकार को अरबों रुपयों का राजस्व आ रहा है। राजभाषा के क्षेत्र में हिन्दी को राजभाषा-उद्योग के रूप स्थापित करना होगा तभी हिन्दी यहाँ भी एक कमाऊ पुत्री के रूप में हमारे सामने होगी।

11. हिन्दी से जुड़े समस्तजन एवं उनके कार्य

हिन्दी हमारी सांस्कृतिक चेतना, साहित्यिक एकता एवं राष्ट्रीय अस्मिता को वैश्विक-चिंतन से जोड़ने वाली महत्त्वपूर्ण कड़ी है। हिन्दी हमारी वैचारिकता, सर्जनात्मकता एवं व्यावहारिकता की त्रिआयामी परम्परा-धारा है, जो कश्मीर से कन्या कुमारी और कच्छ से कोहिमा तक फैले भारतीय भूगोल को वाक् संस्कृति का पय:पान कराती है। हिन्दी वस्तुत: भाषा नहीं, हमारे देश की परिभाषा है।

भारत एक विशाल राष्ट्र है। यहाँ अनेक भाषा, धर्म, जाति, रीति-रिवाज आदि की दृष्टि से वैविध्य है। विविधता में एकता यही भारतीयता की पहचान है। 'एक हृदय हो भारत जननी' की ध्वनि यहाँ गूँजती रहती है। राष्ट्रभाषा हिन्दी भारतीय जन के हृदय मन मस्तिष्क की परिचायक है। यह हमारी राष्ट्रीय एकता की कड़ी है। भारत के राष्ट्रीय उत्थान में इसने महत्त्वपूर्ण भूमिका निभाई है। अनेकता में एकता हमारे राष्ट्र की विशेषता है। अनेक देशों, जातियों, धर्मों के लोग यहाँ समय-समय पर आए और एक साथ रस-बस गए हैं। रहन-सहन, खान-पान, वेशभूषा और भाषा की भिन्नता के बावजूद सारा देश भावात्मक एकता के सूत्र में गुंफित है।

स्वतंत्रता के अन्य आंदोलनों के साथ-साथ रचनात्मक कार्यों की आवश्यकता अनुभव करते हुए राष्ट्र के सामान्य जन को राष्ट्र प्रवाह से जोड़ने के लिए महात्मा गाँधी जी ने एक मंत्र फूँका था। उन दिनों हिन्दी का प्रचार एक तरह से राजकर्ताओं, ब्रिटिश-शासकों और देशी रियासतों के शासकों को पसंद नहीं था, बल्कि वे इसे स्वराज्य प्राप्ति का एक साधन मानते थे। प्रचारकों के लिए हिन्दी प्रचार करना न केवल भाषा का प्रचार करना था, बल्कि वह राष्ट्रीयता और भारतीय का प्रतीक बन गया था। हिन्दी प्रचार की लगन, ध्येय ओर कर्मठता की समीक्षा के ये दिन थे। हिन्दी के प्रचारक जोखिम उठाकर भी राष्ट्रभाषा प्रचार का कार्य करते थे।

"इंदौर सम्मेलन के अधिवेशन में पूजनीय गाँधी जी ने यह उद्घोषित किया कि हिन्दी हमारी राष्ट्रभाषा है। इसका प्रचार-प्रसार करना हमारा कर्तव्य है।" अत: 1936 में राष्ट्रभाषा प्रचार समिति की स्थापना कर गाँधी जी ने अहिन्दी भाषी क्षेत्रों में राष्ट्रभाषा को व्यापक विस्तारित करने का आयोजन किया। तब से यह समिति अहिन्दी प्रांतों में राष्ट्रभाषा प्रचार का लगातार कार्य कर रही है। 14 सितंबर को संविधान के अनुसार राष्ट्रभाषा के पद पर हिन्दी अधिष्ठित हुई तत्पश्चात् देश के कोने-कोने में राष्ट्रभाषा हिन्दी के प्रचार-प्रसार के लिए विविध संस्थाएँ स्थापित हुईं। इन संस्थाओं ने परीक्षा, पुस्तकालय, विद्यालय, पुस्तक-प्रकाशन, समारोह, पत्र-पत्रिकाओं आदि के द्वारा राष्ट्रभाषा के प्रसार का कार्य किया। इन संस्थाओं में से कुछ हिन्दी भाषी प्रदेशों में कार्य करती रही तथा अन्य कुछ ने अहिन्दी भाषी प्रदेशों में कार्य किया है। उदाहरण–

काशी नागरी प्रचारिणी, दक्षिण भारत प्रचार सभा, मद्रास, हिन्दी साहित्य सम्मेलन, प्रयाग, बिहार राष्ट्रभाषा परिषद्, पटना, गुजरात विद्यापीठ, अहमदाबाद, राष्ट्रभाषा प्रचार समिति, वर्धा, आदि।

अनेक संस्थाओं ने राष्ट्रीय चरित्र निर्माण को लक्ष्य में रखकर राष्ट्रभाषा हिन्दी का सुचारु रूप से विकास किया। उक्त-अनुक्त समितियों ने अपने विशाल परिवार समेत संपूर्ण भारत के खंड-खंड में तथा विदेशों में भी हिन्दी का प्रचार-प्रसार किया है। इन संस्थाओं ने नेत्र दीपक का काम किया है। इनके कार्यों और आपसी संबंधों में सहयोग, समन्वय और एक सूत्रता स्थापित कर देश में हिन्दी प्रचार के लिए, राष्ट्रीय मंच स्थापित करने के लिए सरकारी-गैरसरकारी स्तर पर हो रहे प्रयत्नों को सफलता प्राप्त हुई। सरकार ने 'अखिल भारतीय हिन्दी संस्था संघ' बनाया। जिसके अंतर्गत दक्षिण, उत्तर, पूर्व, पश्चिम भारत की अनेक हिन्दी संस्थाएँ हिन्दी के उज्ज्वल भविष्य के उद्देश्य से एकजुट हो गई हैं। स्थापना से लेकर सांप्रत काल तक इन संस्थानों की सारी व्यवस्थाएँ लोकतांत्रिक ढंग से चल रही हैं।

आज हिन्दी के प्रचार-प्रसार के लिए कार्यरत संस्थाएँ दो रूप में कार्य कर रही हैं–

(क) जो शिक्षा के माध्यम से कार्यरत हैं, उदाहरण– महात्मा गाँधी अंतर्राष्ट्रीय विश्वविद्यालय, केंद्रीय हिन्दी शिक्षा मंडल आदि।

(ख) वे संस्थान जो शिक्षा के साथ अन्य साधन-माध्यम के जरिए कार्यरत हैं, उदाहरण– गुजरात प्रांतीय राष्ट्रभाषा प्रचार समिति, अहमदाबाद, गुजरात विद्यापीठ... आदि।

हिन्दी प्रचार-प्रसार करने वाली कुछ महत्त्वपूर्ण संस्थानों का परिचय निम्न है–

दक्षिण भारत हिन्दी प्रचार सभा–हिन्दी प्रचार सभा दक्षिण भारत एक प्रमुख हिन्दी सेवी संस्था है। जो भारत के दक्षिणी राज्यों तमिलनाडु, आंध्रप्रदेश, केरल और कर्नाटक में लगभग आजादी के पहले से हिन्दी के प्रचार-प्रसार का कार्य कर रही है। हिन्दी प्रचार सभा एक आन्दोलन थी जो भारत के स्वतंत्रता आंदोलन के साथ ही आरंभ हुई। एक स्वतंत्र संस्था के रूप में सन् 1918 में इसकी स्थापना हुई। भारत में महात्मा गाँधी के हिन्दी प्रचार आंदोलन के परिणामस्वरूप दक्षिण भारत हिन्दी प्रचार सभा की स्थापना मद्रास नगर के गोखले हॉल में डॉ. सी.पी. रामास्वामी ऐय्यर की अध्यक्षता में एनी बेसेंट ने की थी।

गाँधी जी आजीवन इसके सभापति रहे। उन्होंने देश की अखंडता और एकता के लिए हिन्दी के महत्त्व एवं उसके प्रचार-प्रसार पर बल दिया। कांग्रेस द्वारा स्वीकृत चौदह रचनात्मक कार्यक्रमों में राष्ट्रभाषा हिन्दी के व्यापक प्रचार-प्रसार कार्य का भी उल्लेख है। गाँधी जी का विचार था कि दक्षिण भारत में हिन्दी के प्रचार का कार्य वहाँ के स्थानीय लोग ही करें। सन् 1920 तक सभा का कार्यालय जॉर्ज टाउन, मद्रास (अब चेन्नई) में था। कुछ वर्ष बाद यह मालापुर में आ गया। इसके बाद यह ट्रिप्लिकेन में आ गया और 1936 तक वहीं बना रहा।

महात्मा गाँधी के बाद देशरत्न डॉ. राजेन्द्र प्रसाद इस संस्था के अध्यक्ष बनाए गए, जो स्वयं हिन्दी के कट्टर उपासक थे। 'हिन्दी समाचार' नाम की मासिक पत्रिका द्वारा सभा के उद्देश्य, प्रवृत्ति तथा कार्य-कलापों की विस्तृत सूचनाएँ प्रचारकों को मिलती रहती थीं। 'दक्षिण भारत' नामक त्रैमासिक साहित्यिक पत्रिका में दक्षिण भारतीय भाषाओं की रचनाओं के हिन्दी-अनुवाद और उच्च स्तर के मौलिक साहित्यिक लेख छपते हैं। हिन्दी अध्यापकों और प्रचारकों को तैयार करने के लिए सभा के शिक्षा विभाग के मार्गदर्शन में 'हिन्दी प्रचार विद्यालय' नामक प्रशिक्षण विद्यालय तथा प्रवीण विद्यालय संचालित होते हैं। प्रचार कार्य को सुसंगठित तथा शिक्षण को क्रमबद्ध और स्थायी बनाने के उद्देश्य से सभा प्राथमिक, मध्यम राष्ट्रभाषा, प्रवेशिका, विशारद, प्रवीण और हिन्दी प्रशिक्षण नामक परीक्षाओं का संचालन करती है। सभा की ओर से एक स्नातकोत्तर अध्ययन एवं अनुसंधान विभाग खोला गया है, जिसमें अध्यापकानार्थ प्रोफेसरों की नियुक्ति होती है। पुस्तकों का प्रकाशन सभा के साहित्य विभाग की ओर से किया जाता है। हिन्दी के माध्यम से तमिल, तेलगू, कन्नड़, मलयालम चारों भाषाएँ सीखने के लिए उपयोगी पुस्तकों एवं कोश आदि के प्रकाशन का विधान है।

अखिल भारतीय हिन्दी संस्था संघ, दिल्ली– 4 अगस्त, 1964 को भारत सरकार के शिक्षा मंत्रालय के प्रयत्न तथा हिन्दी प्रचार करने वाली परीक्षा मान्यता प्राप्त संस्थाओं के सहयोग से दिल्ली में इस संघ की स्थापना की गई। इस संस्था के ठोस उद्देश्य हैं–

1. संविधान की धारा 351 के अनुसार हिन्दी के प्रचार और विकास के लिए राष्ट्रीय मंच की स्थापना करना।

2. हिन्दी के प्रचार तथा विकास के उद्देश्यों की पूर्ति के लिए भारत की विभिन्न स्वैच्छिक हिन्दी संस्थाओं के कार्यों में समन्वय स्थापित करना।

3. विभिन्न स्वैच्छिक हिन्दी संस्थाओं द्वारा संचालित हिन्दी परीक्षाओं के स्तर में एकात्मकता स्थापित करना।

4. भारत सरकार तथा राज्य सरकारों अथवा अन्य किसी संस्था द्वारा संघ को भेजे गए हिन्दी के प्रचार और विकास में संबंधित किसी भी मामले पर सलाह और सहायता देना।

5. ऐसे किसी भी अन्य कार्य-कलाप को हाथ में लेना, जो संघ की राय में हिन्दी के प्रचार और कार्य में सहायक हों।

प्रचारात्मक कार्य

(क) संघ की ओर से पूर्व, पश्चिम, उत्तर और दक्षिण में भारत की स्वैच्छिक हिन्दी संस्थाओं के कार्य-कलापों का अध्ययन करने, उनकी समस्याओं का अध्ययन एवं समाधान कराने, हिन्दी के प्रचार और प्रसार की दृष्टि से आवश्यक योजनाओं को कार्यान्वित करने के लिए क्षेत्रीय हिन्दी प्रचारकों, कार्यकर्ताओं के शिविरों का आयोजन।

(ख) अखिल भारतीय स्तर पर हिन्दी कार्यकर्ताओं के सम्मेलन तथा शिविरों का आयोजन।

(ग) हिन्दी तथा हिन्दीतर प्रदेशों के विद्वानों के भाषणों की व्यवस्था।

(घ) हिन्दीतर भाषी वरिष्ठ साहित्यकारों की हिन्दी प्रदेशों में सद्‌भावना यात्राएँ।

(ङ) स्वैच्छिक हिन्दी संस्थाओं के कार्यों में समन्वय स्थापित करना।

(च) हिन्दीतर भाषी लेखकों की पुस्तकों की प्रदर्शनी का आयोजन।

(छ) सदस्य संस्थाओं के बीच समन्वय, सामंजस्य के लिए सद्‌भावना यात्राएँ।

(ज) गंगाशरण सिंह अखिल भारतीय वाक् स्पर्धा का आयोजन।

इसके अतिरिक्त नई परीक्षाओं को मान्यता दिलाने संबंधी कार्य, हिन्दी सलाहकार समितियों में संघ तथा उसकी सदस्य संस्थाओं के प्रतिनिधियों को केंद्रीय हिन्दी समिति तथा विभिन्न मंत्रालयों में गठित हिन्दी सलाहकार समितियों में नामित किया जाना, स्वैच्छिक हिन्दी संस्थाओं द्वारा संचालित हिन्दी परीक्षाओं के लिए आदर्श पाठ्यक्रम तैयार करना एवं त्रैमासिक पत्रिका प्रकाशन करना भी इस संस्था के महत्त्वपूर्ण कार्य हैं।

केंद्रीय हिन्दी संस्थान–19 मार्च, 1960 को भारत सरकार के तत्कालीन 'शिक्षा एवं समाज कल्याण मंत्रालय' ने एक स्वायत्तशासी संस्था 'केंद्रीय हिन्दी शिक्षण मंडल' का गठन किया और 1 नवम्बर 1960 को इस संस्थान का लखनऊ में पंजीकरण करवाया गया। इसका मुख्यालय आगरा में है। न ही केवल भारत अपितु विश्व में हिन्दी प्रचार का कार्य सशक्त रूप से यह संस्था कर रही है। भारत सरकार के 'मानव संसाधन विकास मंत्रालय' के अधीन 'केंद्रीय हिन्दी संस्थान' एक उच्चतर शैक्षिक और शोध संस्थान है। संविधान के अनुच्छेद 351 के दिशा-निर्देशों के अनुसार हिन्दी को समर्थ और सक्रिय बनाने के लिए अनेक शैक्षिक, सांस्कृतिक और व्यवहारिक अनुसंधानों के द्वारा हिन्दी शिक्षण-प्रशिक्षण, हिन्दी भाषा विश्लेषण, भाषा का तुलनात्मक अध्ययन तथा शिक्षण सामग्री आदि के निर्माण को संगठित और परिपक्व रूप देने के लिए सन् 1961 में भारत सरकार के तत्कालीन 'शिक्षा एवं समाज कल्याण मंत्रालय' ने 'केंद्रीय हिन्दी संस्थान' की स्थापना उत्तर प्रदेश के आगरा नगर में की और जगह-जगह पर हिन्दी को स्थापित कर रही है।

काशी नागरी प्रचारिणी सभा–यह हिन्दी भाषा और साहित्य तथा देवनागरी लिपि की उन्नति तथा प्रचार और प्रसार करने वाली भारत की अग्रणी संस्था है। भारतेन्दु युग के अनंतर हिन्दी साहित्य की जो उल्लेखनीय प्रवृत्तियाँ रही हैं उन सबके नियमन, नियंत्रण एवं संचालन में इस सभा का महत्त्वपूर्ण योग रहा है। काशी नागरी प्रचारिणी सभा की स्थापना 16 जुलाई,

1893 को की गई थी। यह वह समय था जब अंग्रेज़ी, उर्दू और फारसी का बोलबाला था। हिन्दी का प्रयोग करने वाले हेय दृष्टि से देखे जाते थे। नागरी प्रचारिणी सभा की स्थापना वाराणसी के तीन छात्रों–बाबू श्यामसुंदर दास, पं. रामनारायण मिश्र और शिवकुमार सिंह ने अपने कॉलेज के छात्रावास के बरामदे में बैठ कर की थीं। पं. मदनमोहन मालवीय और अन्य लोगों के विशेष प्रयासों के बाद वर्ष 1900 में नागरी के प्रयोग की आज्ञा हुई और सरकारी कर्मचारियों के लिए हिन्दी और उर्दू दोनों भाषाओं का जानना अनिवार्य कर दिया गया। हिन्दी के प्रसार के लिए विभिन्न पुस्तकों के प्रकाशन को बढ़ावा देने में भी इस संस्था की भूमिका काफी महत्त्वपूर्ण मानी जाती है। मासिक पत्रिका सरस्वती की शुरुआत और उसके संपादन की पूरी व्यवस्था आरंभ में इस सभा ने ही की थी। हिन्दी का सबसे बड़ा व्याकरण और कोश (*हिन्दी शब्द सागर*), जिसकी भूमिका में रामचंद्र शुक्ल ने हिन्दी साहित्य का इतिहास लिखा, इस सभा के चिरस्थायी कार्यों में गिना जाता है। सभा की *नागरी पत्रिका* का भी हिन्दी के विकास में अहम योगदान रहा।

महाराष्ट्र राष्ट्रभाषा सभा–मराठी भाषी प्रदेश में राष्ट्रभाषा का प्रचार करने के हेतु गाँधी जी की प्रेरणा से पूना में महाराष्ट्र राष्ट्रभाषा सभा की स्थापना हुई। आचार्य काका साहब कालेलकर की अध्यक्षता में 22 मई, 1937 को पूना में महाराष्ट्र के रचनात्मक कार्यकर्ताओं, राजनीतिक और सांस्कृतिक नेताओं आदि का सम्मेलन संपन्न हुआ जिसमें महाराष्ट्र हिन्दी प्रचार समिति के नाम से एक संगठन बनाया गया।

कार्य–प्रदेशों में प्रादेशिक भाषाओं का स्थान और मान बना रहे तथा अंत:प्रांतीय व्यवहार के लिए राष्ट्रभाषा को प्रयुक्त किया जाए। राष्ट्रभाषा प्रचार राष्ट्र के नवनिर्माण का तथा राष्ट्रीय एकता के संवर्धन का एक श्रेष्ठ रचनात्मक कार्य है। राष्ट्रभाषा का स्वरूप सर्वसंग्राहक हो। राष्ट्रभाषा की हमारी व्याख्या इस प्रकार है–

भारत में अंत:प्रांतीय व्यवहार के लिए जिस एक भाषा का उपयोग सदियों से आमतौर पर चलता आ रहा है वह हमारी राष्ट्रभाषा है। इसके लिए हिन्दी, उर्दू और हिन्दुस्तानी तीनों नाम रूढ़ हैं। राष्ट्रभाषा का विकास देश की प्रादेशिक भाषाओं के संपर्क से संपन्न होते रहे। सभा के विधान और नियमों के अनुसार विभिन्न श्रेणियों के सदस्यों द्वारा निर्धारित समय पर कार्य समिति और नियामक मंडल का चुनाव किया जाता है। हिन्दी प्रचारकों, हिन्दी के विद्वानों, रचनात्मक कार्यकर्ताओं तथा समाजसेवकों को सभा के विधान के अनुसार नियामक मंडल और नियामक समिति में आनुपातिक प्रतिनिधित्व दिया गया है, जिससे सभा के संगठन का ढाँचा केवल एक प्रचार संस्था का नहीं, बल्कि विद्या प्रसारिणी संस्था का सा बन सके। सभा का केंद्रीय कार्यालय पूना में तथा विभागीय कार्यालय पूना, बंबई, नागपुर और औरंगाबाद में हैं। सभा की शिक्षण और प्रचार संबंधी प्रवृत्तियों में परीक्षाओं का संचालन, पुस्तक प्रकाशन, ग्रंथालय प्रायोजन तथा विद्यालय प्रमुख है। विभिन्न श्रेणियों के सदस्यों की संख्या दो हजार तथा आधिकारिक शिक्षकों की संख्या छह हजार है।

कर्नाटक महिला हिन्दी सेवा समिति, बंगलूरू–सन् 1953 में स्थापना।

उद्देश्य एवं कार्य–हिन्दी प्रचार के साथ भारत की एकता बनाए रखना समिति का प्रधान लक्ष्य है। प्रांतीय भाषा के सहयोग से हिन्दी का विकास करना इसका प्रमुख कार्यक्रम है। जनता में हिन्दी प्रचार करना और उसके लिए उचित सामग्री जुटाना समिति के निरंतर चिंतन का विषय है। 1953 से हिन्दी के निरंतर प्रचार में यह संगठन संलग्न है। संस्था द्वारा *हिन्दी प्रचारवाणी* नामक पत्रिका का नियमित प्रकाशन किया जा रहा है। भारत सरकार से विभिन्न परीक्षाओं के लिए स्वीकृत पाठ्यक्रमानुसार पुस्तकें तैयार करने के लिए विद्वानों को आमंत्रित किया जाता है, उनसे परीक्षा स्तर को ध्यान में रखकर पुस्तकों को तैयार किया जाता है। अब तक लगभग एक सौ बारह पुस्तकों का प्रकाशन किया जा चुका है। पाठ्यपुस्तकों के अलावा विविध विश्वविद्यालयों के पाठ्यक्रमों को ध्यान में रखकर पुस्तकों का निर्माण किया जाता है। परस्पर आदान-प्रदान हेतु कन्नड़ के वरिष्ठ विद्वानों की कृतियों को अनुवाद कराने एवं प्रकाशित कराने का कार्य भी चलता रहा है।

सौराष्ट्र में राष्ट्रभाषा प्रचार-प्रसार–सौराष्ट्र में राजकोट के गाँधीवादी कार्यकर्ता जेठालाल जोशी तथा जयंतीलाल मालधारी ने राष्ट्रभाषा प्रचार की प्रवृत्ति के बीज बोए थे। गाँधी जी की प्रेरणा से हिन्दी का काम विकसित करने के लिए आचार्य

काका साहेब कालेलकर सारे देश का भ्रमण करने निकले थे। भावनगर में प्रमुख गाँधीवादी रचनात्मक कार्यकर्ता स्व. वजुभाई शाह ने कालेलकर जी की प्रेरणा से राष्ट्रभाषा प्रचार का विधिवत प्रारंभ किया। उन्होंने 'काठियावाड़ राष्ट्रभाषा प्रचार' संगठन की स्थापना कर भावनगर से राष्ट्रभाषा प्रचार का श्रीगणेश किया। उस समय उसके साथी रहे स्व. कानजी भाई चौहाण, स्व. रजबअली लाखाणी। समय के अंतराल में मतमतांतर के कारण गाँधी जी ने 'हिन्दुस्तानी प्रचार सभा' की स्थापना की। तब उससे जुड़कर नागरी लिपि तथा उर्दू लिपि दोनों को स्वीकार कर हिन्दुस्तानी प्रचार का कार्य किया।

प्रत्येक प्रांत का राष्ट्रभाषा प्रचार कार्य स्थानीय, प्रांतीय संस्था द्वारा किया जाए ऐसी प्रचार नीति के कारण हिन्दुस्तानी प्रचार सभा ने हिन्दी-प्रचार का कार्य गुजरात विद्यापीठ को सौंपा। अत: काठियावाड़ राष्ट्रभाषा प्रचार संस्था विद्यापीठ से संबद्ध होकर हिन्दी के प्रचार कार्य में जुट गई। क्रमश: प्रचार-प्रसार का कार्य होता रहा पीढ़ी-दर-पीढ़ी और आज भी हो रहा है।

श्री हिन्दी साहित्य समिति, भरतपुर–श्री हिन्दी साहित्य समिति, भरतपुर की स्थापना सन् 1912 में हुई थी। प्रथम अध्यक्ष ओंकार सिंह परमार व प्रथम मंत्री अधिकारी जगन्नाथ दास विद्यारत्न निर्वाचित हुए।

उद्देश्य–श्री हिन्दी साहित्य समिति, भरतपुर की स्थापना हिन्दी भाषा एवं देवनागरी लिपि के उन्नयन, हिन्दी साहित्य एवं भारतीय संस्कृति के संरक्षण एवं विकास तथा हिन्दी के प्राचीन ग्रंथों की खोजकर उन्हें संग्रहीत करने तथा उन्हें सुरक्षित रखने के प्रमुख उद्देश्य से की गई। इन उद्देश्यों को दृष्टिगत रखते हुए समिति अपने जन्म के प्रारंभ से ही एक पुस्तकालय तथा एक वाचनालय का नियमित संचालन कर रही है।

राष्ट्रभाषा प्रचार समिति, वर्धा–राष्ट्रभाषा प्रचार समिति, वर्धा की स्थापना सन् 1936 में हुई। इसके संस्थापकों में राष्ट्रपिता महात्मा गाँधी, डॉ. राजेन्द्र प्रसाद, राजर्षि पुरुषोत्तम टंडन, पं. जवाहरलाल नेहरू, श्री सुभाषचन्द्र बोस, आचार्य नरेंद्र देव, आचार्य काका कालेलकर, सेठ जमनालाल आदि रहे हैं।

उद्देश्य–संपूर्ण भारत में आवश्यकतानुसार एवं विदेश में भी राष्ट्रभाषा हिन्दी का प्रचार-प्रसार करना और देशव्यापी व्यवहारों और कार्यों के लिए सुविधा प्रदान करना। राष्ट्रभाषा की परीक्षाओं का संचालन। पाठ्य-पुस्तकों आदि का निर्माण व प्रकाशन। भावात्मक एकता के लिए भाषायी सहयोग द्वारा अनुकूल वातावरण तैयार कर भारतीय भाषाओं के बीच सामंजस्य स्थापित करना। भारतीय संविधान की धारा 343 और 351 के अनुसार भारत गणराज्य द्वारा स्वीकृत राष्ट्रलिपि देवनागरी में लिखी जाने वाली राष्ट्रभाषा हिन्दी का संपूर्ण भारत में प्रचार-प्रसार तथा विकास करना और देशव्यापी व्यवहार और कार्यों के लिए सुविधा प्रदान करना। हिन्दी भाषा एवं साहित्य की अभिवृद्धि के लिए उपयोगी पुस्तकें लिखवाना, अनुवाद करना और उन्हें प्रकाशित करना। राष्ट्रभाषा हिन्दी की शिक्षा का प्रबंध करना तथा परीक्षाएँ चलाना। हिन्दी प्रचारकों, केंद्र व्यवस्थापकों तथा हिन्दी प्रेमियों को राष्ट्रभाषा प्रचार की गतिविधियों की जानकारी देने के लिए मासिक पत्रिका का प्रकाशन करना। भारतीय संविधान की धारा 351 के अनुसार भारत की सामाजिक संस्कृति की वाहक राष्ट्रभाषा को संस्कृत तथा भारत की अन्य समृद्ध भाषाओं के सहयोग से शब्द समृद्धि करते हुए भारत की राष्ट्रीय चेतना को जागृत के लिए प्राणवान भाषा बनाना। हिन्दी साहित्य तथा ज्ञान विज्ञान की अभिवृद्धि के लिए उपयोगी मौलिक पुस्तकें लिखवाना तथा अन्य भारतीय भाषाओं के उत्कृष्ट साहित्य का हिन्दी में अनुवाद करना तथा उसे प्रकाशित करना। देवनागरी लिपि का प्रचार करना और टंकण, कंप्यूटर तथा शीघ्रलिपि के प्रशिक्षण और प्रसार के लिए आवश्यक कार्य करना।

निष्कर्षत: कहा जा सकता है कि आज तो पत्र-पत्रिकाओं, समाचार-पत्रों, फिल्मों, संगणक एवं दूरदर्शन के माध्यम से हिन्दी घर-घर में पहुँच गई है। क्या विज्ञापन, क्या समाचार, क्या यात्रावृत्त, क्या संताप, क्या साक्षात्कार, फैशन शो या अनेकश: धारावाहिक कार्यक्रम। प्रचार माध्यमों के प्रभाव की चर्चा न करें तो भी यह आज का निर्विवाद सत्य है कि क्षेत्रीय भाषा के समान बालक बचपन से ही हिन्दी भाषा से परिचित होता चलता है। यदि उसकी रुचि को तनिक बढ़ावा मिले तो वह सरलता से अपनी राष्ट्रभाषा के व्यावहारिक रूप से परिचित हो सकता है। आने वाले काल में राष्ट्रभाषा प्रचार के ये सारभूत अनुभव हिन्दी के उज्जवल भविष्य को मूर्तिमंत करेंगे। भारतीय जनों के ह्रदय की अनुगूँज तो हिन्दी है, हिन्दी थी और हिन्दी ही रहेगी।

वर्तमान समय में हिन्दी के लिए कार्यरत संस्थानों की सूची—नागरी प्रचारिणी सभा। हिन्दी साहित्य सम्मेलन, प्रयाग। श्री मध्य भारत हिन्दी साहित्य समिति, इंदौर। अखिल भारतीय हिन्दी साहित्य सम्मेलन। भारतीय भाषा सम्मेलन। दक्षिण भारत हिन्दी प्रचार सभा। दक्षिण भारत हिन्दी प्रचार सभा, चेन्नई। महाराष्ट्र राज्य हिन्दी साहित्य अकादमी। राष्ट्रभाषा प्रचार समिति, वर्धा। नागरी लिपि परिषद्। सराय हिन्दी सेवा। महात्मा गाँधी अंतरराष्ट्रीय हिन्दी विश्वविद्यालय। जनभारती। हिन्दी विद्यापीठ, देवघर। हिन्दी प्रचार सभा, हैदराबाद। बंबई हिन्दी विद्यापीठ, मुंबई। गुजरात विद्यापीठ, अहमदाबाद। असम राष्ट्रभाषा प्रचार समिति, गुवाहाटी। हिन्दुस्तानी प्रचार सभा, मुंबई। केरल हिन्दी प्रचार सभा, तिरुवनंतपुरम्। मैसूर रियासत हिन्दी प्रचार समिति, बंगलुरू। केंद्रीय सचिवालय, हिन्दी परिषद् नई दिल्ली। राष्ट्रभाषा महासंघ, मुंबई। विदर्भ हिन्दी साहित्य सम्मेलन, नागपुर। भारतीय भाषा प्रतिष्ठापन परिषद्, वाशी, नवी मुंबई। हिन्दी अकादमी, दिल्ली। हिन्दी साहित्य परिषद्, अंबावाड़ी, अहमदाबाद। सृजन सम्मान, छत्तीसगढ़। हिन्दी सेवी महासंघ, इंदौर। राष्ट्रभाषा प्रचार नवयुवक समिति, हैदराबाद। भारतीय भाषा न्यास, मुंबई। आशीर्वाद, मुंबई। हिन्दी साहित्य सरिता मंच, नासिक। राजस्थानी जागृति समिति, हैदराबाद। हिन्दी प्रेमी समिति, हैदराबाद। छत्तीसगढ़ राष्ट्रभाषा प्रचार समिति। अंग्रेज़ी अनिवार्यता विरोधी समिति। भारतीय भाषा परिषद्, कोलकाता। हिन्दी भवन, नई दिल्ली। हिन्दी प्रचार सभा, मथुरा।

12. हिन्दी भाषा की समृद्धि में आंचलिक योगदान

हिन्दी दुर्गा की तरह है, जैसे सारे देवताओं ने अपने-अपने तेज दिए और दुर्गा बनी, वैसे ही हिन्दी भी उसकी अपनी समस्त बोलियों के समुच्चय का नाम है। खड़ी बोली हिन्दी का अपना क्षेत्र कितना है? वह दिल्ली और मेरठ के आसपास बोली जाने वाली कौरवी से विकसित हुई है। हम हिन्दी साहित्य के इतिहास में चंदबरदायी और मीरा को पढ़ते हैं जो राजस्थान के हैं। सूर को पढ़ते हैं जो भोजपुरी के हैं और विद्यापति को पढ़ते हैं जो मैथिली के हैं। हिन्दी की समृद्धि इन्हीं से है और यह सब हिन्दी का अपना आंचलिक साहित्य है। इस अर्थ में हिन्दी भारत की अन्य भाषाओं से अलग है। हिन्दी का स्वर्ण युग ब्रज और अवधी में लिखे गए साहित्य का युग है।

भाषा वैज्ञानिकों ने हिन्दी की उनचास बोलियों का ज़िक्र किया है। इनमें ब्रज, हरियाणवी, बुंदेली, कन्नौजी, अवधी, बघेली, छत्तीसगढ़ी, मारवाड़ी, जयपुरी, मेवाती, मालवी, पश्चिमी पहाड़ी, कुमाउँनी-गढ़वाली, भोजपुरी, मगही, मैथिली और अंगिका जैसी समृद्ध बोलियाँ हैं जिनमें भरपूर आंचलिक साहित्य है।

वस्तुत: किसी भी समाज में भाषा के तीन स्तर होते हैं, एक शासक वर्ग की भाषा जिसके माध्यम से मुख्यत: शासन संचालित होता है तथा जिसमें तथाकथित शिष्ट साहित्य का सृजन होता है। दूसरा स्तर जातीय भाषाओं का होता है और तीसरा जनपदीय भाषाओं और बोलियों का। ये स्तर भेद वैसे ही होते हैं जैसे समाज में वर्ग भेद। कहने के लिए समाज दो वर्गों में बँटा है—शोषक और शोषित। परन्तु इन दोनों वर्गों के बीच एक मध्य वर्ग भी होता है। इतिहास में इस मध्य वर्ग के चरित्र की बड़ी आलोचना की गई है-इसकी ढुलमुल नीति को लेकर।

बहरहाल, सबसे निचले स्तर पर जनपदीय भाषाओं अथवा बोलियों में रचा गया साहित्य होता है जिसमें बहुसंख्यक समाज की भावनाएँ अभिव्यक्त होती हैं। इस साहित्य का बड़ा हिस्सा मौखिक होता है। इसे ही लोकसाहित्य कहते हैं क्योंकि मौखिक परम्परा से संचित होने के कारण अमूमन इसके रचनाकारों के बारे में पता नहीं होता। यहाँ इस तथ्य का उल्लेख करना भी जरूरी है कि आज की बोलियाँ कही जाने वाली जनपदीय भाषाएँ भी उतनी ही पुरानी हैं जितनी की कोई भी जातीय भाषा।

लोकभाषाओं में संचित आंचलिक साहित्य और शासक वर्ग की भाषा में रचित शिष्ट साहित्य के बीच का चरित्रगत भेद उसके साहित्य में साफ दिखाई देता है भले ही उसपर अभी पंडितों की पैनी और वैज्ञानिक दृष्टि न पड़ी हो। आंचलिक साहित्य, जिसे लोकसाहित्य कहना अधिक उपयुक्त है, बहती नदी के समान होता है, अत: बहने के क्रम में धारा बहुत कुछ छोड़ देती है और इसी तरह नए तत्त्वों को अपने साथ बहाकर ले भी जाती है। लोक अपने आनन्द में उसी तरह उत्फुल्ल होता हैं जैसे प्रकृति

होती है। इसीलिए लोक का रचनात्मक आनन्द कहीं भी व्यक्तिगत नहीं है। इस आनन्द पर सबका अधिकार है। लोक गायकी में व्यक्तिगत गायकी है ही नहीं। पुरुष सामूहिक रूप से सोहर, फाग, कजरी, चैता आदि गाते हैं। अनेक सुरों की एकतानता से न किसी का अहंकार व्यक्त होता है न किसी की हीनता। लोक की समस्त जीवन पद्धति और उसकी समस्त कला संरचनाओं का मूल लक्ष्य सत्य के करीब पहुँचने के साथ आत्म-मुक्ति के आनन्द को प्राप्त करना होता है। अपनी भावनाओं के विस्तार के लिए उसने प्राकृतिक उद्दीपनों को अपनी काव्य चेष्टाओं में अभिव्यक्त किया है। वसंत, वर्षा, शरद्, ग्रीष्म आदि के अनुभवों ने उसके भीतर जो संवेदनाएँ जागृत कीं उन्हीं संवेदनाओं के परिणामस्वरूप उसने लोक कलाओं के स्फुरणों को समेटा है। चांचर, फाग, धमार, कैरी जैसी लोक गायकी में ऋतु उद्दीपनों के साथ जैविक अनुभूतियों की अनुगूंज भी लय संरचना के रूप में रही होगी। उसके विषय वृत्त में क्रमशः फैलाव आता गया।

लोक और शिष्ट समुदाय के वाद्य भी अलग-अलग हैं। हुड़का, करताल, झांझ, मृदंग, ढोलक, नगाड़ा, मंजीरा, झाल, खजड़ी, सिंघा आदि हिन्दी क्षेत्र के प्रचलित लोक वाद्य हैं।

भक्ति काल को हिन्दी साहित्य का स्वर्णयुग कहा जाता है। रामविलास शर्मा ने इस काव्य को लोक जागरण का काव्य कहा है। ब्रज और अवधी जैसी जनपदीय भाषाओं में रचा गया इस काल का सारा साहित्य वस्तुतः आंचलिक साहित्य ही है। महापण्डित राहुल सांकृत्यायन ने हजारी प्रसाद द्विवेदी का उद्धरण देते हुए हिन्दी के समूचे संत साहित्य को लोकसाहित्य के भीतर समाविष्ट करने का प्रस्ताव किया है। वे लिखते हैं, ''हिन्दी साहित्य के निर्माण में लोकसाहित्य के तत्त्व प्रचुर परिमाण में पाए जाते हैं। अतः कुछ विद्वानों के मतानुसार इन्हें लोकसाहित्य की श्रेणी में रखा जा सकता है।" हजारी प्रसाद द्विवेदी ने इस विषय में गंभीर विवेचन करते हुए लिखा है, ''इन मध्य युग के संतों का लिखा हुआ साहित्य-कई बार तो यह लिखा भी नहीं गया, कबीर ने तो 'मसि कागद' छुआ ही नहीं था- लोकसाहित्य कहा जा सकता है या नहीं? क्यों कबीर की रचना लोकसाहित्य नहीं है? सच पूछा जाए तो कुछ अपवादों को छोड़कर मध्ययुग के संपूर्ण देशी भाषा के साहित्य को लोकसाहित्य के अंतर्गत लाया जा सकता है।'' (*जनपद*, वर्ष-1, अंक-1, पृष्ठ-71)। महापण्डित राहुल सांकृत्यायन की तो स्पष्ट मान्यता है कि ''हमारी सम्मति में हिन्दी साहित्य के वीरगाथा काल तथा भक्तिकाल की अधिकांश रचनाओं को लोकसाहित्य में अंतर्भुक्त किया जा सकता है, '' (*हिन्दी साहित्य का बृहद् इतिहास*, शोडष भाग, संपादकीय, पृ. 15) आचार्य रामचंद्र शुक्ल ने *सूरसागर* के गीतों का वैशिष्ट्य निरूपित करते हुए संभावना व्यक्त की है कि उनका संबंध लोकगीतों की मौखिक परम्परा से था। वे लिखते हैं, ''इन पदों के संबंध में सबसे पहली बात ध्यान देने की यह है कि चलती हुई ब्रज भाषा में सबसे पहली साहित्यिक रचना होने पर भी ये इतने सुडौल और परिमार्जित हैं। अतः सूरसागर किसी चली आती हुई गीत काव्य परम्परा का, चाहे वह मौखिक ही रही हो-पूर्ण विकास सा प्रतीत होता है, '' (*हिन्दी साहित्य का इतिहास*, रामचंद्र शुक्ल, पृ. 113)

निस्संदेह हम कह सकते हैं कि लगातार मिटते रहने के बावजूद आज भी लोकगीतों, लोकगाथाओं, लोककथाओं, लोकनाट्यों और लोकोक्तियों-कहावतों आदि के रूप में विशाल साहित्य हमारे यहाँ मौजूद है जो पूरी तरह प्रतिपक्ष का साहित्य है, शोषित वर्ग का साहित्य है, उसमें अभाव का दर्द और दुख की टीस जरूर है किन्तु उल्लास की जीवन्तता भी है।

लोक मानस में मनोरंजन का मुख्य आधार लोकगाथाएँ होती हैं। भारत के कोने-कोने के लोक जीवन में लोक गाथाएँ बिखरी पड़ी हैं। अकेले भोजपुरी लोक में आल्हा, लोरिकायन, सोरठी बृजाभार, बिहुला विषधरी, गोपीचंद, राजा भरथरी, कुंवर बिजयमल, राजा ढोलन, नयकवा बनजारा, चनैनी, बाला लखंदर आदि अनेक लोकगाथाएँ प्रचलित हैं। अनेक लोक कवियों, लोक कथाकारों और लोक नाटककारों ने अपनी रचनाओं से इस लोकसाहित्य को समृद्ध किया है। भिखारी ठाकुर ने बिदेशिया के माध्यम से बिहार और उत्तर प्रदेश के पूर्वी हिस्सों के लोक जीवन पर जो असर डाला उसका अन्यत्र उदाहरण मिलना कठिन है।

1857 का प्रथम स्वाधीनता संग्राम जिसे अंग्रेज़ों ने सिपाहियों का विद्रोह कहा है मुख्यतः सिपाहियों और किसानों द्वारा और खास तौर पर हिन्दी क्षेत्र में लड़ा गया। इस लड़ाई में अंग्रेज़ों के विरुद्ध संघर्ष का बिगुल बजानेवाले रणबांकुरों की वीरता के गीतों से लोकसाहित्य भरा पड़ा है। बाबू कुँवर सिंह, अमर सिंह, राना बेनी माधो सिंह, रानी लक्ष्मी बाई, तात्या टोपे आदि पर

असंख्य गीत लोककवियों द्वारा रचे गए। शासकों के इतिहास से अलग यह जनता का इतिहास है। वे क्रान्तिकारी जो शासकों के लिए डकैत, बुलवाई या गुण्डे थे, जनता के लिए नायक थे।

सामाजिक यथार्थ और ईमानदारी लोकसाहित्य का प्राण है। पितृसत्तात्मक समाज होने के कारण सदियों से नारी जाति पुरुष के अंकुश में रही है, भोग्या रही है। स्त्री-पुरुष संबंधों के इस सत्य को लोक कवियों ने तरह-तरह से व्यक्त किया है। ब्रज के एक लोक गीत में विवाह के अवसर पर एक यथार्थ को इस तरह प्रकट किया गया है–

''काए कूं धाए परदेस रे सुनि बाबुल मेरे ...
हम तो रे बाबुल तेरी अँगना की चिरियां, चुगि चुगि के उड़ि जाहिं रे सुनि बाबुल मेरे।
हम तो रे बाबुल तेरे खूंटा की गइया, जिती हांकि हंकि जाहि रे सुनि बाबुल मेरे।"

उपर्युक्त गीत में 'अँगना की चिड़ियाँ' और 'खूंटा की गइया' भारतीय सामन्ती समाज में नारी जाति की हकीकत का सबसे प्रामाणिक बयान है।

इसी तरह एक राजस्थानी लोकगीत में गाया जाता है कि यदि गर्भवती स्त्री पुत्र को जन्म देगी तो उसकी खाट ओबरिए (घर के केन्द्रीय कक्ष) में बिछाई जाएगी और उसकी हर तरह से देखभाल की जाएगी किन्तु यदि वह पुत्री को जन्म देगी तो उसका कोई ख्याल नहीं करेगा–

''जे थे जनमौली डावड़ों (लड़का) जी/थारी ओबरिए खाट घलांय, चिन्ता थारी म्हें करौं जी,
जे थे जनमौली डावड़ी (लड़की) जी/थारी चौड़ा में खाट घलाँय, चिन्ता थारी कुण करै जी''

भोजपुरी वह क्षेत्र है जहाँ के मेहनतकश लोग दुनिया के कोने-कोने में रोजी-रोटी की तलाश में गए या धोखे से ले जाए गए, परन्तु जहाँ भी गए वहाँ जंगल काटे, पहाड़ तोड़े और जमीन को सोना उगलने वाली बना दिया। भारत के अलावा मॉरीशस, फिजी, गुयाना, ट्रीनीडाड, सूरीनाम आदि मुल्कों की हरीतिमा इन्हीं के श्रम का परिणाम है। भोजपुरी क्षेत्र की एक नारी का पति परदेश चला गया है, क्यों गया? इसे वह अच्छी तरह समझती है। पैसे के लिए आदमी को क्या-क्या उद्यम नहीं करना पड़ता–

''रेलियान बैरी, जहजिया न बैरी हई पड़सवा बैरी ना
पिया के देसवा-विदेसवा घुमावे हई पड़सवा बैरी ना''

दहेज और गरीबी अनमेल विवाह के मूल कारण हैं। आमतौर पर बेटी की शादी में माँ की भूमिका नगण्य रहती थी। कभी-कभी तो शादी के लिए दरवाजे पर आने के समय ही बेटी और माँ दूल्हे को देख पाती थीं। ऐसे ही एक अनमेल विवाह को एक माँ शिव-पार्वती के माध्यम से इस तरह खारिज कर रही है–

''धिया ले के उड़बें, धिया ले के बुड़बें, धिया ले के जड़बें पताल,
अड़सन तपसिया के गउरा न देबें बरु गउरा रइहें कुँवार''

शिष्ट समाज के प्रतिनिधि महाकवि कालिदास को भले ही शिव-पार्वती की जोड़ी (पार्वती परमेश्वर) आदर्श प्रतीत होती हो किन्तु एक लोक कवि की प्रत्यक्ष दृष्टि कभी धोखा नहीं खा सकती और उसकी साफगोई के क्या कहने? वह शिव-पार्वती की जोड़ी को आदर्श नहीं मान सकती।

अपने जीवन की दर्दभरी दास्तान से ऊब चुकी नारी की दैव से यह विनती, उसकी कारुणिक दशा का स्वतः बयान कर देती है–

''चांद सुरुज तोरे पइयां लागूं, तिरिया जनम जनि देहु''।

भारतीय लोक जीवन में बिखरे इस विशाल लोकसाहित्य का अनुशीलन करने से पता चलता है कि इसमें लोक जीवन का यथार्थ है, पीड़ा है, दुख है, मगर उस दुख और पीड़ा से जूझने का संकल्प भी है, मुठभेड़ करने का साहस भी है। इस लोकसाहित्य में कोई बड़ा दर्शन, काव्यगत कलात्मकता, चमत्कार आदि नहीं मिलेगा। यहाँ सादगी है, प्रेम है, निष्ठा है, ईमानदारी

है और सुसंस्कार है। हमारे लोकसाहित्य में लोक का जो उदात्त चरित्र है वह शिष्ट साहित्य में दुर्लभ है। शिष्ट साहित्य और लोकसाहित्य के बीच का फासला वस्तुत: दो वर्गों के बीच का फासला है। यह दूसरा वर्ग समाज का बहुसंख्यक वर्ग है और इसके पास संवेदनाओं से सराबोर अपार साहित्य है। अवश्य ही यह लोकसाहित्य है किन्तु अपनी समृद्धि में किसी भी तरह शिष्ट साहित्य से कमतर नहीं है।

हिन्दी का क्षेत्र बहुत विस्तृत है। राजस्थान से लेकर झारखण्ड और उधर हिमाचल प्रदेश से लेकर छत्तीसगढ़ तक फैले इस व्यापक क्षेत्र में विविधता और बहुकेन्द्रियता तो होगी ही जबकि यह सारा क्षेत्र अलग-अलग दस राज्यों में बँटा हुआ है। लोकसाहित्य, लोकगीत, लोकगाथा, लोकनृत्य आदि की विविधता इस क्षेत्र का यथार्थ है किन्तु इनके बीच सत् प्रवाहित रस की एक सामान्य भावधारा स्रोतस्विनी की तरह बहती दिखाई देती है। नौटंकी, रामलीला, रासलीला भांड, ख्याल, स्वांग, कीर्तनिया, बिदेसिया, जाट-जटिन, माच, नाचा, गम्मत, फड़, राई, गवरी, नकल आदि हिन्दी के जातीय लोकनृत्य हैं। इसी तरह कहरवां, बिरहा, लोरिकायन, सोरठी बृजभार, बाला लखंदर, आल्हा, फाग, माढ़, चंदैनी, पण्डवानी, पंथी, सुवा, करमा, ददरिया, पवाड़ा, जागर आदि हिन्दी क्षेत्र की प्रचलित लोकगाथाएँ हैं।

इस समूचे क्षेत्र में महाभारत और राम की आधार कथा ने भक्ति आन्दोलन के प्रभाव से अपना एक विशिष्ट लीला रूप धारण किया। यद्यपि रामलीला को धार्मिक रंगमंच का रूप माना जाता है पर इसमें भक्ति और धर्म पर अतिरिक्त बल आम तौर पर नहीं दिया जाता। लीला का दूसरा नाट्य रूप रासलीला संगीत नृत्य पर आधारित है। जहाँ रामलीला में अभिनय का रूप सहज है वहाँ रासलीला का नृत्यात्मक। रासलीला को रामलीला से प्राचीन माना जाता है। राजस्थानी गाथाओं-नाटकों के मिले-जुले लोकरूप रास, रासों या रासक से इस नाट्य रूप का विकास माना जाता है। दशरथ ओझा के शब्दों में, ''रास के दो मुख्य तत्त्व हैं एक नृत्य और दूसरा रूपकत्त्व, इन दोनों की शैली और परम्परा संस्कृत की नाट्य शैली से सर्वथा भिन्न है। इससे यह अनुमान प्रमाणित होता है कि रास हिन्दी नाटकों की स्वतंत्र शैली है जिसके प्रभाव से ही आगे चलकर गीतिनाट्य की सृष्टि हुई'', (*हिन्दी नाटक : उद्भव और विकास*, पृ. 74)।

राजस्थान की इस रासक परम्परा ने भक्ति आन्दोलन के समय विशेष रूप से कृष्ण भक्तों को अपनी ओर आकर्षित किया। बल्लभाचार्य, हरिदास, हितहरिवंस, नारायण भट्ट आदि ने रासक की संगीत-नृत्य-नाट्य परम्परा को कृष्ण के अवतारी कृत्यों के अनुकूल पाया। इस तरह सोलहवीं शताब्दी में रासलीला का प्रारम्भ हुआ। नन्द दास, परमानन्द दास, चतुर्भुज दास, ध्रुव दास, वृन्दावन दास, नागरी दास, दामोदर स्वामी, ब्रजवासी दास आदि ने लीला के अनुरूप रचनाएँ कीं। कृष्ण-भक्ति शाखा के कवियों पर इसका गहरा प्रभाव पड़ा।

आशीष त्रिपाठी के शब्दों में, ''तुलसी के रामचरितमानस एवं रामलीला के पूर्व यद्यपि रामकथा की परम्परा प्रभावी रूप से मौजूद थी परन्तु भक्ति आन्दोलन का आधार पाकर उसने लोकप्रियता के प्रतिमान गढ़े। रामलीला के पहले रामकथा का मंचन होना स्वीकार किया गया है। अभिनेताओं, गायकों के लिए जिस तरह बाल्मीकि के कथा गायकों लव-कुश जैसा नाम कुशीलव प्रयुक्त होता रहा है- उससे यह अनुमान और भी दृढ़ होता है। स्वांग, रासलीला के तत्त्वों के परस्पर मेलजोल और रामचरितमानस की कथा और पाठ का आधार लेकर तुलसीदास ने रामनगर (बनारस) की रामलीला का विशिष्ट रूप रचा। रामलीला और रासलीला की तरह ही भक्ति आन्दोलन की पृष्ठभूमि पर आधारित शैली कीर्तनिया नाट है। जहाँ रासलीला प्रमुखत: ब्रजक्षेत्र में, रामलीला संपूर्ण उत्तर भारत में खेली गई वहीं कीर्तनिया विशेष रूप से मिथिला और नेपाल में प्रचलित हुआ। रामलीला और रासलीला पर स्वांग का प्रभाव नगण्य मान लिया जाए पर यह स्पष्ट है कि हिन्दी क्षेत्र की अन्य शैलियाँ नौटंकी, विदेसिया, ख्याल, माच आदि इसी की कोख से जन्मीं''। (*मड़ई*-2004, पृ. 197)

उल्लेखनीय यह है कि लोकरंग की इस परम्परा को हिन्दू और मुसलमान दोनों ने मिलकर समृद्ध किया है। स्वांग परम्परा को नया आयाम देने वाले इंदरमन अखाड़े के पं. नत्थाराम शर्मा गौड़ के दल में मुल्लाराय के साथ-साथ बंदी खलीफा और मैकू उस्ताद भी थे। पं. नत्थाराम शर्मा ने विविध विषयों पर लगभग एक सौ स्वांगों की रचना की है। वे श्रेष्ठ स्वांगकार के साथ-साथ

श्रेष्ठ निर्देशक, प्रबंधक, संगीतज्ञ और अभिनेता थे। इसी तरह श्रीकृष्ण पहलवान की नौटंकी कम्पनी की चार शाखाएँ एक ही समय देश के विभिन्न भागों का दौरा करती थीं। प्रत्येक शाखा ऐसे साधनों से लैस रहती थी कि एक साथ बैठकर लगभग पन्द्रह हजार लोग प्रदर्शन देख सकते थे। इनके सहयोगियों में त्रिमोहन लाल, भोला बाबू, मिश्रीलाल, पन्ना लाल और नैयर साहब के साथ यासीन मियाँ भी थे।

उन्नीसवीं सदी में ही स्वांग और नौटंकी की तरह ख्याल और माच नामक शैलियों का वर्तमान राजस्थान और मध्य प्रदेश में उदय हुआ। प्रसिद्ध नाटककार हमीदुल्ला ने अठारहवीं सदी से इसका प्रारम्भ माना है। (*राजस्थान की सांस्कृतिक परम्परा–हमीदुल्ला*, संपादक–जयसिंह नीरज, पृ. 150)। श्याम परमार के अनुसार ख्याल मिश्रित ढँग की रचना है तो भी उसके पृष्ठ में रास, यात्रा और भवाई का प्रभाव निस्संदेह रहा होगा। (*लोक नाट्य परम्परा*–डॉ. श्याम परमार, पृ. 34)

उन्नीसवीं सदी में ख्याल की परम्परा से ही माच का उदय हुआ। माच के प्रथम गुरु बालमुकुन्द ने 1844 में मालवा उज्जैन के जयसिंहपुरा में पहला खेल प्रस्तुत किया। शाब्दिक अर्थ में माच, मंच शब्द का तद्भव रूप ही नहीं, बल्कि एक रूढ़ शब्द है। माच अर्थात् मंच बनाकर खेले जाने वाले खेल अर्थात् नाट्य प्रस्तुतियाँ। इसकी पहचान आज भी मालवा के विशिष्ट नाट्य रूप के रूप में है।

हिन्दी क्षेत्र की लोक रंग परम्परा में बीसवीं सदी विदेशिया, गम्मत और नाचा के विकास की सदी है। छत्तीसगढ़ का प्रतिनिधि लोकनाट्य नाचा है। हबीब तनवीर के आधुनिक रंग प्रयोगों ने प्रेक्षकों, चिन्तकों का ध्यान इस रूप की ओर आकर्षित किया। पूर्वी उत्तर प्रदेश और बिहार के भोजपुर क्षेत्र की विदेशिया शैली का प्रादुर्भाव भिखारी ठाकुर से जुड़ा है। लोकनाट्यों पर व्यक्ति विशेष का इतना गहरा प्रभाव बहुत कम दिखाई देता है। कमाने के लिए परदेश जाने से होने वाले अलगाव, बाल विवाह, अनमेल विवाह, विधवा बहिष्कार, अंधविश्वास, बहु विवाह, स्त्री तिरस्कार आदि को उन्होंने अपना विषय बनाया। उनके नाटकों को मिलने वाली अपार लोकप्रियता अन्यत्र बहुत कम दिखाई देती है।

हाल के दिनों में छत्तीसगढ़ की पंडवानी को मिलने वाली लोकप्रियता भी उल्लेखनीय है। सावली मित्र और तीजनबाई ने इसे लोकप्रियता की पराकाष्ठा तक पहुँचा दिया। पंडवानी में पाण्डवों या महाभारत की किसी कथा को एक ही कलाकार अपने गान, गतियों और मुद्राओं द्वारा प्रस्तुत करता है। मेवात क्षेत्र में प्रचलित पण्डून कौकड़ अर्थात पाण्डवों की कथा विशेष प्रचलित है। इस लोक कथा के रचनाकार जनकवि सादुल्ला और नबी खां को माना जाता है। कवि सादुल्ला भरतपुर महाराजा सूरजमल के समकालीन थे। मेवाती के इस लोक महाभारत का मेवात क्षेत्र जनजीवन पर गहरा प्रभाव है। इसी तरह राजस्थान की फड़, गवरी आदि लोकरंग की परम्पराएँ भी हैं। समूचे हिन्दी प्रदेश में प्रचलित बहुरूपिया और भाड़ की लोक रंग विधाएँ भी प्रचलन में थी जो आज लगभग समाप्तप्राय हैं।

समूचे हिन्दी प्रदेश में प्रचलित इन लोकरंग परम्पराओं की तीन सबसे महत्त्वपूर्ण विशेषताएँ हैं–पहली है कि इनके आधार विषय या तो रामकथा है या महाभारत की कथा। दूसरी महत्त्वपूर्ण विशेषता है कि लोकरंग की इन सारी विधाओं में हिन्दू और मुसलमान दोनों समुदाय के लोगों ने समान रूप से योगदान दिया है और तीसरी विशेषता यह है कि शैली और शिल्प की दृष्टि से इनमें अद्भुत समानता है। स्वांग का असर लगभग सभी रंगविधाओं पर देखा जा सकता है। हाँ, क्षेत्र की व्यापकता के कारण लोकरंग की परम्परा में वैविध्य स्वाभाविक है किन्तु उनमें विषय, समुदाय और शिल्प तीनों ही क्षेत्रों में एकरूपता इन्हें एक ही संस्कृति का हिस्सा प्रमाणित करती है इसलिए ये एक ही जाति की विरासत हैं।

यही कारण है कि जो लोग उर्दू में लोकसाहित्य को ढूँढने निकलते हैं उन्हें आमतौर पर निराशा ही हाथ लगती है। ताहिरा परवीन ने उर्दू लोकसाहित्य के अंतर्गत लोरियां, कजली और बारहासे को गिनाते हुए नजीर अकबराबादी की कविताओं का जिक्र किया है और लिखा है, ''गर्ज कि नजीर अकबराबादी के जरिए उर्दू की अवामी शायरी की प्रथा परवान चढ़ी वहीं पर यह भी हुआ कि दबे पांव उर्दू शायरी में लोकसाहित्य और लोक तत्त्व भी दाखिल हुए।''

जाहिर है, शासक वर्ग की अनवरत साजिशों के बावजूद आज भी लोक मानस में हिन्दी-उर्दू का भेद जड़ नहीं जमा सका है। यह समूचा क्षेत्र एक जातीय क्षेत्र है, जिसमें हिन्दी जाति बसती है और जिसे विभिन्न जनपदीय भाषाएँ अपने रंग बिरंगे आंचलिक साहित्य से समृद्ध करती हैं। हिन्दी का लोक अपने परिमाण और वैविध्य में अद्वितीय है।

सूरदास जी ने ब्रज बोली को दूर दूरान्त प्रांतों तक नागर-भाषा के रूप में प्रतिष्ठित कर दिया। उनकी लोकप्रिय ब्रजभाषा से प्रभावित होकर ही तुलसीदास जी ने भी ब्रजभाषा में काव्य रचनाएँ की जबकि वह अवधी के महान कवि थे। दूसरी बात यह भी ध्यातव्य है कि सूरदास के परवर्ती काल में सैकड़ों-सहस्रों ऐसे कवि हुए जिन्होंने सूरदास से अनुप्रेरित होकर ब्रजभाषा में काव्य रचनाएँ की, तब तुलसीदास के बाद में अवधी भाषा में इतना सम्मोहन नहीं बना था।

सूरदास हिन्दी के महानतम कवि थे। आज की हिन्दी खड़ी बोली का सर्वाधिक मूलाधार सूर की ब्रजभाषा ही है। यदि हिन्दी साहित्य के इतिहास में से ब्रजभाषा काव्य सम्पदा को शेष कर दिया जाए तो फिर इतिहास के रूप में शून्य ही रह जाएगा। अत: सूर वास्तव में अपने समय के सूर्य थे।

13. हिन्दी एक भाषा या अनेक?

भारत में भाषाओं की विविधता देखकर कुछ यूरोपीय विद्वानों ने इस देश को भाषाओं का अजाएबघर कहा था। हिन्दी क्षेत्र की भाषाओं-बोलियों की संख्या देखकर किसी को लग सकता है कि यह तो महान-अजाएबघर है। हिन्दी क्षेत्र में कुल दस राज्य हैं–बिहार, उत्तर प्रदेश, मध्य प्रदेश, राजस्थान, दिल्ली, छत्तीसगढ़, हरियाणा, हिमाचल प्रदेश, उत्तराखण्ड और झारखण्ड। देश और दुनिया के कुछ हिस्सों में हिन्दी अलग-अलग ढंग से बोली जाती है। देश के इन राज्यों में भी हिन्दी के अनेक रूप हैं। यह गौरव की बात है कि धरती पर एक नहीं कई छोटे-बड़े भूखण्ड हैं, जहाँ हिन्दी है। इस भाषा का इस्तेमाल करने वालों की संख्या भारत में 2001 के जन-सर्वेक्षण के अनुसार लगभग तिरालीस करोड़ है। इतनी बड़ी आबादी में हिन्दी का एक ही रूप हो, यह जातीय विकास के वर्तमान मोड़ पर संभव नहीं है।

हिन्दी का तेजी से विकसित होता हुआ एक रूप मानक खड़ी बोली है। इसके साथ हिन्दी के बोलचाल और कई तरह से व्यवहार के भी अनेक रूप हैं। हिन्दी कुछ खास ढंग से भारत के शहरों मुम्बई, कोलकाता, हैदराबाद, अण्डमान और चेन्नई में बोली जाती है। हिन्दी के दकनी हिन्दी, मुम्बइया हिन्दी, कलकतिया हिन्दी, बाजारू हिन्दी जैसे रूप बताए गए हैं। यह मॉरीशस, फिजी, सूरीनाम, घाना, त्रिनिदाद, साउथ अफ्रीका, नेटाल आदि में भी विशिष्ट रूप में बोली जाती है। हिन्दी के भाषिक ढांचे में उसकी विविधता और मानकता-दोनों पर काफी चर्चा हुई है। भाषा वैज्ञानिकों ने इस मामले को कई दृष्टिकोणों में जिनमें प्रमुख हैं-औपनिवेशिक और राष्ट्रीय परखा है। हिन्दी को अनेक भाषाओं के रूप में देखनेवालों और खड़ी बोली हिन्दी को अंग्रेज़ी राज की निर्मित माननेवालों का एक वर्ग है, जो जॉर्ज ग्रियर्सन के औपनिवेशिक भाषा का अनुगामी है। इसके विपरीत, हिन्दी के हिन्दी क्षेत्र की बोलियों-भाषाओं के बीच से दीर्घजातीय विकास को महत्त्व देने वाले कुछ लेखक हैं, जो मुख्य रूप से रामचंद्र शुक्ल और रामविलास शर्मा के राष्ट्रीय भाषा चिंतन का समर्थन करते हैं।

2001 के जन-सर्वेक्षण में हिन्दी के पचास विशिष्ट रूप (वेराइटीज) बताए गए हैं। ये बोलनेवालों की संख्या के साथ इस प्रकार हैं–

हिन्दी के भीतर भाषाएँ और मातृभाषाएँ	बोलनेवालों की संख्या
1. अवधी	422, 048, 642
2. बघेली/बघेलखण्डी	2, 529, 308
3. बागड़ी राजस्थानी	2, 865, 011
4. बंजारी	1, 434, 123

5. भद्रवाही	66, 918
6. भरमौरी/गड्डी	66, 246
7. भोजपुरी	33, 099, 497
8. ब्रजभाषा	574, 245
9. बुंदेली	3, 072, 147
10. चंबेली	126, 589
11. छत्तीसगढ़ी	13, 260, 186
12. चुरही	61, 199
13. धुंधेरी	1, 871, 130
14. गढ़वाली	2, 267, 314
15. गुर्जरी	762, 332
16. हड़ौती	2, 462, 867
17. हरियाणवी	7, 997, 192
18. हिन्दी	257, 919, 635
19. जौनसारी	114, 233
20. कांगड़ी	1, 122, 843
21. खैराड़ी	11, 937
22. खड़ी बोली	47, 730
23. खोरथा/खोट्टा	4, 725, 927
24. कुल्वी	170, 770
25. कुमाउँनी	2, 003, 783
26. कुर्माली थार	425, 920
27. लाबणी	22, 162
28. लामणी/लंबाडी	2, 707, 562
29. लंरिया	67, 697
30. लोधी	139, 321
31. मागधी/मगही	13, 978, 565
32. मालवी	5, 565, 167
33. मांडेअली	611, 930
34. मारवाड़ी	7, 936, 183
35. मेवाड़ी	5, 091, 697

36. मेवाती	645, 291
37. नागपुरिया	1, 242, 586
38. निमाड़ी	2, 148, 146
39. पहाड़ी	2, 832, 825
40. पहाड़ी	193, 769
41. पंच परगनिया	16, 285
42. पंगवली	425, 745
43. पवरी/पोवारी	18355, 613
44. राजस्थानी	2, 044, 776
45. सदन/सदीर	31, 144
46. सिरमौरी	59, 221
47. सोंदवारी	160, 736
48. सुगाली	1, 458, 533
49. सुरगुजिया	1, 217, 019
50. सुरजपुरी	14, 777, 266
51. अन्य	422, 048, 642

उपर्युक्त भाषाओं में राजस्थानी, मगही आदि हैं, पर मैथिली नहीं है। पचास रूपों के अलावा अंगिका, कवारसी, दक्खिनी, कन्नौजी, बज्जिका, कोशिका, थारो, हल्बी, लड़िया, कशिका इत्यादि बोलियाँ हैं, जो अन्य की श्रेणी में शामिल हैं। मैथिली समेत उपर्युक्त सभी भाषाओं की लोकसंस्कृति, उनके अद्‌भुत नाद सौंदर्यवाले शब्दों और उन्नत सामाजिक संस्कारों को बचाने की जरूरत है। इसके अलावा, यह भी देखना होगा कि स्थानीय स्तर पर उपर्युक्त सभी भाषाओं-उपभाषाओं-बोलियों के लोग जब स्थानीयता से बाहर निकलते हैं, तो उनका पहला संपर्क खड़ी बोली हिन्दी से होता है। हिन्दी उपर्युक्त भाषा-रूपों की छतरी नहीं है, बल्कि उनका जातीय विकास है। हिन्दी पट्‌टी के लोग एक विराट क्षेत्र में छोटे-छोटे समूहों में लम्बे काल तक रहे हैं। हो सकता है, ये भाषिक समुदाय कुछ पृथकता में रहे हों। फिर भी ऐसा नहीं है कि उनके बीच सामाजिक और सांस्कृतिक संबंध नहीं हैं, ऐसा भी नहीं है कि उनमें संवाद और घुलना मिलना नहीं रहा है। जो बाकी सभी से पूरी तरह कटी हो। हरेक का ही दो-पाँच-दस उपभाषाओं या बोलियों से अंतर्संबंध है। निश्चय ही सभी में जातीय अंतर्संबंध की एक विस्तृत शृंखला भी शोध करके खोजी जा सकती है। यही वजह है कि इस पट्‌टी में हिन्दी ही काम में आती है और लोकप्रिय है।

हिन्दी के विभिन्न शेड्स हैं, अलग-अलग क्षेत्र में अलग-अलग उच्चारण है, विशिष्ट स्थानीय छौंक है और बाजार में इसका एक अंग्रेज़ी मिश्रित रूप भी चल रहा है। एसएमएस, विज्ञापन और कुछ अन्य जगहों पर रोमन लिपि में हिन्दी लिखी जा रही है। हिन्दी में विविधता है। कोई कह सकता है, हिन्दी नहीं हिन्दियों है। हिन्दी की विविधता उसकी जातीय शक्ति है। इसमें कठोरतापूर्वक एकरूपता लाने की कोशिश हिन्दी के प्रति अलोकतांत्रिक व्यवहार माना जाएगा। इसका यह अर्थ नहीं है कि हिन्दी दस राज्यों और देश में विभिन्न रूपों में बोली जानेवाली राष्ट्रीय भाषा नहीं है। यह उन प्रवासियों के बीच भी बोली जाती है, जो अंग्रेज़ी राज में एक समय बंधुआ मजदूर के रूप में लैटिन अमेरिका, अफ्रीका के देशों में ले जाए गए थे। यह राष्ट्रीय भाषा के साथ एक अंतर्राष्ट्रीय भाषा भी है।

हिन्दी एक भाषा नहीं है, हिन्दी हिन्दीपट्टी की जातीय अखण्डता की भाषा नहीं है, हिन्दी कोई भाषा ही नहीं है और हिन्दी कई भाषाओं का गुच्छा है जो कभी भी बिखर जाएगा- इस तरह की चर्चा होती है। कुछ भाषा चिंतक अंग्रेज़ी राज के जमाने के बौद्धिक उपनिवेशवाद का शिकार होकर ऐसा कहते हैं। वे राष्ट्रीय भाषा के रूप में हिन्दी के विकास और इसके शक्तिशाली समावेशी चरित्र से अनभिज्ञ होते हैं। गनीमत है कि जनता भाषा वैज्ञानिक नहीं होती, वह दीवारें नहीं बनाती। वह पृथकता नहीं जातीय आंतरिकता से बंधी होती है। यही वजह है कि हिन्दीपट्टी में जाति, धार्मिक आस्था, रीतिरिवाज, यहाँ तक कि भाषा रूप की छोटी-मोटी भिन्नताओं के बावजूद लोगों के बीच जातीय आंतरिकता के पुल रहे हैं, जिनकी वजह से इतनी बड़ी आबादी के बीच अंतत: हिन्दी खड़ी बोली जातीय भाषा के रूप में विकसित हो सकी। निश्चय ही इसमें उर्दू का योगदान कम महत्त्वपूर्ण नहीं है। दक्खिनी कवि बरहानुद्दीन जानम (1522) का एक उदाहरण है। उन्होंने अपने *अरशादनामा* में अपनी भाषा के संबंध में लिखा था, 'यह सब बोलूं हिन्दी बोल'। हिन्दी खड़ीबोली वस्तुत: हिन्दी क्षेत्र की कई भाषाओं और बोलियों को आत्मसात् करती हुई, इन भाषाओं और बोलियों के भीतर से जातीय भाषा के रूप में स्वत: विकसित हुई है और बंगाली, तमिल, मराठी जातियों की तरह हिन्दी जाति का गठन हुआ है। यह भी एक महत्त्वपूर्ण तथ्य है कि भारत के एक विशाल क्षेत्र की जातीय भाषा बनने के अलावा यह हिन्दुस्तान के लोगों के बीच आपसी संपर्क की भाषा भी बनकर उठ खड़ी हुई है।

हिन्दी के कई भाषा-रूपों के संबंध में ग्रियर्सन ने सबसे पहले पश्चिमी हिन्दी और पूर्वी हिन्दी का विभाजन किया था। ग्रियर्सन का एक भाषा वैज्ञानिक आविष्कार बिहारी भाषा है। इसमें मगही, मैथिली और भोजपुरी तीन जनपदीय उप-भाषाएँ रखी गई थीं। द्विवेदी जी ने 1917 की *सरस्वती* में अपना प्रतिवाद रखा। ग्रियर्सन ने लिखा कि मागधी प्राकृत से चार भाषाएँ उत्पन्न हुईं—बिहारी, बंगला, उड़िया और आसामी। वे बिहार की भाषा को हिन्दी नहीं कहते, बिहारी कहते हैं। इसलिए कि उसकी प्रकृति हिन्दी से भिन्न है, वह बंगला से अधिक मिलती है, हिन्दी से कम। द्विवेदी जी के अनुसार, मगही, मैथिली और भोजपुरी भाषाओं की प्रकृति बंगला से अधिक हिन्दी से मिलती है। इस क्षेत्र के लोग अपनी स्थानीय ग्राम्य भाषा से जिस साधु जातीय भाषा की ओर अतंत: जाते हैं, वह बंगला नहीं हिन्दी है। ग्रियर्सन ने अपना भाषा सर्वेक्षण 1898-1927 की अवधि में पूरा किया था। बीच में ही महावीर प्रसाद द्विवेदी ने सर्वेक्षण के औपनिवेशिक राजनीतिक उद्देश्य का पर्दाफाश कर दिया, क्योंकि इस सर्वेक्षण में राष्ट्रीय भाषा के रूप में खासकर हिन्दी को इसके ऐतिहासिक विकास में नहीं देखा गया था और हिन्दी को तोड़ने की कोशिश की गई थी।

हिन्दी के विविध रूपों को भिन्नताएँ नहीं समझ लेना चाहिए। हमारे देश में भाषायी विविधता एक तथ्य है। उतना ही बड़ा तथ्य है सांस्कृतिक ओर जातीय आंतरिकता। आज यदि देश में दूसरी भाषाओं के लोग भी नजदीक लगते हैं तो सांस्कृतिक आंतरिकता की वजह से। इसी तरह यदि एक ही राष्ट्रीय भाषा क्षेत्र के दूसरी बोली, उपभाषा या भाषा के लोग नजदीक लगते हैं तो यह जातीय आंतरिकता की वजह से। नि:संदेह यह आंतरिकता एक महत्त्वपूर्ण तत्त्व है, जो मनुष्य की पहचान को लघु सीमा से एक वृहद दायरे में ले जाती है। उपनिवेशवाद के निशाने पर अक्सर यह जातीय आंतरिकता ही होती है, ताकि मनुष्य की पहचान संकुचित हो जाए। उसे आए दिन जाति और धर्म के अलावा भाषा के स्तर पर भी संकुचित किया जाता है।

हिन्दी एक बड़े भूखण्ड के लोगों की राष्ट्रीय भाषा है। अवधी, ब्रज, भोजपुरी, छत्तीसगढ़ी, बुंदेली का हिन्दी से क्या संबंध है, उर्दू और हिन्दी का क्या संबंध है, मैथिली और राजस्थानी का हिन्दी से क्या संबंध है, हिन्दी का गुजराती, पंजाबी, मराठी, बांग्ला से क्या संबंध है, हिन्दी का हिन्दी क्षेत्र की जनजातीय भाषाओं से क्या संबंध है। यह देखे बिना तय करना असंभव है कि हिन्दी एक भाषा है या अनेक भाषाएँ। हमें इन भाषाओं के बीच जातीय आंतरिकता और अंतरावलंबन को समझना होगा, सिर्फ दूरियाँ नहीं देखनी चाहिए। हिन्दी क्षेत्र में बोलियों के पुनरुत्थान के उद्देश्य से कभी-कभी हिन्दी वर्चस्व की कल्पना की जाती है। हिन्दी खुद सदियों से दबाई और कुचली गई भाषा है। इसने बड़ा संघर्ष करके अपनी एक राष्ट्रीय जगह बनाई है। अभी भी उसके विकास के मार्ग में कम रुकावटें और समस्याएँ नहीं हैं। आज जिन क्षेत्रों में बोलियों का पुनरुत्थान कुछ जोर पर है, वे ब्रज, अवधी, हरियाणवी के विकसित क्षेत्र न होकर मुख्यत: आर्थिक रूप से पिछड़े क्षेत्र हैं। भाषा-बोली विवाद के आर्थिक पहलू को नजर में रखना होगा। हिन्दी के प्रसिद्ध आलोचक रामविलास शर्मा ने स्पष्ट किया है, भाषा और बोली का भेद केवल भाषागत भेद नहीं

है, वह सामाजिक भेद भी है। (*भारत की भाषा समस्या*)। हिन्दी क्षेत्र की भाषाओं-उपभाषाओं-बोलियों को आठवीं अनुसूची में मान्यता मिलने से हिन्दी बोलनेवालों की संख्या कम होती जाएगी। उसका देश में और अंतर्राष्ट्रीय क्षितिज पर सम्मान घटेगा।

रामविलास शर्मा ने हिन्दी क्षेत्र की बोलियों और उपभाषाओं को महत्त्व दिया है, ये बोलियाँ मुहावरों, सुंदर अर्थव्यंजक शब्दावली और अलंकृत वचनों से समृद्ध हैं। टकसाली भाषा (हिन्दी) के लेखक इनसे बहुत कुछ सीख सकते हैं। वह बोलियों के सौंदर्य और इसकी सांस्कृतिक विरासत को लेकर हिन्दी की बात करते हैं, हिन्दी को जड़विहीन कास्मोपोलिटन भाषा बनाना नहीं चाहते। साथ ही, वह हिन्दी की एकरूपता पर जोर नहीं देते, हैदराबाद और कलकत्ते की तरह बंबई की अपनी हिन्दी है और उसका अपना रस है। हिन्दी प्रदेश के बाहर ही नहीं, इस प्रदेश के भीतर हिन्दी के स्थानीय रूप हैं। इससे सिद्ध होता है कि हिन्दी प्रदेश के जनपदों पर हिन्दी लादी नहीं गई। वह आगे बढ़कर यहाँ तक कहते हैं, जो लोग परिनिष्ठत भाषा का ही व्यवहार सर्वत्र देखना चाहते हैं, वे हिन्दी की शक्ति के एक बहुत बड़े स्रोत को बंद कर देना चाहते हैं। रामविलास शर्मा हिन्दी जातीय चेतना को उदारवादी, लोकतांत्रिक और समावेशी बनाना चाहते हैं, ताकि यह न कठोर हो ओर न विशिष्ट वर्गों की प्रतिनिधि भाषा।

भूमण्डलीकरण के युग में हिन्दी का बाजार में व्यावसायिक उपयोग बढ़ रहा है, पर समाज में आदर घटा है। एक तरफ हिन्दी में बाहर-भीतर से तोड़फोड़ है। दूसरी तरफ, हिन्दी को लेकर हिन्दीभाषियों में उस तरह जातीय स्वाभिमान की भावना नहीं है, जिस तरह तमिल को लेकर तमिलभाषियों, बांग्ला को लेकर बांग्लाभाषियों में तथा अन्य हिन्दीतर राज्यों में अपनी भाषा को लेकर है। देश के सभी महानगरों में एलीट और साधारण के बीच निर्मम विभाजन का असर हिन्दी पर भी पड़ा है। हिन्दी का एलीट वर्ग हिन्दी से दूर हुआ है या इसने हिन्दी का एक इंग्लिश रूप बना लिया है, 'यही है राइट च्वायस बेबी।' अंग्रेज़ी आठवीं अनुसूची में नहीं है, पर यह सभी भारतीय भाषाओं के सीने पर सवार है। अंग्रेज़ी सुनने से ज्यादा हिन्दी में घुसी है और आज की शिक्षित नई पीढ़ी के बीच हिन्दी का एक नया रूप बना है।

भाषा और संस्कृति के बीच गहरा संबंध है। कहा जा सकता है कि भाषा से सांस्कृतिक पहचान भी होती है। इन दिनों संस्कृति की धारणा काट-छांट कर संकुचित कर दी गई है, यह अतीत के रूढ़िवाद के आश्रय में संकुचित हुई है या अंग्रेज़ी वर्चस्व वाली पश्चिमी आधुनिकता के आश्रय में जड़विहीन हुई है। इसका असर हिन्दी पर पड़ा है। हिन्दी भी इन दिनों रूढ़िवाद के आश्रय में गई है या कहीं पश्चिमी आधुनिकता के अधीन है। हिन्दी में एक बार फिर बिखराव या विघटन लक्षित किया जा सकता है। इसलिए यह प्रश्न उठ रहा है कि अवधी हिन्दी एक भाषा है या अनेक भाषाएँ। किसी समय राहुल सांकृत्यायन ने मांग की थी कि उन प्रदेशों में जनतंत्र कायम किया जाए, जहाँ ब्रजभाषा, बुंदेलखण्डी आदि का चलन है। रामविलास शर्मा ने यह सवाल उठाया कि, अवधी, ब्रजभाषा, बुंदेलखण्डी आदि बोलियाँ हैं या भाषाएँ, उनके बोलने वाले हिन्दुस्तानी जाति के अंतर्गत हैं या भिन्न-भिन्न स्वतंत्र जातियों के रूप में विकसित होंगे। दूसरा प्रश्न यह है कि क्या इनमें से हरेक के लिए प्रजातंत्र या प्रांत बनना चाहिए।

भारतेन्दु हरिश्चंद्र भोजपुरी क्षेत्र के थे, राधाचरण गोस्वामी ब्रज क्षेत्र के थे और प्रताप नारायण मिश्र अवधी क्षेत्र के थे। भारतेन्दु युग में इन सभी ने गद्य के लिए हिन्दी खड़ीबोली को अपनाया था। हम देख सकते हैं कि पिछले दो सौ वर्षों में साम्राज्यवादी अवरोधों की वजह से ही हिन्दी की जातीय एकता उतनी मजबूत नहीं हो सकी, हिन्दी को अनेक भाषाओं की भूमि के रूप में देखा गया। आधुनिक हिन्दी साहित्य में जातीय एकता की यह चेतना झलकती है, पर सामाजिक जीवन में विविध स्तरों पर फूट डालने की कोशिश अब भी जारी है। हिन्दी में अंग्रेज़ी घुसाकर इसका अहिन्दीकरण एक अलग समरूपता है। कहना होगा कि हिन्दी पट्टी की देशज बौद्धिकता अपनी स्थानीय ठसक के साथ नए सिरे से सामने आ रही है, इसकी छवि उपन्यास और अन्य साहित्यिक विधाओं में स्पष्ट रूप से मिलती है। निश्चय ही इसे इस कास्मोपोलिटन दृष्टिकोण से नहीं देखना चाहिए कि हिन्दी की जमीन खिसकती जा रही है। इसे स्थानीय अस्थिरता की आवाज, लोकसंस्कृति के संरक्षण और हिन्दी में लोकतंत्र की मांग के रूप में देखना चाहिए। हिन्दी में विविध स्थानीय आवाजों और चेहरों का आना हिन्दी की विविधता है, इससे हिन्दी अनेक भाषाएँ नहीं हो जाती।

हिन्दी के विशाल क्षेत्र में यूरोपीय भाषाओं की तरह हिन्दी के एक मानक या एक शक्तिशाली रूप का पूरा विकास नहीं हो सका। आज भी इस क्षेत्र की एक बड़ी आबादी हिन्दी खड़ीबोली से जुड़ नहीं पाई है। इसके अलावा हिन्दीभाषी लोगों में हिन्दी को लेकर जातीय स्वाभिमान नहीं है और वे कला-साहित्य से प्राय: विछिन्न हैं। इसकी कुछ खास वजहें हैं। पहली वजह यह है कि साम्राज्यवादी दमन इतना भयंकर था। बांग्ला नवजागरण की तरह हिन्दी नवजागरण हिन्दी क्षेत्र में पूरी तरह घटित नहीं हो पाया, दूसरी वजह है शिक्षा की कमी। हिन्दी क्षेत्र में निरक्षरता काफी है और जो पढ़े-लिखें हैं, उनमें कूपमंडूकता बहुत अधिक है। तीसरी वजह, हिन्दी क्षेत्र में औद्योगीकरण विलम्ब से शुरू हुआ। इस क्षेत्र में काफी आर्थिक पिछड़ापन है। चौथी वजह, सत्ता की राजनीति ने हिन्दी क्षेत्र में संकीर्णता फैलाई, इसे हिन्दी के स्तर पर भी बांट दिया। पांचवी वजह, हिन्दी पट्टी के लेखकों, शिक्षकों और दूसरे बुद्धिजीवियों का हिन्दी नवजागरण के कार्यों से उदासीनता है, छठी वजह, मुम्बई के मनोरंजन उद्योग, धर्मगुरुओं-स्वामियों-बाबाओं का हिन्दी लोगों के दिलोदिमाग पर व्यापक असर है, जिससे हिन्दी की बुद्धिपरक संस्कृति पनप नहीं पाई है। इसी वजह से हिन्दी क्षेत्र में कलाओं और साहित्य का संयोग नहीं हुआ। इसकी जगह मुंबइया या धार्मिक मनोरंजन और 'सिलेब' छाए रहे। सातवीं वजह है, श्रमजीवी आंदोलन अर्थवाद में फंसा दिया गया। गाँधी के बाद सांस्कृतिक सुधार और हिन्दी की सामाजिक उन्नति का काम प्राय: ठहर गया। हिन्दी के विकास की जिम्मेदारी जिन सरकारी संस्थानों पर थी, उन्हें भ्रष्टाचार खा गया। ये कुछ वजहें हैं, जिनसे समझ में आ सकता है कि दूसरी किसी भी भारतीय भाषा की तुलना में हिन्दी का सांस्कृतिक क्षेत्र अधिक गहरा है।

हिन्दी में पृथकतावाद दरअसल राजनैतिक लोकप्रियता का अस्त है। इसलिए औपनिवेशिक काल के बाद एक बार फिर हिन्दी को अनेक भाषाओं के रूप में देखने की दृष्टि का पुनरुत्थान हो रहा है। कहना न होगा कि यह जातीय आत्मघात है। हम चाहते हैं कि सभी मिलकर देश की राष्ट्रीय एकता को मजबूत करें। इसके लिए जरूरी है कि हिन्दी बोलने वाला समाज भी विभाजित नहीं हो। भारत की किसी भी जाति की आंतरिक शिथिलता रास्ते के विकास में बाधक होगी। खासकर हिन्दी जाति की शिथिलता या आंतरिक विभाजन से राष्ट्र सबसे ज्यादा क्षतिग्रस्त होगा। हिन्दी क्षेत्र की बोलियों-उपभाषाओं के बोलने वाले लोग वस्तुत: पूँजीवादी विकास के साथ एक ही जाति में संगठित हुए हैं। उनकी भाषा एक ही है—हिन्दी, भले उसमें स्थानीय आवाजें भी हों। उनका सामाजिक जीवन एक है, भले उसमें सांस्कृतिक रंग-बिरंगापन हो। निश्चय ही हिन्दी क्षेत्र में सामंती अवशेषों की मौजूदगी की वजह से हिन्दी का विकास पूरा नहीं हुआ। हिन्दी खड़ी बोली का हिन्दी जाति की भाषा के रूप में बहुमुखी विकास एक असमाप्त परियोजना है, जो सामंती अवशेषों और बाजारवाद से लड़कर ही पूरी होगी। इसे पूरा करने के लिए राष्ट्रीय संकल्प चाहिए जो प्रतिकूल स्थितियों से निराशा नहीं ऊर्जा पाता है।

भारत अपनी सांस्कृतिक व साहित्यिक समृद्धि के कारण पूरे विश्व में जाना जाता है। प्रारंभ से लेकर आधुनिक काल तक न जाने कितने परिवर्तन हर क्षेत्र में हुए। यहाँ के लोग भिन्न-भिन्न काल में भिन्न भिन्न भाषाएँ बोलते आए हैं।

भारत की सबसे प्राचीन भाषा का दर्जा संस्कृत को दिया गया। इसे आर्यों की भाषा भी कहा जाता है। प्रारंभिक काल में आर्यों द्वारा संस्कृत भाषा में ही अपने सारे कार्य किए जाते थे। संसार की सबसे प्रचीनतम कृति *ऋग्वेद* संस्कृत में ही रची गई।

हिन्दी भाषा इसी संस्कृत की उत्तराधिकारिणी मानी गई क्योंकि संस्कृत के तत्सम शब्द भाषा के विकास के साथ साथ तद्भव रूप में सामने आए, जो बोलने, समझने व लिखने की दृष्टि से सरल थे। अत: इन्हीं तद्भव शब्दों ने जनसाधारण में अपना स्थान बना लिया और आगे चलकर ये खड़ी बोली हिन्दी के रूप में प्रचलित हो गए।

हिन्दी—हिन्दू, सिन्धी, या जबान-ए-हिन्दी का पड़ाव पार करके अंत में इसे हिन्दी भाषा के रूप में जाना गया। दिल्ली से अवध प्रदेश तक की देशी भाषा 'हिन्दी' के नाम से प्रचलित थी। अकबर के दरबारी कवि रहीम को 'हिन्दी' कवि कहा गया। दक्षिण के सोलहवीं-सत्रहवीं शताब्दी के मुस्लिम कवियों ने भी हिन्दी शब्द का प्रयोग अधिक किया। धीरेन्द्र वर्मा के अनुसार-सत्रहवीं सदी तक हिन्दी और अरबी शब्द समानार्थक थे और सामान्यत: मध्य प्रदेश की भाषा के लिए प्रयोग होते थे।

हिन्दू मुस्लिम परम्पराओं या संस्कृति के मध्य फंसते हुए अंत में हिन्दी ने अपना सुदृढ़ स्थान बना ही लिया। 1800 में अंग्रेज़ों के भारत आने पर इसे हिन्दुस्तानी व बाद में राष्ट्रभाषा हिन्दी का नाम दिया गया।

हिन्दी भारतीय संघ की राजभाषा के रूप में आज सारे देश की भाषा है। हिन्दी आज समस्त क्षेत्रीय सीमाओं को तोड़कर आगे बढ़ चुकी है इसलिए इसे एक जीवित व सशक्त भाषा कहा जा सकता हैं। लचर इतनी है कि देशी विदेशी कई भाषाओं के शब्दों को हिन्दी ने ससम्मान अपनाया है। यही कारण है हिन्दी भाषा का शब्द भण्डार अद्वितीय है।

14. मध्य प्रदेश एवं हिन्दी-साहित्य

स्वतंत्रता के पश्चात सेन्ट्रल प्रॉविन्स और बाद में बघेलखण्ड, छत्तीसगढ़ की रियासतों को मिलाकर मध्य प्रदेश राज्य बनाया गया था जिसकी राजधानी नागपुर थी, परन्तु राज्य पुनर्गठन आयोग की अनुशंसा के अनुसार तत्कालीन मध्य प्रदेश की भौगोलिक स्थिति में फेरबदल करते हुए इसे पुनर्गठित किया गया व 1 नबम्बर 1956 को नए मध्य प्रदेश का गठन किया गया। इसकी राजधानी भोपाल बनाई गई। मध्य प्रदेश की भौगोलिक आकृति में एक परिवर्तन उस समय आया, जब छत्तीसगढ़ को इससे अलग कर दिया गया। 1 नवम्बर 2000 को मध्य प्रदेश राज्य के विभाजन के उपरांत नवीन छत्तीसगढ़ राज्य का गठन किया जा चुका है। इन परिवर्तनों के बाद भी यह प्रांत देश का हृदय स्थल है। भारत के मध्य में स्थित होने के कारण ही इसे मध्य प्रदेश कहा जाता है।

मध्य प्रदेश में ही मालवा स्थित है, जिसे हम आज मालवा प्रदेश के नाम से जानते हैं व प्राचीन काल में अवन्ति जनपद के नाम से जाना जाता था। मालवा की भौगोलिक सीमाओं में राजनैतिक परिवर्तन हो सकता है। किन्तु सांस्कृतिक और भाषागत सीमाओं का आधार लोकजन होने के कारण इन सीमाओं में परिवर्तन इतनी सरलता से नहीं होता। मालवा की भौगोलिक सीमा की तुलना में उसकी सांस्कृतिक व भाषागत सीमाएँ अधिक विस्तृत हैं यही कारण है कि मध्य प्रदेश-मालवा प्रदेश का साहित्यक समृद्धि में उल्लेखनीय योगदान रहा है।

प्रारंभिक वर्षों में गद्य-पद्य दोनों साथ में ही लिखे जाते थे किन्तु बाद में गद्य पिछड़ गया और पद्य आगे बढ़ गया। गद्य में नए-नए प्रयोग होते रहे क्योंकि गद्य ही ऐसी विधा है जो कि किसी भी बोली को भाषा के स्थान तक पहुँचाती है। मध्य प्रदेश के साहित्यकारों ने गद्य व पद्य दोनों विधाओं को नष्ट होने से बचाने में अपना अमूल्य योगदान दिया। मध्य प्रदेश के साहित्यकारों में महाकवि कालिदास से लेकर शिवमंगल सिंह सुमन और आचार्य नंद दुलारे बाजपेयी तक एक वृहद साहित्यक शृंखला देखने को मिलती है। इनमें नरेश मेहता, श्यामु संन्यासी, श्याम सुन्दर व्यास, रमेश बख्शी, सुभद्रा कुमारी चौहान, गजानन माधव मुक्तिबोध जैसे कई साहित्यकारों ने अपने साहित्य से समाज को नई राह दी। प्राचीन साहित्यकारों की यदि बात की जाए तो महाकवि कालिदास का संदर्भ देना उचित है क्योंकि महाकवि कालिदास भारत के ही नहीं अपितु विश्व के श्रेष्ठ कवियों में गण्य हैं। कालिदास जी की कल्पना शक्ति अदभुत थी, वे उत्कृष्ट नाटक निर्माण कौशल सम्पनता के कारण कवि कुलगुरु एवं कवि शिरोमणि के रूप में विख्यात हुए। उन्हें काल विशेष में बाँधना उचित नहीं हैं क्योंकि वे चिर प्रासंगिक हैं।

महाकवि कालिदास की सात रचनाएँ उपलब्ध हैं जिनमें से महाकाव्य-*रघुवंश* एवं *कुमार संभव* हैं। नाटक-*अभिज्ञान शाकुंतलम्, मालविकाग्निमित्र, विक्रमोर्वशीय* हैं। गीतिकाव्य अथवा खण्डकाव्य-*ऋतुसंहार* एवं *मेघदूत* हैं।

रघुवंश कालिदास की प्रौढ़तम कृति है जो समस्त काव्य कृतियों में ही नहीं, बल्कि संपूर्ण संस्कृति में एक उत्कृष्ट महाकाव्य है। इस कृति में रघुवंश के राजाओं का वर्णन करते हुए राजा के उदात्त आदर्शों को प्रस्तुत किया गया है तथा प्रजा पालन के उत्तम मानदंडों की स्थापना की गई है। वहीं *कुमार संभव* महाकाव्य में मानवीय प्रेम को उद्याल भूमि पर प्रतिष्ठित करते हुए लौकिक प्रेम पर अलौकिक प्रेम की विजय को दर्शाया है। *अभिज्ञान शाकुन्तलम्, मात्रविकाग्निमित्र, विक्रमोर्वशीय* नाटक शृंगार रस प्रधान हैं, उदात्त प्रेम, ईर्ष्या, कुंठा तथा समस्त बंधनों को तोड़कर बहने वाली कामसरिता का चित्रण बड़ी मार्मिकता से किया है। यही कारण है कालिदास का समस्त साहित्य अपनी एक अनूठी पहचान बनाता है। कालिदास के बाद मध्य प्रदेश में ही भर्तृहरि, भवभूति, बाणभट्ट, केशवदास, पदमाकर, भूषण आदि अनेक कवि हुए जिन्होंने अपने साहित्य के माध्यम से प्राचीनकालीन साहित्य को एक उँचाई प्रदान की तथा आधुनिक साहित्यकारों के लिए पथ का निर्माण किया।

जैसे-जैसे भौगोलिक विस्तार होता गया सामाजिक व राजनैतिक क्षेत्र में क्रांति का शंखनाद होता गया और शैक्षणिक और साहित्यिक जगत भी इससे अछूता न रहा। सामाजिक जीवन में कई बदलाव आए साथ ही विसंगतियाँ भी देखने में आई। मध्य प्रदेश के साहित्यकारों ने अपने साहित्य में यह बखूबी दर्शाया।

लेखक श्यामू संन्यासी को अपने मौलिक लेखन के अलावा अनुवाद में भी आशातीत सफलता प्राप्त हुई। बाल साहित्य में आपने उल्लेखनीय योगदान दिया। *नए मोती* (कहानी संग्रह), नई नाटक रचनाओं के माध्यम से बालमन की भावनाएँ, उनकी सोचने-समझने की क्षमता को मनोवैज्ञानिक रूप से परख कर साहित्य के माध्यम से समाज के सम्मुख प्रस्तुत किया। वहीं रमेश बक्षी जी ने अपने साहित्य में परम्पराओं व रूढ़ियों का विरोध किया। आधुनिक जीवन की समस्याओं की ओर अपनी लेखनी को उठाकर यथार्थवादी दृष्टिकोण प्रस्तुत किया। पूर्ण आम आदमी के जीवन संघर्ष को *अठारह सूरज के पौधे* के माध्यम से तो दूसरी ओर *जलता हुआ लावा* उपन्यास में व्यक्ति विशेष के व्यक्तित्त्व की रक्षा में संलग्नता को दर्शाया है।

मध्य प्रदेश के साहित्यकारों में नरेश मेहता का नाम अग्रणी रूप में लिया जाता है। नरेश जी सजग व बौद्धिक साहित्यकार रहे हैं। नरेश जी ने लगभग ग्यारह काव्य संग्रहों की रचना की है, जिसमें प्रमुख हैं-*खनपाई सुनो, बोलने दो चीड़ को, मेरा समोपत एकांत, आखिर समृद्ध से तात्पर्य, देखना एक दिन* है आदि। नरेश जी ने साहित्य समृद्धि में अपना महत्त्वपूर्ण योगदान दिया। आपके खण्डकाव्य-*संशय की एक रात, प्रसाद पर्व, शबरी, महाप्रस्थान* (द्वितीय संस्करणद्ध) हैं। कहानी-*तथापि वर एक* समर्पित महिला के माध्यम से नारी शक्ति को सम्मान दिया। नरेश जी ने नाट्य कृतियाँ, एंकाकी, संस्करण तथा कई उपन्यास लिखे। उनके उपन्यासों में प्रमुख हैं-*डूबते मसतूल, यह पथ बंधु था, धूमकेतु, एक श्रति नदी यशस्वी प्रथम फाल्गुन* तथा *उत्तरकथा* महत्त्वपूर्ण हैं। नरेश जी के उपन्यासों व कहानियों में व्यक्तिवादी स्वर है। सामाजिक चेतना के विविध बोध से अनुप्रणित उपन्यास आपने लिखे। आपके रचना लेखन में पात्र एक विशेषता लिए हुए सामने आते हैं जो हार नहीं मानते वरन उसे पुन: कर्म करने की प्रेरणा देते हैं साथ ही समाज के खोखले रूप को पाठकों के सामने लाकर खड़ा कर देने की क्षमता रखते हैं। आपकी रचनाओं का मूल उद्देश्य समाज में व्याप्त नित नई राजनैतिक राष्ट्रीय-आर्थिक, सामाजिक, सांस्कृतिक, धार्मिक, अंतर्राष्ट्रीय आदि समस्याओं का उल्लेख करना है साथ ही निदान भी प्रस्तुत किया है।

गद्य के क्षेत्र में चन्द्रशेखर दुबे जी ने भी अपना ठोस स्थान बनाया। आपके साहित्य में लोक जीवन की झलक दिखाई देती है। आपके कहानी संग्रह-*संतवंती* में मालवी लोक कथाओं का संग्रह हैं। तो *झुलसी हुई बदली, देखते-देखते आस औलाद वाले, बिना सवार का घोड़ा,* के माध्यम से मानव मन की गहराइयों को दर्शाया है। आपने साहित्य के माध्यम से नव साक्षरोपयोगी रचनाओं जैसे-*कम्बल बनाओ धन कमाओं, ठेकेदार, सगी माँ, दूध दोहनी, रामी मामी* को पाठकों के समक्ष एक नई सोच के साथ लाए। आपने कई उपन्यासों की रचना की जैसे-*गूंगों का गाँव, तानाबाना* के माध्यम से फैक्ट्री जीवन का सजीव चित्रण प्रस्तुत किया। *जड़ से उखड़े लोग* में पिंडारागर्दी से पाठकों को रूबरू किया व पिंडारी से उपजी नारी पीड़ा का बखान किया। इसमें उन्होनें चौदह कहानियों का समावेश किया व सभी कहानियों में कई प्रश्न पाठकों के समक्ष उठाए। द्विवेदी जी ने निम्न वर्ग का साथ दिया तो वहीं उच्च वर्ग को भी प्रधानता दी है। मजदूर की बेबसी, लाचारी, गरीबी का वर्णन तथा आम आदमी की जीवतंता को बेबाकी से प्रस्तुत किया।

श्याम व्यास जी ने अपने साहित्य में अपने समय के सामाजिक परिवेश को उतार कर रख दिया। खेमेबाजी में न पड़कर आंदोलनों व स्वर में स्वर मिलाने के स्थान पर आदमी के दर्द के प्रति अधिक वफादार रहे। नारी मन की पीड़ा व अंतर्द्वन्द्व को जीवन्तता से प्रस्तुत किया। आपके साहित्य में जहाँ यथार्थवाद है वहीं रोमांटिसिज्म का प्रभाव भी देखने को मिलता है। *एक प्यासा तालाब* में चन्दामामा की काम पिपासा से पीड़ित एक नारी की भावना को दर्शाया जिसे साहित्य जगत में बहुत सराहना मिली। मध्य प्रदेश साहित्य अकादमी द्वारा *सर्प और चंदन* तथा *कजली वन* को भी पुरुस्कृत किया गया।

शरद पगारे जी का नाम मध्य प्रदेश के उन साहित्यकारों के साथ अग्रणी रूप में लिया जाता है जिन्होंने न केवल समसामयिक विषयों पर वरन् ऐतिहासिक विषयों पर अपनी कलम चलाई हैं। *गुलाराबेगम, बेगमजैनावादी, गंधर्वसेन* जहाँ

पाठकों के समक्ष इतिहास दर्शाती हैं वहीं *उजाले की तलाश* वर्तमान राजनैतिक भ्रष्टाचार, कर्नाटक की देवदासी प्रथा से संबंधित धार्मिक भ्रष्टचार व नक्सलवादी आंदोलन की पृष्टभूमि में लिखा गया उपन्सास हैं। *जिन्दगी एक सलीब सी* तीन उपन्यासिकाओं का संकलन हैं जो प्राचीन मध्यकाल और आधुनिक युग का प्रतिनिधत्व करती हैं। आपने वर्तमान में नारी स्थिति का सही रूप में आंकलन किया व उसका रौद्र रूप में चित्रण करते हुए उसकी त्रासदी को उजागर करने का मर्मस्पर्शी चित्रण प्रस्तुत किया।

मध्य प्रदेश के साहित्यकारों ने न केवल गद्य, पद्य, वरन व्यंग्यात्मक गद्य पर भी अपनी लेखनी चलाई। व्यंग्य के माध्यम से पाठकों के समक्ष बड़ी-से-बड़ी समस्याओं को लाते हुए उनके समाधान भी प्रस्तुत किए। व्यंग्य की बात हो और श्री हरिशंकर परसाई के नाम का उल्लेख न हो तो बात अधूरी ही रह जाती है। आपने दो दर्जन से अधिक पुस्तकों की रचना की जिसमें व्यंग्य निबंध, व्यंग्य कथाएँ, उपन्यास, डायरी, संस्मरण, यात्रा, आदि विधाएँ हैं। आपने उपन्यास *रानी नागफनी की कहानी* व *तट की खोज* के माध्यम से सामाजिक जीवन का यथार्थ रूप प्रस्तुत किया। व्यंग्य निबंध संग्रह-*बेष्णव की फिसलन*, *तिरछी रेखाएँ*, *ठिठुरता हुआ गणतंत्र* व *विकलांग श्रृद्धा का दौर* के माध्यम से राजनैतिक, सामाजिक जीवन में फैली विसंगतियों व भ्रष्टाचार को व्यंग्य के माध्यम से पाठकों के मध्य प्रस्तुत किया।

व्यंग्य का सही रूप श्री शरद जोशी की रचनाओं में परिलक्षित होता हैं। निर्भीकतापूर्वक समाज और व्यवस्था की विद्रूपताओं का जबदस्त विरोध करना आपके लेखन की आत्मा थी। आपको भारत सरकार ने पद्मश्री से नवाजा। आपकी रचनाओं का संसार काफी व्यापक है। *परिक्रमा*, *जीप पर सवार इल्लियाँ*, *दूसरी सतह*, यथासंभव सभी व्यंग्य निबंध हैं तो *अंधों का हाथी* और *एक था गधा* नाटक हैं। *मैं, मैं और केवल मैं* उपन्यास भी लिखा तथा *तिलस्म* आपका कहानी संग्रह हैं। साहित्य को पत्रकारिता के निकट लाने में आपका महत्त्वपूर्ण योगदान है। शरद जोशी ने हिन्दी व्यंग्य को गंभीर सामाजिक सरोकारों में संबद्ध करके उसे फूहड़ हंसी और पेरोडी के घटिया स्तर से उबारने का महत्त्वपूर्ण कार्य किया।

मध्य प्रदेश की अपनी वृहद साहित्यक विरासत है, तो इसे सजाने संवारने में कई साहित्यकारों का महत्त्वपूर्ण योगदान रहा। शिवमंगल सिह सुमन जैसे कवि जो न केवल अच्छे कवि बल्कि अच्छे वक्ता, आदर्श शिक्षक व संवेदनशील प्रशासक रहे वरन् उन्होंने कविता को, काव्य को एक नई ऊँचाई प्रदान की। *हिल्लोल* में यदि रूमानियत को अपनाया तो *प्रलय सृजन* में भावों का प्रलय दर्शाया। *विश्वास बढ़ता ही गया*, में यदि देश की स्वतंत्रता के प्रति कटिबद्ध रहे तो *वाणी की व्यथा में* भारत की दुर्दशा का चित्रण कर राष्ट्र के उद्धार की प्रेरणा दी। आपका साहित्य जीवन के हर पक्ष का प्रतिनिधित्व करता है। जीवन की सांसों को पूरी ऊष्मा के साथ स्पन्दित करने का श्रेय आपके साहित्य को जाता है। मध्य प्रदेश के साहित्यकारों की अपनी एक अलग ही विशेषता है क्योंकि मध्य में स्थित होने से संपूर्ण भारत के साहित्य का प्रभाव मध्य प्रदेश के साहित्यकारों पर पड़ा और मध्य प्रदेश के साहित्य का प्रभाव संपूर्ण भारत के साहित्य व साहित्यकारों पर पड़ा। भाषा की समृद्धि व विकास का कार्य जितना मध्य प्रदेश में हुआ उतना कहीं नहीं हुआ होगा क्योंकि परम्परागत साहित्य तो है ही, लोकसाहित्य में भी हमारे साहित्यकारों ने अपनी पहचान बनाई। ईसुरी, घाघ, सन्त सिंगाजी, जगनिक आदि कई लोकसाहित्यकारों ने लोक भाषा के विकास के साथ-साथ हिन्दी भाषा के विकास में अपना महत्त्वपूर्ण योगदान दिया। आज भी कई नए साहित्यकार अपनी रचनाओं के माध्यम से हिन्दी भाषा को समृद्ध बनाने में प्रयासरत हैं। प्राचीन मध्यकालीन व आधुनिक काल के साहित्य से प्रेरणा लेकर आज कई साहित्यिक संस्थाएँ हिन्दी भाषा की गौरवशाली परम्पराओं को बनाए रखने का कार्य कर रही हैं।

15. मध्य प्रदेश में हिन्दी की उपभाषाएँ

भाषा शास्त्र की दृष्टि से हिन्दी के दो रूप हैं–

(1) पूर्वी हिन्दी (2) पश्चिमी हिन्दी

पश्चिमी हिन्दी की उपभाषाएँ

(i) खड़ी बोली, (ii) ब्रज भाषा, (iii) कन्नौजी, (iv) बांगरू, (v) बुंदेली।

पूर्वी हिन्दी की उपभाषाएँ

(i) अवधी, (ii) बघेली, (iii) छत्तीसगढ़ी।

मध्य प्रदेश में पश्चिमी हिन्दी और पूर्वी हिन्दी दोनों ही बोली जाती हैं–मध्य प्रदेश में हिन्दी की उपभाषाएँ व उनके क्षेत्र को इस प्रकार विभाजित कर समझा जा सकता है–

बुंदेली

बुंदेल राजपूतों की प्रधानता के कारण इस क्षेत्र का नाम बुंदेलखण्ड तथा इसकी भाषा का नाम बुंदेली पड़ा। मध्य प्रदेश में बुंदेली दतिया, गुना, शिवपुरी, भिण्ड, ग्वालियर, मुरैना, सागर, टीकमगढ़, छतरपुर, दमोह, पन्ना, विदिशा, रायसेन, होशंगाबाद, नरसिंहपुर, जबलपुर, सिवनी, छिन्दवाड़ा तथा बालाघाट जिले में बोली जाती है।

व्याकरण की दृष्टि से जब 'ए' तथा 'ओ' 'हस्व' रूप में उच्चरित होते हैं तो वे क्रमश: 'इ' तथा 'उ' में परिणित हो जाते हैं, जैसे–बेटी-बिटिया। व्यंजनों में 'ड' का उच्चारण 'र' में परिणित हो जाता है, जैसे–पड़ों-परो। बुंदेली में संज्ञा के गुरु अथवा दीर्घान्त रूपों का प्रयोग प्राय: होता है। ऐसे पुल्लिंग शब्दों के अंत में 'बा' तथा स्त्रीलिंग शब्दों के अंत में 'आ' आता है। जैसे–घोड़ा-घोरो, बिल्ली–बिलइया।

बघेली

इसका नामकरण बघेल राजपूतों के नाम पर हुआ है। इसका एक नाम रीवाँई भी है। मध्य प्रदेश में यह रीवा, सतना, सीधी, शहडोल और उमरिया जिले में बोली जाती है। बघेली में 'व' के स्थान पर 'ब' का व्यापक प्रयोग होता है। परसर्गों में कर्म-सम्प्रदाय में 'कहा' तथा करण-अपादान में 'तार' का अतिरिक्त प्रयोग ध्यान देने योग्य है। विशेषण रूप 'हा' लगाकर बनाए जाते हैं। भविष्यकालीन रूपों में अवधी में -'ब' की प्रधानता है जबकि बघेली में 'ह' रूप की प्रधानता होती है।

निमाड़ी

यह निमाड़ क्षेत्र की बोली है। परिनिष्ठित निमाड़ी खरगोन और खंडवा के बीच बोली जाती है। इसके अतिरिक्त यह मध्य प्रदेश के धार, देवास, बड़वानी, झाबुआ और इंदौर जिले में भी बोली जाती है। निमाड़ी पर मालवी, मराठी, बुंदेली, खानदेशी तथा भीली का प्रभाव पड़ा है। लोक-साहित्य प्रचुर मात्रा में उपलब्ध है। हिन्दी में पुल्लिंग आकारान्त शब्द प्राय: ओकारान्त मिलते हैं। बहुवचन बनाने में 'न' का अधिक प्रयोग होता है। क्रियार्थक संज्ञा-'जो' जोड़कर और कर्मवाच्य 'जा' जोड़कर बनाते हैं।

मालवी

उज्जैन के आसपास के क्षेत्र का प्राचीन नाम मालवा है। उसी की भाषा मालवी कहलाती है। उज्जैन, इंदौर और देवास शुद्ध मालवी के क्षेत्र हैं इसके अतिरिक्त यह सीहोर, नीमच, रतलाम, मंदसौर, शाजापुर, झाबुआ जिलों में भी बोली जाती है। मालवी में 'ण' ध्वनि नहीं है। 'ड़' की अपेक्षा 'ड' प्रचलित है। के, कीने, कांई, कैं आदि विशिष्ट सर्वनाम हैं। बहुवचन बनाने के लिए 'हर' जोड़ते हैं जैसे जजमान-हर =यजमान लोग।

ब्रजभाषा

ब्रज प्रदेश में बोली जाने वाली भाषा ब्रजभाषा है। बाहरी के अनुसार यह ओकार बहुल भाषा है जिसकी उत्पत्ति शौरसेनी अपभ्रंश से हुई है। ऐकार और ओकार ब्रजभाषा की ऐसी ध्वनियाँ है जो उसकी प्रकृति को अलग करती हैं। यहाँ तो, जो, पे, में की जगह तौ, जौ, पै, मैं उच्चारित होता है। शब्दांत आ की जगह ओ पाया जाता है। ब्रजभाषा कोमल प्राण भाषा मानी जाती है। इसका साहित्य अत्यंत समूह समृद्ध है। मध्य प्रदेश में ब्रजभाषा ग्वालियर के पश्चिमी भाग में बोली जाती है। इसका कुछ प्रभाव भिण्ड, मुरैना जिले में भी हैं।

खड़ी बोली

भोलानाथ तिवारी के अनुसार खड़ी बोली के संबंध में एक विशेष बात है। मौखिक भाषा में उर्दू और हिन्दी में कोई विशेष अंतर प्राय: दृष्टिगत नहीं होता, किन्तु लिखित भाषा में यदि जानबूझकर हिन्दुस्तानी न लिखी जाए तो यह अन्तर स्पष्ट हो जाता है। इस प्रकार मानक भाषा में हिन्दी खड़ी बोली के तीन चार रूप प्रचलित हैं–(1) मौखिक रूप–जो साहित्यिक हिन्दी और उर्दू के बीच में है और जिसमें विभिन्न स्थानों पर कुछ प्रादेशिकता की छाप रहती है। (2) लिखित उर्दू रूप–जिसमें व्याकरण खड़ी बोली का मात्र रहता है, किन्तु शब्द समूह में अरबी, फ़ारसी और तुर्की शब्द पर्याप्त होते हैं। तथा (3) लिखित हिन्दी रूप–जिसमें संस्कृत शब्द अधिक रहते हैं। यों एक चौथा अंग्रेज़ी मिश्रित रूप भी है।

संदर्भ

1. अमृतलाल, *गवर्नमेंट इन इंडिया : ए थियेटर ऑफ एवसर्ड*, शिप्रा प्रकाशन, नई दिल्ली, 2004 पृ. 160–170.
2. अरुण, डॉ. अवधेश्वर, *हिन्दी भाषा का स्वरूप एवं विकास*, बिहार हिन्दी ग्रंथ अकादमी, पटना, 2003.
3. कश्यप, रेणू, *राजभाषा हिन्दी का स्वरूप*, जिज्ञासा प्रकाशन, पटना, 2001.
4. ग्रियर्सन, जॉर्ज, *लिंग्विस्टिक सर्वे ऑफ इंडिया*, वॉल्यूम 9, पार्ट 1, पृ. 47.
5. *जनपद*, वर्ष-1, अंक-1, पृ. 71.
6. तिवारी, डॉ. भोलानाथ, *हिन्दी भाषा*, पृ. 26.
7. तिवारी, डॉ. भोलानाथ, *भाषा विज्ञान*, किताब महल, 2003.
8. तिवारी, डॉ. भोलानाथ, *हिन्दीभाषा*, लोकभारती, इलाहाबाद, 1983.
9. तिवारी, डॉ. भोलानाथ, *हिन्दी भाषा*, किताबमहल, इलाहाबाद, 1993.
10. तिवारी, डॉ. उदय नारायण, *हिन्दी भाषा का उद्भव और विकास*, भारती भंडार, 1987.
11. दवे, ले. जनशंकर मनुशंकर, *हिन्दी ना विकास मां गुजरातिओनो फालो*, पृ. 4.
12. नागर, डॉ. अंबाशंकर एवं रबारी, लल्लुभाई, *स्वर्ण जयंती स्मृति ग्रंथ, गुजरात हिन्दी प्रचार समिति।*
13. नीरज, जयसिंह (संपादक), *राजस्थान की सांस्कृतिक परम्परा-हमीदुल्ला*, पृ. 150.
14. परमार, श्याम, *लोक नाट्य परम्परा*, पृ. 34.
15. बाहरी, डॉ. हरदेव, *हिन्दी : उद्भव, विकास और रूप*, कैम्ब्रिज हिस्ट्री ऑफ इण्डिया, पृ. 2.
16. बाहरी, डॉ. हरदेव, *हिन्दी-उद्भव, विकास और रूप*, पृ. 55.
17. *वही*, पृ. 56.
18. बाहरी, डॉ. हरदेव, *हिन्दी भाषा*, अभिव्यक्ति प्रकाशन, इलाहाबाद।
19. बाहरी, डॉ. हरदेव, *हिन्दी-उद्भव, विकास और रूप*, किताबमहल, इलाहाबाद, 1980.
20. भाटिया, डॉ. कैलाशचंद्र, *हिन्दी भाषा*, साहित्य भवन प्रा. लि., इलाहाबाद, 1995.
21. भाटिया, कैलाशचंद्र, *हिन्दी भाषा स्वरूप और विकास*, प्रभात प्रकाशन, दिल्ली, 1995, पृ. 29.
22. मड़ई-2004, पृ. 197.
23. *राष्ट्रवीणा*, अगस्त 1997, अंक 8, पृ. 14.
24. वर्मा, धीरेन्द्र, *हिन्दी भाषा का इतिहास*, पृ. 60.
25. सिंह, डॉ. रामगोपाल, *हिन्दी भाषा पर फ़ारसी और उर्दू का प्रभाव*, विनय प्रकाशन, अहमदाबाद, 1999.
26. वार्ष्णेय, लक्ष्मीसागर, *हिन्दी साहित्य का इतिहास।*

27. शर्मा, डॉ. रामविलास, *भाषा और समाज*, राजकमल प्रकाशन, नई दिल्ली, 1977.
28. शर्मा, डॉ. रामविलास, *हिन्दी जाति का साहित्य*, राजपाल एण्ड संस, दिल्ली, 1986.
29. शुक्ल, रामचन्द्र, *हिन्दी साहित्य का इतिहास*, पृ. 113.
30. संपादकीय, *हिन्दी साहित्य का वृहद इतिहास*, भाग-16, पृ. 15.
31. सक्सेना, बाबूराम, *दक्खिनी हिन्दी*, 1952, पृ. 14.
32. सिंह, डॉ. रामगोपाल, *विश्व की भाषाओं का वर्गीकरण*, विनय प्रकाशन, अहमदाबाद, 1999.
33. सिंह, डॉ. रामगोपाल, *हिन्दी व्याकरण और रचना*, साहित्य संस्थान गाजियाबाद, 2009.
34. सिंह, डॉ. रामगोपाल, हिन्दी भाषा पर फारसी और उर्दू का प्रभाव, विनय प्रकाशन, अहमदाबाद 1999.
35. सिंह, गंगाशरण, संपा. मंडल प्रधान, *राष्ट्रभाषा प्रचार का इतिहास*, पृ. 8.
36. सुमन, अम्बा प्रसाद, *हिन्दी और उसकी उपभाषाओं का स्वरूप*, पृ. 26.
37. हिन्दी नाटक: *उद्भव और विकास*, पृ. 24.

गैर-अनुसूचित भाषाएँ

1

कछवायघारी

मंजू नरवरिया

1. नाम

कछवायघारी लोकभाषा का नामकरण इस क्षेत्र की शासक जाति कछवाह (राजावत, कुशवाह) क्षत्रियों के कारण हुआ है। कछवायघार में अधिकांशत: कछवाह क्षत्रिय निवास करते हैं और इस क्षेत्र के विभिन्न नगरों, गढ़ियों के राजा, जागीरदार इसी जाति के रहे हैं। अत: इस क्षेत्र को कछवायघार तथा उनके द्वारा प्रयुक्त बोली को कछवायघारी या कछवाही के नाम से संबोधित किया जाता है।

2. क्षेत्र

मध्य प्रदेश के अन्तर्गत जिला भिण्ड के खण्ड रौन का सम्पूर्ण भाग, खण्ड लहार का उत्तरी भाग, खण्ड भिण्ड का सुदूर पूर्वी भाग तथा खण्ड मेंहगाँव के भारौली गाँव के आसपास प्रचलित भाषा, कछवायघारी लोकभाषा के रूप में पहचानी जाती है। कछवायघारी लोकभाषा का प्रतिरूप उपरवर्णित इलाकों के अलावा उत्तरप्रदेश के जालौन के रामपुरा व गोपालपुरा वृत्त के आसपास भी मिलता है।

3. संक्षिप्त इतिहास

कछवायघार के निवासी जिन बोली रूपों का प्रयोग करते हैं, वह मूलत: कछुआई रूप से है। कनिंघम* (1877) आदि इतिहासकारों ने माना है कि सूरजसेन कछवाह, कुंतलपुरी, कुतवार के राजा द्वारा 275 ई. के लगभग ग्वालियर की स्थापना की गई थी। सूरजसेन कुष्ठ रोग से पीड़ित था। एक दिन जब उसे गोपागिरि पहाड़ी के पास, शिकार खेलते हुए प्यास लगी तो वह ग्वालिव नामक सिद्ध की गुफा पर पहुँचा और पानी की याचना की। साधु ने स्वयं अपने पात्र में से कुछ जल उसे दे दिया। उसे पीते ही सूरजसेन भयावह रोग से मुक्त हो गया। कृतज्ञ राजा ने पूछा, वह उनकी क्या सेवा कर सकता है? साधु ने उसे पहाड़ी पर एक किले का निर्माण करने एवं उस सरोवर को जिससे रोग-निवारक जल लिया गया था, बड़ा करने का आदेश दिया। तदनुसार

---

* *बीकलपोता कछवाह राजवंश* (आधार ग्रन्थ)।

सूरजसेन ने दुर्ग का निर्माण कराया, जिसका नामकरण उसने एकांतवासी साधु के नाम पर ग्वालिव या ग्वालियर किया। तालाब को बड़ा किया गया तथा उसका नामकरण 'सूरजकुण्ड' किया गया। तत्पश्चात् उस ऋषि ने सूरजसेन को नवीन नाम सोनपाल दिया तथा उसे शुभाशीष दिया कि उसके बाद उसके 'पाल' नामधारी चौरासी वंशज ग्वालियर पर राज्य करेंगे। फजल अली के अनुसार, जब तक राजा के वंशज पालयुक्त नाम ग्रहण किए रहे, तब तक वे राज्य करते रहे। इतिहास साक्षी है कि उसके तिरासी वंशजों के पालयुक्त नाम ग्वालियर के राजाओं के रूप में अभिलिखित हैं। इसी राजवंश के महाराजधिराज वज्रदमन ने 31 दिसम्बर 1001 को आनंदपाल की मेहमूद गजनवी के विरुद्ध सहायता की। महमूद से युद्ध करते हुए वह वीरगति को प्राप्त हुआ। 1021-22 ई. में मेहमूद गजनवी ने ग्वालियर के किले पर घेरा डाला। महाराज वज्रदमन के पौत्र महाराज कीर्तिराज एवं इनके सहोदर भाई सौमित्र ने उसे युद्ध में परास्त कर भगाया। अंत में मेहमूद गजनवी को संधि करनी पड़ी। महाराज कीर्तिराज की राजधानी सिहोनियां (मुरैना) थी। इन्हीं की पत्नी ककनादेवी की याद में ककनमठ (सिहोनियां) बनाया गया, जो अपनी अद्वितीय वास्तुकला के लिए भारतवर्ष में प्रसिद्ध है। नरवर में इनके सहोदर भाई सौमित्र एवं दुबकुण्ड (श्योपुर) में इन्हीं कच्छपघातों के वंशजों का शासन था।

कच्छपघात राजवंश का अंतिम शासक तेजकरण उर्फ दूल्हाराय था, जो नरवर राजवंश से गोद लिया गया था। वे ग्वालियर छोड़ दौसा (राजस्थान) चले गए। इनके ही बड़े पुत्र बीकलदेव अपनी मातृभूमि कछवाह में वापस लौटे और अपने पितृ-राज्य में पुन: कच्छपघातों (कछवाहों) का राज्य स्थापित किया। कछवाह राजा बीकलदेव के ही पुत्र इन्द्रदेव कछवाह ने सम्वत् 1200 ई. में इंदुरखी (रौन, जिला भिण्ड) में दुर्ग का निर्माण कराया एवं अपनी राजधानी स्थापित की।

लहार (केशोगढ़) गोपालपुरा, मछण्ड, बौहारा, रामपुरा, विलाब (अमायन), आदि राज्य एवं रौन, रहावली, बंथरी, ररी, मछरया, जैतपुरा मढ़ी, बिरखड़ी, सिकरी, ररूआ, नौधा, नावली, पुलावली, सगरा, बाराकलाँ, प्रमुख ठिकाने एवं ग्राम हैं। कछवाहघार चार सौ तीस ग्रामों तक फैला हुआ है। इसके बोलने वालों की कुल अनुमानित संख्या तीन लाख तथा भिण्ड जिले में दो लाख है।*

राजा नल, ढोला, वज्रदमन, कीर्तिराज, ककनादेवी, दूल्हाराय की गाथाएँ लोकगीतों के माध्यम से ग्वालियर, मुरैना, श्योपुर, भिण्ड (मध्य प्रदेश) एवं इटावा, जालौन (उत्तरप्रदेश) में अभी भी गाई जाती हैं।

4. व्याकरण

क्र.	नाम	कछवायघारी	हिन्दी
1.	संज्ञा	अम्मा, लौकिया, बप्पा	*माँ, लौकी, पिता*
2.	सर्वनाम	वु, तुम	*वह, तुम*
3.	क्रिया	नाचि रईए।	*नाच रही है।*
4.	विशेषण	मौंकली, नेंक	*बहुत, थोड़ा*
5.	सहायक क्रिया	हतौ, ती, ऐ	*था, थी, है*
6.	कारक चिह्न	नें, से, को	*ने, से, को*
7.	वचन	ककरा, ककरन	*कंकण, कंकणों*

* लेखक के स्वयं के सर्वेक्षण के आधार पर।

5. साहित्य (कछवायघारी भाषा)

लोकगीत 1

कछवायघारी
बारहमासी

बरखा रित बीत गई आली, श्यामसुन्दर घर नईं आए
जेठ तपै दिन रात, अषढ़वा गरज-घुमड़ बरसै
सावन घलै हिड़ोरा श्याम कुबरी संग झूल रहे। आली
माहु में मकर अन्हाय, श्याम ने बहियाँ आइ गही। आली
फगुना उड़ें गुलाल, चैत में टेसू फूल रए।
लागतई बैसाख, श्यामजू हरिके बरस रए। आली

स्रोत : मंजू नरवरिया, ग्वालियर।

हिन्दी अनुवाद
बारहमासी

(लोकगीतों में विभिन्न बारहमासियों का विस्तृत वर्णन है, प्रस्तुत बारहमासी में श्री कृष्ण जी को लक्ष्य कर राधा का विरह वर्णन है। भाद्रपद, आश्विन, कार्तिक मास का वर्णन इस लोकगीत में अप्राप्त है।)

राधा (सखी से) कह रही है कि वर्षा ऋतु प्रारम्भ हो चुकी है, श्री कृष्ण जी घर वापस नहीं आए हैं, ज्येष्ठ मास में भयंकर गर्मी है, (इधर) आषाढ़ माह में बादल घुमड़-घुमड़ कर बरस रहे हैं।

श्रावण माह में झूले पड़ गए हैं (मुझे आभास हो रहा है कि) श्री कृष्ण जी कुबड़ी के संग झूला झूल रहे हैं।

(मैंने) मार्गशीर्ष मास में जो कि आशाओं का मास है, (मैं आशा कर रही हूँ कि वह इसमें आएँगे) पौष मास में ठण्ड अधिक पड़ती है, (ऐसे में उनके आगमन की प्रतीक्षा में हूँ) माघ मास में मकर संक्रान्ति का पर्व है (ऐसा लगता है कि उन्होंने)इस पर्व पर स्नान कर मेरी बाँह पकड़ ली है। फाल्गुन मास में (चहुँदिस होली के पर्व का धमाल है और) गुलाल उड़ेला जा रहा है। चैत्र मास में चारों तरफ पलाश फूल उठे हैं (इसको देखकर मेरी विरह पीड़ा और बढ़ गई है।)

बैशाख मास के प्रारम्भ में श्री कृष्ण जी के आने की प्रतीक्षा है सखि, श्री कृष्ण जी नहीं आए।

लोकगीत 2

कछवायघारी
माता के गीत

नदियाँ के किनारे हम डोले
हमारी मइया हमसे न बोले।
चन्दा से बोले सूरज से बोले
तारों से हँस-हँस बोले। हमारी मइया...
बिष्णू से बोले ब्रह्मा से बोले
लक्ष्मी से हँस-हँस बोले। हमारी मइया...

हिन्दी अनुवाद
देवी गीत

(देवी माँ से भक्त मनुहार कर रहा है कि)

माँ, मैं नदी किनारे भटक रहा हूँ,
मेरी माँ, मुझसे क्यों नहीं बोल रही हैं?
माँ, चन्द्रमा और सूरज से बोल रही हो,
तारागण से हँस-हँस कर बोल रही हो।
माँ, विष्णु और ब्रह्मा भगवान से बोल रही हो,
लक्ष्मी जी से हँस-हँस कर बोल रही हो।

स्रोत : मंजू नरवरिया, ग्वालियर।

लोकगीत 3

कछवायघारी
कन्हैया

इरुडियाँ रतन जड़ाई
जल भरन देवकी आई।
इते जसोदा उते देवकी
आपस में बतराई। जल भरन...
क्या-क्या दुख पड़े मेरी बहनाँ
आप देव बतलाई। जल भरन...
नौ-दस पुत्र बहे मेरी बहना
कंस दए मरवाई। जल भरन...

स्रोत : मंजू नरवरिया, ग्वालियर।

हिन्दी अनुवाद
कन्हैया

इरुड़ी (सिर पर बर्तन के नीचे रखने की वस्तु) रत्न जड़ित है (इसको रखकर) श्री कृष्ण जी की जननी देवकी जल भरने को आई हैं। इधर से (जल भरने को) यशोदा और उधर से देवकी आती हैं। आपस में उनकी बातचीत होती है। मुझे क्या-क्या दुख सहन करने पड़े हैं, मेरी बहन देवकी ने स्वंय सब कुछ बतला दिया। मेरी बहन मेरे नौ-दस पुत्र हुए थे, (मेरे भाई) कंस ने उन सबको मरवा दिया।

लोकगीत 4

कछवायघारी
फागु

नई आई नार खेलो होली
नई आई नार खेलो होली
पहली जो होली वृन्दावन में खेली
राधा और कृष्ण की क्या जोड़ी। नई आई...
दूसरी जो होली कैलास में खेली
गौरा महादेव की क्या जोड़ी। नई आई...
तीसरी जो होली अजोधया मे खेली
सीता और राम की क्या जोड़ी। नई आई...

स्रोत : मंजू नरवरिया, ग्वालियर।

हिन्दी अनुवाद
फाग

(होली पर्व के अवसर पर गाया जाने वाला लोकगीत, फाग है, नव-वधु के आगमन पर सभी कहते हैं कि-)

नई बहू आई है, चलो सब मिलकर उससे होली खेलो। (मैंने) पहली होली वृन्दावन में खेली थी, (पता है) राधा-कृष्ण की जोड़ी कितनी सुन्दर है। (मैंने) दूसरी होली कैलाश पर्वत पर खेली थी, पार्वती और महादेव की जोड़ी कितनी सुन्दर है। (मैंने) तीसरी होली अयोध्या नगरी में खेली थी, सीता और राम की जोड़ी कितनी सुन्दर है।

लोकगीत 5

कछवायघारी
राखो पुरखन को सम्मान

इन भइया बाबा को तनिक न जानों,
इन भइया बाबा को तनिक न जानों।
गोरा आए इनकी भूमि पें तेगन सों काटो थो फरमान।
राखो पुरखन को सम्मान, राखो जननी को सम्मान।

हिन्दी अनुवाद
राखो पुरखन को सम्मान

(प्रस्तुत लोकगीत, कछवायघार के साहित्यकार श्री देवेन्द्रसिंह 'दाऊ' द्वारा विरचित है। इसमें 1857 के स्वातंत्र्य युद्ध का संक्षिप्त वर्णन है जिसमें इस घार की सिन्धु नदी के कछार, विलाव गाँव, वीर चिमना भगत की बहादुरी तथा, अंग्रेज़ों की पराजय का उल्लेख है) लोककवि 'दाऊ' कहते हैं कि-

भुतहा कछार जो बजत है।
बिलाव गाँव से जो लगत है।
मूंड़न के खरियान बनाए, गोरा छोड़ गए मैदान।।
राखो पुरखन को सम्मान, राखो जननी को सम्मान।
वीर भूमि के वीर हैं भइया
वीर भूमि के सूर हैं भइया
दिल दहलाए जिन गोरन के राखो अपनो मान।।
राखो पुरखन को सम्मान, राखो जननी को सम्मान।
क्रांति शक्ति के दूत जुटाने
गोरो का साम्राज्य मिटाने
वीर चिमना भगत बने हुये थे तूफान
राखो पुरखन को सम्मान, राखो जननी को सम्मान।

स्रोत: रचना - देवेन्द्र सिंह 'दाऊ'।

भाई लोगों, आप (वीर चिमना भगत) बाबा के बारे में थोड़ा-सा भी नहीं जानते हो, भाई लोगों, इन बाबा के कृतित्त्व को थोड़ी-सी भी मान्यता नहीं देते हो।

(कछवायघार की) इस भूमि पर जब अंग्रेज़ों ने आक्रमण किया, और उन्होंने जो जुल्म किए, उसे (चिमना जी ने) तलवार की धार पर फतह किया। उन्होंने (अर्थात् चिमना जी ने) ऐसा करके अपने पूर्वजों और माँ का सम्मान बढ़ाया (इस घार में सिन्धु नदी प्रवाहित है) वहाँ पर इसके एक कछार को भुतहा (अर्थात् भूतों वाला) कछार के नाम से जाना जाता है। यह कछार, बिलाव गाँव के पास है।

(1857 के स्वांतत्र्य युद्ध के समय यहाँ पर चिमना जी और अंग्रेज़ों के मध्य जो संघर्ष हुआ, उसका वर्णन है)

(चिमना जी ने कई अंग्रेज़ों को मार गिराया और) उनके नर-मुण्ड ऐसे दिखाई दे रहे थे कि कोई खलिहान हो, (अंत में चिमना जी के सामने से) अंग्रेज़ रण-क्षेत्र से भाग खड़े हुए। ऐसा करके चिमना जी ने अपने पूर्वजों और माँ का सम्मान बढ़ाया। भाइयों, यह (कछवायघार) वीर भूमि है, यहाँ के लोग वीर और शूर हैं।

उन्होंने अंग्रेज़ों को भयभीत कर दिया और अपना मान बढ़ाया, ऐसा करके उन्होंने अपने पूर्वजों और माँ का सम्मान बढ़ाया। यह स्वातंत्र्य क्रांति चहुँ-दिस फैले, अंग्रेज़ों की सत्ता कैसे नष्ट हो, (कछवायघार में)वीर चिमना भगत जी इस क्रांति के अग्रदूत बने हुए थे। ऐसा करके उन्होंने अपने पूर्वजों और माँ का सम्मान बढ़ाया।

लोककथा

कछवायघारी

प्यासौ कौआ

एक प्यासौ कौआ हतौ। बाये भौत जोर की प्यास लगी ती। उड़त-उड़त बानैं एक घड़ा देखौ। घड़ा में पानी नेंक हतौ। कौआ की चोंच पानी नों नई पौंच पाई रई ती। कौआ बडौ परेशान हतौ। बाने एक उपाय सोचौ। पासई में छोटे-छोटे ककरा अपई चौंच से उठाइ कैं लियाऔ और घड़ा में डार दए। ककरन की बजै से पानी ऊपर कौं आई गऔ। फिर आसानी से बाकी चौंच पानी तक पहुँच गई। पानी पीकें कौआ उड़ गऔ। कहानी खतम पईसा हजम।

स्रोत : मंजू नरवरिया, ग्वालियर।

हिन्दी अनुवाद

प्यासा कौआ

एक प्यासा कौआ था। उसको बहुत जोर की प्यास लगी थी। उड़ते-उड़ते उसने एक घड़ा देखा। घड़े में पानी थोड़ा था। कौए की चोंच पानी तक नहीं पहुँच पा रही थी। कौआ बहुत परेशान था। उसने एक उपाय सोचा, पास ही में से छोटे-छोटे कंकड़ अपनी

चोंच से उठा कर लाया और घड़े में डाल दिए। कंकड़ों के कारण पानी ऊपर को आ गया। फिर सरलता से उसकी चोंच पानी तक पहुँच गई। पानी पीकर कौआ उड़ गया। कहानी खत्म हुई, पैसे हमारे हुए।

6. शब्दावली (कछवायघारी-हिन्दी)

रिश्ते-नाते

कछवायघारी	*हिन्दी*	कछवायघारी	*हिन्दी*
अम्मा	*माता*	बप्पा, दद्दा	*पिता*
भैया	*भाई*	बैहिन	*बहन*
बुआ	*बुआ*	भौजी, भौजाई	*भाभी*
कुंवरजू	*दामाद*	मौसिया	*मौसा*
दद्दू	*दादा*	बड़ी अम्मा, आजी	*दादी*
लड़का, लरिका	*बेटा*	बिटिया	*बेटी*
जिठानी	*जेठानी*	दौरानी	*देवरानी*
सारौ	*साला*	सढ़वाई	*साढ़ू*
सारैज	*सलहज*	सारी	*साली*
मामा	*मामा*	माई	*मामी*
चाचा	*चाचा*	नन्ना, नन्नू	*नाना*
नानी	*नानी*	नंद	*ननद*
ससुर	*ससुर*	मौसी	*मौसी*
चाची	*चाची*		

रंग

कछवायघारी	*हिन्दी*	कछवायघारी	*हिन्दी*
भटा रंग	*बैंगनी*	आकाशी	*आसमानी*
नीला	*नीला*	हरौ	*हरा*
पीरो	*पीला*	गोरू	*नारंगी*
लाल	*लाल*	कारौ	*काला*
गुलाबी	*गुलाबी*		

समय

कछवायघारी	*हिन्दी*	कछवायघारी	*हिन्दी*
भुकभुकौ, सबेरौ	*सुबह*	दुफरिया	*दोपहर*

कछवायघारी	*हिन्दी*	कछवायघारी	*हिन्दी*
संजा	*शाम*	राति	*रात्रि*

दिनवार

कछवायघारी	*हिन्दी*	कछवायघारी	*हिन्दी*
सोमवार	*सोमवार*	मंगल	*मंगलवार*
बुद्ध	*बुधवार*	बिरिस्पित	*गुरुवार*
शुक्कुरवार	*शुक्रवार*	शनीचर	*शनिवार*
ऐंतवार	*रविवार*		

पक्ष

कछवायघारी	*हिन्दी*	कछवायघारी	*हिन्दी*
पाख	*पक्ष*	उजिरिया	*शुक्ल*
अँधिरिया	*कृष्ण*	अमाउस	*अमावस्या*
पूनों	*पूर्णिमा*		

महीनों के नाम

कछवायघारी	*हिन्दी*	कछवायघारी	*हिन्दी*
चैत	*चैत्र*	बैसाक	*बैशाख*
जेठ	*ज्येष्ठ*	असाढ़	*आषाढ़*
साउन	*श्रावण*	भादौं	*भाद्रपद*
क्वांर	*आश्विन*	कातिक	*कार्तिक*
अगहन	*मार्गशीर्ष*	फूँस	*पौष*
माहु	*माघ*	फागुन	*फाल्गुन*

भोजन

कछवायघारी	*हिन्दी*	कछवायघारी	*हिन्दी*
कलेऊ	*नाश्ता*	रोटी	*दोपहर का भोजन*
अथाईं की रोटी	*शाम का भोजन*	ब्यारू	*रात्रि का भोजन*

सब्जियों एवं फलों के नाम

कछवायघारी	*हिन्दी*	कछवायघारी	*हिन्दी*
तुरैया	*तोरई*	भिण्डी	*भिण्डी*
लौकिया	*लौकी*	कदुआ	*कद्दू*

कछवायघारी	हिन्दी	कछवायघारी	हिन्दी
ढेंढस	*टिण्डे*	करेला	*करेला*
सैम	*सेम*	टिमाटर	*टमाटर*
मूरा	*मूली*	धना	*धनियाँ*
मिरिच	*मिर्च*	प्याज	*प्याज*
लहासुन	*लहसुन*	निब्बू, निबुआ	*नींबू*
घुंईया, घुंइयौ	*अरवी*	भटा	*बैंगन*
तुमरिया	*लौकी (गोलाकार)*	पपीता	*पपीता*
गुन्हैया	*इमली*	बेर	*बेर*
बिही	*अमरूद*	गहार, केला	*केला*
जमनी	*जामुन*		

पशु/पक्षियों के नाम

कछवायघारी	हिन्दी	कछवायघारी	हिन्दी
गईया	*गाय*	भैंसिया	*भैंस*
बैला	*बैल*	पड़ा	*भैंसा*
बकरिया, छिरिया	*बकरी*	सुआ	*तोता*
कबूतर, परेवा	*कबूतर*	कौआ	*कौआ*
चिरैया	*चिड़िया*		

फसल सम्बन्धी

कछवायघारी	हिन्दी	कछवायघारी	हिन्दी
उन्हारी	*चैत्र की फसल*	समारी, कातिकी	*कार्तिक की फसल*
गेऊ	*गेहूँ*	बाजरा	*बाजरा*
चना	*चना*	जुनरी	*ज्वार*
जवा	*जौ*	कौदों	*कौदों*
उखारी	*गन्ना*		

संदर्भ

1. कनिंघम, द *एनसिएंट ज्यॉग्राफी ऑफ इंडिया*, ट्रबनेर एंड कंपनी, लंदन, 1871.
2. कुशवाह, दाऊ देवेन्द्र सिंह, *बीकलपोता कछवाह राजवंश* (आधार ग्रंथ), कछवाह महासंघ एवं कछवाह शोध परिषद, भिण्ड, मध्य प्रदेश, प्रथम संस्करण, 2004.

3. कुशवाह, दाऊ देवेन्द्र सिंह, *समवेत् सुमन ग्रंथमाला-8*, कछवाहघार साहित्य सृजन समिति, रौन, जिला, भिण्ड, मध्य प्रदेश।

4. कुशवाह, उदयवीर सिंह, मूरतपुरा (मिहोना), जिला, भिण्ड (मध्य प्रदेश) का राजनारायण दीक्षित से साक्षात्कार, 2011.

5. नरवरिया, प्रो. अशोक सिंह, बाराकलाँ, भिण्ड का लेखिका से साक्षात्कार, 2011.

6. भट्ट, भगवत स्वरूप, मिहोना, भिण्ड का लेखिका से साक्षात्कार, 2011.

7. राजेश, राजनारायण दीक्षित, असवार (लहार), जिला, भिण्ड (लोकभाषा संकलन में सहयोगी), 2011.

2

कोरकू

सीमा प्रकाश

1. नाम कोरकू भाषा। इसे बोंडिया, बोपदी, कोरकी, कुरी, कुर्कू, कुर्कू-रूमा एवं रमेखेरा के नाम से भी जाना जाता है।

2. क्षेत्र

कोरकू भारत के महाराष्ट्र एवं मध्य प्रदेश में बोली जाने वाली भाषा है। इसके बोलने वाले मध्य प्रदेश में पूर्वी निमाड़, बैतूल और होशंगाबाद जिलों तथा महाराष्ट्र में अमरावती, अकोला और वर्धा जिलों में पाए जाते हैं।

3. संक्षिप्त इतिहास

कोरकू शब्द का अर्थ है- 'कोर' यानी व्यक्ति या आदिवासी और 'कू' यानी बहुवचन। कोरकू को ऑस्ट्रो एशियाटिक मूल की भाषा माना गया है। भारत में इसे नॉर्थ मुंडा भाषा की श्रेणी में रखा गया है। भारत की जनगणना, 2001 के अनुसार कोरकू बोलने वालों की संख्या 5,74000 है।

कोरकू स्वयं को मिट्टी से उपजा मानते हैं। इसी कारण इनके नाम आसपास की वस्तुओं से लिए गए हैं, जैसे- 'देवड़ा' मायने 'धान के पीछे', 'जाँबू' मायने 'जामुन के पेड़ के पीछे', 'कास्डे' यानी 'नदी का किनारा' तथा 'ठाकर' यानी 'ककड़ी के पौधे के पीछे'।

कोरकू पहले जंगलों में घूमते और 'घूम' खेती करते थे, बाद में इन्होनें स्थिर जीवन अपनाया। कोरकुओं की चार उपजातियाँ होती हैं रूमा, बावरिया, बोंडोया एवं मोवासी। जिसमें से 'रूमा कोरकू' महाराष्ट्र के अमरावती जिले में निवास करते थे। बारहवीं शताब्दी के बाद गोंड राजाओं ने उन पर राज किया।

4. साहित्य (कोरकू भाषा)

गीत

कोरकू विभिन्न अवसरों पर गीत गाते हैं जैसे–सावन के मौसम में, शादी-ब्याह में, बच्चे पैदा होने पर या गर्भावस्था के दौरान–

लोकगीत 1

ढोलारा सिरिंज

मूनी-मूनी कुचायेन डो माय,
टारोब-मारोब लुबायेन डो माय
अलेनी सावन झूला सेनेवा हो माय,
इंनीका जिरटी, इंनीका पोला इंरावा डो माय।

स्रोत : सीमा प्रकाश, खंडवा।

हिन्दी अनुवाद
सावन का गीत

महुआ के पेड़ों में बहुत बहार आई है।
चिरौंजी के पेड़ों में भी बहुत बहार आई है।
मेरा झूला तोड़ कर नदी में विसर्जित किया जाएगा।
पोला और जिरौती फिर वापस आएँगे।

लोकगीत 2

ढोलारा सिरिंज

आबो अबरा जतरा भरियो
जोड़ा लिंबो डो मान लियों
इंडी गाँवा मुन्ना पेटेल
पेटेल डरमेन डो आबो अमरा
आबो अबरा जतरा
जोड़ा नरवेल डो मान लियो
पटेल डरमेन आबो अबरा जतरा भरियो।

स्रोत : गौरा बाई, ग्राम रोशनी।

हिन्दी अनुवाद
सामाजिक अवसरों में गाने वाला गीत

पटेल के घर में बड़ी भीड़ इकट्ठा हुई है और लोगों ने,
एक जोड़ नींबू की मन्नत ली है।
यह भीड़ पटेल के आँगन में इकट्ठा हुई है।
यह बड़ी भीड़ है और लोगों ने,
एक जोड़ नारियल की मन्नत ली है।
पटेल के आँगन में बड़ी भीड़ इकट्ठा हुई है।

लोकगीत 3

ढोलारा सिरिंज

अमा बिडिल बिले महारानी डो
अमा बुलु तकिया डो महारानी
इंया कपर डोगे महारानी डो
अमां कपरेन सिंकू बने राजा जा
अमा मेन ओसा डो महारानी
ईया मेन ओसा बने राजा
चूजा किरा टोकायबा राजा
ईया मेन ओसा बने राजा

स्रोत : राधाबाई, गौराबाई, ग्राम रोशनी।

हिन्दी अनुवाद
शादी का गीत

मेरी प्यारी रानी, अपना बिस्तर बिछाओ
तुम्हारी गोद मेरी तकिया होगी
प्यारी मेरे बालों में अपनी उंगलियाँ फिराओ
मेरे राजा तुम्हारे बालों में जूँ नहीं है
मेरी रानी तुम्हारे मन में खोट है
मेरे राजा मेरे मन में कोई खोट नहीं है
तुम जिसे कहो मैं उसकी कसम खा लूँगी
परंतु राजा मेरे मन में कोई खोट नहीं है

लोकगीत 4

सुबान सिरिंज	*हिन्दी अनुवाद* ***कोरकू परम्परागत गीत***
रेपे रेपे टेन कोयो हेचकेन	*हवा धीरे-धीरे बह रही है।*
म्या आंबे बोचो कीजा बाले कुवेंरा	*एक आम गिराओ कुँवर जी*
म्या आंबे डैई जोम्जंया, म्या आंबे ऊ जोम्जयां	*एक आम बड़े भाई को खिलाना है*
ऊ आंसा पूरा खीजा बाले कुवेंरा	*एक आम भाभी को भी खिलाना है।*
रेपे ...	*भाभी की इच्छाएँ पूरी करो कुँवर जी*
म्या आंबे अम जोम्जया, म्यां आंबे इंज जोम्जयां	*एक आम तुम खाओ और एक मुझे भी खिलाओ।*
इंया आंसा पूरा खीजा बाले कुंवेरा।	*मेरी इच्छा पूरी करो कुँवर जी।*

स्रोत : सुगंधी, प्रमिला, ग्राम सालीढाना।

लोकगीत 5

गरबों पूजा सिरिंज	*हिन्दी अनुवाद* ***गर्भवती माँ की प्रार्थना***
भोला गोमेजा बरी गड़ा टला-दाना डोगे	*गोमेज देवता नदी के संगम पर मुट्ठी के दाने को देखता है*
बाई लक्ष्मी डो चुजामा शांटी	*बाई लक्ष्मी तुम किसकी शांति ढूंढती हो।*
बरी गड़ा मेलेन टला दाना डोंगे	*नदी के संगम पर दानों को देखो*
भोला गोमेजा कन्या कुमारी शांटी दाना डोगेंवा	*गोमेज देवता गर्भ में बच्चे की शांति के लिए दाने देखता है।*

आभार : मोजईबाई, दयाराम, ग्राम जामधड़।

लोकगीत 6

खाचाउमूम सिरिंज	*हिन्दी अनुवाद* ***बच्चे के जन्म पर गाने वाला गीत***
चलो बलमा बाला-टाटी घर माँ	*चलो प्रियतम उस घर में जहाँ बालक जन्मा है*
बांझोटी घर माँ दीया जले	*बांझ के घर में सिर्फ दिया जलता है*
बालाटाटी घर माँ बालक रोए।	*बच्चे के जन्म के घर में रोने की आवाज आती है।*

स्रोत : मोजईबाई, दयाराम, ग्राम जामधड़।

लोककथा 1

म्यां क्वाली डान-डिजेन म्या कुशिया घटाकेन। नाका ओखार, ननगार कुरकू कमाये लकेन। क्वाली कुरकूकेन कुशिया जिखे मेटेन खुशिया डे टो डे मनटो लाड़ी डे। मेटेन लाड़ी केन बोरे झाड़ी इंटान साये नेज। मेटेन बबा घटवेन डो रूरूम होड़ा के नेज। मेटेन क्वालीन डुनुम हेयेन। डुनुम हेयेन डो टुकु टेन मुडा केन मेटेन क्वाली गोयेन।

स्रोत : सोना लोकिया, ग्राम भागपुरा।

हिन्दी अनुवाद

एक खरगोश को हल में लगने वाला कुसला (लोहे का टुकड़ा) मिला। कोरकू खेतों में काम कर रहे थे। खरगोश ने कुसला कोरकू किसानों को दिया। इसके बाद उसने माँग की मुझे एक दुल्हन दो या मेरा कुसला लौटा दो। वह दुल्हन को झाड़ी के पीछे ले गया। फिर खरगोश कुछ धान ले आया और दुल्हन को इसे कूटने को कहा। फिर खरगोश गहरी नींद में सो गया। दुल्हन ने उसके सर पर मूसल दे मारा। खरगोश मर गया।

लोककथा 2

म्या कोल्याडान, डिंज रोजो लावा सिंया इटान सेनेवा। मगड़ डिचकेन रोजो उठा बिचार डान। मगड़ लावा के ढेग्गो खे डो डे टलान मगड़ मूयेन नाका कोल्या लावा जोजम सेनेवा। कोल्या लिंया लावा जोजमबा। मेटेन कोल्या डा टटमयेन। मेटेन डा नून जगान। मगड़ कोल्या नगा उठाये। कोल्या मडीवा ये मगड़ अम कुंहू टब्बू उठाये इंया नगा इंगान केन। **स्रोत :** सोना लोकिया, ग्राम भागपुरा।

हिन्दी अनुवाद

एक लोमड़ी थी। वह हर दिन गूलर के फल खाती थी। एक मगरमच्छ हर दिन उसे खाने की तलाश में रहता था। एक दिन मगरमच्छ ने गूलर के फलों का ढेर लगाया और उसके नीचे छिप गया। फिर लोमड़ी गूलर खाने आई, परंतु उसने ढेर का गूलर नहीं खाया। फिर लोमड़ी को प्यास लगी। जब वह नदी पर पानी पीने आई तो मगर ने उसकी एक टांग पकड़ ली। लोमड़ी ने कहा - प्यारे मगरमच्छ तुमने कुहु के पेड़ की जड़ पकड़ रखी है, मेरा पाँव तो कहीं और है। मगरमच्छ ने लोमड़ी का पैर छोड़ दिया।

5. शब्दावली (कोरकू-हिन्दी)

रिश्ते-नाते

कोरकू	*हिन्दी*
अबा	*दादा*
कका	*काका*
ममा	*फूफा*
कका	*मौसा*
डैई	*बड़ा भाई*
ममा	*मामा*
अई	*मौसी*
बोकजई	*बहन*
जुन माय	*दादी/नानी*
कुंजकर	*ससुर*
निवरी कुंजकर	*जेठ*
इल्लूर	*देवर*
कोसेरेट	*भतीजा*

कोरकू	*हिन्दी*
माय	*माँ*
फूफ	*बुआ*
ककी	*काकी*
खरान, खड़माय	*बड़ी माँ*
सनीबोकजई	*छोटी बहन*
ममी	*मामी*
खड़बा	*बड़े दादा*
बोको	*छोटा भाई*
जुनबा	*परदादा/नाना*
टियां	*जीजा*
साना/डोटा	*पति*
किमीन	*बहू*

कोरकू	हिन्दी	कोरकू	हिन्दी
कोन्जई	*बेटी*	वड़ई	*लड़की*
कोभोन	*बुआ की बेटी*	कुनकर	*सास*
बावन	*साली*	जीजी कुंजकर	*जेठानी*
सानी/जपाय	*पत्नी*	अजी	*ननद*
फोन	*बेटा*	पोयरा	*लड़का*

रंगों के नाम (रेंगों जुमु)

कोरकू	हिन्दी	कोरकू	हिन्दी
राटा रेंगो	*लाल रंग*	पुलूम	*सफेद*
लिला	*हरा*	केन्डे	*काला*
गुलाबी	*गुलाबी*	पेड़ा रेंगो	*पीला*
जमनी रेंगो	*जामुनी*	आसमानों रेंगों	*नीला*

नोट-कोरकू भाषा में रंगों के नाम प्रकृति से लिए गए हैं, जैसे - काला रंग खेत की काली मिट्टी से, सफेद रंग कपास से, हरा रंग पेड़ों से और नीला रंग आसमान से।

समय के शब्द (चिपनी)

कोरकू	हिन्दी	कोरकू	हिन्दी
पट्ठा	*सुबह*	गोमेज नमबूरेन	*सूर्यास्त*
सिगुरूप	*शाम*	म्यां घिड़ी	*एक घंटा*
देया	*दिन*	घोनेज घिड़ी	*बहुत समय*
राटो	*रात*	डजारेन	*सुबह छह बजे*
बरी पार	*दोपहर*	छकलायेन	*अंधेरा होने का समय*
घिड़ी	*घड़ी*	कोबा रे	*सुबह चार बजे के लगभग*
गोमेज ओड़ले खेन	*सूर्योदय*	शिरिसाजो	*खाना खाने का समय*

महीनों के नाम

कोरकू	हिन्दी	कोरकू	हिन्दी
पूसों	*जनवरी (पौष)*	महा	*फरवरी (माघ)*
फगुन	*मार्च (फाल्गुन)*	चेटो	*अप्रैल (चैत्र)*
बैसाखों	*मई (बैशाख)*	अखा तिजों	*जून (ज्येष्ठ)*
भवई	*जुलाई (आषाढ़)*	श्रावण	*अगस्त (सावन)*

कोरकू	हिन्दी	कोरकू	हिन्दी
भादु	*सितंबर (भाद्रपद)*	क्वार	*अक्टूबर (आश्विन)*
कार्तिक	*नवंबर (कार्तिक)*	अगगन	*दिसंबर (मार्गशीर्ष)*

दिनों के नाम

कोरकू	हिन्दी	कोरकू	हिन्दी
सोम्मार	*सोमवार*	मंगरार	*मंगलवार*
बुधुवार	*बुधवार*	विस्तरवार	*बृहस्पतिवार*
शुक्ररार	*शुक्रवार*	शिनिचर	*शनिवार*
ठतवार	*रविवार*		

नोट-हफ्ते में लगने वाले हाटों को भी दिनों के अनुसार कहा जाता है, जैसे-मंगरार हाटी, शिनिचर हाटी आदि।

दूरी के शब्द

कोरकू	हिन्दी	कोरकू	हिन्दी
म्रांनपासल्का	*दूर*	धोनेज लंका	*बहुत दूर*
थोड़ाका लंका	*थोड़ी दूर*	म्यां कोसो	*लगभग दो किमी.*
मोनई कोसो	*लगभग दस किमी.*	ईसा कोसो	*लगभग चालीस किमी.*

दिशाओं के शब्द

कोरकू	हिन्दी	कोरकू	हिन्दी
गोमेज ओड़	*पूर्व दिशा*	गोमेज नमूर	*पश्चिम दिशा*
ढोलाह	*उत्तर दिशा*	गांगड़ा	*दक्षिण दिशा*

स्थानों के नाम

कोरकू	हिन्दी	कोरकू	हिन्दी
आसमान	*आकाश*	ओटे	*पृथ्वी*
ईपिल	*तारे*	बदाड़ा	*बादल*

मौसम के शब्द

कोरकू	हिन्दी	कोरकू	हिन्दी
उनड़ा	*गर्मी का मौसम*	ब्रसादो	*बरसात*
सेयाड़ा	*ठंड का मौसम*		

कोरकू गिनती

कोरकू	***हिन्दी***	**कोरकू**	***हिन्दी***
म्यां	*1 एक*	ब्री	*2 दो*
अफई	*3 तीन*	उफुन	*4 चार*
मोनई	*5 पाँच*	तुरई	*6 छह*
ऐई	*7 सात*	ईलार	*8 आठ*
अरई	*9 नौ*	गेल	*10 दस*
ईसा	*20 बीस*	टीसो	*30 तीस*
म्याँ सेड्डी	*100 सौ*		

संदर्भ

1. *मध्य प्रदेश डिस्ट्रिक्ट गजेटियर*, भोपाल, मध्य प्रदेश।
2. रसेल, आर. बी. व हीरालाल आर. बी., *द ट्राइब्स एण्ड कॉस्ट्स ऑफ द सेंट्रल प्रॉविन्सेस ऑफ इंडिया*, लो कॉस्ट पब्लिकेशन, दिल्ली, 1916.

कौरवी

फूल सिंह नरवरिया, आशा नरवरिया

1. नाम

मध्य प्रदेश राज्य के भिण्ड जिलान्तर्गत लहार खण्ड के दबोह और आलमपुर वृत्त में प्रयुक्त आम बोल-चाल की भाषा, कौरवी लोकभाषा कहलाती है।

2. क्षेत्र

कौरवी लोकभाषा दबोह और आलमपुर वृत्त के अतिरिक्त मध्य प्रदेश के दतिया जिला के भाण्डेर खण्ड एवं सीमान्त उत्तर प्रदेश के जालौन जिले के कुछ गाँवों में भी बोली जाती है। इस अंचल में कौरव क्षत्रियों के बयालीस गाँव हैं, इन गाँवों में जैतपुरा, असवार, मुरावली, ररूआ, गांगेपुरा, टिमावली, नडेरी, विढरा, आलमपुर, गेंथरी, बरथरा, सामपुरा, चढरऊआ, जगदीशपुरा, बेलमा, कुरथर, खुर्द, खूजा, मुरगाँव, चाँदनी, सौजना, खिरिया, राखरा, ढोड, पडरी, गुदाँव, रिनियाँ, अधियारी, कसल, बडागाँव, गौरा, मारपुरा, अमाहा, कुँअरपुरा, दबोह, सलैया, चटमारी, ऊँचागाँव, चीनी, बडखूँजा, सोहन, चकदुर्गापुर हैं।

अधिकांश गाँव भिण्ड जिले के अन्तर्गत आते हैं, जिसे कौरवघार कहते हैं। कौरवघार में प्रयुक्त बोली, कौरवी या कौरवघारी लोकभाषा के नाम से जानी जाती है। कौरवी लोकभाषा का क्षेत्र बुंदेली, लोधान्ती, रजपूती एवं कछवायघारी लोकभाषायी क्षेत्र के मध्य स्थित है इसलिए इस लोकभाषा पर इनका प्रभाव पड़ा है, विशेषतः बुंदेली और कछवायघारी लोकभाषा का प्रभाव अत्यधिक है।

3. संक्षिप्त इतिहास

कौरवी लोकभाषा का इतिहास जानने से पूर्व कौरव क्षत्रियों के इतिहास की चर्चा करना आवश्यक है क्योंकि कौरव क्षत्रियों द्वारा प्रयुक्त बोली रूप ही कौरवी लोकभाषा के नाम से जाना जाता है।

कौरवघार के दबोह और अमाहा में कौरव क्षत्रियों की जागीर रही है। इन जागीरों के माध्यम से कौरव क्षत्रियों का इस क्षेत्र में प्रभुत्व रहा है। इस क्षेत्र को कौरवघार कहा जाता है। कौरवी बोलने वालों की संख्या लगभग बीस हजार है।*

---

* लेखक के स्वयं के सर्वेक्षण के आधार पर।

भारतीय इतिहास में महाराजा कुरु हुए हैं जिनके नाम से कुरुक्षेत्र प्रसिद्ध हुआ है। महाराजा कुरु, कुरुवंश अर्थात् कौरव वंश के प्रवर्तक थे। इसी वंश के धृतराष्ट्र और उनके सौ पुत्र थे। कौरवघार के कौरव क्षत्रिय इसी वंश के हैं। कौरव वंश कई गोत्रों में विभाजित है। इनका प्रमुख गोत्र-अत्रि है। अन्य उपगोत्रों में निम्नलिखित हैं—अतरसूना, अतरौलिया, एटकवार, बरौलिया, भूगर, चिलका, डीडें दलदौनियाँ, चन्द्रगोत्र, गोहिला, गोगला, गमली, गौरवार, जलकनिया, जहुआ, जरहा, खिचरौलिया, करेडिया, करहैया, कोसिया, लुलावत, लालौरिया, लटकना, मुरैया, ममार नरहरा, पहरिया, पिसनवार, परगोत्र, सरैठा, सगरिया, सिहंगोतिया, संभर, स्वर्णगिरि तिहैया, टिकरइया आदि। इन गोत्रों का उद्भव उनके विभिन्न निवास स्थानों के कारण हुआ है। जब कौरव क्षत्रियों का आगमन इस क्षेत्र में हुआ तब उनकी बहुलता के कारण यह कौरवघार कहलाया। उनके द्वारा प्रयुक्त बोली कौरवी या कौरवघारी कहलाई।

4. व्याकरण

क्र.	**नाम**	**कौरवी**	***हिन्दी भाषा***
1.	संज्ञा	अम्मा, लौकिया	*माँ, लौकी*
2.	सर्वनाम	ये, तोम	*यह, तुम*
3.	क्रिया	नाच रही हेगी।	*नाच रही है।*
4.	विशेषण	नोनो, निमक	*अच्छा, बहुत*
5.	लिंग	जनी, आदमी	*स्त्री, पुरुष*
6.	कारक चिह्न	नैं, से, को	*ने, से, को*
7.	सहायक क्रिया	तौ, हती, हैं	*था, थी, है*

5. साहित्य (कौरवी भाषा)

लोकगीत 1

कौरवी भाषा **विदाई**	***हिन्दी अनुवाद*** **विदाई**
छूटौ री मेरी गुईयाँ जनकपुर,	*सीता कहती हैं मेरी सखियो, जनकपुर छूट रहा है,*
अब नइयाँ मिलने के जनकपुर,	*अब जनकपुर मिलने को नहीं है,*
मिलने होय, तौ मिल लेओ री सखियाँ,	*आपको मिलना है तो मिल लो सखियो,*
फिर नइयाँ मिलने के जनकपुर।	*फिर हम जनकपुर में नहीं मिलेंगे।*
राजा जनक जी से बबुला छोड़े,	*राजा जनक जी जैसे पिता को छोड़ रही हूँ,*
रानी सुनैना सी मैया जनकपुर,	*सुनैना जैसी माता को छोड़ रही हूँ,*
ऋद्ध सिद्ध से भैया छोड़े	*ऋद्धि और सिद्ध जैसे भाइयों को छोड़ रही हूँ,*
सिद्धी सी भौजइया जनकपुर।	*सिद्धि जैसी भाभी को भी जनकपुर छोड़ रही हूँ।*
राजा जनक जी रोबन लागे,	*यह देखकर राजा जनक जी रोने लगे,*
पुरा-पड़ोसिन डोली बैठारे,	*नगर एवं पड़ोस के लोग सीता को डोली में बैठा रहे हैं।*

राजा जसरथ से ससुरा मिल गए,
कौशल्या सी सासो जनकपुर।
लाला लछमन जी से देवरा मिलि गए,
उर्मिला दौरनियाँ जनकपुर।

(लोग सांत्वना दे रहे हैं) राजा दशरथ जैसे ससुर हैं,
रानी कौशल्या जैसी सास हैं इसलिए जनकपुर छोड़ने का कोई दुख नहीं है,
लक्ष्मण देवर हैं, उर्मिला जैसी देवरानी है
इसलिए जनकपुर छोड़ने का कोई दुख नहीं है।

स्रोत : फूल सिंह नरवरिया, ग्वालियर।

लोकगीत 2

कौरवी भाषा

कलजुग कहौई न जाए मेरी बैहना,
कलजुग सुनौई न जाए मेरे लाल।
चिंटी बैठी बिछिया मांजत है,
चिंटा रेस लियाबै मेरे लाल।
मकरी बैठी पूजा करत है,
मकरा शंख बजावै मेरे लाल।
चुखरी बैठी पटियाँ परत है,
चुखरा ढुकढुक जाए मेरे लाल।

हिन्दी अनुवाद

मेरी बहन कलयुग के बारे में कुछ नहीं कहा जा सकता,
मेरे बेटे, कलयुग में जो हो रहा है उसे सुना भी नहीं जा सकता
मादा चींटी, नर चींटी, नर मकड़ी, मादा मकड़ी, चुहिया, चूहा
जैसे लोग अतिरंजनापूर्ण कार्य कर रहे हैं।

स्रोत : फूल सिंह नरवरिया, ग्वालियर।

लोकगीत 3

कौरवी भाषा
फाग

बनखाई भिकम उजार,
अंजनी तोय पातक कैसे लागौ।
वन में गुफा बनाइयो अंजनी
धोय-मांज गडुआ भर लियाई,
तेरौ भरौ गडुआ न पियें अंजनी,
तैने सुने नईयाँ गुर उर ज्ञान।
महादेउ कहाने लगे अंजनी,
मकरध्वज लए हैं अवतार,
अंजनी तोय पातक कैसे लागौ।

हिन्दी अनुवाद
फाग

(जब अंजनी को ज्ञात होता है कि मकरध्वज हनुमान का पुत्र है तो वह पश्चाताप करती है, लेकिन शंकर जी उनको समझते हैं कि यह)
नैसर्गिक लौकिक उत्पत्ति है,
अंजनी आपको पाप कैसे लगेगा।
(अंजनी कहती हैं) मैं तो वन में घर बना कर रहूँगी (शंकर जी के लिए) स्वच्छ जल भरकर लोटा में लाती हैं, किन्तु शंकर जी पानी पीने से इंकार कर देते हैं, (और कहते हैं कि अंजनी) तुमने गुरु और आत्म ज्ञान नहीं सीखा है। सुनो अंजनी,
मकरध्वज ने (जन्म नहीं) अवतार लिया है, अंजनी आपको पाप कैसे लगेगा।

स्रोत : फूल सिंह नरवरिया, ग्वालियर।

लोकगीत 4

कौरवी भाषा
कतिक स्नान

तुम बिन नाथ हमारौ नईयाँ कोऊ रे।
ऊँची नीची घटियाँ रूख घनेरे,
फिसलै पैर बचईया नईयाँ कोऊ रे।
नदिया गैहरी, नाव पुरानी,
तुम बिन नाथ खिबैया नईयाँ कोऊ रे।
मयके ससुरे में कुटुम घनेरे,
बिगड़ी बात बनईया नईयाँ कोऊ रे।

स्रोत : फूल सिंह नरवरिया, ग्वालियर।

हिन्दी अनुवाद
कर्तिक स्नान

प्रस्तुत गीत में कन्याएँ/स्त्रियाँ, प्रभु से प्रार्थना कर रही हैं कि इस संसार में पहाड़, घाटियाँ, जंगल, गहरी नदी, पुरानी नाव, बड़ा परिवार आदि कई बातें है इनसे बचाव कैसे करें? प्रभुजी, आपके अलावा मुझको बचाने वाला कोई नहीं है।

लोकगीत 5

कौरवी भाषा
कतिक स्नान

उठो मेरे किशना भए भुनसारे,
गऊइन के बंध खोलो सकारे
को जौ लियाबै खरक दोहनियाँ,
को जौ रेशम लोईया लियाबै।।
राधा जौ लियाबे खरक दोहनियाँ
जशोदा माता रेशम लोईया लियाबें।
माखन – मिश्री मलाई माँगै।
जा मेरौ किशना कलेऊ माँगै।
राजा ब्रषभान की बेटी माँगै।
सूरज चंदा की जोड़ी माँगै।
उठो मेरे किशना भए भुनसारे।

स्रोत : फूल सिंह नरवरिया, ग्वालियर।

हिन्दी अनुवाद
कार्तिक स्नान

(माँ यशोदा, युवा कृष्ण से कहती हैं कि)

मेरे लाल कृष्ण जाग जाओ-सुबह हो गई है, जल्दी से गायों की रस्सी खोल दो अब दूध दुहने के लिए बर्तन कौन लाएगा, (गाय के पीछे के पैर बाँधने के लिए) रेशम की डोरी कौन लाएगा। राधा दूध दुहने के लिए बर्तन लाएगी।

माँ यशोदा रेशम की डोरी लाएँगी।

माँ यशोदा कहती हैं कि मेरा कृष्ण खाने को माखन, मिश्री और मलाई माँगता है।

(स्वयं) सूरज रूपी कृष्ण, राजा ब्रषभान की चंदा रूपी बेटी से विवाह करना चाहता है। मेरे लाल कृष्ण जाग जाओ सुबह हो गई हैं।

लोककथा

लखूरा बाग

एक कसलगाँव तौ। जाँ के उमराव सिंह कौरव हते। उनें सिद्धी हती। जा पेशाब करें हौंइ धन मिलत तौ। एक बार उनै बेटी को ब्याऔ करनें तौ। उमराव सिंह नै आई बरात कौं एक साल भर रोकें रखो और साल भर बाद भाँवरें भई। वा बरात से उन्नें एक लाख पेड़ लगवाए। वे पेड़ अबैऊ हैं। जा बाग कों लखूरा बाग कतहें। लोग बताऊतएं उमरावसिंह ने सूखी डाली लगबाई, बेऊ हरी हो गई थीं।

स्रोत : फूल सिंह नरवरिया, ग्वालियर।

हिन्दी अनुवाद

लाखा बाग

एक कसलगाँव नामक गाँव था। वहाँ उमराव सिंह कौरव नामक व्यक्ति रहते थे। वे बुद्धिमान थे। वे इतने भाग्यशाली भी थे कि बताते हैं कि वे जहाँ भी पेशाब करते थे, वहाँ से धन प्राप्त होता था। एक बार उन्हें अपनी बेटी का विवाह करना था। विवाह के समय मुख्य रस्म भाँवरें अर्थात् सात फेरे देने का मुहूर्त निकल गया था। इसके बाद पण्डित जी ने बताया कि यह मुहूर्त अगले वर्ष ही आएगा। उमराव सिंह ने यह सुनकर बारात को अगले एक वर्ष तक अपने गाँव में रोके रखा जब तक कि बेटी की भाँवरें उपयुक्त मुहूर्त में नहीं पड़ गईं। उस बारात से उन्होंने एक लाख पेड़ लगवाए। वे पेड़ कसलगाँव में आज भी हैं। उस बाग को लखूरा बाग अर्थात् लाखा बाग कहते हैं। लोग बताते हैं कि उस समय उमराव सिंह ने अगर सूखी डाल भी लगवाई थी, वे सब सजीव हो गई थीं।

6. शब्दावली (कौरवी-हिन्दी)

रिश्ते-नाते

कौरवी	***हिन्दी***	**कौरवी**	***हिन्दी***
अम्मा	*माता*	नन्ना	*पिता*
भैया, दादा	*भाई*	बहन	*बहन*
कक्का	*चाचा*	कक्को	*चाची*
मामा	*मामा*	माईं	*मामी*
फूफा	*फूफा*	फुआ	*फूफी, बुआ*
भौजाई	*भाभी*	सगा	*दामाद*
मौसिया	*मौसा*	बब्बा	*दादा*
बऊ	*दादी*	बिन्नू	*बेटी*
लड़का	*बेटा*	सारौ	*साला*
सढवाई	*साढ़ू*	सारी	*साली*
सारैज	*सलहज*	नन्द	*ननद*

रंग

कौरवी	***हिन्दी***	**कौरवी**	***हिन्दी***
भटा रंग	*बैंगनी*	आकाशी, आसमानी	*आसमानी*
नीलौ	*नीला*	हरौ	*हरा*
पीरौ	*पीला*	लाल	*लाल*
भूरौ	*सफ़ेद*	करिया, कारौ	*काला*

समय

कौरवी	***हिन्दी***	**कौरवी**	***हिन्दी***
भुनसारौ	*सुबह*	दुपहरी	*दोपहर*
अथांह	*शाम*	राति	*रात्रि*

दिनवार

कौरवी	***हिन्दी***	**कौरवी**	***हिन्दी***
सोमवार	*सोमवार*	मंगलवार	*मंगलवार*
बुद्ध	*बुधवार*	बृहस्पतिवार	*गुरुवार*
शुक्करवार	*शुक्रवार*	सनीचर	*शनिवार*
ऐंतवार	*रविवार*		

ऋतुएँ

कौरवी	***हिन्दी***	**कौरवी**	***हिन्दी***
सर्दी	*शरद*	जाड़ा	*शिशिर*
बरसात	*वर्षा*		

महीनों के नाम

कौरवी	***हिन्दी***	**कौरवी**	***हिन्दी***
चैंत	*चैत्र*	बैसाख	*बैशाख*
जेठ	*ज्येष्ठ*	अषाढ	*आषाढ़*
साउन	*श्रावण*	भादौं	*भाद्रपद*
क्वांर	*आश्विन*	कतिक	*कार्तिक*
अग्हन	*मार्गशीर्ष*	फूँस	*पौष*
माव	*माघ*	फागुन	*फाल्गुन*

फल एवं सब्जियों के नाम

कौरवी	***हिन्दी***	**कौरवी**	***हिन्दी***
आलू	*आलू*	तुरईया	*तोरई*
भिण्डा	*भिण्डी*	लौकिया	*लौकी*
मिर्च	*मिर्च*	पियाज	*प्याज*
लहासन	*लहसुन*	निबुआ	*नींबू*
अरईं	*अरवी*	गुन्हैया	*इमली*

कौरवी	*हिन्दी*	कौरवी	*हिन्दी*
जमनी	*जामुन*	जामफल	*अमरूद*
केरा	*केला*		

पशु-पक्षियों के नाम

कौरवी	*हिन्दी*	कौरवी	*हिन्दी*
गैया	*गाय*	भैंसिया	*भैंस*
बैला	*बैल*	पड़ा	*भैंसा*
छिरिया	*बकरी*	सुआ	*तोता*
परेबा	*कबूतर*		

कृषि-उपकरण, उपज

कौरवी	*हिन्दी*	कौरवी	*हिन्दी*
हर	*हल*	गाड़ी	*बैलगाड़ी*
टैक्टर	*ट्रैक्टर*	कुल्हाई	*कुल्हाड़ी*
तखरी	*तराजू*	पसेरी	*पाँच किलो*
कुंटल	*क्विंटल*	उन्हारी	*चैत्र की फसल*
समारी	*कार्तिक की फसल*	बाजिरा	*बाजरा*
गेऊँ	*गेहूँ*	जबा	*जौ*
बिर्रा	*गेहूँ व चना*	ऊख, उखारी	*गन्ना*
कुदई	*कोदौं*		

अन्य शब्दावली

कौरवी	*हिन्दी*	कौरवी	*हिन्दी*
मीठौ	*मीठा*	नुनखरौ	*नमकीन*
तिखड्डा	*तिराहा*	इतकों	*यहाँ*
उतकों	*वहाँ*	नुंगरिया	*उँगली*
काये	*क्यों*	फुलकिया	*रोटी*
बेऊ	*वे भी*	सपरना	*स्नान करना*
तला	*तालाब*	मधैया	*छोटा तालाब*

संदर्भ

1. धाकड़े, त्रिलोक सिंह, *राजपूतों की वंशावली इतिहास*, प्रकाशक: अखिल भारतीय क्षत्रिय महासभा, ग्वालियर, मध्य प्रदेश। (शेष विवरण अप्राप्त)
2. शर्मा, गोपालकृष्ण, *इतिहास के पहले कौरव कुलगाथा*, प्रकाशक: अजीत प्रकाशन मंदिर, बडागाँव, जिला भिण्ड, मध्य प्रदेश। (शेष विवरण अप्राप्त)
3. श्री सीताराम सिंह कौरव 'अनन्त' असवार (भिण्ड) से राजनारायण दीक्षित 'राजेश' की बातचीत के अंश से।

4

गोंडी

सुरेश कुमार रामटेक

1. नाम गोंडी भाषा। गोंड द्रविड़ियन भाषा है, एवं मध्य प्रदेश में उत्तरी गोंड बोली जाती है।

2. संक्षिप्त इतिहास

गोंड शब्द तेलुगू के 'कोंड' से बना है, तेलगू में कोंड का अर्थ 'पर्वत' होता है। मध्य प्रदेश के पूर्व मुख्य सचिव स्व. आर. पी. नरोन्हा ने *शुक्ल अभिनन्दन ग्रंथ* में अपने लेख 'गोंडी' बोली में लिखा है कि, "जान पड़ता है कि अपने प्रधान साम्राज्यों का पतन हो जाने से वे पहाड़ियों में चले गए और वहीं रहने लगे। तब वे अपने को 'कोंडा दोरूल', 'कोंडा' याने पहाड़ी और दोरूल अर्थात् 'अधिपति' कहने लगे, यह बात उचित जान पड़ती है क्योंकि गोंड अपने आप को 'कोइतूर' कहते हैं। एक विदेशी विद्वान वेरियर एल्विन (1967) ने गोंड शब्द को कोंड का बदला हुआ रूप माना। उन्होंने आंध्र प्रदेश के तेलंगाना क्षेत्र को इसकी उत्पत्ति का स्थाना माना है।"

गोंड शब्द का जिक्र प्राचीन साहित्य में मिलता है। तुलसीदास ने भी अपनी कृति *दोहावली* में गोंड शब्द का जिक्र किया है। किन्तु तुलसीदास से बहुत पहले गोंड जनजाति मंडला और नर्मदा के आसपास अपना साम्राज्य स्थापित कर चुकी थी।

समाज वैज्ञानिकों ने गोंड के कई भेद किए हैं, जैसे–देवगोंड, राजगोंड, नागवंशी गोंड, रावणवंशी गोंड और धुर गोंड आदि।

देवगोंड : देवगोंड उन गोंडों को कहा जाता है जो स्वयं को ब्राह्मणों के समान मानते हैं। वे बहुत छूतपात (छुआछूत) का विश्वास करते हैं, मांस आदि से परहेज करते हैं, व किसी की झूठी चिलम नहीं पीते।

राजगोंड : राजगोंड कहने वाले बहुत व्यापक रूप से मिलते हैं। ये अपने आपको राजकुल का मानते हैं।

नागवंशी गोंड : कुछ लोग अपने आपको नागवंशी गोंड मानते हैं और वे मानते हैं कि वे नागकुल के हैं। नागवंशी गोंड छत्तीसगढ़ में रहते हैं।

रावणवंशी गोंड : मंडला, डिंडोरी और रामनगर के आसपास कई गाँवों में रावणवंशी गोंड रहते हैं। ये लोग रावण की स्तुति में गीत भी सुनाते हैं। हरदा, बैतूल, होशंगाबाद, खण्डवा आदि में रावणवंशी कहलाने वाले गोंड नहीं मिलते हैं।

धुरगोंड : धुरगोंड के पास खेती नहीं होती है। ये श्रम पर आश्रित होते हैं।

प्रधान गोंड : प्रधान गोंड किसी भी देव खलियान के दीवान जी कहलाते हैं।

ठाटिया गोंड : ठाटिया गोंड वे गोंड कहलाते हैं जो पशु चराने का काम करते हैं।

3. साहित्य (गोंडी भाषा)

लोककथा

गोंड मान्यताओं के अनुसार सृष्टि की उत्पत्ति विषयक एक कथा सुनने को मिलती है।

बहुत पहले संसार में जीवन नहीं था, ऐसे में भगवान ब्रह्मा, विष्णु और महेश ने सृष्टि की रचना करने की सोची और उन्होंने पृथ्वी बनाने के लिए एक कौए को बुलाया। उस समय कौए सफ़ेद रंग के होते थे। उन्होंने कौए से कहा–जाओ मिट्टी लेकर आओ। कौआ जैसे ही नीचे गया वहाँ पानी-ही-पानी था। बीच में शेषनाग फन फैलाए खड़ा था। उड़ते-उड़ते कौआ थक चुका था वह शेषनाग के फन पर बैठ गया। शेषनाग ने जोर से फुफकार दिया जिससे कौआ काला पड़ गया। तब से कौए का रंग काला हो गया। अब कौआ वापस लौट गया। उसने त्रिदेवों को बताया कि वहाँ तो कहीं काली मिट्टी नजर नहीं आती। उन्होंने कहा एक बार फिर जाओ और ठीक से पता करो। कौआ दोबारा गया। इस बार उसे बकासुर की गुफा दिखी। उसने बकासुर से मिट्टी माँगी तो उसने मना कर दिया। उसने मिट्टी देने की एक शर्त रखी कि मैं जिस खेत को खाना चाहूँगा उसे खा जाऊँगा उस पर मेरा ही अधिकार होगा। कौआ यह संदेश लेकर त्रिदेव के पास गया। इसके बाद उन्होंने पृथ्वी की रचना की। पृथ्वी की रचना के बाद उन्होंने देखा कि वहाँ से पानी गायब हो गया है। इस प्रकार भगवान शंकर ने अपनी जटा से नदियों, समुद्रों, झीलों में पानी-ही-पानी भर दिया। इसके बाद उन्होंने मूला गोंडनी को पृथ्वी पर भेजा, यह मूला गोंडनी ही पृथ्वी की आदि माता है।

स्रोत : सुरेश कुमार रामटेक, टिमरनी।

लोकगीत 1

रोन दोई न दादा रोन दोई नारो, साटा बाड़ी ते रोन दोई नारो
बिछिया माना मनवल ते गुथला माना
मनवल ते बिछिया माना मनवल ते संग तरे ना दादा
रोन दोई न दादा रोन दोई नारो, साटा बाड़ी ते रोन दोई नारो
बिछिया माना मनवल ते गुथला माना
मनवल ते बिछिया माना मनवल ते संग तरे ना दादा
कड़िया माना मनवल ते तोड़माना मनवल, ते कड़िया माना मनवल ते संगतरे ना दादा साटा
दिकड़ी माना मनवल ते अंगिया माना मनवल, दे दिकड़ी माना मनवल संगतरे ना दादा
कड़िया माना मनवल ते तोड़माना मनवल
ते कड़िया माना मनवल ते संगतरे ना दादा साटा
दिकड़ी माना मनवल ते अंगिया माना मनवल, दे दिकड़ी माना मनवल संगतरे ना दादा
कदरा माना मनवल ते झुक्का माना मनवल
ते कदरा माना मनवल संगतरे ना दादा
छोगा माना मनवल ते बिंदी माना मनवल, छोगा माना मनवल संगतरे ना दादा
कदरा माना मनवल ते झुक्का माना मनवल
ते कदरा माना मनवल संगतरे ना दादा
छोगा माना मनवल ते बिंदी माना मनवल
छोगा माना मनवल संगतरे ना दादा

स्रोत : सुरेश कुमार रामटेक, टिमरनी।

लोकगीत का भावार्थ

पिता व पुत्री संवाद कर रहे हैं, पुत्री मातृहीन है, वह कहती है—हे पिताजी इस गन्ने के बगीचे में अपना घर बना लो। पिताजी कहते हैं - कैसे घर बना लें? अर्थात घर में रहने वाली तुम्हारी माँ तो है नहीं। बिछिया पहनने वाली, पाँव की उँगली में आभूषण पहनने वाली तो है नहीं। पहले उसको लाऊँगा फिर घर बनाऊँगा। जिसके पाँव में कड़ी हो, जिसके हाथ में तोड़े हों, जिसके माथे में फूल खुसे हों, जिसने विवाहिता का लुगड़ा और चोली पहनी हो उसको लाना है। जिसने कमर में आभूषण धारण किया हो पहले उस विवाहिता को लाना है। जिसके माथे पर बिंदी हो और जिसकी कमर में झुक्का लटकता हो, अर्थात जिसने पूरा जनजातीय और सोलह सिंगार धारण किया हो अर्थात जो विवाहित हो उस स्त्री को मैं ला सकता हूँ।

(आशय यह भी है कि मुझे किसी अविवाहित और कुंआरी को मेरी पत्नि और तुम्हारी माँ नहीं बनाना है। उसके आने के बाद ही गन्ने के बगीचे में घर बनाना उचित होगा।)

लोकगीत 2

ए भाभी दा नाबा कगीचा ते बोल बासी
बोल बासी आधीरात।। भाभी दा
नावल भैया न मरका बगीचा
ए भाभी दा नाबा कगीचा ते बोल बासी
बोल बासी आधीरात।। भाभी दा
मरका लगी लटालूम।। भाभी दा
मरका लगी लटालूम।। भाभी दा
नावल भैया न लिम्बू बगीचा
लिम्बू लगी लटालूम।। भावी दा
नावल भैया न संतरा बगीचा
संतरा लगी लटालूम।। भावी दा
मरका लगी लटालूम।। भावी दा
लिम्बू लगी लटालूम।। भावी दा
नावल भैया न संतरा बगीचा
संतरा लगी लटालूम।। भावी दा
नावल भैया न अंगूर बगीचा।
अंगूर लगी लटालूम।। भावी दा
बगीचा ते बोल बासी
बोल वासी आधी रात।। भावी दा
नावल भैया न अंगूर बगीचा।
अंगूर लगी लटालूम।। भावी दा

स्रोत : सुरेश कुमार रामटेक, टिमरनी।

गीत का भावार्थ

ओ मेरी भाभी - बताओ आधी रात को तुम्हारे बगीचे में कौन बोल रहा था। आधी रात को किसकी आवाज़ आ रही थी जबकि मेरा भाई घर पर नहीं है। मेरे देवर भाई - मेरे बगीचे में आम लटा लूम फले हैं, मेरे बगीचे में नींबू की फसल भी लहलहा रही है, मेरे बगीचे में रस भरे संतरे भी खूब आए हैं। अंगूर देखो तो वे भी भरपूर गुच्छों में लदे पड़े हैं। ऐसे में आधी रात को किसी की आवाज आती है तो क्या आश्चर्य है। (इस गीत में देवर भाभी के बीच का विनोद है जिसमें भाभी प्रतीकों में अपने यौवन की संपूर्णता का वर्णन कर रही है।)

लोकगीत 3

बेपिठा मिवा हालो रो लमझाने
सरोदा मराता हालोरो लाहोरी
चंदन मरा बटका रो लमझाने
खांदा ते भाला दस्सा रो लमझााने
बेपिठा मिवा जूड़ा रो लमझाने
तेका मरा ता जुड़ा रो लाहोराी
बेपिठा मिवा नाड़ी रो लमझाने
करियला तरास ता नाड़ी री लाहोरी
वपिन मिवा कोन्दा रो लमझाने
चवरैल भवरैयल कोंदा री लाहोरी
बेपिठा मिवा कसरा रो लमझाने
धामन तरास ता कसरा री लाहोरी
बेपिठा मिवा जोता रो लमझाने
उरूम तोदा जीता री लाहोरी
केहल कछाड़ा जोता रो लमझाने
गलता ते जउड़ी दोवा री लाहोरी
खांदा त भाला दासारो लमझाने
चंदन मरा बटका रो लमझाने

स्रोत : सुरेश कुमार रामटेक, टिमरनी।

गीत का भावार्थ

हे जमाई! तुम्हारा हल किस पेड़ की लकड़ी से बना है।
ओ सासु जी मेरी, मेरा हल अचार की लकड़ी से बना है।
हे जमाई जी तुम चन्दन के पेड़ काटो।
तुम अपने कंधों पर कुल्हाड़ी रखो जमाई जी।
अच्छा जमाई जी यह बताओ तुम्हारे हल का जूड़ा किस पेड़ की लकड़ी से बना है।
सासु जी मेरे हल का जूड़ा सागौन की लकड़ी से बना है।
जमाई जी यह बताओ तुम्हारे हल की नाड़ी किसकी बनी है।
सासु जी मेरे हल की नाड़ी काले साँप की बनी है।
जमाई जी मेरे मुझे यह बताओ तुम्हारे बैल कौन से हैं।
सासु जी मेरे बैल तो शेर और चीते हैं।
अच्छा जमाई जी यह बताओ तुम्हारे हल की रास किसकी है।
सासु जी मेरे हल की रास तो धामन साँप की बनी है।
जमाई जी तुम्हारे हल की जोत किसकी है।
सासु जी मेरे हल में लगने वाली जोत घोड़पल के चमड़े की है।
जमाई जी तुम अब कछार में हल चलाओ।
ठीक है सासु जी तुम तो मेरा "गालना" बांधो।

लोकगीत 4

सीधो सीधो नोरा री मन रागो रइया, सीधो सीठ्ठो
इम्मा बेगा दाकी रो मोरे पाना, सीधो सीधो नोरा री
मन रागो रइया, सीधो सीधो
इम्मा बेगा दाकी रो मोरे पाना, इम्मा बेगा दाकी
आली पेकी दाका री मन रागो रइया, आली पेकी दाका
सीधो सीधो नोरा री मन रागो रइया, सीधो सीठ्ठो
इम्मा बेगा दाकी रो मोरे पाना, इम्मा बेगा दाकी
आली पेकी दाका री मन रागो रइया, आली पेकी दाका
सीधो सीधो नोरा री मन रागो रइया, सीधो सीठ्ठो

स्रोत : सुरेश कुमार रामटेक, टिमरनी।

गीत का भावार्थ

देव - गृहणी से कह रहा है कि तुम धीरे-धीरे और सीधे-सीधे घट्टी (हाथ वाली चक्की) चलाओ, जरा आत्मीयता और मन लगाकर आटा पीसो।

गृहणी देव से पूछती है - अच्छा बताओ तुम्हे इतनी क्या जल्दी पड़ी है। तुम्हे इतनी जल्दी कहाँ जाना है।

देव कहता है कि - मुझे महुआ बीनने जाना है इसलिए तुम जरा धीरे-धीरे और तरीके से घट्टी चलाओ।

(आशय यह है कि समय पर पहुँच सकें और महुआ इकट्ठा किया जा सके।)

लोकगीत 5

लटपट पगड़ी न बांधो गुरुवा, लटपट पगड़ी
हरिया चमेली ता तुर्रा गुरुवा, हरिया चमेली
लटपट पगड़ी न बांधो गुरुवा, लटपट पगड़ी
हरिया चमेली ता तुर्रा गुरुवा, हरिया चमेली
बेनल बेके इम्मा वादी गुरुवा, बेनल बेके
लटपट पगड़ी न बांधो गुरुवा, लटपट पगड़ी
बेनल बेके इम्मा वादी गुरुवा, बेनल बेके
बेनल बेके इम्मा वादी गुरुवा, बेनल बेके
लटपट पगड़ी न बांधो गुरुवा, लटपट पगड़ी
बेनल बेके इम्मा वादी गुरुवा, बेनल बेके
बेनल बेके इम्मा वादी गुरुवा, बेनल बेके

स्रोत : सुरेश कुमार रामटेक, टिमरनी।

गीत का भावार्थ

हे गुरुवा देव! तुम जल्दी-जल्दी पगड़ी बाँधो।
पगड़ी जरा लकदक और प्रभावी होनी चाहिए।
उस पगड़ी में हरी-हरी चमेली का गुच्छेदार फूल लगा हो।
चमेली के फूल का यह तुर्रा या कलगी पगड़ी पर बहुत शोभायमान होगा।
हे गुरुवा देव! तुम जल्दी-जल्दी पगड़ी बाँधो।
देखो देव किधर से आ रहे हैं।
तुम देखो जरा देव किधर से आ रहे हैं।
देखो बादी लोगों के गुरुवा देव आ रहे हैं।

लोकगीत 6

गांगो बायाता इंगा गांगो बायाता
भल्ले बाई लाड़ी ला गुरूवल बायाता
गांगो बायाता इंगा गांगो बायाता
भल्ले बाई लाड़ी ला गुरूवल बायाता
इम्मा सोवा हुरा रो इम्मा सोवा हुरा रो
पर्रो तरीसी इम्मा सोवा हुरा रो
इम्मा सोवा हुरा रो इम्मा सोवा हुरा रो
पर्रो तरीसी इम्मा सोवा हुरा रो
आली मारा तेरो इम्मा आली मारा ते
भल्ले बाई लाड़ी ला गुरूवल बायाता
आली मारा तेरो इम्मा आली मारा ते
भल्ले बाई लाड़ी ला गुरूवल बायाता
रइया बायाता रो इंगा रइया बायाता
भल्ले बाई लाड़ी ला गुरूवल बायाता
रइया बायाता रो इंगा रइया बायाता

स्रोत : सुरेश कुमार रामटेक, टिमरनी।

गीत का भावार्थ

देखो गंगो बाई आ रही है।
उधर देखो गुरुवा देव कितनी धूम धाम से आ रहे हैं।
तुम ऊपर चढ़कर देखो उसका प्रकाश दिख रहा है।
देखो देव किधर से आ रहे हैं।
आल नामक पेड़ से गुरुवा देव आ रहे हैं।
गंगो बाई किधर से आ रही हैं।
देखे गुरुवा देव और गंगो बाई की बहन रईया भी आ रही है।
पूरा परिवार आ रहा है।
गुरुवा देव इमली के पेड़ पर रहते हैं।
वे इमली के पेड़ से आ रहे हैं।

4. शब्दावली (गोंडी-हिन्दी)

गिनती

गोंडी	हिन्दी	गोंडी	हिन्दी
इंदी	*1 एक*	सारू	*6 छह*
रंड	*2 दो*	एड्डू(आरू)	*7 सात*
मूंद	*3 तीन*	अड्मूम	*8 आठ*
नालू	*4 चार*	नाड़ी	*9 नौ*
संइयू	*5 पाँच*	पदम	*10 दस*

फसलों के नाम

गोंडी	हिन्दी	गोंडी	हिन्दी
गोक	*गेहूँ*	सनेक	*चना*
जोन्ना	*ज्वार*	मक्काम	*मक्का*
उड़द्या	*उड़द*	बंजी	*धान*
कोद्दा	*कोदू*	चोला	*चावल*
साटा	*गन्ना*	जरी	*घांस*

फलों के नाम

गोंडी	हिन्दी	गोंडी	हिन्दी
मरक्का	*आम*	पका आम सागे	*नींबू*
तोया	*गूलर*		

जानवरों के नाम

गोंडी	हिन्दी	गोंडी	हिन्दी
फुल्ली	*शेर*	भवरैयल	*चीता*
हाथी	*हाथी*	अड़मी	*भैंस*
कोदा	*बैल*	आली	*गाय*
बोदा	*भैंसा*	एटी	*बकरी*
एटा	*बकरा*	नई	*कुत्ता*
सिट्टी	*कुतिया*	ऊंट	*ऊँट*
गाडूर	*गाडर*	तरास	*साँप*
मीन	*मछली*	मुर्गा	*मुर्गा*
कोर	*मुर्गी*	मल	*मोर*

भोजन के नाम

गोंडी	हिन्दी	गोंडी	हिन्दी
साड़ी	*रोटी*	कुसरी	*सब्जी*
खाड़	*मांस*	मीन	*मछली*
जवड़ी	*दाल*	अड्डू	*लड्डू*
पिड्डी	*आटा*	नोरसुताना	*पिसाना*

घरेलू सामग्री के नाम

गोंडी	हिन्दी	गोंडी	हिन्दी
रोन	*घर*	धनिया	*थाली*
चरू	*लोटा*	खट्टूल	*खटिया*
अंगा	*कमीज़*	दिकड़ी	*साड़ी*
सरपुक	*जूता*	तेका	*सागौन*
हिरूक	*महुआ*		

स्थान के नाम

गोंडी	हिन्दी	गोंडी	हिन्दी
डंगूर	*पहाड़*	टेकरी	*पहाड़ी*
डोडा	*नदी*	खाली	*नाला*
एयर	*पानी*	जिमिन	*धरती*
लेली	*खेत*	करा	*खलियान*
कछार	*बगीचा*		

समयकाल के नाम

गोंडी	हिन्दी	गोंडी	हिन्दी
भुनसारो	*सुबह*	दिरपस्ततर	*सूर्योदय*
दुपारी	*दोपहर*	दिनअर्ये	*दोपहर बाद*
दिनारक	*ढलती शाम*	मुर्गाकुसल	*उषाकाल*
शिकाटी	*अंधेरा*		

महीनों के नाम

गोंडी	हिन्दी	गोंडी	हिन्दी
चेत	*चैत्र* (अप्रैल)	क्वांर	*आश्विन* (अक्टूबर)
वैशाख	*वैशाख* (मई)	कार्तिक	*कार्तिक* (नवम्बर)

गोंडी	***हिन्दी***	**गोंडी**	***हिन्दी***
जेठ	*ज्येष्ठ* (जून)	अगहन	*मार्गशीर्ष* (दिसम्बर)
असाढ़	*अषाढ़* (जुलाई)	पुश	*पौष* (जनवरी)
सावन	*श्रावण* (अगस्त)	माह	*माघ* (फरवरी)
भादों	*भाद्रपद* (सितम्बर)	फागुन	*फाल्गुन* (मार्च)

ऋतुओं के नाम

गोंडी	***हिन्दी***	**गोंडी**	***हिन्दी***
गर्मी ता समय	*ग्रीष्म*	पीना ता समय	*शीत*
पिरता समय	*वर्षा*		

संदर्भ

1. एल्विन, वेरियर, द *मुर्रा गोंड ऑफ बस्तर,* ओ.यू.पी.
2. एल्विन, वेरियर, *मुड़िया व उनका घोटुल,* ओ.यू.पी, 1967.
3. एल्विन, वेरियर, द *सबओरिजिनल्स,* ओ.यू.पी, बॉम्बे, 1944.

5

जटवारी

फूल सिंह नरवरिया, दामोदर जैन

1. नाम

मध्य प्रदेश राज्य के भिण्ड जिले के गोहद खण्ड (मुरैना जिला से सीमान्त पट्टी को छोड़कर) एवं ग्वालियर जिले के मुरार खण्ड के ग्रामीण क्षेत्र में प्रयुक्त बोली, जटवारी कहलाती है। जटवारी शब्द का अर्थ है- जाटवाली।

उत्तर मध्यकाल में इस क्षेत्र में जाट जाति के शासकों द्वारा उच्चरित भाषा परम्परागत रूप से आज भी जटवारी लोकभाषा कहलाती है। जटवारी लोकभाषा के क्षेत्र को 'जटवारे' या 'जटवारौ' कहा जाता है।

2. क्षेत्र

सोलहवीं शताब्दी में जटवारे राज्य की सीमा के उत्तर में भदावर राज्य, दक्षिण में पंचमहल, पूर्व में राजपूतघार एवं कछवायघार तथा पश्चिम में तौरघार राज्य स्थित था। विभिन्न राजनैतिक परिस्थितियों में जटवारे की सीमा का आकार घटता-बढ़ता रहा है फिर भी इस क्षेत्र में जाट सत्ता का विस्तार तीन सौ साठ गढ़ियों पर था। इनमें प्रमुख गढ़ियाँ निम्नलिखित थीं–

1. भिण्ड जिले के गोहद खण्ड में गोहद, करवास, चितौरा, नीरपुरा, इटायली, गुहीसर, बड़ेरा, आलौरी, ऐंचाया, मुढ़ैना, पिपाहड़ा आदि।

2. ग्वालियर जिले के मुरार (घाटी ऊपर) खण्ड में जमरोह, बेहट, बिलहटी, पारसेन, बड़ोरी (सिकरौदी), नौगाँव आदि।

3. ग्वालियर जिले के डबरा (घाटी नीचे) खण्ड में भगेह, शुक्लहारी, सिसगाँव, लखनौती, पठागाँव, ऐंती, पिछोर, गिजौर्रा, मेहगाँव, अतनौरा, कुम्हर्रा, नहटौली, इकहरा, सिमरिया आदि।

4. ग्वालियर जिले के भितरवार खण्ड में भितरवार देवगढ़ आदि।

उपरवर्णित गढ़ियों में गोहद एवं करवास में किला स्थित था।

जाट क्षत्रिय कई गोत्रों में विभाजित हैं, जिसमें हसेलिया, बमरौलिया, सड़ेले, शोबरबार, रेंतवार, बैरिया, दासपुरिया, खेनवार, बाँसवार, सिंगोलिया, धनेटिया, जाँडू, बहातरे, नोनवार, बूढ़े, बेटा, पालेवार, सेनवार, डढ़ारिया, घिरौलिया, करेलिया आदि नाम उल्लेखनीय हैं।

जटवारी लोकभाषा क्षेत्र की सीमा के उत्तर में भदावरी लोकभाषा, दक्षिण में पंचमहली, पूर्व में कछवायघारी, रजपूती व बुंदेली तथा पश्चिम में तौरघारी लोकभाषा का प्रभाव है। चूंकि जटवारे राज्य का विस्तार पंचमहल क्षेत्र में सर्वाधिक रहा है, इसलिए पंचमहली लोकभाषा का प्रभाव, जटवारी लोकभाषा पर सर्वाधिक है।

3. संक्षिप्त इतिहास

मध्य प्रदेश राज्य के ग्वालियर जिला मुख्यालय के पूर्वोत्तर में जाट क्षत्रियों का राज्य था, जो कि लोक जीवन में 'जटवारौ' की संज्ञा से विख्यात है। 'जटवारौ' भू-भाग उत्तर मध्यकाल से आज तक अपने अस्तित्त्व में है। यह वह भू-भाग है जो प्रमुख रूप से जाट क्षत्रियों की निवास भूमि या उनके द्वारा शासित भूमि रही है। ऐतिहासिक विवरण से ज्ञात होता है कि जाट निकटवर्ती तोमर शासकों के सहयोगी रहे हैं तथा ग्वालियर के शासक मान सिंह तोमर (1486-1516) ने तत्कालीन जाट सरदार सिंहनदेव द्वितीय को 1505 ई. के लगभग गोहद सहित पाँच ग्रामों की जागीर प्रदान की थी। बाद में इस क्षेत्र में परवर्ती जाट शासक शांतिपूर्वक शासन संचालित करते रहे।

गोहद में स्वतंत्र राज्य की स्थापना में राणा भीम सिंह (1703-1756) का नाम उल्लेखनीय है। राणा भीम सिंह के बाद राजा छत्र सिंह (1757-1785) व राजा कीर्ति सिंह ने सन् 1805 तक गोहद पर शासन किया। राजा कीर्ति सिंह ने दिसम्बर 1805 के अन्तिम दिनों में अपने पूर्वजों के द्वारा स्थापित सत्ता गोहद छोड़कर धौलपुर प्रस्थान किया और धौलपुर में ही अँग्रेज़ों के आश्रित होकर 1836 तक शासन किया।

इस प्रकार हम देखते हैं कि जो जाट शक्ति सन् 1505 के लगभग चम्बल को पार कर इस क्षेत्र (जटवारे) में आई थी ठीक तीन शताब्दी पश्चात् 1805 में पुनः चम्बल पार कर उत्तर की ओर (धौलपुर) लौट गई, किन्तु उसने अपने पीछे लोक संस्कृति की जो धारा प्रवाहित की, वह जटवारे में आज भी जटवारी लोकभाषा के रूप में अविछिन्न है।

जटवारी लोकभाषा का लिखित साहित्य अप्राप्त है किन्तु गोहद के जाट राणाओं की वंशावली के सम्बन्ध में जागाओं का निम्न पद दृष्टव्य है–

सिंहनदेव महाराणा, अभयचन्द्र, रामचन्द्र, उदयसिंह इन्द्रगुण आदि पै।
कहै रतनेश्वर पुत्र बाघराज, गजनसिंह वंश जसवंतसिंह जस बाद पै।।
भीमसिंह गोहद पै, प्रताप बंधु, छत्रपति तासु गोद कीरतसिंह करत अनाद पै।
भूप भगवंतसिंह, इन्द्रसुत, निहालसिंह, रामसिंह बंधु उदैभान आज गादी पै।।

इस पद के कवि, राजस्थान निवासी जागा (चरण) हैं इसलिए उनकी भाषा से जटवारी लोकभाषा को नहीं समझा जा सकता है। जटवारी को समझने के लिए स्थानीय निवासियों की बातचीत, लोकगीत, लोककथा आदि का अध्ययन आवश्यक है।

निष्कर्षतः जटवारे में जाट सत्ता का अस्तित्त्व लगभग तीन शताब्दियों तक रहा है। गोहद के आस-पास, ग्वालियर में घाटी के ऊपर तथा घाटी के नीचे सैकड़ों गढ़ियों का अस्तित्त्व वर्षों रहा है। जटवारे की राजधानी गोहद थी, यहाँ पर स्थापत्य कला, चित्रकला के उत्कृष्ट नमूने आज भी उत्कीर्ण हैं किन्तु कोई भी भाषा एवं साहित्यिक कृति उपलब्ध नहीं है। अतः ऐसी स्थिति में जटवारे राज्य के लोगों की जबान ही जटवारी लोकभाषा का उत्कृष्ट उदाहरण है। गत पाँच शताब्दियों से एक लोकभाषा को लगभग पाँच लाख लोग अपनी मौखिक परम्परा में ऐतिहासिक धरोहर के रूप में संजोए हुए हैं।

4. व्याकरण

क्र.	**नाम**	**जटवारी**	**हिन्दी भाषा**
1.	संज्ञा	भवा, तूमरा, अजू, गोंहूँ	*माँ, लौकी, पिता, गेहूँ*
2.	सर्वनाम	जो, तै, तोसे	*यह, तुम, आपसे*
3.	क्रिया	नाचति है।	*नाच रही है।*
4.	विशेषण	अच्चा, बहोत	*अच्छा, बहुत*
5.	लिंग	घरवाई, आदमी	*स्त्री, पुरुष (पत्नि, पति)*
6.	कारक चिह्न	नें, ते (सो), को	*ने, से, को*
7.	सहायक क्रिया	हते, ओ	*थे, है*

5. साहित्य (जटवारी भाषा)

लोकगीत 1

जटवारी
फागु

हटि जाउ श्याम मेरे आगे से
भरो रंग भरि पिचकारी
काये के रस-रंग बनाए
काये के पिचकारी। हटि जाउ...
केसरि के रस-रंग बनाए
पीतरि की पिचकारी। हटि जाउ...
भरि पिचकारी सनमुख मारी
अब भींजि गई झुनसारी हो...। हटि जाउ...

गायक: निहाल सिंह राणा, 7.8.11

हिन्दी अनुवाद
फाग

(फाग, फाल्गुन के महीने, विशेषकर होली के अवसर पर गाया जाने वाला लोकगीत है। प्रस्तुत लोकगीत में गोपिकाएँ, श्रीकृष्ण जी से कह रही हैं)

श्रीकृष्ण, हमारे सामने से हट जाओ
(आपकी) पिचकारी में रंग भरा हुआ है।
इसमें किसका रस या रंग है
(और) पिचकारी किस (धातु) की है।
श्रीकृष्ण–इसमें, केसर का रस रंग भरा हुआ है
(और) पिचकारी पीतल की है।
इतना कहकर श्रीकृष्ण जी ने, गोपिकाओं को
सामने से (लक्ष्यकर) भरी हुई पिचकारी चला दी
अब उन (गोपिकाओं) की झीनी-झीनी साड़ियाँ भीग गईं।

लोकगीत 2

जटवारी
कन्हैया

बैरावट बढ़ि गई रारि
बान अर्जुन नें साधे
मैंने आजु पंडवा जाने।
मारे पंडा देशनि तें निकारे,
बेऊ आइ गए बलु खाइकें
सनमुख देतुए अर्जुन बान घुमाइकें।
हाहाकार सबद भए दल में
जलजोधन मुख फेरि गयो
घायल बात कुड़ो मन में।
फिर सेनमती चितु भंग भयो
नर कोऊ नहिं बानु गहे कर में

हिन्दी अनुवाद
कन्हैया

(यह लोकगीत श्रीकृष्ण को समर्पित महाभारत महाकाव्य की घटनाओं पर आधारित है। कन्हैया शीत ऋतु में गाए जाते हैं)

कौरवों द्वारा पाण्डवों को देश निकाले के आदेश पर बैर बढ़ गया है। पाण्डवों की ओर से धनुर्धर अर्जुन युद्ध में बाणों की वर्षा कर रहे हैं
जिससे प्रतिद्वन्दी घबड़ा जाते हैं और (युवराज) दुर्योधन रण क्षेत्र से विमुख हो जाते हैं।
अब कोई भी योद्धा हाथ में बाण लेने को तैयार नहीं है,
(गुरु) कृपाचार्य यह समझ गए हैं।
(जब समस्याएं आती हैं) स्वयं उनका समाधान ढूँढ़ना पड़ता है
पुत्र, भाई, पिता, मामा आदि भी
संकट के समय काम नहीं आते हैं।
कुल को बदनाम करने वाला, रणभूमि से भाग गया है,

जानि लई किरपाचार्ज नें।
का होइ जीव दुबकाए तें
बेटा बन्धु पिता मामा के
कोऊ नहिं कामु सहारेतें।
रन छोड़ि गओ कुल घाती
जाके धीर धरे नहिं छाती
क्षत्रि कटिकते धाए।
रन छोंड़ि, भजे में आए।।

गायक: निहाल सिंह राणा, 7.8.11

उसके हृदय को धैर्य नहीं है (इस घटना से)
अनेक क्षत्रिय मारे गए हैं
युद्ध भूमि को छोड़, भागकर आ गए हैं।

लोकगीत 3

जटवारी
भेंट

कौन रे तोको कौन रे तो
अरे माया अमला मोर हो माय। कौन रे...
अरे कौन रे तोय फूल फुलवादि
कौन रे दिन परसे देवी ज्वालिया हो माय। कौन रे...
सातें को, सातें को हो
अरे माया धन जन यों फूल फुलवादि
आठें को लागे तेरी जात
नमें को परसें, देवी ज्वालिया हो माय। कौन रे...

गायक: निहाल सिंह राणा, 7.8.11

हिन्दी अनुवाद
भेंट

(यह माँ ज्वालादेवी को समर्पित लोकगीत है जो चैत्र व आश्विन माह में नवदुर्गा महोत्सव के अवसर पर गाया जाता है)

कौन है (माँ) जो आपको और
माँ आप की शक्ति को जान सकता है। कौन है...
(माँ) आपको कौन फूल, पत्तियाँ चढ़ाता है
कौन से दिन (मेला और) भोग लगाया जाता है। कौन है...
सप्तमी को, सप्तमी को सुनो
शक्ति, धन प्राप्ति हेतु लोग फूल-पत्तियाँ चढ़ाते हैं
अष्टमी को (माँ) आपका मेला लगता है
नवमीं को ज्वालादेवी माँ को भोग लगाया जाता है। कौन है...

लोकगीत 4

जटवारी
ढोला

पनियाँ अरे पिवाइदे के गोरीधन
बलमा मोइ बनाइले, पटरानी सुन्दरी
कहि रहो तोसे धरम की रानी बात
नामऊ अरे बताइदे के बेरी धामऊ तो बताइदे

हिन्दी अनुवाद
ढोला

(ढोला, नरवर के प्रसिद्ध राजा नल का पुत्र था। उसकी स्मृति में ढोला लोकगीत गाया जाता है। लोकनाट्य के रूप में 'ढोलामण्डली' का भी मंचन होता है। प्रस्तुत लोकगीत में प्रवासी राजा नल की किसी नवयुवती से पनघट पर बातचीत का प्रसंग है। राजा नल नवयुवती के सौन्दर्य पर मोहित हो जाता है और पानी पीने के बहाने क्या कहता है–)

अपने मैया और बाप को बताइदे नाम
ए प्रथम पिता मंझा महतारी
लाला हिसिनि कोई औतारी
नरवर कोट अपरमल गादी
एक लख ऊँट सवा लख हाथी।
बारा सौ कोठी मेरी मारवाड़ में
मोइ कहें नल सुनिले पनिहारी।

गायक : नारायण सिंह मिलन, 12.11.11

मुझे पानी पिला दो, गोरी
मुझे अपना प्रियतम भी बना लो (तुम्हारे) सौन्दर्य को
देखकर मैं तुम्हें पटरानी बनाऊँगा
रानी, मैं तुम से सत्य बोल रहा हूँ। (नवयुवती सवाल करती है)
मेरे दुश्मन अपना कुछ नाम गाँव बताएगा
अपने माँ, बाप का नाम बताओगे
(नल, जबाब देता है) सुनो, पृथु मेरे पिता और मंझा मेरी माता हैं
हींस नामक कँटीली झाड़ियों के मध्य मेरा जन्म हुआ है
नरवर में मेरा किला है जहाँ शोभायमान सिंहासन है।
(मेरे राज्य में) एक लाख ऊँट और सवा लाख हाथियों की संख्या है।
मारवाड़ (राजस्थान) में एक हजार दो सौ महल हैं।
पनिहारिन (सुन्दरी) मुझको राजा नल कहते हैं।

लोककथा

सास बहु

एक डुकरा डुकइया हते। वे बहुत पैसा बारे हते। वु डुकरिया एक मौहर रोज की दान कत्ती। सो बिनकी बहु बोली के ए अम्मा तुम ऐसे रोज की एक मौहर दान करौगी तो घर रहेगो के जाऐगो। सो अम्मा बोली तो बेटा का करों। फिर बहु बोली के चून दान कद्देवे करो। सो वे अम्मा ते मागनो आवे-दइये, तो बु चून दान कद्देवे करे। बिनकी बहु फिर बोली के ए अम्मा तुम ऐसे गोरा के गोरा ओधे करेउंगी तो घर रहेगो के जाऐगो। अम्मा बोली तो अब का होये। बहु बोली के गइया ये दो रोटी खवाये देवे करो। अम्मा बोली के हओ, बेटा जैसो तै कयेगी हमतो वेसौ करेंगे। तेने कई चून दान करवे करो तो चून दान करन लगे। अब ते कह रही ये के रोटी खवाये देवे करो तो रोटी खवाये देवे करेंगे। अब वे अम्मा का करे, ते गइया आए तइये रोटी, ते गइया आए तइये रोटी। बिन्ने तो पलइया कि पलइया ओंधी कर दई। बहु फिर बोली के ए अम्मा तुम ऐसे पलइया की पलइया ओंधी करोगी तो घर रहेगो के जाऐगो। वे अम्मा एक दिना अपने डोकर सो बोली के बहु ने तो हमारो दानउ बंद कराये दयो। डोकर बोले-काये को। पहले तो मौहर दान कत्ते सो बंद कराये दई फिर चून दान करन लगे सो बऊ बंद कराय दो। कई अब रोटी खवाये देते गइयाये सो बिनपेऊ टुट्टराते। अब बेउ ना खबान देत। सो डोकर बोले के तो बहुये जो पुछआउ के हमाओ जा घर में कछु हतुये के नाने। डुकरिया सो बहुए पुछवे चली गई- के काये बहु जा घर में हमाओ कछु हतुये के नाने, के निकज्जाऐ घर से। सो बहु बोली के हाँ त्याओ जा घर में कछु नाने, जाओ निकज्जाओ। डुकरिया बोली डोकर सो के ना हत जा घर में त्याओ जाओ निकज्जाओ। डोकर बोले- के चलो तो का सोच रहीं हो। वे डुकरा और डुकरिया सो निकर गए। अब वे चलत-चलत एक जंगल में पौंचे। जंगल में एक तुलसी को पेड़ लगो। बामें एक बाल निकर रही। डुकरिया बोली डोकर सो के सुनतो! डोकर कें का? हमाओ तो वित्तु आय गयो। डोकर बोले के तियाओ वित्तु आय गयो तो करो अपनो वित्तु। वे सो अपनो वित्तु करन लगी। बिन्ने पहले दिना पूजा करी सो एक मौहर टपकी। दूसरे दिना करी सो दो मौहर टपकी। वे डुकरा डुकरिया तो दिन दूने रात चौगने हे गए। जंगल में ही अच्छे महल बन गए। खुब पइसा वारे हे गए। बिनके बहु बेटा सो भुकिन मरन लगे। गाँव को कोऊ आदमी जाएके बिनके बहु बेटा सो

बोलो- के ते झा कायेको भुकिन मर रहो ओ। भाँ जंगल में राजा आय गओ ये। बड़ो पइसा वारो ये। भई तोय नौकरी मिल जाऐगी। मैऊँ भई जातुओं। बिनको बेटा भई पहुच गयो। भगवान ने बिनकी मती एसी कद्दई के कउने कउये पहचानई नई पाओ। बिनको मोड़ा सो भई बिनको हल फल चलाय देवे करे। बु बोलो के अम्मा अगर तें कह दे तो में अपनी घरबाईये और मोड़ी मोड़न ने झई लियाऊँ। तुमाये कपड़ा धोयदेवे करेगी बासन मांज देवे करेगी। सो अम्मा बोली के हओ। बेटा लियाइये मोको तो ओरे बड़िया है। बु सो अपनी घरवाई और मोड़ी-मोड़नए लियाओ। अम्मा एक दिना वा बहु सो बोली के ए बहु नेक मेरी पीठ मीण दिये। बहु बोली के हओ अम्मा। बहु पीठ मीणन लगी। डुकरिया की पीठ पे मसो रहे। सो बहु वा मसे देखके रोन लगी सो डुकरिया की पीठ पें आंसू टपक गयो। डुकरिया बोली के बहु जि तातो-तातो का गिरो। ऐ बहु ते तो रोय रही है। रोय काय रही है। कई बु कछु नई हमें अपनी सास की सुत्त आय गई। कई काये। अम्मा वे रोज की मोहर दान कत्ती सो मेंने ही बिने घर ते निकार दयो। कई अब तेरी सास मिल जाऐ तो अबतो नई निकारेगी। कई ऐ अम्मा अब वे मोये मिल जाऐ तो मैं तो बिनके पाँव धोय-धोय के पियो। हमतो जाने बिनकेइ भाग्यन ते खाय रहे। जाने काये वे तादिना से गई ये तबसे हमये गरीबी आ गई ये। सो डुकरिया बोली- के देख मोये ढगसों में ही तेरी सासुओ ते मेरी बु बहु।

संदर्भ : लोककथा-जटवारी लोकभाषा, स्थान: ग्राम-विलारा, खण्ड-मुरार, जिला: ग्वालियर, कथा कथन: रायसिंह राणा, (48 वर्ष) 16.11.2011

हिन्दी अनुवाद

सास बहू

एक वृद्ध दम्पति थे। वे बहुत धनवान थे। (उस दम्पति में) वह बुढ़िया एक स्वर्ण मुद्रा प्रतिदिन दान करती थी। यह देखकर उनकी बहू बोली कि अम्माजी आप यह बताओ ऐसे एक स्वर्ण मुद्रा प्रतिदिन दान करोगी तब घर आबाद होगा या बर्बाद! इस पर अम्मा बोली- तब बेटा क्या करें? फिर बहू बोली कि आटा दान कर दिया करो। अब जब कोई अम्मा से माँगने वाला आए तब वह आटा दान कर दिया करे। उनकी बहू फिर बोली- कि ए अम्मा तुम ऐसे कटोरा के कटोरा औंधे करोगी तो घर आबाद होगा या बर्बाद! तब अम्मा बोली कि अब क्या होना चाहिए? बहू बोली कि गाय को दो रोटी खिला दिया करो। अम्मा बोली-कि हाँ बेटा जैसा तुम कहोगी, हम वैसा ही करेंगे। तुमने कहा था कि आटा दान कर दिया करो, तब हम आटा दान करने लगे। अब तुम कह रही हो कि रोटी (गाय को) खिला दिया करो तब रोटी गाय को खिला दिया करेंगे। अब वे अम्मा क्या करें-जितनी गायें आएँ उन सबको रोटी खिलाएँ। उन्होंने तब रोटी का बर्तन पूरा खाली कर दिया। बहू फिर बोली-कि ए अम्मा तुम ऐसे ही रोटी का बर्तन पूरा-का-पूरा खाली करोगी तो घर आबाद होगा या बर्बाद!

वे अम्मा एक दिन अपने पति से बोली-कि बहू ने तो अब हमारा दान करना भी बंद करा दिया। पति बोला-किस (कारण) के लिए। (पत्नी बोली) पहले तो हम स्वर्ण-मुद्रा दान करते थे, वह बंद करा दी गई, फिर आटा दान करने लगे वह भी बंद करा दिया गया। (फिर) कहा गया कि गाय को रोटी खिला दिया करो, अब इसके लिए भी बड़बड़ाती है। अब वह (रोटी) भी खिलाने नहीं देती है। तब पति बोला-कि बहू से यह पूछो कि इस घर में हमारा कुछ है या नहीं? इस पर बुढ़िया ने बहू को पूछा कि क्या बहू इस घर में हमारा कुछ है कि नहीं? या कि घर से निकल जाएँ। तब बहू बोली कि हाँ तुम्हारा इस घर में कुछ नहीं है, निकल जाओ। बुढ़िया पति से बोली कि हमारा इस घर में कुछ नहीं है, निकल जाओ। पति बोला-कि तो चलो, क्या सोच रही हो? (इस प्रकार) वे बुढ़िया बुढ्ढा (घर से) निकल गए। जंगल में एक तुलसी का पौधा लगा हुआ था। वह फल-फूल रहा था। (इसे देखकर) बुढ़िया पति से बोली कि-नाथ सुनो हमारा तो व्रत है। पति बोला तो तुम अपना व्रत करो। इस प्रकार वे अपना व्रत करने लगीं। उन्होंने प्रथम दिन पूजा की तो एक स्वर्ण-मुद्रा की वर्षा हुई। दूसरे दिन पूजा की तो दो स्वर्ण-मुद्राओं की वर्षा हुई। वे बुढ़िया बुढ्ढा तो दिन दूने रात चौगुने धनी हो गए। उन्होंने जंगल में ही अच्छे महल बना लिए। खूब धनवान हो गए। उधर उनके बहू बेटा भूखों मरने लगे। गाँव का कोई व्यक्ति जाकर उनके बेटे से बोला तुम यहाँ पर क्यों भूखों मर रहे

हो? वहाँ जंगल में राजा आ गया है। बड़ा धनवान है। वहाँ तुझे नौकरी मिल जाएगी। मैं भी वहीं जा रहा हूँ। उनका लड़का वहीं पहुँच गया। भगवान ने उनकी मति ऐसी कर दी कि किसी ने किसी को भी नहीं पहचाना। उनका लड़का इस प्रकार भैया उनका हल हाँकने लगा। वह लड़का एक दिन (बुढ़िया से) बोला–कि अम्मा यदि तुम कहो तो मैं अपनी पत्नी और बच्चों को यहाँ ले आऊँ। तुम्हारे कपड़ा धोती रहेगी तथा बर्तन साफ करती रहेगी। यह सुनकर अम्मा ने हां कर दी। बेटा ले आओ, मेरे लिए तो और बढ़िया है। वह इस प्रकार अपनी पत्नी और बच्चों को ले आया। एक दिन अम्मा उस बहू से बोली–कि ए बहू मेरी पीठ की थोड़ी-सी मालिश कर दो। बहू बोली–कि हाँ अम्मा। बहू पीठ की मालिश करने लगी। बुढ़िया की पीठ पर मस्सा था। उसको देखकर बहू रोने लगी और बुढ़िया की पीठ पर उसका आँसू टपक गया। बुढ़िया बोली–बहू यह गर्म-गर्म क्या गिरा? ए बहू तुम तो रो रही हो। क्यों रो रही हो? (उसने) कहा–कुछ नहीं, हमें अपनी सास की याद आ गई थी। कहा–क्यों? अम्मा वे प्रतिदिन एक स्वर्ण-मुद्रा दान करती थीं इसलिए मैंने ही उन्हें घर से निकाल दिया था। (बुढ़िया ने) कहा–अब तेरी सास मिल जाए तो अब तो नहीं निकालेगी। (बहू ने) कहा–ए अम्मा अब वे (अम्मा) मुझे मिल जाएँ तो मैं तो उनके पैर धो-धोकर पिऊँगी। हम तो उनके ही भाग्य से खा रहे थे। न जाने क्यों, वे जिस दिन से गई हैं, तब से हम गरीब हो गए हैं। तब बुढ़िया बोली–कि मुझे ढंग से देख, मैं ही तेरी सास हूँ और तू ही मेरी बहू है।

6. शब्दावली (जटवारी-हिन्दी)

रिश्ते-नाते

जटवारी	हिन्दी	जटवारी	हिन्दी
अम्मा, भवा	*माता*	मामा	*मामा*
अजू	*पिता*	माँई	*मामी*
ददा, दद्दू, भैया	*भाई*	सड़बाई, साढू	*साढ़ू*
बाई	*छोटी बहन*	जीजा	*बहनोई*
जीजी	*बड़ी बहन*	डुकरा	*वृद्ध पुरुष*
छोटे अजू	*चाचा*	डुकरिया	*वृद्ध महिला*
छोटी भवा	*चाची*	फूफा	*फूफा*
बड़े अजू	*ताऊ*	लल्लू, दमाद	*दामाद*
बड़ी भवा	*ताई*	नन्नू	*नाना*
बाबा	*दादा*	नानी	*नानी*
बूड़ी अम्मा, आजी	*दादी*	सारा	*साला*
फपू	*फूफी (बुआ)*	सारी	*साली*

रंग

जटवारी	हिन्दी	जटवारी	हिन्दी
जामौनी	*बैंगनी*	गेरूआ	*गहरा लाल*
लीलो	*नीला*	लालु	*लाल*

जटवारी	हिन्दी	जटवारी	हिन्दी
हरो	*हरा*	भूरो, सपेतु	*सफ़ेद*
पीरो	*पीला*	कारो	*काला*
जद्द पीरो	*गहरा पीला*	किट्ट कारो	*गहरा काला*

समय

जटवारी	हिन्दी	जटवारी	हिन्दी
भुरारो, पसर को टेमु	*ब्रह्ममूहुर्त*	दिन लोटो	*दोपहर के बाद*
सबेरो	*ऊषाकाल*	संझा, संजा	*शाम*
कलेऊ को टेमु	*प्रातः*	रात	*रात्रि*
दुफार	*दोपहर*		

दिनवार

जटवारी	हिन्दी	जटवारी	हिन्दी
सुम्मार	*सोमवार*	शुक्कर	*शुक्रवार*
मंगल	*मंगलवार*	शनीचर	*शनिवार*
बुद्ध	*बुधवार*	ऐतवार	*रविवार*
विस्पित	*गुरुवार*		

पक्ष

जटवारी	हिन्दी	जटवारी	हिन्दी
पखवारो	*पक्ष*	वदी, लागत	*कृष्ण*
सुदी, उत्तत	*शुक्ल*		

ऋतुएँ

जटवारी	हिन्दी	जटवारी	हिन्दी
जड़कालो, ठण्डे	*शीत*	चौमासो	*वर्षा*
जेठमासो	*ग्रीष्म*		

महीनों के नाम

जटवारी	हिन्दी	जटवारी	हिन्दी
चेत	*चैत्र*	कुआर	*आश्विन*
बैसाख	*बैशाख*	कातिक	*कार्तिक*
जेठ	*ज्येष्ठ*	अगन	*मार्गशीर्ष*

जटवारी	***हिन्दी***	**जटवारी**	***हिन्दी***
असहाड़	*आषाढ़*	फूस	*पौष*
सामन	*श्रावण*	माह	*माघ*
भादों	*भाद्रपद*	फागुन	*फाल्गुन*

भोजन

जटवारी	***हिन्दी***	**जटवारी**	***हिन्दी***
कलेऊ	*नाश्ता*	पिछलारी	*शाम का भोजन*
रोटी	*दोपहर का भोजन*	ब्यारू	*रात्रि का भोजन*

पशु

जटवारी	***हिन्दी***	**जटवारी**	***हिन्दी***
बैलु	*बैल*	हउआ	*गीदड़*
गइया	*गाय*	लुखैया	*लोमड़ी*
साँड़	*साँड*	बँदरा	*बन्दर*
बच्छा	*बछड़ा*	वनगइ्या	*नील गाय*
छेरी, छिइ्या	*बकरी*		

पक्षी

जटवारी	***हिन्दी***	**जटवारी**	***हिन्दी***
परेबा	*कबूतर*	गलगलिया	*मैना*
सुआ	*तोता*	गीद	*गिद्ध*
कऊआ	*कौआ*	सास	*सारस*

अन्य जीव जन्तु

जटवारी	***हिन्दी***	**जटवारी**	***हिन्दी***
चिमकादर	*चमगादड़*	छुपकली	*छिपकली*
चोंखरो	*चूहा*	गोंच, गुच्च	*जोंक*
कीरा	*सर्प*	केंकरौ	*केकड़ा*

कृषि सम्बंधी उपकरण

जटवारी	***हिन्दी***	**जटवारी**	***हिन्दी***
हर	*हल*	फाँवरो	*फावड़ा*
तखरी	*तराजू*	कुलारी	*कुल्हाड़ी*

सब्जियाँ

जटवारी	हिन्दी	जटवारी	हिन्दी
सकलकंदी	*शकरकन्द*	अरई	*अरवी (घुइयां)*
टमाटर	*टमाटर*	प्याजु	*प्याज*
भटा	*बैंगन*	लासनु	*लहसुन*
पालिक	*पालक*	कदुआ	*कद्दू*
मूरा	*मूली*	ढेंडस	*टिण्डा*
तूंमरा	*लौकी*	आदौ	*अदरक*
तुरइया	*तोरई*		

फसलें

जटवारी	हिन्दी	जटवारी	हिन्दी
गोंहू	*गेहूँ*	तिली	*तिल*
जोंडई	*ज्वार*	सूज्जमुखी	*सूर्यमुखी*
बाजरा	*बाजरा*	उद्द	*उड़द*
मका	*मकई*	राहिरि	*अरहर*
मूँगफरी	*मूँगफली*	बारी, टटेरो	*गन्ना*
अस्सी	*अलसी*		

विविध शब्दावली

जटवारी	हिन्दी	जटवारी	हिन्दी
चूंन, कनिक	*आटा*	देतुए	*देता है*
खनोंटो	*पशुओं हेतु चारा रखने का स्थान*	सबद	*शब्द*
झौंज, जोंज	*बया का घोंसला*	जलजोधन	*दुर्योधन*
पसर को टेमु	*पशु चराने का समय*	कुड़ो	*नाराज़ हुआ*
घेंसुआ	*घोंसला*	सेन	*इशारा*
अढ़ा	*अण्डा*	पंडवा	*पांडव*
पंखु	*पंख*	देशनि	*देशों*
चेंचु	*चोंच*	तें	*से*
खाल	*त्वचा*	निकारे	*निकाले*
बार	*बाल*	बेऊ	*वे भी*

जटवारी	*हिन्दी*	जटवारी	*हिन्दी*
पुटैया	*पोटली*	मती	*मति*
मारू	*रेतीली मिट्टी*	चितु	*चित्त*
जाउ	*जाना*	लई	*लेना*
काये	*किस*	किरपाचार्ज	*कृपाचार्य*
रस-रंग	*रस का रंग*	नें	*ने भी*
केसरि	*केसर*	का	*क्या*
पीतरि	*पीतल*	दुबकाएतें	*छिपाने से*
सनमुख	*समक्ष*	कोऊ	*कोई*
झुनसारी	*झीनी-झीनी साड़ी*	नहिं	*नहीं*
बैरावट	*बैर होने से*	कामु	*काम*
रारि	*झगड़ा*	सहारेतें	*भरोसे से*
बान	*बाण*	जाके	*जिसके*
साधे	*लक्ष्यभेद*	कटिकतें	*करोड़ों*
बलु	*बल*	पंच मुसाहिबी	*अदालत*

संदर्भ

1. अग्निहोत्री, डॉ. अजय कुमार, *गोहद के जाटों का इतिहास,* नव साहित्य सदन, नई दिल्ली, प्रथम संस्करण, 1985.
2. मिलन, नारायण सिंह (48 वर्ष), ग्राम-जखारा, खण्ड-मुरार, जिला ग्वालियर ने लोकगीत संग्रह में सहयोग किया (12.11.2011)।
3. राणा, निहालसिंह (76 वर्ष), अमोल सिंह राणा, (56 वर्ष), मौजा-पाली (डिरमन) परगना-गोहद, जिला-भिण्ड ने इतिहास एवं लोकगीत संग्रह में सहयोग किया (7.8.2011)
4. राणा, रायसिंह (46 वर्ष), ग्राम-बिलारा, खण्ड-मुरार, जिला-ग्वालियर ने लोककथा-कथन एवं संग्रह में सहयोग किया (16.11.2011)।
5. शर्मा, डॉ. अशोक (संपादक-संयोजक) डॉ. आभा, बाजपेयी, डॉ. सरला, मिश्रा, *बुंदेली भाषा और साहित्य,* मध्य प्रदेश हिन्दी ग्रन्थ अकादमी, भोपाल, चतुर्थ संस्करण 2007.

6

जादोंमाटी

अभिमन्यु सिंह नरवरिया, मंजू नरवरिया

1. नाम

मध्य प्रदेश राज्य के मुरैना जिले के सबलगढ़ खण्ड एवं श्योपुर जिले के उत्तरी भाग में जादोंनवंशीय राजपूत निवास करते हैं। पूर्व में, इस क्षेत्र पर जादोंन वंश के राजाओं का राज्य था, उस राज्य को जादोंमाटी के नाम से जाना जाता था, जो कि परम्परा में आज तक व्यवहृत है। जादोंमाटी क्षेत्र में प्रयुक्त बोली या भाषा को भी जादोंमाटी बोली के नाम से ही जाना जाता है।

2. क्षेत्र

जादोंन राजपूतों की पूर्व रियासत करौली (राजस्थान) रही है, इस कारण करौली जिले का कुछ सीमान्त क्षेत्र भी जादोंमाटी बोली के अन्तर्गत आता है। जादोंमाटी भाषा, मध्य प्रदेश के मुरैना जिले के अन्तर्गत मुख्यत: सबलगढ़ खण्ड में व्यवहृत है।

मुरैना जिलान्तर्गत जादोंमाटी बोली से प्रभावित चौबीस गाँव निम्नलिखित हैं–1. गुर्जा 2. नौरावली 3. अलीपुरा 4. हार वाला का तोर 5. बेहड़ वाला का तोर 6. अमुनीपुरा 7. कौलियो 8. राजा का तोर 9. खेरला 10. रूपा का तोर 11. किशोरगढ़ 12. भटपुरा 13. कल्यानपुर 14. रजपुरा 15. गुरैमा 16. कीर्तिकापुरा 17. कुआ तोर 18. हीरापुरा 19. बीरमपुरा 20. लखनपुरा 21. रतनपुर 22. भट्ट का तोर 23. संतोषपुर 24. रामपुर।

3. संक्षिप्त इतिहास

मुरैना जिले के सबलगढ़ खण्ड में चौबीसा नामक एक क्षेत्र है जो कि चौबीस गाँवों का एक पुंज है। इन गाँवों में अधिकांशत: यदुवंशी जादोंन क्षत्रिय निवास करते हैं, इस कारण इस क्षेत्र को जादोंमाटी कहा जाता है।

यदुवंशी जादोंन क्षत्रियों की पूर्व रियासत करौली (राजस्थान) रही है। जनश्रुति है कि भगवान श्रीकृष्ण के एक वंशधर विजयपाल, जो कि श्रीकृष्ण की अड़सठवीं पीढ़ी में पैदा हुए, ने करौली में अपना राज्य स्थापित किया। करौली जादोंन क्षत्रियों का सबसे बड़ा राज्य था। कालांतर में करौली राजवंश के लोग सबलगढ़ के आसपास आकर बस गए और पालपुर को अपनी राजधानी बनाया।

निष्कर्षत: मुरैना जिले के अन्तर्गत सबलगढ़ खण्ड के झुण्डपुरा, रामपुर, वीरपुर, पालपुर आदि प्रमुख कस्बों के मध्य चौबीसा की बोली, जादोंमाटी कहलाती है।

वर्तमान में जादोंमाटी लोकभाषा व्यवहृत जनों की अनुमानित संख्या तीन लाख है।*

* लेखक के स्वयं के सर्वेक्षण के आधार पर।

4. व्याकरण

क्र.	नाम	जादोंमाटी	*हिन्दी भाषा*
1.	संज्ञा	अइयो, तूमरी, बाओ	*माँ, लौकी, बहन*
2.	सर्वनाम	ये, तुम, मोहे	*यह, तुम, मुझको*
3.	क्रिया	नचि रईये।	*नाच रही है।*
4.	विशेषण	अच्छो, बौतु	*अच्छा, बहुत*
5.	लिंग	बइबेटी, मद्द	*स्त्री, पुरुष*
6.	कारक चिह्न	ने, तै, को	*ने, से, को*

5. साहित्य (जादोंमाटी भाषा)

लोकगीत 1

बधाओ

बधाओ श्रीराम के घर आओ
ससुर मेरे बाग के तोता रे, सास मेरी बाग की अमियां रे
भगाये अइयो बाग के तोतों को, तोड़ लइयो बाग की अमियां रे। बधाओ...
जेठ मेरे ताल के बबुला रे, जिठानी मेरी ताल की मछली रे
बुलाये अइयो ताल के बबुला रे, पकड़ लइयो ताल की मछली को। बधाओ...
देवर मेरे बोल खिलबइया, दोरानी मेरी रसोई की रानी रे
बुलाये लइयो खेल की खिलवाई रे, बुलाये लइयो रसोई की रानी रे। बधाओ...
नंदोई मेरे होरी के खिलवइयो, नंद मेरी नींद की दुखिया रे
बुलाये लईयो होरी के खिलवईया, जगाये अईयो नींद की दुखिया रे। बधाओ...

स्रोत : *राजा का तोर*, 07.02.2011

हिन्दी अनुवाद

बधाई गीत

(बच्चे के जन्म या अन्य शुभ अवसर पर मान्य परिजनों द्वारा जब बधाई दी जाती है, उस अवसर का लोकगीत)

हम आपके (प्रतीक-श्रीराम) घर बधाई देने आए हैं।
(माना कि) मेरे ससुर बाग के तोता हैं, (और) मेरी सास उस बाग की अमियाँ (आम का फल) हैं,
बाग के तोतों को उड़ा देना, (और) बाग की अमियाँ को तोड़कर ले आना। हम...
मेरे जेठ, तालाब के बगुला हैं, मेरी जेठानी, तालाब की मछली है,
तालाब के बगुला को बुला लेना, (और) तालाब की मछली को पकड़ लाना। हम...

मेरे देवर गेंद का खेल खेलते हैं, मेरी देवरानी रसोई अच्छी बनाती है,

खेल के खिलाड़ी को बुलाते आना, (और) रसोई बनाने वाली को भी बुलाकर लाना। हम...

मेरे ननदोई होली बहुत खेलते हैं, (और) मेरी ननद को नींद अच्छी लगती है,

होली खेलने वाले को बुलाकर लाना, (और ननद को) नींद से जगाकर बुला लाना। हम...

लोकगीत 2

नाच

फूटी हमारी तकदीर बलम, नचइया को ब्याय दई रे।
दिन में तो पहने राजा पेंट-सरट, रात को पहने साड़ी बलम,
नचइया को ब्याय दई रे...। फूटी...
दिन में तो घूमे राजा गलियन-गलियन, रात को नाचे छजे-छजे बलम,
नचइया का ब्याय दई रे...। फूटी...
दिन में काड़े राजे आड़े टेड़ी माँगें, रात को बाँधे दो फीता बलम,
रात को बाँधे दो चोटी बलम, नचइया को ब्याय दई रे...। फूटी...
दिन में तो पहने राजा चप्पल-जूता, रात को पहने ऊँची सेण्डिल बलम,
नचइया को ब्याय दई रे...। फूटी...

स्रोत : राजा का तोर, 07.02.2011

हिन्दी अनुवाद

नृत्य गीत

(विभिन्न पर्व, वैवाहिक व मांगलिक अवसरों पर स्त्रियों द्वारा गाये जाने वाला नृत्य गीत, एक युवती जब विवाहित होकर ससुराल जाती है, तब वह देखती है)

हम भाग्यहीन हैं क्योंकि जिस पति से मेरा विवाह हुआ है, वह नाचने वाला है। हम...

दिन में मेरा मालिक, पैन्ट-शर्ट पहनता है, रात को पति साड़ी पहनता है,

जिससे मेरा विवाह हुआ, है वह नाचने वाला है। हम...

दिन में मेरा मालिक गली-गली घूमता है, रात को (द्वार-द्वार) छज्जों पर नाचता है,

पति जिससे मेरा विवाह हुआ है, वह नाचने वाला है। हम...

दिन में मेरा मालिक (सिर के बालों पर) विविध प्रकार से माँग निकालता है,

रात को (उन बालों पर) दो फीता (रिबन) बाँधता है, पतिदेव रात को (उन बालों की) दो चोटी करता है,

पति जिससे मेरा विवाह हुआ है, वह नाचने वाला है। हम...

दिन में मेरा मालिक चप्पल या जूता पहनता है, रात को ऊँची एड़ी की सेण्डिल पहनता है,

पति जिससे मेरा विवाह हुआ है, वह नाचने वाला है। हम...

लोकगीत 3

जच्चा

सीता के वन में लाल हुये, नन्दलाल कबइया कोई नहीं।
इधर आई नहीं उधर दाई नहीं, नरवा को छिमइया कोई नहीं। सीता के...
इधर सास नहीं, उधर मैया नहीं, चरूआ का धरइया कोई नहीं। सीता के...
इधर जिठनी नहीं, उधर चाची नहीं, लड्डू का बनइया कोई नहीं। सीता के...
इधर दुरनी नहीं उधर भाभी नहीं, रसोई का तपइया कोई नहीं। सीता के...
इधर बहन नहीं, उधर नन्द नहीं, संतिया का धरइया कोई नहीं। सीता के...
इधर भईया नहीं, उधर देवर नहीं, बंसी का बजइया कोई नहीं। सीता के...

स्रोत : राजा का तोर, 07.02.2011

हिन्दी अनुवाद

बालक जन्म गीत

(सीता रूपी) बहू के (वनरूपी सौन्दर्य) घर में (रत्नरूपी) बालक उत्पन्न हुआ है,
(नन्दलाल अर्थात् श्रीकृष्ण जैसी बाल छवि का होते हुए भी) नन्दलाल कहने वाला कोई नहीं है।
यहाँ पर दादी (और) दाई (नर्स) नहीं है, (बच्चे की) गर्भनाल को अलग करने वाला कोई नहीं है। बहू...
यहाँ पर सास (और) माँ नहीं है, (चरूआ अर्थात्) गर्मआसुत जलपेय को तैयार करने वाला कोई नहीं है। बहू...
यहाँ पर जेठानी (और) चाची नहीं है, (पौष्टिक) लड्डू बनाने वाला कोई नहीं है। बहू...
यहाँ पर देवरानी (और) भाभी (भौजी) नहीं है, रसोई बनाने वाला कोई नहीं है। बहू...
यहाँ पर बहन (और) ननद नहीं है, साँतिया अर्थात् स्वास्तिक का चिह्न बनाने वाला कोई नहीं है। बहू...

लोकगीत 4

दादरा

राजा गाँजे से आवे गंदी वास, गाँजे को पीवो छोड़ दो।
जो गोरी तोहे वास जो आवे, सासु ढिग जाए सोइयो
राजा सासु लड़ेगी सारी रात, गाँजे को पीवो छोड़े दे। राजा...
जो गोरी तोहे वास जो आवे, जिठनी ढिग जाऐ सोईयो
राजा जिठनी पिसावे सारी रात, गाँजे को पीवो छोड़ दे। राजा...

जो गोरी तोहे वास जो आवे, दुरनी ढिग जाऐ सोइयो
राजा दुरनी के रोवे नन्दलाल, गाँजे को पीवो छोड़ दे। राजा...
जो गोरी तोहे वास जो आवे, नन्द ढिग जाऐ सोइयो
राजा नन्द के आवे सोहल यार, गाँजे को पीवो छोड़ दे। राजा...

स्रोत : राजा का तोर, 07.02.2011

हिन्दी अनुवाद

दादरा

(एक पति गाँजा पीता है, पत्नी को दुर्गन्ध आती है तो वह पति को गाँजा पीने से मना करती है तब उनमें वार्तालाप होता है)

पतिदेव गाँजा पीने से दुर्गन्ध आती है, गाँजा पीना छोड़ दो।
मेरी सुन्दरी, यदि तुझे दुर्गन्ध आती है, तो मेरी माँ के पास जाकर सो जाना।
पतिदेव, सासु जी पूरी रात लड़ेगी, गाँजा पीना छोड़ दो। पतिदेव...
मेरी सुन्दरी, यदि तुझे दुर्गन्ध आती है, तो मेरी भाभी के पास जाकर सो जाना।
पतिदेव, जेठानी पूरी रात (हाथ चक्की से) गेहूँ पिसवाएगी, गाँजा पीना छोड़ दो। पतिदेव...
मेरी सुन्दरी, यदि तुझे दुर्गन्ध आती है, तो (छोटे भाई की पत्नी) बहू के पास जाकर सो जाना।
पतिदेव, देवरानी का छोटा बच्चा रोएगा (इसलिए हम सो नहीं सकेंगे), गाँजा पीना छोड़ दो। पतिदेव...
मेरी सुन्दरी, यदि तुझे दुर्गन्ध आती है, तो मेरी बहन के पास जाकर सो जाना।
पतिदेव, ननद के पति अर्थात् नदनोई आने वाले हैं, गाँजा पीना छोड़ दो। पतिदेव...

लोकगीत 5

लांगुरिया

दो-दो जोगनी के बीच, अकेलो लांगुरिया।
पहली जोगनी यों कहे, बिंदा लाये दे मोहे
दूसरी जोगनी यों कहे, बिन्दिया लाये दे मोहे। दो-दो...
पहली जोगनी यों कहे, हरवा लाये दे मोहे
दूसरी जोगनी यों कहे, लोकिट लाये दे मोहे। दो-दो...
पहली जोगनी यों कहे, चुड़ियाँ लाये दे मोहे
दूसरी जोगनी यों कहे, कंघना लाये दे मोहे। दो-दो...

स्रोत : राजा का तोर, 07.02.2011

हिन्दी अनुवाद

लांगुरिया (देवी गीत)

एक व्यक्ति की दो पत्नियाँ हैं।

(वे दोनों पत्नियाँ, पति से विभिन्न स्वर्ण-आभूषणों की माँग करती हैं)

पहली पत्नी बेंदा लाने की माँग कर रही है, दूसरी पत्नी बिन्दी लाने की माँग कर रही है। एक...

पहली पत्नी हार लाने की माँग कर रही है, दूसरी पत्नी मँगलसूत्र लाने की माँग कर रही है। एक...

पहली पत्नी चूड़ियाँ लाने की माँग कर रही है, दूसरी पत्नी कंगन लाने की माँग कर रही है। एक...

लोककथा

भईया बेन और तुलसी

एक भईया बेन रे। दोउन की मइयो दूसरी हती। बेन को ब्या हे गओ। वो ससुराल को गई, तई संग में तुलसीजी ले गई और भइया ते बोली कि मैं रोज जामें पानी दऊँगी और पूजा करूँगी। जब कबऊँ जि सुखेगी तो मैं समझ जाऊँ का तोय कोई कष्ट है। भइया ने कई हओ। भइया कोऊ ब्या भओ। एक दिन सास बहु दोऊ बैठी हतीं, तई सास ने कई थी- बहु तै आदमी के प्राण काये मैं बसते। बहु बोली मोये न पतो, तई सास ने कई कि बाते पुछकें बतइयो। तई एक रात बहु ने अपने आदमी ते पूछो कि तुमाये प्राण काय में बसते। पति ने कई कि-तुलसी में। बहु ने सास ते कै दई। सास ने सुबह तुलसी में आग लगाय दई। बेन ने जो तुलसी देखी तो मुरझाई पड़ी। बेन वहीं ते तुलसीजी सींचती चली आई। अपने घर देखो तो भइया बेहोश पड़ो। बाने भाभी ते पूछी कि भाभी ये का भयो। भाभी ने पूरी बात बताय दई। बेन ने तुलसी में पानी दओ, भइया को देखो और बाकी सेवा करी। बेन, भाभी ते बोली अबते कोऊ ते मत कहियो। भगवान ने आज जान बचाई लई। तुम्हारो सुहाग बच गओ। मेरो वीर बच गओ। भगवान सबके संग ऐसा ही करो।

स्रोत : राजा का तोर, 07.02.2011

हिन्दी अनुवाद

भाई, बहन और तुलसी का पौधा

एक भाई और एक बहन थे। दोनों की माँ, सौतेली थी। बहन का विवाह हो गया। वह जब ससुराल गई तो अपने साथ तुलसी का पौधा भी ले गई और भाई से कह गई कि मैं इसको रोज सींचूँगी और पूजा करूँगी। (भाई) यदि यह तुलसी का पौधा सूखेगा तो मैं समझूँगी कि आपको कोई कष्ट है। भाई ने हाँ कहा। (कुछ दिनों के बाद) भाई का विवाह हो गया। एक दिन सास और बहू दोनों बैठी थीं (तो सास ने) बहू से पूछा कि तेरे आदमी के प्राण कहाँ रहते हैं? बहू ने कहा मुझे नहीं पता, तब सास ने कहा उससे पूछकर बताना। तभी एक रात बहू ने अपने आदमी अर्थात् पति से पूछा कि आपके प्राण कहाँ रहते हैं? पति ने कहा कि मेरे प्राण तुलसी के पौधे में रहते हैं। यह बात बहू ने अपनी सास को बता दी। सास ने सुबह होने पर तुलसी के पौधे में आग लगा दी। बहन ने (अपनी ससुराल में) जब तुलसी देखी-कि वह मुरझा गई है। (तो वह चिंता में पड़ गई) बहन (मन-मन) वहीं से तुलसी को सींचती चली आई। जब वह घर पहुँची तो देखा कि भाई तो बेहोश पड़ा हुआ है। उसने भाभी से पूछा कि- ये क्या हुआ है। भाभी ने पूरी बात बता दी। बहन ने तुलसी में पानी दिया और भाई की देखभाल की। बहन ने भाभी से कहा- अब यह बात किसी से मत कहना। भगवान ने आज जिन्दगी बचा ली है। (भाभी) आपका सुहाग बच गया। मेरा भाई बच गया। हे! भगवान सबके साथ ऐसा ही करना।

6. शब्दावली (जादोंमाटी-हिन्दी)

रिश्ते-नाते

जादोंमाटी	हिन्दी	जादोंमाटी	हिन्दी
अम्मा, अइयो, (ब्राह्मणों में-जीजी)	*माता*	पिता, बाबा	*दादा*
दादा, दद्दू	*पिता*	अम्मा	*दादी*
भइया	*भाई*	भुआ	*फूफी (बुआ)*
बाई, बाओ, बेन	*बहन*	माई	*मामी*
कक्का, कक्कू	*चाचा*	साढ़ू	*साढ़ू*
काकी	*चाची*	जीजा	*बहनोई*
बाबा	*ताऊ*	डोकरा	*वृद्ध पुरुष*
बड़ी अम्मा, ताई	*ताई*	डोकरी	*वृद्ध महिला*

रंग

जादोंमाटी	हिन्दी	जादोंमाटी	हिन्दी
भटा रंग	*बैंगनी*	लालु	*लाल*
लीलो	*नीला*	सुरख लाल	*गहरा लाल*
हरो	*हरा*	धौरो, लीले	*सफेद*
पीरौ	*पीला*	कारो	*काला*
जद्द पीरौ	*गहरा पीला*		

समय

जादोंमाटी	हिन्दी	जादोंमाटी	हिन्दी
पिसनारी	*ब्रह्ममूहुर्त (3-4 बजे)*	पिछलारो	*दोपहर के बाद (2-5 बजे)*
सकारो	*सुबह (4-8 बजे)*	आंथो	*शाम (5-7 बजे)*
छकवार	*प्रात: (8-11 बजे)*	राति	*रात्रि*
दोपहर	*दोपहर (11-2 बजे)*		

दिनवार

जादोंमाटी	हिन्दी	जादोंमाटी	हिन्दी
सुमवार	*सोमवार*	शुक्कर	*शुक्रवार*
मंगलु	*मंगलवार*	शनीचर	*शनिवार*
बुद्ध	*बुधवार*	ऐंतवार	*रविवार*
बिसपिति	*गुरुवार*		

पक्ष

जादोंमाटी	हिन्दी	जादोंमाटी	हिन्दी
पाख	*पक्ष*	वदी, लागत, अँधेरो पाख	*कृष्ण*
सुदी, उतरत, उजेरा पाख	*शुक्ल*		

ऋतुएँ

जादोंमाटी	हिन्दी	जादोंमाटी	हिन्दी
जड़कालो, जाड़ा	*शीत*	चौमासो	*वर्षा*
धुवकालो	*ग्रीष्म*		

महीनों के नाम

जादोंमाटी	हिन्दी	जादोंमाटी	हिन्दी
चेत	*चैत्र*	कुआर	*आश्विन*
बैशाख	*वैशाख*	कातिक	*कार्तिक*
जेठ	*ज्येष्ठ*	आघैन	*मार्गशीर्ष*
अशाढ़	*आषाढ़*	फूंस	*पौष*
सामन	*श्रावण*	महा	*माघ*
भादों	*भाद्रपद*	फागुन	*फाल्गुन*

भोजन

जादोंमाटी	हिन्दी	जादोंमाटी	हिन्दी
कलेऊ	*नाश्ता*	पिछलाई, पिछलारी	*शाम का भोजन*
रोटी	*दोपहर का भोजन*	ब्यारू	*रात्रि भोजन*

सब्जियाँ

जादोंमाटी	हिन्दी	जादोंमाटी	हिन्दी
टिमाटर	*टमाटर*	अरई	*अरवी (घुइयां)*
सिकरकन्दी	*शकरकन्द*	प्याजु	*प्याज*
भटा	*बैंगन*	लैशुन	*लहसुन*
पालिकु	*पालक*	निबुआ	*नींबू*
मूरा	*मूली*	कदुआ	*कद्दू*
तूमरी	*लौकी*	ढेंड्स	*टिण्डे*
तुरइया	*तोरई*	आदौ	*अदरक*

फसलें

जादोंमाटी	*हिन्दी*	जादोंमाटी	*हिन्दी*
जोंडई	*ज्वार*	तिली	*तिल*
बाजरो	*बाजरा*	सूज्जमुखी	*सूर्यमुखी*
मकई	*मक्का*	उद्द	*उड़द*
मूँगफरी	*मूँगफली*	राहिरि	*अरहर*
अस्सी	*अलसी*		

अन्य

जादोंमाटी	*हिन्दी*	जादोंमाटी	*हिन्दी*
धमका	*तेज गर्मी*	जामफल, वीय	*अमरूद*
कनिक	*आटा*	लीले बैल	*सफेद बैल*
हरु	*हल*		

संदर्भ

1. दाऊ, देवेन्द्र सिंह कुशवाह, *बीकलपोता कछवाह राजवंश* (आधार ग्रन्थ), कछवाह शोध परिषद्, भिण्ड (मध्य प्रदेश) 2004.
2. पाठक, जगदीश प्रसाद (61 वर्ष) ग्राम-राजा का तोर, जिला-मुरैना से लेखक का साक्षात्कार (07.02.2011).
3. पाठक, मधु (सुपुत्री- जे.पी. पाठक), ग्वालियर ने लोकगीत संग्रह में सहयोग किया (07.02.2011).

7

तौरघारी

शैलेन्द्र सिंह नरवरिया

1. नाम

जनश्रुति है कि तौरघार पर लगभग 1200 ई. से तोमर क्षत्रियों का राज्य रहा है और आज भी इस क्षेत्र में तोमर क्षत्रियों का बाहुल्य है। तोमर क्षत्रियों द्वारा प्रयुक्त बोली, इस क्षेत्र की प्रमुख भाषा है, जिसे तौरघारी लोकभाषा कहा जाता है। तौरघारी लोकभाषा को 'तोमरघारी' 'तोमरगढ़ी' एवं 'तँवरघारी' के नाम से भी लिखते या पुकारते हैं किन्तु लोकजीवन में इस क्षेत्र को तौरघार तथा बोली को तौरघारी लोकभाषा ही कहा जाता है।

2. क्षेत्र

मध्य प्रदेश के सीमान्त जनपद मुरैना की मुरैना, अम्बाह व पोरसा तहसीलों का सम्पूर्ण क्षेत्र तथा जनपद भिण्ड की गोहद तहसील का पश्चिमी किनारा तौरघार के नाम से जाना जाता है।

3. संक्षिप्त इतिहास

तौरघारी लोकभाषा का इतिहास जानने से पूर्व तोमर क्षत्रियों के इतिहास की चर्चा करना आवश्यक है क्योंकि इस क्षेत्र के सांस्कृतिक विकास में तोमरों का योगदान सर्वाधिक है। वर्तमान में भी इस क्षेत्र में तोमर क्षत्रियों का बाहुल्य है, इसलिए उनकी व्यवहृत तौरघारी भाषा का इतिहास उनके सामाजिक एवं राजनैतिक इतिहास में अन्तर्निहित है।

ऐसा बताया जाता है कि दिल्ली सम्राट अनंगपाल द्वितीय तोमर (1051-1081) के कनिष्ठ पुत्र तँवरपाल (तेजपाल) ने 1200 ई. के लगभग मुरैना से पच्चीस कि.मी. पूर्व दिशा की ओर चम्बल नदी के किनारे ऐसाह में तँवरगढ़ राज्य की स्थापना की थी। कालान्तर में इस राज्य को ग्वालियर के संगीत एवं कला प्रेमी राजा मान सिंह तोमर (1485-1518) ने अपने कनिष्ठ पुत्र राजा मंगल सिंह तोमर को जागीर स्वरूप प्रदान किया था। मंगल सिंह ने (अपने तीन पुत्रों में) बड़े पुत्र को बावन ग्राम, मंझले को एक सौ बीस ग्राम एवं सबसे छोटे पुत्र को चौरासी ग्राम की जमींदारी प्रदान कर इस राज्य को विभाजित कर दिया था। इस विभाजन पर लोकोक्ति इस प्रकार है-

"बावन, बीसासौ, चौरासी,
कोसों तौरघार प्रकाशी।"

(अर्थात् तौरघार के 52, 120 एवं 84 गाँव जोड़कर कुल 256 गाँव हैं जो कि दूर-दूर फैलकर भी इस घार की संस्कृति को आज भी जीवंत किए हुए हैं)

4. भाषा की विशेषताएँ

तौरघारी लोकभाषा के उत्तर में भदावरी लोकभाषा, दक्षिण में सिकरवारी, पूर्व में जटवारी एवं पश्चिम में ब्रजभाषा का प्रभाव है। तौरघारी लोकभाषा पर सर्वाधिक प्रभाव ब्रजभाषा का एवं पोरसा तहसील में भदावरी लोकभाषा का प्रभाव परिलक्षित होता है।

तौरघारी लोकभाषा में व्यजंन 'री', 'ली' (बकरी, पोटली) आदि पर स्वर 'ई' (बकई, पोटई) का प्रभाव स्पष्ट रूप से दिखाई देता है। वर्तमान में तौरघारी लोकभाषा व्यवहृत जनों की अनुमानित संख्या चार लाख से अधिक है।*

5. व्याकरण

क्र.	नाम	तौरघारी	हिन्दी
1.	संज्ञा	मईयो, तूँमरा	*माँ, लौकी*
2.	सर्वनाम	वु, तुम, बाने, तेओ	*वह, तुम, उसने, तुम्हारा*
3.	क्रिया	पिअतुऐ।	*पी रहा है।*
4.	विशेषण	अच्छो, मीठो	*अच्छा, मीठा*
5.	सहायक क्रिया	हतो, हती, ऐ	*था, थी, है*
6.	कारक चिह्न	ते, पे	*से, पर*

6. साहित्य (तौरघारी भाषा)

लोकगीत 1

अखतीज गीत

हाथ बिटिया के मंडप तरे पीरे करे, माता-पिता रोय रोय मरे
हाथ बिटिया के मंडप तरे पीरे करे, माता-पिता रोय रोय मरे
ऊँचो सो सेमर डग मग होय
बापे चड़ के देखें के बाबुल मेरे कितनी दूर
मइया रोवे हियरा हिलोर
हाथ बिटिया...
क्वार चैत में बये जवारे, सब के जुर रहे लरका बारे
नए दिवाले होय के आए, भजन को गाये मइया की बारी धरे
मात-पिता रोय-रोय मरे
हाथ बिटिया के मंडप...
बैसाख में वो अखती आई

हिन्दी अनुवाद
अक्षय तृतीया लोकगीत

(बैसाख माह में अखतीज अर्थात् अक्षय तृतीया तिथि को किशोरियों द्वारा मनाया जाने वाला त्यौहार, जिसमें वे गुड्डे एवं गुड़ियों की शादी करती हैं, यह गीत इस अवसर पर गाया जाता है।)

मण्डप के नीचे माता-पिता बिटिया के हाथ पीले करते हैं और रोते हैं

एक ऊँचा-सा पतला सेंमल का पेड़ है जो कि हिलता है,

उस पर चढ़कर बिटिया के पिता को देखते हैं कि वह कितनी दूर है,

माता हिलकी लेकर रो रही है।

चैत्र और आश्विन माह में (नवमीं के अवसर पर) देवी माँ के जवारे बोए जाते हैं,

(इस अवसर पर) सभी परिवारों के बच्चे एकत्रित होते हैं

---

* लेखक के स्वयं के सर्वेक्षण के आधार पर।

को जे पुतरन ब्याहो रचाई
मइया रोय-रोय के नीर बहाय रई
हाथ बिटिया के मंडप...
ह्दय लग के रोय रही मइया
जैसे बिन बछड़ा के गइया
बाबुल रोय-रोय पछाड़े खाये रहे
माता-पिता रोय-रोय मरे
हाथ बिटिया के मंडप तरे पीरे करे, माता-पिता रोय रोय मरे
हाथ बिटिया के मंडप तरे पीरे करे, माता-पिता रोय रोय मरे

स्रोत : शैलेन्द्र सिंह नरवरिया, ग्वालियर।

माँ के भजन गाते हैं, माँ के नाम से ईख रखते हैं
माता पिता रोते हैं।
बैशाख माह में अक्षय तृतीया आती है,
कौन है जो इन गुड्डे गुड़ियों का विवाह कर रहा है
रो-रो कर माँ आँसू बहा रही है।
ह्दय लगाकर माँ रो रही है
जैसे गाय का बछड़ा उससे अलग हो गया हो,
पिताजी पछाड़ खा-खाकर रो रहे हैं
(इस प्रकार) माता-पिता का रो-रो कर बुरा हाल है।

लोकगीत 2

झेंझी गीत

झेंझी के उड़कन पुड़कन दो मोती मैंने पाये जी
वे मोती मैंने सास को देघाले जी
सास ने वे मोती धर पटिया पे फोरे जी
झेंझी के उड़कन...
वे मोती मैंने जिठनी को देघाले जी
जिठनी ने वे मोती धर पटिया पे फोरे जी
झेंझी के उड़कन...
वे मोती मैंने दुरनी को देघाले जी
दुरनी ने वे मोती धर पटिया पे फोरे जी
झेंझी के उड़कन...
वे मोती मैंने ननदी को देघाले जी
ननदी ने वे मोती धर पटिया पे फोरे जी
झेंझी के उड़कन...

स्रोत : शैलेन्द्र सिंह नरवरिया, ग्वालियर।

हिन्दी अनुवाद
झेंझी

यह लोकगीत आश्विन माह में ही 'झेंझी-टेसू विवाह' (पूर्णिमा) के अवसर पर किशोरियों द्वारा गया जाता है। इन लोकगीतों का कोई विशेष अर्थ नहीं होता है, तुकबन्दी और गेयता महत्त्वपूर्ण होती है।

लोकगीत 3

विदाई गीत

काहे को ब्याहे विदेश सुन बाबुल मोरे
काहे को ब्याहे विदेश सुन बाबुल मोरे
हम तो रे बाबुल तेरे खूंटे की गइया
जित ढीलो उत जाऐं सुन बाबुल मोरे
काहे को...
हम तो रे बाबुल वन की चिरईया
जित उड़ जाऐं उत जाऐं सुन बाबुल मोरे
काहे को...
भइया को मेरे बाबुल, महल-दुमहला
हमको दियो परदेश सुन बाबुल मोरे
काहे को...

स्रोत : शैलेन्द्र सिंह नरवरिया, ग्वालियर।

हिन्दी अनुवाद
विदाई गीत

(विवाहोपरांत, बेटी की जब विदाई होती है तब बेटी रोती है और क्या कहती है, वह उद्‌गार इस लोकगीत में प्रस्तुत है)

पिताजी, आपने मेरा विवाह दूर देश में क्यों किया है
पिताजी हम तो तुम्हारे घर की बँधी हुई गाय हैं
आप जिधर ढील दोगे, हम उधर चले जाएंगे पिताजी।
हम तो पिताजी जंगल की चिड़िया हैं
जिधर को उड़ जाएं, उधर चले जाते हैं पिताजी।
पिताजी आपने भाई को दुमंजिला मकान बना दिया है,
हमको दूर देश भेज दिया है आपने पिताजी।
पिताजी आपने मेरा विवाह दूर देश में क्यों किया है।

लोकगीत 4

हरियाली तीज

सिर गंगा की धार गले रूंठो की माल महादेवा
नाथ कैसे करूँ तेरी सेवा
अगर मैं जल चढ़ाती हूँ मन में डराती हूँ
मछली डारे जुठार कछु मन में लाचार महादेवा
नाथ कैसे करूँ तेरी सेवा
सिर गंगा की...
अगर मैं दूध चढ़ाती हूँ मन में डराती हूँ
बछड़ा डारे जुठार कछु मन में लाचार महादेवा
नाथ कैसे करूँ तेरी सेवा
सिर गंगा की...
अगर मैं शहद चढ़ाती हूँ मन में डराती हूँ

हिन्दी अनुवाद
हरियाली तीज

(स्त्रियों द्वारा गाया जाने वाला लोकगीत)

शिवजी के सिर पर गंगा नदी की धारा है,
गले में रुद्राक्ष की माला है,
(आप) सबको सहारा देने वाले हो, (मैं) आपकी सेवा कैसे करूँ?
अगर मैं जल चढ़ाती हूँ तो मुझे डर लगता है,
कि कहीं मछली ने इसे जूँठा न कर दिया हो।
सबको सहारा ...
अगर मैं दूध चढ़ाती हूँ तो मुझे डर लगता है,
कि कहीं बछड़े ने इसे जूँठा न कर दिया हो।
सबको सहारा, ...

मक्खी डारे जुठार कछु मन में लाचार महादेवा
नाथ कैसे करूँ तेरी सेवा
सिर गंगा की...
अगर मैं शक्कर चढ़ाती हूँ मन में डराती हूँ
चींटी डारे जुठार कछु मन में लाचार महादेवा
नाथ कैसे करूँ तेरी सेवा
सिर गंगा की...
अगर मैं फूल चढ़ाती हूँ मन में डराती हूँ
भौंरा डारे जुठार कछु मन में लाचार महादेवा
नाथ कैसे करूँ तेरी सेवा
सिर गंगा की...

अगर मैं शहद चढ़ाती हूँ तो मुझे डर लगता है,
कि कहीं मधुमक्खी ने इसे जूँठा न कर दिया हो।
सबको सहारा, ...
अगर मैं शक्कर चढ़ाती हूँ तो मुझे डर लगता है,
कि कहीं चींटी ने इसे जूँठा न कर दिया हो।
सबको सहारा, ...
अगर मैं फूल चढ़ाती हूँ तो मुझे डर लगता है,
कि कहीं भौंरे ने इसे जूँठा न कर दिया हो।
सबको सहारा ...

स्रोत : शैलेन्द्र सिंह नरवरिया, ग्वालियर।

लोकगीत 5

जच्चा

देख मेरे राजा चलो ना जाइ रे
नीचे धरा भर पेट रे, चलो ना जाइरे।
गागरिया नाई रे जल कैसे भरों
पहले पैर धरो, दूसरो पैर धरो
तीजे पे आ गई पीर रे, चौथे पे पाई नन्दलाल रे।
को उठावे अपरा खपरा, को उठावे नन्दलाल रे
सासुल उठावे अपरा खपरा, राजा उठावे नन्दलाल रे।
सासुल टारे अपसी लपसी,
राजा हलाय रहे हाथ रे-कथौधा करवाय दे रे।
सासुल कर रही तातो सो पानी,
राजा हलाय रहे हाथ रे-बिराण्डी मँगवाय दे रे।
सासुल विछावे टूटी खटौला,
राजा हलाय रहे हाथ रे-डबल बेड विछवाय दे रे।

हिन्दी अनुवाद
जच्चा लोकगीत

(गर्भवती स्त्री, पति से) देखो, मुझसे चला नहीं जाता है,
मैं गर्भ से हूँ, मुझसे चला नहीं जाता है।
(फिर) गागर नहीं है, पानी कैसे भर सकती हूँ?
(मैंने) पहला कदम बढ़ाया, फिर दूसरा कदम बढ़ाया,
तीसरा कदम रखने पर पीड़ा होने लगी (और) चौथा कदम रखने पर पुत्र का जन्म हो गया,
(प्रसव के बाद) स्वच्छता कौन करता है और पुत्र की देखभाल कौन करता है,
सास, स्वच्छता करती है और पतिदेव पुत्र की देखभाल करते हैं।
सास जच्चा का भोजन बना रहीं हैं,
पतिदेव हाथ से संकेत कर रहे हैं कि भोजन मेवा से भरपूर करना।
सास जच्चा को पीने के लिए पानी गर्म कर रहीं हैं,
पतिदेव हाथ से संकेत कर रहे हैं कि आसुत जल (या ब्राण्डी) मँगा लो।
सास जच्चा को टूटी-सी चारपाई बिछा रही है,
पतिदेव हाथ से संकेत कर रहे हैं कि डबल बेड बिछाओ।

सासुल विछावे फटी सी धुतिया,
राजा हलाय रहे हाथ रे- गद्दा विछवाय दे रे।
सासुल विछावे मढ़ा तिवारे,
राजा हलाय रहे हाथ रे- अटे पे विछवाय दे रे।

स्रोत : शैलेन्द्र सिंह नरवरिया, ग्वालियर।

सास जच्चा के बिछौने के लिए फटी धोती बिछा रही है,
पतिदेव हाथ से संकेत कर रहे हैं कि गद्दा की बिछावट करो।
सासु जच्चा के शयन हेतु नीचे कक्ष में व्यवस्था कर रही है,
पतिदेव हाथ से संकेत कर रहे हैं कि ऊपरी मंजिल (अटा) पर व्यवस्था करो।

लोकगीत 6

नाच गीत

नजर लागी राजा तेरे बंगले में।
नजर लागी राजा तेरे बंगले में।
जो मैं होती राजा बेला चमेली
महक रहती राजा तेरे बंगले में। नजर...
जो मैं होती राजा काली बदरिया
बरस रहती राजा तेरे बंगले में। नजर...
जो मैं होती राजा काली नगिनियाँ
लिपिड़ रहती राजा तेरे बंगले में। नजर...
जो मैं होती राजा छोटी दुलनियाँ
किलक रहती राजा तेरे बंगले में। नजर...

स्रोत : शैलेन्द्र सिंह नरवरिया, ग्वालियर।

हिन्दी अनुवाद
नृत्य गीत

आपका महल इतना सुन्दर है कि राजा मेरी दृष्टि हटती नहीं है,
आपका महल इतना सुन्दर है कि राजा मेरी दृष्टि हटती नहीं है,
यदि राजा मैं बेला और चमेली का फूल होती,
तो राजा मैं आपके महल में सुगन्ध बनकर रहती।
यदि राजा मैं बादल की काली घटा होती,
तो राजा मैं आपके महल में बारिश करती रहती
यदि राजा मैं काली नागिन होती,
तो राजा मैं आपके महल पर चिपक जाती।
यदि राजा मैं नवविवाहिता होती,
तो राजा मैं खुशी-खुशी इसी महल की हो जाती।

लोकगीत 7

जेवनार/गारी गीत

तुम सुनो राम घनश्याम हमारी गारी प्रेम भरी
तुम सुनो राम घनश्याम हमारी गारी प्रेम भरी।
पिता तुम्हारे कैकई राजा तिनके सुनो हवाल
कौशल्या को रचो स्वयंवर ब्याहन गए भूपाल
मात दसशीश हरी,
तुम सुनो राम...
राजा दशरथ ने यज्ञ रचाई, दई है मुनीश्वर खीर
खीर खाये रहो गरब छिनरिया, तब जाऐ रघुवीर
गजब की बात करी,

हिन्दी अनुवाद
जेवनार/गाली गीत

(विवाहोत्सव में जब वर पक्ष के लोग (बाराती) भोजन करते हैं तब वधू पक्ष की महिलाएँ वर पक्ष के पुरुषों को लक्ष्य कर लोकगीत के रूप में गालियाँ सुनाती हैं उसे जेवनार या गाली गीत कहते हैं। प्रस्तुत लोकगीत में जब रामचन्द्र जी की बारात जनकपुर पहुँचती है तब वहाँ की स्त्रियाँ वर पक्ष को क्या सुनाती हैं, देखिए)

श्याम वर्ण राम आप सुनें, ये हमारी गालियाँ प्रेम से भरी हुई हैं
श्याम वर्ण राम आप सुनें, ये हमारी गालियाँ प्रेम से भरी हुई हैं
आपके पिता-दशरथ और केकैय नरेश कैसे हैं सुनो,
'कौशल्या-स्वंयवर' का आयोजन था, जिसमें आपके पिता विवाह को गए थे,

तुम सुनो राम...
जैसी रीत तुम्हारें लाला, बैसी कहुँ न होय
दशरथ भूप रहे का हिजड़ा, खीर खाये कें जाने
छिनरिया बिगर गई,
तुम सुनो राम...
बुआ तुम्हारें नाओं शान्ति, अति छवि रूप विशाल
सिंगी रिस के संग सिधारी, निकली बड़ी खुहार
तनक नहीं मन में डरी,
तुम सुनो राम...

स्रोत : शैलेन्द्र सिंह नरवरिया, ग्वालियर।

तब आपकी माता का अपहरण रावण ने कर लिया था।
राजा दशरथ ने यज्ञ किया थ, उसमें मुनिवर ने खीर दी थी
खीर के खाने से (आपकी माँ ने) गर्भधारण किया, (उस) व्यभिचारिणी ने तब
रामजी आपको जन्म दिया है
(कहो) यह एक आश्चर्य की बात है।
कुँवर (रामजी) आपके यहाँ जो परम्परा है (मेरा मत है) ऐसी कहीं न हो,
क्या (आपके पिता) राजा दशरथ नपुंसक थे, जो खीर खाने से आपका जन्म हुआ,
आपका मान जाता रहा, क्योंकि आपकी माँ व्यभिचारिणी है।
आपकी बुआ, जिनका नाम शान्ति है, जो कि सुन्दर और रूपवती हैं,
सिंगी ऋषि के साथ रहती हैं, बहुत ही बिगड़ैल हैं,
उन्हें लोकलाज का तनिक भी डर नहीं है।
श्याम वर्ण राम आप सुनें, ये हमारी गालियाँ प्रेम से भरी हुई हैं।

लोकगीत 8

भेंट

कासीजू में कलसा मैया
सोरोंजू में कलसा
को भरे हो माय मैया। कासी जू...
ससुर बड़े कलसा
सासु बड़ी को नाम मेरी अबला। कासी जू...
जेठ बड़े कलसा,
जिठनी बड़ी को नाम मेरी अबला। कासी जू...

स्रोत : शैलेन्द्र सिंह नरवरिया, ग्वालियर।

हिन्दी अनुवाद
भेंट

(देवी माँ को समर्पित लोकगीत है। प्रस्तुत लोकगीत में स्त्रियाँ परिवार के महत्त्व को प्रदर्शित करती हुई इस प्रकार कहती हैं कि–)

माँ को समर्पित गंगाजल के कलश काशी (वाराणसी) में हैं,
गंगाजल के कलश सोरों (एटा) में हैं,
हे देवी माँ! इन पावन कलशों को भरने वाला (घर में) कौन है?
(मैंने तो आपके रूप को परिवार में ही देखा है, इसलिए हे माँ क्षमा करना)
ससुर जी ही मेरे लिए बड़े कलश हैं,
सास जी (घर की) बड़ी मालकिन हैं
हे माँ, मैं तो निर्बल हूँ।
जेठ जी ही मेरे लिए बड़े कलश हैं,
जेठानी (घर की) मालकिन हैं
हे माँ, मैं तो निर्बल हूँ।

लोककथा

सियाने पंडित-पंडितानी

एक गाँम में एक पंडित रहत हतो। बो कछु काम नहीं करतो। एक दिना बाकी घरवारी ने कई-के दिन भर घर में डरे रहतो, कछू काम धाम देख आऊ। बैठे-बैठे कब तक खावेओंगे। घर में पइसा खतम है गए हैं। बाने कई तो ठीक है आज में काम ढूंढ के ही घर वापस आंगो। वो बाहर आय गओ। बाने कही में घरें तो बोल आओ के काम ढूंढ़ के ही घर वापस आंगों, पर काम का करेंगो। पंडित बड़ो सियानो हतो। बाने एक तरकीब सोची और राजा के दरबार में पहोंच गओ। बाने राजा ते कही के जो काम कोऊ नहीं कर पागो बाये में करेंगो। राजा ने कही लेगो का। बाने कही- के एक लाख रूपइया लेंगो। राजा ने कही- अगर तूने नहीं कर पाओ तो। तो बाने कही मेओ मूढ़ काट लियो। राजा ने कही-तोय लाख टका मिलते हैं और आज से तेओ नाम लखटकिया हे गओ। अब तो बाके बारे न्यारे हो गए। वो परें-परें खायबे करे। कायेते कै ऐसा कोऊ काम नहीं हतो के बाय कोई कर नहीं पाए। बाके तीन-चार साल बड़े आराम ते कट गए। एक दिना राजा के राज्य में एक पागल हाथी घुस आओ। बाके मारे सब कोऊ परेशान हतो। बाय कोई नहीं पकड़ पाय रहो हतो। राजा बड़ो परेशान। अब का करें। हाथी सब लोगनए मार रहो है। फिर बाय लखटकिया की सुत्त आई। बाने मंत्रीयन ते कही के बाको का होगो, जो हर महीना लाख टका लेतु है। पकर के लाऊ बाय। फिर लखटकियाये बुलबाओ गओ। राजा ने बाते कही-कै अगर कल तक तूने हाथीए नहीं पकड़ो, तो में तेओ मूड़ काट लेंगो। बाने कही ठीक है। इतनो कहके बो अपने घरें आय गओ और मूढ़ पकड़ के बैठ गओ। अब का करों। अब तो में मर जागों। तो भैया बाकी पंडितानीऊ बड़ी सियानी हती। बाने कही के बहुत दिना है गए जा राज्य में कहूँ दूसरे राज्य में चलेंगे। रातई-रात में निकल जागें। तुम घोड़ा गधा कछु ले आऊ सामान लादवे को। बाने कही-कै अबे दिन है। राजा के आदमीयन की अपुन पे नजर है। रात में लांगो। पंडितानी ने कही-ठीक है। लखटकिया रात में जगो तो बाने कही-के एक लोटा दे दे। राजा के आदमी मिलेंगे तो कह देंगो के टट्टी करवे जा रहो हैं। बाने कही-ठीक है, बाने बाय लोटा दे दओ। अब बाहर गओ तो बाय बो पागल हाथी मरो मिलो। बाने कई-जे का। जाए कौन ने मार दओ। बाने कछु सोची और सबेरे को इंतजार करन लगो। जैसे ही कछू लोग आन-जान लगे सोई बाने कही-के अब ठीक समय है। वो हाथी में दे लोटा, दे लोटा भिड़ गओ। बितें सबन की भीड़ जुड़ गई। सिगन्ननै सोची के हाथी लखटकिया ने मारो है। अब तो लखटकिया की जय-जयकार होन लगी और सच्ची को काऊ ए पतो नहीं लगो। राजा ने बढ़ाय के पंडित को महीना दूनों कर दओ और ईमान को ठिकानों सूनों कर दओ।

स्रोत : लोककथा : तौरघारी लोकभाषा, कथा-कथन : कु. प्रवीणा तोमर, निवासी : अम्बाह, जिला-मुरैना (20.04.2011)

हिन्दी अनुवाद

चालाक पंडित और पंडितानी

एक गाँव में एक पंडित रहता था। वह कुछ काम नहीं करता था। एक दिन उसकी पत्नी ने कहा कि—दिन भर घर पर ही सोते रहते हो, कुछ काम-वाम की खोज करो। बैठ-बैठ कर कब तक खा सकते हो? घर में रुपया-पैसा नहीं है। उसने कहा—ठीक है, मैं आज काम ढूंढ़कर ही घर वापिस आऊँगा। वह (काम की तलाश में) घर से बाहर आकर खड़ा हो गया। उसने (मन में) कहा—मैं घर (पत्नी से) तो बोल आया कि काम ढूंढ़कर ही घर वापिस आऊँगा, परन्तु काम (अर्थात् कार्य) क्या करूँगा? पंडित बड़ा चालाक था। उसने एक उपाय सोचा और राजा के दरबार में पहुँच गया। उसने राजा से कहा—कि (आपके राज्य में) जो कार्य कोई भी व्यक्ति नहीं कर पाएगा, उसको मैं करूँगा। राजा ने कहा—(उस कार्य के बदले) क्या (वेतन) लोगे। उसने कहा—कि एक लाख रुपया लेंगे। राजा ने कहा—अगर आप वह (कार्य) नहीं कर पाए तब (क्या होगा)? तब उसने कहा—मेरा

सिर कलम कर लेना। राजा ने कहा–आपको एक लाख रुपया मिलेंगे और आज से आपका नाम लखटकिया कहलाएगा। अब उसके (अर्थात् पंडित के) वारे-न्यारे हो गए। पंडित अब आराम से जीवन व्यतीत करने लगा। (यह इसलिए) क्योंकि ऐसा कोई कार्य नहीं था कि उसको कोई नहीं कर पाता। (इस प्रकार) उसके तीन-चार वर्ष बड़े आराम से (बिना कार्य के) व्यतीत हो गए। एक दिन, इस राज्य में एक पागल हाथी घुस आया। उसके (डर के) कारण सभी लोग परेशान थे। उस (हाथी) को कोई भी नहीं पकड़ पा रहा था। राजा बहुत परेशान हो गया। अब क्या किया जाए? हाथी सब लोगों को मार रहा है। फिर उसको (अर्थात् राजा को) लखटकिया की याद आई। उसने मंत्रियों से कहा–कि उसका क्या होगा, जो प्रत्येक महीना एक लाख रुपया वेतन लेता है। उसको (इस कार्य हेतु) बुलवाया जाए। फिर लखटकिया को बुलवाया गया। राजा ने उससे कहा–कि अगर कल तक आपने हाथी को नहीं पकड़ा, तो मैं आपका सिर कलम कर दूँगा। उसने कहा-ठीक है। इतना कहकर वह अपने घर आ गया और सिर पकड़कर बैठ गया। अब क्या किया जाए? अब तो मैं मर जाऊँगा। तो (कहानी सुनने वाले) भाइयों उस (पंडित) की पंडितानी भी बहुत चालाक थी, उसने कहा–कि इस राज्य में रहते हुए बहुत वर्ष हो गए हैं, किसी दूसरे राज्य में चले जाएँगे। रात्रि भर में (राज्य से बाहर) निकल जाएँगे। आप सामान ढोने के लिए कुछ घोड़े एवं गधे ले आओ। उसने कहा–कि अभी दिन है। राजा के लोगों (अर्थात् सैनिक, गुप्तचर आदि) की हम पर निगाह है। (घोड़ा एवं गधा) रात में लाऊँगा। पंडितानी ने कहा– ठीक है। लखटकिया रात में जागा तब उसने (पंडितानी से) कहा–कि एक लोटा दे दो। राजा के लोग मिलेंगे तो हम कह देंगे– कि 'दिशा-मैदान' (अर्थात् शौच) को जा रहा हूँ। उसने कहा–ठीक है, (और) उसने उसे लोटा दे दिया। अब वह (पंडित) जब बाहर निकला तो उसे वह पागल हाथी मरा हुआ मिला। (यह देख, विस्मय होकर) उसने कहा–यह क्या हुआ! इसको किसने मार डाला? उसने कुछ सोच-विचार किया और सुबह का इंतजार करने लगा। (सुबह होने पर) जैसे ही लोगों का आना-जाना शुरू हुआ तभी उसने (स्वंय से) कहा–कि अब समय ठीक है। वह (मरे हुए) हाथी में बारम्बार लोटे का प्रहार करने लगा। (यह दृश्य देखकर) भीड़ एकत्रित हो गई। सभी ने सोचा–कि हाथी लखटकिया ने मारा है। (इस प्रकार) अब तो लखटकिया की जय-जय होने लगी और सच्चाई क्या है, उसका पता किसी को भी नहीं लगा। (प्रसन्न होकर) राजा ने पंडित का महीना बढ़ाकर दो लाख रुपया वेतन कर दिया और ईमानदारी सच्चाई/धर्म आदि के लिए न्याय फिर शून्य हो गया।

7. शब्दावली (तौरघारी-हिन्दी)

रिश्ते-नाते

तौरघारी	*हिन्दी*	तौरघारी	*हिन्दी*
अम्मा, जीजी, मइयो	*माता*	सरेज	*सलहज*
ददा, दादा, बापू	*पिता*	सारी	*साली*
दद्दा, भइया	*भाई*	सढ़वाई	*साढ़ू*
जीजी, लाली	*बहन*	मौसा	*मौसा*
चाचा, कक्का	*चाचा*	मौसी	*मौसी*
चाची, काकी	*चाची*	नाना, नन्ना	*नाना*
ताऊ	*ताऊ*	नानी	*नानी*
ताई, बड़ी अम्मा	*ताई*	मेहमान	*दामाद*
बाबा	*दादा*	जीजी	*बड़ी बहन*
आजी, अम्मा	*दादी*	जीजा	*जीजा*

तौरघारी	हिन्दी	तौरघारी	हिन्दी
फूफा	*फूफा*	मेहमान	*बहनोई*
बुआ, फुफू	*फूफी (बुआ)*	नाती	*पुत्र का लड़का*
मामा	*मामा*	नातिन	*पुत्र की लड़की*
माँई	*मामी*	धेवतो	*पुत्री का लड़का*
जेठ	*जेठ*	धेवती	*पुत्री की लड़की*
जिठनी	*जेठानी*	भानेज, भान्जो	*बहन का लड़का (भाई से रिश्ता)*
दिवर	*देवर*	भान्जी, भानैजि	*बहन की लड़की (भाई से रिश्ता)*
दुरनी	*देवरानी*	बेहनोता	*बहन का लड़का (बहन से रिश्ता)*
अम्मा	*सास*	बेहनोति	*बहन की लड़की (बहन से रिश्ता)*
बहू	*बहू*	मोड़ा	*लड़का*
भौजी	*भाभी (भौजी)*	मोड़ी	*लड़की*
नन्द	*ननद*	डोकरा	*वृद्ध पुरुष*
नन्देऊ	*ननदोई*	डोकई, डुकइया	*वृद्ध महिला*
सारौ	*साला*		

रंग

तौरघारी	हिन्दी	तौरघारी	हिन्दी
भटा को रंग	*बैंगनी*	लाल	*लाल*
लीलो, नीलो	*नीला*	भूरो	*सफ़ेद*
हरो	*हरा*	कारो	*काला*
पीरो	*पीला*	गुलाबी	*गहरा लाल*

समय

तौरघारी	हिन्दी	तौरघारी	हिन्दी
भुरारो	*ब्रह्ममुहूर्त*	संजा, दिन बूढ़ गओ	*शाम*
सबेरो, पीरी फट गई	*सुबह*	रात	*रात्रि*
दोपरी	*दोपहर*	आधी रात	*अर्द्ध रात्रि*
पिछलारो	*दोपहर के बाद*		

दिनवार

तौरघारी	*हिन्दी*	तौरघारी	*हिन्दी*
सोम्मवार	*सोमवार*	शुक्कर	*शुक्रवार*
मंगर	*मंगलवार*	सनीचर	*शनिवार*
बुद्धवार	*बुधवार*	इतवार	*रविवार*
विसपित	*गुरुवार*		

पक्ष

तौरघारी	*हिन्दी*	तौरघारी	*हिन्दी*
पाक	*पक्ष*	अँधेरो पाक	*कृष्ण*
उजेरा पाक	*शुक्ल*		

ऋतुएँ

तौरघारी	*हिन्दी*	तौरघारी	*हिन्दी*
जड़कालो	*शीत*	चौमासो	*वर्षा*
जेठमास	*ग्रीष्म*		

महीनों के नाम

तौरघारी	*हिन्दी*	तौरघारी	*हिन्दी*
चेतु	*चैत्र*	कुवार	*आश्विन*
बैसाखु	*बैशाख*	कातिक	*कार्तिक*
जेठु	*ज्येष्ठ*	अगहन	*मार्गशीर्ष*
असाड़	*आषाढ़*	फूस	*पौष*
सामन	*श्रावण*	माघ	*माघ*
भादों	*भाद्रपद*	फागुन	*फाल्गुन*

भोजन

तौरघारी	*हिन्दी*	तौरघारी	*हिन्दी*
पौनछर, कलेऊ	*नाश्ता*	ब्यारू	*शाम का भोजन*
छाक	*दोपहर का भोजन*		

सब्जियाँ

तौरघारी	***हिन्दी***	**तौरघारी**	***हिन्दी***
अरई	*अरवी (घुइयाँ)*	निबुआ	*नींबू*
शकरकण्डी	*शकरकन्द*	कदुआ	*कद्दू*
भटा	*बैंगन*	ढेंडस	*टिण्डे*
मूरा	*मूली*	आदौ	*अदरक*
तूंमरा	*लौकी*	कटेरू	*कटहल*
तुरइया	*तोरई*		

फसलें

तौरघारी	***हिन्दी***	**तौरघारी**	***हिन्दी***
गेहूँ	*गेहूँ*	लहा, सस्सों	*सरसों*
जौंडरी	*ज्वार*	उद्ध	*उड़द*
मका	*मकई*	राहिर	*अरहर*
अस्सी	*अलसी*	ईख	*गन्ना*
तिली	*तिल*		

कृषि-उपकरण

तौरघारी	***हिन्दी***	**तौरघारी**	***हिन्दी***
हर	*हल*	खुइपिया	*खुरपी*
कुड़इया	*कुल्हाड़ी*	तखरी	*तराजू*
फाँवरो	*फावड़ा*	ऐसियो	*हँसिया*

पशुओं/जीव जन्तुओं के नाम

तौरघारी	***हिन्दी***	**तौरघारी**	***हिन्दी***
बद्ध	*बैल*	चौखरो	*चूहा*
गइया	*गाय*	चुखइया	*चुहिया*
बिजार	*साँड*	दुमुई, स्यावण	*कुचलेंड (एक सर्प)*
बोकरा	*बकरा*	मेढ़का	*मेंढक*
बुकइया, बोकई, छेई	*बकरी*	काँतर	*कनखजूरा*
मेंडा	*भेड़ (नर)*	बीछू	*बिच्छू*
गधइया	*गधी*	मकरी	*मकड़ी*

तौरघारी	हिन्दी	तौरघारी	हिन्दी
खिच्चर	*खच्चर*	हिरना	*हिरण*
भैंसिया	*भैंस*	सूघरा	*सूअर*
पड़ा	*भैंसा*	बन्दरा	*बन्दर*
गोदुआ	*सियार (गीदड़)*	रीछ	*भालू*
लोखरी	*लोमड़ी*	भदगोआ	*गोह*
खरा	*खरगोश*	विशखापर	*विषैली गोह*
लेंड़िया	*भेड़िया*		

पक्षी

तौरघारी	हिन्दी	तौरघारी	हिन्दी
सुआ	*तोता*	सस्सा	*सारस*
परेवा	*कबूतर*	मोरा	*मोर (नर)*
कोटबड़इया	*कठफोड़वा*	चमकधरा	*चमगादड़*
चिरैया	*गौरैया*	श्याम	*श्याम चिरैया*
बटेरा	*बटेर*	मोइजा	*मोर (मादा)*
वैया	*बया*		

पेड़

तौरघारी	हिन्दी	तौरघारी	हिन्दी
बमूरा	*बबूल*	गेहर	*केला*
सपरी, जामफल	*अमरूद*	आँवरो	*आँवला*
छेकुइया	*छेंकुर*[1]	पाकरिया	*पाकरि*[2]
पीपरा	*पीपल*	बेलपत्र	*बिल्व (बेल)*
वर	*बरगद*	कटैर	*कटहल*
सीसौनिया	*शीसम*	सैजना	*सहजन*

विविध शब्दावली

तौरघारी	हिन्दी	तौरघारी	हिन्दी
मीठो	*मीठा*	जेबई, जिबरिया	*रस्सी*

[1] एक पेड़, जो मण्डपोच्छादन के काम आता है।

[2] एक पेड़, जो पीपल जैसा बड़ा, जिसकी घनी छाया होती है।

तौरघारी	हिन्दी	तौरघारी	हिन्दी
नुनडारो	*नमकीन*	छेई, छिरिया,	*बकरी*
झाँ	*यहाँ*	अखतीज, अखती	*अक्षय तृतीया*
म्हाँ	*वहाँ*	पुतला	*गुड्डा*
उगइया	*उँगली*	दुमहला	*दुमंजिला*
काए	*क्यों*	तरे	*तले*
फुलकिया	*गेहूँ की रोटी*	जुठार	*जूँठा*
बेजरा	*गेहूँ+चना की रोटी*	खपरा	*मटके का टुकड़ा*
गुरचली, गुरचुली	*गेहूँ+चना+जौ*	तातो	*गर्म*
ऐरा	*जौ+चना*	कथौधा	*मेवा*
पोटई	*पोटली*		

संदर्भ

1. उपाध्याय, पं. सेवाराम, ग्राम-रतन बसई, पोरसा, जिला-मुरैना ने लोकगीत संकलन में सहयोग किया (25.5.2011).
2. उपाध्याय, श्रीमती गीता, ग्राम-थानपुरा (वरवाई) जिला-मुरैना ने लोकगीत संकलन में सहयोग किया (25.5.2011).
3. चौहान, मोहनसिंह, *राजपूत क्षत्रिय वंश भास्कर*, क्षत्रिय विकास संघ, अमायन (भिण्ड), संस्करण : 2008.
4. तोमर, कु. प्रवीणा, अम्बाह, जिला, मुरैना (मध्य प्रदेश) ने लोकगीत एवं लोककथा संकलन में सहयोग किया (20.5.2011).
5. सिंह, लाखन, ग्राम-वरवाई, अम्बाह, जिला-मुरैना ने लोकगीत संकलन में सहयोग किया (25.5.2011).

8

नहाल

दीपक बुंदेले

1. नाम नहाल भाषा

2. क्षेत्र

नहाल लोकभाषा का प्रयोग मध्य प्रदेश के विदर्भ क्षेत्र के बैतूल जिले में नहाल आदिवसियों द्वारा किया जाता है। यह भाषा बैतूल जिले के मुलताई तहसील के प्रभातपट्टन, सातनेर ग्राम तथा भैसदही तहसील के दाबोनी व धाबा गाँवों में बोली जाती हैं। इसके अतिरिक्त इस भाषा का प्रयोग करने वाले कुछ नहाल आदिवासी आमला तहसील के तिरमउ तथा बैतूल तहसील के खंडारा ग्राम में भी निवासरत हैं।

3. परिचय

नहाल जनजाति का मुख्य व्यवसाय भिलवे को फोड़कर गुडम्बी तथा तेल निकालना है। यह जनजाति प्राय: अशिक्षित है। प्रशासनिक उदासीनता के कारण इन आदिवासी जनजातियों के समक्ष पहचान का संकट उत्पन्न हो चुका है। प्रशासन इन्हें भील जाति से जोड़ता है क्योंकि ये भीलवा फोड़ने का कार्य करते हैं। परंतु यह जनजाति अपनी पहचान 'नहाल' के रूप में स्थापित करने का प्रयास कर रही है।

4. संक्षिप्त इतिहास

नहाल भाषा का अपना कोई साहित्य उपलब्ध नहीं है एवं यह केवल नहाल लोगों के द्वारा ही बोली जाती है। यह जनजाति अपनी पहचान भीमा नायक नाम के एक देशभक्त युवक से जोड़ती है। भीमा नायक, मध्य प्रदेश के निमाड़ क्षेत्र के बैवानी राज्य के ढोली बावली क्षेत्र के भीलों के मुखिया थे। उन्होंने अपने साथियों के साथ अंग्रेज़ों के विरुद्ध तात्या टोपे का साथ दिया था। तात्या टोपे 1859 में कैप्टन कीटिंग्स द्वारा पराजित किए गए थे, इस युद्ध में भीमा नायक बचकर जंगलों में छुप गए थे। बाद में उन्हें पकड़कर अंडमान भेज दिया गया था, जहाँ दो साल बाद उनकी मृत्यु हो गई थी।

अपनी भाषा को वह इस क्षेत्र की कुछ अन्य भाषाओं द्वारा संक्रमित मानती है, जैसे इस भाषा को वह इसी क्षेत्र के पवारों की भाषा के करीब मानती है। वहीं दूसरी ओर गौड़ अदिवासियों से इनकी भाषा का (नहाल) कम ही मेल मिलता है जिससे साफ होता है कि इस क्षेत्र के पवारों की भाषा से नहालों की भाषा का अंतरसंबंध है। कहा जाता है कि इस बोली में हिन्दी एवं मराठी भाषा के शब्दों का भी सम्मिश्रण है।

5. व्याकरण

नहाल बोली के क्रिया पर आधारित भावबोधक व आदेशात्मक शब्दों की शब्दावली निम्न है। व्याकरण के अभाव में नहाल भाषा पर आधारित वाक्यांश एवं क्रिया एवं भावसूचक शब्द दिए गए हैं।

क्रिया शब्द

नहाल	***हिन्दी***	**नहाल**	***हिन्दी***
मारी	*मारना*	देखी	*देखना*
दिखो	*देखा*	बेची	*बेचना*
नओ	*झुका*	चमको	*चमकना*
चाबना	*दाँतों से काटना*	ली	*लेना*
पाली पोसी	*पालना*	सुंघी	*सूंघना*
होड़ लगाना	*शर्त लगाना*	बात-बात चल	*तेजी से चलना*
फट गयो	*फट गया*	बट	*बैठा*
जलो	*जलना*	सुयी	*सोया*
बनाई	*बनाना*	बोल	*बोला*
लाजो	*लाना*	खर्च भयो	*खर्च किया*
बहना	*वायु का चलना*	कतरना	*कातना*
पकड़ा	*पकड़ना*	उभो हो	*खड़ा होना*
ठगी	*धोखा देना*	भाररी दे	*झाड़ू देना*
भूली	*भूलना*	बोली	*कहना*
छोड़ी/तजी	*छोड़ना*	सोची	*सोचना*
सुनी	*सुनना*	फैंकी	*फैंकना*
चाबना	*काटना*	थूकी	*थूका*
लुकाना	*छुपाना*	लुक गया	*अदृश्य हो जाना*
टोगन्या टेकी	*घुटने टेकना*	पैरो/पयरना	*पहनना*
रखी	*रखा*	जीती	*जीतना*
पाय मारना	*लात मारना*	कुंजी दी	*चाबी देना*
कुदी	*कूदना*	काम करी	*काम करना*
ब्याहव करना	*विवाह करना*	पिरी	*निचोड़ना*
उधार दियो	*उधार दिया*	लिखी	*लिखना*
मिलो	*मिला*	ब्याह करी	*शादी करना*
घास काटी	*घास काटना*	ओल्लो करी	*गीला करना*
बतायो	*बताना*	नाश कर दी	*बर्बाद करना*

बोमको	*अधिक करना*	चल	*चलना*
चढ़ो	*चढ़ना*	धोई	*धोना*
बताई	*कहना*	बाट देखी	*प्रतीक्षा करना*
भजी	*भेजना*		

भावबोधक शब्द

सुन	*सुनिए*
अच्छो	*अच्छा*
खुब सुंदर	*अति सुन्दर*
साई में	*सच*
अच्छो मी चलू	*अलविदा*
अच्छो जऊ	*अच्छा चलें*
अच्छी मादी	*अच्छी बात*
केतनो अच्छो	*कितना प्यारा*

वाक्य

1. मी चिट्टी लिखु है।	*मैं पत्र लिखता हूँ।*
2. मोनू चिट्टी नहीं लिखे हाय।	*मोनू चिट्ठी नहीं लिखता है।*
3. मैं किताब नहीं पढूँ हाय।	*मैं किताब नहीं पढ़ रहा हूँ।*
4. का मैंने मोरो पाठ याद कर ली है।	*क्या मैंने मेरा पाठ याद कर लिया है?*
5. तोरो का नाम है?	*आपका नाम क्या है?*
6. मी तोरो यार हूँ।	*मैं तुम्हारा मित्र हूँ।*
7. वी डोकरी होन मोरी बहिन हाय।	*वे लड़कियाँ मेरी बहनें हैं।*
8. मैं और तु गुनी हैं।	*मैं और तुम दोषी हैं।*
9. का ऊं पोर्‍या तोरो काकेरो भाई थो?	*क्या वह लड़का तुम्हारा चचेरा भाई था?*
10. वा सकारी गैर-हाजिर होती।	*वो कल गैर-हाजिर थी।*
11. वा ओका झोटा बीवर रही होती।	*वह अपने बालों को कंघी कर रही थी।*
12. वा बड़ी कड़कमन वाली छोकरी होती।	*वह सख्त दिल वाली लड़की थी।*
13. वी किताब होन मोरी थी।	*वे किताबें मेरी थीं।*
14. तु खुब जोर से चिचा रहयो थो।	*तुम बहुत ऊँचा चिल्ला रहे थे।*
15. वी मादी कर रह्या था।	*वे बातें कर रहे थे।*
16. मेने एक गीता गायो।	*मैंने एक गीत गाया।*
17. मी भोर भई जब से ही बगीचा के पानी दे रह्यो थो।	*मैं प्रात: से ही बाग को पानी दे रहा था।*

18. मी कुर्सी पर नी बठूँ। — *मैं कुर्सी पर नहीं बैठूँगा।*
19. ओको एतनी हिम्मत। — *उसकी इतनी हिम्मत।*

भावबोधक वाक्य

1. ताने तो गजब कर दियो। — *आपने तो कमाल ही कर दिया।*
2. तोखे भी। — *आपको भी।*
3. तोरो जीव को साठे। — *आपके स्वास्थ्य के लिए।*
4. खूब चोखो है। — *बहुत बढ़िया।*
5. बात-बात कर। — *फटाफट करिए।*
6. केतनो डरावनो। — *कितना भयानक।*

आदेशात्मक वाक्य

नहाल	***हिन्दी***
सुन	*सुनो*
उभो रहे	*रुको*
बोल	*बोलो*
नजीक आ	*पास आओ*
या ले	*यह लो*
इते देख	*इधर देखो*
फिर से कर	*फिर कोशिश करो*
बातकीने आओ	*जल्दी आओ*
कुई के भेज के ओके बुलाऊ।	*किसी को भेज कर उसे बुलाओ।*
इते-उते की मादी मत कर।	*इधर-उधर की बातें न करो।*
आगी बुझन मत देजो।	*आग बुझने न देना।*
दांत के मांजो।	*दांतों को ब्रुश करो।*
कुई की भाड़ा की गाड़ी लो।	*कोई किराए की मोटर लो।*

6. साहित्य (नहाल भाषा)

लोकगीत 1

शादी गीत

कुमरीन बाई कुमरीन बाई कुमार कहा गयो
हाथो में कुदली लियो माटी खोदन गयो।
माटी खोद खोद हाथ में रह गयो।
चला चला चामोटी कुमरा दादा जोडा करस दे

एक करसा में लगुन लगा दे दूसरे करसा में भावर फिरा दें।

निकलो निकलो माथा बाहेरी सोपरा बुलायो।

बास को मसूर बुलायो खाईर को आने न देउ।

रे लडा जाने देउ।

छोडा छोडा माइया मेरी घोडी को लगामा लगुन हो गयो देरा बान दिरे चलो रे ससुराल गलया तेरो।

जाम पर फूलो अनार गलाईया हांडी- धोयन को जाजो। समुदी जाने न देउ।

आयतो कोको पायसे समुदी जाहे कोको।

पाए से जाउ जाउ समघी जाने न दूँ।

तोरी माँ ने भिलावा फोडी वही गुना करी लडी वही गुना करी।

स्रोत : लक्ष्मी नहाल, प्रभात पट्टन गाँव।

हिन्दी अनुवाद

(कुम्हार की पत्नि से पूछ रहे हैं–)

कुम्हारिन, कुम्हारिन तेरा पति कुम्हार कहाँ गया है?

हाथों में फावड़ा लेकर मिट्टी खोदने गए हैं।

मिट्टी खोदते-खोदते हाथों में रह गई है।

चलो-चलो कुम्हार दादा पगड़ी जूते बाँध दो।

एक करस में लगुन लगा दो दूसरे करस में भाँवर घुमा दो।

निकलो-निकलो माँ सूपा बुलाते हैं।

और बाँस का बना मूसल बुलाते हैं। और किसी को आने मत देना।

छोड़ दो माँ मेरी घोड़ी की लगाम, शादी में लगुन धीरे-धीरे लगने वाली है इसलिए धीरे-धीरे ससुराल जाना है। तुम्हारी गलियों के पेड़ों पर जामफूल, अनार लगे हुए हैं। समधी जी किसके पैरों से आए थे। अब किसके पैरों से जाएँगे।

समधी जी मैं आपको नहीं जाने दूँगी। तेरी माँ ने भिलवा फोड़ी वह उसने गलती की है। आपसे लड़ाई की, वही गुनाह किया है।

लोकगीत 2

होली पर गाए जाने वाला लोकगीत

हारारी हारारी में घोड़ा मोरा हरारी में। प्यारो राम घोड़ा हरारी में।

रांगो खेलो में होली रांगो खेलो बारा सूरैया से।

किनो जंगल से हे मालन खेलो रांगो होली कोने समाडा जंगल की जोरी बासो मलना।

स्रोत : लक्ष्मी नहाल, प्रभात पट्टन गाँव।

हिन्दी अनुवाद

हरी हरी घास में मेरा घोड़ा चर रहा है। हे राम हाय घोड़ा हरी घास में।

सभी मिलकर होली में एक-दूसरे को रंग लगाकर खेलो।

हे मालन तुम किस जंगल में हो। हमारे साथ होली खेलो।
किसने जंगल में बैलों को सम्भाला है।

लोकगीत 3

सावन का लोकगीत

बरिस के सागर में डूब गयो कुण्डल पहन लें उभे उभे।
जादू भरे भौवये आँखियो कितनो जादू भरो।
बरिस को सागर में डूब गयो बिन्दिया पहन ले बिन्दिया उभे उभे।
जादू भरे भौवये आँखियो कितनो जादू भरो
बरिस को सागर में डूब गयो हार पहन ले हार उभे उभे
जादू भरे भौवये आँखियो कितनो जादू भरो।
बरिस को सागर में डूब गयो कंगन पहन ले कंगन उभे उभे।
बरिस को सागर में डूब गयो पायल पहन ले पायल उभे उभे।
जादू भरे भौवये आँखियो कितनो जादू भरो।

स्रोत : लक्ष्मी नहाल, प्रभात पट्टन गाँव।

हिन्दी अनुवाद

वर्षा से भरे सागर में मेरा कुण्डल डूब गया है।
पहन ले कुण्डल खड़े खड़े।
जादू भरी तेरी अँखियों ने किस पर जादू कर दिया है।
वर्षा के सागर में मेरी बिंदिया डूब गई है। पहन ले बिंदिया खड़े-खड़े।
जादू भरी तेरी अँखियों ने किस पर जादू कर दिया है।
वर्षा के सागर में मेरा हार डूब गया है। पहन ले हार खड़े-खड़े।
जादू भरी तेरी अँखियों ने किस पर जादू कर दिया है।
वर्षा के सागर में मेरा कंगन डूब गया है। पहन ले कंगन खड़े-खड़े।
जादू भरी तेरी अँखियों ने किस पर जादू कर दिया है।
वर्षा के सागर में मेरी पायल डूब गई है। पहन ले पायल खड़े-खड़े।
जादू भरी तेरी अँखियों ने किस पर जादू कर दिया है।

लोककथा

सदल गौरी की कहानी

सदल गौरी कहानी में दुई बहन होती। बड़ी बहन को नाम कुसमा होतो, छोटी बहन को नाम दसमा होतो। दुई बहन जंगल मे रहत होती ओर ओकी बियाह करनो थो। तब ओके कई दिन बाद ओखे परूया राजा की पता चलो। दोनों बहन राजा को ढूढ़न चली

गईं। चलत चलत उनके एक गाँव लगो वो में कोई पोरसा पारी खेल रहो हो तो।

ओन्हे उन पोरया पारी से पूछो की –पुरूया राजा का घर कहाँ हैं? मन–मन के पेड़े दिव रे लडका तोखे, परूया राजा के घर का रास्ता बताओ।

दोई बहन को पोरया पारी ने उल्टो रास्तो बता दियो।

वो जंगल चली गई और कहन लगी।

कुसमा वो, दसमा मर जाती वो, लडको ने जंगल की रावा बतायी वो।

दोनो बहिन का रास्ता चलित–चलित परूया राजा के घर गई।

दश जो बीस खन्डियो अरमी चरे दही दूध का मरका भरावो। दुई बहिन ने मादी कि और पूछो बहिन ने अपनो अपनो नाम बतायो। दुई बहिन मे से एक बहिन कुसमा का बिहाव तय हुआ। राजा से कह्यो कि बारात लेकर आजो ओर कहो–

सुनेरी जूता रे राजा तूने पहन लियो रे।

सुनेरी पटका दुपट्टा तोने रे बाँध लियो रे।

परूया राजा रे उ रास्ता दबे घोड़ा चलो रे।

बारा जो कोश रे राजा मण्डा डालो रे।

बिनदरा मन कजली बन से तोरण को बाँस बाँधो रे।

राजा मण्डे में पहुँचो। कुसमा की माँ कहती – सुनो रे बिटिया मोरी बात परूया राजा जो उ बिटिया बिहान आयो।

साँस वाली ने पाय धोने के लिए पानी नहीं दियो। फिर वह कुम्हार के यहाँ गई।

कुम्हार दादा सुन मेरी बात री। नौ खण्ड पूर की हण्डिया घरे रे।

वह हाण्डी को जो दाम लिहे रे कुमार दादा वह दाम मी देउ री।

फिर साँस ने वह हाण्डी मे नौ पूरू में नौ रंग को खाना बनाई। एक पूर मे जहर वालो खाना बनाई तो वह खाना राजा को दे दी। वह खाना खायो और राजा मर गयो। राजा को लेकर सदल गोरी कुसमा रोने लगी और कहन लगी – माँ काहे कहुराना करे को बिटिया मोरी,

नौ खण्ड हवेली वाले जवाई ढूँढ़ा दियो वो बिटिया मोरी

कुसमा – अहो मोरी मोरी टूटी झोपड़िया काम की वो भैया मोरी नवखण्ड हवेली नहीं होनो।

राजा के जला दियो सदला गौरी कुसमा के भी वहाँ ले गयो। राजा की शरण में आगी लगा दी सदल गोरी जली आग में कूद गई और वह राजा को साथ को साथ में मर गई।

महादेव पार्वती धुमन को साते जंगल में गया तभी पार्वती ने भी कही की भी – तोरो साथ मे चलू?

दुई एक झाड़ के नीचे बैठ गया। वहाँ एक माट्या आयो और वही घूमकर पच गयो, दूरपरो माट्या भी आयो और वह भी वही घूमकर पच गयो।

महादेव ने पार्वती से कहो–चल यहाँ से, तो पार्वती ने कहो की भी – यहाँ से नहीं जाउँगी।

पार्वती ने कहा कि जो माट्या वहा पचे हैं ओखे जिन्दो कर दे।

महादेव ने पहले आयो माट्या की राखुर की उठायो और पुतला बनायो और जिन्दो ओमे जान डाली ओखे जिन्दा कर दियो। महादेव ने कहो – चल।

पार्वती बोली—नहीं आपन दुई की कसो जोड़ी है। ओसे दुई की जोड़ी होनो ऐसो व जिन्दो हो गए और कहो - बारहा के कोश वो भैया, महू जो आया वो भैया, वो बनादम ने खायो। चार जो आयो वे पखेरू ने खायो। ओर काल को साल मोरो बिहाव होयो। दुई अपने गाँव चलो गयो।

स्रोत : झुकुलिया नहाल, प्रभात पट्टन गाँव।

हिन्दी अनुवाद

दो बहनें थी। एक बहन का नाम कुसमा था दूसरी बहन का नाम दसमा था। ये दोनो बहनें जंगल में रहती थीं और शादी करने के लिए दूल्हे की तलाश कर रही थीं। तब कुछ दिनों बाद इन्हें परूया राजा की खबर मिली। ये दोनों बहनें राजा को ढूंढ़ने निकलीं। चलते-चलते उनको रास्ते में एक गाँव मिला। उस गाँव में कुछ बच्चे खेल रहे थे।

उन्होने बच्चों से परूया राजा का पता पूछा और कहा - मैं तेरे मन की मिठाई दूँगी परूया राजा का पता बताने पर।

दोनो बहनों को बच्चों ने उल्टा रास्ता बता दिया।

तो वे जंगल की ओर चली गई और कहने लगीं - हम दोनों मर जाते तो लड़को ने हमें गलत रास्ता बता दिया।

दोनो बहनें गाँव के रास्ते चलते-चलते परूया राजा के घर पहुँची। जहाँ दस और बीस खण्डी भैंस चरती हैं। दही, दूध से मटके भरे रहते हैं। दोनो बहनों ने राजा से बात की और अपना नाम बताया। दोनों बहनों में से एक बहन कुसमा की शादी राजा के साथ तय हो गई। उसने राजा से बारात लेकर आने के लिए कहा।

सुनहरे रंग के जूते आपने पहन लिए है सुनहरे रंग का पट्टा बाँध लिया है परूया राजा उस रास्ते से धीरे घोड़ा चलाओ। बारह कोस राजा का मंडप सजा है तोरण बाँधने के लिए बाँस, वृन्दावन और कजली वन से लाए गए हैं। राजा मंडप में पहुँचा। तब कुसमा की माँ कहती है—मेरी बेटी सुन मेरी बात को परूया राजा ब्याहने के लिए आया हुआ है। सास ने पैर धोने के लिए पानी नहीं दिया और फिर वो कुम्हार के यहाँ गई और कुम्हार से कहा - कुम्हार भैया मेरी बात सुनो आप जो मटकी बनाएँगे वह नौ खानों (भाग) की होनी चाहिए। उस मटकी की जो कीमत आप चाहेंगे वह मैं तुम्हे दूँगी। फिर सास ने उस नौ खानों वाली मटकी में नौ प्रकार के पकवान बनाए और एक में जहर वाला पकवान रखा। वह पकवान राजा ने खाया और राजा मर गया। राजा को मृत देखकर सदल गौरी कुसमा रोने लगी और माँ कहने लगी—

क्यों बिलख बिलख कर रो रही हो मेरी बेटी। नौ हवेली वाला जमाई ढूंढा है मेरी बेटी।

बेटी बोली—मेरी टूटी हुई झोपड़ी काम की है मुझे नौ खण्ड वाली हवेली नहीं चाहिए।

राजा को जला दिया, सदल गौरी 'कुसमा' को भी वहाँ ले जाया गया। राजा के दुख में वह भी मर गई।

कुछ समय बाद महादेव और पार्वती वहाँ से जा रहे थे। वे एक झाड़ के नीचे बैठ गए। थोड़ी ही देर में वहाँ माटिया (धूल भरी आंधी) आई और घूमकर रुक गई। फिर कुछ समय बाद दूसरा माटिया आया वह भी वहीं घूमकर रुक गया।

महादेव ने कहा—पार्वती यहाँ से चलो।

तब पार्वती ने कहा कि—मैं नहीं जाऊँगी। पहले जो माटिया यहाँ शांत हुआ है उसे जिंदा करके बताओ। महादेव ने पहले आए वाले माटिया की राख को उठाया और पुतला बनाकर उसमें जान डाल दी।

महादेव ने कहा—अब यहाँ से चलो। तो पार्वती ने कहा—जैसे हम दोनों जोड़े में है वैसे ही ये दोनो भी जोड़े में होने चाहिए, दूसरे वाले मे भी जान डालकर दिखाओ। इस पर महादेव ने मिट्टी उठाकर उसमें भी जान डाल दी।

बारह कोस बहुत दूर से है मां। महुआ जो आया था। उसे मनुष्य ने खाया है। अचार फल जो आया था उसे पक्षियों ने खाया था और बुरे समय में मेरी शादी हुई थी। और दोनों अपने-अपने घर चले गए।

7. शब्दावली (नहाल-हिन्दी)

रंगो के नाम

नहाल	***हिन्दी***	**नहाल**	***हिन्दी***
लालो	*लाल*	पिलो	*पीला*
लिल्लो	*हरा*	उजरो	*सफेद*
कारो	*काला*		

रिश्तों के नाम

नहाल	***हिन्दी***	**नहाल**	***हिन्दी***
दादा	*पिता जी*	साला	*पत्नी के भाई*
मा / माई	*माता जी*	बोहनई	*जीजा जी*
भउ	*भाई*	बेटा	*बेटा*
भाभी	*भाभी*	बेटी	*बेटी*
काका	*चाचा*	बाबा	*दादा*
काकी	*चाची*	पोरया	*लड़के*
मामा	*मामा*	पोरी छोकरी	*लड़की*
मामी	*मामी*		

ऋतुओं के नाम

नहाल	***हिन्दी***	**नहाल**	***हिन्दी***
जारो	*ठंड*	बरसात	*बारिश*
उन्हाला	*गर्मी*		

दिनों के नाम

नहाल	***हिन्दी***	**नहाल**	***हिन्दी***
इतवार	*रविवार*	बहस्तरवार	*गुरुवार*
सोमवार	*सोमवार*	शुक्रवार	*शुक्रवार*
मंगल	*मंगलवार*	बाजार का दिन/शनिचर	*शनिवार*
बुधवार	*बुधवार*		

समय

नहाल	***हिन्दी***	**नहाल**	***हिन्दी***
दिन डूब गयो	*शाम*	तीसरा पाहर/तीसरया पाहरी	*दिन ढलना*

नहाल	***हिन्दी***	**नहाल**	***हिन्दी***
सक्कारी	*दिन*	घाम	*धूप*
रात हो गई	*रात*		

फलों के नाम

नहाल	***हिन्दी***	**नहाल**	***हिन्दी***
बोर	*बेर*	जाम	*अमरूद*
आम्बा	*आम*	संतारा	*संतरा*
सिताफल	*सीताफल*		

अन्य शब्द

नहाल	***हिन्दी***	**नहाल**	***हिन्दी***
गोटा	*पत्थर*	बिरंग बंग	*टमाटर*
हमरो	*हमारा*	वांगा	*बैंगन*
ढोमना	*गिलास*	कुकरा	*मुर्गा*
थाली	*लोटे*	कुकरी	*मुर्गी*
लकरी / काड़ी	*लकड़ी*	तलंग	*चूजा*
थारी	*प्लेट*	खाट	*खटिया*
परी	*चम्मच*	पोलका/झाम्पर	*ब्लाउज*
गंज	*गंजी/पतीला*	अंगा	*शर्ट*
हांडी	*हांडी, हंडिया*	बांगड़ी	*चूड़ी*
मटका	*घड़ा*	पैरपट्टी	*पायल*
तावा	*तवा*	जोखा	*बिछिया*
सालन	*सब्जी*	नथ	*नथनी*
कनिक	*आटा*	बेसर	*नाक में पहनने वाली लौंग*
चुल	*चूल्हा*	करणफूल	*कुंडल*
झरोखा	*खिड़की*	गाठी	*माला*
आंगधोना	*नहाना*	टिपरा	*बालों की क्लिप*
किवाड़	*दरवाजा*	दराती/पावसी	*हँसिया*
चाटू	*चम्मच*	मी	*मैं*
मकई	*मक्का*	वा	*वह*
आकटी	*अंगीठी*	हमरो	*हमारा*

नहाल	हिन्दी	नहाल	हिन्दी
भात	*चावल*	छोकरी (पोरी)	*लड़की*
मच्छी	*मछली*	बिलाई	*बिल्ली*
बाटूर	*बटेर*	हाँव	*हाँ*
मोहरस	*शहद*	का	*क्या*
डुकर	*सूअर*	कसो	*कैसे*
लोन	*नमक*	अदमी	*आदमी*
दार	*दाल*	कोकड़ी	*मुर्गी*
कांदा	*प्याज*	हालू	*आलू*

शरीर के अंग

नहाल	हिन्दी	नहाल	हिन्दी
आँखी	*आँख*	खून	*रक्त*
मुड़	*खोपड़ी*	झोटा	*बाल*
थान	*चुचक या थन*	भोयरी	*भौंह*
कलेजा	*जिगर*	मुठ	*मुट्ठी*
टोगना	*घुटना*	मुड़ा	*मुख*
नाड़ी	*नस*	छाती	*हृदय*
पातनी	*पलक*		

वेशभूषा

नहाल	हिन्दी	नहाल	हिन्दी
अंगा	*कमीज*	टावेल	*तौलिया*
बही	*आस्तीन*	श्याल	*(शाल) दुशाला*
गुन्डी	*बटन*	चोलना	*पायजामा*
कटवा	*कोट*	कापुस	*रुई*
खिसा	*जेब*		

सम्बन्ध और रिश्ते

नहाल	हिन्दी	नहाल	हिन्दी
पावना	*अतिथि*	लोगनी	*पत्नी*
काका	*चाचा*	माय	*माता*
काकी	*चाची*	लोग	*पति*
बीमरा	*रोगी*		

घरेलू सामान

नहाल	हिन्दी	नहाल	हिन्दी
छत्ता	*छाता*	झुलना	*झूला*
लोखण्ड	*इस्त्री*	ऊसी	*तकिया*
पीपा	*कनस्तर*	चमचा	*चम्मच*
कक्खई	*कंघी*	गारनी	*छलनी*
तागड़ी	*तराजू*	कुंजी	*चाबी*
गोटा	*भार*	ठाठी	*थाली*
शीशी	*बोतल*	आरसा	*दर्पन*
राखुड़	*राख*	डोरा	*धागा*
मायरी	*झाड़ू*	दोर	*रस्सी*

खाने की वस्तुएँ

नहाल	हिन्दी	नहाल	हिन्दी
रायता	*अचार*	शकर	*चीनी*
दाना	*अनाज*	छोला	*चना*
कनीक	*आटा*	रई	*सरसों*
गंहू	*गेहूँ*	बटना	*मटर*
डूकर का मास	*सूअर का माँस*	दारू	*शराब*
चौर	*चावल*	सोजी	*सूजी*

वृक्ष

नहाल	हिन्दी	नहाल	हिन्दी
अंबा	*आम*	बड़	*बरगद*
अमली	*इमली*	डीग	*गोंद*

फूल, फल, सब्जियाँ

नहाल	हिन्दी	नहाल	हिन्दी
साय	*गन्ना*	बोर	*बेर*
पोपई	*पपीता*	वांगा	*बैंगन*
गाजरा	*गाजर*	बटना	*मटर*
कांदा	*प्याज*	कापूस	*रुई*

जानवर

नहाल	हिन्दी	नहाल	हिन्दी
कुत्ती	*कुतिया*	रीछ	*भालू*
ससा	*खरगोश*	भैंसी	*भैंस*
उंदरा	*चूहा*	मेंढी	*भेड़ी*
डूकर	*सूअर*	खेकनी	*लोमड़ी*
मेंढी का पिल्ला	*भेड़ का बच्चा*	कोल्या	*लकड़बग्घा*
मुंगुस	*नेवला*	हरनी	*हिरन*
पुछी	*दुम*	हत्थी	*हाथी*

कीट-पतंग

नहाल	हिन्दी	नहाल	हिन्दी
उधाई	*दीमक*	माकड़ी	*मकड़ी*
बीछमड़ा	*छिपकली*	मोयरस	*मधुमक्खी*
माक्खा	*मक्खी*		

पक्षी

नहाल	हिन्दी	नहाल	हिन्दी
गूबड़	*उल्लू*	मीटू	*तोता*
चीड़ी	*गौरैया*	कांवा	*कौआ*
कोचाड़ा	*घोंसला*	कोकिला	*कोयल*

संदर्भ

1. शब्दावली संग्रह में सहयोग सुनील खाटिकर एवं निरंजन शेरेकर द्वारा किया गया है।

निमाड़ी

स्व. सुधा सक्सेना, मोहम्मद शाहिद खान

1. नाम निमाड़ी भाषा। शासन व्यवस्था की दृष्टि से निमाड़ दो भागों, एक पूर्वी निमाड़ (खण्डवा क्षेत्र) व दूसरा पश्चिम निमाड़ (खरगोन) में विभाजित है। उत्तर भारत और दक्षिण भारत का संधि स्थल होने से आर्य और अनार्यों की मिश्रित भूमि रहा होगा और इसी नाते इसका नाम निमार्य (नीम + आर्य) पड़ा होगा। नीम का अर्थ भी निमाड़ी में आधा होता है इसी निमार्य का बदलते बदलते निमार और निमाड़ हो जाना स्वाभाविक है। दूसरा कारण निमाड़ मालवे के नीचे बसा है और इस तरह निम्नगामी होने के कारण निमानी और उससे बदलकर निमारी और निमाड़ी हो गया होगा। निमाड़ी में 'नि' का अर्थ *नीची* और 'माड़ी' का अर्थ *माँ की गोद* होता है। इसी के साथ यहाँ की लोक भाषा निमाड़ी की पहचान बनी।

2. क्षेत्र

भारत के नक्शे में विन्ध्य और सतपुड़ा के बीच जो भू-भाग बसा है वह निमाड़ के नाम से प्रसिद्ध है।

निमाड़ी मुख्यत: मध्य प्रदेश में, उत्तर में मालवा की सीमा को छूते हुए नर्मदा के आसपास, ओंकारेश्वर, मण्डलेश्वर, मध्य में खरगोन, पश्चिम में जोबट, अलिराजपुर, धार और बड़वानी तथा पूर्व में होशंगाबाद और बुरहानपुर के आस-पास खानदेश की सीमा तक बोली जाती है। खण्डवा और खरगोन क्षेत्र निमाड़ी लोकभाषा के रूप में प्रचलित है।

3. संक्षिप्त इतिहास

महेश्वर के निकट 1952-53 में किए गए खुदाई कार्य से पता चलता है कि मनुष्य ने नर्मदा घाटी में अपना निवास बनाना 25 लाख वर्ष पहले प्रारंभ किया था। निमाड़ क्रमश: हर्षवर्द्धन, राजा भोज, मुगल एवं ब्रिटिश शासन के अधीन रहा।

4. वर्तमान स्थिति

खण्डवा और खरगोन निमाड़ी के आदर्श केन्द्र रहे हैं। 1971 की जनगणना के अनुसार निमाड़ की जनसंख्या 35, 45, 506 क्षेत्रफल 15,776 वर्ग कि.मी. तथा निमाड़ी बोलने वालों की संख्या लगभग तीस लाख थी। 2001 में निमाड़ी बोलने वालों की संख्या करीब 20 लाख थी एवं 2011 की जनगणना के अनुसार यह 2, 148, 146 है। जनगणना के वर्षों के आधार पर यह निम्न है–

वर्ष	बोलने वालों की संख्या
1901	474,777

1911	361,217
1921	275,088
1931	398,060
1951	291,174
1961	527,091
1971	794,246
1981	1,045,782
1991	1,297,318

स्रोत : www-01.sil.org/silesr/2012/silesr2012-002_esr354_nimadi.pdf

5. भाषा की विशेषताएँ

निमाड़ी की सीमावर्ती भाषा उत्तर में मालवी, पश्चिम में गुजराती, दक्षिण में खानदेशी तथा पूर्व में होशंगाबादी है। शब्दों का आदान-प्रदान किसी भी जीवित भाषा का लक्षण होता है अलग-अलग भाषाओं के सीमा क्षेत्र का प्रभाव निमाड़ी भाषा पर भी पड़ा है। निमाड़ी और मालवी में जितना साम्य है उतना और किसी भाषा में नहीं है। निमाड़ी के मूल निवासियों में भील, भिलाला, गोंड, कोरकू और राठ्या प्रमुख हैं। भील शब्द द्रविड़ के बिल शब्द से बना है। बिल का अर्थ है धनुष-अर्थात धनुष चलाने में निपुण। निमाड़ के अनेक गाँव भीलों से आबाद हैं।

निमाड़ के ब्राम्हणों में नागर, नार्मदीय, श्रीगौड़, अवधीच, और महाराष्ट्रीयन प्रमुख हैं। इसके अतिरिक्त राजपूत, जैन एवं अन्य जातियाँ भी हैं। जो लोग नगर में आकर बसे वे नागर एवं नर्मदा के किनारे बसे नार्मदीय कहलाए।

निमाड़ी भाषा की अपनी कोई लिपि नहीं है। इसकी लिखावट और उच्चारण में फर्क रहा है। जिससे गलत अर्थ होने की संभावना होती है।

निमाड़ी में लिखावट और उच्चारण में समन्वय साधने की दृष्टि से इसके लिए संस्कृत के ऽ (अवग्रह 'अ') का प्रयोग किया है। इससे सारी कठिनाई हल हो जाती है और स्वरूप भी स्पष्ट हो जाता है।

उदाहरण– "जेम सर ओम सारजो"

इससे वास्तविक स्वरूप स्पष्ट नहीं हो पाया है क्योकि जैसी लिखावट वैसा उच्चारण होगा।

इसका सही निमाड़ स्वरूप है– "जेमऽ सरऽ ओमऽ सारजों"

इसी प्रकार, "तम दुई भाई भानो"

तुम दोनों भाई पढ़ो।

इसका सही स्वरूप है– तमाऽ दुयाऽ भायाऽ भानोआ।

5.1 व्याकरण

1. निमाड़ी में 'ल' की जगह 'ळ' का उपयोग बहुतायत से होता है।

जैसे–			
माला	माळा	काला	काळा
ताला	ताळा	कोयल	कोयळ
नाला	नाळा	उजेला	उजेळा

2. निमाड़ी में 'है' की जगह गुजराती भाषा के समान 'छे' का उपयोग अधिकतर होता है।

उदाहरण–क्या है - काई छे, कौन है - कुण छे, कैसा है - कसो छे।

3. निमाड़ में शब्द का प्रथम अक्षर 'न' के रूप में आता है तो वह बदलकर 'ल' हो जाता है और अंत में आने पर 'न' का 'ण' हो जाता है। उदाहरण–

नीम	लीम	बहन	वईण
नमक	लोंण	आंगन	आंगणो
नीबू	लिंबू	जामुन	जामुण

4. निमाड़ी में कर्मकारक की अभिव्यक्ति 'को' के स्थान पर 'ख' का उपयोग होता है। उदाहरण–

मुझको	मख ऽ
तुमको	तमख ऽ
उनको	उनखा ऽ

5. सहायक क्रिया में 'है' के स्थान पर 'ज' का उपयोग होता है। उदाहरण–

चलता है	चलज
दौड़ता है	दौड़ज
खाता है	खाज्

6. निमाड़ी में कर्ताकारक की विभक्ति 'ने' के स्थान पर बहुधा 'न' का और बहुवचन में 'नन' का उपयोग होता है। उदाहरण–

आदमी ने	आदमी नऽ
आदमियों ने	आदमी ननऽ
पक्षी ने	पक्षी नऽ
पक्षियों ने	पक्षीननऽ

7. निमाड़ी के सर्वनाम है 'हऊँ तु' और ऊ क्रिया में एक वचन में तीनों कालों में इसका स्वरूप निम्न होगा–

वर्तमान काल–	हऊँ चलूँज, तू चलज, ऊ चलज
भूतकाल–	हऊँ चल्यो, तू चल्यों, ऊ चल्यो
भविष्य काल–	हऊँ चल्यो, तू चलऽगां, ऊ चलऽगा

8. निमाड़ी के कुछ शब्दों में अनुस्वार का लोप हो जाता है। उदाहरण–

दाँत - दात, माँ - माय, हँसना - हसना

6. साहित्य (निमाड़ी भाषा)

गीत

निमाड़ी में धार्मिक तीज, त्योहार, उत्सव, सावन गीत, शादी-ब्याह, बच्चों के जन्म पर, गर्भावस्था के दौरान गीत गाए जाते हैं।

लोकगीत 1

निमाड़ी

(चैत्र माह में निमाड़ में गनगौर का त्यौहार मनाया जाता है। इसमें धनिहर राजा और रनुबाई के रथ बनाकर उसमें चारों ओर महिलाएँ नृत्य कर गाती हैं–)

शुक्र को तारों रे ईश्वर ऊँगी रहयो।
तेकी मखऽ टीकी घडावऽ।।
ध्रुव की बाइकाई रे ईश्वर तुली रही।
तेकी मखऽ मगजी लगाव ऽ।।
सरग की बिजळई रे ईश्वर चमकी रहना।
तेकी मखऽ मगजी लगावऽ।।
नवलख तारा रे ईश्वर चमकी रहना।
तेकी मखऽ अंगिया सिलाव।
चाँद सूरज रे ईश्वर उँगी रहना।
तेकी मखऽ टुक्की लगाव।।
वासुकी नाग रे ईश्वर देखई रह्यो
तेकी मखाऽ वेणी गुथाव।।
बड़ी हट वाळई रे गौरत गौरड़ी

स्रोत : मोहम्मद शाहिद खान, खंडवा।

हिन्दी अनुवाद

हे पतिदेव! यह जो आकाश में तेजस्वी शुक्र का तारा चमक रहा है न उसकी मुझे बिन्दी घड़वा दो और वह जो ध्रुव की ओर बरसने योग्य बदली छाई हुई है, उसकी मुझे चूनर रंगवा दो और सुनो स्वर्ग में कऽकन वाली बिजली की उसमें मगजी लगवा देना। साथ में आकाश में चमकने वाले लाखों ताराओं की मुझे कंचुकी सिलवा देना कि जिसके आगे सूर्य और चन्द्र जड़े हो। हे पतिदेव! वह जो इठलाता बलखाता वासुदेवी नाग दिख रहा है न उसकी मुझे वेणी गुथवा दो। पति कहता है – हे गौरवर्णी! रनु तू बड़ी हठवाली है।

लोकगीत 2

सावन प्रेम गीत

पिया दुई दिन पीयर जावाँ न मुख सी बोलो।
पातलिया क्यों लियो जी आज अ बोलो।।
एक बारा बरस सी नांदी रहई रे थारा अंगणऽ
मख भेजो हो महिनों तो आयो सरावणऽ।
मखऽ लई देवोजी अन्दणा फुन्दणा।
हम जावाँ झूलसाँ, जी वीरा घट झूलणा।।
मैंदी मऽ रग्या दुई हाथ हिंडोलो गावां।
म्हारा रंग भय्या ई हाथ कुणखा बतावाँ।।
तुम करो म्हारा सी प्यारा, प्रेम रस मीलो।
पातलिया लियो जी आज अबोलो।।

स्रोत: *समग्र लोकसाहित्य*, स्व. रामनारायण जी उपाध्याय एवं श्री धन सिंह गूजर द्वारा रचित।

हिन्दी अनुवाद

प्रिये मैं दो दिन के लिए मायके जा रही हूँ मुख से कुछ बोलो – आपने मौन क्यों ले लिया है, बारह वर्ष से मैं तुम्हारे यहाँ की आज्ञाओं का पालन कर रही हूँ इन दिनों तो मुझे अपने मायके भेज दो।

मुझे भुजाओं में बाँधने और चोटी में गूँथने के लिए फुन्दे ला दो।

अपने भाई के घर जाकर हम झूला झूलेंगे। हाथों में मेंहदी लगाकर हम झूले के गीत गाएँगे। प्रियतम तुम तो यहीं रहोगे। तुम मुझसे प्यार करो, प्रेम से सराबोर होकर मिलो। आज आपने यह मौन क्यों ले लिया है?

लोकगीत 3

व्यथा गीत

अकाल के साल में ग्राम की व्यथा

साल आयो नाटो, भैय्या भल्ली बखत काटो।
नहीं देवाण्यो ब्याज उ तो कथई नी बठयो ढाटो।
मजूर लोग तो यो कहे भैया बठी गयों सब छन्दो
आयो सबईन पर फन्दो
पडयो कुवार का घाम भैया बैडी उडी गई पाटी
वहा तो रही गई ताती माटी।।
भैया जमीन हुई गई गाटी उ तो जगऽ जगऽ सी फाटी
भैया भल्ली बखत काटो।
दुई बैल्या की किर्साण, औकासी धाड़क्या नी चुकी रहयाजी
चांदी चकती गिरवी धरो नंऽ, ठीकरा बिकी रहया जी
लुगई कहे कि म्हारा फाटि गया लुगडा।
पोरया पारई भी फिटी रह्या उघड़ा।

स्रोत : छोगाभील द्वारा रचित गीत, *समग्र लोकसाहित्य* से साभार

हिन्दी अनुवाद

साल खराब आया है भाई, किसी तरह काटने की बहुत कोशिश की, मगर साहूकार का ब्याज तक नहीं चुका पाया, काम धंधे भी सब बैठ गए। सब पर मुसीबत आई है। अश्विन की धूप पड़ी और खेती सूखकर कंकाल उड़ गए अब तो वहाँ गरम मिट्टी ही रह गई है। उससे जगह-जगह दरारें पड़ गई हैं, उसका मन फट गया है, साल खराब आया है, भाई किसी तरह काटो।

दो बैलों के किसान से खेती के मजदूर भी नहीं चुक रहे हैं। चाँदी गिरवी रखने पर भी उसके बर्तन बिक गए हैं। पत्नि कहती है उसकी साड़ी फट गई है। बच्चे भी बिना कपड़े के घूम रहे हैं।

लोकगीत 4

बधाई गीत

पाँव बाधवा पिया न हो, लगड रे सुहाण हो।
पाँच बधावा आवऽ हमनऽ देख्या।।
पहलो बधवो पिया न हो ससुरा घर भेजो।
कि दूसरो बधावो सहोदर बाप घर।
तीसरो बधावो पिया न हो जेठ घर भेजो।
कि चौथो बधावो सहोदर ईरा घर।
पांचावों बधावो पिया न हो कूख सुलेखणी।
जिन्नऽ बतायो हा धन को सोयले।।

स्रोत : मोहम्मद शाहिद खान, खंडवा।

हिन्दी अनुवाद

पाँच बधाइयाँ हे प्रिय बड़ी ही सुहावनी लग रही हैं।
पाँच बँधाइयाँ आते हुए हमने देखी।
पहली बधाई हे प्रिय ससुर घर भेजो,
और दूसरी बधाई सहोदर पिताजी के यहाँ भेजो,
तीसरी बधाई हे प्रिय ज्येष्ठ जी घर भेजो,
और चौथी बधाई सहोदर भाई के यहाँ भेजो।
पांचवी बधाई उस सुहागिन कोख को है,
जिसके कारण यह दिन देखने को मिला

लोकगीत 5

चन्दा मामा

1. चन्दा मामा चन्दी द
   घी मऽ रोटी बोलई द।
   नाना भाई खा भावऽ नी
   न झुमका लाड़ी आवऽ नी।
2. नदी नदी दिया बलऽरे, काई जनावर जाए,
   हरणी को पिलको ढोर चरावण जाए
   ला ओ माय बकेड़ी।

स्रोत : स्व. रामनारायण जी उपाध्याय, *समग्र लोकसाहित्य से।*

हिन्दी अनुवाद

1. *हे चाँद चबेना दे*
   और घी से रोटी डुबोकर दे।
   नन्हे भाई को वह भाएगी नहीं
   और उसकी लटलूम वधू आएगी नहीं।।
   नदी किनारे किनारे यह कौन-सा जानवर जा रहा है
   ये किसकी आँखें चमक रही हैं
   अरे हिरण का बच्चा मवेशियाँ चराने जा रहा है
   हे मां भिक्षा दे।

लोकगीत 6

रक्षा बंधन गीत

1. पहेली राखी म्हारा नाना भाई खऽ बाँधू।
   नाना भाई नऽ दीनी लाल गाय
   लाल गाय का जाए छोटी हल हांकऽ
   दूसरी राखी म्हारा मोठा भाई खऽ बाँधू
   मोठा भाई नऽ दीनी श्याम गाय
   श्याम गाय का छोटी हल हॉकऽ
2. नानी सी मांजरी मालवऽ गई
   मालव सी लाई माटी।
   माटी का बणाया हत्थी
   हत्थी चलऽ आणा बाणा
   लाओ माय टुलेक दाणा

स्रोत: *समग्र लोकसाहित्य* पुस्तक से।

हिन्दी अनुवाद

1. *पहली राखी मैं अपने छोटे भाई को बाँधूंगी।*
   छोटे भाई ने लाल गाय दी।
   लाल गाय के बछड़े मेरे खेत में हल जोतेंगे।
   दूसरी राखी मैं अपने बड़े भाई को बाँधूंगी।
   बड़े भाई ने श्याम गाय दी है।
   श्याम गाय के बछड़े मेरे खेत में हल जोतेंगे।
2. *नन्हीं-सी बिल्ली मालवा गई।*
   मालवा क्षेत्र से मिट्टी लाई,
   मिट्टी के हाथी बनाए
   हाथी टेढ़े तिरछे चलते ही हैं।
   हे माँ! तू तो सीधे-सीधे आधा किलो अनाज दे दे

लोककथा

मेजवान छे भगवान

इक वार गणेश भगवान को मन खीर खाँणु को हुयो। एक पुड़ी म चोखा न दूसरी म शक्कर का दाणा लिया। सीप में दूध भरी न घरऽ घर गयो। कईणऽ लाग्या की मकऽ कोई खीर बणईऽ न दई देव। असा समय म कोई न कयो कि म्हारो छोरो रड़ी रयोज तो कोई कई गई कि हाउ न्हाई रईज। असा मऽ कोई न उनकाऽ लौंदा भाई का घर जाण्ड की सल्ला दी। सौदा बाई न झट सी गणेश जी सी समान लियो न भिड़ी गई खीर बणावण कऽ। उना जरा सा समान मऽ तपेला नऽ चरवा भरई गयो। गणेशजी न कयो कि कोई कऽ जीमाड़णु होय तो निवतो दई आओ सौदाबाई खीर ढकी न गई अन जब पछी आई तो घर मऽ अचम्बा मऽ पड़ी गई।

वहाँ पांचई पकवान पकी न तैयार था सबक पेट भरी न खाणो खवड्यो जब सौदा बाई सी पूछयो कि यो कसो हुयो तो बताओ कि मनऽ मेजबान कऽ भगवान समझी न काम कर्‌यो असा म भगवान गणेश म्हाराप खुश हुयाज।

एका लेणऽ कहेल छे की मेजवान भगवान छे।

स्रोत : मोहम्मद शाहिद खान, खंडवा।

हिन्दी अनुवाद

एक बार भगवान गणेश की इच्छा खीर खाने की हुई। उन्होंने एक पुड़िया में शक्कर के थोड़े दाने, दूसरी पुड़िया में चावल लिया, साथ ही सीप में दूध भरकर घर-घर गए।

उन्होंने कहा मुझे कोई खीर बनाकर खिला दे। ऐसे में किसी महिला ने कह दिया कि मेरा बच्चा रो रहा है, किसी ने कहा कि मैं नहा रही हूँ। इस बीच उन्हे सौदा बाई के घर जाने की सलाह दी गई। जब वे सौदा बाई के घर गए तो वह इस थोड़े से सामान से खीर बनाने में जुट गई।

हुआ यह कि इस खीर से तपेले और चरवे लबालब हो गए। गणेश जी ने कहा कि यदि किसी को भोजन करना हो तो उन्हें निमंत्रण दे आएं। सौदा बाई जब निमंत्रण देकर लौटी तो हैरानी हुई कि पाँचो पकवान बनकर तैयार थे।

सभी को प्रेम से भोजन कराया गया, लेकिन वह हैरान थी। जब उनसे पूछा कि ऐसा कैसे हुआ? उन्होंने कहा कि मैंने तो अतिथि को भगवान समझकर भोजन पकाया था। इसी से भगवान गणेश जी प्रसन्न हुए हैं।

इसीलिए कहा गया है कि अतिथि भगवान होते हैं।

7. शब्दावली (निमाड़ी-हिन्दी)

रिश्ते-नाते

निमाड़ी	***हिन्दी***	**निमाड़ी**	***हिन्दी***
छोरो	*लड़का*	मोठी माय	*बड़ी माँ*
छोरी	*लड़की*	जीजी माय	*बुआ जी*
बईण	*बहन*	अज्या दाजी	*दादा*
यावता/पन्नेल	*विवाहिता*	अज्या माय	*दादी (पिताजी की माँ)*
धणी	*पति*	फुआजी	*फूफा*
साळई	*साली*	आज्यो	*पितामह*
माय	*माँ*	गउर	*सहेली*
नणंद	*ननद*	मावसी	*मौसी*
भाई जी	*पिता*	रंडोल	*विधवा स्त्री*
पावणां	*जीजा*	मावसो	*मौसा*
मोठा भाई	*बड़ा भाई*	सालाहेली	*साले की पत्नी*
नाना भाभी	*भौजाई*	मामो	*मामा*

रंगों के नाम

निमाड़ी	हिन्दी	निमाड़ी	हिन्दी
लाळ	*लाल*	पीळो	*पीला रंग*
धवळो	*सफ़ेद*	जामुणी	*जामुनी रंग*
हरो	*हरा*	नीळो	*नीला रंग*
गुळाबी रंग	*गुलाबी*	काळो	*काला रंग*

समय के शब्द

निमाड़ी	हिन्दी	निमाड़ी	हिन्दी
याणि	*सुबह*	सारी सांझ	*अंधेरा समय*
संज्जा, संजुली	*शाम, संध्या*	तारा उग्य	*सुबह चार बजे का समय*
दिण	*दिन*	पिराणा दिन	*एक घण्टा*
सांझुली	*रात*	गोरज	*गौ के घर आने का समय*
दुफार	*दोपहर*	दिन उॅगणु	*सूर्योदय*
घर्णीवार	*बहुत समय*	दिन डुबणु	*सूर्यास्त*
भामसारऽ	*सुबह छह बजे का समय*	रोटा बखत	*खाना खाने का समय*

दिनों के नाम

निमाड़ी	हिन्दी	निमाड़ी	हिन्दी
सौम	*सोमवार*	शुकरवार	*शुक्रवार*
मंगळ	*मंगलवार*	सणींवार	*शनिवार*
बुधवार	*बुधवार*	दितवार	*इतवार*
इस्तरवार	*गुरुवार*		

महीनों के नाम

निमाड़ी	हिन्दी	निमाड़ी	हिन्दी
पौस	*जनवरी*	आषाण	*जुलाई*
महा	*फरवरी*	सावन	*अगस्त*
फागुण	*मार्च*	भादो	*सितंबर*
चैत	*अप्रैल*	क्वार	*अक्टूबर*
बैसाख	*मई*	कार्तिक	*नवंबर*
जेठ	*जून*	मांगसिर	*दिसम्बर*

दूरी के नाम

निमाड़ी	***हिन्दी***	**निमाड़ी**	***हिन्दी***
सटी	*पास*	फर्लांग	*पाँच किलोमीटर*
परा	*दूर*	कोस	*दो किलोमीटर*
घणी दूर	*बहुत दूर*		

निमाड़ी गिनती

निमाड़ी	***हिन्दी***	**निमाड़ी**	***हिन्दी***
इक	*1 एक*	सात	*7 सात*
दुई	*2 दो*	आठ	*8 आठ*
तीण	*3 तीन*	नव	*9 नौ*
चार	*4 चार*	दइस	*10 दस*
पांच	*5 पाँच*	इससव	*100 एक सौ*
छव	*6 छह*		

माप

निमाड़ी	***हिन्दी***	**निमाड़ी**	***हिन्दी***
सेर	*एक किलो*	कांगण	*आधा किलो*
मण	*चालीस किलो*	टुलई	*आधा किलो*

दिशाओं के नाम

निमाड़ी	***हिन्दी***	**निमाड़ी**	***हिन्दी***
दिण उगता	*पूर्व दिशा*	धुरव	*उत्तर दिशा*
दिण डूबता	*पश्चिम दिशा*	दक्खण	*दक्षिण दिशा*

प्रकृति के नाम

निमाड़ी	***हिन्दी***	**निमाड़ी**	***हिन्दी***
अगास	*आकाश*	बादण	*बादल*
धरती	*पृथ्वी*	सुरिजमाल	*सूर्य*
तारा	*तारे*		

मौसम के शब्द

निमाड़ी	***हिन्दी***	**निमाड़ी**	***हिन्दी***
स्याळो	*सर्दी का मौसम*	घाम	*धूप*
उँढ़ालो	*गर्मी का मौसम*	छावळो	*छांव / छाया*
चौमासो	*वर्षा*	व्हाढ	*हवा*

शरीर के अंग

निमाड़ी	***हिन्दी***	**निमाड़ी**	***हिन्दी***
अंगलई	*उँगली*	हिया	*हृदय*
माथा	*सर*	डोला	*आँख*
आड़ी	*एड़ी*	मुँढो	*मुँह*
हतलई	*हथेली*	पाँय	*पैर*
टीची अंगलई	*सबसे छोटी उँगली*	टोगल्या	*घुटना*
ळात	*हाथ*	बंदम	*आदमी*
पूर	*पीठ*		

10

पंचमहली

फूल सिंह नरवरिया, रमेश चन्द्र जोशी

1. नाम

मध्य प्रदेश के ग्वालियर जिलान्तर्गत डबरा खण्ड एवं भितरवार खण्ड के अन्तर्गत पारम्परिक रूप से पाँच महाल थे, जो निम्नलिखित हैं–(i) चीनोर, (ii) भितरवार, (iii) डबरा, (iv) पिछोर, (v) टेकनपुर।

इन पाँच महालों (अर्थात पंचमहलों) के अन्तर्गत व्यवहृत जन–सामान्य की बोली, पंचमहली लोकभाषा कहलाती है। पंचमहल क्षेत्र में अट्ठासी और चौरासी घार भी पाई जाती हैं। इनकी बोली भी पंचमहली लोकभाषा के अन्तर्गत आती है।

2. संक्षिप्त इतिहास

पंचमहली लोकभाषा, ग्वालियर जिले की प्रमुख भाषा है। इस पंचमहाल अर्थात् पंचमहल क्षेत्र में चौहानवंशीय पवैया राजपूतों का सोलहवीं शताब्दी के प्रारम्भ से शासन रहा है इसलिए पंचमहली लोकभाषा के इतिहास को जानने से पूर्व पवैया चौहानों के इतिहास का उल्लेख करना आवश्यक है। चौदहवीं-पंद्रहवीं शताब्दी में गुजरात के पावागढ़–चम्पानेर पर पवैया चौहानों का शासन था। पंद्रहवीं शताब्दी के उत्तरार्द्ध में जब सुल्तान महमूद बेगड़ा ने 17 नवम्बर 1483 में पवैया चौहानों को पराजित कर दिया तब उन्होंने पावागढ़–चम्पानेर से ग्वालियर की ओर पलायन किया। सन् 1500 में पवैया वंश के महाराजा फतई ने अमरौल (जिला ग्वालियर) की गढ़ी पर कब्जा किया। इसके बाद इन्होंने चीनोर के किले पर अधिकार कर अपना राज्य स्थापित किया। पुनः 1502 में चीनोर से पूर्व की ओर छत्तीस मील दूर सिंध नदी के किनारे देवगढ़ (पूर्व का पथरीगढ़) पर आक्रमण कर अधिकार कर लिया।

पवैया चौहानों के राज्य में 1050 गाँव थे। इस राज्य की सीमा सतनवाड़ा (जिला–शिवपुरी) से मड़ीखेड़ा, छेंकुरी तथा गोहद तक थी। चूँकि पवैया वंश का राज्य पावागढ़ (पंचमहल) गुजरात प्रांत में था, इस कारण जीते हुए क्षेत्र का नाम भी पंचमहल ही रखा गया। चीनोर के किले में प्रशासन का कार्य होता था और देवगढ़ में फौज रहती थी। महादजी सिंधिया ने पंचमहल पर आक्रमण किया और पवैया चौहानों का यह राज्य छोटी–छोटी जागीरों में बँट गया। इस प्रकार चीनोर राज्य पर मराठा साम्राज्य का आधिपत्य हो गया। चीनोर पंचमहल की राजधानी थी। राज्य के कुछ ठिकाने व जागीरें थीं, जिनमें सतनवाड़ा, धमकन, मड़ीखेड़ा, रायपुर, सकलपुर, गड़ाजर, चरखा, इकहरा, वरगवाँ, ईटमां, नोन की सराय, शेखपुर मैना, बेरखेरा, गिजोर्रा, मेहगाँव, सिरसुला, भदेश्वर, टेकनपुर, भेंगना, बड़ की सराय, देवगढ़, किरोल, गुहीसर, छेंकुरी, चेदिपुरा आदि प्रमुख थीं।

निष्कर्षतः पंचमहली लोकभाषा, पंचमहल क्षेत्र की भाषा है, जहाँ पर सोलहवीं शताब्दी से पवैया वंश के शासकों का शासन था। पंचमहली लोकभाषा के उत्तर में जटवारी, दक्षिण व पूर्व में बुंदेली तथा पश्चिम में सहरियाई व जादोंमाटी लोकभाषा का सीमा क्षेत्र है।

पंचमहली लोकभाषा में बुंदेली और जटवारी लोकभाषा के शब्दों की बहुलता है, इस कारण कभी-कभी पंचमहली में बुंदेली या जटवारी लोकभाषा का आभास प्रतीत होता है किन्तु जनसामान्य में पंचमहली लोकभाषा का स्वतंत्र अस्तित्त्व निर्विवाद है। पंचमहली का शुद्ध रूप चीनोर और भितरवार के आस-पास मिलता है। वर्तमान में पंचमहली लोकभाषा के व्यवहृत जनों की अनुमानित संख्या चार लाख है।*

3. व्याकरण

क्र.	नाम	पंचमहली भाषा	हिन्दी
1.	संज्ञा	मौड़ा, बाई, गडेलू, बछुला	*लड़का, माँ, लौकी, बैल*
2.	लिंग	जनी, आदमी	*स्त्री, पुरुष*
3.	वचन	गैया, गैयां	*गाय, गायें*
4.	कारक चिह्न	ने, से, नै	*ने, से, को*
5.	सर्वनाम	तूं, जै, कुछ	*तुम, यह, कुछ*
6.	विशेषण	अच्छो, बुरो, सिब, अधिक	*अच्छा, बुरा, सब, अधिक*
7.	क्रिया	नाचि रही है।	*नाच रही है।*
		पी रहो है।	*पी रहा है।*
8.	सहायक क्रिया	है, तो (हतो)	*है, था*
		हती, होगा	*थी, होगा*
9.	काल	1. बच्चा जात है।	*1. बच्चा जाता है।*
		2. बच्चा गयो।	*2. बच्चा गया।*
		3. बच्चा जात हैगो।	*3. बच्चा जाएगा।*
10.	क्रिया विशेषण	धीरे-धीरे जइए।	*धीरे-धीरे चलिए।*
11.	सम्बन्ध बोधक	बको संग मत करो।	*उसका साथ छोड़ दो।*
12.	समुच्चय बोधक	शैल और अभि पढ़ि रये हैं।	*शैल और अभि पढ़ रहे हैं।*
13.	विस्मयादि बोधक	आ साबास!	*आह शाबास!*

4. साहित्य (पंचमहली भाषा)

लोकगीत 1

पंचमहली लंगुरिया	*हिन्दी अनुवाद* *लांगुरिया*
अनरितु के बरस गए मेघ लंगुरिया	*वर्षा ऋतु नहीं है और बादल बरस रहे हैं*
हम तुम भींजे दोउ गेल में।	*हम तुम दोनों (माँ दुर्गे और लांगुर) रास्ते में भीग जाते हैं।*

* लेखक के स्वयं के सर्वेक्षण के आधार पर।

(कड़ी) हां रे लांगुरिया कौन की भींजे रंग चुनरी	*हाँ, किसकी रंगीन चुनरी भीग जाती है,*
ए कह रही-कह रही लांगुरिया कौन की भींजे रंग चुनरी।	*(सखी दोहराती है) किसकी रंगीन चुनरी भीग जाती है।*
(उड़ान) ए सुई कौन की निर्गुण पाग लांगुरिया	*और ए निराकार पाग (किसकी भीग रही है)*
हम तुम भींजे दोउ गेल में। अनरितु के...	*हम-तुम दोनों (माँ दुर्गे और लांगुर) रास्ते में भीग जाते हैं।*
(कड़ी) हां रे लांगुरिया दुर्गे की भींजे रंग चुनरी	*हाँ, माँ दुर्गे की रंगीन चुनरी भीग जाती है*
ए कह रही-कह रही लांगुरिया दुर्गे की भींजे रंग चुनरी।	*(सखी दोहराती है) माँ दुर्गे की रंगीन चुनरी भीग जाती है।*
(उड़ान) ए सोई लांगुर निर्गुण पाग, लांगुरिया	*और ए निराकार पाग लांगुर की (भीग जाती है)*
हम तुम भीजें दोउ गेल में। अनरितु के...	*हम-तुम दोनों (माँ दुर्गे और लांगुर) रास्ते में भीग जाते हैं।*

स्रोत : फूल सिंह नरवरिया, ग्वालियर।

लोकगीत 2

पंचमहली भेंट	*हिन्दी अनुवाद* *भेंट*
अरे कौन लोक में छायी मेरी ज्वाला	*मेरी माँ- ज्वालादेवी, कौन से देश में हो?*
जन की खबर तेने काय नहीं लही	*मैं कष्ट में हूँ, मेरी खबर क्यों नहीं ली?*
(उड़ान) चढ़ पर्वत पे मैं तोहे टेरौं	*मैंने पहाड़ पर चढ़कर तुझको पुकारा*
कौन लोक में छाय रही। ए जनकी...	*कौन-से देश में हो?*
(कड़ी) कैला पर्वत तपे महादेव,	*शंकर जी, कैलाश पर्वत पर तपस्या कर रहे हैं,*
तारी बिन की लग रही है	*समाधि में लीन हैं,*
बार-बार जब तारी खोली	*बार-बार जब समाधि खोलते हैं*
जल की सिरसा लग रही है	*तब-तब जल की धारा बहने लगती है*
उनकी नारि गवर देव कहि हे	*उनकी पत्नी का नाम गौरादेवी है,*
अन्तर मन ये जान लई।	*मैंने हृदय में उनका स्मरण कर लिया है।*
(उड़ान) चढ़ पर्वत पे मैं तोहे टेरौ	*(सब कुछ) रेत रूपी घड़ा है,*
कौन लोक में छाय रही। ए जनकी...	*जब समुद्र में मिलन होता है,*
(कड़ी) बारू रेत को घड़ा बनायो	*रेत का घड़ा और समुद्र के सामीप्य से*
जब समुद्र की भेल भई चलत-चलत समुद्र ढिंग पहुँची	*जल में रेत का घड़ा विलय हो जाता है।*
जल नें गागर डोब दई समुद्र उठे जोवन को माचो	*यौवन, समुद्र के ज्वार के समान है,*
उनसे ऐसी बात कही वा जोगी घर तुम कहा लोगी	*मैंने यह बात (गौरा देवी से) की,*
चलो हमारे महल सही (उड़ान) चढ़ पर्वत पे मै तोहे टेरौ	*वह योगी (शंकर जी) त्यागी हैं,*
कौन लोक मे छाय रही। ए जनकी...	*आप महल चलो, जहाँ आपकी सेवा करेंगे।*

स्रोत : फूल सिंह नरवरिया, ग्वालियर।

लोकगीत 3

फाग

वन आई काय सीता, वन आई काय सीता ऐ शती
वन आई काय सीता ऐ शती
शती ढग हाये अर्न्तध्यानी
विनने सिबकी नार पहचानी
बोलन लागे ऐसे वानी
कहा छोड़ आई अपने शिवपती
वे तो पढ़ते गीता हे शती। वन आई...
इतनी सुनकें हर की वानी
शती के मन में भई गिलानी
मैं बात पिया की नहीं मानी
निकरे जे पूरे जती में धर लयो पाप पुनीता, हे शती। वन आई...

स्रोत : फूल सिंह नरवरिया, ग्वालियर।

हिन्दी अनुवाद

(शंकर जी की पत्नी सती, शंकर जी से पूछ रही हैं कि) सीता, (राम-वनवास के समय) वन में क्यों आई हैं? (शंकर जी कहते हैं) हे सती! सीता वन में क्यों आई हैं (यह भी एक रहस्य है, रहस्य जन कल्याण का है। वे उन्हें सीता-हरण और रावण के नाश के भविष्य की पूरी कहानी सुनाते हैं लेकिन सती को विश्वास नहीं होता है। सती, शंकर जी के भविष्य के ज्ञान की परीक्षा लेने हेतु स्वंय सीता का रूप धारण कर एक स्थान पर बैठ जाती हैं।)

(कड़ी अर्थात् फाग गायन की एक शैली) अन्तर-मन की बात जानने वाले शंकर जी, सीता के रूप में बैठी हुई सती के पास आते हैं और वे सीता का रूप धारण किए हुए स्वंय की पत्नी को पहचानकर पूछते हैं कि अपने पतिदेव शंकर को कहाँ छोड़ आई हो, (वे अर्थात् शंकर जी सर्वज्ञ हैं–उनसे कुछ छिपा नहीं है) जैसे गीता का ज्ञान प्राप्त कर लेने के बाद कोई ज्ञान शेष नहीं रहता है वैसे ही वे सब जानते हैं। सीता वन में...

देवादेव शंकर जी की यह बात सुनकर सती लज्जित हो जाती हैं कि मैंने अपने पति की बात को (सत्य) नहीं माना। (उनकी परीक्षा ली) किन्तु वे पूर्णरूपेण भविष्य वक्ता हैं, और मैंने (पुण्य के स्थान पर) पाप कर लिया है।

लोकगीत 4

भजन

घर आए गए लक्ष्मण राम पुरी में आनंद भये।
कौन के बाजे अनहद बाजे, कौन के घुमे निशान
कौन के मन में खुशी भई है, कौन के आए मेहमान
पुरी में आनन्द भए। घर में...
राम के बाजे अनहद बाजे, लक्ष्मण घुमे निशान

और कैकई के मन में खुशी भई है, कौशल्या के आए मेहमान
पुरी में आनन्द भए। घर में...
मात कौशल्या पूछे राम को, कहो लंक की बात
और कैसे कै लंका गढ़ टोरे, कैसे लाए सिया सी नार
पुरी में आनन्द भए। घर में...
आठ घाट लक्ष्मण ने घेरे, औ घट राजा राम
और दरवाजो अंगद ने घेरो, लंका में कूदे हनुमान
पुरी में आनन्द भए। घर में...

स्रोत : फूल सिंह नरवरिया, ग्वालियर।

हिन्दी अनुवाद

भजन

जब चौदह वर्ष के वनवास के अंत में (रावण का वध कर, लंका विजय के पश्चात्) राम, लक्ष्मण अवधपुरी में वापिस आते हैं तो अवधपुरी में आनंद का माहौल है। (घर के लोग पूछते हैं कि) युद्ध का बिगुल किसने बजाया और ध्वज को लेकर आगे कौन चला?

(विजय की बात सुनकर) खुशी किसको हुई है और अवधपुरी में किसके खास लोग आए हैं जिससे उत्सव का माहौल है? राम ने युद्ध का बिगुल बजाया और लक्ष्मण ध्वज को लेकर आगे चले।

(विजय की बात सुनकर) कैकई को खुशी हुई है और अवधपुरी में कौशल्या के खास लोग आए हैं जिससे उत्सव का माहौल है। कौशल्या माता, राम से लंका विजय की बात पूछती हैं कि लंका से कैसे सीता को वापिस लाए (राम पूरी बात बताते हैं) अवधपुरी में उत्सव का माहौल है। (राम आगे बताते हैं कि) लक्ष्मण ने लंका में आठ स्थानों पर मोर्चा लगाया, शेष स्थानों पर (स्वंय) राम ने मोर्चा सम्हाला। (लंका के मुख्य) दरवाजे पर अंगद ने मोर्चा लगाया तथा हनुमान ने लंका में कूदकर (आग लगाई और) विजय प्राप्त की। (इस प्रकार आज) अवधपुरी में आनंद का माहौल है।

लोकगीत 5

गारी गीत

लीली बछेरी गज नीब सों बँधी। रस वादी के भौंरा रे
दारी बु समधिन निकली बजार
निकली बजार, बाके संग चले यार
संग चले यार, बाके काट खाए गाल
काट खाए गाल, बाको रह गओ पेट
रह गओ पेट, बाके भए नंदलाल
भए नंदलाल, जाकी जात मुसलमान
जात मुसलमान, जाको गोत गपड़तान
जाको नाम धरो पन्नालाल (एक समधी का नाम)
लीली बछेरी गज नीब सों बँधी। रस वादी के भौंरा रे...
दारी बु समधिन निकली बाजार

स्रोत : फूल सिंह नरवरिया, ग्वालियर।

हिन्दी अनुवाद

(गारी अर्थात् गाली गीत, विवाह के अवसर पर प्रीतिभोज के समय बारातियों / वर पक्ष के लोगों को लक्ष्य करके वधू पक्ष की ओर से गाए जाते हैं, इसलिए इन्हें जेवनार गीत भी कहते हैं।)

माना कि नीले रंग की जवान घोड़ी है और एक गज के मोटे तने के पेड़ से बँधी हुई है।
भौंरा को प्रिय-'रस' है यह सभी जानते हैं, समधी आप नहीं जानते।
तभी तो आप अपनी नीले रंग रूपी घोड़ी अर्थात् समधिन को घर पर इस आशा में छोड़ आए हो कि–सब कुछ ठीक है।
वह क्या कर रही है? देखो–
वह बदमाश समधिन बाजार को जा रही है,
बाजार में उसके साथ (पुरुष) मित्र जा रहे हैं
साथी मित्र उसका चुम्बन ले रहे हैं
चुम्बन लेने के बाद, वह गर्भिणी हो गई है
गर्भिणी होने के बाद, उसके पुत्र उत्पन्न हुआ है
पुत्र पैदा होंने बाद, उसकी जाति मुसलमान हो गई है
मुसलमान जाति में उसका गोत्र गड़बड़ हो गया है
उसका नाम पन्नालाल (एक समधी का नाम) रखा है।
नीले रंग की जवान घोड़ी...

लोकगीत 6

दादरा

भावर डरे की निभाये जइयो रे, दगा बाजी न करियो,
हाय-हाय रे दगा बाजी न करियो।
चार महीना जे जड़कारे,
हमकौ रजइया उड़ाये जइयो रे, दगाबाजी न करियो। हाय-हाय दगा...
चार महीना जे धुवकाले,
हमकौ बिजनिया ढुराये जइयो रे, दगा बाजी न करियो। हाय-हाय दगा...
चार महीना जे चौमासे,
हमकौ टपरिया डराएँ जइयो रे, दगाबाजी न करियौ। हाय-हाय दगा...
भावर डरे की...।

स्रोत : फूल सिंह नरवरिया, ग्वालियर।

हिन्दी अनुवाद

दादरा

(दादरा एक अर्द्ध-शास्त्रीय गीत है जो विभिन्न अवसरों पर गाया जाता है, प्रस्तुत दादरा में एक पत्नी, प्रवासी पति से विभिन्न मूलभूत सुविधाओं की माँग करती है और भाँवर के समय की गई कसमों/वादों की याद कराती हुई कहती है)

(मंडप के नीचे) भाँवर के समय किए गए वादों को निभाना, कोई दगाबाजी न करना (पति ध्यान नहीं देता, तो वह पुन: कहती है) दगाबाजी न करना। शीत ऋतु के चार महीनें होते हैं (जिसमें ठंड अधिक पड़ती है) हमारे लिए रजाई की व्यवस्था करके जाना, दगाबाजी न करना। ग्रीष्म काल के चार महीनें होते हैं (जिसमें गर्मी अधिक पड़ती है) हमारे लिए पंखे की व्यवस्था करके जाना, दगाबाजी न करना। वर्षाकाल के चार महीनें होते हैं (जिसमें वर्षा अधिक होती है) हमारे लिए एक घर बनाकर जाना, दगाबाजी न करना। कि (मंडप के नीचे) भाँवर के समय किए गए वादों को निभाना, कोई दगाबाजी न करना।

लोकगीत 7

दादरा

बालम छोटो सो
छोटे पै आ गई मेरी जान कि बालम छोटो सो।
जब मैं जाऊँ पनिआँ भरन को,
बालम भी जाए साथ कि बालम वाहीं मचले
वाहीं मचले-पप्पा पिलायदे मेरी जान,
कि बालम छोटो सो। छोटे पै आ गई...
जब मैं जाऊँ करन बजरिया,
बालम भी गए साथ कि बालम वाहीं मचले,
वाहीं मचले-सिनेमा दिखादे मेरी जान
कि बालम छोटो सो। छोटे पै आ गई...
जब मैं जाऊँ रसोई तपन को
बालम भी गए साथ कि बालम वाहीं मचले
वाहीं मचले- हप्पा खिला दे मेरी जान
कि बालम छोटो सो। छोटे पै आ गई...

स्रोत : फूल सिंह नरवरिया, ग्वालियर।

हिन्दी अनुवाद

(एक पत्नी का पति शारीरिक या मानसिक आयु में छोटा है, उसके बारे में वह फ़रियाद कर रही है)

मेरा पति छोटा है,
इतने छोटे पति को देखकर मुझे शर्म आती है।
जब मैं पानी भरने को जाती हूँ,
पति भी साथ जाता है और वहीं (पनघट) पर हठ करता है।
वहाँ पर हठ करता है–कि मेरी प्यारी मुझे पानी पिला दे,
क्योंकि मेरा पति छोटा है। इतने छोटे...
जब मैं बाजार जाती हूँ,

पति भी साथ जाता है और वहीं (बाजार) में हठ करता है,
वहाँ पर हठ करता है–कि मेरी प्यारी मुझे सिनेमा (में फिल्म) दिखा दे।
क्योंकि मेरा पति छोटा है। इतने छोटे...
जब मैं रसोई पकाने जाती हूँ,
पति भी साथ जाता है और वहीं (रसोईघर) में हठ करता है।
वहाँ पर हठ करता है–कि मेरी प्यारी मुझे हलवा खिला दे,
क्योंकि मेरा पति छोटा है। इतने छोटे...

लोकगीत 8

टेसू गीत

टेसू मेरा द्वार खड़ा-खाने को माँगे दही बड़ा।
दही बड़ा में पन्नी-धर दो अठन्नी।
अठन्नी अच्छी होती तो, आटा भी मँगवाता।
आटा अच्छा होता तो, पूड़ी भी बिलवाता।
पूड़ी अच्छी होती तो, सास को खिलाता।
सास अच्छी होती तो, गद्दे पै बिठाता।
गद्दे अच्छे होते तो, घूरे पर फेंकता।
घूरे अच्छे होते तो, नदी में बहाता।

स्रोत : फूल सिंह नरवरिया, ग्वालियर।

हिन्दी अनुवाद

टेसू गीत

(आश्विन के महीने में टेसू की पूर्णिमा से छह दिवस पूर्व से बालक एवं किशोरों द्वारा गाया जाने वाला लोकगीत, इस लोकगीत में अर्थ नहीं तुकबन्दी महत्त्वपूर्ण होती है)

टेसू आपके दरवाजे पर खड़ा है और खाने में दहीबड़ा माँग रहा है।
(इस) दहीबड़े में तो पन्नी निकली है, अब आपको आठ आना देना पड़ेगा।
(यह) आठ आना नकली है, यदि असली होता तो हम आटा मँगवाते।
(यह) आटा भी अच्छा नहीं है, यदि अच्छा होता तो पूड़ी भी बनवाता।
(यह) पूड़ी भी अच्छी नहीं है, यदि अच्छी होती तो सास को खिलाता।
(यह) सास भी अच्छी नहीं है, यदि अच्छी होती तो गद्दे पर बिठाता।
(यह) गद्दा भी अच्छा नहीं है, यदि अच्छा होता तो घूरे पर फेंकता।
(यह) घूरा भी अच्छा नहीं है, यदि अच्छा होता तो नदी में बहा देता।

लोकगीत 9

बच्चों के खेल गीत	*हिन्दी अनुवाद*
(i) आम चूड़ी-चप्पन चूड़ी। काला बाबा काली रात। हमने तोड़े दस पत्ते। एक पत्ता कच्चा, हिरन का बच्चा। बच्चा गया बाग में, नानी को बुलाएंगे। रसमलाई खाएँगे, रसमलाई अच्छी। हमने खाई मच्छी, मच्छी में काँटा। तेरा मेरा चाँटा, चाँटा पड़ा जोर से। हमने खाए समौसे, समौसे बड़े अच्छे। नानाजी नमस्ते।	*यह एक सामान्य बाल लोकगीत है, जिसे बच्चे खेलते समय गाते हैं। ये लोकगीत अर्थ की दृष्टि से महत्त्वपूर्ण नहीं है, लेकिन तुकबन्दी दृष्टव्य है। इस लोकगीत में चप्पन (छप्पन), मच्छी (मछली), आदि शब्द पंचमहली के हैं।*
(ii) नौरा दाऊ कंके? धरमपुरा के, कल्ले रोटी, कल्ले ब्याओ बऊ खुसक गई नरियन में, बाबा ढूँढें जरियन में बाबा के लग गओ काँटो, बगर परो सन्नाटो।	(नरसिंह नामक वृद्ध किसी शादी सामारोह से वापिस आ रहे हैं, उस अवसर पर बच्चे पूछते हैं कि) *नौरा अर्थात् नरसिंह दाऊ आप कहाँ के निवासी हो? (वह बोलते हैं कि) हम धरमपुरा नामक गाँव के हैं, कल्याण के यहाँ भोज था, उसके यहाँ विवाह समारोह था। इसी समय उनकी बहू (जो भोज में शामिल होने गई थी) गहरी नाली में गिर जाती है, और (नरसिंह) बाबा उसे झरबेरियों (बेर पेड़ का बौना, जो घास की प्रजाति में आता है) में ढूढ़ते हैं। (ढूढ़ते समय) बाबा को झरबेरी का काँटा चुभ जाता है और (एक हाथ में जो रायता का दौना पकड़े थे, वह गिर जाता हैं) उनका रायता फैल जाता है।*
(iii) रुन-झुनी, झुन-झुनी मिच्च कैसे पत्ता। तेई-मेई बात बताए तई को में कक्का।	*(वह) क्षीणकाय और (घुँघरुओं जैसी) बजने वाली है (उसके) मिर्च के पौधे जैसे पत्ते हैं। इसका अर्थ जो बताएगा उसका मैं काका हूँ।*
(iv) चन्दा मामा दूर के, पुआ पकाए बूरके, आप खाएं थाली में, मुन्नी को दे प्याली में, प्याली गई टूट, मुन्नी गई रूठ, मुन्नी को मनाएँगे, नई प्याली लाएँगे। **स्रोत** : फूल सिंह नरवरिया, ग्वालियर।	(यह प्रसिद्ध लोरी गीत है, जिसे पंचमटली में माँ बच्चे को सुलाते समय गाती है) *माँ चन्द्रमा को उलाहना देकर कहती है कि तुमने जो पुए बनाए थे, उनको स्वंय को थाली में परोसा था और मेरी मुन्नी बेटी को प्याली में परोसा था, (अब) प्याली टूट गई है और मुन्नी रुठ गई है, (इसलिए) मुन्नी को प्रसन्न करने के लिए नई प्याली लाएँगे।*

लोककथा

ठगिया नाऊ

एक गाँव में एक ठगिया नाऊ रतो। वो अपई जाल-फंद से अच्छे-अच्छन कों ठग लेतो। एक दिना एक लकड़हारो अपए दो गधन पै लकड़िया लादे बाकी दुकान के आँगें से जा रओ हतो। वाये देखकें वो नाऊ बोलो लकइयाँ बेच रऔ है का? बाने कई हाँ बेच रओं हैं। नाऊ ने कई तो बता-दोनें गधन कौ का लेगौ? चराने लंगो। नाऊ ने मोल भाव करके तीन आने की तय कल्लई। नाऊ ने तीन आना पैसा देखे बोलो- अब तूँ जा। लकड़हारो बोलो मेरे गधन ने तौ दै दे। मैनें तोसे दोनों गधन की तय करी हती। लकईन के संगे गधा भी मेरेई हैं। बाकी बातें सुनकें लकड़हारे कौ तौ दिमागई खराब हो गओ। बिन दोनोंन में तमाम बातें भई पर नाऊ ने बाकी एकऊ बात नहीं सुनी। बिचाओ लकड़हारो तमाम उपाय सोच रओ कि जा ठगिया से गधा कैसे मिलें। तब बाये कोई उपाय नहीं काम आओ तो वो गाँव के मुखिया के जैं गओ और पूरी कहानी सुनाई। बाने नाऊ से बदला लेने की बात कई।

मुखिया बोला तूँ अपये चार-छः गधन नैं लैकें बई गली में दुबारा जइयो। गधन नैं गली के कोने में ठाड़े करके नाऊ के जैं जईओ। फिर तूँ अपनी और उपयें संगियन की हजामत बनबाने की तय करना। तूँ अपनी हजामत बनबाने के बाद अपये संगीयन गधन नै दुकान पै चड़ा दियौ और जै पक्की है कि वो गधन की हजामत तो नईं बनागो। तू झैं आके वाके नाम की शिकात करनें पंचन में आ जइयो। सुनकें लकड़हारे ने वैसो ही करो जैसी मुखिया नैं बताई। नाऊ और लकड़हारा दोनों मुखिया के जैं पंचन में आ गए। तब मुखिया ने नाऊ से कहा- जब तूने बाके गधा लै लये तो वाके संगीयन की हजामत काये नहीं बनाई। तोये इस अपराध की सजा के रूप में लकड़हारे को 100 रूपये देने होंगे और बाके गधा लौटाने होंगे।

मुखिया और पंचन की बात तो नाऊ कैसे टार सकतो। नाऊ सबके सामने वाये सौ रूपैया और गधा लौटा दये। अब आगे नाऊ ने कबहु ठगयाई न करवै की कसम खाई।

स्रोत : लोकभाषा-पंचमहली, स्थानः टेकनपुर (ग्वालियर), कथा कथनः सीमा राजे, 20.10.2011

हिन्दी अनुवाद

ठग नाई

एक गाँव में एक ठग नाई रहता था। वह अपनी ठग विद्या से चतुर लोगों को भी ठग लेता था। एक दिन, एक लकड़हारा अपने दो गधों पर लकड़ी लादकर उसकी दुकान के सामने से जा रहा था। उसको देखकर, वह नाई बोला- क्या लकड़ियाँ बेच रहे हो? उसने कहा- हाँ बेच रहा हूँ। नाई ने तब कहा, बताओ- दोनों गधों का क्या (मूल्य) होगा। (लकड़हारे ने कहा) चार आने (अर्थात् पच्चीस पैसा) लूँगा। नाई ने मोल-भाव करके तीन आने में सौदा कर लिया। नाई ने तीन आना पैसा देकर (लकड़हारे से) कहा- अब आप जाएँ। लकड़हारा बोला- मेरे गधों को तो वापस कर दो। (नाई बोला) मैंने, तुझसे दोनों गधों का सौदा किया था। लकड़ियों के साथ-साथ गधे भी मेरे हैं। उसकी (अर्थात् नाई की) बातें सुनकर लकड़हारे को चक्कर आने लगे। उन दोनों में इस पर गर्मागर्म बहस हुई किन्तु नाई ने उसकी एक भी बात स्वीकार नहीं की। बेचारा लकड़हारा कोई उपाय सोचने लगा कि- इस ठग नाई से गधे कैसे मिलें? इसके लिए उसे जब कोई उपाय नहीं सूझा तो वह ग्राम-प्रमुख के यहाँ गया और पूरा विवरण बताया। उसने (अर्थात् ग्राम-प्रमुख ने) नाई से बदला लेने की बात का आश्वासन दिया।

ग्राम-प्रमुख ने कहा- आप, अपने चार-छह गधों को लेकर उसकी (अर्थात् नाई की) गली में होकर जाना। गधों को गली के किनारे पर खड़े करना और फिर नाई के यहाँ (दुकान पर) जाना। फिर आप अपनी और अपने साथियों के बाल बनवाने (हेयर कटिंग एवं शेविंग) का सौदा करना। आप, अपने बाल बनवाने के बाद अपने साथी गधों को (उसकी) दुकान पर (बाल बनवाने के लिए) चढ़ा देना, और यह निश्चित है कि वह (नाई) गधों के बाल नहीं बनाएगा। (तब) आप यहाँ आकर उसके नाम की शिकायत करने के लिए पंचों के पास आना। यह सुनकर लकड़हारे ने वही किया जैसा कि ग्राम-प्रमुख ने बताया। नाई

और लकड़हारा, दोनों ग्राम-प्रमुख के यहाँ पंचों के मध्य (पंचायत हेतु) आ गए। तब ग्राम-प्रमुख ने नाई से कहा—जब आपने (सौदा में) लकड़ियों के साथ उसके गधे भी क्रय कर लिए थे तो अब उसकी हजामत के साथ-साथ (सौदे में) उसके साथियों (गधों) के बाल क्यों नहीं बनाए? (यह आपका अपराध है) आपको इस अपराध की सजा के रूप में लकड़हारे को एक सौ रुपये देने होंगे और उसके गधे लौटाने होंगे।

ग्राम-प्रमुख और पंचों के न्याय को नाई कैसे टाल सकता था। नाई ने सबके समक्ष उस (लकड़हारे) को एक सौ रुपये और गधे लौटा दिए। अब भविष्य में नाई ने कभी भी ठगी न करने का प्रण किया।

5. शब्दावली (पंचमहली-हिन्दी)

रिश्ते-नाते

पंचमहली	हिन्दी	पंचमहली	हिन्दी
बाई	*माता*	अम्मा	*दादी*
दादा	*पिता*	माई	*मामी*
भज्जा	*भाई*	भुआ	*फूफी (बुआ)*
जीजी	*बहन*	सारा	*साला*
कक्का, कक्कू	*चाचा*	सारी	*साली*
काकी	*चाची*	साढू	*साढ़ू*
बाबा	*ताऊ*	जीजा	*बहनोई*
बड़ी अम्मा, ताई	*ताई*	डोकरा	*वृद्ध पुरुष*
दद्दू	*दादा*	डोकरी	*वृद्ध महिला*

रंग

पंचमहली	हिन्दी	पंचमहली	हिन्दी
भटा रंग	*बैंगनी*	लाल	*लाल*
लीलो, नीलो, नीली	*नीला*	सुरख लाल	*गहरा लाल*
हरो	*हरा*	धोरा	*सफ़ेद*
पीलो	*पीला*	कारो	*काला*
जद्द पीरौ	*गहरा पीला*		

समय

पंचमहली	हिन्दी	पंचमहली	हिन्दी
सबेरे	*सुबह*	संझा	*शाम*
दुपर	*दोपहर*	राति	*रात्रि*

दिनवार

पंचमहली	***हिन्दी***	**पंचमहली**	***हिन्दी***
सुम्वार	*सोमवार*	शुक्र	*शुक्रवार*
मंगल	*मंगलवार*	शनिचर	*शनिवार*
बुध	*बुधवार*	इतिवार	*रविवार*
ब्रस्पति	*गुरुवार*		

पक्ष

पंचमहली	***हिन्दी***	**पंचमहली**	***हिन्दी***
पाख	*पक्ष*	वदी, लागत, अँधरो पाख	*कृष्ण*
सुदी, उतरत, उजेरा पाख	*शुक्ल*		

ऋतुएँ

पंचमहली	***हिन्दी***	**पंचमहली**	***हिन्दी***
जड़कारे	*शीत*	चौमासे	*वर्षा*
धुवकाले	*ग्रीष्म*		

महीनों के नाम

पंचमहली	***हिन्दी***	**पंचमहली**	***हिन्दी***
चेत	*चैत्र*	कुआर	*आश्विन*
बैशाख	*बैशाख*	कातिक	*कार्तिक*
जेठ	*ज्येष्ठ*	अगैन	*मार्गशीर्ष*
अशाढ़	*आषाढ़*	फूँस	*पौष*
साउन	*श्रावण*	महा, माहु	*माघ*
भादों	*भाद्रपद*	फागुन	*फाल्गुन*

भोजन

पंचमहली	***हिन्दी***	**पंचमहली**	***हिन्दी***
कलेऊ	*नाश्ता*	पिछलाई	*शाम का भोजन*
रोटी	*दोपहर का भोजन*	ब्यारू, ब्याऊ	*रात्रि का भोजन*

पेड़/सब्जी

पंचमहली	***हिन्दी***	**पंचमहली**	***हिन्दी***
अरई	*अरवी (घुइयाँ)*	ढेड़स	*टिण्डे*

पंचमहली	हिन्दी	पंचमहली	हिन्दी
टिमाटर	*टमाटर*	आदौ	*अदरक*
सकरकन्दी	*शकरकन्द*	रोसा	*रमास*
भटा	*बैंगन*	जामफल	*अमरूद*
पालिकु	*पालक*	जामू	*जामुन*
मूरा	*मूली*	पीपर	*पीपल*
गाजरें	*गाजर*	सुपेता	*यूकेलिप्टस*
गड़ेलू	*लौकी*	सीसोन	*शीशम*
तुरईया	*तोरई*	बमूर	*बबूल*
प्याजु	*प्याज*	मिच्च	*मिर्च*
लैशुन	*लहसुन*	वड़	*बरगद*
निबुआ	*नींबू*	बेरिया	*बेर*
कदुआ	*कद्दू*		

फसलें

पंचमहली	हिन्दी	पंचमहली	हिन्दी
गेंऊँ	*गेहूँ*	अस्सी	*अलसी*
जोंडरी, जुड़रिया	*ज्वार*	तिली	*तिल*
बाजरा	*बाजरा*	सूज्जमुखी	*सूर्यमुखी*
मक्का	*मकई*	उद्द	*उड़द*
मूँगफरी	*मूँगफली*	राहिरि	*अरहर*

अन्य शब्दावली

पंचमहली	हिन्दी	पंचमहली	हिन्दी
कनिक	*आटा*	झाँ	*यहाँ*
हरू	*हल*	वाने	*उसने*
जामफल, वीय	*अमरूद*	जि	*इस*
बछुला	*बैल*	तोय	*तुझको*
विचाये	*बेचारा*	पौंच	*पहुँच*
जै	*यह*	तिहारी	*तुम्हारी*
अपई	*अपनी*	नुगरिया	*उँगलियाँ*
जनी	*स्त्री*	कंके	*कहाँके*
लकइयाँ	*लकड़ियाँ*	बऊ	*बहू*

पंचमहली	***हिन्दी***
नैं	*को*
चराने	*चार आना*
मौदुआ	*मूर्ख*
सन्नाटो	*रायता*
हतो	*था*
हती	*थी*
वाकी	*उसकी*
वु	*वह*
कोऊ	*कोई*
तासे, तासों	*उससे*
कुथल	*कुतरना*
कोऊ	*कोई*
उजार	*नष्ट*
मताई	*माँ*
भाँ	*वहाँ*

पंचमहली	***हिन्दी***
खुसकना	*खिसकना*
तेई	*तेरा*
मेई	*मेरा*
तई का, तई को	*उसका*
ठगिया	*ठग*
ठगयाई	*ठगी*
जाल-फन्द	*ठग-विद्या*
गवर देव	*गौरा देवी*
सिबकी	*शंकरजी की*
जती	*यती*
गपड़तान	*गड़बड़*
बिजनिया	*हाथ का पंखा*
टपरिया	*झौंपड़ी*
हप्पा	*दलिया, हलवा*
नौरा	*नेवला*

संदर्भ

1. ओझा, सुमन लता (चीनोर) ने लोकगीत संग्रह में सहयोग किया (19.10.2011)
2. कुशवाह, हुकम सिंह, ग्राम व पो. छीमक, जिला-ग्वालियर ने लोकगीत संग्रह में सहयोग किया (25.10.2011)
3. चौहान, ठा. मोहनसिंह, *राजपूत क्षत्रिय वंश भास्कर*, क्षत्रिय विकास संघ, अमायन (भिण्ड), संस्करण : 2008.
4. राजे, सीमा (टेकनपुर) ने लोककथा संग्रह में सहयोग किया (20.10.2011)

11

पवारी

आशीष मालवीय, रेखा भांगरे, संजय मिश्रा

1. नाम – पवारी भाषा

2. क्षेत्र

- छिंदवाड़ा जिले की पाण्ढुर्णा, सौंसर व छिंदवाड़ा तहसील,
- महाराष्ट्र राज्य के गोंदिया, नागपुर व भंडारा,
- सिवनी जिले के कुरई, उगली व बरघाट,
- बालाघाट जिले में पूरे क्षेत्र में।

3. संक्षिप्त इतिहास

पवार या पोवार या प्रमार (परमार) प्राचीन राजूपतों की एक जाति है। पवार वंश की उत्पत्ति के बारे में कई प्रकार के मत हैं। पौराणिक और ऐतिहासिक तथ्य इस ओर इंगित करते हैं कि पवार जाति अत्यंत प्राचीन है। पवार मूल रूप से क्षत्रिय हैं परन्तु कालक्रम में इन्होंने मालगुजारी की और आज अच्छे कृषक के रूप में इनकी ख्याति है। पवार जाति के विद्वान अपने आपको राजा भोज का वंशज मानते हैं। उनके अनुसार पवार वंश के साथ इसकी राजधानी धार का अटूट संबंध है। वर्तमान में भी पवार जाति अपना संबंध धार से जोड़ती है या आबू से।

पवार जाति के लोग पवारी में संवाद करते हैं। पवार वंश या पवार जाति के बारे में कई दस्तावेज़ उपलब्ध हैं परन्तु पवारी भाषा या बोली का कोई लिखित ऐतिहासिक दस्तावेज़ नहीं है। मौखिक चर्चा में विद्वानों ने बताया कि ईसा से सत्तावन वर्ष पूर्व विक्रमादित्य के शासनकाल से ही पवारी बोली अस्तित्व में है। यह इस बात से प्रमाणित होता है कि महाराजा विक्रमादित्य भी पवार जाति के थे। इसके पश्चात् राजा भोज के शासन काल संवत 1037 से यह प्रचारित हुई और सर्वत्र पवार जाति के लोगों में अभिव्यक्ति का एक सशक्त माध्यम बनी।

जानकारों के अनुसार पवारी बोली का उद्‌भव गुजराती से हुआ। पवार समाज की पत्रिका *पवार समाज दर्शन* में उल्लेख है, ''यद्यपि पवार मराठी भाषी लोगों के बीच सदियों से रह रहे हैं, तथापि उन्होंने अपनी बोली 'पवारी' को पकड़ रखा है, जिसका मूल बघेली या पूर्व की हिन्दी हो सकती है।'' इसलिए पवारी बोली में गुजराती और मराठी भाषाओं के कई शब्द हैं। इसका लहजा कुछ-कुछ गुजराती से मिलता-जुलता है।

नागपुर एवं रायपुर विश्वविद्यालयों के प्राचीन इतिहासवेत्ताओं एवं समाजशास्त्रियों के विचारों में साखरदेव 'सांकलदेव' का अपभ्रंश हो सकता है क्योंकि पवारी बोली में 'क' का उच्चारण प्राय: 'ख' किया जाता है। (*पवार संदेश*, 2006, पृ. 31 में डॉ. ज्ञानेश्वर टेम्भरे, नागपुर के लेख का अंश)

"एक ऐतिहासिक तथ्य के अनुसार पवारवंशी राजा मुंज तथा राजा सीयक ने अनेक बार हूणों को पराजित किया। हूण शब्द को आज भी पवार जाति में बर्बरता के रूप में याद किया जाता है। सयाने लोग उद्दण्ड बालकों को यह कहते हुए सुने जाते हैं 'कसो हूण घाही होसेस' अर्थात् 'कैसा हूण जैसा है' जिसका अर्थ असभ्य तथा उद्दण्ड से लगाया जाता है। ये शब्द भी पवार जाति की प्राचीनता को सिद्ध करते हैं।" (पवार समाज के जिलाध्यक्ष श्री हरकचन्द टेम्भरे जो पेशे से शिक्षक हैं, के द्वारा लिखे गए लेख का अंश)

नागपुर से प्रकाशित पत्रिकाएँ *पवार समाज दर्शन, पवार संदेश और पवार ज्योति* हिन्दी में हैं इनमें कुछ लेख मराठी भाषा में हैं तथा पवारी बोली के कुछ गीत या चुटकले दिए गए हैं। बालाघाट जिले में पवारी समाज का बाहुल्य है इसलिए एफएम रेडियो पर पवारी बोली के लोकगीतों का प्रसारण भी विगत कुछ वर्षों से किया जा रहा है।

4. साहित्य (पवारी भाषा)

लोकगीत 1

शादी के समय, मंढा लगाते समय का गीत

जंगल की आनिन बाई चंदन डेरी।
चंदन डेरी पर ओलो बेरू,
ओलो बेरू पर जामूर डार,
जामूर डार पर आमा तोरन।
आम्बा तोरन पर कोरो सूत,
सूत का गोइता ब्रजलाल जी जवाई, सेला धरनी घोर।
कुकुम का घोरिता तीरन ओ बाई,
बाई तोरी ओ गोरी लाल।

हिन्दी अनुवाद

दोपहर-दोपहर में गए जंगल
जंगल से लाई चंदन की लकड़ी
चंदन की लकड़ी पर गीले बांस,
गीले बांस पर जामुन की डाल,
जामुन की डाल पर आम की तोरन
आम की तोरन पर कोरा तागा लपेटे ब्रजलाल दामाद
पल्ला नीचे लोरता है।
कुमकुम घोलकर तिलक लगाते हैं तीरन बाई को।

साभार: *पंवार ज्योति*, वर्ष 1997 से

लोकगीत 2

पैर धोने के गाने

धरतोरी की दाज दुभारी, कफर गाय को दूध
पाय का धोई त रामजी बाप।
दूध का दारित ओरू माय मीना बाई
नवसूत्री पन्हाव डाट मन हिरदा फूट येला
दही दूधचा लोट गेला।

हिन्दी अनुवाद

धरती की दुभारी और देशी गाय के दूध से
पैर धोते हैं उनके पापा जी।
पापा पैर धोते हैं मम्मी दूध डालती हैं
माँ के आंचल में नवसूत होते हैं और
उनके मन में रोना आता है।

साभार: *पंवार ज्योति*, वर्ष 1997 से

लोकगीत 3

छटी का गीत

गरज से घुमर से अकास को मे हो राजा बरसा बरस से।
गंगा माई नर्मदा भरी चली से ढ़ीवर भाऊ जो मनिन तूल काये।
डाल जो भबुर जार झील जो चंदन को पाट।
पाँच झनी सवासनी चौक बसी सेती।
झें मारी सेती होड़ बाद जनीन नवसरहार।
राम लक्ष्मण को राहूर गढ़ मीना उर्मिला बारवीन।
झीनी झीनी कंकन राम लक्ष्मण की।

स्रोत : आशीष मालवीय, रेखा भांगरे, संजय मिश्रा।

हिन्दी अनुवाद

गरजता है घुमड़ता है आकाश के वरुण देव पानी बरसाते हैं।
गंगा, नर्मदा, भरी रहती हैं, ढीमर भैया तेरे को क्या बोलूँ।
गंगा जी में जाल चंदन की लकड़ी जाल से खींचते हैं।
पाँच लोग साथ में चौक बैठे हैं।
बालक पैदा हुआ तो उन्ने जीत लगाई।
उनके महलों में बालक पैदा हुए।

लोकगीत 4

सुबह की कविता

उठो सुन बाई सकार भै।
इसतो पेटाई दे चुलो मा नई। रांधन खोली मा।
सकारे च उठी स्तो पिटाई, चाय मंडाई दे करची मा।
थीली भर पानी, दातन सात आन दे।
चाय दे दे कप बसी मा, पोहा को चूड़ा,
सातू को लाडू दे दे टोपली मा,
पानी गिलास मा।

स्रोत : आशीष मालवीय, रेखा भांगरे, संजय मिश्रा।

हिन्दी अनुवाद

उठ सुबह हो गई।
आग जला दे चूल्हा में, रसोई घर में
सुबह उठ, आग जला दे, चाय रख दे गंजी में।
लोटा भर पानी, मंजन के लिए लादे।
चाय दे दे कप-प्लेट में, पोहा का नास्ता व
आटे का लड्डू ला दे छोटी टोकनी में,
पानी गिलास में।

लोकगीत 5

पंवारी होली गीत

मोरो भाई आयो आनन ला ऐ सांगू,
मोरो भाई आयो आनन ला
जांऊ पूछूँ सुसरोसिन बात
पलंग पर को बसन वाला
तुमी मोरो मामा जी; मोरो...
सुसरोसिन भई बात।।
जांऊ पूछूँ सुसरोसिन बात

डोला पर बसन वाली,
तुम्हीं मोरी आई; मोरो...
सुसरोसिन भई बात।।
जांऊ पूछूँ भासरोसिन बात
नांगर बखर तोसन वालो,
तुम्ही मोरो भाऊजी; मोरो...
भासरोसिन भई बात।।
जांऊ पूछूँ जिठानीसिन बात
चुल्हा चौका सम्हालन वाली,
तुम्हीं मोरी दीदी; मोरो...
जिठानि सिन भई बात।।
जांऊ पूछूँ देवरसिन बात
गिलीडांडू खेलन वालों,
तुम्ही मोरो नाहनो भाऊं; मोरो...
देवरसिन भई बात
जांऊ पूछूँ ननदसिन बात
सुपली टोपली खेलन वाली
तुम्ही मोरी बाई; मोरो...
ननदसिन भई बात।।
जांऊ पूछूँ पति देवसिन बात
पुराण पोथी पढ़नवाला
तुम्ही मोरो पतिदेव; मोरो...
आवरा की लकड़ी लकड़ी निकालूं
दुई चरा खाल जाए बंधु आपरो गाँव ला
तोरो जिजाजी ला आयो ताप।।

साभार: *पंवार ज्योति*, वर्ष 1997 से

लोककथा

पवारी	*हिन्दी अनुवाद*
1. सांगे कंथुला, आए को परायो काम।	*कंथुला कहता है कि नई-नई शादी हुई है तो वह एक-दूसरे से बोले नहीं हैं। तब आदमी अपनी पत्नि से कहता है कि अब दूसरे का काम है। पता नहीं भोजन कब मिलेगा।*

	पुढा आयो अन्य भोजन श्रीस कोले धान।	*महिला कहती है कि मैं रोटी ले आई हूँ, अब आप चूहे की तरह धान मत खाओ।*
2.	एक जात हो तो रास्ता से ला, उकसे कडपा में बसलीस पाटलीन बाई। वोपलीच रस्ता सांगस नाही।	*एक आदमी घोड़े पर जा रहा था, उसे वोपली जाना था। एक महिला धान के कडपे में बैठी थी; वह उस से पूछता है कि वोपली का रास्ता कहां जाता है।*
	वो कसेती, पाठी पर वस्सलस पोटी और पाये, बोपलीच रास्ता, तीच होये जाऐ।	*वो कहती है कि घोड़े पर बैठे भाई वोपली का रास्ता सीधे जाता है।*
3.	सकारे उठकर फिरन लै जास हैं।	*सुबह उठ कर घूमने जाता है।*
	दारू पीकर आवसेगा।	*दारू पीकर आता है।*
	मी कसु अकल की बात।	*मैं कहती हूँ अकल की बात/मैं समझाती हूँ।*
	दादा मुला दुड-दुड मारस है।	*तो पिताजी मुझे दौड़-दौड़ के मारते हैं।*
	स्रोतः *करिश्मा चौधरी*, कक्षा 4	
4.	चना मसुर की दार, एक मा मिल गइस है।	*चना और मसूर की दाल एक में मिल गई है।*
	या टुरी बड़ी खराब, नौरा ला देखके भुल गइस है।	*ये लड़की बड़ी खराब है जो घरवाले/पति को देखकर भूल गई है।*
	स्रोतः *शुभम् पारधी*, कक्षा 6	
5.	बाबूजी कहां गई से?	*बाबूजी कहाँ गए हैं?*
6.	तुम सो गयात का भई?	*तुम सो गए हो क्या?*
7.	जप लग गईस का भई?	*नींद लग गई क्या भाई?*
8.	जेवन चलो।	*खाना खाने चलो।*

5. शब्दावली (पवारी-हिन्दी)

रिश्ते-नाते

पवारी	*हिन्दी*	पवारी	*हिन्दी*
बाबूजी	*पिता जी*	बागिन	*ससुर*
दादा	*दादा जी*	भांटो	*जीजा*
माय, माई	*माता*	मासीबाई	*मौसी*
बेटा	*पुत्र*	भाउ	*भाई*
सारो	*साला*	भौजी	*भाभी*
सागिल	*साढ़ू*	काका जी	*चाचा*
फुप्पा बाई	*बुआ*		

रंग

पवारी	*हिन्दी*	पवारी	*हिन्दी*
पीयरो	*पीला*	गुलाबी	*गुलाबी*
हीवरो	*हरा*	संतरा कलर या संतरई रंग	*नारंगी*
लाल	*लाल*	भटा रंग	*बैंगनी*
कारो	*काला*	भेद्रा	*टमाटर*
नीरो	*नीला*	पाण्डरो रंग	*सफ़ेद रंग*

समय और स्थान

पवारी	*हिन्दी*	पवारी	*हिन्दी*
सकार (सकार भय गई)	*सुबह (सुबह हो गई)*	महातनी बेर भई	*2 बज गए*
		रात भय गई।	*रात*
दिन डुब गयो	*शाम*		
दोफर (दोफर भय गई)	*दोपहर (दोपहर हो गई)*		

ऋतुओं के नाम

पवारी	*हिन्दी*	पवारी	*हिन्दी*
दव लगस से	*ठंडी*	बड़ी तपन लग सी	*धूप*
गर्मी लगस से	*गर्मी*	बड़ो पानी आवा से, झड़वास है।	*बरसात*

महीनों के नाम

पवारी	*हिन्दी*	पवारी	*हिन्दी*
माघ	*माघ*	चैत	*चैत*
फागुन	*फागुन*		

हिन्दी माह के नाम पंवारी भाषा में भी वैसे ही लिए जाते हैं।

वस्तुओं के नाम

पवारी	*हिन्दी*	पवारी	*हिन्दी*
जातो	*चक्की*	लोटा	*थाली*
जातो	*उखली*	बसी	*प्लेट*
तरी	*चक्की के नीचे का पाट*	टोपली	*छोटी टोकनी*
करची	*बड़ा चम्मच*	गंजी	*भगोना*

संदर्भ

1. टेम्भरे, हरकचंद, *पंवार संदेश*, नागपुर, 2006.
2. टेम्भरे, ज्ञानेश्वर, *पंवार संदेश*, नागपुर, 2006.

12

पारधी

गोपाल नारायण आवटे, राम गोपाल रैकवार

1. नाम पारधी भाषा

2. क्षेत्र

पारधी जाति के लोग मुख्य रूप से मध्य प्रदेश के विदिशा, कटनी, भोपाल, गुना, अशोकनगर, होशंगाबाद आदि जिलों में निवासरत हैं। जिसमें लगोली पारधी, फांस पारधी, शिकारी पारधी, बहेलिया, चिता पारधी, टंकनकर एवं टाकिया पारधी सम्मिलित है। पारधी जाति के मुख्य उप समूह इस प्रकार हैं :

1. बैल पारधी, 2. गाय पारधी, 3. मोंगिया पारधी, 4. चिता पारधी, 5. मालवीय पारधी, 6. धनकर पारधी, 7. चिड़ीमार पारधी, 8. तीतर पारधी, 9. बुंदेला पारधी, 10. फांस पारधी, 11. लंगोटी पारधी, 12. टंकनकर पारधी।

3. संक्षिप्त इतिहास

पारधी जनजाति की उत्पत्ति के संबंध में एक किंवदंती है कि किसी समय जयसिंह नामक राजा राज्य करते थे, जिनके सात रानियों से कोई संतान नहीं थी। एक बैगा ने बताया कि बड़ी रानी बांझ है तथा उसने अन्य छह रानियों की कोख को जादू से बाँध दिया है, जिसे बैगा ने घर से निकालने की सलाह दी। राजा ने वैसा ही किया। रानी की विकलता देख एक देवी प्रकट हुईं और उसे पुत्रवती होने का सशर्त वर दिया। इधर राजा को सपने में निर्देश हुआ कि गर्भवती बड़ी रानी को महल में वापस ले आए। रानी महल में लाई गईं और एक पुत्र हुआ, जिसका नाम रहमन रखा गया। बहुत वर्षों तक देवी को दिया हुआ वचन रानी भूल गई। देवी ने बुढ़िया का वेश धारण कर महल में प्रवेश करने की चेष्टा की जिसे नौकर चाकरों ने भगा दिया। देवी ने क्रुदध हो कर राजा की फुलवारी को उजाड़ दिया। राजा ने अपने पुत्र को हाथी पर सवार करके फुलवारी नष्ट करनेवाले को पकड़ने का आदेश दिया। इधर देवी ने सतबहनियां (सात देवियां) को आदेश दिया कि वे रहमन के शरीर में प्रवेश हो कर उसे बेचैन कर दें। रहमन दर्द से तड़पने लगा, तब राजा ने बैगा को बुलवाया जिसने रानी को अपने दिए वचन की याद दिलाई। पूजा अर्चना के बाद रहमन स्वस्थ हो गा। रहमन शिकार करने में अत्यंत निपुण था। पारधी लोग उसे ही अपना पूर्वज मानते हैं तथा अपनी बोली को 'आगरी-बागरी' भी कहते हैं।

4. व्याकरण

पारधी एक मिश्रित बोली है, जिसमें भिन्न-भिन्न भाषाओं/ बोलियों से शब्दों का आदान हुआ है। कहीं-कहीं गुजराती और राजस्थानी का पुट भी इसके व्याकरणिक रूपों में दिखाई पड़ता है।

4.1 उच्चारण

पारधी में विभिन्न भाषाओं की ध्वनियाँ विद्यमान हैं। 'र' का 'ड', (करा - कड़ो = ओले), महाप्राणीकरण (लुगरा - लुघड़ा = साड़ी), आदि द्रष्टव्य हैं।

4.2 व्याकरण

पारधी में भी संज्ञाओं के दो लिंग (पुल्लिग, स्त्रीलिंग) तथा दो वचन (एकवचन, बहुवचन) होते हैं। लिंग का वाक्यगत क्रिया पर कोई प्रभाव नहीं पड़ता। पुरुषवाचक सर्वनामों के मूल (अविकारी) रूप (अन्य पुरुष को छोड़कर) वही हैं–

एकवचन उत्तम पुरुष

हिन्दी	**पारधी**
मुझे	मन्हा
मेरा	मारह, मरहू, मर

एकवचन मध्यम पुरुष

तू	तू
तुझे	तुन्हा
तेरा	तर

एकवचन अन्यपुरुष

वह	ते, ने
उस ने	नेहर

बहुवचन उत्तम पुरुष

हमें	हमना

संकेतवाचक

यह	ये
इस	आ
इनका	हिनू

- पारधी में क्रियाओं के रूप विभिन्न कालों में इस प्रकार हैं–

वर्तमान - सा = है। आज अब्बड़ धाम सा = *आज बहुत गर्मी है।*

छेरी काली रंग नी सा = *बकरी काले रंग की है।*

भूत - रहा = था/थी। लाकड़ी जलती रहा = *लकड़ी जलती थी।*

भविष्य - से = गा/गी। मर बा हर आज रायपुर से आसे = *मेरे पिता आज रायपुर से आएँगे।*

- कहीं-कहीं वर्तमान में क्रिया के बाद 'च' प्रत्यय भी लगता है। जैसे–

मोहन मारहा से किताब लिखवाच = *मोहन मुझ से किताब लिखवाता है।*

बेरा पिछवाड़ा ले बुड़च = *सूर्य पश्चिम में डूबता है।*

- पारधी की संज्ञाओं के साथ जुड़ने वाली कारक विभक्तियाँ इस प्रकार हैं–

प्रथमा	हर
द्वितीया	ला, ना, न
तृतीया	से
चतुर्थी	बर
पंचमी	से
षष्ठी	नी, नू
सप्तमी	ले, में

4.3 कहावतें

पारधी	हिन्दी अनुवाद
गधा पे घोडो चढाई रियों।	*छोटे पर बड़ा व्यक्ति हावी हो रहा है।*
बुख म बलम मारी री।	*धूल में लठ मारना।*
काकड़ो नू वे खन्डू हुयू लाखरा नी टूटन हुयू।	*अचानक घटना का बोलते ही हो जाना, जैसे कौए का बैठना हुआ डाल का टूटना।*
तूई ना कही हो तो मैंई घबराई से फैंकयू हूँ।	*तूने कहा मैंने घबरा के फेंका।*
ओख भर पाणी म डूबी मरी जा।	*चुल्लू भर पानी में डूब मरना।*
डर ना मारे पडी मरीयो।	*डर के मारे घबराना।*
नाची रीहीस तो घुघटो से काडी री।	*शर्म ना करके बात खुलकर करना।*
तारीह जिमान म काई दम नीही छू:।	*बात में दम नहीं होना।*
डेड डेड राज ले नई नई बोले।	*हमारे फेफड़े ही भले राजा ने कहा राज कर पारधी कहे हम गरीब ही ठीक है।*
चितरा नों खाप बनाई उडाई।	*चिंदी का साँप बनाना।*

4.4 मुहावरे

पारधी	हिन्दी अनुवाद
कागड़ो वोली रीयी माणस आवसी।	*कौए मुंडेर पे बोलने पर मेहमान आएगा।*
डोलो डडकीयो बुरी खबर आवानी।	*आँख फड़की है बुरी खबर आ सकती है।*
पेट डडकीयों।	*मरने की खबर आ सकती है।*
कोन्डीया म आयू दाँत टूटेला।	*सपने में दाँत टूटना याने बुरी खबर आने वाली है।*
पाकती धड़की गोपता पड़सी पिछड़ा।	*पीठ धड़क रही है तो डण्डे की चोट लगेगी।*
भान्ड नोरण अरडायली रीईस पेड़ा म धणी रागड़ हुशे।	*मादा लोमड़ी पश्चिम दिशा में चिल्ला रही है तो बड़ी मुसीबत कबीले पर आने वाली है।*
महाड़ अड़ू हुयू आज नीहीं जावानू।	*ठठरी निकलने पर यात्रा रद्द कर देना।*

5. साहित्य (पारधी भाषा)

पारधी लोकसाहित्य मौखिक रूप में है, जिसका संग्रह अपेक्षित है।

लोककथा

बुद्धिमानी नी जय

एक देश रहा प्रतापगढ़ तिहानो राजो रहा देवराय। देवराय नू बझीन बेटा रहा धमरमसिंग अउ का करम सिंह। एक दिनाराजो हर बैहे बेटा बेटे ना केहेच, बेटा हो मै सियानों होई गयो सूं। आदेश न तुम्हना चलाना सा। पर मेंहर आ देश नू राजो तेहेच बेटा ने बनाईस जे बेटो हर मन्हा बढिया काम करिन देखा से। बैहे राजकुमार मन केहेच ठी सा बा राजा देवराय नू बडेक जानि फूलवारी रहा, तिन्हा पता नइं कि काय जानवर राज में आयिन चरच। एक दिन देवराय हर अपना मोआ बेटा धरमसिंह न केहेच बेटा हमर फूलवारी न जानवर रात में चरी देव। तू आज राखवान जाऐ रेहतो। धरमसिंह केहेच ठी सा बा। अब धरमसिंह हर खाइपीन रात आठ बे फूलवारी रखवारी पहुँची जाए। रखवारी करते करते रात नू दस गियारा बजी जाच कांही जानवरन नू पता नइ चला, धरमसिंह ना निंदरा लागवा लागी। राजकुमार सोंचच अब का करुंनिदरा लागा सा। फेर सोंचच पलंग में ढलगे ढलगे रखवारी करिस कहीन पलंब में ढलगी जावच। हयीं तेहर जागू सूं केहू करच अऊ तिन्हू निंदरा पडी गयू मारनाक हर घर्र घर्र बाजवा लागू अउ जब आहनू (बिहनिया) होवच तभच तेहर जागच। मार आंखीन रमजतों फूलवारीना घुमीन देखच। का देखच सब्बोच फूवारी न चरी डारो रहा। घर में जाइन अपना बा बावच बा रातभर मेहर रखवारी करो अब फेर काही जानवरी नू पतो नइ मिलू। पर सब्बो फूलवारी ना का जानवर हर चरी डारू स। (दूसरा दिन राजो देवराय) दूसर दिन राजो हर अपना हल्का बेटा करमसिंह ना फूलवारी में जाते ही करमसिंह हर पलंग दिसावच अउ सुतीजाच जब रात ना जागच अउ बड़ेजान डंडाना धरीन हई हुई देखतो रेहेच। देखतो देखतो का देखच सर्र ले आकाश से एकठी जानवर उतरू अउ फूलवारी ना चरच। करमसिंह कलेचुप जाच अउ पछेती ले तिन्हीं पुछडी न पकडीलेच अउ देदनादन डंडाच डंडा खूब मारच। तेहर देवलोख नो उडन पखेरू घोडो अय। मार न मारे घोडो ह सिहरी जाच, अउ केहेच महराज तू मनूहा छोडी दा आ ले तर फूलवारी न चवरन नइ आंउ हॉ जब भी मन्हा तू याद करजे तर सेवा में हाजिर कोई जाइस। करमसिंह ते घोडा ना छोडी देच अउ रखवारी करतो रेहेच। देखते देखते का देखते फेर एक घोडो आकाश ले उतरीन फूलवारी न चरवा लागों राजकुमार करमसिंह चुेपचाप जाइन तेहे बी घोडनू पूछडी लिघो अउ तिन्हा बी डंडाच डंडा सिहरता ले मारच घोडो केहेच महराज तू मन्हा याद करजे तर सेवा में हाजिर होई जाइस। राजकुमार तेहे बी घोडाना तेहे बी घोडना देच। फेर रातभर रखवारी करच पर कांही जानवर नइ आया।

प्रतापगढ़ न तीर में एक देश रहा सुन्दरगढ़ तिहा राजकुमारी कंचन नू स्वंयवर होती रहा अउ तिहा ले नेवतो आयो रहा। राजो देवराय अपना बेहे बेटा धरमसिंह अउ करमसिंह न भेजी देवच। बहुतकीन देश नू राजकुमार मन सुन्दरगढ़ में सकलाया रहा। सभा लगच तब राजकुमारी नो बा हर केहेच मर बेटी हर जे राजकुमार न पसंद करिन गला में हार डालसे तिन्हस संग मर बेटी नू इहाव होसे। हइ राजकुमार करमसिंह चुपचाप नंदीर जाच अउ पहिली घोडा ना पुकारच केहेच कि घोडा फूलवारी में तू कि धो रहा कि जब भी मन्हा पुकारजे तर संग हाजिर होई जाइस तो आज में पुकारूसू तू आइसा करमसिंह नू पुकार सुनील देवलोख नो घोडो हर आइ जाच। राजकुमार हर ते घोडा में बेसिन आकाश माइग ले सभा लू चक्कर लगातो रेहेच। ठडके राजकुमारी हर करमसिंह न देखीन मोहाई जाच अउ चिल्लाइन केहेच हे राजकुमार तू नीचे उतर में तर संग ईहाव करीस। अगर तू नीचे नइ उतरजे तो में जहर खाइन मरी जाएीस। एतरा ना सुनीन राजकुमार करमसिंह हर सभी में उतरच तब राजकुमारी कंचन हर तिन्हा गला में हार डालच अउ बेहझन नू इहाव होई जाच। कुछ दिन बाद करमसिंह अपनाससरा ले बिदामांगच तिन्हो ससरो बिदा दी देच।

आगल आगल घोडा में चढिन धरमसिंह जातो रहा पछिते घोडा में बेसिन करमसिंह अउ राजकुमारी कंचन हर जाते जाते धरमसिंह हर मन में सोचच पिता जी हर मन्हा फूलवारी राखवन किधो में घोडा मन ना नइ पकड़ सको करमसिंह ही पकड़ो। हॉ स्वयंवर में करमसिंह राजकुमारी न पाइगो अउ बाहर किधो सा जन बेटो बढिया काम करीन देखासे तिन्हच प्रतापगढ़ नो राजो बनासे।

अब करमसिंह राजो बनी जोसे में मोटो अब तब ले मारहू कोनो पूछइया नह रहय इम सोचते तिन्हा एक उपाय याद आवच तब तेहर करमसिंह ना केहेच भाई करमसिंह मन्हा पियास लागू करा चल राजकुमार न आइच मेर राहन दा हमन पानी पीन आबो। इम करीन बेहझन पीन पियन चली देच। पानी खोजता खोजता बी जंगल में पहुची जाच तिहा एक कुआ रहा धरमसिंह केहेच भाई करमसिंह कुआं झाक तो पानी छ की नही, करमसिंह कुआ न झाक में गिरी जाच। धरमसिंह जल्दी राजकुमारी कंचन नू तीर आवच अउ केहेच राजकुमारी जी भाई न बाध हर धरीन लेगी गयो चल जल्दी हॉ से भागबो नइ तो हमूमन ना बाघ हर खाई जासे इम कहिन ते मन बेइझन प्रतापगढ़ आयी जाच। हई तरफ राजा न खभर मिलच कि राजकुमार धरमसिंह हर राजकुमारी लीन आई गयो। त देवराय हर मस्त बाज गाजा नू साथ बेमेझन न परघइन लेगी जाच। राजा देवराय हर राजकुमारी कंचन न धरमसिंह नू ही रानी समझच। फेर बाद में राजो हर करमसिंह न बारे में पूछच तब धरमसिंह हर लबाडी मार देच अउ केहेच का बताउ बा मन्हा लागू पियास बेहेझन पानी खोजनता खोजता बीच जंगल में गया अउ आट ने भुलाई गया। भाई हर जंगल में गवाई गयो। में बहुत खोजो पर भाई न नइ पायो। जंगल नू करोबार भालू बिघवा नू अड्डा रेहेच। राजा न धरमसिंह नू बात सच लगच। रानी राजकुमारी कंचन न राजकुमार धरमसिंह हर केहेच राजकुमारी जी कुछ दिन मेहर फूलवारी में रिहीस तिन्हा बाद ही पअना फैसला न बताइस। धरमसिंह सोचत अत तो करमसिंह नइ आवा तेहर तो मरी गयो होसे ये राजकुमारी मारहीच रानी बनसे इम सांचिन तिन्हा फूलवारी में भेजी देय। हई करमसिंह हुंआ में ऊबुक चुबुक होता रहा रहा तब तिन्हा दूसरा घोडानू याद आवच तब तेहर पुकार करच तू किधो रहा जब भी माइहा याद करजे मे आईजाइस तो में तूनहा आज पुकार करूँसूं आइजा। पुकार सुनीन घोडो कुआ में आई जाच करमसिंह घोडा में झटकून पीठ में चढ़ीन निकली जांच। राजकुमारी कंचन नू पास प्रतापगढ़ आई जाच। राजा देवराह हर धरमसिंह न सजा देवच अउ राजकुमार करमसिंह न राजसिहासन में बेसावच।

स्रोत : प्रतापगढ़ पारधी

हिन्दी अनुवाद

बुद्धिमानी की विजय

एक देश प्रतापगढ़ था। वहाँ का राजा था देवराय। राजा देवराय के दो बेटे थे धरम सिंह और करम सिंह। राजा ने एक दिन अपने दोनों बेटों से कहा–बेटो मैं बूढ़ा हो गया हूँ यह देश तुम लोगों को चलाना होगा। परंतु मैं इस देश का राजा उसी को बनाऊँगा जो मुझे अच्छा काम करके दिखाएगा। दोनों राजकुमारों ने कहा–ठीक है पिता जी।

राजा देवराय की बहुत बड़ी फुलवारी थी। पता नहीं उस फुलवारी को कौन-सा जानवर रात में चराई (खा जाता) कर देता था। एक दिन राजा देवराय ने अपने बड़े बेटे धरमसिंह से कहा कि, बेटा हमारी फुलवारी को कौन-सा जानवर चराई कर देता है। तुम आज रखवाली करके देखना। धरम सिंह ने कहा ठीक है पिता जी। और धरम सिंह रात आठ बजे खेत की रखवाली करने गए। रखवाली करते-करते रात का लगभग दस-ग्यारह बज गया, किन्तु किसी भी जानवर का पता नहीं चल पाया। राजकुमार को नींद आने लगती है। वे सोचते हैं अब क्या करूँ, नींद तो लग रही है। फिर सोचने लगते हैं कि पलंग में सोए-सोए रखवाली करूँगा। इस प्रकार सोचकर पलंग में लेट जाते हैं। इधर वह जाग रहा हूँ कहता रहा और वह भरी नींद में सो गया, नाक से घर्र-घर्र की आवाज़ आने लगी। जब सुबह हुई तभी वह जागा और आँख मलते-मलते फुलवारी घूमकर देखता है तो फुलवारी की चराई हो गई रहती है। घर में जाकर अपने पिता जी को बताता है कि पिता जी मैं रातभर रखवाली किया हूँ किसी भी चीज का पता नहीं चला; लेकिन सारी फुलवारी कौन जाने किस चीज ने चराई कर दिया है।

दूसरे दिन राजा देवराय अपने छोटे बेटे करम सिंह से फुलवारी की रखवाली करने को कहते हैं। वह भी रात आठ बजे फुलवारी की रखवाली करने पहुँच जाता है। फुलवारी पर पहुँचते ही करम सिंह पलंग बिछाते हैं और सो जाते हैं। वे बारह बजे रात्रि को जागकर बड़ा वाला डंडा पकड़कर इधर-उधर देखते हैं। तभी सर्र से एक जानवर आकाश से उतरा और फुलवारी की चराई करने लगा। करम सिंह चुपके-चुपके पीछे से जाकर उस जानवर की पूँछ पकड़ लेते हैं और दनादन डंडा-ही-डंडा से खूब पिटाई

करते हैं। वह देव लोक का उड़ान–पखेरु घोड़ा था। वह मार की वजह से घायल सा हो जाता है और कहता है–महाराज! जब तुम मुझे याद करोगे मैं तुम्हारे पास आ जाऊँगा। करम सिंह उस घोड़े को छोड़ देते हैं और रखवाली करने लगते हैं। देखते-देखते फिर दूसरा घोड़ा आकाश से उतरकर फुलवारी की चराई करने लगा। राजकुमार चुपचाप जाकर उस घोड़े की पूँछ को पकड़ कर पिटाई करने लगा। घोड़ा कहता है महाराज आप मुझे छोड़ दो, मैं फुलवारी चराई करने नहीं आऊँगा। जब भी मुझे याद करोगे मैं सेवा में हाजिर हो जाऊँगा। राजकुमार उस घोड़े को भी छोड़ देते हैं। रातभर रखवाली करते हैं। सवेरे जाकर अपने पिता जी से कहते हैं–पिता जी! देवलोक से घोड़े हमारे फुलवारी की चराई करने आते थे। मैंने उनकी बहुत पिटाई की है। अब वो नहीं आएंगे और इस प्रकार से उस दिन के बाद चराई होना बंद हो गया।

प्रतापगढ़ के पास एक देश था सुन्दरगढ़। वहाँ राजकुमारी का स्वयंवर हो रहा था, तथा वहाँ का आमंत्रण आया हुआ था। राजा देवराय अपने दोनों बेटों धरम सिंह और करम सिंह को भेज देते हैं। बहुत से देशों से राजकुमार सुन्दरगढ़ आए हुए थे। राजकुमारी के पिता जी बोले–मेरी बेटी जिस राजकुमार को पसन्द करके गले में हार डालेगी उसी के साथ उसकी शादी होगी।

इधर राजकुमार करम सिंह चुपके से नदी के किनारे जाते हैं और पहले घोड़े को पुकार कर कहते हैं कि तुमने कहा था कि जब भी मुझे याद करोगे मैं आ जाऊँगा, तो आज मैं तुमको बुला रहा हूँ, आ जाओ। करम सिंह की पुकार सुन के घोड़ा देवलोक से आ जाता है। राजकुमारी सभा की ओर आती है तो उसकी निगाह राजकुमार पर पड़ती है तथा करम सिंह को देखकर राजकुमारी मोहित हो जाती है। वह राजकुमार को आवाज देकर कहती है–राजकुमार तुम नीचे उतर आओ, मैं तुम्हारे साथ ही विवाह करूँगी। अगर तुम नीचे नहीं उतरोगे तो मैं जहर खा के मर जाऊँगी। इस आवाज को सुनकर राजकुमार करम सिंह सभा में उतरकर आ जाते हैं। राजकुमारी कंचन उनके गले में हार डालती है और दोनों का विवाह हो जाता है।

कुछ दिन बाद करम सिंह अपने ससुर से विदाई माँगते हैं और ससुर उनको विदा कर देते हैं। आगे-आगे घोड़े पर धरम सिंह और पीछे-पीछे घोड़े पर करम सिंह और कंचन बैठ जाते हैं। जाते-जाते धरम सिंह सोचता है कि मुझे फुलवारी की रखवाली करने को कहा गया और मैं तो घोड़ा नहीं पकड़ पाया लेकिन करम सिंह ने पकड़ लिया। यहाँ स्वयंवर में भी करम सिंह ने राजकुमारी को हासिल कर लिया। पिताजी ने कहा है जो अच्छा कार्य करेगा उसी को प्रतापगढ़ का राजा बनाएँगे। अब तो करम सिंह ही राजा बन जाएगा। मैं बड़ा हूँ फिर भी मुझे कोई पूछने वाला नहीं रहेगा। इस प्रकार सोचते हुए उसे उपाय सूझा। वह करम सिंह से कहता है–भाई मुझे प्यास लग रही है, राजकुमारी को यहीं रहने दो और चलो हम दोनों पानी पीकर आएँगे। इस प्रकार दोनों पानी पीने के लिए चले जाते हैं। पानी ढूँढ़ते-ढूँढ़ते वे जंगल के बीचों-बीच आ जाते हैं, वहाँ उनको एक कुँआ दिखाई देता है। धरम सिंह कहते हैं–भाई करम सिंह झाँककर कर देखना तो, पानी है या नहीं? करम सिंह कुएँ में झाँक कर देखता है उसी समय धरम सिंह पीछे से उसे कुएँ में ढकेल देते हैं। करम सिंह कुएँ में गिर जाते हैं। धरम सिंह जल्द राजकुमारी कंचन के पास आते हैं और कहते हैं–राजकुमारी! भाई को बाघ पकड़ कर ले गया। चलो हम भी यहाँ से जल्दी भाग जाते हैं नही तो बाघ हमें भी खा जाएगा। इधर राजा को सन्देश मिलता है कि राजकुमार धरम सिंह राजकुमारी को लेकर आ गए हैं।

राजा देवराय दोनों को बाजे-गाजे के साथ ले आते हैं। राज देवराय राजकुमारी कंचन को धरम सिंह की ही रानी समझते हैं। फिर राजा, करम सिंह के बारे पूछते हैं। तब धरम सिंह झूठी बात बताते हैं–कैसे बताऊँ पिताजी, मुझे लगी प्यास। हम दोनों पानी ढूँढ़ते हुए जंगल में चले गए और रास्ता भूल गए। भाई रास्ते में ही गुम हो गए। मैंने बहुत ढूँढ़ा पर भाई नहीं मिला। जंगल में तो वैसे भी शेर भालू का अड्डा रहता है। राजा को धरम सिंह की बात सच लगती है।

राजकुमारी कंचन धरम सिंह को कहती है–राजकुमार, मैं कुछ दिन फुलवारी में रहूँगी इसके बाद ही फैसला बताऊँगी। धरम सिंह सोचता है अब करम सिंह तो आएगा नहीं वह तो मर गया होगा। अब राजकुमारी मेरी रानी बनेगी। यह सोच फुलवारी में भेज देता है। इधर करम सिंह कुएँ के अन्दर व्याकुल होकर तड़प रहा था फिर उसे दूसरा घोड़ा याद आया। उसने दूसरे घोड़े को पुकारा और कहा–तुमने कहा था कि जब भी मुझे याद करोगे मैं आ जाऊँगा। तो मैं तुमको आज पुकार रहा हूँ, आ जाओ। घोड़ा

पुकार सुनकर कुएँ में आ गया। करम सिंह झटपट घोड़े पर सवार होकर कुएँ से बाहर निकल आया। करम सिंह राजकुमारी को साथ लेकर प्रतापगढ़ पहुँच जाते हैं। धरम सिंह को राजा देवराय सजा देते हैं और करम सिंह को राजसिंहासन पर बैठा दिया जाता है।

अनुवाद : पंचलाल पारधी

लोकगीत 1

पारधी
प्रेम गीत

मोती तो देऊ चोगनी आ कुआँ में कूदी पड़तो प्यारा,
ये बंद में बेचू देऊ रोटी जनम की रोटी चली जाए।

स्रोत : राम गोपाल रैकवार, टीकमगढ़।

हिन्दी अनुवाद

मोती तो दूँगा चार गुना आ कुँए में कूद जाएँ प्यारी,
ये बंदर जो बेच देगा तो रोटी जन्म जन्म की चली जाएगी।

लोकगीत 2

पारधी
देवी गीत

चलो नी बाई मेंला मा अपनी देवी गीत नों बोकडो छः इवलो पीवलो डोकरा छो। चलो नी बाई मेला में। फूल कुमार लायो है। वो चतर सिंह मायो मेलो छोः चलो न बाइयो मेले में।

आव मोरी गंगा आव मोरी जमना राम जंगी से जोडे वयो जोडा जो बाडो अटेला बोकडा बे और तू जो गंगा जमना पानी पीयालो जाड़ो जो वायों आयला आटेला बोकडा ओ तारो देवडा बनाया आटेला बोकड़ा रे।

स्रोत : गोपाल नारायण आवटे, होशंगाबाद।

हिन्दी अनुवाद

चलो ना बाइयों मेले में अपनी देवी का बकरा है। पहाड़ हरा-भरा है। फूल कुमार लाया है। चतर सिंह माता का मेला है। चलो ना बाइयों मेले में।

आओ मेरी गंगा, आओ मेरी जमना राम तुम जोड़ी से आना जोड़ा से बकरा ले या अकेला बकरा। लो ये तू गंगा जमना का पानी पीले जोड़ी से तू। बकरा लेने आ जाना तू बकरे के सिंग का कतला बनाले अकेला बकरा भगवान को चढ़ाऊँगा अकेले बकरे को।

लोकगीत 3

पारधी
शिकार के समय के लोकगीत

अरे भैया शिकारी आ गओ।
बहुत दिन में आए चिरई।
बहुत दिन में आए घाघर (चिड़िया)
उकर सुखा हर मिठा थे।
चलो रे भई घाघर पकड़े ला जवों
ओला पकडके पेंटला चला लो।
अरे भैया शिकारी

लोकगीत 4

पारधी
ददरिया

आम लगाये वे अपट खातिर
लाली गोदली लगाये व फोरन खातिर।
लाली गुलावी खींचत आए व खींचत आए
तोर घर के पुहाटी ला पूछत आएव।
ऐल्हन तेरी बटेहन डोर कंते डोगरी में।
राजा, दाई दाद मोर
तोर ददरिया ओन मोर करमा भैया
मोर करमा, तोर धोती के छोर में लिखे है मरना।

लोकगीत 5

कटाई के समय के लोकगीत

सूआ पटीकी के राजा लाल लगाले रानी
नरी नारी नानी विसिया फटीकी
के राजा या जगाले रानी
तरी नारी नानी ...
सुआ पाटी की के ...

स्रोत : सुनीता बाई पारधी

6. शब्दावली (पारधी-हिन्दी)

सूर्य/चन्द्रमा/तारा/समय/ऋतु

पारधी	*हिन्दी*	पारधी	*हिन्दी*
वाहनी	*सुबह*	सूरूज, बेरो	*सूर्य*
भुंसार	*ब्रह्म मुहूर्त*	सांज	*सांझ/शाम*
मंझन	*दोपहर*	चंदो	*चन्द्रमा*
बेरोबुड़ती	*गोधूलि*	चंदैनी	*तारा*
अंधियार	*अंधेरा*	उनहालो	*गर्मी*
अंजोर	*उजाला*	बरसात	*बरसात*
रात	*रात्रि*	तहाड़	*ठंड*

रंगों के नाम

पारधी	हिन्दी	पारधी	हिन्दी
सादा (धोलु)	*सफ़ेद*	लाली, रातू	*लाल*
हरियर	*हरा*	टेहर्रा	*नीला*
काला (कालू)	*काला*	गुलापी	*गुलाबी*
पिल्लू, हरदलू	*पीला*	भूरवो	*भूरा*
भांटारंग, दामड़ों	*बैंगनी*		

घरेलू वस्तुएँ

पारधी	हिन्दी	पारधी	हिन्दी
कुड़थू	*कमीज*	कड़ाही	*कड़ाही*
मुंदरी	*अँगूठी*	टिकली	*बिंदी*
टंगिया	*छोटी कुल्हाड़ी*	कुदाली	*कुदाल*
हंसयू	*हँसिया*	कोथली	*थैला*
छलनी	*छननी*	तवा	*तवा*
छादंरी	*चटाई*	टुकनी	*टोकनी*
चीकारो	*सारंगी*	सूपड	*सूप*
लुघड़ा	*साड़ी*	खुमरी	*बाँस की छतरी*
बाहरी	*झाड़ू*	रापो	*फावड़ा*
नांगर	*हल*	लाटिके	*लोटा*
छातो	*छतरी, छाता*	पथरा	*पत्थर*
नून	*नमक*	लोढिया	*लोढ़ा*

रिश्ते-नाते

पारधी	हिन्दी	पारधी	हिन्दी
समधी	*समधी*	सासू	*सास*
दीदी, मोटी बेहन	*बड़ी बहन*	काकी	*चाची*
मामा	*मामा*	समधन	*समधन*
साली	*साली*	भइया	*बड़ा भाई*
काका	*काका*	दाई	*माँ*
नतनीन	*पोती*	भौजी, भोजाई	*भाभी*
डोकरा बा, बबा	*दादा जी*	जेठानी	*जेठानी*

पारधी	***हिन्दी***	**पारधी**	***हिन्दी***
देवर	*देवर*	ननंद	*ननद*
फूआ	*फूफा*	भतीजा	*भतीजा*
बा	*पिता*	बा	*भैया*
नातीया	*पोता*	देरानी	*देवरानी*
ससुर बेटा, बेटी	*जेठ का बेटा, बेटी*	बावरी	*पति*
फुफुदीदी, फूई	*बुआ*	भतीजीन	*भतीजी*
भांची, भाठाजी	*भांजी*	डयकी, डौकी	*पत्नी*
बावा	*पिता*	गम्या	*माता*
धिओं	*पुत्र*	छोरी	*लड़की*
डोकरी	*दादी*	जेठ	*जेठ*
ममादाई	*नानी*	भाटो	*जीजा जी*

जीव जन्तु, पशु पक्षी

पारधी	***हिन्दी***	**पारधी**	***हिन्दी***
बिलाव	*वन बिलाव*	सांप	*साँप*
अजगर	*अजगर*	ऊंट	*ऊँट*
रेड़वा	*लकड़बग्घा*	बगडरिया	*बारहसिंगा*
कठफोडवा	*कठफोड़वा*	सांम्हर	*सांभर*
टिटोरी	*चकोर*	कउंवा	*कौआ*
बाघ	*शेर*	टिटोडी	*चातक*
चिटरा	*गिलहरी*	सारखी	*सरस*
भालू	*भालू*	नेवला	*नेला*
हरन	*हिरण*	नोहरी	*लोमड़ी*
गरहद	*गिद्ध*	परेवा	*कबूतर*
घाघर	*बटेर*	चमगेदरी	*चमगादड़*
सुरा	*सूअर*	बरहा	*जंगली सूअर*
बेंदरा	*बंदर*	चितवा	*चीता*
बिलाई	*बिल्ली*	मंग्गर	*मगर*
कोयली	*कोयल*	हांथी	*हाथी*
समली	*चील*	गोड़ेला	*गौरेया*
बदक	*बतख*	सुवा, सुआ	*तोता*

पारधी	*हिन्दी*	पारधी	*हिन्दी*
केदवा	*कछुआ*	बगला	*बगुला*
छिपकल्ली	*छिपकली*	टेटका	*गिरगिट*
मक्सा	*मच्छर*	माखी	*मक्खी*
पॉसो	*पालतू*	मॅना	*मैना*
बोकडा	*बकरा*	पडकी	*फड़की*
डिघाडू	*मयूर*	घोडा	*घोड़ा*
घॉघी	*घोंघा*	गॅगरवा	*केंचुआ*
मेकडा	*मकड़ी*	घाघर	*बटेर*
भैंसी	*भैंसा*	कुकडी	*मुर्गी*
मुसवा	*चूहा*	गदहा	*गधा*
घुघुवा	*उल्लू*	जानवर	*पशु*
कोटरी	*छोटा हिरण*	कुतरा	*कुत्ता*
चांटी	*चींटी*	मदरस	*मधुमक्खी*
माछली	*मछली*	कुकडा	*मुर्गा*
गाय	*गाय*	मेचका	*मेंढक*
भटेलिया, दाती	*खरगोश*	चिरई	*पक्षी, चिड़िया*
हडहा	*भेड़िया*	तीतरा	*तीतर*
टेहर्रा	*नीलकण्ठ*		

अनाज

पारधी	*हिन्दी*	पारधी	*हिन्दी*
धान	*धान*	बाजरा	*बाजरा*
बटरा	*मटर*	सरासो	*सरसों*
उरीद	*उड़द*	जोंधरी	*मक्का*
गेहूॅ	*गेहूँ*	मसरी	*मसूर*
सोयाबीन	*सोयाबीन*	चांवल	*चावल*
अंडी	*अरंडी*	तिल्ली	*तिल*
मूंग	*मूँग*	मेथी	*मेथी*
मूंमफल्ली	*मूँगफली*	सूरूजमूखी	*सूरजमुखी*
चना	*चना*	राहेर	*अरहर*

पेड़, फल, फूल, सब्जी

पारधी	*हिन्दी*	पारधी	*हिन्दी*
पेड़	*पेड़*	सेव	*सेब*
भांटा	*बैंगन*	बाहीजाम	*जाम*
पालक	*पालक*	केरा	*केला*
पताल	*टमाटर*	चिरईजाम	*जामुन*
खोखमा	*कमल*	गाजर	*गाजर*
करौंदा	*करौंदा*	गुलाब	*गुलाब*
पीपला	*पीपल*	चार	*चार*
मौंहा	*महुआ*	बहेड़ा	*बेहड़ा*
फल	*फल*	गोदली	*प्याज*
अमली	*इमली*	आमा	*आम*
औंरा	*आँवला*	बोईर	*बेर*
मुरई	*मूली*	चौलाई	*चौलाई*
अनासपत्ती	*नाशपाती*	परसा	*पलाश*
केंवरा	*केवड़ा*	गोंदा	*गेंदा*
कत्था	*कत्था*	लीभडा	*नीम*
बौलिया	*बबूल*	बिल्ला	*बेल*
हर्रा	*हर्रा*	करेला	*करेला*
अरनपपई	*पपीता*	सेमी	*सेम*
संतरा	*संतरा*	कोचई	*अरबी*
सैगोन	*सागौन*	खरबूज	*खरबूजा*
कोहडा	*कद्दू*	रमकलिया	*भिंडी*
कलिंदर	*तरबूज*	अंगूर	*अंगूर*
गोभी	*गोभी*	कांदा	*शकरकंद*
कनेर	*कनेर*	अशोक	*अशोक*
डूमर	*गूलर*	नीलगिरी	*नीलगिरी*
बड़	*बरगद*	बनबोईर	*झरबेरी*
डारा	*डाल*	नरीयर	*नारियल*

शरीरांग

पारधी	*हिन्दी*	पारधी	*हिन्दी*
नस	*सिरा*	माथा	*सिर*

पारधी	हिन्दी	पारधी	हिन्दी
आंखी	आँख	एड़ी	एड़ी
कन्हिया	कमर	केश	बाल
मोहड़ा	मुँह	पेट	पेट
अंगली	उँगली	जांघ	जाँघ
होंठ	होंठ	घुटना	घुटना
कोंहनी	कोहनी	कांधा	कंधा
जीव	ह्रदय	पौंसली	पसली
रगत	खून	दांत	दाँत
नक्खर	नाखून	गला	कला
बॉहा	बाँह	कान	कान
कपाल	मस्तक	हॉडकू	हड्डी
गोड़ा	पैर	छाती	सीना
जीभ	जीभ	कालजा	कलेजा

वस्त्र, आभूषण

पारधी	हिन्दी	पारधी	हिन्दी
झुमका	कर्णफूल	हारमाला	हार
बेलाउज	ब्लाऊज	कुडथा	कमीज
ऐंठी	कंगन	माला	माला
सांटी	पायल	मुंदरी	अँगूठी
लुघडा	साड़ी	करधन	करधन
बिछिया	बिछिया	चूड़ी	चूड़ी
सांया	पेटीकोट	कड़ा	कड़ा

वाद्ययंत्रों के नाम

पारधी	हिन्दी	पारधी	हिन्दी
घंटी	घंटा	मंजीरा	मंजीरा
ढोलक	ढोलक	चिकारा	सारंगी
बांसरी	बांसुरी	तबला	तबला

अन्य शब्द

पारधी	हिन्दी	पारधी	हिन्दी
खात	सात	हो	सौ

पारधी	***हिन्दी***	**पारधी**	***हिन्दी***
ढेडवा	*पैसा*	परेजा	*दूर*
परे खसक	*हटना*	आहा रहत	*यहाँ रहता है*
अहीं आओ	*पास आओ*	अल्लाम	*दूर रहना*
कन्ने आओ	*निकट आओ*	अल्लह	*वहाँ*
पेडू	*पड़ोसी*	अलाम	*उस तरफ*
अल्लऊ रहत	*उस जगह रहता है*	बो आगडा	*दो अंगुल*
आहा	*यहाँ*	हाथभर लम्बू	*हाथ भर*
अही	*इस तरफ*	त्रन	*तीन*
जरा खू	*थोड़ा-सा*	कोख	*1.5 किमी*
इंत	*बीताभर*	बो	*दो*
कड बरोबर	*कमर बराबर*	छ:ओ	*छह*
डूगन बराबर	*घुटने बराबर*	दख	*दस*
हो रूपा	*सौ रुपया*	एक नो ढोकड़ियों	*एक का सिक्का*

समय

पारधी	***हिन्दी***	**पारधी**	***हिन्दी***
राम पारों	*चिड़िया बोलने लगे (4 से 4.30 तक सुबह)*	अंधारी	*कृष्ण पक्ष*
पहाट पारो	*सुबह 6 से 7 तक*	उज्जवाड़ी	*शुक्ल पक्ष*
दन निकडी यू	*सुबह हो गई*	झांक पड़ी	*दिन डूबना*
भो पारे	*दोपहर*	पाहटी भुडयाया	*सुबह*
सांझू	*शाम*	दोफहारे भोणरे	*दोपहर*
अंधारू	*रात*	खां जूता	*शाम*
उज्जवाडू	*उजाला*	रात	*रात*
अयडीरात	*आधीरात*	तिखरो पहार	*दो से तीन के मध्य का समय*

13

बंजारी

फूल सिंह नरवरिया, प्रवीण अरुण भोपे

1. नाम बंजारी भाषा, बंजारा जाति के लोगों की भाषा है।

बंजारा शब्द का उद्‌भव 'बञ्ज' या 'बन्ज' शब्द से हुआ है। बन्ज शब्द को बोलचाल की भाषा में 'बनज' भी कहते हैं। बनज शब्द से तात्पर्य है– व्यापार या वाणिज्य। बनज शब्द से ही बनजी शब्द बना है, जिसका अर्थ है– व्यापारी। बंजारी भाषा भारतवर्ष की आदिम व्यापारिक भाषा है। यह भाषा सिर्फ बंजारा जाति द्वारा बोली जाती है।

बंजारी भाषा को बंजारा समुदाय के लोग 'ग्वारी' के नाम से भी पुकारते हैं। ग्वारी शब्द से आशय (गुवारी) गवारी या गवारा शब्द से है। गवारा फारसी भाषा का शब्द है जिसका अर्थ है– स्वीकार किए जाने योग्य, अनुकूल, रुचिकर, सहने योग्य अर्थात् "बंजारा जाति के लोगों द्वारा प्रयुक्त परस्पर बोलचाल की भाषा ग्वारी गुण से युक्त होती है, जिसे बंजारी भाषा कहते हैं।"

2. क्षेत्र

बंजारा जाति वैसे तो भारतवर्ष के कई राज्यों में फैली हुई है और इसकी काफी आबादी है किन्तु भाषा की दृष्टि से बंजारी भाषा का जो प्रतिरूप प्रस्तुत है, वह मध्य प्रदेश राज्य के ग्वालियर एवं भिण्ड जिले तक सीमित है।

मध्य प्रदेश के ग्वालियर एवं भिण्ड जिले में इनके भौगोलिक विवरण को इस प्रकार प्रदर्शित किया जा सकता है–

(1) ग्वालियर : (घाटीगाँव) हुकमगढ़, राजाराम का टाँडा, देवी का टाँडा, अन्तराम का पुरा, रघुनाथ का पुरा, हीरा का टाँडा, मोहरसिंह का पुरा, धनीराम का पुरा, लक्ष्मण का टाँडा, शेरा का पुरा, प्रह्लाद का टाँडा, रायसिंह का टाँडा, कंचन का टाँडा, सुल्तान का टाँडा, रामदयाल का पुरा, बदरैया का पुरा, लाखा का टाँडा, रामा का टाँडा, रामचन्द का पुरा, हनुमान टेकरी, नथुआ का टाँडा, बिहारी का पुरा, लालजीत का पुरा, मलुआ का पुरा, सोमसिंह का पुरा, निहाल का पुरा, अमान का पुरा, रामगढ़, पंचमपुरा, आम का पुरा, निहाल का टाँडा, देशराज का पुरा, बजरी का पुरा, भीम भाड़ा का पुरा, मुंशी का पुरा, सौराय का टाँडा, सुन्दरा का पुरा, देवी का पुरा, दुबाकापुरा, सुखिया का पुरा, मूला का पुरा, नारायण का टाँडा, सोहना का टाँडा, टुण्डा का टाँडा, उदा का टाँडा, मोती का टाँडा, जगदीश का पुरा, जोधा का पुरा, राजाराम का पुरा, पाटई का पुरा, चगोरा का पुरा, सुभाषपुरा टाँडा, नजरपुरा टाँडा, नहला का पुरा, मुंशी का पुरा, एवं पावूकापुरा।

(2) ग्वालियर : (मुरार) किरावली, फदलपुर, टोहली, बण्डापुरा, गोसपुरा, उटीला का टाँडा, लाखन का टाँडा, नैनागर, एवं किटोरा का पुरा।

(3) ग्वालियर : (डबरा) चिरपुरा टाँडा, मुंशी का पुरा, गड़ी का पुरा, एवं गऊचर डबरा।

(4) भिण्ड: गोहद खनेता का टाँडा, दली का पुरा, टुण्डीला, गुहीसर, पिपरौली, एवं विरखड़ी।

3. संक्षिप्त इतिहास

बंजारा जाति, भारतवर्ष की आदिम जाति है, जो कि प्राचीन मध्यकाल में घुमन्तू व्यापार के लिए प्रसिद्ध थी। इस जाति की ईमानदारी एवं विश्वसनीयता के किस्से आज भी जन सामान्य में प्रचलित हैं। जब देश में आवागमन, संचार एवं नगरीय विकास की सुख-सुविधाओं का अभाव था, तब ग्रामीण अर्थव्यवस्था एक सीमा तक बंजारों पर ही निर्भर थी। बंजारे अपनी उद्यमशीलता से ग्रामीणों की जरूरती चीजों की पूर्ति करते थे। बंजारा जाति के लोग सामूहिक रूप से विचरण करते थे, इनमें से एक बनजी 'लाखा बंजारा' के नाम से प्रख्यात था। जनश्रुति है कि लाखा बंजारा के कारवाँ में एक लाख जन एवं पशु-धन (माल ढोने एवं सवारी वाले ऊँट, घोड़े, गधे, बैल, दुधारू गाय, भैंस, बकरी तथा सुरक्षा के लिए कुत्ते आदि) सम्मिलित रहते थे। लाखा बंजारा बहुत ही दयालु प्रकृति का व्यक्ति था। रास्ते या पड़ाव में जहाँ पीने के स्वच्छ पानी का अभाव होता था वहाँ वह आवश्यकतानुसार विभिन्न घाटों व कुँओं का उत्खनन भी कराता था। आज भी उन कुँओं को विभिन्न गाँवों या शहरों में जीर्ण-शीर्ण स्थिति में देखा जा सकता है।

बंजारा जाति के लोग कई प्रकार की चीजों का व्यापार करते थे। ये बंजारे कई स्थानों के निवासी थे। कालान्तर में ये समय के साथ अपने व्यापार में विकास नहीं कर पाए और पारम्परिक घुमन्तू व्यापारिक व्यवस्था की समृद्धशाली कड़ी टूट गई। बाद में, इनकी पहचान घुमक्कड़ जाति के रूप में की गई। आज यह जाति आवास बनाकर रहने लगी है।

व्यापार या स्थान के आधार पर बंजारों की पहचान विभिन्न नामों से होती है, जैसे–लवाना या लदणिया बंजारा, गामलिया छानवाले, सिरकीवाले, ब्रजवासी, कंगीवाले, भाट बंजारे, मारवाड़ी, गैयावाले बंजारे आदि।

बंजारा जाति की कुल सोलह उपजातियाँ हैं। जैसे–बरतिया, मुँछाल, पमार, कुर्रा I, कुर्रा II, तूरी, बाणनोत, मनावत, भूख्या, धर्मसोत आदि। इन उपजातियों के भिन्न-भिन्न गोत्र हैं।

1. बरतिया–इसमें बावन गोत्र हैं, जैसे-लालावत, मूँसावत, पेशावत, गंगावत, धर्मावत, ठुकरावत, चतुरावत, मानावत आदि।

2. मुँछाल–इसमें भी बावन गोत्र हैं, जैसे-मगवान, हालखान, भीखण, सावान, दासावत, जगोत, डालवान, मैनसान, मैहरजान, डालानों, भोड़ानो आदि।

3. पमार–इसमें बारह गोत्र हैं, जैसे-आमगैत, बाकड़ोत, बीझरावत, बीसलावत, छाईओत, गोरामा, केलावत आदि।

कुर्रा I उपजाति में चौंतीस गोत्र, कुर्रा II में आठ गोत्र, तूरी उपजाति में पच्चीस गोत्र पाए जाते हैं।

ग्वालियर के बंजारा समुदाय के लोगों ने बताया कि, भारतवर्ष के विभिन्न राज्यों में बंजारा शब्द को विभिन्न नामों से जाना जाता है। महाराष्ट्र में नायक, गुजरात में मारवाड़ी, उत्तर प्रदेश, राजस्थान व मध्य प्रदेश में बंजारा, आन्ध्र प्रदेश में लवानियाँ, उड़ीसा व बिहार में यह जाति बंजारी नाम से पहचानी जाती है।

मध्य प्रदेश के ग्वालियर जिले के घाटीगाँव खण्ड में बसे बंजारा जाति के गाँव या बसाहट को 'टाँडा' कहते हैं। जैसे-हरज्ञान का टाँडा, मेहताब का टाँडा, उदा का टाँडा, नहर वाला टाँडा आदि। अर्थात् बंजारा जाति के बसाहट वाले अधिकांश गाँव, टाँडा के नाम से ही जाने जाते हैं। वैसे बंजारा जाति की कुछ बसाहटें पुरा और चक के नाम से भी संबोधित हैं, जैसे–आम का पुरा, शेरा का पुरा, देशराज का चक, बजरी का चक आदि।

बंजारा समुदाय के एक टाँडा का एक परम्परागत मुखिया होता है, जिसे 'नायक' कहा जाता है।

एक टाँडा में कम-से-कम पाँच परिवार होते हैं, अधिक की कोई सीमा नहीं है। बंजारों के घर सामान्यत: झोंपड़ीनुमा मिट्टी के बने होते हैं जिसे वे गोबर, सफेद मिट्टी और लाल मिट्टी से सजाते हैं।

वर्तमान में बंजारी लोकभाषा व्यवहृत जनों की अनुमानित संख्या चार हजार है।*

बंजारी भाषा मूलत: गुजरात या राजस्थान के घुमक्कड़ व्यापारी जाति की भाषा रही होगी इसीलिए इसके शब्दकोश में संस्कृत, गुजराती, राजस्थानी, फारसी आदि भाषाओं के शब्दों की बहुतायत है।

4. व्याकरण

क्र.	नाम	बंजारी	हिन्दी
1.	संज्ञा	कोण्डा, याड़ी	*लड़का, माँ*
		तूमड़ी, बलंध	*लौकी, बैल*
2.	लिंग	जणी, आदमी	*स्त्री, पुरुष*
3.	वचन	गावड़ी, गावड़िया	*गाय, गायें*
4.	कारक	ने, से, रो (ने)	*ने, से, को*
5.	सर्वनाम	ई, तु	*यह, तुम*
6.	विशेषण	अच्छो, बुरो	*अच्छा, बुरा*
7.	क्रिया	नाच रो छ:।	*नाच रहा है।*
		पी रा छ:।	*पी रहा है।*
8.	काल	कोण्डा जात छ:।	*लड़का जाता है।*
		कोण्डा गयो।	*लड़का गया।*
		कोण्डा जाएगो।	*लड़का जाएगा।*
9.	समुच्चय बोधक	शैल और अभि पढ़ रहे छे।	*शैल और अभि पढ़ रहे हैं।*
10.	सहायक क्रिया	छ:, हितो, हितौ	*है, था, थी*

5. साहित्य (बंजारी भाषा)

लोकगीत 1

डाडी सोने री होती

झल्लर रेशम री होती
घुँघरू चाँदी रे होते
लाड़ी तारे मांडे रे, अंदबीच उड़ेलो अलवर रो पंखो।
बन्नी तारे मांडे रे, अंदबीच उड़ेलो अलवर रो पंखो।।
डाडी सोने री होती

हिन्दी अनुवाद

एक नव विवाहिता जब ससुराल में दुल्हन के रूप में जाती है उस समय के प्रसिद्ध अलवर के पंखे को नापसंद कर माँग करती है कि–

(हाथ पंखे की) डण्डी सोने की होनी चाहिए
(इसकी) झालर (या परदा) रेशम का होना चाहिए
(इसमें बजने वाले) घुँघरू चाँदी के होने चाहिए

* लेखक के स्वयं के सर्वेक्षण के आधार पर।

झल्लर रेशम री होती
घुँघरू चाँदी रे होते
लाड़ी तारे मडुँआ रे, अंदबीच उड़ेलो अलवर रो पंखो।
के तारे पलगा रे, अंदबीच उड़ेलो अलवर रो पंखो।।

स्रोत : फूल सिंह नरवरिया, ग्वालियर।

(ऐसा न होने पर) नवविवाहिता स्त्री उपरवर्णित सजावट की माँग करते हुए (एकत्रित ससुराल पक्ष की) महिलाओं के मध्य (शान से) उस (सुप्रसिद्ध) अलवर के पंखे को उछाल कर फेंक देती है।

(वह) सजीली नारी (पुनः दोहराती है)
डण्डी सोने की होनी चाहिए
झालर रेशम की होना चाहिए
घुँघरू चाँदी के होने चाहिए

(वह) नवविवाहिता स्त्री (इतनी गुस्से में है कि) मण्डप (के नीचे जहाँ विवाह की शेष रस्में पूरी होती हैं) और (सुहागरात के समय, पति के समक्ष चित्रशाला में) सेज अर्थात् पलंग पर (दूल्हा और स्वंय के मध्य) उस (सुप्रसिद्ध) अलवर के पंखे को उछालकर फेंकती है।

लोकगीत 2

लाड़ी काली कमीज सिलवाड़ा रे

सोने की बटन लगवाना रे।
लाड़ी पहली लड़ाई जब लड़ना रे
अपणे बाबल को संग ले जाना रे
लाड़ी लड़त-लड़त रंग बरसे
महलन में बरनी तरसे। लाड़ी काली...
लाड़ी दूजी लड़ाई जब लड़ना रे
अपणे चाचूल को संग ले जाना रे
लाड़ी लड़त-लड़त रंग बरसे
महलन में बरनी तरसे। लाड़ी काली...
लाड़ी तीजी लड़ाई जब लड़ना रे
अपणे भाईयल को संग ले जाना रे
लाड़ी लड़त-लड़त रंग, बरसे
महलन में बरनी तरसे। लाड़ी काली...

स्रोत : फूल सिंह नरवरिया, ग्वालियर।

हिन्दी अनुवाद

(एक राजपूत परिवार, अपनी नवविवाहित पुत्री को सीख देते हुए कि जब भी युद्ध हो) काले वस्त्र तैयार रखे (क्योंकि यह शक्ति का प्रतीक है) (और उस वस्त्र में) सोने (गोल्ड) के बटन अवश्य लगवाना)

मेरी प्यारी बिटिया, जब भी पहला युद्ध करो
अपने पिता को संग ले जाना
मेरी प्यारी बिटिया युद्ध करते हुए आनन्द आता है
मेरी वीर पुत्री, महलों का जीवन तो नीरस है
मेरी प्यारी बिटिया, जब दूसरा युद्ध करो
अपने चाचा को संग ले जाना
मेरी प्यारी बिटिया, युद्ध करते हुए आनन्द आता है
मेरी वीर पुत्री, महलों का जीवन तो नीरस है।
मेरी प्यारी बिटिया जब तीसरा युद्ध करो
अपने बड़े भाई को संग ले जाना
मेरी प्यारी बिटिया, युद्ध करते हुए आनन्द आता है
मेरी वीर पुत्री, महलों का जीवन तो नीरस है।

लोकगीत 3

सावन भादूं मस्त महीना आई हरियाली अखतीज

झुलणा झूले रे झुलणा झूले रे मस्तानी नार।
औरो रे झूला आमा अमली नयलदे रो झूला नौ लख बाग।
झुलणा झूले रे...
औरो रे झूला सण सुतली, नयलदे रो रेशम डोर।
झुलणा झूले रे...
पश्चम दिसा से उठी बादली बरसो मुसण धार।
झुलणा झूले रे...
औंरो रे झूला सण सण झूले नयलदे दी धुलणगी रेशम डोर।
झुलणा झूले रे...
संग री सहेली सारी भाजगी नयलदे पे भाजौ न जाए।
झुलणा झूले रे...
पतले कपड़ा चेटे अंग से धर धर धुणे नार।
झुलणा झूले रे...
बिछुआ खीचगे बालु रेत में पायल भरगी कीच।
झुलणा झूले रे...

स्रोत : फूल सिंह नरवरिया, ग्वालियर।

हिन्दी अनुवाद

(भारतीय संस्कृति के) सावन-भादों के महीने उल्लासपूर्ण हैं और इन महीनों में ही हरियाली अखतीज का त्यौहार आता है।

(इस त्यौहार के अवसर पर) एक उल्लसित (सौंन्दर्य की धनी नयलदे) स्त्री झूला झूल रही है

अन्य स्त्रियाँ आम, इमली के पेड़ पर झूला झूल रही हैं

(और) नयलदे (राजा के) नौलखा बाग में झूल रही है।

अन्य (स्त्रियाँ) सन और जूट के (पौधों के रेशे से बुनी गई) रस्से से डाले गए झूलों पर झूल रही हैं

(जबकि) नयलदे रेशम से बुनी गई रस्सी के झूले पर झूल रही है

(इसी समय) पश्चिमी दिशा में घुमड़ता हुआ बादल आता है और मूसलाधार वर्षा होने लगती है

अन्य (सब) स्त्रियाँ जल्दी-जल्दी झूलती हैं (जबकि) नयलदे स्वंय तथा उसकी रेशम की रस्सी पानी में भीग जाती है

जितनी सहेलियाँ, जो सब साथ थीं, सब भाग जाती हैं (किन्तु) नयलदे भाग नहीं पाती है

(नयलदे के) अंगवस्त्र पतले हैं, जो पानी से भीग जाने के कारण शरीर से चिपक जाते है और भीगी स्त्री के अंग-अंग दिखाई देते हैं।

बिछुओं में महीन रेत और पायलों में कीचड़ भर जाती है।

लोकगीत 4

डोरो नादिया बैल अब दखन न ठाई

अब अगम पछम सब-सब ढूढ़ जुगिया कहूँ न पायी
ओ पर्वत री ओट जुगिया धुणी धकायो
आख, धतूरो, कड़ियो-नीम जुगिया बाग लगायो
जुड़ी सहेलो दस-बीस जुगिया देखन आयी
उठो पोणिया नाग सारी दोड़न घर आयी
एक पोणिया नाग और सब नागण भाई
और नदी सब खीच गंगा नर भर आई।

स्रोत : फूल सिंह नरवरिया, ग्वालियर।

हिन्दी अनुवाद

दक्षिण दिशा से आई (महिलाओं) ने (शंकर जी) का नन्दी पकड़ लिया है।

(वे कहती हैं कि) हमने पूर्व और पश्चिम सब दिशाओं में इस योगी (शंकर जी) को ढूँढ़ लिया, किन्तु यह नहीं मिला

(फिर आश्चर्य से) अरे इस (कैलाश) पर्वत के पीछे (वह) योगी तपस्या कर रहा है।

आक, धतूरा, कड़वे नीम का योगी ने बाग लगाया है

(हम सब) दस-बीस सहेलियाँ मिलकर योगी को देखने आए हैं।

(जब हमने) काले नाग को खड़ा देखा तो सभी सहेलियाँ दौड़कर घर आ गईं

(वहाँ) एक काला नाग और सब काली नागिनें थीं

और (क्या देखती हूँ कि) गंगा नदी का सारा जल उस मनुष्य (अर्थात् शंकर जी ने) खींचकर (शीश पर) भर लिया है।

लोकगीत 5

रूड़झुडियाँ रो

रूड़झुडियाँ रो कुड़सो दादा ओने अरे बुलाओ रे

रूड़झुडियाँ रो दादा बसया ओनो अरे बुलाओ रे

काढ़ धोती नीमड़ा पे लटकायो रे

दगड़ा भलो नचायो रे

दगड़ा नाचे धाइ-धई

लोग तमाशा देखें रे। रूड़झुडियाँ रो...

रूडझुडियाँ री कुड़सी दादी, ओने अरे बुलाओ रे

काढ़ घाघरी छान पे धर दी,

दगड़ी भली नचाई रे

दगड़ी नाचे धई-धई

लोग तमाशा देखें रे। रूड़झुडियाँ रो...

स्रोत : फूल सिंह नरवरिया, ग्वालियर।

हिन्दी अनुवाद

(घुँघरुओं जैसी आवाज करने वाले अर्थात्) रूनझुड़ियाँ (तूँ) रोना (लेकिन तुम्हारा) कौन-सा दादा है, अरे उनको बुलाओ

दादा कहाँ बस गए हैं, शीघ्र बुलाओ

(दादा जी की) धोती उतार लो और इस नीम के पेड़ पर लटका दो

(ठिठोली में दादा जी को अर्थात्) दगड़ा को अच्छी प्रकार से नचाओ दगड़ा धाइ-धई करके नाचेगा (फिर) लोग तमाशा देखेंगे। (टेक)

रूनझुड़ियाँ की कौन-सी दादी हैं, अरे उनको बुलाओ

(दादी की) घँघरिया उतार कर छप्पर पर रख दो

दगड़ी को अच्छी प्रकार से नचाओ

दगड़ी धई-धई करके नाचेगी

(फिर) लोग तमाशा देखेंगे। (टेक)

लोक कथा

राजा नल और गजमौतण की कहानी

एक राजा हितो। जैरो नाम नल हितो। ओरी रानी रो नाम गजमौतण हितो। जैरो बाऊ एक दाना हितो। ऊ रोज आए री बेटी ने मार थानी धर जाऊ करते थे, कैथर के ई कतई चली ने जावे। राजा नल रोज जा थानी ऊ रानी गजमौतण ने जिन्दी कर थाणी न औरों रे संग पासा रूमू करते। और जैथर समय हो जातो दाना रे आए रो, ऊ राजा नल रानी ने मार थानी घर जाऊ करते थे। एक दिना राजा नल, रानी गजमौतण ने पुछो के तारे बाऊ रो जीव कतै छः? रानी बोली मारे बाउ रो जीव सात समुद्र पार बीच में एक पेड़ छः अखबड़े रो। जैमे एक पिजरा छः। औमें एक बगुली छः। जेमे मारे बाऊ रो जीव छः। तु जैना। ऊ बगुली ने मार दीस। जैनो मारो, बाऊ मर जाऐ। इ बात सुन थानी राजा नल ऊ बगुली ने मरेने चलोगो।

हिन्दी अनुवाद

एक राजा था। उसका नाम नल था। उसकी रानी का नाम गजमोतिन था। उसका पिता एक राक्षस था। वह प्रतिदिन अपनी बेटी को बेहोश कर (घर में) बंद कर जाता था, ताकि वह कहीं (किसी के साथ) चली नहीं जाए। राजा नल (जो कि उस राक्षस

की बेटी से प्रेम करता था) प्रतिदिन (उस राक्षस के जाने के बाद) उस रानी को जिन्दा कर अर्थात् होश में लाकर उसके साथ चौपड़ खेलता था तथा रसरंग करता था और जब राक्षस के आने का समय होता, वह उस रानी को बेहोश कर अपने घर चला जाता था। एक दिन राजा नल ने रानी गजमोतिन से पूछा कि तुम्हारे पिता का जीव (जीवन) कहाँ पर है? रानी ने कहा- मेरे पिता का जीव सात समुद्र के बीच में एक अखैबर के पेड़ पर है। इस (पेड़) पर एक पिंजरा है। उस (पिंजरे) में एक मादा बगुला है। उस (मादा बगुला) के जीव में हमारे पिता का जीव है। तुम वहाँ जाना। (तुम) उस मादा बगुला को मार देना। उसको इतना मारना कि (मेरे) पिता की मौत हो जाए। (रानी गजमोतिन) की इतनी बात सुनकर राजा नल उस मादा बगुला को मारने चला गया।

6. शब्दावली (बंजारी-हिन्दी)

रिश्ते-नाते

बंजारी	***हिन्दी***	**बंजारी**	***हिन्दी***
याई, याड़ी	*माता*	काका	*चाचा*
बाऊ, बाबलिया, बाबल	*पिता*	काकी	*चाची*
भाया, भिया	*बड़ा भाई*	मासा	*मौसा*
लोड़क्या, लोड़क्हा	*छोटा भाई*	मासी	*मौसी*
बाई	*बहन*	फूफा	*फूफा*
कोण्डा, छोरा	*पुत्र*	बुआ	*फूफी (बुआ)*
कोण्डी, छोरी	*पुत्री*	नाना	*नाना*
बोड़ी, लोंड़ी	*पुत्रवधू*	नानी	*नानी*
जमाई	*दामाद*	मामा	*मामा*
दगड़ा, दादा	*दादा*	मामी	*मामी*
दगड़ी, दादी	*दादी*	डोकरी	*सास*
बाबा	*ताऊ*	डोकरा	*ससुर*
मुटयाई, मुटियाई	*ताई*		

रंग

बंजारी	***हिन्दी***	**बंजारी**	***हिन्दी***
धौलो	*सफ़ेद*	पीलो	*पीला*
भटा	*बैंगनी*	लाल	*लाल*
नीलो	*नीला*	काला	*काला*
हरो	*हरा*		

समय

बंजारी	***हिन्दी***	**बंजारी**	***हिन्दी***
दिन उगे	*सुबह*	सांजे	*शाम*

बंजारी	हिन्दी	बंजारी	हिन्दी
दूपर	दोपहर	रात	रात्रि

दिनवार

बंजारी	हिन्दी	बंजारी	हिन्दी
सूमवार	सोमवार	शुक्र	शुक्रवार
मंगल	मंगलवार	शनिचर	शनिवार
बूध	बुधवार	एतवार	रविवार
ब्रहस्पत	गुरुवार		

ऋतुएँ

बंजारी	हिन्दी	बंजारी	हिन्दी
ठण्ड	शीत	वर्षा	वर्षा
गर्मी	ग्रीष्म		

महीनों के नाम

बंजारी	हिन्दी	बंजारी	हिन्दी
चेत	चैत्र	कमार, कुवार	आश्विन
बैशाख	बैशाख	कातक, कातिक	कार्तिक
जेठ	ज्येष्ठ	अघड़, अघन	मार्गशीर्ष
अषाण	आषाढ़	फुष, फूस	पौष
सावण, सावन	श्रावण	माह	माघ
भादू	भाद्रपद	फागड़, फागन	फाल्गुन

सब्जियाँ

बंजारी	हिन्दी	बंजारी	हिन्दी
तूमड़ी	लौकी	लुगाड़	सब्जी
क्दुआ	कद्दू	मूड़ा	मूली
मिर्चा	मिर्च		

पशु

बंजारी	हिन्दी	बंजारी	हिन्दी
बलध, बलंध	बैल	ग्यादड़ी	सियारनी

बंजारी	हिन्दी	बंजारी	हिन्दी
गावड़ी, गईया	*गाय*	कुतरा	*कुत्ता*
केलड़ा, केल्डा	*बछड़ा*	कुतरी	*कुतिया*
केलडी, केल्डी	*बछिया*	बिलइया	*बिल्ली*
नहार	*शेर*	उदरा, मुंशा	*चूहा*
नहरनी	*शेरनी*	सूर	*सूअर*
ग्यादड़ा	*सियार*	शुंशीया	*खरगोश*

विविध शब्दावली

बंजारी	हिन्दी	बंजारी	हिन्दी
बाटी	*रोटी*	दाना	*राक्षस/नरभक्षी मानव*
पाणी	*पानी*	कैथर	*कभी*
नूण	*नमक*	ई, इ	*यह*
चा	*चाय*	कतई	*कहीं*
मुण्डा	*जूता*	ऊ	*वह, उस*
खोल	*रजाई*	पासा रूमू करना	*चौपड़ खेलना और रोमांस करना*
अथाड़ो	*अचार*	जैथर	*जिस*
बाजरो	*बाजरा*	तारे	*तुम्हारे*
अरहड़	*अरहर*	रो	*को*
चावड़	*चावल*	कतै	*कहाँ*
तु	*आप (तुम)*	जैमें	*जिसमें, जिस पर*
तारो	*आपका (तुम्हारा)*	औमें	*उसमें*
छः	*है*	बगुली	*एक पक्षी (मादा बगुला)*
छी	*हो*	मारे	*मेरे*
छू	*हूँ*	जीव	*जीवन, जिन्दगी*
कूण सी	*कौन–सी*	तु	*तुम, आप*
तातो	*गरम*	जैना	*जाना*
हितो	*था*	काई	*क्या*
जेरो	*उसका*		

संदर्भ

1. बंजारा, लाखन सिंह, शिक्षक, ग्वालियर (24.04.2011).
2. बंजारा, लाखन सिंह की सुपुत्री जिसने लोकगीत लिखाए (24.04.2011).
3. बंजारा, विजय सिंह, हुकमगढ़, ग्वालियर (15.04.2011).
4. बाहरी, डॉ. हरदेव, *राजपाल हिन्दी शब्दकोष*, राजपाल एण्ड संस, दिल्ली, 2000.

बघेली

शिवशंकर मिश्र 'सरस'

1. नाम

बघेलों के आधिपत्य में आने के बाद इस क्षेत्र का नाम बघेलखण्ड तथा भाषा का नाम बघेलखण्डी या बघेली हुआ। बघेली के पूर्व इस भाषा का नाम रिमाई - रिमहाई भी मिलता है। बघेल शासक व्याघ्रदेव के आने के बाद इसे बघेली कहने का रिवाज चला और बाद में उसे सभी ने स्वीकृति भी दी।

2. संक्षिप्त इतिहास

बघेलखण्ड और बघेली भाषा एक-दूसरे के पर्याय हैं। बघेलों के इतिहास का पल्लवन वैदिक सभ्यता और संस्कृत से हुआ है। भृगुपुत्र शुक्र दैत्य याजक था। शुक्र की पुत्री देवयानी का विवाह ययाति से हुआ था। देवयानी के यदु और तुर्वसु दो पुत्र पैदा हुए। जीवन के अंतिम पड़ाव में ययाति अपना राज्य पुत्रों के बीच बाँटकर भृगुशृंग पर्वत पर तपस्या करने चले गए। महाराज ययाति चौदह द्वीपों के स्वामी थे। उन्होने अपना राज्य पुत्रों में बराबर बाँट दिया। दक्षिण पूर्व के भू-भाग का राज्य तुर्वसु को दिया। यहाँ आजकल रीवा रियासत है (आचार्य चतुरसेन शास्त्री, 1955)।

शिव संहिता में इस अंचल का उल्लेख करूषान्चल नाम से मिलता है। इसे शेषावतार लक्ष्मण की राजधानी माना गया है। इस अंचल में लक्ष्मण की उपासना लोकप्रिय है। सीधी एवं शहडोल के गोंड आदिवासियों में 'लक्षिमन जती' का कथानक बहुप्रचलित है। वनवास काल में इस अंचल में राम, लक्ष्मण और सीता को कुछ काल के लिए निवास करना पड़ा था। *महाभारत* के *भीष्म पर्व*, अध्याय चार में पाली गाँव के निकट महाभारत कालीन खण्डहरों के अवशेष पाए जाने का उल्लेख है। पाली शहडोल जिलान्तर्गत एक गाँव है।

बघेलखण्ड के इतिहास के केन्द्र में बांधवगढ़ हैं जो रीवा राज्य का सुदृढ़ एवं दुर्गम दुर्ग है। यह दुर्ग सागर सतह से 2664 फीट ऊँचे पर्वत पर स्थित है। पुरातत्त्व की दृष्टि से भी इसका वैशिष्ट्य उजागर है। बघेल शासकों के पूर्ववर्ती नरेशों के लिए यह एक महत्त्वपूर्ण दुर्ग था। तेरहवीं शताब्दी में महाराज कर्णदेव को यह किला कल्चुरि नरेश से दहेज के रूप में प्राप्त हुआ था। बघेलों के समृद्धि केन्द्र बांधवगढ़ ने अनेक युद्धों को देखा। सन् 1498-99 में सिकंदर लोदी ने तत्कालीन शासक से अप्रसन्न होकर इस पर आक्रमण किया था, लेकिन उसे असफलता मिली। कहा जाता है कि अकबर का जन्म यहीं पर हुआ था। (*The Imperial Gazettear,* Vol. 6, 1886)

प्राचीन ग्रंथों में भी बघेलखण्ड का नाम 'करूष' मिलता है। करूष का शाब्दिक अर्थ 'क्षुधा' होता है। बघेली लोक जीवन अभावों और संकटों से ग्रस्त रहा है अत: करूष (क्षुधा) नामकरण की सार्थकता सिद्ध होती है। जनश्रुति है कि करूष नाम इन्द्र ने दिया था। वासुदेव शरण अग्रवाल (1957) ने उपरोक्त कथन की पुष्टि की है–"बघेली का बड़ा भू-भाग करूष जनपद था, जहाँ अनेक जंगली जातियाँ पहले भी थीं और आज भी बसती हैं।"

प्रागैतिहासिक काल के साहित्यिक और सांस्कृतिक साक्ष्य करूषांचल (बघेलखण्ड) की घाटियों में मौजूद हैं। ऐतिहासिक काल में यह जनपद मगध साम्राज्य के अन्तर्गत आ गया था। चाणक्य की चर्चित कृति *अर्थशास्त्र* में करूष जनपद के हाथियों का वर्णन मिलता है। मगध साम्राज्य के पतन के बाद गुप्त साम्राज्य का उदय हुआ। गुप्त साम्राज्य के अनंतर यह भूखण्ड सम्राट हर्षवर्धन के आधिपत्य में रहा और तेरहवीं शताब्दी में बघेलों के नियंत्रण में आया।

3. सीमा एवं क्षेत्र

बघेलखण्ड के एक छोर में आम्रकूट (अमरकंटक) और दूसरे छोर में चित्रकूट अवस्थित है। ग्रामीण सभ्यता और संस्कृति वाला यह जनपद अपनी भिन्नता के साथ पर्वत मालाओं से आवेष्ठित है। इसके उत्तर में इलाहाबाद, पूर्व सीमा में छत्तीसगढ़ की रियासत और मिर्जापुर के जिले हैं। पश्चिम में जबलपुर तथा दक्षिण में मंडला व बिलासपुर स्थित हैं। कहा जाता है कि बिलाया नाम की मल्लाहिन ने बिलासिया गाँव बसाया था। बघेल राजा बिलासदेव ने (लगभग विक्रम संवत 1300-1325) इस गाँव को शहर के रूप में विकसित कर बिलासपुर नाम दिया। बिलासदेव बघेल बंश की पाँचवी पीढ़ी में आते हैं।

कोठी, सोहावल, मैहर, बरौंधा, जशो और नागौद की रियासतें बघेलखण्ड की परिधि में आती हैं। प्रशासनिक दृष्टि से बघेलखण्ड के अन्तर्गत रीवा, सतना, सीधी, सिंगरौली, शहडोल, अनूपपुर और उमरिया, कुल सात जिले हैं जहाँ बघेली भाषा का केन्द्र है। इलाहाबाद से प्रकाशित साप्ताहिक *बघेली प्रयुत* में छपे मानचित्र के अनुसार बघेलखण्ड के अन्तर्गत सोनभद्र, इलाहाबाद, रीवा, सीधी, सतना, सिंगरौली, शहडोल, अनूपपुर, उमरिया, जबलपुर, मंडला, सिवनी और नरसिंगपुर जिले आते हैं। इस जनपद की सभ्यता कौशाम्बी, मातृभाषा बघेली है।

हरदेव बाहरी के अनुसार–बघेलखण्ड महाभारत काल से एक स्वतंत्र राज्य रहा है। बारहवीं सदी में सोलंकी राजपूत व्याघ्रदेव ने बघेल वंश की नींव डाली, जिससे प्रदेश का नाम बघेलखण्ड तथा भाषा का नाम बघेली या बघेलखण्डी पड़ा। इसका क्षेत्र उत्तर में मध्य प्रदेश और उत्तर प्रदेश की सीमा से लेकर दक्षिण में बालाघाट तक और पश्चिम में दमोह और बांदा की पूर्वी सीमा से लेकर पूर्व में मिर्जापुर, छोटा नागपुर और बिलासपुर की पश्चिमी सीमाओं तक फैला हुआ है। बघेलखण्ड का क्षेत्रफल लगभग 1300 वर्ग मील है। आज कल इसके बोलने वालों की संख्या 1, 60, 00, 000 (एक करोड़ साठ लाख) से अधिक बताई जाती है।

भगवती प्रसाद शुक्ल (1972) के अनुसार–प्रशासकीय दृष्टि से मध्य प्रदेश के रीवा संभाग के अन्तर्गत निम्नलिखित भू-भाग को बघेलखण्ड कहा जाता है - उत्तर में चाक, सोहागी तथा डभौरा, पूर्व में देवसर, सिंगरौली, दक्षिण में लखौरा, अमरकंटक, तथा पश्चिम में मैहर, सतना, कोठी तथा सोहावल तक का क्षेत्र सम्मिलित है।

धीरेन्द्र वर्मा के अनुसार–इन्होंने बघेली भाषा का क्षेत्र भिन्न माना है। उनका मत है कि अवधी के दक्षिण में बघेली का क्षेत्र है जिसका केन्द्र रीवा राज्य है किन्तु यह दमोह, जबलपुर, मंडला तथा बालाघाट के जिलों तक फैली है।

इस प्रकार बघेली भाषा का क्षेत्र उत्तर में यमुना नदी के दक्षिण बांदा, फतेहपुर, हमीरपुर के परगने से लेकर कसौटा और शंकरगढ़ तक, पश्चिम में कोठी और सोहावल से मैहर के आसपास तक, दक्षिण पश्चिम में कटनी, जबलपुर, दमोह और बालाघाट के कुछ गाँव तक, दक्षिण में अमरकंटक और मंडला तथा दक्षिण पूर्व में चांग भखार के गाँव कोटा-डोल, करैजिया और भगवानपुर तक, तथा पूर्व में सिंगरौली तथा चितरंगी, (देवसर) तक है।

4. बघेली का उद्‌भव और विकास

बघेली भाषा के उद्‌भव और विकास के बारे में कुछ भाषा वैज्ञानिकों ने दृष्टि डाली है। उनमें से कुछ एक के मतों का उल्लेख करना समीचीन होगा -

ग्रियर्सन (1926, पृ. 2) के अनुसार–"पूर्वी हिन्दी की तीन बोलियाँ है–अवधी, बघेली, छत्तीसगढ़ी। पूर्वी हिन्दी की इन्हीं सभी बोलियों की भाँति बघेली की भी उत्पत्ति अर्धमागधी अपभ्रंश से हुई है।"

बाबू श्यामसुन्दर दास के अनुसार–उदय नारायण तिवारी ने भी ग्रियर्सन के मत का समर्थन किया है; किन्तु बाबूराम सक्सेना (1937) ने अपनी असहमति प्रगट करते हुए लिखा है कि "पूर्वी हिन्दी अर्धमागधी की अपेक्षा पाली के अधिक निकट है''। ग्रियर्सन (1966) ने लिखा है कि ''बघेली और अवधी में इतना कम अंतर है कि यदि बघेली एक अलग बोली के रूप में जनता में प्रचलित न होती तो मैं उसे अवधी का एक रूप मानता। अवधी का दूसरा रूप बघेली है इसमें पर्याप्त साहित्य मिलता है।"

उदयनारायण तिवारी ने अवधी और बघेली में नाममात्र का अंतर माना है। उन्होने लिखा है कि–"एक दृष्टि से उसे पृथक रखना भी उपयुक्त नहीं है, किन्तु ग्रियर्सन ने जनता में प्रचलित भावना का ध्यान रखकर ही उसे पृथक बोली के रूप में लिंग्विस्टिक सर्वे आफ इंडिया में स्थान दिया है"।

भाषा वैज्ञानिकों की मान्यताओं के आधार पर बघेली को अवधी की उपबोली के रूप में पहचाना गया है। बघेली में साहित्य लेखन की परम्परा 200-300 वर्षों से अधिक की नहीं है। इसके पहले का विपुल साहित्य वाचिक परम्परा में ही सुरक्षित व संरक्षित था। बघेली की भाषा संवेदना के भीतर, जीवन संवेदना और यथार्थ के बाह्य एवं आंतरिक रूप का अभूतपूर्व संसार चित्रित है। बघेली का कविता रूप अधिक सघन रूप में मिलता है। इसकी वाचिक परम्परा में लोकगीतों की खूबसूरत दुनिया है। इन लोकगीतों में बघेली जन-जीवन के रोजमर्रा के संग्राम से लेकर आदमी की खुशी, दु:ख, तकलीफों व संस्कारों का भरा-पूरा संसार है। साथ-साथ खेती-किसानी, बनी-मजूरी, पर्व-त्योहारों और आस्थाओं के रंगतों के अनेक मिजाज एवं स्वर हैं।

अब तक इसकी जो भी अपनी पहचान बन पाई है, उस पहचान की प्रक्रिया में वाचिक परम्परा में लोकगीत, लोकशैलियाँ एवं लोकविश्वास के अनेक रेखांकन हो सके हैं। यहाँ के संस्कार गीत, मौसम, ऋतुओं की उमंग, देवी देवताओं के प्रसंग, तीर्थयात्रा के गीत, खेती, किसानी, निराई, गुड़ाई, बोवाई, फसल कटाई तथा अन्य संदर्भों में यहाँ जो गीत जन्मे हैं या लोक के साथ फूटे हैं वे इस अंचल की अक्षय धरोहर हैं। हिन्दुली, कजली, होली, दिवाली गीत, टप्पा एवं सैला गीत एवं नृत्य इसी शृंखला में हैं। इसी प्रकार बसदेवा गायकी, सरमन गायकी, बिरहा, बरिहाई, ढिमरहाई, चमरहाई, गीत भी हैं जिनकी लोक में व्यापक गूँजे-अनुगूँजें हैं।

4.1 उप बोलियाँ

बघेली की कुछ उपबोलियाँ भी हैं। इन उपबोलियों का लहजा थोड़ा अलग है और कुछ शब्दों को अन्य पड़ोसी बोलियों से शामिल कर लिया जाता है। इन्हें हम मिश्रित बोलियाँ कह सकते हैं। पर प्रधानत: ये बोलियाँ बघेली ही हैं। इनमें प्रमुख हैं–

तिरहारी: जो फतेहपुर, बांदा और यमुना तटीय गाँवों में बोली जाती है।

गहोरा: यह बांदा के पूर्वी भाग में बोली जाती है।

गौड़ी या गोड़ानी बघेली: यह रीवा के कुछ भागों, सीधी जिले के दक्षिण, मण्डला तथा सिंगरौली जिलों के देवसर, चितरंगी एवं सरई विकास खण्डों में बोली जाती है। यह जातीय बोली है और इसलिए अभी इसका साहित्य बहुत ही कम है। इसे पूरी तरह बघेली ही माना जाता है।

5. व्याकरण

बघेली बोली पर पूर्ण वर्चस्व हिन्दी का है, अत: इस बोली का व्याकरण हिन्दी व्याकरण से अलग नहीं किया जा सकता। बघेली की बुंदेली व छत्तीसगढ़ी पड़ोसी भाषाएँ हैं अत: इनका भी प्रभाव है। अवधी का प्रभाव भी इस पर है। फिर भी, बघेली की अपनी निजी पहचान है एवं इसका व्याकरण भी कुछ सीमा तक अपना अलग महत्त्व रखता है।

5.1. ध्वनियाँ–हिन्दी की अन्य उपभाषाओं की तरह बघेली में भी प्रमुख दो ही ध्वनियाँ हैं–(i) स्वर (ii) व्यंजन

(i) स्वर–बघेली के स्वर ध्वनियों में अ, आ, इ, ई, उ, ऊ, ए, ओ, है अर्थात् कुल आठ स्वर हैं तथा अॅ, ऑ दो संध्याक्षर हैं। इसमें 'ए' का 'अइ' हो जाता है तथा 'औ' का 'अउ'। इस प्रकार हम सम्पूर्ण रूप से बघेली में बारह स्वरों की गणना कर सकते हैं। कभी-कभी 'एँ' स्वर का भी उपयोग होता है अत: कुल स्वरों की संख्या तेरह स्वीकारी जा सकती है। स्वर 'ए' और ह्रस्व 'ओ' एवं 'अइ', 'अउ' बघेली लोक भाषा के नए स्वर हैं।

(ii) व्यंजन–बघेली में उनतीस व्यंजन प्रयुक्त होते हैं-क, ख, ग, घ, ङ, च, छ, ज, झ, ट, ठ, ड, ढ, त, थ, द, ध, न, प, फ, ब, भ, म, य, र, ल, व, स, ह आदि। इसमें न्ह्, म्ह्, रह्, ल्ह्, तथा ड्, ढ्, को भी जोड़ने से पैंतीस व्यंजन मिलते हैं। इसमें कोमल तालव्य (स्पर्श), तालु वर्त्स्य (स्पर्श), नासिक सघोष है। 'श्र' और 'ण' का प्रयोग नहीं होता, इनका प्रयोग 'न' के रूप में होता है।

5.2. संज्ञा–बघेली में संज्ञाओं के सामान्य, दीर्घ, दीर्घतर रूप प्रयुक्त होते हैं, जैसे–छोट, छोटका, छोटकाना। बघेली में व्यक्ति वाचक, जाति वाचक और भाव वाचक संज्ञाएँ अधिक मिलती हैं।

5.3. सर्वनाम–बघेली में सर्वनामों के तीन रूप मिलते हैं–1. मूल रूप 2. विकारी रूप 3. संबंधकारक रूप। प्रयोग की दृष्टि से कर्ताकारक के अन्तर्गत सामान्यतया सर्वनाम के मूल रूप का प्रयोग होता है। कर्म एवं सम्प्रदानकारक के अन्तर्गत सर्वनाम के विकारी रूपों का ही प्रयोग होता है तथा अन्य कारकों में सर्वनाम के संबंधकारक रूप प्रयुक्त होते हैं।

5.4. विशेषण–बघेली में शब्दों में लिंग के अनुसार परिवर्तन दिखाई देता है तथा अधिकांश विशेषण शब्द विशेष्य के लिंग, वचन एवं कारक से प्रभावित रहते हैं। तथापि अकारान्त विशेषण जब स्त्रीलिंग संज्ञाओं के साथ प्रयुक्त होते हैं तब उनके अंत में स्त्रीलिंगवाची प्रत्यय 'इ' प्रयुक्त हो जाता है, जैसे–मोटका (मोटा), मोटकी (मोटी) आदि।

5.5. क्रिया–क्रिया की दृष्टि से बघेली की क्रियाओं के दो वचन ही होते हैं–एकवचन और बहुवचन। यह तीन पुरुषों–उत्तम पुरुष, मध्यम पुरुष और अन्य पुरुष के अनुरूप परिवर्तित होती है। हिन्दी क्रियाओं में उद्देश्य के अनुरूप जो लिंग भेद होता है वैसा बघेली में नहीं होता। बघेली क्रियाएँ पुल्लिग और स्त्रीलिंग दोनों में समान रूप से प्रयुक्त होती हैं। प्रत्येक क्रिया की धातु होती है, इसी के आधार पर उसके अन्य रूपों का निर्माण किया जा सकता है।

5.6. अव्यय–अन्य भारतीय भाषाओं की भांति बघेली में भी अव्ययों का क्रिया विशेषण, समुच्चय बोधक, संबन्ध वाचक एवं विस्मय बोधक के वर्गों में विभाजन किया जा सकता है।

5.7. उपसर्ग एवं प्रत्यय–*उपसर्ग*-बघेली के अनेक संज्ञाओं के निर्माण में उपसर्गों का उपयोग किया जाता है। बघेली के अधिकांश उपसर्ग संस्कृत के उपसर्गों से ही विकसित हुए हैं तथा कुछ उपसर्गों का मूल स्रोत अरबी, फारसी और अंग्रेज़ी है। इसके अतिरिक्त बघेली शब्द रचना में देशीय उपसर्गों का प्रयोग भी होता है।

प्रत्यय–बघेली में प्रत्यय ऐसे वर्ण या समूह हैं जो शब्द या धातु के अन्त में व्याकरणिक अर्थ की अभिव्यन्जना की दृष्टि से जोड़े जाते हैं।

5.8 कहावतें

बघेली	***हिन्दी***
ललही पाइसि पनही, कचरै लाग भंड़ेर।	*मुश्किल से प्राप्त सफलता में अति उत्साह का प्रदर्शन।*

नेमाइन के तुपकदार मूड़े पर गोरसी।	*जो काम न बने उसमें भी उतावलापन।*
जइसइ उदई तइसई भान, न ओनके चुँदई न ओनके कान।	*जैसा मूर्ख स्वयं वैसे ही साथी भी।*
जियत बाप से दंगम दंगा, मरे बाप पहुचाइन गंगा।	*आडम्बर और दिखाने का अभिनय।*
मेहरि के धउँस, मूस के खही, सर्दी के जरू के कही।	*घरेलू उलझन कौन सुने।*
जहाँ चार कोरी, तहाँ बात बोरी।	*चार मूर्ख, निर्णय कुछ नहीं।*
आमा, नींबू, बनिया, दाबेन से रस देय।	*आम, नींबू और बनिया दबाने पर रस देते हैं।*
सूधे बनिया गुड़ न देय, मुटका मारे भेला देय।	*सीधे-सीधे काम न होना।*
घर मां न लत्ता, पान खाय अलबत्ता।	*गरीबी में भी शौक पूर्ति।*

5.9 मुहावरे

बघेली	***हिन्दी***
पेल भागब	*भाग खड़े होना*
सटकजाब	*किनारा करना*
मुहु चोराउब	*सामना करने से बचना*
आँखी निपोरब	*आँख दिखाना*
लोखरिआब	*लाड़-प्यार*
सउंज लगाउब	*बराबरी*
लुरखुरिया करब	*चापलूसी*
लउनी लगाउब	*भिड़ाना*
कुल कुतिया करब	*पटाना*
छाती के पीपर	*घर का दुश्मन*

6. साहित्य (बघेली भाषा)

लोककथा 1

पांच बरा

अइसे-अइसे एक घरे मा बूढ़ी-बूढ़ा रहाँ। एक दिन बुढ़िया पांच ठे बरा बनाइस। बुढ़ऊ कहिन के बूढ़ा तूँ बरा बनाइउ है, अइसे तीन बरा तूँ खा, हम दुइन बरा खाब। बुढ़िया कहिस नहीं, तूँ मन्सेरू के जाति आहे तूँ तीन ठे बरा खा, हमका दुइ ठे खाय चाही। बुढ़ऊ बुढ़िया के बाति नहीं मानिन। बुढियउ अड़िगै। अब दुइ मा एकउ जने एक-दूसरे के बाति नहीं मानिन। आखिर माँ इया तयभा के बिहन्ने जे सबसे पहिले जागी उआ तीन बरा खई।

बूढ़ा बूढ़ी सोयेंगे। रात बीतय चली। बिहान भा। दुइ मा एकउ जने जागै के नाम न लेंय। सोउतै रहिगें। पहर भर दिन चढ़ि आबा। नियरे-परोसे के सोचिन की आजु बूढ़ी-बूढ़ा मरिगें। घाम चढ़ि आवा कउनउ खुचुर पुचुर नहीं करिन। सब जुहाय के दिखिन ता फुरिन दूनउ मरे कस परे रहाँ। सब मानि लिहिन कि दूनउ बूढ़ी-बूढ़ा मरिगें। ओनके लावय भूजय के परबंध कीन गा।

चित्ता बनावा गा। चित्ता मा दूनउ जन का चढ़ाय दीनगा। एक जने आगिउ लगाय दिहिन। आंच लाग ता बुढ़उ जागें आउ बोलि परें, हम दुइन ठे खाब। बुढ़ियउ जागि अउ कहिस नहीं तू तीन ठे खाबे हम दुइठे खाब। चित्ता के नियरे पांच जने रहें। ऊ बूढ़ी-बूढ़ा के इया बात सुनके डेर के मारे गोहारि मारि के भागि दीन्हिन। किस्सा रही ओराय गय।

स्रोत : शिवशंकर मिश्र 'सरस', सीधी।

हिन्दी अनुवाद

पाँच बरा

एक घर में एक बुढ़िया और एक बुढ्ढा रहते थे। एक दिन बुढ़िया ने पाँच बड़े बनाए, उसके पति ने कहा कि बड़े तुमने बनाए हैं इसलिए तुम तीन खाओगी और हम दो। बुढ़िया ने कहा कि नहीं आप पुरुष हैं इसलिए आप तीन खाएँगे, मुझे दो ही खाने चाहिए। दोनों अपनी-अपनी बात पर अड़ गए और यह निश्चित हुआ कि जो अगली सुबह सबसे पहले जागेगा वह तीन बड़े खाएगा। सुबह हुई, धूप निकल आई पर दोनों में से कोई नहीं जागा। पड़ोसियों ने सोचा कि दोनों मर गए, कोई हलचल नहीं। इकठ्ठा होकर देखा तो दोनों मरे हुए की तरह पड़े थे। गाँव वालों ने लकड़ी इकट्ठा की व चिता बनाई, दोनों को चिता पर रख दिया। एक ने आग भी लगा दी। जब आँच लगी तो बुढ्ढा पहले जागा और कहने लगा, मैं तो दो ही खाऊँगा, तब तक बुढ़िया भी जाग गई और वह कहने लगी नहीं तुम तीन खाओगे और मैं दो खाऊँगी। चिता के पास पाँच लोग थे सब भयभीत होकर गुहार लगा कर भाग खड़े हुए। किस्सा समाप्त हो गया।

लोककथा 2

मंगर छेरी

टमस के किनारे गांउ है झिंगोदर। मक्खू काकू जनार्दन दादू से कहिनि, अजूबा सुने है?नहीं ता! हुंकारी भरा ता हम सुनाइत हैन - हां, हां कही पुन। झिंगोदर के पंडितन केर लगुआ टमस के तिरमासे चारा छोलत रहा। धौकहां से मंगर छलछलान। पकड़िन त लिहिस ओखर पोंगड। उआ लाग चिल्हार मारै। पंडित पोल्हूराम दउड़ें। ऊ मंगर का कुत-कुताय दिन्हिन। मंगर मुस्कियान अउ लगुआ का छोड़िके दहार मां सकायगा। पै ओखर टंगरी लुचुर-पुचुर होइ गयीं। अतनेमा गांउ भर के भूही जुरि आयें। ओखर कोलिन लागि छाती पीटि-पीटि के रोबै। गांउ के ठाकुर तनेन सिंह कहिन लइचला सतना के अस्पताल। आनन-फानन ओका डोली मां लादि के सतना पहुंचें। डागडर ओही बेहोसी सुघावै लागे त उआ उठि के बइठिगा। कहिस उहूँ! हम न सूंघब। सब जने ओही पकड़ि के दाबिन ओकर दूनउ गोड काटि के बोकरी के करिहां कइत के हींसा जोरि दीन्हिन। अब उआ लगुआ चारौ छोलत है, कामउ बूत करत है अउ दूधउ देत है। जनार्दन काकू केर जक्का बंधिगा। ऊ कहिन काकू ओखर काज हमरे बोकरा से कराय दें। बारी दउड़ा। ओकर काज बोकरा से कराय दीनगा। अब ऊआ छउनौ देत है। ओकर कोलिन ओकर दूध पिअति है।

स्रोत : शिवशंकर मिश्र 'सरस', सीधी।

हिन्दी अनुवाद

मंगर छेरी

टमस नदी के किनारे एक गाँव है झिंगोदर, मक्खू काकू ने जनार्दन दादू से कहा कि आपने अजूबा सुना है कि नहीं? नहीं तो! हाँ-हाँ कहो तो हम बताएँ। हाँ-हाँ कहिए। तो सुनो, झिंगोदर के पंडितों का चरवाहा लगुआ टमस नदी के किनारे घास काट रहा था, कहीं से मगर निकला और उसका पाँव पकड़ लिया। वो लगा चिल्लाने। पंडित पोल्हूराम दौड़े और मगर को गुदगुदाया। मगर मुस्कुराया और पानी में चला गया। पर लगुआ की हड्डी पसली लचर-पचर हो गई थी। गाँव के लोग भी इकठ्ठा हो गए। उसकी

पत्नी छाती पीट-पीट कर रोने लगी। गाँव के ठाकुर तनेन सिंह ने कहा कि इसे सतना के अस्पताल ले चलो। उसे ले जाया गया। वहाँ उसका पीछे का धड़ काट कर बकरी का धड़ा लगा दिया गया, अब लगुआ चारा भी छोलता है, अन्य काम भी करता है और दूध भी देता है। यह सुनकर जनार्दन काकू हक्का-बक्का रह गए। उन्होंने कहा उसकी शादी हमारे बकरे से करा दो। उसकी शादी बकरे से करा दी गई। अब वह काम भी करता है, बच्चा भी देता है और दूध भी देता है। उसकी पत्नी उसका दूध पीती है।

कविताएँ

कविता 1

माला कहँ उठे जल कहउँ ठे रोट के दुनिया।
है कोट के दुनिया कहँउ लगोट के दुनिया।
जेका जहाँ लहान लगा लगि रहा है रोज।
बिलि भरि गै तउ बगारउ खरभोट के दुनिया।
अब गाँउ के गरीब के चिन्ता मरी हबय।
बस लहय जहाँ उहँय छानु घोट के दुनिया।
अब प्रेम नेम साहुति सब कुछ हेरानि है।
दूबर का दुरदुराय रही मोट के दुनिया।
आबा है कउन जुग 'सरस' अँधेरि है मची।
चक्को हमार हमरै नटई घोट के दुनिया।

स्रोत : शिवशंकर मिश्र 'सरस', सीधी।

हिन्दी अनुवाद

कहीं माला, कहीं जल और कहीं पूड़ी की दुनिया है।
कहीं कोट वाली दुनिया है तो कही लंगोट वाली।
जिसका जुगाड़ बैठ गया, उसे रोज फायदा-ही-फायदा है।
बिल (धन रखने की जगह) भर गई तो भी और छीनने का प्रयास होता है।
अब गाँव और गरीब के बारे में कोई नहीं सोचता,
बस जहाँ मिले वहीं छानने-घोटने (लूटने) में लगे रहो।
अब प्रेम और भाईचारा सब गुम हो गया है।
अब पतले को मोटा गाली देकर भगाने लग गया है।
'सरस' कैसा युग आ गया है कि अंधेर-ही-अंधेर है।
हमारा ही छुरा है और हमारा ही गला घोंटा जा रहा है।

कविता 2

हमरे मूड़े कतना दुख के भारा नहीं कहेन
कोहू काही आबा बोझ उतारा नहीं कहेन
हम तोंहका समुद्र के नाईं बहुत बड़ा भर कहेन
नहीं कहेन तोंहका हम कबहूँ खारा नहीं कहेन।
तूँ सब दिनहूँ आन केर बस दाग निहारत रहे।
तोंहसे कबहूँ अपनौ सल्ट पछारा नहीं कहेन।
एकै बाति जानि के कीन्हेन सही होय कि गलत
ईंट कहेन तोंहका पै कबहूँ गारा नहीं कहेन।
जेके खातिर तन हारेन मन हारेन धन हारेन
एक बेरकी हमरेउ खातिर कुछु हारा नहीं कहेन।

स्रोत : शिवशंकर मिश्र 'सरस', सीधी।

हिन्दी अनुवाद

हमारे सिर पर कितना दुख का भार है, किसी से नहीं कहा।
किसी को आकर बोझ उतारने को भी नहीं कहा।
हमने तुमको समुद्र की तरह सदा बहुत बड़ा (विशाल) कहा, कभी खारा नहीं कहा
तुम सदैव दूसरों के दाग देखते रहे, लेकिन
कभी तुम्हें अपना शर्ट भी धोने के लिए नहीं कहा।
एक बात जानकर की, सही हो या गलत हो।
मैंने आपको हमेशा ईंट कहा,
कभी गारा (सीमेंट मिश्रण) नहीं कहा।
जिसके लिए मैं तन, मन और धन सब कुछ हार गया,
उसे हमने यह कभी नहीं कहा कि
एक बार हमारे लिए भी कुछ हारो।

कविता 3

काम परे कोउ नहीं देखाय।
गाँउ घरे कोउ नहीं देखाय।
जेका देखा उहय पतंग भा।
तरे-तरे कोउ नहीं देखाय।
सोंधई दोहनी लिहे देखाबय का।
दूध भरे कोउ नहीं देखाय।
चारा मां सब जने लिहिनि हींसा।
बिना चरे कोउ नहीं देखाय।
करमट बदलत रही हमूँ पंचे।
एक करे कोउ नहीं देखाय।
कउआ कस फदफदान है मनई,
धीर धरे कोउ नहीं देखाय।।

स्रोत : शिवशंकर मिश्र 'सरस', सीधी।

हिन्दी अनुवाद

काम पड़ने पर कोई दिखाई नहीं देता।
गाँव घर में भी कोई नहीं दिखाई देता।
जिसको देखो वही पतंग है, बस उड़ रहा है।
नीचे-नीचे तो कोई भी नहीं दिखता।
सब दिखाने मात्र के लिए सोंधी दोहनी लिए हुए हैं।
कोई दूध भरे हुए नहीं दिखता है।
चारे में सब लोगों ने हिस्सा लिया है
क्योंकि बिना चरे कोई नहीं दिखता।
हम लोग भी करवट (पाला) बदलते रहें
क्योंकि एक ही अवस्था में कोई नहीं है।
सब कौए की तरह फड़फड़ा रहे हैं
कोई धैर्यवान दिखाई नहीं देता।

कविता 4

हम गठियाबय के आदी तू छोरतै रहते हा।
जब देखा तब सूपा लिहे पछोरतै रहते हा।
हम मनई हम पूर मनइहा मनई हेरी थे।
तूँ ओखा फे ओखा हमसे फोरतै रहते हा।
हम आमा के जाति आन के खातिर फरी पकी।
तूँ जब देखा लिहे लबेद्दा झोरतै रहते हा।
हम लाठी हम लाठ हयेन हम झुकब नहीं हम टूटब।
तूँ हमका लुजगुन माने हा मोरतै रहते हा।

स्रोत : शिवशंकर मिश्र 'सरस', सीधी।

हिन्दी अनुवाद

हम गठियाने अर्थात इकट्ठा करने के आदी हैं
और तुम जब देखो तब छोड़ते-खोलते रहते हो।
जब देखो तब सूप लेकर पछोरते रहते हो।
हम आदमी हैं और आदमी तलाशते रहते हैं और
आप उससे फिर हमारी फुट-फैल कराते रहते हो।
हम आम की जाति हैं, दूसरों हेतु फलते और पकते हैं
पर तुम जब देखो डंडा लेकर पीट कर गिराते रहते हो।
हम लट्ठ हैं, हम लाठ हैं। हम झुकेंगे नहीं टूट भले जाएँगें,
पर तुम हमें कमज़ोर और लचीला समझ कर जब देखो मरोड़ते-मोड़ते रहते हो।

लोकगीत (वाचिक परम्परा से)

लोकगीत 1

सोहगवा (सोहागगीत)

आबा चली सखियाँ शिवशंकर जी के मंदिर।
शिवशंकर जी के मंदिर,
गउरा जी से मांगब बरदान, रानी के सोहगवा।

पहिला बरदान मगबै, माँगे के सेंदुरा, अरे माँगे के सेदुरा,
अरे सेंदुरा अमर होइ जाए, रानी के सोहगवा।
आबा चली सखियाँ शिवशंकर जी के मंदिर।।
दुसरा बरदान मंगबै हांथे के चुरिया, अरे हांथे के चुरिया,
अरे चुरिया अमर जोइ जाए, रानी के सोहगवा।
आबा चली सखियाँ शिवशंकर जी के मंदिर।
तिसरा बरदान मंगबै गोड़े के बिछुआ, अरे गोड़े के बिछुआ
अरे बिछुआ अमर होई जाए, रानी के सोहगवा।
आवा चली सखिया शिवशंकर जी के मंदिर।

संकलनकर्ता : शिवशंकर मिश्र 'सरस', सीधी।

हिन्दी अनुवाद

सोहाग

आओ सखियों शंकर भगवान के मंदिर चलें, और पार्वती जी से वरदान माँगें। पहला वरदान माँग का सिन्दूर अर्थात सुहाग की रक्षा का माँगूगी कि मेरा सिन्दूर अमर हो जाए। दूसरा वरदान हाथ की चूड़ी का माँगूगी कि मेरे हाथ की चूड़ियाँ अमर हो जाए। तीसरा वरदान पाँव की बिछुआ का माँगूगी कि पाँव का बिछुआ अमर हो जाए।

लोकगीत 2

परछन

अँचरा भीतर कर लो री लागि जइहैं नजरिया।
ई हमार आजा जी के प्यारे।
आजी के नैनो के तारे रे – लागि जइहैं नजरिया।
अँचरा भीतर कर लो री लागि जइहैं नजरिया।
ई हमार बाबा जी के प्यारे।
माया के नैनों के तारे रे – लागि जइहैं नजरिया।
अँचरा भीतर कर लो री लागि जइहैं नजरिया।
ई हमार मामा जी के प्यारे।
मामी के आँखो के तारे रे, लागि जइहैं नजरिया।
अँचरा भीतर कर लो री लागि जइहैं नजरिया।।

संकलनकर्ता : शिवशंकर मिश्र 'सरस', सीधी।

हिन्दी अनुवाद

परछन

दूल्हे को आँचल के अन्दर कर लो नहीं तो नजर लग जाएगी। ये हमारे आजा के प्रिय तथा आजी के आँखों के तारे हैं। ये हमारे पिता के प्रिय तथा माता के आँखों के तारे हैं। ये हमारे मामा के प्रिय तथा मामी के आँखों के तारे हैं। इन्हे आँचल में छिपा लो नहीं तो नजर लग जाएगी।

लोकगीत 3

बरूआ रिसाई

मोरे राम रिसाने जाँय, मनाये नहीं मानैं।
राम जी मनामन दुइ जन गए हैं।
इक आजा इक आजी मनाये नहीं मानैं।
मोरे राम रिसाने जाँए, मनाये नहीं मानैं।
राम जी मनामन दुइ जन गए हैं।
इक बाबा इक दाई, मनाये नहीं मानैं।
मोरे राम रिसाने जाँय, मनाये नहीं मानैं।
राम जी मनामन दुइ जन गए हैं।
इक मामा इक मामी, मनाये नहीं मानैं।
मोरे राम रिसाने जाँय, मनाये नहीं मानैं।

स्रोत : शिवशंकर मिश्र 'सरस', सीधी।

हिन्दी अनुवाद

बरूआ रिसाई

मेरे राम नाराज हो कर चले जा रहे हैं, और मनाने पर भी नहीं मानते। उन्हें मनाने के लिए दो लोग गए हैं एक परदादा और दूसरी परदादी पर वो नहीं माने। उन्हे मनाने फिर दो लोग गए हैं एक बाबा दूसरी दादी पर वे नहीं माने। उन्हे मनाने फिर दो लोग गए हैं एक मामा दूसरी मामी फिर भी वो नहीं मान रहे हैं।

लोकगीत 4

बेलनहाई

ए जी राजा जनक जी के चढ़ा रे करहबा
कउने बन लकड़ी का जाँउ।
एक बन गए हैं दुसर बन गए हैं
तिसरे मां चंदन का पेड़
ए जी चंदन के पेड़ न काटे रे बढ़इबा
चंदन चढ़ै रे भगमान।
ए जी राजा जनक जी के चढ़ा रे करहबा
एक बन गए हैं दुसर बन गए हैं
तिसरे मां तुलसी का पेड़,
ए जी तुलसी के पेड़ न काटे रे बढ़इबा
तुलसी चढ़ै रे भगमान।

एक बन गए हैं दुसर बन गए हैं
तिसरे मा पीपर का पेड़
ए जी पीपर के पेड़ न काटे रे बढइबा
पीपर बसे हैं भगमान।
ए जी राजा जनक जी के चढ़ा रे करहबा
कउने बन लकड़ी का जाउँ।

स्रोत : शिवशंकर मिश्र 'सरस', सीधी।

हिन्दी अनुवाद

बेलनहाई

राजा जनक के यहा कड़ाहा (पूड़ी निकालने का बड़ा बर्तन) चढ़ा हुआ है उसके लिए लकड़ी लेने जाना है। मैं लकड़ी लेने किस जंगल को जाऊँ। एक जंगल गए, दूसरे जंगल गए, लकड़ी नहीं मिली तो तीसरे में गए; तीसरे में चंदन का पेड़ है। ओ लकड़ी काटने वाले बढ़ई चंदन का पेड़ मत काटना क्योंकि वह भगवान को चढ़ता है। फिर एक जंगल से दूसरे जंगल गए; तीसरे में तुलसी का पेड़ है, तुलसी का पेड़ मत काटना वह भगवान को चढ़ती है। पुनः एक जंगल से दूसरे जंगल गए तीसरे में पीपल का पेड़ है। ओ लकड़ी काटने वाले बढ़ई पीपल का पेड़ मत काटना उसमें भगवान का वास है।

7. शब्दावली (बघेली-हिन्दी)

रिश्ते-नाते

बघेली	हिन्दी	बघेली	हिन्दी
परआजा	*पिता के बाबा*	आजा	*पिता के पिता*
अजिया ससुर	*स्वसुर के पिता*	मेहरारू	*पत्नी*
गोइया	*दोस्त*	गदेला	*छोटे बच्चे*
टोरिया	*छोटी बच्ची*	टोरबा	*बच्चा*
डउका/वृद्ध	*डउकी/वृद्धा*	भर-भाइप	*रिश्तेदार*
गोठी	*परिवार के सदस्य*	नात	*रिश्तेदार*
गोती	*परिवार के दूर के संबंध*	भतहा	*चावल खाने वाले आगन्तुक*
सोहरिहा	*पूड़ी खाने वाले आगन्तुक*	सुपरिहा	*निमंत्रण में बुलाए गए लोग*
दादा	*पिता-चाचा*	दिदी	*माँ*
नाना	*माँ के पिता (संबोधन)*	नानी	*माँ की माता (संबोधन)*
बबा	*पिता के पिता*	दाई	*पिता की माँ*
फुफा	*पिता की बहन के पति*	फुफु	*पिता की बहन*
माउसी	*माँ की बहन*		

बघेली	***हिन्दी***	**बघेली**	***हिन्दी***
मामा	*माँ के भाई*	भइया	*बड़े भाई*
भउजी	*बड़े भाई की पत्नी*	कक्का	*पिता के बड़े भाई*
देबर	*पति का छोटा भाई*	देउरानी	*पति के छोटे भाई की पत्नी*
जेठ	*पति के बड़े भाई*	जेठानी	*पति के बड़े भाई की पत्नी*
ककिया ससुर	*पति के बड़े एवं छोटे भाई*	अजिया सासु	*पति के बाबा की पत्नी*
ममिया ससुर	*पति के मामा*	भउजी सासु	*परिवार में पति की माँ समान महिलाएँ*
माई सासु	*पति के मामा की पत्नी*	फूफू सासु	*पति के पिता की बहन*
मउसेर भाय	*माँ की बहिन के लड़के*	फुफेर भाय	*पिता की बहन के लड़के*
मउसेर बहिन	*माँ की बहन की लड़की*	फुफेर बहिन	*पिता की बहन की लड़की*
लड़िका	*पुत्र*	भतीजा	*भाइयों के लड़के*
पतोह	*पुत्र की पत्नी*	बड़की पतोह	*बड़े पुत्र की पत्नी*
छोटकी पतोह	*छोटे पुत्र की पत्नी*	माझिल	*दूसरे नम्बर के पुत्र*
सांझिल	*तीसरे नम्बर के पुत्र*	मझिलिया संझिलिया	*दूसरे एवं तीसरे नम्बर की लड़की*
बड़कउ	*बड़ा*	छोटकउ	*छोटा*
सार	*पत्नी के भाई*	सारी	*पत्नी की बहन*
सरहज	*पत्नी के भाई की पत्नी*	ससुर	*पति/पत्नी के पिता*
सासु	*पति/ पत्नी की माता*	सवति	*विमाता*
नाती	*पुत्र का लड़का*	नातिन	*पुत्र की लड़की*
पनती	*पुत्र/पुत्री के पुत्र का पुत्र*	पनतिन	*पुत्र/पुत्री के पुत्र की पुत्री*
सनती	*पुत्र/पुत्री की चौथी पीढ़ी का पुत्र*	सनतिन	*पुत्र/पुत्री की चौथी पीढ़ी की पुत्री*
बिआही	*ब्याहता (शादीशुदा स्त्री)*	कुमार	*अविवाहित*
बहनोई	*बहन के पति*	दुलहा	*वर (दूल्हा)*
दुलही	*दुल्हन*	ननदि	*पति की बहन*
ननदोई	*पति के बहन का पति*	उढरी	*रखैल*
बाबू/दउआ/दाऊ	*पिता*	भयने	*बहन का पुत्र*
भनेज	*बहन की पुत्री*	रणपुत	*विधवा स्त्री का पुत्र*
ससुरारि	*ससुराल*	ससुरे	*पति के घर*
माइक	*लड़की के पिता का घर*	मइके	*लड़की के पिता का गाँव*

बघेली	हिन्दी	बघेली	हिन्दी
ननिअउरे	*माता के पिता का घर*	जनमास	*बारात ठहराने का स्थान*
दुआह	*दूसरा विवाह*	राड़	*विधवा स्त्री*
रणुआ	*विधुर (पुरुष)*	बडवा	*अकेली संतान*

महीना (माह)

बघेली	हिन्दी	बघेली	हिन्दी
चइत	*चैत्र*	कुमार	*अश्विन*
बइसाख	*बैसाख*	कातिक	*कार्तिक*
जेठ	*ज्येष्ठ*	अगहन	*मार्गशीर्ष*
असाढ	*आसाढ़*	पूस	*पौष*
सामन	*श्रावन*	माघ	*माघ*
भादँउ	*भाद्रपद*	फागुन	*फाल्गुन*

ऋतुएँ

बघेली	हिन्दी	बघेली	हिन्दी
बसंत	*बसंत*	झरियार	*निरंतर वर्षा*
तपन, झूरा	*ग्रीष्म*	जाड़ा	*सर्द ऋतु*
बरखा	*बरसात*	ठार	*अत्यंत सर्द*

दूरी

बघेली	हिन्दी	बघेली	हिन्दी
नियरे	*पास*	संघरिके	*सटकर*
दूरि	*दूर*	पोटरा भर	*किंचित मात्र*
आबा	*आना*	दुइ पोटरा	*दो अंगुल*
टरा	*हटाना*	बीताभर	*छह इंच*
परोस	*पड़ोस*	हांथभर	*डेढ़ फिट*
ऐं ठे	*इस जगह*	एक गोड़	*पाँव भर*
ओं ठे	*उस जगह*	दुई गोड़	*दो पाँव*
इहां	*यहाँ*	चउफा फाल	*छलांग भर*
उहां	*वहाँ*	कोस	*1.5 कि.मी.*
एह कइत	*इस तरफ*	डगना	*9 फिट*
ओह कइत	*उस तरफ*	डोरी	*30 फिट*

अनाज मापन

बघेली	***हिन्दी***	**बघेली**	***हिन्दी***
ठोमाभर	*आधी मुट्ठी*	पाथी	*4 कि.ग्रा.*
मूठी भर	*एक मुट्ठी*	गुलुई भर	*6 कि.ग्रा.*
अंजुरी भर	*दो मुट्ठी*	टोपरी भर	*10 कि.ग्रा.*
कुरुआ	*200 ग्राम*	झउआ भर	*15 कि.ग्रा.*
पइला	*1 कि.ग्रा.*	टोपरा भर	*20 कि.ग्रा.*
कुरई	*3 कि.ग्रा.*	खांडी	*60 कि.ग्रा.*
पसेरी	*5 कि.ग्रा.*	राशि	*अनाज का ढेर*

काल संबंधी

बघेली	***हिन्दी***	**बघेली**	***हिन्दी***
जुग	*युग*	अगले जनम मा	*अगले जन्म*
कलजुग	*कलयुग*	दुआपर	*द्वापर*
सतजुग	*सतयुग*	तिरेता	*त्रेता*
उआजनम से	*पिछले जन्म*		

रंगों के नाम

बघेली	***हिन्दी***	**बघेली**	***हिन्दी***
उज्जर	*सफ़ेद*	पियाजी	*प्याजी*
करियट, कलवा	*काला*	गुलाबी	*गुलाबी*
गोर	*उजला*	मटियान, धुधुरियान	मटमैला
लील, निलछर	*नीला*	गोबरउहां	*गोबर के रंग का*
पियर	*पीला*	लालछर, ललोतर	*लाल*
हरियर	*हरा*		

समय

बघेली	***हिन्दी***	**बघेली**	***हिन्दी***
कउआ बोलान	*3.30 से 4.00 सुबह*	पहर भर राति	*1 प्रहर रात्रि*
भिनसार	*4.00 से 5.00 बजे सुबह*	दुइ पहर राति	*2 प्रहर रात्रि*
तडका	*5.00 से 6.00 सुबह*	आधी राति	*अर्द्धरात्रि*
सकार	*6.00 से 7.00 सुबह*	अंधियार धुप्प	*घना अंधेरा*
बिहान	*7.00 से 8.00 सुबह*	अंधियारी पाख	*कृष्ण पक्ष*
सुरूज उगत	*8.00 से 9.00 सुबह*	अंजोरी पाख	*शुक्ल पक्ष*

बघेली	हिन्दी	बघेली	हिन्दी
दिन चढ़त	*9.00 से 10.00*	छाया चढ़त	*दोपहर के पहले*
दुपहर	*12.00 से 1.00*	छाया उतरत	*दोपहर के बाद*
बेरा चढ़त	*1.00 से 2.00*	दिन निकरत	*सूर्य निकलते*
जुआर	*2.00 से 2.30*	दिन बूड़त	*डूबते सूर्य को*
जूड जून	*2.30 से 4.00*	उअत	*उगना*
दिन बूडत	*सूर्य डूबते समय*	अथवत	*डूबना*
गैधुरिया	*सूर्य डूबने के 1 घंटे बाद*	अंजोरी	*चांदनी रात्रि*
राति	*रात*		

दिशा

बघेली	हिन्दी	बघेली	हिन्दी
उत्तर	*उत्तर*	सउहें	*सामने*
दक्खिन	*दक्षिण*	अगाड़ी	*आगे-आगे*
पूरूब	*पूर्व*	पछाड़ी	*पीछे-पीछे*
पच्छिउ	*पश्चिम*	ऊंचे	*ऊपर*
दहिन-दांए	*दाहिने*	खाले	*नीचे*
बांउ-बांए	*बाएँ*	बीचमां	*मध्य*
आग	*आगे*	कोनउठे	*दो दिशाओं के मध्य*
पाछ	*पीछे*		

जमीन संबंधी

बघेली	हिन्दी	बघेली	हिन्दी
भुइयां, धरती, जाघा,	*जमीन, (पृथ्वी)*	पहरी	*पहाड़ी*
अक्कास, दइउ	*आसमान*	टिकुरा	*टीला*
पहार	*पहाड़*	गडई	*छोटा गड्ढा*

बाजार के दिनों के नाम

बघेली	हिन्दी	बघेली	हिन्दी
सोमबरिया बजारि	*सोमवार का बाजार*	बिहफइया बजारि	*गुरुवार का बाजार*
मंगलिया बजारि	*मंगलवार का बाजार*	सुकबरिया बजारि	*शुक्रवार का बाजार*
बुधबरिया बजारि	*बुधवार का बाजार*	अइतबरिया बजारि	*रविवार का बाजार*

शनिवार को दोष मानकर बाजार नहीं लगता है।

संदर्भ

1. अग्रवाल, वासुदेव शरण, *भारत सावित्री*, भाग 2, सस्ता साहित्य मंडल, नई दिल्ली, 1957, पृ. 145.
2. ग्रियर्सन, *लिंग्विस्टिक सर्वे आफ इंडिया*, भाग 6, पृ. 2, कलकत्ता पब्लिकेशन ब्रांच, 1926.
3. तिवारी, उदयनारायण, *भोजपुरी भाषा व साहित्य*, प्रकाशक: बिहार राष्ट्र भाषा परिषद, पटना, 1954, पृ. 139.
4. दास, बाबू श्यामसुंदर, *हिन्दी भाषा का विकास*, पृ. 24.
5. बाहरी, हरदेव, *बघेली भाषा एवं साहित्य*, हिन्दी ग्रंथ अकादमी, भोपाल, पृ. 6.
6. वर्मा, धीरेन्द्र, *हिन्दी भाषा और बोलियाँ*, पृ. 44-45.
7. शास्त्री,आचार्य चतुरसेन, *वयंरक्षाम:*, राजपाल एंड संस, दिल्ली, 1955, पृ. 84.
8. शुक्ल, भगवती प्रसाद, *बघेली भाषा और साहित्य*, प्रकाशक साहित्य भवन, इलाहाबाद, 1972, पृ. 3.
9. "सरस" शिवशंकर मिश्र, *बघेली लोकसाहित्य की विशिष्ट शब्दावली*, शोध प्रबंध, अग्रवाल प्रकाशन, सीधी, 1995, पृ. 111-112.
10. सक्सेना, बाबूराम, *इवॉल्यूशन ऑफ अवधी*, द इंडियन प्रेस लिमिटेड, इलाहाबाद, 1937, पृ. 7.
11. हंटर, विलियम विल्सन, *द इम्पीरियल गजेटियर ऑफ इंडिया*, भाग 6, रीप्रिंट फॉरगॉटन बुक्स, लंदन, 2013, पृ. 358.

बघेली पर लिखी गई पुस्तकें

1. अशेष, अनूरूप, *बांधव राग*, शब्द प्रकाशन, सतना, 2009.
2. आम्रवंशी, चित्रा, *बघेलखण्ड की सामाजिक एवं आर्थिक संरचना*, खन्ना प्रकाशन, जबलपुर, 1998.
3. उरगेश, श्री लखन प्रताप सिंह, *बघेलखण्ड के लोक गीत*, प्रकाशक आदिवासी लोक कला अकादमी, भोपाल, 1987.
4. *युगबोध*, बघेली लोक कला परिषद, सीधी, 1982.
5. विकल, गोमती प्रसाद, *बघेली संस्कृति और साहित्य*, आदिवासी लोक कला अकादमी, भोपाल, 1999.
6. शर्मा दिनेश, सत्येंद्र कुशवाहा, *बघेली भाषा एवं साहित्य*, मध्य प्रदेश हिन्दी ग्रन्थ अकादमी, भोपाल, 2004.
7. शुक्ल, भगवती प्रसाद, *बघेली भाषा और साहित्य*, प्रकाशक साहित्य भवन, इलाहाबाद, 1971.
8. "सरस", शिवशंकर मिश्र, *बघेली लोकसाहित्य की विशिष्ट शब्दावली*, मड़रिया, सीधी (मध्य प्रदेश)।
9. सिंह, रविरंजन, *रीवा तब आउर अब*, रवि प्रकाशन, रीवा, 2008.
10. *सोन और रेवा के स्वर*, मध्य प्रदेश संस्कृति संचालनालय, भोपाल, 2003.

15

बारेला (भिलाली)

प्रवीण गोखले

1. नाम – बारेला (भिलाली)

2. क्षेत्र

बारेला भीलों की ही एक उपजाति है। ये मध्य प्रदेश के पूरे निमाड़ क्षेत्र में फैले हुए हैं। किन्तु प्रमुख रूप से इनकी बसाहट भीकन गाँव, पाटी, सिलाकर, झिरन्या, बड़वानी व सेंधवा के जंगलों में है। इनके द्वारा बोली जाने वाली बोली भिलाली कहलाती है।

3. पश्चिम निमाड़ का जातीय स्वरूप

भीलों के प्रारंभिक इतिहास के बारे में प्रामाणिक साहित्य का बहुत अभाव है। केवल कुछ कयासों के हिसाब से इनके प्राचीन इतिहास के बारे में संकेत दिए जा सकते हैं। सतपुड़ा का लंबा विस्तार और फैली घाटियों के किनारे यहाँ के जनजातीय जीवन को देखा जा सकता है। इस क्षेत्र में बसी जातियों में भील जाति के लोग, कोरकू व बंजारे आदि अन्य जातियों से पहले आकर बसे इसलिए इन्हें ही इस क्षेत्र का मूल निवासी कहना उचित होगा।

अधिकतर आदिवासियों की तरह ये लोग भी प्राकृतिक चीजों की पूजा करते हैं या उन चीजों की पूजा करते हैं जिनसे उनका जीवनयापन होता है।

कुछ खास लोग हर समाज में होते हैं जो इस तरह की बातें बताते हैं। बारेला समाज में इन्हें पुजारा कहा जाता है। इनकी *गायणा* नामक एक परम्परा है जिसमें ऐसा गीत होता है जिसे पुजारा दो दिन और दो रात तक लगातार गाते हैं। यह गायणा एक मौखिक परम्परा है जिसमें ये लोग अपने देवताओं को याद करते हैं।

मध्य प्रदेश के आदिवासियों में अनेक जातियाँ एवं उपजातियाँ हैं। इनमें गोंड, बैंगा, कोरकू, भील, कोल, कोरवा, संथाल, मुंडा आदि मुख्य हैं। निमाड़ अंचल के भीलों के बारे में विस्तृत जानकारी प्राप्त कर लेने पर उनमें जातिगत विभिन्नताएँ भी दिखाई देती हैं। व्यावहारिक दृष्टि से इनमें आपसी सांस्कृतिक मतभेद नहीं हैं लेकिन परिस्थितियों के चलते अलग-अलग जगहों पर बसने के कारण इनकी शाखाएँ बनीं जो जातिगत नामों से पहचानी जाती हैं, जैसे—भील, बारेला, तड़वी, नायर, मानकर, पटल्या आदि।

4. वर्तमान स्थिति

बारेला भीलों की ही एक उपजाति है। यह उपजाति सम्पूर्ण निमाड़ में फैली हुई है। ये लोग गाँव के आसपास फलियाओं में या पहाड़ियों पर झोपड़ी बाँधकर रहते हैं। इनके रीति रिवाज व बोल-चाल आम भीलों की तरह ही हैं। ये लोग बातचीत के लिए भिलाली बोली का ही उपयोग करते हैं। ये लोग खेती पर निर्भर करते हैं। आम तौर पर घुटनों तक सफ़ेद धोती व सिर पर साफा बाँधते हैं। बाहर जाते समय कमीज पहनते हैं।

5. साहित्य (भिलाली भाषा)

1. त्यौहारों में गाए जाने वाले भिलाली गाने

भिलाली **नवाई का गाना**	***हिन्दी अनुवाद*** ***नवाई का गाना***
पुती भगीवाने धोरेती बणायो	*भगवान ने धरती बनाई और*
घोरेती भली खूली रे लो ले	*धरती बहुत अच्छी संसार में जँच रही है*
पुती भगीवाने मनुस्या बणायो	*भगवान ने मनुष्य को बनाया और*
चाँदा सूरी मोल दूयरे भायडा	*मनुष्य भी इस संसार में बहुत अच्छे जँच रहे हैं*
घरमा सूबा करी आवेजो	*चाँद और सूरज दो भाई हैं और*
स्रोत : प्रवीण गोखले, इंदौर।	*यह दो भाई संसार की शोभा हैं*

नोट : संसार को घर मानते हुए इस गाने में संसार की जगह 'घरमा' शब्द का उपयोग किया गया है।

2. दीपावली का गाना

भिलाली	***हिन्दी अनुवाद***
देखी उतरी वो रानी दीवाली वा तु हे हे	*आकाश /स्वर्ग से उतरी है रानी दीवाली*
सेंदूरे सुपारी भूली रे गोयला पटलीया पुजारा रे	*पटेल पुजारी सिंदूर सुपारी आदि पूजा का सामान भूल गए*

स्रोत : प्रवीण गोखले, इंदौर।

3. होली का गाना

भिलाली	***हिन्दी अनुवाद***
हुल्ली दीवाली दूय भाई बहन्यो मौन विचारा वाले हे	*होली और दीवाली दोनों बहनों ने आपस में तय किया है*
तु जाजी जिज्या भोरे सियाले,	*तू जाना दीदी शीत ऋतु में (भौरे सियाले)*
जामे जिज्या काल्ले उनाले	*मैं जाऊँगी बहना ग्रीष्म ऋतु में (काल्ले उनाले)*
उजाडी खेडा मा होयसी होलूबाई,	*उजाड़ सुनसान जगह में होली मनाई जलाई जाती है*

स्रोत : प्रवीण गोखले, इंदौर।

4. इदल का गाना

भिलाली	***हिन्दी अनुवाद***
इदी राजा चवटे माडायो इदीराजा नानेडो बालो इदीराजा कुकेडा ने भुक्यो इदीराजा नानेडो बालो इदीराजा बुकेडा ने भुक्यो इदीराजा नानेडो बालो	***इदल**-बारेला आदिवासियों के बड़े देवता का नाम इदल है। जिसकी पूजा आदिवासी राजा के घर के आँगन में की जाती है। इदल देव मुर्गे व बकरे का भूखा है ऐसा वे मानते हैं।* *इदल देव की कोई मूर्ति या मंदिर नहीं है, न ही उनकी पूजा की कोई जगह तय है। केवल वैचारिक तौर पर उन्हें पूजा जाता है।*

स्रोत : प्रवीण गोखले, इंदौर।

लोककथा

ईदल की कहानी

दुदिया रावल नावेन एक ओदमी होतु। जू मांगित बाया कोरे। दुदिया दुकरा मा दूध मेली मेल लाउ सारी गयो तिहि दुदिया तिना दूध काजे नखी देधू। नखला दूध मा तिईदल नावेन पुरूयू पायदा होयू। जू पुकयू पायदा तिहि हुसियार होतू। दुदिया इना पुरियक मारनेन वाते सरका नाम नखी देधू। ईदल नावेन पुरियू झारकन दूध निकालिन पीने लग्यू ने जीवी गयू।

ईदल एक गावेमा फिरतू जेन एक घोरमा भोरायू ने पानी पियू लेटू। कुई काजे नी पुछयू। इना घोरेन पूरे इना ईदल काजे पानी पिन जातला देखी लेदी। पूरे अपना बस काजे कोई की मुसाफिर पूरयो हामरे घोरमा पानी पिन भुंदोत जात है ने माई बाय ओली नी होए।

जू ओदमी ईदल काजे आपने घोर ढूढ़ें कारने रखी देधू ने कोलयू की घूरेन करनेन बोदले तुखेंगे कुकरी ना बुकरी आदिस। ईदल नावेन कुकरी ने बुकरी पोलने लागी। ओसू कोरीन ईदल नावेन जोन ओली लेई। केबरा लेई, खेत लेई, सोनो-चाँदी लेई, बैल कहिंग बी सोमन सोब मा बोरकोत होवेन लागी। ईदल बाटी आदिवासी बारेला घोरेन आंगना मा गयू ने तेर ही बोरकोत होवने लागी। कुकरी, बुकरी, सोनो, चाँदी, केवरा, खेती-बारी, सोबमा बरकत होदी वारेमा आदिवासी बारेला ईदल काजे माने।

स्रोत : प्रवीण गोखले, इंदौर।

इदल की कहानी

दुदिया रावल नाम का एक व्यक्ति था जो भीख माँगकर गुजारा करता था। दुदिया ने मटके में दूध रखा था जो खराब हो गया तो उसने बाहर फेंक दिया। फेंके हुए दूध में इदल नाम का लड़का पैदा हुआ। वह लड़का जन्म से ही बहुत होशियार था। दुदिया ने इस लड़के को मारने के लिए पेड़ों के बीच फेंक दिया। उस लड़के ने पेड़ से दूध निकालकर पीना शुरू कर दिया और बच गया।

इदल नाम का वह लड़का गाँव में घूमते हुए एक घर में घुस गया और बिना पूछे पानी निकालकर पी लिया। उस घर की बेटी ने उसे पानी पीकर जाते देख लिया। लड़की ने अपने पिता को बताया कि एक अन्जान लड़के ने हमारे घर में पानी पीकर इसे अछूत कर दिया। लड़की के पिता ने उस लड़के को बुलाकर उसकी जाति पूछी। लड़के ने कहा उसकी कोई जाति या माता-पिता नहीं हैं।

उस आदमी ने इदल को अपने घर पर ढोर (जानवर) चराने के लिए रख लिया। कहा कि ढोर चराने के बदले मुर्गी व बकरी दूँगा। इदल के नाम की मुर्गी व बकरी अच्छी एवं अधिक फलने-फूलने लगी। इस तरह इदल के नाम पर जो भी चीज ली जाती चाहे वह जानवर हो, जमीन, सोना-चाँदी या कोई अन्य वस्तु सभी ज्यादा होने लगा। इदल वहाँ से आदिवासी बारेला के घर के आँगन में गया तो उसकी भी तरक्की होने लगी। मुर्गी, बकरी, सोना-चाँदी, जानवर अनाज, कुँओं, बाड़ी आदि सभी में तरक्की हुई। इसीलिए आदिवासी बारेला इदल को मानते हैं।

6. शब्दावली (भिलाली-हिन्दी)

रिश्ते-नाते

भिलाली	*हिन्दी*	भिलाली	*हिन्दी*
आया / आहाइस	*माँ*	छोरा न छुरा	*पोता*
बस	*पिता जी*	छोरा न छुरी	*पोती*
पुर्यु	*बेटा*	लाड़ीवाला	*विवाहित पुरुष*
पुराय	*बेटी*	अपाइली/बेच दी	*विवाहित महिला*
डहाला बा	*नाना*	छड़ला	*अविवाहित*

भिलाली	*हिन्दी*
ढहाली आया	*नानी*
मामू	*मामा*
मामी	*मामी*
बाई	*बड़ी बहन*
छादा	*बड़ा भाई*
डाहलुवास	*दादा*
डाहाली आहाइस	*दादी*
काकु	*काका*
काकी	*काकी*
फुआ	*फूफा*
फुई	*बुआ*
बाबा	*ताऊ*
टाजी	*ताई*
घरवाला/पाहणु/धैणी/लाडू	*पति*
लाड़ी/घोरवाली/बायोर	*पत्नि*

भिलाली	*हिन्दी*
छूट गई/लाड़ी छूट गई	*तलाकशुदा (महिला/पुरुष)*
रण्डाइली	*विधवा*
रण्डाइला	*विधुर*
छादी	*देवर*
भाईजी	*जेठ*
एहरो	*ससुर*
ळाहू	*सास*
पहाना	*जंवाई*
सलुस	*साला*
सलीस/भुवु	*साली*
आसपडुस	*पड़ोसी*
गावल्या	*अपने गाँव का*
फोल्येवाला	*कालोनीवासी*

मौसम के शब्द

भिलाली	*हिन्दी*
ठाण्ड / सियालू	ठण्ड
तोप / उनालू	गर्मी
जेठावाडी	बरसात

समय

भिलाली	*हिन्दी*
दिहु	*दिन*
रातु	*रात*
सोन्दारो	*सुबह*
तोपीवेला/माथे दहाडु	*दोपहर*
सांतो	*शाम*
दाहडा डिट/दाहडी	*प्रतिदिन*
हाट	*सप्ताह*
मोहनो	*महीना*

भिलाली	*हिन्दी*
वोरिस	*वर्ष*
वहणे	*आने वाला कल*
पेर	*पिछला साल*
आवते वोरिस	*आने वाला साल*
टाखु दाहडु	*पूरा दिन*
हिवी	*टब*
घोंटु	*घंटा*

उदाहरण–

कोतरी वाजरोया?	*क्या समय हुआ है?*
दुय वजरोया।	*दो बज रहे हैं।*
ची आज नी आवी।	*वह आज नहीं आएगी।*

दिनों के नाम

भिलाली	***हिन्दी***	**भिलाली**	***हिन्दी***
निवालिया (निवाली)	*सोमवार*	मेंणीहाट (मेंणीमाता)	*शुक्रवार*
परसुरिया(पल्सुद)	*मंगलवार*	थावर	*शनिवार*
सलादिया (सिलावद)	*बुधवार*	दितवार	*रविवार*
राजपुरिया (राजपुर)	*गुरुवार*		

आसपास के बड़े गाँव का बाजार जिस वार को पड़ता है उसके नाम से जाना जाता है।

महीनों के नाम

भिलाली	***हिन्दी***	**भिलाली**	***हिन्दी***
उत्तराणा	*जनवरी*	बुड़गा	*जुलाई*
डाणठा	*फरवरी*	रखियो / भादवा	*अगस्त*
बुवानिया	*मार्च*		
काल्दा	*अप्रैल*	दहरान	*अक्टूबर*
अखात्तरी नया साल	*मई*	कार्तिक	*नवम्बर*
डालवड़िया	*जून*	पूह	*दिसम्बर*

मई अखातरि – आखातीज के महीने को नए साल के रूप में मनाया जाता है। चांद दिखने पर घर के सभी लोग हाथ मे चावल और सिक्का रखकर अपने उज्ज्वल भविष्य की कामना करते हैं।

शरीर के अंगों के नाम

भिलाली	***हिन्दी***	**भिलाली**	***हिन्दी***
मुंड	*सिर*	पाय	*पैर*
डुला	*आँख*	अगलिया	*उँगली*
कानटा	*कान*	पटलिया	*तलवा*
नक	*नाक*	सतालिया	*जाँघ*
मुई	*मुँह*	पोंदड़ा	*कूल्हे*
गल्लु	*गला*	डील	*शरीर*

भिलाली	हिन्दी	भिलाली	हिन्दी
खानदा	*कंधा*	निडालो	*माथा*
पेट	*पेट*	हुटडा	*ओंठ*
छाती	*छाती*	घाड	*दाँत*
केडिया	*कमर*	उमठ	*अँगूठा*
नखडिया	*नाखून*	हातली	*हथेली*
झोटा	*बाल*	मांडू	*घुटना*
मुछी	*मूँछ*	लुहुई	*खून*
हाथ	*हाथ*	हाड्की	*हड्डी*

रंगों के नाम

भिलाली	हिन्दी	भिलाली	हिन्दी
रातलो	*लाल*	जामनी	*नीला*
धौवलिया	*सफ़ेद*	गुल्लों	*गुलाबी*
पेल्लो	*पीला*	काल्लो	*काला*
नील्लो	*हरा*		

फल

भिलाली	हिन्दी	भिलाली	हिन्दी
अनाजा	*सीताफल*	सोकोर निम्बो	*संतरा*
आबांन	*आम*	जामफोल्यो	*अमरूद*
बुर	*बेर*	निम्बालों	*नींबू*
केल्लो	*केला*	डांगरो / कोरेंगणो	*तरबूज*
काकड़ी	*ककड़ी*	आंगुर	*अंगूर*
अंडा ककड़ी/ओन्डया काकड़ी	*पपीता*		

जानवरों के नाम

भिलाली	हिन्दी	भिलाली	हिन्दी
उनदरू	*चूहा*	मानदेवड्यो	*छिपकली*
बुकड़ी	*बकरी*	कुकडूँ/कुकडी	*मुर्गा/मुर्गी*
बुइल	*बैल*	हाड्गू	*कौआ*
डुबी	*भैंस*	हुओ	*कबूतर*

भिलाली	हिन्दी
बुक्डु	*बकरा*
घुल्लु	*घोड़ा*
कुतरू	*कुत्ता*
गोदड़ो	*गधा*
गाडरा	*भेड़*
मंजरी	*बिल्ली*
हाती	*हाथी*
नाहार	*शेर*
होयणी	*हिरण*
माकोड	*बंदर*
कुलाय	*लोमड़ी*
सेसल्यो	*खरगोश*
खालवाड़ी	*मैना*
हूर्यु	*तोता*
माछा	*मछली*
डेडको	*मेंढक*
मेंगोर	*मगर*
कोचावडो	*कछुवा*
घोड्सु	*साँप*
किडावी	*चींटी*
भुमला	*कॉकरोच*
मोखड़ा	*मक्खी*
चाचड़िया	*मच्छर*

सब्जी (भाजी)

भिलाली	हिन्दी
नाव	*लौकी*
गिल्किया	*गिलकी*
केरला	*करेले*
कुहलु	*कद्दू*
रिंगना	*बैंगन*
भाजी	*पालक*
आटा	*हरा धनिया*
रोटा	*रोटी*
दाल	*दाल*
कुदरी	*चावल*
मीठू	*नमक*
दुन्गली	*प्याज*
लोहन	*लहसुन*
आला	*आलू*
टोमाटेर्या	*टमाटर*
भेंड़ा	*भिण्डी*
फूलगोभी	*फूलगोभी*

वजन मापने का तरीका

एक बर्तन जो एक किलो के आसपास होता है उसे कांगनी कहते हैं।

एक बड़ा बर्तन होता है जिसमें चार किलो के आसपास अनाज आता है उसे पाली कहते हैं।

सोलह पाली का एक मण होता है।

गणना करने का तरीका

एक से उन्नीस तक गिनती तो वैसी ही है जैसे देवनागिरी में होती है। बीस को वीस कहते हैं। इसके बाद वीस न एक, वीस न दुय, ... तीस को देडवीसु फिर देडवीसु ने एक ... चालीस को दुयवीस कहते हैं।

गिनती

भिलाली	*हिन्दी*	भिलाली	*हिन्दी*
एक	1 *एक*	सुले	16 *सोलह*
दुय	2 *दो*	सोतरे	17 *सत्रह*
तीन	3 *तीन*	ओठारे	18 *अठारह*
च्यार	4 *चार*	उगणिस	19 *उन्नीस*
पाँच	5 *पाँच*	वीस	20 *बीस*
छौ	6 *छह*	देडवीसु	30 *तीस*
सात	7 *सात*	दुयवीसु	40 *चालीस*
आठ	8 *आठ*	दुयवीसु ने दोस	50 *पचास*
नौ	9 *नौ*	तीन वीसु	60 *साठ*
दोस	10 *दस*	तीनवीसु ने दस	70 *सत्तर*
इग्यारे	11 *ग्यारह*	च्यार वीसु	80 *अस्सी*
बारे	12 *बारह*	च्यार वीसु ने दस	90 *नब्बे*
तेरे	13 *तेरह*	एक सौ	100 *सौ*
चौदे	14 *चौदह*	होजार	*हजार*
पेंदरे	15 *पन्द्रह*		

दैनिक दिनचर्या की बोलचाल के वाक्य

भिलाली	*हिन्दी*	भिलाली	*हिन्दी*
वारू की	*कैसे हो*	कुणीन चां	*किसको*
वरू छे आपणु	*मैं ठीक हूँ*	मेल दे	*रख दे*
यां आव	*इधर आओ*	तू काय कोरे	*तुम क्या करते हो*
छाटु आव/छाटी आव	*जल्दी आओ (पुरुष/महिला)*	यो मारो घर छे	*ये मेरा घर है*
ज	*जाओ*	भुडो	*बुरा*
वां जा	*वहाँ जा*	मोटो	*बड़ा*
बोस	*बैठ*	नानलो	*छोटा*
यो काये छे	*यह क्या है?*	छिन्दरा	*कपड़े*
यो कोर	*यह कर*	काचलो	*ब्लाउज*
आण	*लाओ*	घागरू	*पेटीकोट*
मेसेक सेरी आवे।	*मुझे बुखार है।*		

भिलाली	हिन्दी	भिलाली	हिन्दी
धोर	*ले*	उन्नी	*साड़ी*
लिजा	*लेजा*	कान्खुर	*किधर*
भाल	*देखाना*	मेसेक नी मालोम	*मुझे नहीं मालूम*
वातजुव / थुव	*रुको*	दाहड्की	*मजदूरी*
आप	*दे*	आमाल वाट जुव	*एक मिनट रुको*
कोयदे / कोह	*कह*	सोवाल	*प्रश्न*
तुसेक काय जुवे	*तुम क्या चाहते हो?*	जोपाप	*उत्तर*
आप	*दो*	गुल्लो	*मीठा*
कुची	*चाबी*	ओसामी	*विषय*
पोड	*पड़ना*	कायदु	*नियम*
खुली	*कमरा*	फोम	*याददाश्त*
खाटली	*खटिया*		

रसोई का सामान

भिलाली	हिन्दी	भिलाली	हिन्दी
गुदडा	*गद्दा*	खान्णयो	*सिलबट्टा*
उका	*गिलास*	ढ़ाकणो	*ढक्कन*
ढुमना	*थाली*	चालनी	*छलनी*
हांड़ी / खापरो	*कड़ाही*	मोस्को	*टोकरी*
चुलू / मोंगाला	*चूल्हा*	कोन्जी	*अनाज का कनस्तर*
वाटकि / ढुमणो	*कटोरा*	खिडियो	*बड़ी टोकरी*
तोवु	*तवा*	डुचरो	*दूध का बर्तन*
चाटली / कुड़ची	*चम्मच*		

संगीत के वाद्य यंत्र

भिलाली	हिन्दी	भिलाली	हिन्दी
ढूल	*बड़ा ढोल*	घागर्या	*छोटी घंटी*
मान्दोल	*बीच के आकार का ढोल*	रोमथू	*वायलिन*
कुण्डलो	*ढपली*	पेटीवाजो	*हारमोनियम*
ढुलिया	*छोटा ढोल*	तोबला	*तबला*
पावली	*बाँसुरी*	ढाक	*छोटा ढोल*

बीमारी

भिलाली	हिन्दी	भिलाली	हिन्दी
मान्द्‌लु	*बीमारी*	भ्मारो	*सर्दी जुकाम*
दुख	*दर्द*	सुजणो	*सूजन*
मुंडदुखणो	*सिरदर्द*	बेहरू	*बहरा*
भोमारू	*सामान्य सर्दी*	उखोत / दोवा	*दवाई*
पेट दुखयो	*पेटदर्द*	रद्‌द	*मरना*
खोरज्यो	*खुजली*	मोलोम	*मल्हम*
आन्दुल	*अंधा*	झांवा	*मिर्गी*
हेरी / सेरी	*बुखार*	उखलावणी	*उलटी*
बार्थी	*दस्त*	दात्कोर	*डॉक्टर*

लेखक के विचार

पश्चिम निमाड़ मिली-जुली सामाजिक व सांस्कृतिक खूबियों का एक सुनहरा बागीचा है जहाँ तरह-तरह के फूल अपनी खुशबू से इस इलाके की गरिमा को सहेज कर रखे हुए हैं। भील भिलाला के नाम से पहचाने जाने वाले पश्चिम निमाड़ का विराट वैभव अपनी सांस्कृतिक गरिमा के लिए प्रदेश में ही नहीं वरन् सम्पूर्ण देश में निमाड़ी संस्कृति के लिए प्रसिद्ध है। इसी निमाड़ी संस्कृति के द्योतक बारेला भील जाति के बारे में उपर्युक्त जानकारी प्रस्तुत है।

किसी भी आदिवासी जनजीवन के बारे में कोई भी जानकारी एकत्र करना बेहद कठिन काम है क्योंकि उनका कोई लिखित इतिहास नहीं है। दूसरे जानकारी एकत्र करने के लिए उनकी बोली की कुछ हद तक जानकारी होने पर ही काम आसान हो पाता है। इनके बारे में बहुत काम भी अभी तक नहीं हुआ है इसलिए किसी शोध स्रोत का उपयोग करना भी ज्यादा मदद नहीं करता। फिर भी स्थानीय भिलाली बोलने वाले बारेला साथियों की मदद से कुछ जानकारियाँ एकत्रित की हैं जो प्रस्तुत हैं, परन्तु इस जानकारी को प्रस्तुत करने से पूर्व मैं केनिया पटेल व राकेश बर्डे का धन्यवाद करना चाहूँगा जिनकी कौटुम्बिक पहचान व भाषायी ज्ञान की मदद से मैंने जानकारी एकत्रित की। साथ ही एम.एल.वर्मा 'निकुंज' की पुस्तक, *भीलों की सामाजिक व्यवस्था* एवं आधार शिला शिक्षण केन्द्र की *हम कौन हैं* पुस्तक के लिए भी धन्यवाद करना चाहूँगा। इन पुस्तकों से जानकारियों को एक व्यवस्थित क्रम देने में सहायता मिली है। अंत में खासतौर पर धन्यवाद करूँगा समुदाय के उन सभी लोगों को जिनसे हुई बातचीत के आधार पर यह दस्तावेज़ मैं तैयार कर पाया।

16

बुंदेली

राम गोपाल रैकवार, दामोदर जैन

1. नाम – बुंदेली

उप नाम- बुंदेलखण्डी

2. भाषा का इतिहास एवं विकास

बुंदेल-भूमि की राजनैतिक सीमाएँ नैतिक-विग्रहों के कारण समय-समय पर संकुचित एवं व्यापक होती रही हैं- 'इत जमुना उत नरमदा, इत चम्बल उत टौंस' -उत्तर में पुण्य-सलिला यमुना, दक्षिण में प्रपात-रमणीया नर्मदा, पूर्वभाग में आदिकवि की वाणी से पवित्र हुई तमसा (टौंस) और पश्चिमी सीमा पर पुराण-चर्चित चर्मण्यवती (चम्बल)- यह सीमा बुंदेलखण्ड-केशरी महाराज छत्रसाल की कही जाती है, क्योंकि दोहे का अर्धांश इस तथ्य की पुष्टि कर रहा है- 'छत्रसाल सों लरन की, रही न काहू हौंस'। इतिहासज्ञ इस वीर-बुंदेला का स्थिति-काल सन् 1648 से 1731 तक मानते हैं। इस प्रकार बुंदेलखण्ड की यह सीमा अधिक पुरानी नहीं कही जा सकती।

इस भू-भाग के बुंदेलखण्ड नाम की कल्पना 500-600 वर्षों से अधिक पुरानी नहीं जान पड़ती। जनश्रुति तो यह है कि गहरवारवंशीय काशीश्वर विन्ध्यराज की वंश-परम्परा में उत्पन्न हुए महाराज हेमकर्ण ने (जिनको इतिहासकारों ने वीर पंचम के नाम से अभिहित किया है) भाइयों द्वारा छीने हुए अपने राज्य की प्राप्ति के लिए 'विन्ध्यवासिनी देवी' को प्रसन्न किया। आत्मोत्सर्ग के लिए उठी हुई करबाल की एक खरोंच मस्तक में लग गई और रुधिर का एक सबल बिन्दु पृथ्वी पर जा गिरा, फलस्वरूप वीर पंचम की संतति 'बुंदेला' क्षत्रिय (बूंद से बिन्दु, के प्रभाव से राज्य-प्राप्ति) के नाम से प्रसिद्ध हुई। इसी जनश्रुति का आधार लेकर महाराज छत्रसाल के राजकवि गोरेलाल उपनाम 'लाल' कवि ने *छत्र प्रकाश* में बुंदेला नाम की कल्पना की है।

''प्रथमहि राज आपनौ पावौ, परभुव भोगनदार कहावौ।
यह कहि हाथ माथ पर राखे, पुहुमी प्रगट बुंदेला भाखे।।

इस जनश्रुति के आधार पर बहुत ही स्पष्ट जान पड़ता है कि वे गहरवारवंशीय काशीस्य क्षत्रिय जिन्होंने किन्हीं कारणोंवश काशी से भागकर विन्ध्यभूमि में अपना प्रभुत्व स्थापित किया, विन्ध्य से सम्पर्क रखने के कारण 'विन्ध्येल विन्देले', 'बुंदेले' कहलाए। विन्ध्य की अटवियों में रहने वाली जातियों का स्मरण 'विन्ध्य' के आधार पर किया जाता रहा है। यथा-'विन्ध्यवासिनी' (*वायुपुराण,* 131), 'विन्ध्यपृष्ठ-निवासिनी' (*वायुपुराण,* 134), 'विन्ध्य के वासी...' (तुलसी,

कवितावली) आदि। 'विन्ध्यराज', 'विन्ध्यशक्ति' आदि व्यक्तिसूचक नामों का भी प्रयोग हुआ है। स्थान के आधार पर जातियों के नाम और जातियों के आधार पर स्थानों का नामकरण करने की प्रथा सामान्य है। अतः स्पष्ट है कि 'बुंदेला' नाम 'विन्ध्य' से बहुत कुछ संबंध रखता है, जो इस जाति के व्यापक प्रभुत्व में आने पर अधिकाधिक प्रचलित होने लगा होगा। इससे यह भी निष्कर्ष निकलता है कि 'बुंदेलखण्ड' नाम परवर्ती है और बुंदेला जाति के राज्य-विस्तार के आधार पर कल्पित किया गया है।

क्षेत्रीय भाषा अथवा बोली के लिए 'बुंदेलखण्डी' शब्द का प्रयोग सर्वप्रथम सर जॉर्ज ए. ग्रियर्सन द्वारा किया हुआ जान पड़ता है क्योंकि 1843 में मेजर आर.लीच, सी.बी. (Major R. Leech, C.B.) ने इसे बुंदेलखण्ड की हिन्दुवी बोली (Hinduvee dialect of Bundelkhanda) कहा है। स्थानवाची होने के कारण अधिक उपयुक्त होते हुए भी यह नाम श्रुति-मधुर नहीं कहा जा सकता। अतएव तुलना में अल्पाक्षरात्मक 'बुंदेली' शब्द का प्रयोग समीचीन समझा गया।

प्राचीन लोकसाहित्य-सामग्री के अभाव में किसी भी भाषा का सुगठित एवं प्रामाणिक इतिहास प्रस्तुत करना संभव नहीं है। बुंदेली ही क्यों, अन्य आधुनिक आर्य भाषाओं के ऐतिहासिक अध्ययन के लिए पर्याप्त मात्रा में अनुमान का सहारा लेना पड़ा है, क्योंकि भारतीय भाषाओं की साहित्यिक प्राकृतों एवं अपभ्रंशों की सामग्री अत्यल्प मात्रा में उपलब्ध हो सकी है। इसमें सन्देह नहीं कि वर्तमान बुंदेली का ध्वन्यात्मक एवं व्याकरणिक ऐक्य हिन्दी की पश्चिमी बोलियों से है, अर्थात् ब्रज एवं खड़ी बोली से उसका नैकट्य (affiliation) प्रमाण-सिद्ध है, परन्तु प्राचीन आर्य भाषा संस्कृत से लेकर अद्यावधि बुंदेलखण्ड की प्रदेशीय भाषाएँ कौन-कौन सी रही हैं इस संबंध में अधिक प्रामाणिकता के साथ भाषाविज्ञानेतर (non-linguistic) कारण ही प्रस्तुत किए जा सकते हैं।

भारतीय आधुनिक आर्य भाषाओं का तीसरा काल जिसे 'भाषा-युग' कहा गया है सन् 1000 से प्रारम्भ होता है। भारतीय जन जीवन में यह युग राजनैतिक चेतना के ह्रास का युग था।

2.1 प्रांतीय जनभाषाएँ–नौवीं सदी से बारहवीं सदी तक के भारत में न जाने कितने सामंती राज्यों का अभ्युदय हुआ–जेजाकभुद्रि (बुंदेलखण्ड) के चंदेले, छत्तीसगढ़ के कलचुरि, अवध के गहरवार, बिहार के पाल, बंगाल के सेन, अजमेर के चौहान, मालवा के परमार, काठियावाड़ के चालुक्य और पूर्वी राजपूताने के कछवाहे-इस तथ्य को प्रमाणित करते हैं कि बहुत-सी प्राचीन उपजातियाँ और गण-गोत्र मिलकर नवोदित जातियों और क्षुद्र राष्ट्रों का रूप धारण कर रहे थे। इन रजवाड़ों के राज-दरबारों में चाहे कृत्रिम साहित्यिक भाषा को ही प्रश्रय मिला हो परन्तु जातियों की भिन्न इकाइयों के आधार पर भाषा-इकाइयों का अभ्युदय अवश्य माना जा सकता है। यही कारण है कि इस युग में एक ओर विद्यापति ने मैथिली को, सिद्धों ने मगही को, सूफी संतों ने अवधी को, ग्वालियर के चतुरों ने ग्वालियरी को और अमीर खुसरो ने खड़ी बोली को अपनाया। वस्तुतः यह युग जनभाषाओं के अभ्युदय का युग था।

विकास के इस युग में विन्ध्यक्षेत्रीय बुंदेली का स्वतंत्र साहित्यिक विकास नहीं हो पाया। इसका कारण यही जान पड़ता है कि कलाप्रिय तोमरों के राज्य-केंद्र ग्वालियर की भाषा 'ग्वालियरी' एक ओर ब्रज का तथा दूसरी ओर बुंदेली का साहित्यिक उत्तरदायित्व सँभाल रही थी। काव्यरसिक ओरछा भी 'ग्वालियरी' के अत्यधिक निकट था। अतएव बुंदेली का विशिष्ट रूप निखार में न आ सका। फिर भी ब्रज भाषा के परवर्ती साहित्यिक रूप में बुंदेली के योगदान को सरलता से समझा जा सकता है।

2.2 क्षेत्रीय रूप–किसी भी भाषा-क्षेत्र को उसकी क्षेत्रीय इकाइयों में विभाजित करने के लिए, भाषा-विशेष की ध्वनि, व्याकरण अथवा शब्द-सम्बंधी प्रवृत्ति को आधार बनाकर विभाजक-रेखाएँ खींची जा सकती हैं। इस प्रकार विभद्र होकर जितने सुगठित क्षेत्र बनेंगे उतने ही उस भाषा के क्षेत्रीय-रूप कहे जा सकते हैं। इस प्रवृत्ति को आधार बनाकर देखने से समूचे बुंदेलखण्ड को तीन भागों में बँटा हुआ पाते हैं–उत्तर-पूर्वी, उत्तर-पश्चिमी, दक्षिणी। इन्हें भाषा-प्रवृत्ति के आधार पर ही नामांकित करने का प्रयत्न किया है, यथा–क्रमशः खाँ, काँ, खों बोलियाँ। चूँकि जातीय एकता की सुदृढ़ इकाइयों के आधार पर ही नामों को स्थायित्व मिलता है। 'बुंदेली' नाम का प्रचलन ऐसी ही प्रवृत्ति का परिचायक है।

बुंदेली की ये विशेषताएँ दाशार्णी (धसान) द्वारा अभिसिंचित भू-प्रदेश में भली-भाँति देखी जा सकती हैं। वस्तुतः यह प्रदेश ही बुंदेलखण्ड का मध्यवर्ती और भाषा की दृष्टि से महत्त्वपूर्ण क्षेत्र है। भारतीय इतिहास में 'दशार्ण' जनपद का गौरवपूर्ण स्थान रहा है। इस प्रदेश में, चाहे तुर्क हों, चाहे मुगल, किन्हीं का भी स्थायी प्रभाव न रह सका। अंग्रेज़ों के आने पर भी 'सेन्ट्रल एजेन्सीज' (Central Agencies) के रूप में इसने अपना भिन्न अस्तित्त्व बनाए रखा। यदि हम भाषाओं के नामकरण के लिए पुरातनोन्मुख हों यथा-कौरवी, पांचाली, कोशली-तो निस्सन्देह बुंदेली का सर्वाधिक उपयुक्त नाम 'दाशार्णी' होगा।

स्रोत : डॉ. रामेश्वर प्रसाद अग्रवाल

3. क्षेत्र

बुंदेली एक विस्तृत भू-भाग की बोली है, जिसकी जनसंख्या भारत की जनगणना, 2001 के अनुसार लगभग 30 लााख है। मध्य प्रदेश में बुंदेली भाषी क्षेत्र राज्य के निम्न भागों में है–

मध्य प्रदेश के जिले-टीकमगढ़, छतरपुर, पन्ना, दमोह, सागर, नरसिंहपुर, भिण्ड, दतिया, ग्वालियर, शिवपुरी, मुरैना, गुना, विदिशा, रायसेन, होशंगाबाद, जबलपुर, बैतूल, छिन्दवाड़ा, सिवनी, भोपाल, मण्डला, सतना, हरदा, श्योपुर।

मध्य प्रदेश के होशंगाबाद, हरदा, मण्डला, भोपाल, छिन्दवाड़ा, सिवनी, बैतूल आदि जिलों में पड़ोसी क्षेत्रों की अन्य बोलियों का मिश्रित प्रभाव पाया जाता है।

4. उप बोलियाँ

बुंदेली की उपबोलियाँ हैं–भदौरी या तवरघारी, पवारी, राठौरा या (लोधान्ती) लुधाती, कँदरी, खटोला, बनाफरी एवं परिनिष्ठित (रजाएसु) बुंदेली। बुंदेली के विभिन्न रूप हैं जैसे–लोधी, कोष्ठी, कुम्मारी, किरारी, गावली, पौवारी, नागपुरी गहोरापठा, अंतरपठा, जुड़ार आदि।

इनमें राठौरा या रठोंय तथा खटोला स्थानों के नाम पर और शेष सम्बंधित क्षेत्रों की प्रभावशाली जातियों के नाम पर आधारित हैं। दशार्ण (धसान) नदी, दशार्ण जनपद के आधार पर इसे 'दाशार्णी' का सम्बोधन भी दिया जा सकता है, जैसे-पांचाल-पांचाली, कौशल-कौशली, कौरव-कौरवी।

5. भाषायी सीमाएँ

बुंदेली भाषी क्षेत्र की भाषायी सीमाएँ इस प्रकार हैं–

पूर्व में	बघेली
पश्चिम में	मारवाड़ी
उत्तर में	ब्रज, खड़ी बोली
दक्षिण में	मराठी

बुंदेलखण्ड की मुख्य भाषा बुंदेलखण्डी है। इसके दक्षिण में गौड़वानी और उत्तर में दोआब की हिन्दी और बैशवारी भाषा बोली जाती है। उपरोक्त भाषाओं का प्रभाव बुंदेली भाषा पर पड़ा है। जिसके कारण अनेक उपभाषाएँ उत्पन्न हुई हैं। इन भाषाओं में गहोरापठा, अंतरपठा, जुड़ार, कुँदरी, बनाफरी, लुधाती आदि उपभाषाएँ हैं। जिसे स्तरीय बुंदेली कहा जाता है, वह बुंदेलखण्ड के नौ जिलों में बोली जाती है शेष स्थानों में पवारी, लुधाती, खटोला और दक्षिणी बुंदेली बोली जाती है।

दसवीं शताब्दी के बाद से पन्द्रहवीं शताब्दी तक इस भाषा का विकास चारण और भाटों के माध्यम से हुआ। इस समय अनेक प्रकार के ग्रंथों की रचना हुई तथा भाषायी परिवर्तन क्षेत्रीय आधार पर हुए। इसके लिए यह कहावत प्रसिद्ध है– "कोस-कोस में पानी बदले सवा कोस में बानी"।

दतिया के आस-पास पवारी भाषा का विकास हुआ। यह भाषा राजस्थानी और ब्रज से मिलती-जुलती है। इसी प्रकार राठ, हमीरपुर, चरखारी और जालौन में लुधाती भाषा का विकास हुआ। इनकी बोलने की पद्धति अन्य क्षेत्रों से भिन्न थी। पन्ना और दमोह के आस-पास बुंदेलखण्डी का एक नया स्वरूप विकसित हुआ जिसे खटोला भाषा के नाम से पुकारा गया। इसी प्रकार बनाफरी, कुँदरी भाषा का विकास उत्तरी पूर्वी बुंदेलखण्ड, हमीरपुर और बांदा में हुआ। मुख्य रूप से यह भाषा केवटों और यादवों की भाषा है। भाषायी दृष्टिकोण से क्षेत्रीय आधार पर इसका विभाजन इस प्रकार है–

जिला	**भाषा**
जालौन	लोधान्ती, स्तरीय बुंदेली, बुंदेलखण्डी, राठौरी
हमीरपुर	लोधान्ती, दक्षिणी पूर्वी भाग, कुँदरी, राठौरी
बाँदा	बनाफरी
चित्रकूट	कुँदरी
ललितपुर	स्तरीय बुंदेलखण्डी
झाँसी	स्तरीय बुंदेलखण्डी
ग्वालियर	पूर्वी भाग में स्तरीय बुंदेलखण्डी, उत्तरी भाग में पवारी
शिवपुरी	भदावरी
दतिया	पवारी
सागर	स्तरीय बुंदेलखण्डी
दमोह	खटोला
टीकमगढ़	स्तरीय बुंदेलखण्डी
पन्ना	खटोला, स्तरीय बुंदेलखण्डी
छतरपुर	स्तरीय बुंदेलखण्डी, बनाफरी, किरारी
मंडला	गौड़वानी (गहोरापठा)
नरसिंहपुर	लुधाती
जबलपुर	खटोला स्तरीय बुंदेलखण्डी

बांदा जनपद में कुछ और उपभाषाएँ बोली जाती है जिन्हें तिरहारी, कोल्हाई अन्तर्पठा, गहोरापठा, जाड़ा, जूड़र, बनाफरी और ददरिया आदि भाषाओं के नाम से पुकारा जाता है।

6. व्याकरण

लिखित व्याकरण के अभाव में बुंदेली में प्रचलित मुहावरे, कहावतें एवं अहाने दिए जा रहे हैं।

6.1 मुहावरे

पनइयाँ चटकाउत फिरबौ - *कुछ काम न करना, बेकार रहना।*

फिकरा से अगौने होबौ - *जल्दी मचाना।*

झरे में कूरा फैलाबौ - *काम बिगाड़ना, काम बढ़ाना।*

मौ मिलाबौ - *झूठी हाँ में हाँ मिलाना।*

कण्डा कड़बौ - *अर्थी निकलना, मृत्यु होना।*

बरूले बरबौ - *खूब सम्पत्ति होना।*

कुतका बताबौ - *मना करना।*

फूल झरबौ - *मीठा बोलना।*

छाती मारबौ - *मेहनत करना।*

गुजारौ होबो - *गुजर बसर होना।*

बुढ़ापे की लठिया - *बुढ़ापे का सहारा।*

पानी धरबौ - *शह देना।*

सम्पट सौरा होबौ - *सब कुछ नष्ट होना।*

6.2 कहावतें/कानात

1. घर में नइयाँ चून चनन कौ, माते बली करायें। *(साधन न होने पर भी समारोह की सोचना)*
2. नै जा बेंराँ नै बा बेंराँ बैलवन खों नौन दे दौ। *(काम का उचित अवसर न होना)*
3. टाँड़े में से लुखरो कड़ गई। *(अप्रत्याशित सफलता मिलना)*
4. जाँ भूत कौ डर, उतई मोड़ा अठवाई मांगे। *(अनुपयुक्त अवसर पर माँग करना)*
5. ऊँट चढ़ैं मलकियाँ आवत। *(पद-प्रतिष्ठा मिलने पर अभिमान हो ही जाता है)*
6. नन्ने भूत बड़न को डरवा रय। *(छोटों द्वारा बड़ों को आँख दिखाना)*
7. न चौटिया लेव न बकटौ भराव। *(दूसरों को अधिक हानि पहुँचाने का अवसर देना)*
8. बौई सिया कौ मायकौ बौई रावन की गैल। *(खतरे की आशंका वाली जगह पर रहना)*
9. माते दुके पिंयार में को कय बैरी होय। *(बड़े का रहस्य बताकर उसे अपना दुश्मन बनाना)*
10. ऊँट की चोरी नेवरैं नेवरैं नई होत। *(बड़ा काम छुप के नहीं किया जा सकता)*

6.3 अहाने*

1. सांझ सेज तिरिया भली। भोजन सुत के साथ।।
   और सौंझ सब जानदे होरी हूँ कै साथ।।

हिन्दी अनुवाद : *रात्रि में अपनी पत्नी के साथ रहना उचित है और भोजन पुत्र के साथ करना उचित है। इसी प्रकार दूसरे अवसरों पर पराए लोगों का साथ किया जा सकता है पर होली अपनों के साथ ही खेलनी चाहिए।*

2. तिल भौरी लेसुन मसौ बसे दाहने अंग।
   जाए बसे बनखंड में लछमी नै छोड़ै संग

हिन्दी अनुवाद : *यदि शरीर के दाँए अंग पर तिल, भँवर, मस्सा अथवा लहसुन (जन्मजात दाग या चिह्न) हो तो ऐसा व्यक्ति सदैव धनवान रहता है। वह जंगल में भी रहने लगे तब भी लक्ष्मी (सम्पत्ति) उसका साथ नहीं छोड़ती।*

3. जाके कुल की जौन है लये रहत हैं तौन।
   सिंह बाघ के चेनुआ उनै सिखावत कौन।।

---

* अहाने—ये कहावतों का ही एक भेद हैं। अहाने किसी छोटी लोककथा, सामाजिक विधानों, रीति-रिवाजों, व्यक्तियों या वस्तुओं के गुण-अवगुण, लोक मान्यताओं, लोक-शिक्षा आदि पर आधरित होते हैं। इनमें सामाजिक व्यंग्य निहित रहता है।

हिन्दी अनुवाद : *जिसके कुल के जो पैतृक गुण होते हैं वे उसे परम्परागत या आनुवांशिक रूप से प्राप्त होते हैं जैसे सिंह या बाघ के शावकों में शिकार की सहज प्रवृत्ति होती है।*

4. डाँड़ी मारे साव कहाबै हर हाँके सो चोर।।
   चुपर चुपर बाबा जी खावें जिनके ढोर न मोर।।

हिन्दी अनुवाद : *कम तौलनेवाला साहूकार कहलाता है, जबकि हल चलानेवाला मेहनतकश इंसान चोर ठहराया जाता है। इसी प्रकार बिना परिश्रम के दान-दक्षिणा पर निर्भर रहनेवाले बाबा लोग घी चुपड़ी रोटियाँ खाते हैं जबकि उनके पास ढोर आदि (दुधारू पशु) कुछ भी नहीं होते। (सामाजिक विसंगति पर व्यंग्य)*

5. अरकसिया के कर नहीं, नहीं गौंच के दंत।।
   जो नर धीरे बोंलिहैं उनसे बचियो कंत।।

हिन्दी अनुवाद : *एक स्त्री अपने पति को समझाते हुए कह रही है कि अरकसिया (छोटी आरी) के हाथ नहीं होते और जोंक के दाँत नहीं होते फिर भी ये हानि पहुँचा सकते हैं। इसी प्रकार धीरे बोलनेवाले (शांत दिखनेवाले) व्यक्ति से बचकर रहना चाहिए।*

6. लम्बौ टीका मधुरी बानी।
   दगाबाज की येई निशानी।।

हिन्दी अनुवाद : *लम्बा टीका लगानेवाले और मीठा बोलनेवाले भी अक्सर धोखा दे जाते हैं।*

7. जाके राज में रहइ सो ताकी तैसी कइए।
   ऊँट बिलइया लै गई सो हांजू हांजू कइए।।

हिन्दी अनुवाद : *जिसके राज में या जिसके अधीन रहना पड़े तो उसी की मंशा के अनुसार चलने में ही भला है। अगर वह यह कहे कि बिल्ली ऊँट को उठा ले गई है (असंभव कार्य) तो भी उसकी हाँ में हाँ मिलाना चाहिए।*

संकलन : राम गोपाल रैकवार

6.4 कुछ विशिष्ट बुंदेली क्रिया शब्द

(आग) परचावौ	*आग जलाना (प्रज्जवलित करना)*
(चकिया) ओरवौ	*हाथ चक्की से पीसना*
(गैया) ढीलवौ	*छोड़ना*
(फूल) सिराबौ	*जल में डालना (अर्पित करना)*
(पटिया) पारवौ	*बालों में माँग निकालना (बाल काढ़ना)*
(कुलैया) टेबौ	*कुल्हाड़ी को धार के लिए पत्थर पर घिसना।*
(मठा) भांबौ	*दही बिलोना।*
(ढोर) पेंड़बौ	*खेत में ढोर घुसा देना।*
(गड़ा) पूरबौ	*गड्ढा भरना।*
(नाज) गाबौ	*फसल लेना।*
(नदी में) पैरबौ	*तैरना।*

7. साहित्य (बुंदेली भाषा)

लोकगीत 1

कार्तिक गीत

आ जाऊँगी बड़े भोर दहीरा लेके आ जाऊँगी बड़े भोर।
ने मानो मटकी धर राखो सबरे बिरज को मोल।
ने मानो कुड़री धर राखो मुतियाँ जड़े हैं किड़ोर।
ने मानो चुनरी धर राखो लिखे पपीरा मोर।
ने मानो गहनो धर राखो बाजुबंद हमेल।
चन्द्रसखी भज बालकृष्ण छबि छलिया जुगलकिशोर।
आ जाऊँगी बड़े भोर–दहीरा लेके...।

स्रोत : राम गोपाल रैकवार, टीकमगढ़।

हिन्दी अनुवाद

गोपी श्री कृष्ण से कह रही है– हे कन्हैया, मैं प्रातःकाल ही दही लेकर आ जाऊँगी। विश्वास न हो तो मेरी मटकी रख लो जिसका मूल्य सारे ब्रज के बराबर है। अथवा मेरी कुडरी (सर पर मटकी रखने के लिए घास की बनी गोलाकार चकरी) रख सकते हो जिसमें करोड़ों मोती जड़े हैं। चाहो तो मेरी चुनरी रख लो जिसमें पपीहा और मोर के चित्र बने हैं। इस पर भी विश्वास न हो तो मेरे बाजूबंद और हार आदि जेवर भी रख सकते हो। लेखक कहता है, हे चन्द्र सखी बालरूप कृष्ण को भजो। जुगल किशोर बड़े ही छली है।

लोकगीत 2

कार्तिक गीत

भई ने बिरज की मोर सखी री मैं तो, भई ने बिरज की मोर।
काँ मैं रहती, काँ मैं चुनती, काँ मैं करती किलोर।

मथरा रहती, बिन्द्राबन चुनती, गोकल करती किलोर– सखी री...।
उड़ उड़ पंख गिरे धरती में, बीनें जुगलकिशोर।
उन पंखन को मुकट बनाकें बाँधे जुगलकिशोर।
चन्द्रसखी भज बालकृष्ण छबि ढूँढ़ति जुगल किशोर।'
भई ने बिरज की मोर...।

स्रोत : राम गोपाल रैकवार, टीकमगढ़।

हिन्दी अनुवाद

सखी कह रही है– मैं ब्रज की मोर क्यों न हुई। स्वयं से प्रश्न करती सखी पूछती है यदि मैं मोर होती तो कहाँ रहती, कहाँ चुगती और कहाँ किलोल (क्रीड़ा) करती?

फिर स्वयं ही इसका उत्तर देती है– कि यदि मैं ब्रज की मोर होती तो मथुरा में रहती, वृन्दावन में चुगती और गोकुल में किलोल करती। जब मैं उड़ती तो मेरे पंख धरती पर गिरते जिसे जुगल किशोर (श्री कृष्ण) बीनकर उनका मुकुट बनाकर अपने सिर पर लगाते। लोककवि कहता है कि हे चन्द्र सखी जुगल किशोर को ढूँढती हुई सखी बालरूपी कृष्ण को भजो।

लोकगीत 3

गारी

कच्चे अनार जिन टोरो अनारी
बारे न करियो ब्याव मोरे लाल
मूरख कपूत दुख देहे जनमभर
करकर अपजस घाव मोरे लाल
प्यारे उजारे कुल के दिया दोई

हिन्दी अनुवाद

(बाल विवाह, अधिक संतान एवं दहेज प्रथा विरोधी विवाह गीत)

अरे अनाड़ी कच्चे अनार नहीं तोड़ना चाहिए। उसी प्रकार कम उम्र में विवाह नहीं करना चाहिए। मूर्ख संतान अपयश देकर उम्र भर दुख देती हैं। दो कुल दीपक ही पर्याप्त हैं उन्हीं को सर्वगुण सम्पन्न बनाना चाहिए। दहेज माँगने से बड़प्पन

सब गुन ग्यान बढ़ाव मोरे लाल
मागें दहेज धुब जेहे बड़ाई
खुलहे भरम की पोल मोरे लाल
आसा बिरानी सबसे घिनौनी
बेचत लाल अमोल मोरे लाल

समाप्त हो जाता है और सारी पोल खुल जाती है। दूसरों से आस करना नीचता है। बेटे अमूल्य हैं, इन्हें दहेज के लिए नहीं बेचना चाहिए।

स्रोत : राम गोपाल रैकवार, टीकमगढ़।

बाल गीत

हिन्दी अनुवाद

1. बाबूलाल बाबूलाल, तेल की मिठाई।
सागर की गैल में, कुतिया नचाई।
कुतिया मर गई, कर लई लुगाई।

बाबूलाल! बाबूलाल!! तेल की मिठाई, सागर (मध्यप्रदेश का एक शहर) के रास्ते में कुतिया नचाई। कुतिया के मर जाने पर किसी स्त्री के संग ब्याह कर लिया।

2. हल्कू-टल्कू तीन चना।
मताई मलंगू, बाप घिना।

हल्कू टल्कू तीन चना (एक खाद्यान्न)
तेरी माँ लम्बी और पिता गंदा है।

3. नथू नथोले नग-नग पोले।
हुक्का सी तोंद, चिलम के गोले।

नथू नथोले, तुम्हारे अंग-अंग पोले हैं। तुम्हारी तोंद (पेट) हुक्का जैसी और तुम चिलम (मिट्टी की नलिका जिसमें तम्बाकू रखकर और जलाकर उसका धुँआ पिया जाता है।) के गोले (चिलम के अंदर डाली गई मिट्टी की गोली) हो।

4. पंचू पांच रोटी खाँय। आधी हारे ले जाँय।
कौआ चोंट-खोंट खाँय। पंचू लोट लोट जाँय।

पंचू नाम का लड़का पाँच रोटी खाता है। आधी यानि ढाई रोटियाँ घर पर खाकर आधी रोटियाँ खेत पर ले जाता है जहाँ कौए रोटियों का नोंच-नोंचकर खा जाते हैं।

5. इमली की चिमली, बाँस की पोर।
चले लटोरे, दाँत निपोर।

इमली (एक खट्टा फल) की चिमली (कच्ची इमली), बाँस की पोर (नली) चले लटोरे (एक व्यक्ति) दाँत निपोर (दाँत निपोरना या दिखाना, एक मुहावरा)

6. सुआ बैठो डाल पे, पानी पिये ताल पे।

सुआ (तोता) डाल पर बैठा है, तालाब का पानी पीता है।

7. ताल बिलौटा, बाँदर घोंटा
गौर की पूँछ, मगर कौ पेंता
बड़े साब कौ-बड़ो लँगोटा।
छोटे साब कौ-छोटो लँगोटा।

इस गीत में पहली दो पंक्तियों में परस्पर संबंधरहित शब्दों का प्रयोग हुआ है। अंतिम दो पंक्तियों में हास युक्त तुलना की गई है।

ताल (तालाब) बिलौटा (बिलाव) बंदर, घोंटा (खजूर की सूखी काँटों और नुकीली पत्तियों वाली टहनी) गौर (जंगली भैंसा) की पूँछ, मगरमच्छ का पेंता (पेंता का सामान्य अर्थ नई शाखा या डाली होता है) बड़े साहब का लँगोट बड़ा और छोटे साहब का लँगोट छोटा है।

8. फुआ री फुआ, तोरे पेट में कुँआ।
उचकें मेंदरे, बोलें-सुआ।

इस गीत में बच्चा अपनी बुआ की चिढ़ा रहा है।

बुआ री बुआ, तुम्हारे पेट में कुँआ है। उसमें मेंढक उचक रहे हैं और तोता बोल रहा है।

9. मौसी री मौसी, कोने में दोंची,
दौचत-दौंचत मँगरे पोंची, मँगरे से गिरो सिलौटा।
मौसी को मुँस बिलौटा।

संकलन : कु. मेखला कश्यप

इस गीत में बच्चा अपनी मौसी को चिढ़ा रहा है।

मौसी री मौसी, कोने में पटकी, पटकते-पटकते छप्पर के ऊपर पहुँच गई। छप्पर से सिलबट्टा गिरा, मौसी का पति बिलाव है।

लोकगीत 4

फाग

दिन ललित बसंती आन लगे, हरे पात पियरान[1] लगे।
घटन[2] लगी दिन पे दिन रजनी, रवि के रथ ठैरान[3] लगे।।
उड़न लगे चऊँ[4] ओर पताका, पीरे[5] पट[6] फैरान[7] लगे।
बोलत मोर कोकिला कूकें, आमन[8] मौर[9] दिखान लगे।।
'गंगाधर' ऐसे में मोहन, किन सौतन के कान लगे[10]।

स्रोत : राम गोपाल रैकवार, टीकमगढ़।

शब्दार्थ: [1]पियरान-पीले, [2]घटन - घटने/कम होने, [3]ठैरान - ठहरना, [4]चऊँ-चारों ओर, [5]पीरे-पीले, [6]पट-वस्त्र, [7]फैरान-फहराने, [8]आमन-आमों में, [9]मौर-बौर, [10]कान लगे-बहकाबे में।

हिन्दी अनुवाद–*नायिका कह रही है कि बसंत के सुहाने दिन आ गए हैं। हरे पत्ते पीले पड़ने लगे हैं। रातें अब छोटी होनें लगी हैं और दिन की लम्बाई बढ़ गई है। चारों ओर बसंत के आगमन के प्रतीक पीले फूल खिल गए हैं जैसे पीली झंड़ियाँ उड़ रहीं हैं। नर-नारी पीले वस्त्र पहने हैं। मोर बोल रहे हैं और कोयल भी कूक रही है। आम के पेड़ों में बौर दिखने लगे हैं। ऐसी सुहानी ऋतु में प्रिय तुम किस सौतन के बहकावे में आकर मुझसे दूर हो।*

लोकगीत 5

विसरैं[1] 'न मोय हलन'[2] दुर[4] की, बेसर[5] की गूँज तनक मुरकी।
दस अंगुर[3] दस मुँदरी[6] सोहें, बजत पैजना के [11]सुर की।
कानन भर-भर करनफूल[8] हैं, गोर[9] गरे[10] साँकर[7] लुरकी[12]
नैनन भर-भर सुरमा सोहे, सेंदुर[13] माँग भरी सुरकी[14]।
'गंगाधर' के साथ चलौ तो, मारौ मजा छतरपुर की।

स्रोत: पं. गंगाधर व्यास (जन्म छतरपुर (मध्य प्रदेश) सम्वत् 1899)
बुंदेली में फाग, ख्याल, लावनी, घनाक्षरी, कूटछंद में रचना। लोककवि ईसुरी के समकालीन।)

शब्दार्थ: [1]विसरै-भूलती नहीं, [2]हलन - हिलना, [3]अंगुर - अंगुली, [4]दुर- एक आभूषण, [5]बेसर - नाक में पहनने वाला एक आभूषण, [6]मुँदरी-अंगूठी, [7]साँकर-जंजीर, [8]करनफूल-कर्णफूल, [9]गोर-गौरवर्ण, [10]गरे-गला, [11]सुर-स्वर, [12]लुरकी-लुढ़की, [13]सेदुंर-सिन्दूर, [14]सुरकी-लाली, सुर्ख।

हिन्दी अनुवाद–*नायक कर रहा है कि मुझे तुम्हारी (नायिका की) नथ का हिलना-डुलना भूलता नहीं है और न ही तुम्हारी बेसर (बाली) की तनिक मुड़ी हुई गूँज (बाली का वह छेद जिसमें दूसरा सिरा डालकर ऐंठ दिया जाता है) भूलती है। तुम्हारे हाथों की दसों उँगलियों में दस अँगूठियाँ शोभायमान हो रही हैं। पाँव के पैजना (पैजनियाँ) का सुर भी नहीं भूलता। तुम्हारे कानों में बड़े-बड़े कर्णफूल हैं, और गौरवर्ण गले में जंजीर इधर-उधर झूल रही है। आँखों में काजल और माँग में सिंदूर सुहा रहा है। गंगाधर (कवि) के साथ चलो तो छतरपुर (कवि का गृहनगर) का मजा लूट सकती हो।*

लोकगीत 6

जो तुम छैल[1], छला[2] हो जाते, परे[3] अंगुरइन[4] राते[5]।
मौं[6] पौंछत गालन खों[7] लगते, कजरा देत दिखाते।
घरी-घरी[8] घूँघट खोलत में, नजर सामनें राते।
ईसुर दूर, दरस के लाने, ऐसे काय ललाते[9]।

स्रोत : राम गोपाल रैकवार, टीकमगढ़।

शब्दार्थः [1]छैल-छैला, [2]छला-छल्ला, [3]परे-पड़े, [4]अंगुरइन-उंगुलिया, [5]राते- रहते, [6]मौं -महुँ, [7]खौ-को, [8]घरी-घड़ी /पल-पल, [9]ललाते-तरसते।

हिन्दी अनुवाद–*नायिका कह रही है कि मेरे छैला (प्रेमी) अगर तुम छल्ला होते तो मैं तम्हें उँगली में पहन लेती। जब मैं अपना मुँह पोंछती तब तुम्हारा स्पर्श मेरे गालों से होता और जब मैं आँखों में काजल लगाती उस समय भी तुम मुझे दिखते। जब मैं बार-बार घूँघट खोलती, तुम मेरी नजरों के सामने रहते। काश! ऐसा हो जाता जो तो तुम्हें देखने के लिए हमें इस तरह तरसना न पड़ता।*

लोकगीत 7

(रेल लाईन बनाने के लिए महुआ जैसे उपयोगी वृक्ष काटने पर ईसुरी द्वारा रची गई प्रगतिवादी फाग)-

इन पै लगे कुलरियाँ[1] घालन[2], मउआ[3] मानुस पालन,
सबकी भूँक[4] मिटाबे काजैं लगवा दय नँदलालन।
इनै काटबौ नई चइयत[5] तो[6], काट देत जे कालन[7]।
जे कर देत नई सी ईसुर मरी-मराई[9] खालन[8]।

शब्दार्थः [1]कुलरिया-कुल्हाडी, [2]घालन-मारना, [3]मउआ-महुआ वृक्ष, [4]भूँक -भूख, [5]चइयत-चाहिए, [6]ता- था, [7]कालन-अकाल, [8]खालन-त्वचा, [9]मरी-मराई-मृतप्राय।

हिन्दी अनुवाद–*कवि कह रहा है कि महुआ जैसे उपयोगी पेड़ पर कुल्हाड़ी चलाने लगे हो जो आम आदमी का पेट भरता है। इन्हें ईश्वर ने मनुष्य की भूख मिटाने के लिए उत्पन्न किया है। इन्हें काटना नहीं चाहिए क्योंकि ये गरीब लोगों के मुसीबत के दिन काटने के काम आते हैं। ये (मुहए के फूल) इतने पौष्टिक होते हैं कि निर्बलता के कारण सूख गई त्वचा को भी नया कर देते हैं।*

स्रोतः लोक कवि ईसुरी (ईश्वरीदास) ग्राम मेढ़की, मऊरानीपुर, जिला झाँसी, (जन्म सम्वत् 1898, मृत्यु 1966)

लोककथा

कहानी-सी झुठी, बातन-सी मीठी, घड़ी-घड़ी विसराम, जाने सीता राम, सक्कर को घोड़ा सकर पारे की लगाम, नै घोड़ा घाँस खौं खाय, नै घाँस घोड़ा खौं खाय, एक हतौ खस-खस कौ दानौ, आठ बैर पीसो, नौ बेर छानो, ऊखौं खाय मौरो पेट पिरानौ, तौ ऐसें-ऐसें कौनऊं गाँव में एक कोरी रत सौ। ऊकें भौंदू नाव को एकई लरका हतौ। अकेलौ तौ आय सो, मताई बाप खों भौतऊ प्यारो हतौ। एक दिना कोरन ने कोरी से कई-अरे सुनत हौ, तुमसै आज एक गौं की बात कत। भैया कौ ब्याव अबई हलके में कर डारौ। ई देह् कौ का ठिकानौ। न जाने कबै का हो जाए? आज की तौ काल नई पाई। कोरी ने ऊतर दऔ-ऐसी का उलात परी। ऊ की नौनी नतैती तौ आउन दै। कर लैबी। कोरन बोली-चाय तुम ई कान सुनों चाय ऊ कान, इतै के भान चाय उतै ऊंग जाँय, हम तौ एई सालै अपने मोड़ा की चाई मांई पारे बिना न रें।

होत-होत एक दिना भौंदू कौ ब्याव हो गऔ। भगवान की मरजी। ब्याव के कछू दिना पाछे कोरी मर गऔ। लरका कौ चौक-दुसरतौ कछू न हो पाऔ। अब मताई बेटा रै गए। बखत जातन कछू देर नई लगत। कछू बरसन में लरका स्यानौ भऔ, एक दिना मताई ने भौंदू सें कई- अब का ऐसई फिरत रै? बऊ खों लुवा ल्या। सरम के सारें लरका मौंग रओ।

एक दिना एक गैलारे न खबर दई के भौंदू के ससुर भौताई बीमार हैं। सुनकै मताई मनई-मन गुनन लगी कि अब तौ भौंदू खों पिपरिया जानई परै। पीर-पिराते में नतैत-नतैत की खबर न ले तो चार जनैं का कैं। मताई ने तुरतई लरका खो बुलाकें कई, ''पिपरिया से खबर आई है कि तुमाये ससुर बीमार हैं। जाकें मातेजू की खबर ले आआ और पौनाई कर आऔ। जौ तुम ऐसे बखत पै न जैओ तो चार जनें नाँव धरें। मैं आज रात कें कलेऊ बना धरों। भियाने बडे भुनसारे उठकें चले जइऔ।"

भौंदू ने कई-''न कँभऊँ हम पौनई खों गयो औ ना हमाई गैल जानी फिर जाँय तो कैसें, काँ ठैरें, की सें पूँछें?"

मताई बोली, बेटा पिपरिया खों तो तकुआ-सी सूदी गैल लगी है। कोऊ से न पूछनै आय। और फिर कौन पल्लो है? बड़े भोर तें निगे अथय लों जरूरई पौंच जैऔ। उतै सियात है जेना पौंच पाये तो जाँ दिन बूड़ जाए भइँ बस रये। दूसरे दिना कौरें दुपर लौ तो पौंचई जैओ। बेटा, अबकी नांई न करौ। कर्रा जीउ करकें चले जाऔ।

मताई के समजाँय बुँझाय लरका राजी हो गऔ। दूसरे दिना भौंदू भुन्सारे बड़े तड़के उठकें तैयारी करन लगौ। छाँटी की ऊजरी फक्क, परदनियां और मिरजाई पैरी, तेल डारौ, ककई, तमाखू और चममक धरी, दुपल्लियाऊ करिया उन्ना की टोपी चरटिद्रार झब्बियाऊँ पनइयाँ पैरी फिर मताई के पाँव पर कें ससरार की पौनई खौं निग ठाँड़ौ भऔ।

दिन भर चलत-चलत दिन बूड़े की बिरियाँ उए पल्ले एक गाँव दिखानौ। भौंदू ने एक गैलारे से पूछी-''भैया, जो कौन गाँव दिखात? इतै से कित्ती दूर हुइये?"

गैलारे ने कई-पिपरिया आय। चले जाऔ तनकई दूर है। भौंदू आगें चलौ तो का देखत है कि गैल के लिंगा एक खेत में चार पाँच उजरा गदा चर रयते। भौंदू ने सोची-ससराय कौ गाँव आय। इते कछू हाँसी सोऊ करौं चये। भौंदू ने उन सब गदन खौं उतई बारें गाँव बनी खैरे माता की मढ़िया में पैंड़ दऔ और किबरिया हन दई। इतनौ औटपाऔ करकै भौंदू आगै बड़े। घरन के लिंगा पौचत-पौचत लौलइयाँ लग गई। भौंदू ने सोची मताई ने कईती कि जितै दिन बूड़ जाए उतई बस रइऔ रात के आगे न जइऔ। एइसे एक घर के पछीतै रूख के नैचे चौतरा पै डेरा जमा दओ। संयोग से जौन घर के पछीतै भौंदू ने डेरा जमाव तौ बौइ ऊकी ससरार कौ कढ़ो। भौंदू ने चौतरा पै परै-परैं सुनी, काऊ न अपनी मताई से पूछी-बऊ ब्यारी से दो रोटी और तनक सी भाजी बची है। काँ धर दूऊँ ?

मताई बोली-कैले तरै ढाँक दै, बिन्नू।

दूसरे दिना सौकारू भौंदू ने उठकैं गाँव के तला में हाथ मौं धोऔ, बटुआ खोल कै ककई निकारी बार ऊँछे आरसी में मौं देखो और बन ठनके पूँछत-ताछत ससरारै जा पौचौ। पाउनन खौं देख के सास-सुसर सबखौं बड़ी खुशी भई। दौऊ तरफ की खबर-दबर पूँछी गई। भेंट कुंवारे भई। माते जू ने कई-पाँउने मैंने तो बड़ी पटक खाई। तुमाय सबके पुन्न-परताप से अब उठके ठाड़ौ हो गओ हों। दुबरेई सो है। हौले-हौले जा सोऊ दूर हौजै।

पाउनन की अवाई सुनकें चार जनै लोग-लुगाई पुर-परोस की जुर आई। इतै-उतै की बातचीत होंने लगी। मौका देख कै भौंदू ने कई-हम बतावें मातैन जू तुमाय काल रात कैं का बनो तौ मातैन ने कई-हाँ पाँउने बताऔ।

भौंदू बोलौ-काल रात कै तुमारे घरें भाजी-रोटी बनी ती और खात-पियत से दो रोटी और तनक-सी भाजी बच रई ती। कऔ सांची आय?

पाउनन की बात सुनकें सबखौं बडौ अचरज मालूम भऔ पाउनन ने जा बात कैसे आन लई? एक ने कई-पाउने जाँन पाँड़े है। जोतिस पढ़े है। ''जा खबर मौईमौ सबरे गाँव में फैल गई" फलाने कोरी के दमाद आए हैं। बड़े जानपांड़े है। जोतकियन के कान काटत हैं। जो कछू पूछौ ऐसे बता दैत जैसे उनकी आँखन देखी होय।

जा खबर ऊ धोबी ने सुनी, जी के गदा हिराने ते। तुरतई ऊ ने भौदू के लिंगा जाकै हात जोर के कइ-पाँउने मोरे चार गदा काल से हिराने है। दूर-दूर लौ ढूँढं आऔ पै कछू पतौ नई लगत। आप सगुन विचार देखो तौ बडी किरपा होय।

भौंदू ने थोरी देर आँखे मींच कै ऊतर दऔ-अबई पूरब दिसा खौं चले जाऔ। परबस है। गाँव के बायरैं कौनऊ घर में छिकै हैं।

धोबी खौं देवी की मढ़िया में गदा मिल गए। अब तौ सब जनन खौं पूरी-पूरी खातरी हो गई कि कोरी कौ दमाद साँचऊ बड़ौ जोतकी है। जौन बातें बड़े-बड़े पंडत नई बता सकत उन बातन खौं कोरी कौ दमाद चुटकियन में बता देत।

औई दिना ऐसौ संजौग जुरौ कि राजा की बेटी कौ नौलखा हार चोरी चलौ गऔ। खूब पतौ लगाऔ पै कछू सुराग न चलौ। एक आदमी ने राजा सें कई–सरकार फलाने कोरी कौ दमाद् इतै पौनई खौं आऔ है। सुनत है बो बड़ी जनबा है। ऊखौं बुलाऔ जाए तौ सियात चोरी कौ पतौ चल जाए।

दूसरों कन लगौ–''ईनै ठीक कई सरकार! बौ तौ गजब करत। इतनी बड़ी उमर हो गई ऐसौ जनवा तौ नई देखौं। की के घर में कित्ती रोटी है, की के घर के कित्तौ गानौ गुरिया है, की के ढिगा कौन-कौन छाप के कितै रूपैया-पैसा है सब ऐसे बता देत जैसे ऊने अपने हातन गिन कैं घर दय होंय का मजाल जो फरक पर जाए। ऊखौं जरूर बुलाऔ जाए। बो चोर खौं हाथ पकर कैं बतादे।"

इतै भौंदू घमौरी में बैठे तमाखू पी रय ते कै राजा कौ सिपाई आ पौचौ। कन लगौ–''चलौ तुमे राजा साब बुलाउत है। महलन में चोरी हो गई है। सियात विचारने है। कां माल है? कौन ने चोरी करी?"

भौंदू घबरा गऔ। सोचने लगौ, रोटिन कौ और गदन को हाल तौ मालूम हतौ सौ झट्टई बता दऔ। अब का करै? ई चोरी को पतौ कैसे बताय? अब फजियत भई। ई में सक नइयाँ।

सिपाई बोलों–''पाउनैं, चले जाओं। सकुचत काय खौं हौ? तुमाऔ इलम तौ परतच्छ है। ऐसई बडी जांगा तो करतब दिखाऔ जात।"

भौंदू का करैं का न करैं कछू निश्चे न कर सको। हरबड़ा कै उठ ठाड़ौ भऔ और सिपाई के संगे उपनऔ हो लऔं। कचैरी में पौंच कैं राम-राम भई। राजा ने आदर से बिठार के पूंछी–''बेटी कौ नौलखा हार चोरी गऔ है। बताऔ माल है बेरा कां है? और चोरी कीनै करी है।"

भौंदू ने कई–''मैं जोतिस-मोतिस का जांनो सरकार। जौ तौ पन्डितन कौ काम आय। ऊसई दो-एक बातें बता दई ती सो लोगन ने झूटौ हल्ला उड़ा दऔ।"

राजा बोले–''नई मैमान, हमने सब सुनी है। तुम पक्के जाँन पांड़े हो। सब बता सकत। जौ तुम चोरी को ठीक-ठीक पतौ बता देऔ तो मौ माँगी इनाम मिलै। और जो न बता पैऔ तौ तुमारी घींच काट लई जैं। जान गय?"

भौंदू ने कछू सोच कें कई– ''सरकार, आज सियात अच्छी नैयाँ। भियाने भुन्सारे की जोर आकें बता जैऔं।" सोचन लगे, देखौ भियाने का गत होत। पिरान रात कै जात? सास ने ब्यारी की गई तौ कै दई के आज भूँक नई लगी। खटिया पै उन्ना डार कैं पर रये। पै नीद काय खौं आउन लगी? आदी रात हो गई। परै-परै सांसै लै लै कन लगौ, ''आजा री निंदिया तोरी भोर कटै घिंचिया। आ जारी निंदिया तोरी भोर कटै घिंचिया।''

इतै निंदिया नांव की एक खबासन हती। ऊनै राजा की बेटी खौ सपराती बेरा नौलखा हार चुरा कै सपरना में एक पथरा के नीचे लुका दऔ तौ। अब ऊनै कोरी के दमाद की बढाई सुनी औ ऊखौ मालूम परी कै राजा ने ऊखौं (दमाद) बुलाऔ है, तब तौ निंदिया के पिरान सटक गए। सोचन लगी, अब तौ बिना मौतकी मरी। फिर मन खौं लौटाओ। बिचारन लगी अपनी बचत कौ कछू उपाय करो चाइयै। कोरी के दमाद खौ कछू लांच घौंच दैकै मना लँय चाइयें। सुनी है वो पछीत के उसारे मे ठैरौ है। ऐन सूनर है। आदी रात कें जैऔ।

जब आदी रात भई। निंदिया दबे पाँय कोरी के दमाद के डेरा पै पौंची। भौंदू इतै उतै करोंठा बदलत कै रऔ तौ ''आ जारी निंदिया, तोरी भोर कटे घिंचिया। आ जारी निंदिया तोरी भोर कटे घिंचिया।" जा सुनके निंदिया के चुटिये पिरान पौचे। मन में सोची, काय न होय आखिर जनवा तो ठैरे। देखो, कैसे मोरो नाव लौ जान गऔ। निंदिया जाकै भौदू के पावन पै गिर के कन लगी–''पाउनैं अब तुमारई सरन हौं। चांय फांसी टँगवाओ चायं बचाव तुमसे का लुकौ छिपौ है। हार तौ मैनें चुराऔ है। सपरना

में पथरा के नीचे धरो है। आप तौ सब जानत हौ। कसूर सबई सैं बन जात, पै अपने खौं मार कै छायरें में डारौ जात। तुमतौ हमारे गाँव के नन्देऊ हौ। मैं तुमाई साराज हों। मोरो कसूर तौ लाला माफ करनई परे। मोरो नांव न काड़ियौ लाला इत्ती बिन्ती है।"

निंदिया की बातें सुनकैं भौंदू के जी में जी आओ। सोची चलौ, पतौ चल गऔ। पिरान बचे। फिर निंदिया से कई–"तैं काय खौं आई, जौ मैं सब जानत हौ तैं ससरार की खवासन आय, तौ खौं थौरई फंसेओं। जा बेखटके सो रय।" निंदिया चली गई। भौंदू सोउ चैंन से सो रये।

दूसरे दिन बड़े सोकार सिपाई फिर पौंचो और भौदू से कन लगौ–"चलौ, बुलऊआ है।"

भौंदू ने अकड़ कै ऊतर दऔ–"तुमाय राजा के हम चाकर थोरई आय। बैठो चलत हैं।" इतनी कै कैं भौंदू उठे। हात-मौ धोऔ, पान खाव, बारन में तेल डारौ, बटुआ से ककई निकार कै बार संवारे टोपी लगाई, आरसी में मौं देख कैं चले। राजा की कचैरी में पौचे। जातइ खन बोले–"सरकार, आपखौं आम खाने के पेड़ गिनने? मैं चोरी कौ माल तौ अबई बताये देत, पै चोर को नांव न बताओं।"

राजा ने कई–अच्छी बात जैसी तुम कओ, माल मिलो चाइये। भौंदू बोलो–"सपरना में पथरा के नीचे हार धरौ है, ऐसो लगत है। कोऊ से दिखवाऔ जाए।"

सपरना में जाकैं पथरा उठाओ गऔं तो हार मिल गऔ। राजा खौं ऐन खुशी भई। उनने खुब आदर करकै भौत सौ सौनौ-चांदी, गैयां, भैंसें, भौदू खौं इनाम में दईं। भौंदू की लुगाई खाँ अपनी लरकिनी मान कैं अच्छे-अच्छे रेंसमी उन्ना नग, जेबर पैराये और पालकी पै बैठार कैं बिदा करदई। भौंदू लुगाई खौ लुवाकैं घरै आए। बऊ बेटा की जोड़ी देख कैं मताई ने असीस दई–"बेटा, तुम दोऊ जनै सुखी रऔ, दूदन नहाऔ, पूतन फरौ और खूबई दूद करूला करौ।" बाड़ई ने बनाई टिकटी, हमाई किसा निपटी।

स्रोत : श्रीमती रेखा कश्यप

हिन्दी संक्षिप्त अनुवाद

एक गाँव में भौंदू नामक एक युवक था। उसकी बचपन में ही शादी हो गई थी। एक दिन उसकी माँ ने कहा बेटा, बहू का गौना करा लाओ। माँ की बात मानकर भौंदू गौना कराने अपनी ससुराल गया। ससुराल के गाँव के किनारे कुछ गधे चर रहे थे। उसने मज़ाक में उन गधों को एक कोठरी में बंद कर दिया। गाँव पहुँचा तो शाम हो गई। माँ की आज्ञानुसार वह एक घर के पीछे पेड़ के नीचे चबूतरे पर रुक गया। संयोग से वही घर उसकी ससुराल थी। रात में उसने सुना कि कोई कह रहा है अम्मा दो रोटी और भाजी बची है, कहाँ रख दूँ। माँ ने कहा बड़े थाल के नीचे ढँक दे। सबेरा होने पर भौंदू नहा-धोकर पूछते हुए अपनी ससुराल पहुँचा। उसने देखा कि यह तो वही घर है जिसके पीछे रात को रुका था। दामाद को देखकर सब प्रसन्न हुए। खूब स्वागत-सत्कार किया गया। अवसर देखकर भौंदू ने कहा–कहो तो मैं बता दूँ कि रात को आपके घर क्या बना था। सास ने कहा बताइए। भौंदू ने कहा आपके घर रोटी-भाजी बनी थी, दो रोटी और भाजी थाल के नीचे ढक कर रखी है। सब लोग कहने लगे दामाद जी तो ज्योतिषी हैं। यह बात सुन वह धोबी जिसके गधे खो गए थे आया, उसने भौंदू से अपने गधों के बारे में पूछा। भौंदू को तो पता ही था। झट से बता दिया। गधे मिलने से सब लोग भौदूँ को जानपाँड़े कहने लगे।

तभी उसी दिन वहाँ के राजा की बेटी का नौलखा हार चोरी हो गया। राजा ने जानपाँड़े (भौंदू) की प्रशंसा सुनकर भौंदू को बुलाया। भौंदू घबरा गया और दूसरे दिन बताने का बहाना कर लौट आया। डर के मारे उसे रात को नींद नहीं आ रही थी क्योंकि राजा ने कहा था कि हार का पता नहीं मिला तो भौंदू की गर्दन काट दी जाएगी। करवट बदलते हुए भौंदू यह पंक्तियाँ गाने लगा–आजा री निंदिया (नींद) तोरी (तेरी) भोर कटै घिंचिया (गर्दन)। उधर निंदिया नाम की दासी जिसने हार चुराया था, डर के मारे भौंदू को मनाने उसके पास आई। जब उसने सुना कि भौंदू बार-बार आजा री निंदिया बोल रहा है तो दासी ने डर के मारे बता दिया कि हार उसने स्नानागार में पत्थर के नीचे छुपाया है। बस क्या था। दूसरे दिन भौंदू ने हार का पता राजा को बता दिया। राजा ने उसे ढेरों पुरस्कार देकर उसके पत्नी सहित ठाट-बाट से विदा कर दिया।

8. शब्दावली (बुंदेली-हिन्दी)

मुद्रा/मात्रा/परिमाण सूचक

बुंदेली	*हिन्दी*	बुंदेली	*हिन्दी*
तनक	*थोड़ा, तनिक*	अधन्ना, अधेला	*आधा पैसा*
जांदा	*ज्यादा*	इकन्नी	*एक आना (6 पैसे)*
बिलात	*बहुत*	दुबन्नी/दोन्नी	*दो आना (12 पैसे)*
थौरा	*थोड़ा*	चवन्नी/चौन्नी	*चार आना (25 पैसे)*
कुल्ल मुलक	*बहुत अधिक*	अठन्नी	*आठ आना (50 पैसे)*
पइसा	*पैसा*	रुपइया, रुपैज्जा	*एक रुपया*
भौत	*बहुत*	गजासाई (गदाशाही)	*चाँदी का रुपया*
अदकारौ	*अधिक*	मोर (मुहर)	*(स्वर्ण मुहर)*
गल्लन केरौ	*बहुत सारा*	टका	*कौड़ी*

वजन

बुंदेली	*हिन्दी*	बुंदेली	*हिन्दी*
रत्ती	घूँगची* के वजन के बराबर की तौल	अतपई	*10 तोला*
मासा	*8 रत्ती*	सेर	*16 छँटाक*
तोला	*12 मासा*	मन	*40 सेर*
छँटाक	*5 तोला*		

भिन्नात्मक संख्या

बुंदेली	*हिन्दी*	बुंदेली	*हिन्दी*
पउवा	*1/4 हिस्सा*	पोंचे	*5/1/2 हिस्सा*
अद्दा	*1/2 हिस्सा*	दूनौ	*दूना*
पौन	*3/4 हिस्सा*	तिगुनौ	*तीन गुना*
सवा/सवैया	*1/3/4 हिस्सा*	चौगुनी	*चार गुना*
डेढ़/डेवड़ौ	*1/1/2 हिस्सा*	दुहरो, दूनर	*दो तह*
ढैया/अढ़ाई	*2/1/2 हिस्सा*	तिहरौ, तीनर	*तीन तह*
हूटें	*3/1/2 हिस्सा*	चौरो, चउवर	*चार तह*
घोंचे	*4/1/2 हिस्सा*		

*घूँगची = एक जंगली पौधे का फल या बीज जो आधा काला और आधा लाल रंग का होता है।

दिशा/स्थान सूचक शब्द

बुंदेली	हिन्दी	बुंदेली	हिन्दी
पूरब	*पूर्व*	अन्त, अन्तै	*अन्यत्र*
पच्छिम/पच्छम	*पश्चिम*	नियारौ	*अलग*
उत्तर	*उत्तर*	पल्लै	*दूर*
दक्कन/दक्खिन	*दक्षिण*	जँगा, जँघा	*जगह*
डेरौ	*बायाँ*	इतायँ, इतै	*इस तरफ*
दाहनो/दायनो	*दायाँ, दाहिना*	उताँय, उतै	*उस तरफ*
उल्टो	*बायाँ*	नाँय	*इधर*
सीदो/सीधौ	*दायाँ*	माँय	*उधर*
ऊपर	*ऊपर*	कोंदे, कुँदाई, ओरी	*ओर*
नैचें	*नीचे*	सवैहार	*सर्वत्र*
तरें	*नीचे*	आंगे	*आगे*
लिंगा	*नजदीक*	पाँछें/पंछीत	*पीछे*
ऐंगर	*पास में*	कुँदाई	*ओर*
दुबीच	*दो के बीच में*	अंगैत/अँगाई	*आगे*
अतफर	*मध्य, अधबीच*	पिंछाई	*पीछे*
मौपे	*सम्मुख (प्रत्यक्ष)*	बजाऊँ	*तरफ*
पीठपाछे	*पीछे (अप्रत्यक्ष)*		

खगोलीय, भौगोलिक नाम

बुंदेली	हिन्दी	बुंदेली	हिन्दी
चंदा	*चन्द्रमा*	जीव	*उल्कापात*
सूरज	*सूर्य*	तरैया	*तारे*
धन्नी	*धरती, पृथ्वी*	सरगै	*स्वर्ग*
अगास	*आकाश*	नरक	*नरक*
गिरा	*ग्रह*	पातालै	*पाताल*
गान	*ग्रहण*	सम्थर	*मैदान*
ऐरावत की गैल	*आकाश गंगा*	पहार/पारिया	*पहाड़/पहाड़ी*
बारिया	*धूमकेतु*	टिम-टल्लौ	*टीला/पठार*

काल/समय सूचक शब्द

बुंदेली	हिन्दी	बुंदेली	हिन्दी
आजई	*आज ही*	उलायत	*जल्दी*
सौंकाऊँ	*सुबह जल्दी*	अबेर, झेल	*देर*
सकारें	*आगे या पीछे के दिन का सबेरा*	भुकाभुकौं	*थोड़ा अंधेरा रहते, उषाकाल*
भुन्सारे/भुन्सारौ	*प्रातःकाल, सबेरा*	काल	*कल (आने वाला/पिछला)*
दिन ऊँगे	*सूर्योदय का समय*	परों	*परसों*
दिन बूड़ें, दिन डूबें	*सूर्यास्त का समय*	नरों	*परसों के बाद का दिन, नरसों*
दुपरै, दुपरिया, दुपर	*दोपहर*	मइना	*महीना*
चढ़त दुपरै	*दोपहर पूर्व, पूर्वाह्न*	मास	*माह, मास*
उतरत दुपरै	*दोपहर बाद, अपराह्न*	दिना	*दिन*
दिन दुपरै	*दिन दहाड़े*	बरस, साल	*वर्ष*
अथयें	*शाम तक*	हप्ता	*सप्ताह*
लौलइयाँ	*सन्ध्या*	भियाने, भ्याने	*आनेवाला कल*
दोई बेरा	*संध्या काल*	उरइया	*सुबह/जाड़े की धूप/हल्की धूप*
तड़के	*बहुत सबेरे*	जुन्दैया	*चांदनी रात*
संजा	*संध्या*	घाम	*धूप*
अदरातै	*आधी रात*	चिलका घाम	*कड़ी धूप*
बेरा	*बेला*	धमका	*कड़ी गर्मी/उमस भरी गर्मी*
ऊजोर	*शाम*	आसों	*इस साल*
मौं अदयांय	*मुँह अंधेरे*	परसाल	*आगे की / पिछली साल*
तरैया उग्गैं	*तारा उदय*	आगिंत	*आने वाली साल*
पैर	*पहर*	छायरों/छैरों	*छाया*
घरी	*घड़ी (पल)*	पाख	*पक्ष/पाक्षिक*

तिथियाँ

बुंदेली	हिन्दी	बुंदेली	हिन्दी
परमा/परवा	*प्रथमा*	नबें	*नवमीं*
दोज	*द्वितीया*	दसें	*दशमीं*
तीज	*तृतीया*	ग्यारस	*एकादश*

बुंदेली	हिन्दी	बुंदेली	हिन्दी
चौथ	*चतुर्थी*	बारस	*द्वादश*
पांचे	*पंचमी*	तेरस	*त्रयोदश*
छठे	*षष्ठमी*	चउदस	*चतुर्दश*
सातें	*सप्तमी*	अमावस	*अमावस्या*
आठे	*अष्टमी*	पूनै	*पूर्णिमा*

माह (विक्रम सम्वत्)

बुंदेली	हिन्दी	बुंदेली	हिन्दी
चैत	*चैत्र*	क्वाँर	*आश्विन*
बैसाख	*वैशाख*	कातक	*कार्तिक*
जेठ	*ज्येष्ठ*	अगन	*अगहन/मार्गशीर्ष*
असाढ़	*आषाढ़*	पूस	*पौष*
साउन	*सावन/श्रावण*	माव	*माघ*
भादों	*भाद्रपद*	फागुन	*फाल्गुन*

रंगों के नाम

बुंदेली	हिन्दी	बुंदेली	हिन्दी
सेत, सुपेत, सपेत	*सफ़ेद*	भूरौ	*भूरा*
लाल, सिन्दूरी	*लाल*	सैंरौ	*गहरालाल+काला*
कारौ, करिया, स्याह, स्याम	*काला*	आसमानी	*आसमानी*
नौलो, लीलौ	*नीला*	गेंउवा	*गेहुँआ*
पीरौ, बसंती, हरदीलौ,	*पीला/केसरिया*	मटमैलो	*मटमैला*
हरौ, हरीरौ, कसाई,	*हरा*	कबरा	*काला-सफ़ेद*
सुआपंखी	*तोते के रंग का/हरा*	चितकबरा, कुसुमानी,	*रंग-बिरंगा*
पियाजी	*प्याजी*	रंग	*बिरंगौ*
भटारंगी	*बैगनी*	गुलाबी, गुलबिया	*गुलाबी*

रंगों से संबंधित मुहावरे (विशेषण)

बुंदेली	हिन्दी	बुंदेली	हिन्दी
हरौ चुआसौ	एकदम हरा	फक्क सेत	*खूब सफ़ेद*
करिया किस्ट	खूब काला	लाल सुरक्क	*सुर्ख लाल*
भुंमर कारौ	भौंरे की तरह काला		

ऋतु/मौसम (तापमान, आर्द्रता, वायुदाव)

बुंदेली	हिन्दी	बुंदेली	हिन्दी
बसकारौ	*बरसात*	बसंत	*वसंत ऋतु*
चौमासौ	*वर्षा के चार माह (रूढ़ प्रयोग)*	सरद	*शरद ऋतु*
जाडौ, जड़कारौ, सरदी, ठंड	*शीत ऋतु*	पतझर	*पतझड़*
गरमी, जेठमास	*ग्रीष्म ऋतु*		

तापमान संबंधी

बुंदेली	हिन्दी	बुंदेली	हिन्दी
तातौ	*गर्म*	ठंडौ	*ठंडा*
सिरानौ	*शीतल*	कुनकुनौ	*गुनगुना*
गरम	*गर्म*	तत्तीरौ	*हल्का गरम*

वर्षा से संबधित

बुंदेली	हिन्दी	बुंदेली	हिन्दी
पौरा	*पानी की धारा*	दोंगरे	*गर्मी की चक्रवातीय वर्षा*
उरवतियाँ	*छप्पर से गिरती पानी की धाराएँ*	बदरा/मेह	*बादल/मेघ*
झिर	*लगातार पानी बरसना*	गाज	*बिजली*
मावट	*जाड़े की चक्रवातीय वर्षा*	औरे	*ओला*

वातावरण से संबंधित शब्द

बुंदेली	हिन्दी	बुंदेली	हिन्दी
त्तूरी	*गर्म धरती से पाँव जलना*	दाँद	*गर्मी*
धमका	*उमस भरी गर्मी*	तुसार	*तुषार*
आंदी	*आँधी*	ओस	*ओस*
बैर	*हवा*	पालौ	*पाला*
कौरो	*कुहरा*	सुर्रक	*ठंडी हवा*
अंगार	*कोहरा*	धुन्द	*धुंध*

रिश्ते–नाते

बुंदेली	हिन्दी	बुंदेली	हिन्दी
बाई/माता जी, ओरी	*माँ*	बब्बा	*पिता के पिता*

बुंदेली	हिन्दी	बुंदेली	हिन्दी
दद्दा	*पिता जी*	बऊ	*पिता की माँ*
लुगाई	*औरत, पत्नी*	मम्माँ	*मामा*
लुगवा	*आदमी, पति*	माँईं	*मामी*
बइयर	*औरत, पत्नी*	कक्का	*चाचा*
भौजी, भुज्जी	*भाभी*	काकी	*चाची*
लाला	*देवर बहनोई, दामाद, ननदोइ*	जिज्जी	*जिठानी*
साला	*पत्नी का भाई*	दाव्‌जू	*जेठ*
साढ़ू	*साली का पति*	भउवा	*बड़े बहिनोई*
बिन्नूँ	*बहिन, छोटी ननद*	गुइंयाँ	*साथी, सहेली*
बिन्नाँ+सेली	*मित्र (सम्बोधन)*	फूपा	*फूफा*
अजा	*पिता के पिता*	फुआ	*फूफी*
आजी	*पिता की माता*	डुकरिया	*बुढ़िया*
नाँती	*पुत्र (पुत्री) का पुत्र*	नाँतिन	*पुत्र (पुत्री) की पुत्री*
पन्ती	*पुत्र (पुत्री) के पुत्र (पुत्री) का पुत्र*	पन्तिन	*पुत्र (पुत्री) के पुत्र (पुत्री) की पुत्री*
सन्ती	*पुत्र (पुत्री) के पुत्र (पुत्री) के पुत्र (पुत्री) का पुत्र*	सन्तिन	*पुत्र (पुत्री) के पुत्र (पुत्री) के पुत्र (पुत्री) की पुत्री*
हल्कौ	*सबसे छोटा*	सरज	*पत्नी के भाई की पत्नी*
मँझलौ	*बीच का*	पुरखा	*पूर्वज*
सँझलौ	*मंझले से छोटा*	रांड़	*विधवा*
नन्नाँ	*बड़ा भाई*	नतैत	*नातेदार*
ननाँ	*माता जी के पिता*	पाहुनै	*मेहमान*
नानी	*माता जी की माँ*	घरैत	*घर के*
मौड़ा	*लड़का या पुत्र*	मौसी	*मौसी*
मौड़ी	*लड़की या पुत्री*	दवरानी	*देवर की पत्नी*
लौंडा	*लड़का या पुत्र*	बहिनौता	*बहिन का लड़का*
लौंडी	*लड़की या पुत्री*	जिठौत	*जेठ का लड़का*
डुकरा	*बूढ़ा*	मौसिया	*मौसा*
अजिया सास/ससुर	*पति के दादा/दादी*		

शरीरांग

बुंदेली	हिन्दी	बुंदेली	हिन्दी
हाँत	*हाथ*	उंगरिया	*उँगली*
पांव, गोड़ौ	*पैर*	ऊँठा	*अँगूठा*
औठँ	*होंठ*	पेट	*पेट*
जाँग-राँग	*जंघा*	भत्यान	*पेट (हेयार्थ)*
पीट	*पीठ*	हड्डा, हड्रा	*हाड़*
कर्ह्या	*कमर*	करह्याई	*कमर*
रकत	*खून*	दयाँयू	*बदन*
गटा	*आँख का श्वेत भाग*	डाँड़ी	*दाढ़ी*
नांक	*नाक*	अँसुआ	*आँसू*
काँन	*कान*	टौड़ी	*टुड्ढी*
मूँ-मौ	*मुँह*	बखौरौ	*कंधों के नीचे का पिछला भाग*
आँखी	*आँख*	टक्नाँ	*पिंडली और पैर का जोड़ का अंग*
मूँड़	*सिर*	कौंचौ	*हथेली और कलाई का जोड़*
जी	*दिल*	पिंडरी	*पिंडली*
घाँटी	*गला, गर्दन*	घूँटौ	*घुटना*
घिँची	*गर्दन*	टेहुनी	*कोहनी*
गरौ	*गला, गर्दन*	मूंछ	*मूँछ*
खलरिया	*खाल*	तरूवा	*तालु*
जीब	*जीभ*	नकुवा	*नासिका रन्ध्र*
नौ-न्यौ	*नाखून*	झुतरौ	*उलझे बाल*

पालतू पशु

बुंदेली	हिन्दी	बुंदेली	हिन्दी
गाड़र	*भेड़ (मादा)*	हिन्नी	*हिरन (मादा)*
मिड़्ला	*भेड़ (नर)*	हिन्नौटा	*हिरन का बच्चा*
मिढ़ुरूवा	*भेड़ का बच्चा*	लिड़इया	*सियार*
घुड़्वा	*घोड़ा*	लिड़ैन	*सियारनी*

बुंदेली	हिन्दी	बुंदेली	हिन्दी
घुड़्या	*घोड़ी*	लुखरा	*लोमड़ी (नर)*
बछवा/बछिर्‌वा	*बछेड़ा*	लुखरिया	*लोमड़ी (मादा)*
बछिया/बछिरिया	*बछेड़ी*	डिंगुरा	*बकरियों का बैरी जानवर (भेड़िया)*
हत्नी	*हथिनी (मादा)*	रूझ्वा	*नील गाय*
हाँती	*हाथी (नर)*	तिदुंआ	*तेंदुआ*
कुत्ता/लैड़ा	*कुत्ता (नर)*	नाँहर	*शेर*
कुतिया/लैड़ी	*कुत्ता (मादा)*	जनावर	*शेर, तेंदुआ आदि खूँखार*
पिल्ला	*कुत्ते का बच्चा (नर)*		
पिल्लिया	*कुत्ते का बच्चा (मादा)*	गदा	*गधा (नर)*
बँद्‌रा	*बन्दर (नर)*	गइदया	*गधा (मादा)*
बंदरिया	*बन्दर (मादा)*	बिघना	*कुत्तों का बैरी जानवर, बाघ*
बिल्‌रा	*बिल्ली (नर)*	चौंखरो	*चूहा*
बिलइया	*बिल्ली (मादा)*	चौखरिया	*चुहिया*
बिलौटा	*बिल्ली का बच्चा*	चिरवा	*चिड़िया (नर)*
सुँघर्‌वा	*सूअर (नर)*	चिरइया	*चिड़िया (मादा)*
सुँघरिया	*सूअर (मादा)*	गलगलिया	*मैदानी मैना जो गाय-बैलों के शरीर से निकालकर कीड़े-मकोड़े खाती है।*
घिट्‌ला	*सूअर का बच्चा (नर)*	टुइयाँ	*तोते की एक किस्म जो खूब बोलती है।*
घिटिलिया	*सूअर का बच्चा (मादा)*	सुआ	*तोता*
हिन्नाँ	*हिरन (नर)*	कउवा	*कौआ*

बर्तन (मिट्‌टी, पीतल तथा बांस या लकड़ी) के नाम

बुंदेली	हिन्दी	बुंदेली	हिन्दी
गघरा	*बड़ा घड़ा*	कसेंड़ा	*पीतल का बड़ा बर्तन जिसमें विवाह के अवसर पर मिष्ठान भर कर भेजा जाता है।*
गघरी	*छोटा घड़ा*	कसैंड़िया	*पीतल का छोटा बर्तन जिसमें विवाह के अवसर पर मिष्ठान भर कर भेजा जाता है।*

बुंदेली	हिन्दी	बुंदेली	हिन्दी
मटका	मोटा और बड़ा घड़ा	घण्टी	छोटा-सा लोटा
मटकिया	मोटा और छोटा घड़ा	तुतइया	टोंटीदार घण्टी
चपिया	चौड़े मुँह का छोटा घड़ा	खुरिया	कटोरी
चरुआ	विशेष अवसर पर दाल, पानी पकाने का घड़ा	खुरवा	कटोरा
डहरिया	पानी भरने का बड़ा और ऊँचा बर्तन	कलसा	पानी भरने का लोहे का पतला घड़ा
कुठली	मिट्टी का बिना पका अनाज भरने का बड़ा और ऊँचा बर्तन	कल्सिया	पानी भरने का लोहे का पतला घड़ा
तसला	लोहे की बड़ी चौड़ी थाली जिसमें खाने का काम नहीं लिया जाता	तसिलिया	लोहे की छोटी चौड़ी थाली जिसमें खाने का काम नहीं लिया जाता
डोल	लोहे का एक पानी भरने का पात्र	डोल्ची	लोहे का एक पानी भरने का पात्र
कूँड़ौ	मिट्टी का तसला	गुरसी	मिट्टी की अंगीठी
डबला	लोटा के आकार का		
डबुलिया	डबला से छोटा	कर्हइया	कढ़ाई
दिया	दीपक	कर्हाव	बड़ी कढ़ाई
डब्बी	छोटा, बत्तीदार दिया	तइया	कम गहरी, बड़ी कढ़ाई
कुंडी	पत्थर की कटोरी	झारौ	छेद-युक्त बड़ी करछुल
गौरइया	गौरा पत्थर की कटोरी	झरिया	छेद-युक्त छोटी करछुल
नाँद	पानी भरने का चौड़ा बर्तन	कल्छुरी	करछुल
टाठी	थाली	थैंता	छिद्र-रहित सपाट करछुल
गड़ई	लोटा	पटा/उरसा	पाटा (रोटी-बेलने का)
तबेला	पतीली (बड़ी)	बिलनां	बेलन (रोटी बेलने का)
तबिलिया	पतीली (छोटी)	दौल्ला	बांस का एक चौड़ा मोटा बर्तन
बटुआ	दाल या चावल बनाने का बड़ा, मोटा पात्र	दौरिया	बांस का एक चौड़ा पतला बर्तन
बटलोई	दाल या चावल बनाने का बड़ा पात्र	टुकना	बांस का एक बड़ा और चौड़ा बर्तन

बुंदेली	हिन्दी	बुंदेली	हिन्दी
बौगंना	भगौना (बड़ा)	पिरिया	खाड़ू की छोटी टोकरी
बौगंनिया	भगौना (छोटा)	बिजना	पंखा
बेला	कांसे का कटोरा	पैली	अनाज नापने का बर्तन
बिलिया	कटोरी	चौरी	अनाज नापने का बर्तन
कुपरा	बड़ा और पतला थाल	पिरा	खाड़ू की टोकरी
हंडा	अनाज भरने का ऊँचा व बड़ा पात्र	टुकनिया	बांस का एक छोटा परन्तु चौड़ा बर्तन

खाद्यान्न और साग-भाजी

बुंदेली	हिन्दी	बुंदेली	हिन्दी
सुहारी	पूड़ी	कुदवा	कोदौ
पुरी	बेसन भरी पूड़ी	जवा	जौ
लुचई	सादी पूड़ी	कुदई	कोदौ के चावल
पुआ	मीठी पूड़ी	बिजरी	अलसी
कुचइया	छोटी रोटी	कलींदो	तरबूजा
नेबा, कुम्हड़ा	कद्‌दू	लिदरा/डँगरा	खरबूजा की एक किस्म
गकरिया	बिना तवा के अंगारों (आग) पर सेंकी रोटी	पिसनौट	पीसने के लिए तैयार अनाज
माँड़े	घड़े के नीचे हिस्से (कल्लौ) में सेंकी हुई बड़ी पतली रोटी	महेरी	मट्‌ठे में पकाए गए चावल, गन्ने के रस में पकाए गए चावल
फरा	खौलते पानी में सेंकी रोटी	मुरार	मृणाल
चीला	दोसा	पड़ोरा	जंगली परवल
भटा	बैंगन	चीमरी	खरबूजे की एक किस्म
थुली	दलिया	भाजी	चने के पत्ते
कलेऊ	नाश्ता	चौंरई	पत्तेदार साग
बयारी	रात्रि का भोजन	खिटुआ	खट्‌टे पत्तों का साग
कनक	गेंहू का आटा	तेंदू	एक फल
बेसन	चने की दाल का आटा	फत्कुलियां	तरूई की एक किस्म
बिर्रा	गेहूं तथा चीनी मिले हुए	नैंना	तरूई की एक किस्म
जबर्रा	जौ तथा चना मिले हुए	किसुरूआ	कमल के फल
बिझरा	ज्वार तथा जौ मिले हुए	पुरैन	कमल के पत्ते

बुंदेली	हिन्दी	बुंदेली	हिन्दी
गौझँई	*गेहूं और जौ मिला हुआ*	मकुइयां	*बेर के आकार का फल*
गुन्डी, जुनरी	*ज्वार*	तिली	*तिल*
समाँ	*सवाँ*		

अन्य विशिष्ट शब्दावली

बुंदेली	हिन्दी	बुंदेली	हिन्दी
गरदा	*धूल*	उरानौ	*उलाहना (संज्ञा)*
बींग	*दोष*	लांच	*घूस*
बिचोई	*मध्यस्थ*	टिया	*निश्चित समय*
ऐरौ	*आहट*	हरयांद	*हरेपन की गंध*
आरो	*आला, ताक*	अकता (सै)	*पहिले (से)*
पपीरा	*चातक*	सकती	*शक्ति*
सरीक	*दुश्मन*	कहनौत	*कहावत*
सार	*गाय-बैल बाँधने की जगह*	खोर	*गली*
ददोरा	*चकत्ते की तरह सूजन*	टूंका	*टुकड़ा*
सुघर	*चतुर*	दर	*कद्र*
उसनींद	*उंघासी/उनींदा*	खता	*फोड़ा*
पुरा-पालौ	*पड़ोस*	रमानैं	*भेजना*
बरकनैं	*बचना*	बमूरा	*बबूल*
टउका	*छोटा काम*	टेसन	*स्टेशन*
ओरौ	*ओला*	हीला	*कीचड़*
सौंज	*साथ, साझा*	साकौ	*शौक, चाव*
सांस	*छेद, दरार*	करौंटा	*करवट*
उमानौ	*नाप*	उलींचनैं	*(पानी) फेंकना*
गोरौ-नारौ	*गोरे रंग का*	अघानैं	*तृप्त होना*
अठाई	*उत्पाती*	उलायतैं	*जल्दी*
उकतानें	*जल्दी करना*	धोंकने	*बिचारना*
घूरौ	*कूड़ा*	परदनियां	*मरदानी धोती*
निभौली	*नीम का फल*	टौंका	*छेद*
टटवा	*झाड़-फूस का दरवाजा*	टेनैं	*तेज करना*

बुंदेली	हिन्दी	बुंदेली	हिन्दी
टटकौ	*ताजा भरा हुआ (पानी)*	सद्द	*गुनगुना (पानी)*
टिरउवा	*बुलावा*	टुनई	*पेड़ का सर्वोच्च भाग*
बहरा	*झाड़ू*	घुन्चू	*घुंघचू, रत्ती*
मौखात	*जबानी*	भबूका	*लपट*
मौंगे-मौंगे	*चुपचाप*	बन्नक	*नमूना*
बिरानौ	*दूसरा*	बगर	*गाय-बैल बाँधने का बाड़ा*
पटनैं	*तय होना, निभ जाना*	पिरानैं	*दर्द देना*
पिरातौ	*दर्द देने वाला दुख*	पाउनौ	*मेहमान*
निबकनै	*ढीला पड़ना*	थुतरी	*मुँह (हेयार्थ)*
रमतूला	*विवाह के अवसर पर प्रयुक्त बाजा*	धुँदकनैं	*आग के धुआँ छोड़ने की स्थिति*
थुतनौं	*जानवर का मुँह*	थतोलनैं	*हाथ से टटोलना*
ढेरनैं	*बुलाना*	ढूकनें	*झुककर देखना*
पावनौं	*नौकर चाकरों को दिया जाने वाला भोजन*	छिपुरिया	*जलाने की लकड़ी का छिलका*
चौंतरा	*चबूतरा*	झमाँ	*चक्कर*
चिमानौं	*चुपचाप*	घालनैं	*मारनैं*
गारी-गुप्ता	*गाली-गलौज*	खकलनैं	*डंसना*
खूंटनै	*टोक देना*	गतरा	*टुकड़ा*
उकडूं	*पंजों के बल बैठना*	ऐना	*दर्पण*
ओली	*गोद*	औकात	*हस्ती*
ओंरा	*आँवला*	डूंडा	*बिना सींग का बैल*
तक्का	*उजाले के लिए आला*	दसकत	*दस्तखत, हस्ताक्षर*
तखरिया	*तराजू*	तुमरिया	*लौंकी की तरह का फल*
थिगरा	*थेगली*	थराई	*एहसान*
थम्मा	*खम्भ, खेल का सांकेतिक स्थान*	ततूरी	*गर्म जमीन पर पैरों का जलना*
उड़ला	*एक बार दला गया चना*	निहुरनैं	*झुकना*
नोंचिया	*चिउँटी काटना*	निन्न्याम	*बिल्कुल*

बुंदेली	हिन्दी	बुंदेली	हिन्दी
राई	*राहत*	प्यॉँर	*कोदौ की घास*
खाँखर	*तिली की घास*	खाड़ू	*अरहर की घास*
टटेरौ	*खड़ा, सूखा जुंडी का पेड़*	करबी	*कटे हुए टटेरे*
पबरने	*अनिच्छा से हटाना*	पीप	*मवाद*
फरार	*फलाहार (उपवास के दिन का भोजन)*	चिर्हई	*गाय-बैलों के पानी पीने का हौज*
पान्नौं	*बिना खाए हुए*	बरेदी	*गाय-बैल चराने वाले*
हौदी	*हौज*	घिनौंजी	*स्नानागार*
नरदा	*नाबदान**	लिड़ौरी	*भूसा रखने के लिए बनाई गई जगह*
जरियां	*बेर के पेड़*	जोरा	*रस्सी*
पगइया	*रस्सी*	जरीबानो	*जुर्माना*
जाँतो	*ऊँची चक्की*	छैंरौ	*छाया*
छिदनां	*छत्ता*	छूँची	*खाली*
जड़यावर	*जाड़े के कपड़ों का दान*	मुँदरी	*अँगूठी*
पुंगरिया	*नाक का आभूषण*	दुर	*नाक का आभूषण*
पैंजना	*पैर का आभूषण*	गजरा	*गले की माला*
डेरा-डंगर	*गृहस्थी का सामान*	चीज-बसत	*गहना*
डेरा	*गहना*	करधौनी	*कमर की साँकल*
सुमी	*देखा-देखी करना*	समसर	*बराबरी*
बोरका	*खरिया मिट्टी वाली दवात*	किन्छा	*पानी का छींटा*
किन्छनैं	*पानी छिड़कना*	सकरौ	*जूँठा*
सैलानैं	*बढ़ती कर देना*	सुन्दाँ	*सहित*
सनाकत	*शिनाख्त*	गुजराती	*इलायची*
डौंड़ा	*बड़ी इलायची*	मउवा	*महुवा*
आँसों	*इस वर्ष*	आंगित	*पिछला या अगला साल*
हँड़स	*हठ*	औरनैं	*सूझना*
अहानी	*कहावत*	अनुवा	*बहाना*

* नाबदान = घरों से गंदा पानी निकलने की नाली।

बुंदेली	हिन्दी	बुंदेली	हिन्दी
अतर	*इत्र*	अत्पर	*अधर*
अलगोजा	*बाँसुरी*	उढ़रू	*बिना विवाही स्त्री, रखैल*
उपत	*बिना बुलाए*	उपनओ	*बिना जूते पहिने*
उसरी	*बारी*	औजी	*बारी*
डरतिया	*पानी गिरने की पनाली*	गारनैं	*घिसना*
ऊननैं	*सुनना*	झूँकनै	*झाँकना*
भींकनैं	*खींचना*	पसरनै	*फैलना*
मौन	*घी और पानी से आटा गूँधना*	साननै	*गूँधना*
कमनैं	*कम होना*		

संदर्भ

1. अग्रवाल, रामेश्वर प्रसाद, *बुंदेली का भाषा शास्त्रीय अध्ययन*, प्रकाशक: *हिन्दी एवं आधुनिक भारतीय भाषा विभाग, लखनऊ विश्वविद्यालय, लखनऊ, 1963*.
2. चतुर्वेदी, श्री शिवसहाय, *पाषाण नगरी (बुंदेली लोक कथाएँ)*.
3. टीकमगढ़ दर्शन परिशिष्टांक, *मंगल प्रभात*, प्रकाशक: श्री शांतिचंद्र, ग्राम भारती, समिति, टीकमगढ़ , म.प्र., ग्वालियर 2002.
4. पोतदार, भैया कपूर चंद्र, *निष्काम श्रावक*, अभिनंदन ग्रंथ, प्रकाशन: भैया कपूरचंद जैन पोतदार अमृत महोत्सव समिति, टीकमगढ़, म.प्र., 2004.
5. रूसिया, प्रेमनारायण, *बुंदेलखण्ड प्रकृति और पुरुष*, अभिनंदन ग्रंथ)प्रकाशक: प्रो. प्रेमनारायण रुसिया अभिनंदन समारोह।
6. शुक्ल, उमाशंकर, *बुंदेलखण्ड के लोकगीत*, इंडियन प्रेस लिमिटेड, इलाहाबाद, उ.प्र., 1966.
7. शुक्ल, आचार्य दुर्गाचरण एवं कैलाश बिहारी द्विवेदी, *बुंदेली एक भाषा वैज्ञानिक अध्ययन*, प्रकाशक: कला परिषद, टीकमगढ़, म.प्र., 1976.

17

ब्रज

बिजेन्द्र भदौरिया

1. **नाम**-ब्रज, शौरसेनी, पिंगल, कन्नौजी, अन्तर्वेदी, ग्वालियरी।

2. भौगोलिक क्षेत्र

ब्रज की सीमा का उल्लेख *कनिंघम ज्योग्राफी ऑफ इण्डिया* (पृ. 427) पर इस प्रकार दिया है–सातवीं शताब्दी में मथुरा एक प्रसिद्ध नगर एवं विशाल राज्य की राजधानी था जो परिधि में पाँच हजार मील बताया गया है। इसके सीमा क्षेत्र में दक्षिण में, आगरा, धौलपुर तक, पूर्व में सिंधु नदी तक इन सीमाओं के भीतर प्रांत की परिधि सीधी नाप से 650 मील है तथा सड़क की नाप से 750 मील के ऊपर है। इसमें राजस्थान के भरतपुर, करौली, धौलपुर की छोटी रियासतों और ग्वालियर राज्य के उत्तरार्द्ध के साथ मथुरा का जिला सम्मिलित है।

पूर्व में इसकी सीमा पर जिझौनी राज्य एवं दक्षिण में मालवा था, जो दोनों ही ह्वेन सांग (631-645 बी.सी.) ने पृथक राज्य बताए हैं।

3. पौराणिक आख्यानों में ब्रज की सीमा

हरिवंश तथा *भागवत पुराण* में ब्रज का प्रयोग मथुरा के निकट की भूमि के लिए किया गया है। इसका अर्थ गोस्थली है। गोकुल इसका पर्याय है।

4. मध्यकाल में ब्रज का प्रचलन

मथुरा के निकटतम प्रदेश को ही ब्रज लोक की संज्ञा दी गई है। चौरासी कोस की भूमि ब्रज कहलाती है। जिसका केन्द्र मथुरा वृन्दावन है, आगे चलकर ब्रज की सीमा ग्वालियर तक मानी गई है। महाराज सूरजमल ने जिस प्रदेश की सीमा दिल्ली और ग्वालियर के बीच मानी है, वही ब्रज का बहुत कुछ चौरासी कोस है।

लल्लू लाल ने दसवीं शताब्दी में ब्रज क्षेत्र की सीमाएँ इस प्रकार निर्धारित की हैं–ब्रज, ग्वालियर, भरतपुर, जैसवाड़ा, भदावर, अन्तर्वेद तथा बुंदेलखण्ड।

ऐसा भी कहा जाता है कि महाभारत के आधार पर जो प्राचीन जनपद सूरसेन था वही कालान्तर में ब्रज बन गया।

इत वरहद उस सोनहद उत सूरसेन को गाम।
ब्रज चौरासी कोस में मण्डल मथुरा धाम।।

अंग्रेज़ों के शासन काल में तत्कालीन मजिस्ट्रेट तथा विद्वान अंग्रेज़ लेखक एफ. एस. ग्राउस ने ब्रज की सीमा का निर्धारण उक्त उक्ति के आधार पर किया है–

ब्रज भूमि में एक ओर वर है जो कि वर्तमान अलीगढ़ में स्थित है तो दूसरी ओर सोन नदी है जिसकी हर (सीमा) गुड़गाँव (हरियाणा) तक जाती है तीसरी ओर सूरसेन का गाँव है जो कि यमुना के किनारे आगरा जिले की वाह तहसील का वटेश्वर गाँव है।

धीरेन्द्र वर्मा (1957) ने भाषा के आधार पर ब्रज क्षेत्र का निर्धारण इस प्रकार किया है–

'मथुरा, अलीगढ़, आगरा, करौली, धौलपुर आदि में विशुद्ध ब्रज भाषा बोली जाती है।'

गुलाबराय (1940) के अनुसार–मथुरा, आगरा, अलीगढ़, अलमोड़ा, नैनीताल, बिजनौर, गुडगाँव तक ब्रज क्षेत्र है।

कृष्णदत्त वाजपेयी (1954) ने–मथुरा, भरतपुर, करौली, धौलपुर, अलवर, मध्य भारत में मुरैना, भिण्ड, ग्वालियर का उत्तरी भाग, आगरा, इटावा जिले का पश्चिमी टुकड़ा, एटा, मैनपुरी, अलीगढ़, बुलंदशहर का आधा भाग, गुडगाँव का दक्षिणी भाग ब्रज भाषा क्षेत्र माना है।

बोलचाल के रूप में ब्रज में थोड़ा बहुत अंतर दिखाई देता है इस दृष्टि से ब्रज को तीन क्षेत्रों में रखा जा सकता है।

पूर्वी ब्रज–उत्तर प्रदेश के मैनपुरी, बदायूँ, एटा, इटावा, बरेली।

केन्द्रीय ब्रज–मथुरा, आगरा, अलीगढ़, गुडगाँव।

पश्चिमी ब्रज–राजस्थान के भरतपुर, धौलपुर, करौली, पूर्वी जयपुर एवं मध्य प्रदेश के मुरैना, श्योपुर, भिण्ड, पश्चिमी ग्वालियर। इसके बोलने वालों की संख्या अनुमानत: दो करोड़ है।*

मिश्रित ब्रज भाषा सवाई माधोपुर, दौसा व अलवर में बोली जाती है। बुलंदशहर, हरदोई, इटावा व कानपुर की भाषा कन्नौजी कहलाती है। बुंदेलखंड की बुंदेली भाषा भी ब्रज का ही एक प्रकार है जिसे दक्षिणी ब्रज कहा जाता है।

5. ब्रज भाषा एवं साहित्य का इतिहास

ब्रज भाषा अत्यंत प्राचीन है। इसका जन्म शौरसेनी के अपभ्रंश से हुआ है, ब्रज का इतिहास एवं साहित्य अत्यंत समृद्ध है, भक्तिकाल के कृष्ण शाखा के कवियों की यह प्रिय भाषा रही है।

5.1 नामकरण–ब्रज भाषा को अन्तर्वेदी नाम से अभिहित किया जाता है, महाभारत काल तक यह शब्द स्थान या देश बोधक न होकर पशु समूह या चारागाह का बोध कराता था। *श्रीमद भागवत* में इस शब्द का प्रयोग मथुरा के निकट की भूमि के लिए किया गया है इसका अर्थ गोस्थली है। भाषा के अर्थ में इस शब्द का प्रयोग और प्रचलन मध्यकालीन लेखकों एवं कवियों के कारण हुआ है। मथुरा ब्रज भाषा का केन्द्र है।

5.2 ब्रज भाषा साहित्य के इतिहास को प्रभुदयाल मित्तल (1966) ने चार भागों में बाँटा है–

1. आदिकाल (वीरगाथा काल) 800 से संवत 1375 तक।
2. पूर्व मध्यकाल (भक्तिकाल निर्गुण और सगुण) संवत 1375 से 1700 तक।
3. उत्तर मध्यकाल (रीति काल) संवत 1700 से संवत 1900 तक।
4. आधुनिक काल–संवत 1900 से आज तक।

1. आदिकाल–ब्रज भाषा का आदिकाल वीरगाथा काल के नाम से जाना जाता है।

मित्तल ने इस काल की भाषा को संक्रांतिकालीन ब्रज भाषा के नाम से संबोधित किया है। संक्रांतिकालीन ब्रज भाषा और उसके रचनाकारों में अदद हुमाय (अब्दुल रहमान), नल्ल सिंह चंदबरदायी एवं नामदेव का नाम उल्लेखनीय है।

---

* लेखक के स्वयं के सर्वेक्षण के आधार पर।

2. भक्तिकाल–आचार्य रामचन्द्र शुक्ल, प्रभुदयाल मित्तल सहित कई अन्य इतिहासवेत्ताओं ने ब्रज भाषा साहित्य में भक्तिकाल को स्वर्णकाल माना है। इस काल का साहित्य दो प्रधान धाराओं में बाँटा गया है–निर्गुण भक्ति धारा एवं सगुण भक्ति धारा। भाषा में दोहा, चौपाई, छन्द, पद आदि का प्रयोग किया गया।

इस काल के प्रमुख कवि एवं उनकी रचनाएँ इस प्रकार हैं–

कवि - **रचनाएँ**

सूरदास - *सूर सागर, सूर सारावली, साहित्य लहरी*

कृष्णदास - *जुगलमान चरित्र*

परमानंद दास - *परमानंद सागर*

नंददास - *रास पंचाध्यायी, भ्रमर गीता*

चतुर्भुजदास - *द्वादश यश, भक्ति प्रताप, हितजू को मंगल*

इनके अतिरिक्त द्वीत स्वामी, गोविन्द स्वामी, कुंभनदास, मीराबाई, एवं रसखान आदि प्रमुख कवि हैं।

3. रीतिकाल–रीति शब्द का अर्थ है- प्रकार, ढँग, रहस्य, रिवाज, कायदा, नियम, तरीका।

काव्य में रीति से तात्पर्य है ऐसा काव्य जो रस, अलंकार, ध्वनि, नायिका भेद आदि तत्त्वों को ध्यान में रखकर लिखा गया हो। रीतिकाल का उद्‌भव ब्रज भाषा के इतिहास में भक्तिकाल में ही हो गया था, किन्तु अंतर यह रहा कि, भक्तिकाल में रीति रचनाओं में भाव प्रधान था जिसकी आत्मा रस है। रीतिकालीन काव्य में शब्द प्रधान है जिसकी आत्मा रमणीयता है। रीतिकाल को उत्तर मध्यकाल भी कहा जाता है। ब्रज भाषा काव्य में कला पक्ष इस काल में विशेष रूप से उभर कर आया। इस काल के कवियों ने काव्य शास्त्र की परिपाटी पर काव्य रचना की। रीतिकाल में ब्रज भाषा में लक्षण ग्रन्थ लिखे गए।

इस काल के कवियों को तीन भागों में बाँटा जा सकता है–

रीतिबद्ध–केशवदास, कृपाराम, चिंतामणि, रसनिधि, पद्‌माकर, रसलीन।

रीतिसिद्धि–बिहारी, देव, सेनापति, मतिराम।

रीतिमुक्त–घनानंद, बोधा, आलम, ठाकुर, भिखारी।

भूषण रीतिकाल में वीर रस के प्रसिद्ध कवि रहे हैं।

4. आधुनिक काल–मुस्लिम शासन की समाप्ति के बाद ब्रज में अंग्रेज़ी शासन कायम हो गया। इस अवधि में कंपनी शासन के अत्याचारपूर्ण व्यवहार के विरुद्ध खुलकर विद्रोह हुआ। विद्रोह सफल नहीं हुआ, किन्तु कम्पनी शासन समाप्त हुआ। ब्रिटिश महारानी विक्टोरिया ने कम्पनी शासन को समाप्त कर सीधे अपने नियंत्रण में ले लिया। अंग्रेज़ी शासन का शोषण बराबर बना रहा। ईसाई धर्म का प्रचार जोर-शोर से शुरू हुआ किन्तु आचार्यों और ब्रज के विद्वानों का सम्मान कम होने लगा। कवि समुदाय, विद्वानों, कलाकारों की दुर्दशा होने लगी। आजादी के बाद ब्रज के स्थान पर खड़ी बोली का प्रयोग प्रारंभ हुआ, ब्रज भाषा की सरिता पतली अवश्य हो गई किंतु इस काल में कवियों की समृद्ध परम्परा रही जिसमें भारतेन्दु हरिश्चन्द्र, सत्यनारायण कविराज, जगन्नाथ दास रत्नाकर आदि प्रमुख हैं।

भारतेन्दु हरिश्चन्द्र ने भाषा के महत्त्व को रेखांकित करते हुए लिखा–

निज भाषा उन्नति अहै, सब उन्नति को मूल।
बिनु निज भाषा ज्ञान के मिटे न हिय को शूल।।

अर्थात् स्वभाषा से ही सभी प्रकार की उन्नति संभव है।

इसी तरह रामविलास ने भाषा को संस्कृति का वाहक और उसका अंग बताया है।

ब्रज की सबसे बड़ी विशेषता वहाँ का संगीत एवं दर्शन है इसी कारण राममनोहर लोहिया ने कहा है कि- 'संसार में एक ही कृष्ण हुआ है जिसने दर्शन को अपना गीत बनाया है।'

ब्रज भाषा के साहित्य एवं माधुर्य के संबंध में भारतेन्दु हरिश्चनद्र ने लिखा है कि-

जा मैं रस कछु होत है, पढ़त ताहि सब कोय।
बात अनूठी चाहिए भाषा कोऊ होय।।

6. साहित्य (ब्रजभाषा)

सूरदास के पद

(1)

मेरौ मन अनत कहाँ सुख पावै
जैसे उड़ि जहाज कौ पंछी फिरि जहाज पर आवै
कमल नैन कौ छाँड़ि महातम और देव कोहमावे
परमगंग को छाँड़ि पियासौ, दुरमति कूप खनावै
जिहिं मधुकर अंबुज रस चारण्यौ क्यों करील फल भावै
सूरदास प्रभु काम धेनु तजि छेरी कौन दुहावै

स्रोत : सूरदास।

हिन्दी अनुवाद

सूरदास जी कहते हैं कि मेरा मन अन्यत्र कहाँ सुख पा सकता है? जिस प्रकार जहाज का पंछी उड़-उड़ कर फिर से वापिस जहाज पर ही आ जाता है, क्योंकि उसे और कहीं सुकून नहीं मिलता है, उसी प्रकार मेरा मन भी सदैव श्रीकृष्ण जी में ही रमा रहता है। कमल नयन श्रीकृष्ण जी के महत्त्व को जानकर भी कोई और देवता का ध्यान क्यों करेगा? समस्त पापों को धोने वाली पावन गंगा को छोड़कर ऐसा कौन दुरमति होगा कि कुँए को खोदकर पानी पिएगा? और जिस भंवरे ने एक बार कमल रस को चख लिया हो वह करील का फल क्यों खाएगा?

कहने का तात्पर्य यह है कि श्रीकृष्ण की भक्ति सर्वश्रेष्ठ है अत: इसको त्यागना संभव नहीं है। सूरदास जी कहते हैं कि कामधेनु को छोड़कर बकरी को कौन दुहेगा?

(2)

मैया कबहिं बढ़ेगी चोटी?
किती बार मोहि दूध पियत भई यह अगहूँ है छोटी
तू तो कहत बल की बेनी त्यौं हैं लाँबी मोटी
काढ़त, गुहत-न्हावत जैहे नागिन सी भुइ लोटी
काचौ दूध पियावति पचिपचि, देति न माखनरोटी
सूर चिरजीवौ दोऊ भैया हरि हलधर की जोरी

स्रोत : सूरदास।

हिन्दी अनुवाद

इस पद में बालक श्रीकृष्ण के बाल मन की उत्सुकता प्रस्तुत की गई है। माँ यशोदा भिन्न भिन्न प्रकार के लालच देकर भोजन करवाती है, उसी में से एक लालच वे यह देती हैं कि यदि श्रीकृष्ण दूध पिएँगे तो उनकी चोटी लंबी और मजबूत हो जाएगी। श्रीकृष्ण का बाल मन बार बार अपनी चोटी पर जाता है और वह पाते हैं कि चोटी वैसी गति से बढ़ नहीं रही है, जैसा माता बताती हैं, तो वे माँ से पूछते हैं कि, हे मैया! मेरी चोटी कब बढ़ेगी? जब भी तू दूध पिलाती है, तो मुझे लालच देती है कि इससे मेरी चोटी बढ़ जाएगी। परन्तु मैंने तो कितनी ही बार दूध पी लिया है फिर यह अभी तक छोटी ही है। तू तो कहती है कि मैं दूध पियूँगा तो मेरी चोटी बलदाऊ की चोटी के समान लंबी और मोटी हो जाएगी। जब तुम कंघी करोगी तो नागिन के समान वह भूमि पर छुएगी। तूने यही लालच दे देकर कच्चा दूध पिलाकर परेशान कर के रख दिया। माखन रोटी कभी भी देती ही नहीं है। श्रीकृष्ण के इस प्रकार के हाव-भाव और बातों को सुनकर यशोदा मैया बहुत अधिक प्रसन्न हो जाती हैं। सूरदास जी कहते हैं कि श्रीकृष्ण और बलदाऊ चिरंजीवी हों और इनकी जोड़ी हमेशा बनी रहे।

(3)

मैया मोहि दाऊ बहुत खिझायो
मोसों कहत मोल को लीन्हो, तोहि जसुमति कब जाएे
कहां कहौ एहि रिस के मारे, खेलत हौं नहिं जात
पुनि-पुनि कहत कौन है माता को है तुम्हरो तात
गोरे नंद यशोदा गोरी, तुम कत श्याम शरीर
तारी दै दै हँसत ग्वाल सब, सिखै दैत बलवीर
तू मोही को भारत सीखी, दाउहिंक बहुँ नखी
मोहन मुख रिस की ये बातें जसुमति सुनि-सुनि टीझौ
सुनहूँ श्याम बलभद्र चबाई जनमत ही को धूत
सूर श्याम मोहि गोधन कासौं, हौं माता तूपूत

स्रोत : सूरदास।

हिन्दी अनुवाद

श्रीकृष्ण अपनी माँ यशोदा से अपने बलदाऊ की शिकायत कर रहे हैं कि हे माँ मुझे दाऊ खिझाता है, बहुत परेशान करता है। वो कहता है कि तूने मुझे खरीदा है, जन्म नहीं दिया। उसकी यही बात सुनकर मुझे बहुत क्रोध आता है और इसी वजह से बलराम के साथ मैं खेलने नहीं जाऊँगा। वह बार-बार मुझसे पूछता है कि तुम्हारी माता कौन है और तुम्हारे पिता कौन है। बाबा नंद और यशोदा तुम्हारे माता-पिता नहीं हो सकते, क्योंकि वो दोनों तो गोरे है तो तुम्ही बताओं कि तुम काले क्यों हो? हे माँ! ऐसे वह प्रश्न स्वयं तो करता ही है साथ अपने अन्य मित्रों से कहता है और वे सब मुझ पर ताली बजा-बजा कर हँसते हैं। एक बात और है जिससे मुझे लगता है कि बलदाऊ सही है क्योंकि तू भी मुझे ही मारती है, बलदाऊ पर तो खीझती ही नहीं।

श्रीकृष्ण की ये क्रोध भरी बातें सुनकर माता यशोदा उन पर रीझ जाती हैं। और कहती है कि सुनो श्याम! बलभद्र तो जन्म से ही धूर्त है। सूरदास जी कहते हैं माता यशोदा गौ माता की कसम खाकर कृष्ण से कहती हैं कि मैं ही माता हूँ और तू मेरा ही पुत्र है।

(4)

मैया री, मोहि माखन भावै
जो मेवा पकवान कहति तू, मोहि नहीं रुचि आवै
ब्रज जुबती एक पाछै ठाढी, सुनत श्याम की बात
मन मन कहति कबहुँ अपनै घर देखौं माखन खात
बैठे जाई मथनियाँ केढिंग मैं तब रहौं छपानी
सूरदास प्रभु अन्तरजामी ग्वालिनि मन की जानी

स्रोत : सूरदास।

हिन्दी अनुवाद

श्रीकृष्ण माता यशोदा से कहते हैं कि मैया री मुझे मख्खन ही भाता है। जो तू मेवा पकवान खाने को कहती है तो मुझे नहीं रुचता है। ब्रज की एक युवती श्याम के पीछे खड़ी कृष्ण की बातें सुन रही है। मन ही मन कहती है कि मैं कब कृष्ण को अपने घर माखन खाते देखूँगी। यह जब मथनिया के पास जाकर बैठेंगे, तब मैं इन्हें छुपकर देखूँगी। सूरदास जी कहते हैं कि प्रभु अंतरयामी हैं, उन्होंने ग्वालिन के मन की बात जान ली है।

रसखान के पद

(1)

आज गई हुती भोरहि हौं रसखाने रई कहि नन्द के भौनहि?
बाकौ जिमौ जुग लाख कड़ोर, जसोमति को सुख-जात कहो नहि।।
तेल लगाइ-लगाइ के अंजन भौंह बनाइ, बनाइ डिठौनहिं।
डालि हमेलनिहार निहारत, बारत ज्यों पु चकारत छौनहिं।।

स्रोत : रसखान।

हिन्दी अनुवाद

रसखान कवि कहते हैं कि–(एक सखी कहती है) मैं आज सुबह-सुबह नन्द के घर गई थी। उस (श्रीकृष्ण) का मुख इतना सुन्दर है कि मुझे बताने में लाखों-करोड़ों युग लग जाएँगे, माँ यशोदा के सुख का तो मैं गुणगान नहीं कर सकती। (श्रीकृष्ण की) तेल-मालिश, काजल व डिठौना से उसे शृंगारित कर रहीं थी तथा यशोदा (स्वर्ण) हार से सुशोभित होकर जब श्रीकृष्ण की बलैयाँ लेती हैं तथा पुचकारती है (तो यह शोभा वर्णनातीत है)।

(2)

धूरि भरे अति सोभित स्यामजू तैसी बनी सिर सुंदर चोटी
खेलत खात फिरै अंगना पग पैंजनी बाजत पीरी कछोटी
वा छवि को रसखान बिलोकत बारत काम कलानिधि कोटी
काग के भाग बड़े सजनी हरि हाथ सों लै गयो माखन रोटी

स्रोत : रसखान।

हिन्दी अनुवाद

कवि रसखान कृष्ण के बाल रूप का वर्णन करते हुए कहते हैं कि- धूल में खेलकर धूल से भरे हुए श्याम अति शोभित, अति सुन्दर लग रहे हैं। वैसी ही उनके सिर पर सुन्दर चोटी सुशोभित है। पूरे आंगन में खेलते और खाते हुए घूम रहे हैं। पीली कछोटी (लंगोट) बाँध रखी है और पाँव में पायल बज रही है।

कवि रसखान कहते हैं कि श्याम की इस मधुर छवि को निहारकर कामदेव की बारह कलाएँ न्यौछावर है। इस कौए के भाग्य बहुत ही अच्छे हैं जो श्रीकृष्ण के हाथ से माखन रोटी ले गया है।

(3)

आज बिरज में होरी रे रसिया/आज बिरज में होली रे रसिया
होरी है रे रसिया, बरजोरी है रे रसिया। आज बिरज में...
इत तन श्याम सखा संग निकसे
उत वृषभान दुलारी है रे रसिया। आज बिरज में...
उड़त गुलाल लाल भये बादर
केसर की पिचकारी है रे रसिया। आज बिरज में...
बाजत बीन, मृदंग, झांझ, डफली
गावत दे-दे - तारी रे रसिया। आज बिरज में...
श्यामा श्याम मिल होली खेलें,
तन मन धन बलिहारी रे रसिया,
आज बिरज में होली रे रसिया!

स्रोत : रसखान।

हिन्दी अनुवाद

आज ब्रज में होली है रे रसिया, आज ब्रज में होली है। सबको (बरजोरी) जबरन रंग लगाने का दिन है। चाहे किसी का मन हो या ना हो। इधर श्याम अपने सखाओं (दोस्तों) या ग्वालों के संग होली खेलने निकले हैं और उधर बृषभान की दुलारी राधा भी होली खेलने सखियों के संग निकल गई हैं। आज ब्रज में इतना गुलाल उड़ा है कि बादल भी लाल हो गए हैं। केसर के रंगों की बारिश पिचकारी से हो रही हैं।

आज ब्रज में बीन, मृदंग, झांझ, डफली, जोर-जोर से बज रहे हैं और सब लोग इसके साथ में गाकर ताली दे रहे हैं। आज ब्रज में श्यामा-श्याम मिलकर होली खेल रहे हैं। इसे देखने के लिए कोई भी तन-मन-धन अर्पण कर सकता है। आज ब्रज में होली है रे रसिया।

लोककथा

एक ठाकुर हो। बा नें एक कोरिया कूं बेगार में पकरो और अपनी घुड़िया के संग बाइ लिवाइ के अपनी सुसरार कूं चलो। तब कोरिया की मैतारी नें कही कि बैटा जब ठाकुरु खुसी हों तब अढ़ाई सेर रुई मांग लीये। कोरिया ठाकुरु के संग चल भयौ।

जब ठाकुरु सुसरार में भीतर गओ, कोरिया कूं अपनी घुड़िया थमाय गओ और जताइ गओ कि जाइ चोट्टा न लैं जामें। आधी रात भयें कोरिया सोइ गओ। धुड़िया चोर ले गए। धौताये बा नें देखों मां धुड़िया न पाई। लगाम लैं कैं अटरिया में जा जग्गै

ठाकुरु सोवत है पोंचो और कही कि ओ ठाकुरु सा 'अटलन-खुनखुन' तो मो पै है 'हुन हुन' का तुम लै गए हो? जे सुनि ठाकुरु उठि के ढुंढ़वे कूं भाजे। कोरिया बिन के संग लगि लओ।

राह में एक नदिया परी। ठाकुरु ने कोरिया कूं अपनी तरबार गहाई दई और कहीं कि मेरे संग उतरि आ। जब बीचों बीच पोंचो, तरबार मियान में तें निकरि परी। कोरिया ने कहीं, ओ ठाकुरु सा जामें सूं मिंगी निकरि परी और चोकलो मो पै रहि गओ। ठाकुरु ने कही कि काँ गिरि परी? तब बा कोरिया ने नदिया में मियान फेंक के बताओं कि बाँ गिरा है। मियान हू बह गओ। जा पैं ठाकुरु खूब हँसे।

कोरिया ने, हात जोरि के कहीं भले ठाकुरु, अम्मा ने अढ़ाई सेर रुई माँगी है। **स्रोत :** बिजेन्द्र भदौरिया, भोपाल।

हिन्दी अनुवाद

एक ठाकुर था। उसने एक बालक को बेगार के लिए पकड़ा और अपने घोड़े के साथ उसको लिवाकर अपनी ससुराल को चला। तब बालक की माँ ने बालक से कहा कि जब ठाकुर का मन प्रसन्न हो, तब उस एक सेर रुई मांग लेना। बच्चा ठाकुर के संग चल दिया।

जब ठाकुर ससुराल में पहुँचा तो उसने बालक को घोड़ा सम्भालते हुए कहा कि तू ध्यान रखना कि इसे कोई चुरा न ले जाए। लेकिन आधी रात होने के बाद बालक को नींद आ गई और घोड़े को चोर ले गए। बालक की नींद खुली तो उसने देखा कि घोड़ा नहीं है, तो वह बदहवास लगाम लेकर झोपड़ी में पहुँचा और कहा कि ठाकुर साहब (अटलन-खुटलन) लगाम तो मेरे पास है, घोड़ा (हुन-हुन) क्या तुम ले गए हो?

यह सुनकर ठाकुर उठा और घोड़े को ढूंढने के लिए भागा, बालक भी पीछे-पीछे चल दिया। रास्ते में एक नदी पड़ी। ठाकुर ने बालक को अपनी तलवार दे दी, और कहा कि मेरे संग पानी में उतर जाओ। जब वे बीचों-बीच पहुँचे तब तलवार म्यान में से निकलकर पानी में गिर पड़ी। बालक ने कहा कि ठाकुर साहब तलवार म्यान में से निकलकर पानी में गिर गई और मेरे पास सिर्फ म्यान रह गई हैं। ठाकुर ने पूछा कि तलवार कहाँ गिरी है? तब उस बालक ने नदी में म्यान फेंककर बताया कि तलवार वहाँ गिर पड़ी है। पानी में म्यान भी बह गई, यह देखकर ठाकुर को खूब हंसी आई, तब बालक ने हाथ जोड़कर कहा कि हे भले ठाकुर! मेरी अम्माँ ने अढ़ाई सेर रुई मांगी है।

7. शब्दावली (ब्रज-हिन्दी)

रिश्ते-नाते

ब्रज	***हिन्दी***	**ब्रज**	***हिन्दी***
पर बाबा	*पड़दादा*	दुल्हन	*वधू*
पर दादी	*पड़दादी*	नंद	*ननद*
बाबा, बापू, बाबूजी,	*पिता*	नंदोई, नंदोऊ	*ननद का पति*
मइया/महतारी	*माता, अम्मा, माँ*	दाऊ	*ताया/ताऊ*
नाती	*पोता*	ताई, बड़ी अम्मा	*ताई*
नातिन	*पोती*	आजी	*दादी*
पंती, संती	*पड़पोता*	अजिमा ससुर	*दादा ससुर*
मोड़ा, छोरा, छोकरा	*लड़का*	अजिमा सास	*दादी सास*

ब्रज	*हिन्दी*	**ब्रज**	*हिन्दी*
मोड़ी, छोरी, छोकरी	*लड़की*	टंडुआ	*विधुर*
भइया	*भाई*	बड़े/बड़ों	*बड़ा*
दूल्हा	*वर*		

अन्य शब्द

ब्रज	*हिन्दी*	**ब्रज**	*हिन्दी*
नीकी	*अच्छी*	छिनगुनिया, छिंगुली	*कनिष्ठा (उँगली)*
चलनो, चलिबो	*चलना*	जरै	*जलना*
खानो, खाइबो	*खाना*	बड़ो	*बड़ा*
लीलना	*निगलना*	गवाई	*गवाही*
गलायत/डाँग/बीहड	*जंगल*	कुत्ता	*कुर्ता*
मालु	*माल*	चाओ	*चाहो*
सबु	*सब*	गओ	*गया*
अकालु	*अकाल*		
करिया, कारो	*काला*	बाके लाने	*उस कारण*
पीरा, पीरो, पीत	*पीला*	कौहाँ, किते, खाँ, कितको	*कहाँ*
यहाँ, माँ, उते बाँ उतको,	*वहाँ*	नेर, नियर, नियराया,	*निकट आना*
बिनको जितको	*उनका*	नियरानो	
नीला, लीला	*नीला*	हियाँ, इते, इनको	*यहाँ*
हरो	*हरा*	च्यौं, काय की	*क्यों*
बाँगु	*बाग*	कबहूँ, कमऊँ, कँई, कऊँ	*कहीं*
कालिँ	*काल*	तिरिया	*स्त्री*
बसेरो	*बसेरा*	गाम	*गाँव*
जाँउगा	*जाऊँगा*	साब	*साहब*
जीत्यो	*जीता*	पैले	*पहले*
झगरो	*झगड़ा*	चाबी	*तारी*
कंकन	*कंकण*	चूल्हा	*चौखरी*
दूबरे	*दुबले*	ककई	*कंघी*
बास्सा	*बादशाह*	नाज	*अनाज*
एकास्सी	*एकादशी*	लेज	*रस्सी*

ब्रज	***हिन्दी***	**ब्रज**	***हिन्दी***
द्वास्सी	*द्वाद्वशी*	परमेसुर, फबेसुर, परमेसुरे	*परमेश्वर*
अज्जी	*अर्जी*	कई	*कही*
खच्चु	*खर्च*	छुकला, छुलका	*छिलका*
इखट्ठो	*इकट्ठा*	उजीतो	*उजाला*
साऊकार	*साहूकार*	घरी	*घड़ी*
बारा	*बारह*	भूरो, भूरा	*सफ़ेद*
बऊ	*बहू*	ठाडा होना, ठाड़े, ठाड़ो	*खड़ा होना*
जा मारै, जाके लाने	*इस कारण*	बिखेरना, बखेरना, बितराना	*बिखराना*

समय वाचक

ब्रज	***हिन्दी***	**ब्रज**	***हिन्दी***
भिनसारे, भुनसार	*पूर्व उषाकाल*	संझा	*सायंकाल/सांझ*
भुरारे	*उषा काल*	पस्यिा मिलना	*संधिकाल*
सबेरे	*प्रातः/ सबेरा*	घाम	*धूप*
दुपहरी, दुफारी	*दोपहर*		

संदर्भ

1. कनिंघम, ए., *एन एनसिएंट ज्योग्राफी ऑफ इण्डिया,* टुबनेर एंड कंपनी, लंदन, 1871, पृ. 427.
2. ग्राउस, एफ. एस., *मथुरा : ए डिस्ट्रिक्ट मेमोइर,* ब्रिटिश लाइब्रेरी, 1882.
3. मित्तल, प्रभुदयाल, *ब्रज का सांस्कृतिक इतिहास,* 1966.
4. रॉय, गुलाब, *हिन्दी साहित्य का सुबोध इतिहास,* 1940.
5. वर्मा, धीरेन्द्र, ब्रजेश्वर, शर्मा, धर्मवीर, भारती, हिन्दी साहित्य कोटा, ज्ञान मण्डल लिमिटेड वाराणसी।
6. ह्वेन सांग, 631-645 बी. सी. के मध्य भारत भ्रमण किया।
7. शर्मा, रामविलास, *भाषा और समाज,* राजकमल प्रकाशन, 2008, पृ. 445.
8. वाजपेयी, कृष्णदत्त, *ब्रज का इतिहास,* अखिल भारतीय ब्रज साहित्य मंडल, मथुरा, 1954.
9. हरिश्चंद्र भारतेंदु, *भारतेंदु ग्रंथावली* (छह खंडों में), नागरी प्रचारिणी सभा, वाराणसी, 1953.

संदर्भित पुस्तकें

1. अग्रवाल, वासुदेव शरण, *भारत सावित्री ग्रन्थ,* सस्ता साहित्य मंडल, 1957.
2. जैन दीपचंद्र एवं तिवारी, कैलाश, *हिन्दी और उसकी विविध बोलियाँ,* मध्य प्रदेश हिन्दी ग्रंथ अकादमी, भोपाल, 1988.
3. त्रिवेदी, सुशील एवं शुक्ला, बाबूलाल, *हिन्दी भाषा और साहित्य का इतिहास,* मध्य प्रदेश हिन्दी ग्रंथ अकादमी, भोपाल, मध्य प्रदेश।

4. पाण्डे, चन्द्रबली, उर्दू *का रहस्य*, उर्दू *का उद्गम*, उर्दू *की जबान*, (उर्दू के जन्म में ब्रज भाषा का योगदान)।

5. *ब्रजमण्डल परिक्रमा*, (संपादक) भक्तिवेदांत नारायण गोस्वामी जी महाराज।

6. ब्रज डिस्कवरी, informer.com/hi.brajdiscovery.com.

7. माथुर, विजेन्द्र कुमार, *ऐतिहासिक वंशावली*, राजस्थान हिन्दी ग्रन्थ अकादमी, जयपुर।

8. वर्मा, धीरेन्द्र, *हिन्दी साहित्य कोष*, ज्ञान मंडल लिमिटेड, वाराणसी, 1985.

9. वाजपेयी, आचार्य किशोरी लाल, *ब्रज भाषा का इतिहास।*

10. श्री श्री 84 कोस ब्रज मण्डल - श्री स्वरूप दास महाराज, *ग्वालियर संभाग की लोकोक्तयाँ, एक अध्ययन।*

11. सिंह, अशोक कुमार, *उत्तर प्रदेश के प्राचीनतम नगर*, वाणी प्रकाशन, नई दिल्ली, 2005.

12. सिंह, आर.के., *ब्रज जनपदीय पहेलिकाओं का एक अध्ययन।*

18

भदावरी

फूल सिंह नरवरिया, शैलेन्द्र सिंह नरवरिया

1. नाम

मध्य प्रदेश के भिण्ड जिलान्तर्गत अटेर खण्ड, भिण्ड एवं मेहगाँव खण्ड (अमायन वृत का कुछ भाग छोड़कर) का भू-भाग भदावर घार के नाम से प्रसिद्ध है। भदावर घार में तेरहवीं शताब्दी से चौहानवंशीय भदौरिया (राजपूत) क्षत्रियों का शासन रहा है। इस कारण इस क्षेत्र को लोक जीवन में 'भदावर घार' तथा इस घार की बोली को भदावरी लोकभाषा कहा जाता है।

भदावरी लोकभाषा को 'अन्तर्वेदी', 'गाँववारी' तथा 'बुलन्द भाषा' भी कहते हैं।

2. क्षेत्र

मध्य प्रदेश, उत्तर प्रदेश एवं राजस्थान प्रान्त का संधि-स्थल, विशेषत: चम्बल और यमुना नदी तथा चम्बल और कुआरी नदी के दोआब का क्षेत्र, जिसके आस-पास भिण्ड, मुरैना, ग्वालियर, धौलपुर, आगरा, फिरोजाबाद, मैनपुरी, इटावा, औरैया एवं जालौन जिले आते हैं, के कुछ खण्ड या वृत या गाँवों में भदावरी बोली का रूप व्यवहृत होता है।

व्यवहृत बोली के आधार पर भदावरी लोकभाषा के निम्नलिखित रूप निश्चित किए जा सकते हैं–

(i) ब्रज मिश्रित रूप (आगरा का फतेहाबाद एवं धौलपुर का राजाखेड़ा खण्ड)

(ii) तौरघारी मिश्रित रूप (मुरैना का पोरसा खण्ड एवं भिण्ड के गोहद खण्ड का दक्षिण पश्चिमी किनारा)

(iii) कन्नौजी मिश्रित रूप (इटावा का चकरनगर वृत)

(iv) रजपूती, कछवायघारी एवं बुंदेली का मिश्रित रूप (भिण्ड एवं मेहगाँव खण्ड का पूर्वी भाग तथा जालौन जिले का गोपालपुरा, रामपुरा वृत)

(v) लोधघारी मिश्रित रूप (मेहगाँव खण्ड के उत्तरी एवं अटेर खण्ड के दक्षिणी भाग में स्थित कुछ गाँव)

(vi) जटवारी मिश्रित रूप (मेहगाँव खण्ड के दक्षिण पूर्वी सीमांत गाँव)

(vii) विशुद्ध भदावरी रूप (भिण्ड जिले के अटेर, भिण्ड एवं मेहगाँव खण्ड का अधिकांशत: भाग, आगरा का बाह एवं इटावा का बड़ापुरा खण्ड)

निष्कर्षत: मध्य प्रदेश में भिण्ड जिलान्तर्गत भदावरी लोकभाषा का विशुद्ध रूप चम्बल और कुआरी नदी के दोआब के मध्य अटेर खण्ड में मिलता है।

3. भाषा की विशेषताएँ

भदावरी लोकभाषा में 'ओ' संयुक्त स्वर के स्थान में प्राय: 'औ' का प्रयोग होता है। जैसे–मोंड़ा-मौंड़ा। इसी प्रकार 'ए' के स्थान पर 'ऐ' का प्रयोग होता है। जैसे–किनारे-किनारै, घरे-घरै आदि। अनेक अकारान्त शब्दों का अन्तिम वर्ण इकारान्त, उकारान्त उच्चारित होता है। जैसे–पौर-पौरि, घर-घरू।

इसी प्रकार मध्य में 'र' युक्त शब्दों में समीकरण की प्रवृत्ति, (परदेस–पद्देस), 'ह' के विलुप्ति की प्रवृत्ति, (कही–कई), संयुक्ताक्षर की प्रवृत्ति (दिन डूबे-डिंडूबै) आदि भदावरी लोकभाषा की विशेषताएँ हैं।

भदावरी लोकभाषा, मध्य प्रदेश और उत्तर प्रदेश की प्रमुख बोलियों में से एक है किन्तु इस पर पर्याप्त शोध नहीं हुआ है। वर्तमान में कुल भदावरी बोलने वालों की अनुमानित जनसंख्या पंद्रह लाख तथा भिण्ड जिले में छह लाख है।*

4. व्याकरण

क्र.	नाम	भदावरी लोकभाषा	हिन्दी भाषा
1.	संज्ञा	मौंड़ा, अम्मा	*लड़का, माँ*
		लौकिया, बद्धा	*लौकी, बैल*
2.	लिंग	घरवाली, आदमी	*स्त्री, पुरुष*
3.	वचन	गैया, गैंया	*गाय, गायें*
4.	कारक चिह्न	ने, से, कौ	*ने, से, को*
5.	सर्वनाम	जि, तुम, कछू	*यह, तुम, कुछ*
6.	विशेषण	अच्छौ, बुरौ	*अच्छा, बुरा*
		सिबई, भौत	*सब, अधिक*
7.	क्रिया	नाचि रही ऐ।	*नाच रही है*
		पी रहौ ऐ।	*पी रहा है*
8.	काल	मौड़ा जातुऐ।	*बच्चा जाता है।*
		मौड़ा गऔ।	*बच्चा गया।*
		मौड़ा जाएगौ।	*बच्चा जाएगा।*
9.	क्रिया विशेषण	धिद् धीरें चलौं।	*धीरे-धीरे चलिए।*
10.	संबंध	बाकौ संग मति करौ।	*उसका साथ छोड़ दो।*
11.	समुच्चय	शैल और अभि पड़ि रहैऐं।	*शैल और अभि पढ़ रहे हैं।*
12.	विस्मयादि	ओह, छियावास	*आह, शाबास।*
13.	सहायक क्रिया	ऐ, हतो, हती, होयगौ	*है, था, थी, होगा।*

* लेखक के स्वयं के सर्वेक्षण के आधार पर।

5. साहित्य (भदावरी भाषा)

लोकगीत 1

(ध्रुपद, शास्त्रीय संगीत से संबंधित है, लोकजीवन में भदावरी लोकभाषा के लोककवि सुखलाल 'सुखई' ने इस पद की रचना की है, प्रस्तुत पद में गणेश जी की वन्दना की गई है।)

ध्रुपद

दीन बन्धु दीनानाथ सन्तति रखवारे।
रटत जाहि मुनि महेश, पारवती सुत गणेश,
धरत ध्यान है मेरा, ढूड़ि-ढूड़ि हारे।। दीन बंधु।
भक्तन पै परत भीर, क्षण ही में हरत पीर
द्रुपद की सुता को चीर, खैंचि-खैंचि हारे।। दीन बंधु।
शबरी के जूँठे बेर, खात में लगी न देर,
गज की जब सुनी टेर, आय के उबारे।। दीन बंधु।
छन्द और बन्ध गाय, चरनन में सिर नवाय
अब तो सुखलाल आय, शरण में तुम्हारे।। दीन बंधु।

रचयिता : सुखलाल, संग्रह : *रस बिन्दु प्रकाश*
सौजन्य से : (स्व.) अशर्फीलाल श्रीवास्तव

हिन्दी अनुवाद

गरीबों, अनाथों की रक्षा करने वाले
शिव-पार्वती पुत्र गणेश जी, संतजन आपकी प्रशंसा करते हैं,
मेरा भी आप ध्यान रखते हैं, आप कहाँ मिलोगे।
भक्तजनों के संकटों को क्षण में दूर कर देते हो
द्रोपदी का चीरहरण करने वाले थक गए हैं।
(प्रभु) आप हाथी (पशु, पक्षियों आदि भी) के कष्टों को दूर करते हैं।
(मैं) छन्द और पद गाकर आपके चरणों में शीश झुकाता हूँ,
अब (प्रभु) सुखलाल (नामक कवि) आपकी शरण में आया हुआ है।

लोकगीत 2

(होरी, भदावरी लोकभाषा का प्रसिद्ध लोकगीत है इसे 'राजपूती होरी' भी कहते हैं। भदावरी लोककवि सुखलाल ने मौलिक रूप से इस लोकगीत को तैयार किया है, जिसे जनसामान्य में सुखई या 'सुखैयाँ की होरी' के नाम से जाना जाता है। सुखलाल ने जो लोकगीत लिखित रूप से तैयार किए थे, उनमें उनका नाम सुखलाल अंकित है और जो लोकगीत मौखिक तैयार किए थे उसमें नाम अंकित नहीं है। मुख्य बात यह है कि जो लोकगीत मौखिक हैं वही भदावरी लोकभाषा की धरोहर हैं। प्रस्तुत लोकगीत में कालियादाह में भगवान श्रीकृष्ण और नागिन के युद्ध का जीवंत वर्णन है)

होरी

काली के फन फैं छू छननन,
छू छननन...घुँघरू बजैं।
उत्तें नागिन फूँ फननन
फूँ फननन...करके भजै।।
चकित भए जल थल के वासी
देखि छवि घनश्याम की
रहि गए ठाड़े जमुना कौ नीर थाकौ,
इस बात की फिकर है,

हिन्दी अनुवाद

कालिया (नाग) के फन पर श्रीकृष्ण नृत्य कर रहे हैं,
(और उनके घुँघरू) छू छननन (ध्वनित होकर) बज रहे हैं।
(ऐसा देखकर) उधर से नागिन फुफकार रही है
(और) फुफकारती हुई उनकी और दौड़ती है।।
जल और थल के जीव (यह दृश्य देखकर) आश्चर्य में पड़ जाते हैं,
साँवले की (इस अकल्पनीय) लीला से
(सभी) रुक जाते हैं यहाँ तक कि यमुना का बहाव भी,

हाँ, इस बात की फिकर है।	*(हमें) इस बात से चिन्ता है।*
सिब मोहे, वन और बाग लफीं डरैंयाँ।	*वन, बाग आदि (प्रकृति के समस्त उपादन) सभी मोहित हो गए हैं, पेड़ों की डालियाँ झुक जाती हैं।*
चरिबौ भूलि गई गैंयाँ।।	*(और) गायें घास चरना भूल जाती हैं।।*

स्रोत : लोकगीत–सुखई, गायन : ब्रजेश बाबू शर्मा, 1995, गिजुर्रा।

लोकगीत 3

होरी	*हिन्दी अनुवाद*
पन तीनों बीत गए हैं	(सुदामा की पत्नी, पति से कह रही है)
तिहारे बार सफेत भए हैं	*(आपकी) बाल्य, युवा एवं प्रौढ़-अवस्था व्यतीत हो चुकी है*
ढलि गई जुआनी	*(और) आपके बाल सफ़ेद हो चुके हैं*
सारी जिन्दगानी	*युवावस्था जा चुकी है*
ऐसौ ही देखौ–	*पूरी जिन्दगी में*
सब दिन माँगो भीख	*(हमने, आपको) इसी प्रकार से देखा है–*
साँझ कौ तौऊ न पेट भरै	*पूरे दिन भीख माँग रहे हो*
चँदिया-रोटी घर की होती	*शाम के वक्त फिर भी पेट नहीं भरता है*
दिन लटे-पटे रहि काटि रे...	*(कुछ कार्य करने से यदि) घर की रोटी होती*
इन फटे पुराने कपड़नि से	*(तब किसी भी प्रकार से) दिन काट लेते*
मोहन मदन गुपाल लाल के	*इन्हीं फटे एवं पुराने कपड़ों से*
संग चटसार पढ़े हैं,	*(आप) श्रीकृष्ण जी के साथ आश्रम में पढ़े हो,*
गाढ़े मित्र तिहारे सैंयाँ।	*पतिदेव, वे आपके घनिष्ठ मित्र हैं।*
महीं जाए पसारौ बैयाँ।।	*वहाँ (द्वारिका) जाकर उनसे काम माँग लो।।*

स्रोत : लोकगीत–सुखई, गायन : रामसिया प्रजापति, 2004, गोहद।

लोकगीत 4

(सुदामा को पत्नी श्रीकृष्ण जी के पास द्वारिका भेजती है। रास्ते में सुदामा क्या सोचता है, प्रस्तुत लोकगीत में वह प्रसंग आया है)

होरी	*हिन्दी अनुवाद*
पछितातु सुदामा गैल में	*(द्वारिका के) रास्ते में सुदामा पछतावा करता है*
लम्बी उसासें लेतु है	*(और) लम्बी-लम्बी साँसें भरता है*
नन्द जसोदा कौ भऔ ना	*(सोच रहा है) श्रीकृष्ण ने माँ यशोदा को याद नहीं किया है*

हमकों का दएँ देतु है
ब्राह्मणी ने ठेलि कें
जबरई पठाऔ द्वारिका
आजु दिन कैसौ, जानि कालि दिन कैसौ
चालाँक चतुर स्यानौ है।
मोइ जनमत कौ जानौ है।।

स्रोत : लोकगीत–सुखई, गायन : रामसिया प्रजापति, 2004, , गोहद)

(द्वारिका बस गया है)
हमें वह कौन-सा कार्य देगा
ब्राह्मणी (अर्थात् पत्नी) ने जोरवारी कर
(हमें) द्वारिका के लिए भेजा है
(पता नहीं) आज का दिन कैसा रहे, कल का दिन कैसा रहे
वह (अर्थात् श्रीकृष्ण) बहुत ही होशियार है।
(और) मैं उनको जन्म से ही जानता हूँ।।

लोकगीत 5

(प्रस्तुत लोकगीत में एक स्त्री के माध्यम से स्वातंत्र्य पूर्व भारतवर्ष के चौथे-पाँचवे दशक में चरखा, स्वराज, गाँधीवाद, मँहगाई, कन्ट्रोल की अवधारणा, संस्कृति, देश-प्रेम आदि का भदावरी लोकभाषा में यथार्थ चित्रण है।)

होरी

चरखा मँगबाइदै मेरे पिया
नेहनों कातिकें लहँगा बनाइ लेंउगी
लरिका बारिन कों कुर्ता कमीज
एक टोपी तुमेहूँ बनाइ देंउगी
कपड़ा पैदा नाहिनै, कन्टरौल गई आय
हे भगवान तेरी कुदरत की बलिहारी मोरी जान
कौन-कौन चीज को बन्दौबस्त करौ तौ जाई
जापें देखौ तापें तेजी तौ रही है छाई
खुलि गई भारत की पोलें।
रहि जाउंगे चूतर खोलें।।

स्रोत : लोकगीत–सुखई, संग्रह : *गौरी सरोवर*, साप्ताहिक भिण्ड (02.03.1996)

हिन्दी अनुवाद

पतिदेव, (मुझे) चरखा मँगा दो
(सूत को) बारीक कातकर उससे अधोवस्त्र बना लूँगी
बच्चों को कुर्ता, कमीज बना दूँगी
आपके लिए भी एक टोपी बना दूँगी
कपड़ा उपलब्ध नहीं है (और सुना है) कन्ट्रोल आ गई है
हे! प्रभु तेरी लीला अपरम्पार है
मेरी छोटी-सी जान इसका गुणगान करती है
कौन-कौन सी वस्तु की व्यवस्था करें
जिस (वस्तु) पर भी दृष्टि डालते हैं, उसी पर मँहगाई है
भारतवर्ष की जो कमियाँ है वे दिखाई दे रही हैं
(अब, अगर सुधार नहीं किया तो) तन पर अधोवस्त्र (लँगोट) भी नहीं होगा।

लोकगीत 6

(प्रस्तुत लोकगीत में स्त्री पति से कह रही है कि)

होरी

मति बेचौ बालम भैंस
मौंड़ा कहाँ मठा कों जाइंगे

हिन्दी अनुवाद

पतिदेव, भैंस मत बेचो
लड़के छाछ लेने कहाँ जाएँगे

दार, तिरकारी न होइगी	*(अगर कभी घर में) दाल, सब्जी नहीं होगी*
तो मींज रोटी खाइंगे	*तो (दूध में) रोटी मीड़कर खा सकते हैं।*
बड़े प्रेम सौं,	*वे इसे बड़े प्रेम से खाते हैं*
मेरे पाल परौसी दुद्दै बाँधे	*मेरे पड़ोसियों के पास भी दो-दो भैंसें हैं*
गमकौ होय फटै छाती	*और वे जब दूध विलौते हैं तो उसकी ध्वनि को सुनकर हृदय में दर्द होता है*
थोरे बांट बिनौरे सौं,	*(भैंस) थोड़ा-सा ही भोज्य पदार्थ लेती है*
घी दौ मन धरौ डूढ़ पें।	*(फिर) अस्सी किलो घी तैयार हो जाता है*
तेरे वैसें ई चढ़ी मूढ़ पें।।	*आपका तो वैसे ही सिर-दर्द है।*

स्रोत : लोकगीत–सुखई, गायन : शिवकुमार पाण्डेय (28.07.2000 से)

लोकगीत 7

(भैंस बेचने को उद्यत पुरुष का स्त्री को जबाब)

होरी	***हिन्दी अनुवाद***
तोय भैंस भौत प्यारी	*तुझको भैंस बहुत प्यारी है*
जे का सोनों हिंगेगी	*यह क्या सोने की खदान है*
घोड़ा बद्धा बैचि खबाइ दयै	*इसके भोजन के लिए घोड़ा एवं बैल बेच दिया*
तौऊ पूर परी नांय	*फिर भी आवश्यकता कम नहीं हुई*
खम्म सौं आखिर टँगैगी	*(इसका) पुनः गर्भाधान कराना पड़ेगा*
चारे कौ तोरा है,	*(अभी) चारे की कमी है*
करब, तुम्हें याद हो न याद हो	*तुमको याद है या कि नहीं-ज्वार के चारे के लिए*
रूपिया नगद लेतु है।	*(चारे वाला) रुपया नगद लेता है*
तब गट्ठी पांच देतु है।।	*तब, पाँच गट्ठे देता है।*

स्रोत : लोकगीत–सुखई, गायन : शिवकुमार पाण्डेय (28.07.2000)

लोकगीत 8

(फाग, फाल्गुन के महीने विशेषकर होली के अवसर पर गाया जाने वाला लोकगीत है, प्रस्तुत लोकगीत में गोपिकाएँ साँवरे से कह रही हैं कि-)

फाग	***हिन्दी अनुवाद***
होरी खेलूँ श्याम तोते नाय हारूँ	*साँवरे मैं तुझसे होली खेलूँगी और हारने वाली नहीं हूँ*
उड़त गुलाल लाल भए बादर, भर गडुआ रंग को डारूँ	*गुलाल उड़ने से बादल लाल हो गया है*
होरी में तोय गोरी बनाऊँ, लाला पाग झगा तेरी फारूँ	*लोटे में भरकर रंग डालूँगी*
औचक छतियन हाथ चलाए, तोरे हाथ बाँधि गुलाल मारूँ।	*होली में तुझे गौर वर्ण का बनाऊँगी*

कान्हा हम तेरी पगड़ी और झबला को फाड़ डालेंगी

(इतने में) अचानक (वह गोपिकाओं के) वक्ष-स्थल पर हाथ डालता है

(गोपियाँ कहती हैं, कुछ नहीं) तुम्हारे हाथ बाँधकर गुलाल मारूँगी।

स्रोत : संकलन–इंटरनेट से

लोकगीत 9

फाग

रसिया रस लूटो होली में,
राम रंग पिचुकारि, भरो सुरति की झोली में,
हरि गुन गाओ, ताल बजाओ, खेलो संग हमजोली में,
मन को रंग लो रंग रँगिले कोई चित चंचल बोली में,
होरी के ई धूमि मची है, सिहरों भक्तन की टोली में।

हिन्दी अनुवाद

रसिको, होली में आनन्द लो,
राम नामक रंग की पिचकारी से, स्वयं की सूरत को रंगो
प्रभु के गुण गा, बजाकर, सामुदायिक भावना का विकास करो
रंगीनता से स्वयं को रँगो, वह मन जो चंचल है, इस शरीर में है
होरी की जो धूमधाम है, वह भक्तों की टोली से ही है।

स्रोत : संकलन कर्ता–जगदेवसिंह भदौरिया

लोकगीत 10

(यह लोकगीत, भदावर घार में होली के दहन के बाद गाया जाता है, इस फाग को गाने के तोड़ में शरीर रूपी सुन्दरी अपने प्रीतम ईश्वर से कहती है कि–)

फाग

सैयां बहियां न गहो गलि गलियारे हो,
सैयां बहियाँ न गहो गलि हो।। टेक।।
गलि गलियार शर्म लगत है,
गलि गलियार शर्म लगति है,
ले चलि महल अटारे हो,
सैयां बहियाँ न गहो गलि हो।
डेल डिलारे कसक लगति है,
डेल डिलारे कसक लगति है,
ले चलि खेत खितारे हो,
सैयां बहियाँ न गहो गलि हो।
नदी के भीतर ऊब लगति है,
नदी के भीतर ऊब लगति है,

हिन्दी अनुवाद

मुझे गलियों में भक्ति करने के लिए मत कहो,
गलियों में भक्ति करते हुए मुझे शर्म आती है।
(दूसरी पंक्ति में कहा है कि) जंगल–बीहड़ और पत्थरों में जाकर मुझे भक्ति करने को मत कहो, वहाँ पर मुझे भूख प्यास और शरीर में सर्दी गर्मी, बरसात की चोट लगती है,
एक विस्तृत क्षेत्र में लेकर चलो, जहाँ मैं मौज से भक्ति कर सकूँ।
(तीसरी पंक्ति में) नदी रूपी संगति जो लगातार आगे–आगे चली जा रही हो उसके साथ मुझे मत जोड़ो उसके साथ चलने में मुझे दूसरी प्रकार की भक्ति सम्बन्धी बातें उबाती है, मुझे समझ में नहीं आती है, इसलिए किसी एकान्त किनारे पर लेकर चलो।

ले चलि नदी किनारे हो,
सैयां बहियाँ न गहो गलि हो।
काल कर्मगति संग चलत है,
काल कर्मगति संग चलत है,
ले चलि गुरू सहारे हो,
सैयां बहियाँ न गहो गलि हो।

(चौथी पंक्ति में कहा है कि) सबके साथ नहीं चलने पर किया भी क्या जा सकता है, समय जो करवाता है, उसे करना पड़ता है, पीछे जो हम करके आए हैं, उसका भुगतान तो लेना ही पड़ेगा, इनके सबके बाद जो जीवन की गति मिली है, उसके अनुसार चलना तो पड़ेगा ही, इसलिए किसी गुरु की शरण में लेकर चलो, जिससे भक्ति करने का उद्देश्य तो गुरु के द्वारा समझने को मिले।

स्रोत : रचयिता - रामेन्द्रसिंह भदौरिया

लोकगीत 11

(भदावर घार का प्रसिद्ध पारम्परिक लोकगीत, जो अपनी आराध्य केला देवी माँ को समर्पित है। प्रस्तुत लोकगीत में हास्य का पुट है। पायजामा और उसका नाड़ा इस लोकगीत का मुखड़ा है, किस प्रकार से अन्य प्रसंग इसमें आते हैं वह विचित्र और दृश्टव्य है)

लाँगुरिया

करिहाँ चट्ट पकरि के पट्ट नरे में ले गयो लाँगुरिया।। टेक।।
आगरे की गैल में, दो पंडा रांधे खीर,
चूल्हौ फूँकत मूँछे बरि गयी, फूटि गयी तकदीर।। करिहां।।
आगरे की गैल में, एक लम्बौ पेड़ खजूर,
ता ऊपर चढ़िकै देखियो, केला मैया कितनी दूरि।। करिहां।।
आगरे की गैल में, एक डरौ पेंवदी बेर,
जल्दी-जल्दी चलो भवन को दरशन को हो रही देर।। करिहां।।
आगरे की गैल में, लांगुर ठाड़ो रोय,
लाँगुरिया पूरी भई, भोर भयो मति सोय।। करिहां।।

स्रोत : संकलन–इंटरनेट से

हिन्दी अनुवाद

(पायजामा किस प्रकार से) कमर को शीघ्रता से पकड़ता है (और उतनी ही शीघ्रता से) नाड़ा उसे समेट लेता है।
आगरा के रास्ते में, दो पण्डे (पंडित) खीर बना रहे हैं,
चूल्हे में आग जलाते समय उनकी मूँछें जल जाती हैं,
और (इस प्रकार) उनका भाग्य रूठ जाता है।।
आगरा के रास्ते में, खजूर का एक लम्बा पेड़ है,
उस पर चढ़कर देखना, कैला माँ का मन्दिर कितनी दूर है।
आगरा के रास्ते में एक उन्नत बेर का फल (पेंवदी) गिरा हुआ है
माँ के मन्दिर की ओर शीघ्रता से चलो, दर्शन को देर हो रही है।
आगरा के रास्ता में लाँगुर खड़ा रो रहा है,
लांगुरिया लोकगीत पूरा हुआ (और) सबेरा हो चुका है अब सोना नहीं।

लोककथा

काठ की सास

एक घर में एक दौरानी और जिठानी हती। दौरानी अपनी सास कों बहुत प्रेम करत हती और जो कुछ काम कत्ती बु पूछ कै ही कत्ती। सो कुछ दिनन के बाद सास मर गई तौ दौरानी नै रोय-रोय के एक काठ की सास बनवाय लई। फिर बु जो कुछ काम कत्ती सोई अपनी सास से पूछ कै ही कत्ती। बु अपने मन से कहती आज आलू की सब्जी बनाउँ फिर खुद हाँ करके बनाय लेती। चाइ कछु काम होय सास से पुछ कै ही कत्ती। सो एक दिना जिठानी को गुस्सा आय गऔ, बानें दौरानी को घर से निकार दये। दौरानी काठ की सास को लेके चली तो धीरे-धीरे रात होय गई। अब रात को कहाँ रुके जि सोंच के बु एक पीपरा के पेड़ पें चढ़ गई। रात को बाय नींद आय गई और बु सोय गई। तौ रात को दौ चोर चोरी करकें पेड़ के नीचें बटवारौं कर रहे होत हैं तभई

धोखे से दौरानी के हाथ से सास छूट जाती है और नीचे गिरत है तौ खड़-खड़ की आवाज होत है। तौ चोर समझत हैं कि भूत है तौ वे चोर भग जात हैं। सबेरे जब दौरानी नीचे उतरत है तौ बौत सोना डरौ होत है। तौ बु पूरौ सोनों लैकें घरे आय जात है। फिर जेठानी ने पूरी बात पूछी तौ दौरानी ने बताई दई। फिर दूसरे दिना जिठानी काठ की सास लैंके गई और पीपरा के पेड़ पें बैठ जात हैं। जब रात को चोर चोरी करके पेड़ के नीचे बटवारा करन लगत हैं, तभई जिठानी ऊपर से काठ की सास पटक देत है। जब खड़-खड़ की आवाज आत है तौ चोर सोचत हैं कि ऐसो कौन सौ भूत है जो सौनों बटोर लै गऔ। फिर वे ऊपर उजेरों करकें देखत हैं तौ बु जिठानी ऊपर बैठी होत है। वे कहात हैं- नींचे उतरो। जब बु नीचें आती है तो वे चोर बामें सौठा लगात हैं और कहात हैं, कल लै गई आज फिर आय गई। बु जिठानी कहात है कि कल हमाई दौरानी हती तौ वे चोर बाय मार-पीट के भगाय देत हैं। तईसे कही जात है कि- काऊ के साथ गल्त बौहार नईं करौ और ना काऊ की भावनन के साथ खिलवाड़ करौ नई तौ जिठानी जैसो फलु मिलत है।

कथा-कथन : श्रीमती आशा दीक्षित, निवासी-अटेर (भिण्ड)

हिन्दी अनुवाद

लकड़ी की सास

एक घर में देवरानी और जेठानी रहती थीं। देवरानी अपनी सास को बहुत प्रेम करती थी तथा प्रत्येक काम उनकी आज्ञा से ही करती थी। कई दिनों के बाद सास मर गई तब देवरानी बहुत रोई और (याद में) एक लकड़ी की सास की मूर्ति बनवा ली। फिर वह देवरानी जो कुछ कार्य करती वह लकड़ी की सास से ही पूछकर करती। फिर वह अपने मन से कहती कि आलू की सब्जी बनाऊँ? और स्वयं ही हाँ करके सब्जी बना लेती थी। इस प्रकार देखकर जेठानी को एक दिन गुस्सा आ गया और उसने देवरानी को घर से निकाल दिया। देवरानी लकड़ी की सास को लेकर घर से निकल गई और चलते-चलते रात हो गई। अब रात्रि में कहाँ रुकें, कुछ पल सोचकर वह पीपल के पेड़ पर चढ़ गई। रात्रि को उसे नींद आ गई और वह सो गई। उस रात को दो चोर उस पेड़ के नीचे आकर चोरी के माल का बँटवारा कर रहे होते हैं कि तभी देवरानी के हाथ से धोखे से लकड़ी की सास छूटकर नीचे गिर जाती है तो खड़-खड़ की आवाज को भूत समझकर चोर वहाँ से भाग जाते हैं। सुबह जब देवरानी पेड़ से नीचे उतरती है तो उसे बहुत सोना मिलता है। वह उस सोने को लेकर घर आ जाती है। जब जेठानी पूछती है तो देवरानी पूरी बात बता देती है। दूसरे दिन जेठानी, उसी लकड़ी की सास को लेकर उसी पीपल के पेड़ पर चढ़ जाती है जब रात को चोर उसी पेड़ के नीचे आकर चोरी के माल का बँटवारा करते हैं तभी जेठानी जान-बूझकर ऊपर से लकड़ी की सास पटक देती है। खड़-खड़ की आवाज सुनकर चोर सोचते है कि ऐसा कौन सा भूत है जो हमारा कल का सोना ले गया। फिर वे पेड़ पर प्रकाश करके देखते हैं कि ऊपर जेठानी बैठी हुई है। उसे देखकर वे कहते हैं- नीचे उतरो। जब जेठानी पेड़ से उतरकर नीचे आती है तब वे चोर उसे डण्डों की मार लगाते हैं और कहते हैं- कल माल ले गई और आज फिर आ गई। जेठानी कहती है कल तो हमारी देवरानी थी। चोर उसे मार-पीट कर भगा देते हैं। इसलिए कहा गया है कि किसी के साथ गलत व्यवहार नहीं करना चाहिए और न ही किसी की भावनाओं पर चोट करना चाहिए अन्यथा जेठानी जैसा फल भुगतना पड़ता है।

6. शब्दावली (भदावरी-हिन्दी)

रिश्ते-नाते

भदावरी	*हिन्दी*	भदावरी	*हिन्दी*
अम्माँ, अम्मा	*माता*	भौजाई, भौजी	*भाभी*

भदावरी	*हिन्दी*	भदावरी	*हिन्दी*
बप्पा, बापू	*पिता*	जिठानी	*जेठानी*
दद्दा, भइया	*भाई*	दौरानी	*देवरानी*
जिजी, जिज्जी	*बड़ी बहन*	बहू	*बेटे की पत्नी*
बिट्टो, बिट्टी, ललो	*छोटी बहन*	नंद	*ननद*
कक्का	*चाचा*	सढ़वाई	*साढ़ू*
दाऊ	*ताऊ*	नन्नू, नन्ना	*नाना*
बड़ी अम्माँ	*ताई*	नानी	*नानी*
काकी	*चाची*	दामाद, सगौ	*दामाद*
बाबा, बब्बा	*दादा*	नाती	*पुत्र का लड़का*
अइया, अज्जो	*दादी*	नातिन	*पुत्र की लड़की*
मांमां, मम्मा	*मामा*	घरवाली, लुगाई	*पत्नी*
मांई	*मामी*	मौड़ा, लरिका	*पुत्र*
फूफा	*फूफा*	मौड़ी, लरिकिनी, बिटिया	*पुत्री*
बुआ	*फूफी (बुआ)*	जिठसास	*बड़े साढ़ू की पत्नी*

रंग शब्दावली

भदावरी	*हिन्दी*	भदावरी	*हिन्दी*
भटइया	*बैंगनी*	गेरूआ	*नारंगी*
आसमानी	*आसमानी*	लालु, लाल	*लाल*
लीलौ	*नीला*	सफेतु, धोरो	*सफ़ेद*
हरौ, सुआपंखी	*हरा*	कारौ	*काला*
पीरौ	*पीला*		

महीनों के नाम

भदावरी	*हिन्दी*	भदावरी	*हिन्दी*
चैत	*चैत्र*	क्वार	*आश्विन*
बैसाख	*बैशाख*	कातिक	*कार्तिक*
जेठ	*ज्येष्ठ*	अघान	*मार्गशीर्ष*
अषाढ़	*आषाढ़*	पूष	*पौष*
सावन	*श्रावण*	माह	*माघ*
भादों	*भाद्रपद*	फागुन	*फाल्गुन*

दिनवार

भदावरी	हिन्दी	भदावरी	हिन्दी
सुमवार	*सोमवार*	शुक्कर	*शुक्रवार*
मंगरू	*मंगलवार*	सनीचर	*शनिवार*
बुद्ध	*बुधवार*	इतवार	*रविवार*
बिसपति	*गुरुवार*		

पक्ष

भदावरी	हिन्दी	भदावरी	हिन्दी
पाख	*पक्ष*	पूनों	*पूर्णिमा*
जेरो पाख	*शुक्ल*	अमाउस	*अमावस्या*
धेरो पाख	*कृष्ण*		

ऋतुएँ

भदावरी	हिन्दी	भदावरी	हिन्दी
जड़कालौ, जाड़ौ	*शीत*	चौमासौ, बरसात	*वर्षा*
गर्मी	*ग्रीष्म*		

समय

भदावरी	हिन्दी	भदावरी	हिन्दी
चौथो पहर	*ब्रह्म मुहूर्त*	संझा	*शाम*
सबेरो	*सुबह*	राति	*रात्रि*
दुपार	*दोपहर*		

भोजन

भदावरी	हिन्दी	भदावरी	हिन्दी
कलेरु	*नाश्ता*	ब्यारू	*रात्रि का भोजन*
छाक	*दोपहर का भोजन*		

सब्जियाँ

भदावरी	हिन्दी	भदावरी	हिन्दी
आलू	*आलू*	तुरइया	*तोरई*
अरई, घुइयां	*अरवी*	प्याज	*प्याज*

भदावरी	हिन्दी	भदावरी	हिन्दी
टिमाटर	*टमाटर*	लासन	*लहसुन*
शकरकन्दी, सरकंडी	*शकरकंद*	निबुआ	*नींबू*
भटा	*बैंगन*	कदुआ	*कद्दू*
मूरा	*मूली*	ढेंड्स	*टिण्डे*
गाजर, गाजरे	*गाजर*	आदौ, आधौ	*अदरक*
लौकिया, घीया, तूमरा	*लौकी*	कटार	*कटहल*
कुमेंड़ो	*कुम्हड़ा*	मैंथी	*मेथी*

फसलें

भदावरी	हिन्दी	भदावरी	हिन्दी
गेहूँ, पिसिया	*गेहूँ*	तिली	*तिल*
बेझर	*जौ*	लहा, सस्सो	*सरसों*
जुडरी-जौडरी जुंडी	*ज्वार*	सूज्जिमुखी	*सूर्यमुखी*
बाजरा	*बाजरा*	उद्द	*उड़द*
मका	*मकई*	अरारि, अर्रा	*अरहर*
अस्सी	*अलसी*	बारी, उखारी	*गन्ना*

नाप-जोख

भदावरी	हिन्दी	भदावरी	हिन्दी
सेर भरि, किलो	*एक किलो*	मन भरि, एकमन	*चालीस किलो*
धरी भरि, पसेरी	*पाँच किलो*	बोरा, कुन्टल	*एक सौ किलो*

कृषि-उपकरण

भदावरी	हिन्दी	भदावरी	हिन्दी
हरू	*हल*	कुल्हड़िया, कुड़इया	*कुल्हाड़ी*
गाड़ी	*बैलगाड़ी*	फाँउरौ	*फावड़ा*
टेक्टर	*ट्रेक्टर*	खुरपिया	*खुरपी*
हैसिया, बकिया	*हँसिया*	तखरी	*तराजू*

पशुओं/वन्यजीवों/अन्य जीवों के नाम

भदावरी	हिन्दी	भदावरी	हिन्दी
बद्धा	*बैल*	नाहर	*शेर*

भदावरी	हिन्दी	भदावरी	हिन्दी
गैया	*गाय*	लेंडिया, लरिया	*भेड़िया*
साँड़ु	*साँड*	कुत्ता, कूकर	*कुत्ता*
बुकरा	*बकरा*	बिलैया	*बिल्ली (मादा)*
छिरिया	*बकरे का बच्चा*	बिलौटा	*बिल्ली (नर)*
मैड़ा	*भेड़ (नर)*	मगरा, मगर	*मगर*
भेड़	*भेड़ (मादा)*	बछरा, जैंगरा	*बछड़ा*
ऊँट, वोता	*ऊँट*	जैंगरी, जिंगरिया	*बछिया*
घोड़ा	*घोड़ा*	चुखरा	*चूहा (नर)*
हाथी	*हाथी*	चुखरिया	*चूहा (मादा)*
गधा	*गधा*	दिमऊँ	*कुचलेड़ (सर्प)*
खिच्चर	*खच्चर*	मिढुका, मेंढ़का	*मेंढक*
भैंसिया, भैंसि	*भैंस*	नीलु	*नीलगाय (नर)*
भैंसा, पड़ा	*भैंसा*	पहाड़	*नीलगाय (मादा)*
गौदुआ, गोहदुआ	*सियार*	हिन्ना	*हिरण*
लुखरिया, लखैरी	*लोमड़ी*	बन्दरा	*बन्दर*
खरा	*खरगोश*	रीछ	*भालू*
घुड़िया	*घोड़ी*	चन्नन गोह	*गोह*
गधैया	*गधी*	गिलहरी, गिल्लू	*गिलहरी*

पक्षी

भदावरी	हिन्दी	भदावरी	हिन्दी
सुआ	*तोता*	गीध	*गिद्ध*
परेबा	*कबूतर*	सस्सा	*सारस*
बढ़ई	*कठफोड़वा*	बदक	*बत्तख*
कउआ	*कौआ*	मोरू	*मोर (नर)*
चिरैया	*गौरैया*	मोरिया	*मोर (मादा)*
तीतुरा, तीतरा	*तीतर*	चमकदरा	*चमगादड़*
बटेरा	*बटेर*	महूख	*मधुमक्खी*
पड़कुलिया	*मैना*	बर्रइया, बरैया	*बर्र*

पेड़

भदावरी	***हिन्दी***	**भदावरी**	***हिन्दी***
बमूँरा	*बबूल*	पीपरा	*पीपल*
नीमु	*नीम*	बरगदु, वर	*बरगद*
आम	*आम*	वेल, वेलुआ	*बिल्व (बेल)*
जामफल, सपढ़ी	*अमरूद*	कटार	*कटहल*
छैंकुरिया	*छेंकुर*	सफेदा	*यूकेलिप्टस*

फल

भदावरी	***हिन्दी***	**भदावरी**	***हिन्दी***
अमियाँ	*आम*	जामफल	*अमरूद*
गुनियाँ	*इमली*	जमुनी	*जामुन*
कलींदा	*तरबूज*	गेहरें, केला	*केला*
खरबूजा, वटी	*खरबूज*		

शेष शब्दावली

भदावरी	***हिन्दी***	**भदावरी**	***हिन्दी***
मीठौ	*मीठा*	दिवारी	*दीपावली*
तिराहौ	*तिराहा*	घोंसुआ	*घोंसला*
अँगुरिया	*उँगली*	सोहागिन	*विवाहित स्त्री*
फुलकिया	*गेहूँ की रोटी*	राँड	*विधवा*
बिर्रा की रोटी	*गेहूँ–चना की रोटी*	मछरा	*मच्छर*
चून	*आटा*	छिपकुली	*छिपकली*
डोकर, बुढ्ढा	*वृद्ध*	दिया	*दीपक*
डुकरिया, बुढ़िया	*वृद्धा*	घड़ा, मथना	*मटका*
जवानु	*जवान*	तूरा, तूरी, सरसोंडा	*सरसों का ईंधन*
तालु, ताल	*तालाब*	भुस	*भूसा*
तलैया	*छोटा तालाब*	नाज, गल्ला	*अनाज*
पोखर	*अति छोटा तालाब*	कींच	*कीचड़*
छीप	*सीप*	थोरौ	*थोड़ा–सा*
होरी	*होली*	तेरहीं	*मृत्यु भोज*

अन्य शब्दावली

भदावरी	हिन्दी	भदावरी	हिन्दी
उवारे	*निकाले*	बन्ध	*पद*
गाय	*गाता है*	चरनन	*पैरों में*
फैं, पैं	*पर*	उत्तें	*उधर से*
भजै	*दौड़े*	ठाढ़े	*खड़े*
कौ	*का*	थाकौ	*रुका*
फिकर	*चिन्ता*	सिब	*सब*
मोहे	*मोहित हुए*	लफीं	*नीचे की ओर*
डरैयाँ	*डालें*	चरिबौ	*चरना*
भूलि	*भूल*	गईं	*गई*
गैयाँ	*गायें*	पन	*अवस्था*
तिहारे	*तुम्हारे*	बार	*बाल*
ढलि गई	*निकल गई*	जुआनी	*जवानी*
सारी	*सम्पूर्ण*	जिन्दगानी	*जीवन भर*
ऐसौ	*ऐसा*	देखौ	*देखा है*
तौऊ	*तब भी*	भरै	*भरना*
चंदिया	*छोटी रोटी*	लटे पटे रहि	*बुरी स्थिति में*
चटसार	*सहपाठी*	गाढ़े	*गहरे*
सैयाँ	*पति*	महीं, म्हीं	*वहीं*
जाए	*जाकर*	पसारौ	*फैलाना*
बैयाँ	*बाहें*	सुखई	*सुखलाल*
गवैया	*गायक*	पछितातु	*पछताना*
गैल	*रास्ता*	उसासें	*स्वाँस, साँस*
लेतु	*लेता*	भऔ	*होना*
ना, न, नांय	*नहीं*	हमकों	*हमको*
का	*क्या*	दऐं	*देना*
देतु है	*देता है*	ठेलिकें	*धक्का देकर*
जबरई	*जोरावरी (जोर-जबरदस्ती)*	पठाऔ	*भेजा*
आजु	*आज*	कैसौ	*कैसा*
जानि	*ज्ञात नहीं*	कालि	*काल*

भदावरी	हिन्दी
स्यानौ	*बुद्धिमान*
मोइ	*मुझे*
जानौ	*जाना हुआ*
नेहनों	*महीन*
लहँगा	*अधोवस्त्र (महिला)*
नाहिनै	*नहीं है*
बलिहारी	*निछावर*
बन्दौबस्त	*इन्तजाम*
जापें	*जिस पर*
तौ	*ही*
खुलि गई	*उजागर हो गई*
मति	*नहीं*
मठा	*छाछ*
तिरकारी	*सब्जी*
होइगी	*होती है*
खाइंगे	*खाएँगे*
पाल परौसी	*पड़ौसी*
गमकौ	*दही बिलोने के समय उत्पन्न ध्वनि*
दौ	*दो*
डूढ़ पें	*सहजता से*
मूढ़ें	*सिर पर*
भौत	*बहुत*
सोनों हिंगेगी	*खदान है*
तौऊ	*तब भी*
परी	*पड़ी*
टंगैगी	*लटकेगी*
करब	*ज्वार का चारा*
लेतु	*लेता*
देतु	*देता*

भदावरी	हिन्दी
चालाक	*होशियार*
जनमत	*जन्म से*
मँगबाइदै	*मँगा दो*
कातिकें	*कातकर*
बनाइ लेंउगी	*बना लूँगी*
कन्टरौल	*कन्ट्रोल*
मोरी	*मेरी*
करौ तौ जाई	*किया जा सकता है*
तापें	*उस पर*
पोलें	*कमियाँ*
रहि जाउंगे	*रुक जाओगे*
बेचौ	*विक्रय करो*
दार	*दाल*
जाइंगे	*जाएगें*
मींज	*मीड़कर*
सौं	*से*
दुद्दै	*दो-दो*
सँगा	*धान की फसल की पानी में जोत करना*
धरौ	*रखा है*
बैसेंई	*बिना कारण*
तोय	*तुझको*
जे	*यह*
खबाइ दयै	*भोजन दिया*
पूर	*पूर्ति*
खम्म	*सहारा*
तोरा	*कमी*
रूपिया	*रुपया*
गट्ठी	*गट्ठा*
होरी	*होली, एक लोकगीत*

भदावरी	हिन्दी	भदावरी	हिन्दी
तोते	*तुझसे*	गड़ुआ	*लोटा*
तोय	*तुझे*	पाग	*पगड़ी*
झगा	*झबला (छोटे बच्चे का वस्त्र)*	फारूँ	*फाड़ूँ*
औचक	*आकस्मिक*	छतियन	*वक्ष स्थल पर*
तोरे	*तेरे*	पिचुकारि	*पिचकारी*
सुरति	*सूरत, शरीर*	ई	*यह*
अटारे	*ऊपरी मंजिल का कक्ष*	डेल	*मिट्टी का ढेला*
ऊब	*उकता जाना*	करिहां	*कमर*
चट्ट	*पहले*	पट्ट	*बाद में*
नारे में	*नाड़े में*	पंडा	*तीर्थ स्थल के पंडित*
रांधे	*पकाते हैं*	चूल्हौ फूंकत	*चूल्हे को जलाते समय*
बरि गयीं	*जल गई*	फूटि गई तकदीर	*दुर्भाग्य*
आगरे	*आगरा नामक शहर*	ता ऊपर	*उसके ऊपर*
चढ़िकै	*चढ़कर*	देखियो	*देखना*
दूरि	*दूर*	डरौ	*गिरा हुआ*
पेंवदी बेर	*बड़ा संकर बेरफल*	ठाडो़	*खड़ा होकर*
पुरवाई	*पूर्व दिशा की पवन*	धूरि	*धूल*
मघा	*एक नक्षत्र*	ऐंठा	*वक्र*
मरी	*महामारी*	बांट बिनौरे	*भैंस का पौष्टिक आहार*

कहावत

राजन सौं चले न रेले। का ठाकुर करैं अकेले।।

हिन्दी में अनुवाद

राजाओं/राज्य/शासन से मुकाबला नहीं किया जा सकता। कोई भी एक जाति/समुदाय अकेली कुछ नहीं कर सकती।

संदर्भ

1. ओझा, बालकृष्ण (संपादक), *गौरी सरोवर* (साप्ताहिक), 2.03.1996 अंक शास्त्रीनगर, भिण्ड।
2. इंटरनेट www.kavitakosh.org/kk/index/ship/php/title=bhadavarilokgeet.

3. दीक्षित, रामप्रकाश शिक्षक, निवासी-अटेर, जिला-भिण्ड (26.06.2011)।

4. पाण्डेय, शिव कुमार, (92 वर्ष) मूल निवासी- महुआखेरा, तहसील-बाह, जिला-आगरा (उत्तर प्रदेश) गोविन्द नगर भिण्ड (मध्य प्रदेश) ने दिनांक 28.07.2000 को *भदावरी होरी* या *राजपूती होरी* के जनक लोककवि सुखई के कई लोकगीतों को स्मृति के आधार पर लिखाया।

5. पाण्डेय, सुरेश, निवासी गोविन्दनगर, भिण्ड (28.07.2004)।

6. प्रजापति, रामसिया, ग्राम व पो.-खनेता (गोहद) जिला-भिण्ड (26.05.2004)।

7. शर्मा, कैलाश नारायण, निवासी-साँदुरी (मेहगाँव) जिला-भिण्ड (20.12.1998)।

8. शर्मा, डॉ. अशोक (संयोजक), डॉ. आभा बाजपेयी, डॉ. सरला मिश्रा, (संपादकगण), *बुंदेली भाषा और साहित्य*, हिन्दी ग्रन्थ अकादमी, भोपाल संस्करण : चतुर्थ (आवृत्ति) 2007.

9. शर्मा, ब्रजेश बाबू, ग्राम-लाड़मपुरा (मेहगाँव) जिला-भिण्ड (16.07.1995)।

10. शाक्य, सरनामसिंह (शिक्षक), निवासी-इमलिया (मेहगाँव), जिला-भिण्ड (04.09.1997).

11. श्रीमती आशा दीक्षित, निवासी-अटेर, जिला-भिण्ड (26.06.2011)।

12. श्रीवास्तव, स्व. अशर्फी लाल, मूल निवासी : शुक्लपुरा, हॉल हाउसिंग कॉलोनी भिण्ड (मध्य प्रदेश)।

13. सुखलाल उर्फ सुखई, *रस बिन्दु प्रकाश,* (काव्य संग्रह) (शेष विवरण अप्राप्त) (19.11.1995)।

14. सौनकिया, डॉ. श्याम सुन्दर, *भदावरी बोली का भाषा वैज्ञानिक अध्ययन,* आराधना ब्रदर्स, कानपुर, (उत्तर प्रदेश), संस्करण, 1996.

19

भीली

रमेश सिंघाड़, संध्या मायवाड़, दामोदर जैन

1. नाम

भील जिस बोली (लोकभाषा) को बोलते हैं उसे भीली कहते हैं। भीलों की वर्तमान भाषा आर्यों से आग्रहित है और वह भीली का उत्तरवर्ती रूप है। भीली का पूर्ववर्ती रूप अब लुप्त हो गया है। पूर्व में भील शब्द का प्रयोग जातिगत रूप में व्यवहार में था जिसे अब भीली भाषागत रूप में भी प्रयुक्त करने लगे हैं। भीली का प्रयोग सर्वप्रथम 1835 में पादरी थॉमसन ने किया था, बाद में जॉर्ज ग्रियर्सन ने भी भाषा सर्वेक्षण में उपयोग किया। ग्रियर्सन ने भीली के विकल्प के रूप में भिलोड़ी का भी प्रयोग किया।

2. क्षेत्र

भीली, भीलों की भाषा है जो मुख्यतया मध्य प्रदेश, राजस्थान, गुजरात व महाराष्ट्र राज्यों में निवासरत हैं। मध्य प्रदेश के पर्वतीय खंडों में भीलों का विस्तार ज्यादा है। भील प्रमुख रूप से झाबुआ, थांदला, पेटलावाद, अलिराजपुर, जोबट, नारकुंडी, बाग, छोटा उदयपुर, धार, बड़वानी, खरगौन, तलोद, शाहदा, सिरपुर, अमझेरा एवं रतलाम क्षेत्र में रहते हैं। इन क्षेत्रों में भीलों के अलावा भिलाला, पटलिया और रांठ भी निवास करते हैं। जनसंख्या की दृष्टि से भारत की अनुसूचित जनजातियों में भीलों का स्थान तीसरा है। 1991 की जनगणना के अनुसार मध्य प्रदेश के झाबुआ में 9, 68, 372, धार में 7, 31, 272 एवं पश्चिम निमाड़ में 9, 37, 710 भील आदिवासी रहते थे।

3. संक्षिप्त इतिहास

एक किंवदंती के अनुसार भील मूलत: दामोर थे। दामोरों के साथ रहने वाले दूसरे वर्ग बरकिरिया के बीच हुए संघर्ष में दामोर पराजित हुए और उन्होंने अपना मूल स्थान छोड़ दिया। तभी से दामोरो के रहने के स्थान ढोलका (राजस्थान) को भील अपना मूल स्थान मानते हैं। भील नाम द्रविड़ भाषा परिवार के अन्तर्गत कन्नड़ के 'बील' शब्द से लिया गया है जिसका अर्थ है धनुष। यह सच है कि आदिम विश्वासों में जीने वाली इस सरल स्वभाव जाति के लोग अपने धनुष कौशल में कोई सानी नहीं रखते, इसीलिए इनका नामकरण भी इनके गुण के आधार पर हुआ। रसेल और हीरालाल के अनुसार सन् 600 ई. से ही यह शब्द प्रयोग में आया, जिसके पूर्व यह जनजाति संभवत: पुलिन्द तथा वन-पुत्रादि नामों से विख्यात थी। कुछ विद्वानों का मत है कि भील शब्द संस्कृत भाषा के मिल्ल शब्द का तद्‌भव रूप है जिसका तात्पर्य भेदने की प्रक्रिया से है। भील अपने आपको महादेव का वंशज मानते हैं।

भीलों की व्युत्पत्ति के बारे में प्रचारित एक दंत कथा इस प्रकार है–''एक बार भगवान शंकर शरीर व्याधि के कारण घने पहाड़ी क्षेत्र में घूम रहे थे। रास्ते में उनकी भेंट किसी जंगली जाति की नवयुवती से हुई। उसके देखने से ही भगवान महादेव की

तन व्याधि दूर हो गई। देवता ने उससे विवाह कर लिया। उनके संयोग से अनेक संतानें पैदा हुई। इनमें से एक बालक अत्यंत कुरूप था। इस बालक ने अवसर पाकर एक दिन भगवान शंकर के नाँदिया का वध कर दिया। महादेव ने क्रोधवश उसे सघन वन प्रान्तर में छुड़वा दिया। वह जंगल में रहने लगा। उसी के वंशज भील कहलाए।''

4. व्याकरण

कहावतें

अपनी बात को अधिक प्रभावशाली बनाने के लिए भीलों के मौखिक साहित्य में कहावतों का अक्षय भंडार है। गाँव के वृद्ध लोग बात-बात में कहावतों का उपयोग करते हैं। कुछ कहावतें इस प्रकार हैं–

भीली	हिन्दी अनुवाद
❖ भोला नो भगवान सै।	*भोले व्यक्तियों का भगवान साथ देता है।*
❖ भील मोरा अने सेठा मोटा।	*भीलों के भोलेपन से ही सेठ मालदार हुए हैं।*
❖ अणभव्या ने भव्दो ठगे।	*अपढ़ को पढ़ा-लिखा व्यक्ति ठग लेता है।*
❖ मनख हूँ करे, जमानो करे।	*मनुष्य कुछ नहीं करता, समय ही सब कुछ करवाता है।*
❖ नुकरी तरवारे नी धीर।	*नौकरी करना, तलवार की धार पर चलना है।*
❖ झूंडी रांड़ ना हूं भरोसो।	*कुचलन स्त्री का विश्वास नहीं किया जा सकता।*
❖ ऊगा जे बहवाना।	*जो उदय होगा वह अस्त भी होगा।*
❖ बैरी गारे न खोटो।	*मिट्टी का दुश्मन भी बुरा होता है।*
❖ गेबू बावे, तेबू ऊगे।	*जैसा बोवोगे, वैसा काटोगे।*
❖ कुमार करता गदेडूँ ढायुँ।	*कुम्हार का गधा कुम्हार से ज्यादा सयाना होता है।*

मौसम के सन्दर्भ में–

भीली भाषा में कहावत है-चार गरम रोती, चार ठण्डी रोती, चार गीली रोती। अर्थात् चार माह के तीन मौसम हैं 1. ग्रीष्म, 2. शीत, 3. बरसात।

पहेलियाँ

❖ माया बाकड़ी न बेटी डाकणी।	*कमान व तीर*
❖ ताण माता दह पांग।	*हल और किसान*
❖ औंधे वाटके दही लटके।	*कपास*
❖ भड़क बुकड़ी में एक सींग।	*घट्टी चक्की*
❖ भूरया हेलगा ना पेटे म दांत।	*कद्दू*
❖ देय तीनी खाय ने नी देय तो खाय।	*बैलों के मुझके*
❖ बाह बेटा न एक नाँव लबड़े तेरो दिसरो गाँव।	*महुआ वृक्ष, फूल का पुल*
❖ दुई भाई एक फाइ चावे।	*गाड़ी का आखा*
❖ छोटी सी दही, दगड़ सी लड़ी।	*सुपाड़ी*

लोकवार्ता (सुनने की बात) (हुणवा नी वार्ता)

1. वार-वार वार्ता आगे ढोर चरता, ढोर ग्या ठ्ठान में, सांदे जाईन रोवता।
2. सांदे ही कोढी लादी, कोढी लीन लूवारने आली, लूवारये दातेढों घढयो।
3. दातेढों लीन चारों काट्यो, चारो काटीन गोलन नाख्यों, गोनी ये दूध आल्यों।
4. दुध काड़ीन कुतराने पिवाडियों, कुतरो ग्यो हिकार रमवा, हिकार लावीन भाभीन आली।
5. हिकार भाभीयें हांडलीमें रांदी, हिकार रांदीन भाभीयें ढाकणी में रोहई नी वताडियों।।

हिन्दी में अर्थ

यह लोक वार्ता देवर और भाभी के बीच के व्यवहार को दिखाती है देवर की भूमिका गाय चराने की होती है।

1. आगे-आगे गाय चरने के लिए भागती है वो मानती नहीं और गाय खेत में अनाज खाने चली जाती है जिससे वह मकान के पीछे जाकर रोता है।

2. मकान के पीछे से कोढी मिली, कोढी लेकर लोहार को दी, लोहार ने दराँता बनाकर दिया।

3. दराँता से घास काटकर गाय को खिलाया और गाय ने दूध दिया।

4. दूध निकालकर कुत्ते को पिलाया, कुत्ता फिर शिकार खेलने गया और शिकार लाकर भाभी को दिया।

5. भाभी ने उसे हंडी (शिकार बनाने का बर्तन) में बनाया, बनने के बाद भाभी ने देवर को बने हुए शिकार का पानी भी नहीं दिखाया। मतलब कुछ भी नहीं दिया।

5. साहित्य (भीली भाषा)

लोकगीत 1

आभूषण संबंधी गीत

सोरी मोरीला राली आव, समदरिया वाट जोवे।
सोरी ढाला बांधी आव, समदरिया वाट जोवे।
सोरी तागली पेटी आव, समदरिया वाट जोवे।
सोरी वेदलियो पेटी आव, समदरिया वाट जोवे।
सोरी बोरदो पेटी आव, समदरिया वाट जोवे।
सोरी टीलडो पेटी आव, समदरिया वाट जोवे।
सोरी सुनड़ी पेरी आव, समदरिया वाट जोवे।
सोनी नेवरी गली आव, समदरिया वाट जोवे।
सोनी कापड़ी पेटी आव, समदरिया वाट जोवे।
सोरी झीझरी पेटी आव, समदरिया वाट जोवे।
सोरी बिसूड़ी पेटी आव, समदरिया वाट जोवे।

सोरी कड़ा पेटी आव, समदरिया वाट जोवे।

संकलन : श्रीमती डिमरवी बाई भील, उमराली।

हिन्दी अनुवाद

प्रस्तुत गीत में नख-शिख में पहने जाने वाले सभी प्रमुख आभूषणों का सुंदर चित्रण है। कहा गया है–
हे लड़की। मोरीला, ढाला, तागली, वेदलियो, बोरड़ो, टीबड़ों, सुनड़ी, नेवरी, कापड़ी, झीझरी, बिसूड़ी और कड़ा पहन कर शीघ्र आओ। समदरिया युवक तुम्हारी बाट जोह रहा है।

लोकगीत 2

विवाह गीत

सांवा (दापा में तय अनाज) के समय का गीत

सांवग्या तारी पावली, तिरी-तिरी बाजे
होंठ गुयो टूटी ने पावली गुची फूटी।
सांवग्या तारी पावली, तिरी-तिरी बाजे।

स्रोत : रमेश सिंघाड़, संध्या मायवाड़।

हिन्दी अनुवाद

इस गीत में कहा गया है- हे सांवा लेने वालों तुम्हारी बाँसुरी बेसुरी बज रही है। बाँसुरी बजाते हुए तुम्हारे होंठ टूट गए हैं और तुम्हारी बाँसुरी भी फट गई है।

लोकगीत 3

विदाई गीत

विवाह के बाद विदाई के समय जब वधू से भाई-बहन, माता-पिता, मिलाप करते समय रोते हैं तब वधू की माँ और उसकी सहेलियाँ जो गीत गाकर उसे सीख देती हैं वह है-

सासु बोलाड़े बणी जरा बोलजे।
सासु बोलाड़े बनी जरा बोलजे।
बनी बोल विराणो लागे।
माई बोलाड़े वेगि बोल नानी बनड़ी।
बोल पियारो लागे।
सेसरो बोलाड़े धीरे बोल नानी बनड़ी।
बोल बिसणे लागे।

स्रोत : रमेश सिंघाड़, संध्या मायवाड़।

हिन्दी अनुवाद

इस गीत में वधू को सीख दी गई है। स्त्रियां कहती हैं-
मायके वाले आवाज दें तो जल्दी व जोर से बोलना, क्योंकि माता-पिता को तेरी आवाज बहुत अच्छी लगती है। ससुराल में सास या ससुर बुलावे तो धीरे व शांत स्वर से बोलना क्योंकि ससुराल वाले पराए हैं, हो सकता है तुम्हारी आवाज और जोर से बोलना उन्हें पसंद न आए।

लोकगीत 4

डोहा गीत

हाथ मां झांझुर वो, पाय मां झांझुर बाजे वो।
नवा की नार भड़की वो, भरी जोबन मा।।
पाय मा चिपल चटके वो, हाथ या रुमाल झलके वो,
नवा की नार भड़की वो, भरी जेबन मा

स्रोत : रमेश सिंघाड़, संध्या मायवाड़।

हिन्दी अनुवाद

इस डोहा गीत में शृंगारित नवयौवना के बारे में कहा गया है हाथ-पैरों में झांझुर बज रहे हैं। देखो तो नवा पुरुष के नाम की लाड़ी कैसे इतरा रही है भरी जवानी में? अरी बहन। उसके पैरों की चप्पल कैसे चट-चट बज रही है, हाथ में नया रुमाल भी झल कर रहा है।

लोकगीत 5

गोदना गीत

भीली महिलाएँ गोदना गुदवाने में गर्व का अनुभव करती हैं। भीली बोली में गोदना को गुदावणो कहते हैं। शरीर के किस अंग पर कौन सी गोदनाकृति गुदवाई जाए, इसका एक भीली गीत इस प्रकार है-

गुदावणो गुदाड़ वो लाड़ वो लाड़ की नानी।
माथा प बिन्दी अरु गाल मा दाणा,
कनपटी मा चिरल्या गुदाड़ वो नानी।
साती मां आम्बा मोर अरु दाड़ी मा दाणा।
हाथ-पांच मा छितारा चौक गुदाड़ वो नानी।

स्रोत : रमेश सिंघाड़, संध्या मायवाड़।

हिन्दी अनुवाद

हे बेटी। गुदना गुदवा ले। माथे पर बिन्दी, कनपटी में चिरल्या, छाती में आम और मोर, ठुड्डी में दाने और हाथ-पाँव में सितारा चौक गुदवा ले।

लोककथा

भील अपने दैनिक कृत्यों से निवृत्त होकर रात्रि में जब एक जगह एकत्रित होते हैं तो छोटी-बड़ी कथाओं से मनोरंजन करते हैं। ये कथाएँ ज्ञानवर्धक होती हैं जिनसे ये प्रेरणा लेते हैं। भीलों की एक कथा **चोरी करना पाप है,** प्रस्तुत है-

एक चुर हतलो पलो आपणा इडाक पुरया काजे पुठे लीन गहूं कारणे राती घर कथो निकल्यो। पलो एक गहूं न खेत धड़े गुयो। एहां इतरील वार बसि न राखवाला काजे केडयो। पला काजे अंदाज लाग्यो कि हयां राखवपलो कुदु नीहिछे। पलो अपणा पुरया काजे एक बचड़ी पर बसाडयो से कहयो कि कुदु भाले ते तू मेखे काजे कहि देजी। पलो पुरयाक वाहा बसाड़ी न हाथ म दातलो ली न गहूं कारणे वारे गहूं न खेत मां पुग्यो। इतरीक बार गहूं कारया में पुरया काजे कत्येन पूछयो कि काह लोक भाले ते नीहि पुरयो कल्येन कहयो कि कुदु नीहि भाले। हिवि पलो मार-मार गहूं कारणे बाज्यो ने अलि पुरया काजे तसीज पूछयो। पलो इडोक पुरयो आपणा बास काजे कहयो कि दिसरो तो कुदुनीहि भाले पुण् अधरकथो भगवान भालरहयो छै। आपणा इडाक पुरया नी असी

बात साम्लीन पशाक अकल आवी कि पुरयो साची बात कहि रहयो छे। पलो तयार वहाँ नदातलो फगाट देघोने पुरया रव पुठे ली न पलो नरले न घर आवती रहयो। तिन दाहड़े कथो चुरी छोड़ देघी।

स्रोत : रमेश सिंघाड़, संध्या मायवाड़।

हिन्दी अनुवाद

एक चोर था। एक रात्रि गेहूँ की चोरी करने के लिए अपने छोटे लड़के को पीठ पर बैठाकर गेहूँ के खेत में गया। खेत में पहुँचने के बाद वहाँ थोड़ी देर बैठकर रखवाले के बारे में जानकारी प्राप्त की। उसने अनुमान लगा लिया कि यहाँ कोई रखवाला नहीं हैं। उसने अपने छोटे लड़के को खेत की एक ऊँची टेकरी पर बैठा दिया और लड़के से कहा कोई देखे, तो मुझे धीरे से कह देना। वह लड़के को वहाँ बैठाकर हाथ में दराता लेकर गेहूँ काटने खेत में गया। थोड़ी देर तक गेहूँ काटता रहा। फिर पूछा कोई देख तो नहीं रहा है? लड़के ने धीरे से कहा -नहीं। इसके बाद वह जल्दी-जल्दी गेहूँ काटने लगा। फिर लड़के से वैसा ही पूछा। इस पर छोटे से लड़के ने अपने पिता से कहा पिताजी दूसरा तो कोई नहीं देख रहा है परंतु ऊपर से भगवान तो देख रहा है। अपने लड़के से ऐसी बात सुनकर उसे ज्ञान हुआ। वह मन में विचारने लगा लड़का सच्ची बात कह रहा है। उसने उसी समय दराता वहीं पर फेंक दिया और लड़के को पीठ पर बैठाकर घर आ गया। उस दिन से उसने चोरी करना छोड़ दिया।

6. शब्दावली (भीली-हिन्दी)

कृषि उपकरण

भीली	*हिन्दी*	भीली	*हिन्दी*
कोढी	*लोहे की छड़/टुकड़ा*	दँराता	*धारदार हथियार/हँसिया*
लोहार	*औजार बनाने वाला*	होल	*हल*
पावड़ो	*फावड़ा*	दोरी	*रस्सी*

रिश्ते-नाते

भीली	*हिन्दी*	भीली	*हिन्दी*
छोरो/छोकरों	*लड़का*	ममों	*मामा*
बेन, बाय	*बहन*	छोकरी	*लड़की*
धणी, आदमी	*पति*	ज्वान	*विवाहिता*
आई	*माँ*	ळाली	*साली*
बा, दादो, दादा	*पिता*	नणदें	*ननद*
बी /मोटो दादो	*बड़ा भाई*	बनई	*जीजा*
मॉह, माई	*मौसा-मौसी*	भाभी	*भाभी*
बड़े बॉ/बड़े मा	*बड़े पापा/बड़ी मम्मी*	भुआ, फोई	*बुआ जी*
सोरा-सोरी	*पोता-पोती*	फूओं, फुवा	*फुफा*
मोटआई	*बड़ी माँ*	हातेंण	*सहेली*
डाहलो बा	*दादा*	रंडेली	*विधवा*
बा नो बा	*पितामह*	ळाहेली	*साले की पत्नी*

भीली	हिन्दी	भीली	हिन्दी
ममी	*मामी*	डाहली मां	*दादी माँ*
मही	*मौसा*		

रंगों के नाम

भीली	हिन्दी	भीली	हिन्दी
रातो	*लाल*	प्पीलो	*पीला*
धालो	*सफ़ेद*	जामुणियों	*जामुनी*
लीलो	*हरा*	नीलो	*नीला*
केसरो	*गुलाबी*	काळो	*काला*

समय के शब्द

भीली	हिन्दी	भीली	हिन्दी
हवेरे, प्रभात	*सुबह*	वखत हांजे	*अंधेरा समय*
हांजे, हांज	*संध्या*	तारा डूबता	*सुबह चार बजे का समय*
दाहढू	*छन, दिन*	घण्टों	*एक घण्टा*
रात, श्रात	*रात*	मूल झाकले	*गौ के घर आने का समय*
बपोर/बोपहर	*दोपहर*	छन उगता	*सूर्योदय*
घणूमोंडू/घणीवार	*बहुत समय*	डूबता दन	*सूर्यास्त*
उजालानी टेम	*सुबह छह बजे का समय*	रोटानी टेम/वखत	*खाना खाने का समय*

दिनों के नाम

भीली	हिन्दी	भीली	हिन्दी
होमवार/हूमवार	*सोमवार*	हकरवार	*शुक्रवार*
मंगलवार	*मंगलवार*	थावर	*शनिवार*
बदवार	*बुधवार*	दितवार	*रविवार*
गरूवार	*गुरुवार*		

महीनों के नाम

भीली	हिन्दी	भीली	हिन्दी
पौ	*जनवरी (पौष)*	अषाड	*जुलाई (आषाढ़)*
मा	*फरवरी (माघ)*	हावंण	*अगस्त (सावन)*
फागुण	*मार्च (फाल्गुन)*	भादवों	*सितंबर (भाद्रपद)*
सेत	*अप्रैल (चैत्र)*	कुंवार	*अक्टूबर (आश्विन)*

भीली	हिन्दी	भीली	हिन्दी
वेसाख	*मई (वैशाख)*	कार्तिक	*नवंबर (कार्तिक)*
जेठ	*जून (ज्येष्ठ)*	अगण	*दिसम्बर (अगहन)*

दूरी के शब्द

भीली	हिन्दी	भीली	हिन्दी
कणे	*मेरे पास*	लांबों, घणो दूर	*बहुत दूर*
दूरो, लाम्बों	*दूर*	कोह	*दो किलोमीटर*

भीली गिनती

भीली	हिन्दी	भीली	हिन्दी
एक	*1 एक*	हात	*7 सात*
दुई/दो	*2 दो*	आठ	*8 आठ*
तीण	*3 तीन*	नव	*9 नौ*
चार	*4 चार*	दस	*10 दस*
पांच	*5 पाँच*	वीस	*20 बीस*
छे	*6 छह*	हो	*100 एक सौ*

माप

भीली	हिन्दी	भीली	हिन्दी
हेर	*आधा किलो*	पंन्द्रे हेर	*साढ़े बारह किलो*
पान्चेर	*दो किलो पाँच सौ ग्राम*	मौंण, मण	*बीस किलो*
धढी	*पाँच किलो*	कोथलों, ठेलो	*एक क्विंटल*

दिशाओं के नाम

भीली	हिन्दी	भीली	हिन्दी
उगमणों	*पूर्व दिशा*	धराव	*उत्तर दिशा*
आथमणों	*पश्चिम दिशा*	दखणाव	*दक्षिण दिशा*

स्थानों के नाम

भीली	हिन्दी	भीली	हिन्दी
हरग	*आकाश*	वांदलां	*बादल*
जमीन जगा	*पृथ्वी*	दन	*सूर्य*
तारा	*तारे*		

मौसम के शब्द

भीली	*हिन्दी*	भीली	*हिन्दी*
ठंड नी टेम	*सर्दी का मौसम*	सांयां	*छाँव/छाया*
उनाला	*गर्मी का मौसम*	वायरो/वायरू	*हवा*
वरखा	*वर्षा*	भुताल्या	*चक्रवर्ती हवा*
तड़को	*धूप*		

शरीर के अंग

भीली	*हिन्दी*	भीली	*हिन्दी*
आंगली	*उँगली*	मोर	*पीठ*
माथू	*सिर*	हिड़दा	*हृदय*
बांबरां	*बाल*	लेलड़	*ललाट*
नख	*नाखून*	मुंडू	*मुँह*
गालड़ा	*गाल*	पग/टाटिया	*पैर*
आथ	*हाथ*	गोड़ा	*घुटना*

जानवर

भीली	*हिन्दी*	भीली	*हिन्दी*
बुलद	*बैल*	कुतरो	*कुत्ता*
वाग	*शेर*	हाप	*साँप*
डेटकी	*मेंढक*	मगोर	*मगरमच्छ*
मासली	*मछली*	केकड़ो	*केकड़ा*
हूली	*चिड़िया*		

अन्य शब्द

भीली	*हिन्दी*	भीली	*हिन्दी*
कुबो	*कुँआ*	हिली	*बिंदी*
हाड़ी	*साड़ी*	पागड़ी	*पगड़ी*
झुलड़ी	*बुशर्ट*	भाजी	*सब्जी*
गाड़ो	*बैलगाड़ी*	भरभटो	*मोटरसाइकिल*
सोपड़ी	*किताब*	रोखड़ो	*पेड़*
सीकेल	*साइकिल*	भाजी	*सब्जी*
फूगा	*गुब्बारे*	केवड़ो	*केवड़ा*

संदर्भ

1. ग्रियर्सन, जॉर्ज ए., 'इंडो आर्यन फैमिली : सेंट्रल ग्रुप : द भीली लैंग्वेज', *लिंग्विस्टिक सर्वे ऑफ इंडिया,* IX (iii), कलकत्ता ब्रांच ऑफ पब्लिकेशन, 1907.
2. थॉमसन, चार्ल्स एस., *एडिमेंट्स ऑफ* द *भीली लैंग्वेज,* यूनाइटेड प्रिंटिग प्रेस, अहमदाबाद, भारत, 1995.
3. *संपदा,* मध्य प्रदेश की जनजातीय सांस्कृतिक परम्परा का साक्ष्य, आदिवासी लोककला अकादमी, मध्य प्रदेश संस्कृति परिषद, भोपाल द्वारा वर्ष 2010 में प्रकाशित, संपादक : कपिल तिवारी।

20 मवासी

दिनेश भट्ट

1. नाम

मवासी जनजाति की मुख्य भाषा मवासी है। यह गोंडी एवं कोरकू से अलग भाषा है। मवासी की कोई लिपि तथा कोई लिखित व्याकरण भी नहीं है।

2. परिचय

मवासी मध्य प्रदेश की अनुसूचित जनजाति की सूची क्रमांक 32 पर उल्लेखित एक जनजाति समाज है। 1981 की जनगणना के अनुसार मध्य प्रदेश में मवासी जनजाति की कुल जनसंख्या 11013 थी, इनमें से 8882 छिन्दवाड़ा जिले में निवासरत थी। इस प्रकार मवासी की 80 प्रतिशत जनसंख्या छिंदवाड़ा जिले में थी। 2001 की जनगणना में मवासी की जनसंख्या 81212 थी, इसमें भी छिन्दवाड़ा जिले में इनकी जनसंख्या 66420 थी, जिसमें 35439 पुरुष और 32981 महिलाएँ हैं।

छिन्दवाड़ा जिले में मवासी जनजाति का निवास मुख्य रूप से विकासखंड जुन्नारदेव के पहाड़ी क्षेत्र में है। बिछुआ विकासखंड के मैदानी भाग में भी मवासी परिवार निवास करते आ रहे हैं।

3. संक्षिप्त इतिहास

मवासी जनजाति की उत्पत्ति का कोई स्पष्ट उल्लेख नहीं मिलता है। यह कोलारियन जनजाति समूह की एक शाखा मानी जाती है। यह कोरकू जनजाति की एक शाखा है जो मोवास क्षेत्र में निवास करने के कारण कालांतर में मवासी के नाम से पहचाने जाने लगे। फादर वेरियर एल्विन ने 'मुवास' शब्द की उत्पत्ति 'महुआ' शब्द से बताई है। मवासी जनजाति गोण्ड, भारिया आदि जनजातियों के साथ निवास करती थी। यह जनजाति अधिकांशत: पहाड़ों की तलहटी एवं मैदानी पठार में निवास करती आ रही है। मवासी जनजाति में नृत्य व संगीत का विशेष महत्त्व रहा है। लोकगीतों में विहान गीत, पड़की गीत, भोजलिया गीत, भजन, फाग आदि गाए जाते हैं।

4. क्षेत्र

छिन्दवाड़ा जिले के कुछ प्रमुख गाँव जहाँ मवासी भाषा बोली जाती है–विकासखंड जुन्नारदेव के गाँव–सांगाखेड़ा, बिजबेहरी, बिजौरी, माली, घोड़ावाडी, चिकटबर्री, भरदी, मुआरी, रामपुर इत्यादि। बिछुआ विकासखंड के गाँव–कुंडा, रैय्यतवाड़ी, गुलसी, पनियारी, छटवीनी, कुर्सीपार, भीमान-गोंदी, टेका पार, जामरापानी, चकारा, आमाझिरी, मड़कासुर, एल्कापार, मुंगनापार,

सरदोनी, चौरेपठार, राधादोनी, तोरनी, देवनादी, गोजीटोला, मुहगाँव, आमाटाना, मोहपानी टोला, अम्मूटोला, डोढाखापा, मेजापार, सेमरटोला, अम्बाझिर, बड़कुही, बर्राघोटी, पालातारा, हेटी, बोदलढाना, नीमढ़ाना, कुसुमढाना, चिंचोलीटोला, जैतपुर टोला, सिरेपानी, बोरिया, चंद्रिकापुर। सौंसर ब्लाक के गाँव –झोबनढाना, रम्मूढाना, सीलीवानी। मोहगाँव ब्लॉक के गाँव –बर्रा, सीरा, गोरा, टेमनी, परधान घोघरी इत्यादि।

5. व्याकरण

व्याकरण के अंतर्गत सर्वनाम एवं क्रिया शब्दों की शब्दावली दी जा रही है–

सर्वनाम शब्द

मवासी	*हिन्दी*	मवासी	*हिन्दी*
आए	*अब*	दीधार का	*तैसा*
आयका	*अभी*	चोंदार का	*कैसा*
जबीका	*जब*	तबका	*तब*
दीयागा	*इनका*	तोरेण	*कहाँ*
दूधा का	*उतना*	एधेन	*यहाँ*
चौद्धा का	*कितना*	देरण	*वहाँ*
चौद्धाकाभी	*जितना*	भागन	*इधर*
देरणका	*जहाँ*	ओगंन	*उधर*
इंदर का	*ऐसा*	तोरेन	*किधर*
तुनिई	*कौन–सी*	चोंदार	*कौन–सा*
तुनियोहे	*कौन–से*	दियाशा	*उसका*
आम	*तू*	हमागा	*तेरा*
हमागा	*तेरी*	हमागा	*तेरे*
इनके	*मुझे*	भागा और	*मेरा*
इंदियागा	*उनका*	यागा	*मेरी*
यागा	*मेरे*	इन	*मैं*
सदेन	*यह*	देरण	*वह*
आबुगाऔय	*अपना*	दियाशा	*उसका*
यागा औम	*अपनी*		

क्रिया शब्द

मवासी	*हिन्दी*	मवासी	*हिन्दी*
तुडगे	*उखाड़ना*	टीटीया	*तोड़ना*

मवासी	*हिन्दी*	मवासी	*हिन्दी*
बीडे	*उठ*	पीटाय	*पीटना*
तीगे	*उठाना*	नुनू	*पीना*
अलीरे	*उड़ाना*	जाती	*पीसना*
आगडू तेगे	*उतरना*	आवाजईगे	*पुकारना*
उधार ससा	*उधार लेना*	कोमडा	*पूछना*
बीडेम	*उठना*	पूजा दादा	*पूजा करना*
उबलातीन	*उबालना*	आरागे	*छोड़ना*
कतरातीन	*कतरना*	ईले के नेए	*धकेलना*
मागे	*काटना*	सोबोड	*धोना*
कामाये	*कमाना*	नष्ट दादा	*नष्ट करना*
दादा	*करना*	आगुल	*नहाना*
कसातीगे	*कसना*	सुसून	*नाचना*
कहना	*कहना*	पूरा का जोजोम	*निगलना*
कामो दादा	*काम करना*	रोजे	*निचोड़ना*
कुचलतीगे	*कुचलना*	नोयतीन	*नोचना*
कचरा काडी	*कुरेदना*	उतागेम	*पकड़ना*
सरूम	*कूटना*	पनपानतीन	*पनपना*
घीसटातीन	*घसीटना*	पढतीन	*पढ़ना*
ककडुम	*चबाना*	आटागे	*परोसना*
चमकातीगे	*चमकना*	कटीन	*बाँटना*
जोजोम	*चरना*	तोतोल	*बाँधना*
चचारा	*चराना*	बिबील	*बिछाना*
बोलना	*चलना*	ईरेजे	*बुझाना*
सेन्दर	*चलाना*	जामटेकन	*रोना*
चिपकातीन	*चिपकना*	ढोंगो	*लटकना*
चिल्लातीगे	*चिल्लाना*	लडतीन	*लड़ना*
कुतेगन	*खाँसना*	लपेटना	*लपेटना*
जोजोम	*खाना*	साली	*लाना*
चारागे	*खिलाना*	लिखातिन	*लिखना*
उंजूगे	*खिलना*	जोजोलोम	*लीपना*

मवासी	हिन्दी	मवासी	हिन्दी
ओरगे	*खींचना*	लुटना	*लूटना*
उंजू	*खेलना*	लेटातीन	*लेटना*
चुनातीय	*चुनना*	लाजोतेन	*शरमाना*
खोजना	*खोजना*	शुरू दागे	*शुरू करना*
लाला	*खोदना*	सम्हालना	*सम्हालना*
रिशेन	*खोना*	सडहाना	*सड़ना*
बदारतेगंन	*खो जाना*	कोमो सासा	*साँस लेना*
गलातीयन	*गलना*	सिखाना	*सिखाना*
सीसी रिम	*गाना-गाना*	सीचना	*सींचना*
आरामटेगेन	*गाली देना*	सीना	*सीना*
सोंगे	*गिनना*	आजोम	*सुनना*
गुदगुदी	*गुदगुदाना*	सहन दादा	*सहना*
गुथातीगे	*गूंथना*	गितिय	*सोना*
गुर्रातीन	*गुर्राना*	लन्दा	*हँसना*
सेरेजे	*घटाना*	उरी	*पहनना*
बीडेम	*जागना*	ईदीकेय	*पहुँचना*
मालुमदाद	*जानना*	अपना आरू	*पाना*
सेने	*जाना*	पालातीन	*पालना*
ये के डोढेन दुमाये	*जीना*	पिघलतीन	*पिघलना*
मीलातीगे	*जोड़ना*	ईरिय	*बुझना*
बीबीड	*जोतना*	गुतातीन	*बुनना*
झगड़ दादा	*झगड़ना*	खेगिजी	*बेचना*
सरूकेनदा	*झपटना*	सुबाय	*बैठना*
पखतीन	*चखना*	उरी	*बोना*
डोडो	*चुनना*	उखडी	*भरना*
साय	*चुराना*	रिदीय	*भागना*
चुसना	*चूसना*	लीडयन	*भाग जाना*
उकुटेगन	*छिपाना*	लीगा	*भिगोना*
उकूरो	*छिपना*	कुलेय	*भेजना*
खोखड़ीतेगन	*छिलना*	चोय डोढो	*झोंकना*

मवासी	हिन्दी	मवासी	हिन्दी
डेकारो	*छूना*	मरम्मत दादा	*मरम्मत करना*
जमातीयन	*जम जाना*	गोयन	*मरना*
जुले	*जलाना*	शुरू दागे	*शुरू करना*
उलीयचोगे	*थूकना*	गोगोय	*मारना*
कामोन शसा	*उपयोग करना*	आनुजे	*मोड़ना*
सजाईगे	*सजा देना*	सडहाना	*सड़ना*
दबातीय	*दबाना*	आसी	*माँगना*
खानीय	*दिखाया*	सहन दादा	*सहना*
डोगो	*देखना*	मिलातीय	*मिलाना*
फडफडातीयन	*फड़फड़ाना*	कोमो सासा	*साँस लेना*
चिरागे	*फाड़ना*	मलातीय	*मलना*
फिलातीयन	*फिसलना*	सिखाना	*सिखाना*
होटागे	*फेंकना*	याद दादा	*याद करना*
फैलातीगे	*फैलाना*	सींचना	*सोचना*
बंदोगे	*बंद करना*	दोंगय	*रखना*
बधरातीगे	*बधारना*	सीना	*सीना*
बचातीयन	*बचना*	खाते	*रुकना*
बचातीन	*बचाना*	आजोम	*सुनना*
बढ़तीन	*बढ़ना*	सेन्दर	*रेंगना*
आरू	*बनना*	बासो	*सूँघना*
आरूतेन	*बनाना*	गितिम	*सोना*
आडी	*बहना*	लन्दा	*हँसना*
टालातीन	*टालना*	उरी	*पहनना*
ठागना	*ठगना*	ईदीकेम	*पहुँचना*
धोकायो	*धोका देना*	अपना आरू	*पाना*
ठुकरातीन	*ठुकराना*	पालातीन	*पालना*
ईगडा	*डरना*	पिघलतीन	*पिघलना*
ईगडातीन	*डराना*	ईरिम	*बुझना*
लामुयन	*डूबना*	गुतातीन	*बुनना*
उगुर	*ढकना*	खेगिजी	*बेचना*
डोडो	*ढूंढना*	सुबाय	*बैठना*
उईर	*तैरना*	उरी	*बोना*

अन्य शब्द

मवासी	हिन्दी	मवासी	हिन्दी
आजे	*आना*	उतातेकन	*पकड़ना*
उजे	*कूदना*	चिरागे	*फटना*
दीया लेन आशा	*आशा करना*	छिरागे	*छिड़कना*
तेगेने	*खड़े होना*	पचतिन	*पचना*
हम तेगेने	*खड़ा करना*	जोडागे	*चिपकना*
इच्छा ओ	*इच्छा करना*	काटीगे	*बाँटना*
चोय-चोय साये	*खरीदना*	दबातिगे	*दबाना*
एकान	*हिलना*	पूरा दाग	*पूरा करना*
पोपाग	*छेदना*	फूलतिगे	*फूलना*
सेनाका	*होना*	मिया जगन	*एकत्र होना*
मित्रा जगान जोड़ा गे	*ढेर लगाना*	आसुडे	*झूलना*
नाराज केने	*नाराज़ करना*	मिया खटटे	*एकत्र करना*
सादीतेकन	*गरजना*	बोचोगे	*टपकना*
माननतिय	*मानना*	उमोने	*उगाना*
इराकेन	*लौटना*	कोरा डोठा	*राह देखना*
होठागे	*फेंकना*	चोट पातु चातिन के	*चोट पहुँचाना*
कल्लातेकन	*चीखना*	झुकातिम	*झुकना*
वाजेन	*फूटना*	*पठातीन*	शिक्षित

6. साहित्य* (मवासी भाषा)

लोकगीत 1

आले आदिवासी, कुरुकु मवासी	*हिन्दी अनुवाद*
आले नी आदिवासी, आलेनी ठाकुर मवासी	*हम हैं आदिवासी ठाकुर मवासी रे ठाकुर मवासी*
धारा गन है आले गा राजा	*धारा का है हमारा राजा रे हमारा राजा*
आलेनी आदिवासी आलेनी	*हम है आदिवासी ठाकुर मवासी रे*
ठाकुर मवासी - हो...हो...हो	*ठाकुर मवासी हो...हो...हा*
आले गानी जाति छात्री कैलाओदा आलेनी	*हमारी जाति क्षत्रिय या कैला थे*
काकू बजोम दा जीलू भी बजोमदा	*हम लोग मछली मांस भी नहीं खाते थे*
आलेनी आदिवासी आलेनी	*हम है आदिवासी ठाकुर मवासी रे*

ठाकुर मवासी – हो...हो...हो

संकलनकर्ता–कोमल प्रसाद राने शिक्षक,
मा.शा. डोकलीकला, बिछुआ, जिला–छिन्दवाड़ा)

ठाकुर मवासी हो...हो...हो...

अनुवाद–श्याम राव बेटे; शिक्षक,
प्रा.शा. एलकापार, बिछुआ, जिला–छिन्दवाड़ा (मध्य प्रदेश)

लोकगीत 2

तुमडी गा हेली

तुमडी गा हेली रना बैना हेली यर
मीया हेली होलेनदा छिंदवाड़ा जिलान रे
छिंदवाड़ा कुगा बाई कू तूतीरी रे कू रे
तुमडी गा हेली रना बैना हेली यर
मीया हेलीनदा बैतूल जिलान के
बैतूल कुगा बाई कु चश्मा दे कु रे
तुमडी गा हेली रना बैना हेली यर
मीरा हेली होलेनदा सौंसर ब्लाक रे
सौंसर कुत्राबाई कु साड़ी दे कु रे
तुमडी गा हेली रना बैना हेली यर

संकलनकर्ता–कोमल प्रसाद राने शिक्षक,
मा.शा. डोकलीकला, बिछुआ, जिला–छिन्दवाड़ा)

हिन्दी अनुवाद

तुम्बा (लौकी) है हम रंग बैना बेला यार
एक बेला चले गए छिन्दवाड़ा जिला रे
छिंदवाड़ा के बाई साड़ी वाले रे साड़ी वाले
तुम्बा है हम रंग बैना बेला यार
एक बेला चले गए बैतूल जिला रे
बैतूल के बाई चश्मा वाले के चश्मा वाले
तुम्बा है हम रंग बैना बेला यार
एक बेला चले गए सौंसर ब्लाक रे
सौंसर के बाई सोलह हाथ साड़ी रे
सोलह हाथ साड़ी तुम्बा है हम रंग बैना बेला यार

अनुवाद–श्याम राव बेटे; शिक्षक,
प्रा.शा. एलकापार, बिछुआ, जिला–छिन्दवाड़ा (मध्य प्रदेश)

लोकगीत 3

सेन ऊ नारू सेने होरीया

सेन ऊ कू नारू सेने ऊ होरीया कू नारू
ज्वारेन
ताला खेतीन मण्डा गड़ातीन केन –हो...हो...हो
सेन ऊ कू नारू सेने ऊ होरीया कू नारू
ज्वारेन
पटोनी लीन गोपनी ढोया ऊ – हो...हो...हो
सेन ऊ कू नारू सेने ऊ होरीया कू नारू
ज्वारेन
बुललीन यागा गण्डा भी तैकाने –हो...हो...हो
सेन ऊ कू नारू सेने ऊ होरीया कू नारू
ज्वारेन
जोपे दिय संतरा होटा के चिल्का–हो...हो...हो

संकलनकर्ता–कोमल प्रसाद राने शिक्षक,
मा.शा. डोकलीकला, बिछुआ, जिला–छिन्दवाड़ा)

हिन्दी अनुवाद

जाओ भाभी देखने जाओ, जाओ भाभी हरिया
(तोता) देखने ज्वार में
बीच खेत में मंढा गड़ा है...हो, हो, हो।
जाओ भाभी देखने जाओ, जाओ भाभी
हरिया देखने ज्वार में
सिढ्ढी के ऊपर गोपन देखने जाओ भाभी...हो, हो, हो
जाओ भाभी देखने जाओ, जाओ भाभी
हरिया देखने ज्वार में
गोदी के ऊपर लड़के भी हैं...हो, हो, हो,
जाओ भाभी देखने जाओ, जाओ भाभी
हरिया देखने ज्वार में
खा लिया संतरा फेंक दिया छिलका ... हो, हो, हो,

अनुवाद–श्याम राव बेटे; शिक्षक,
प्रा.शा. एलकापार, बिछुआ, जिला–छिन्दवाड़ा (मध्य प्रदेश)

लोकगीत 4

	हिन्दी अनुवाद
ओया रूंधो बाबों	*माँ कूटे धान*
भददूट भददूट	*जल्दी-जल्दी*
भददूट भददूट	*जल्दी-जल्दी*
ओया रूँधे बाबों।	*माँ कूटे धान*
सक्करा बिढ़ियनों	*बड़े सबेरे उठती माँ*
ओबा सेनेया बर्रान	*पिताजी जाते हैं खेत*
कर्रर -कर्रर	*कर्रर-कर्रर*
सिंदरा हार	*चलता है हल*
पूरा कोमोरेन उबेरा	*पूरे शरीर पर होता है पसीना*
मिते दिन	*आते ही सिर पर दिन*
हजेया ढुईलियन	*जाते है घर पर नहाते*
मितेसिनेमा आंगुल	*छपलक-छपलक*
छपलक छपलक	*दलिया बनाती है माँ*
पेजो होढारा	*माँ जल्दी*
ओया सट्टने	*बकरी बाँधती है*
सिरी तोलकेन	*ठूँठ पर*
पा ठुठन	*माँ सबको गिनकर जाती*
दो ते सिनेमा	*पूरा दलिया बेकार हो गया।*
पुरका, बुर्रा, पेजो।	

संकलनकर्ता-कोमल प्रसाद राने शिक्षक,
मा.शा. डोकलीकला, बिछुआ, जिला-छिन्दवाड़ा)

अनुवाद-श्याम राव बेटे; शिक्षक,
प्रा.शा. एलकापार, बिछुआ, जिला-छिन्दवाड़ा (मध्य प्रदेश)

लोककथा 1

एटा कु गा भलाई दा दा

त्या तेन करीब अप्पिय सौ साला पहलेगा बातो होय। दी बिछुआ तेन कम से कम तीस किलोमीटर गा अतारेन मिया गाँव मड़कासुर देरन मिया उरा गा सामनेन गरीबो कु गा झुंड लगा तीन केन दा। सबकु फटे पुरना कपड़े उरिकेदादी झुंड कहीकू लंगड़े लूला कू आनो अंधे कू भी दा। सबकु चिल्ला तीओ दा की आजे-आजे। श्यामजी दाना सबकु से योतेकेन जल्दी-जल्दी आजे पे। उरा गा सामने दाना मिया गाड़े तेगेन केन्दा। गाड़े गा मेरा मेरान मिया कोरो तेगेन केन दा। दिया गा ढुईलिन फुलम रे पगड़ी दा। आनो को मोरा लियन मिया लम्बा सा अंगोचा दा। आनो कापड़े टीका दा।टोर्रान दियागा तुलसी गा माला दा। देरन दिय बहुत प्रसन्न दा मेनेगेदां दिय की आजे भाई आजे छोटा रे बडे रे सबकु आजे। इदीकेन अच्छा माल दाखेन चोहदा मेन दिद्दा साया पे। इंदीयोय दो श्याम जी।

दीकु मिया किसाना गा खेती गा कुब रखवाली दाखे। किसान सोचातिन केदा की बरिया मन दाना दाओ फसल पन खटाई दायन गा बादन दाना गल्ला के तोला तीन के में देरन सत्रह मन दाना गल्ला कोलायन। किसाना गा मन सच्चा दा में दिय अपना बरिया मन कोलाम दाना आनो बचातिन खेत दा दी पुरा श्यामजी के वापस के। इंदीका दाना के श्यामजी सबकु के आजे साया पे मे नो लुटा तीन था। रांगेय तुमारे कुरुकु के लंगड़े - लूला को के आनो रंगेय रे कुरकु के योदा।

श्याम जी बलकूल का गरीब दा। दीया गा सोगोते गंड़कू के लाये भर आटा जोजोम भेरे बा घता हो दा।

मगर दीय सब गरीब कु गा दुख के डोतेन दीय का दुखी यो दा। दीय ये काके भी रांगेय बा दुमादाय दा। देरेकारन दिया तेन दाना खाटीन दा। दीय स्वयं गा कष्ट तीतेन येटा कुके अच्छा दो दो दा। दीय के संत मांदी या। श्याम जी येटा कुगा का उपकार दा दा दा। गोमिय कु गा ज्यादा भक्ति पूजा दा दा दा। श्यामजी गा मेरान तोड़ा सा धन दा। इंदी तोड़ा सा पैसा तेन दिय भगवान गा छोटा सा मंदिर मिया अरूयेन दा। रातीन देरेन खा अपना भजन अपना स्वयं अरून के रे भजन दा दा दा। आनो सब कु के मांदी दा की भक्ति भगवान दा गे। अच्छा कोरा तेन सेंद्ररागे।

कुरुकु गा भलाई दा गे। इंदीका दीया गा उद्देश्य दा। दीया गा भाजन कुरुकु के अच्छा लगाती ओ दा। श्यामजी दीया उरा गा गृहस्थी गा पीकर तुनी का बन दा दा। जो भी घतायेन देख का खुश दुमा दा। दीय के अपना गरीबी गा दुःख बंखा दा। महाराष्ट्र दी समय शिवा महाराज राज दा दा दा। मोया केन श्याम जी गा भजन आजोम शिवा आएयन चौकी श्यामजी लोगों कुके अच्छा -अच्छा बातो काका नीयदा। पर दीयगा गरीबी शिवा महाराज तेज डोलेखा आनो श्यामजी मेरे अच्छा-अच्छा कपड़े पहोचातीन के लेकिन श्यामजी दी धन कपडा के वापसी जो कि इन धनागा लालच आयन तानी इन गरीब कुगा भलाई या तेन बदाओ यागा गरीबी ही लाख रूपया गा बरोबर इंदरमातीन लोगो कुगा ही दुख दूर या दा ही यागा धन होय। इंदायू तेही भगवान गता ओआ।

स्रोत : कहानी संकलनकर्ता श्याम राव बेटे शिक्षक, प्रा.शा.एलकापार, वि.खं.बिछुआ, जिला - छिन्दवाड़ा (मध्य प्रदेश)

हिन्दी अनुवाद

परोपकार

आज से करीब तीन सौ साल पहले की बात है। उस दिन बिछुआ से तीस किलोमीटर दूरी पर मड़कासुर गाँव के एक घर के सामने गरीबों की भीड़ लगी थी। सब फटे पुराने कपड़े पहने थे। भीड़ में लंगड़े-लूले और अंधे भी थे। सब चिल्ला रहे थे– "आओ-आओ श्याम जी अनाज लुटा रहे हैं। जल्दी दौड़ो।" घर के सामने अनाज से भरी एक गाड़ी खड़ी थी। गाड़ी के पास एक आदमी खड़ा था। उसके सिर पर सफेद पगड़ी और शरीर पर एक सफेद लम्बा अंगरखा था। माथे पर तिलक लगा था। गले में तुलसी की माला थी। वे बहुत प्रसन्न थे। वे कह रहे थे – आओ भाई आओ छोटे-बड़े सभी आओ। इस बार अच्छी फसल हुई है। जितना चाहे उतना ले लो।

यही थे संत श्याम जी। उन्होंने एक किसान के खेत की रखवाली की थी। किसान ने सोचा था कि खेत में दो मन अनाज होगा। फसल काटने के बाद तौला तो वह सत्रह मन निकला। किसान सीधा-सच्चा था। उसने अपना दो मन अनाज रख लिया। बचा हुआ अनाज श्याम जी को दे दिया। इसी अनाज को आज श्याम जी लुटा रहे थे। दीन दुखियों और भूखों को बाँट रहे थे।

श्याम जी बहुत गरीब थे। उनके बच्चों एवं स्त्री को भरपेट खाना नहीं मिलता था। परन्तु वे गरीबों का दुःख देखकर दुखी हो जाते थे। वे किसी को भूख से तड़पते नहीं देख सकते थे। इसलिए वे आज अनाज बाँट रहे थे। जो स्वयं कष्ट उठाकर दूसरों का उपकार करते हैं वे संत कहलाते हैं। श्याम जी ऐसे ही संत थे।

श्याम जी सदा दूसरों के उपकार में लगे रहते थे। भगवान की भक्ति में मग्न रहते थे। श्याम जी के पास बहुत थोड़ा धन था। इस धन से उन्होंने भगवान हनुमान का मंदिर बनवाया था। रात को यहीं भजन गाकर श्याम जी कीर्तन करते थे। ये भजन उन्होंने स्वयं लिखे थे। भगवान की भक्ति करो। अच्छे रास्ते पर चलो। लोगों की भलाई करो यही उनका उपदेश था। उनके कीर्तन लोगों को बहुत अच्छे लगते थे। लोग उनके भजन सदा गाते रहते थे। श्याम जी को अपनी गृहस्थी का कोई ध्यान न था। जो

कुछ मिल जाता वे उसमें ही प्रसन्न रहते। उन्हें अपनी गरीबी का दु:ख नहीं था। एक बार महाराष्ट्र से एक महाराज जिनका नाम शिवा था, उनके भजन सुनने आए। उन्होंने देखा कि श्याम जी लोगों को बड़ी अच्छी बातें बताते हैं। श्याम जी की गरीबी देखकर शिवा दु:खी हुए। लौटते समय शिवा ने बहुत-सा धन और कीमती कपड़े श्याम जी के पास भेजे। श्याम जी ने सब लौटा दिया और कहा, मेरी गरीबी मेरे लिए लाख रुपयों की है। यदि मैं धन का लालची बनूँगा तो लोगों का भला नहीं कर सकूँगा। लोगों के दु:ख को दूर करने का प्रयत्न करना ही मेरा धन है। इससे ही भगवान मिलते हैं। श्याम जी का त्याग देखकर शिवा महाराज को आश्चर्य हुआ। वे श्यामजी का और आदर करने लगे।

अनुवाद-श्याम राव बेटे; शिक्षक, प्रा.शा. एलकापार, बिछुआ, जिला-छिन्दवाड़ा (मध्य प्रदेश)

लोककथा 2

शेर चूहा

कूला अनो पूची मिया कूला दा। दी पोपम दुआ दा। मियाकेन मिया पूची कूलागा पोपान मुयेन। कूला खुरा इतान पूची चेपिनियने। पूची कल्लातेन - ची, ची, ची इंके आरा कै! इन आमागा तुनिका कामोन हजेया। कूला मंदी के ... अम शनिसा होय अनो यागा चोय कामोन हजेआ, इन्दर मंदी के दिक्के आरा के ने। मिया खेयो मिया शिकारी कूलाकै दियागा बागुडेन फुन्दोयने पूची कूला कै बागुडेन फुन्दोयने सरूषकेन। अनो बागुड के कतुर के। कूला बागुडाजेन बेहरान - ओलोडियना। इन्दर शनिसा पूची कूला गा कामोन हैय्यन।

स्रोत : साभार - मदर टंग /मल्टी लिंगुअल एज्यूकेशन, सहायक शिक्षण सामग्री, हिन्दी (भाषा-मवासी)कक्षा1 सर्वशिक्षा अभियान 2006 - 07, जनपदशिक्षा केन्द्र, बिछुआ, छिन्दवाड़ा (मध्य प्रदेश)

हिन्दी अनुवाद

शेर चूहा

एक शेर था। वह गुफा में रहता था। एक बार एक चूहा शेर की गुफा में चला गया। चूहा शेर के पैर के नीचे दब गया। चूहा चिल्लाने लगा-" चीं, चीं, चीं" मुझे छोड़ दो मैं आपके किसी काम में आऊँगा। शेर बोला-" तुम छोटे सा चूहे मेरे किस काम आओगे।"

ऐसा बोलकर चूहे को छोड़ दिया। एक बार एक शिकारी ने शेर को अपने जाल में फंसा लिया। शेर चिल्लाले लगा-बचाओ। चूहा शेर की आवाज सुनकर दौड़ा, और शेर को जाल में फँसा देखा। चूहे ने शिकारी के जाल को छोटे -छोटे टुकड़े कर दिया। इस प्रकार छोटा चूहा शेर के काम आया।

अनुवाद-श्याम राव बेटे; शिक्षक, प्रा.शा. एलकापार, बिछुआ, जिला-छिन्दवाड़ा (मध्य प्रदेश)

7. शब्दावली (मवासी-हिन्दी)

संख्याएँ

मवासी	हिन्दी	मवासी	हिन्दी
मिया	*1 एक*	सत्रह	*17 सत्रह*
बारिया	*2 दो*	अठारह	*18 अठारह*
अप्पिया	*3 तीन*	उनीस	*19 उन्नीस*
उपुनिया	*4 चार*	ईसा	*20 बीस*

मवासी	हिन्दी	मवासी	हिन्दी
मोनोया	*5 पाँच*	मिया सौ	*100 सौ*
तुरिया	*6 छह*	तीस	*30 तीस*
अईया	*7 सात*	पचास	*50 पचास*
इलरिया	*8 आठ*	सत्तर	*70 सत्तर*
अरमा	*9 नौ*	मिया हजार	*1000 हजार*
गलिया	*10 दस*	बरिया, बरिया	*दुगना*
ग्यारह	*11 ग्यारह*	अप्पिया, अप्पिया	*तिगुना*
बारह	*12 बारह*	पाव	*पाव*
तेरह	*13 तेरह*	आधा	*आधा*
पन्द्रह	*15 पन्द्रह*	सोवान	*सवाया*

प्रकृति से जुड़े शब्द

मवासी	हिन्दी	मवासी	हिन्दी
रात	*अंधेरा*	लेन	*बिजली*
इपील	*तारा*	डेधा	*चट्टान*
अमासो	*अमावस्या*	भोरेन	*भंवर*
डोह	*तालाब*	डोगोर	*जंगल*
सेंगल डोगोरागा	*आग (जंगल की)*	सफा ओत	*मैदान*
चिकाल	*दलदल*	ओते	*जगह, जमीन*
खार	*ओला*	राती	*रात*
दिन	*दिन*	दिन लामुर ऐन	*सूर्यास्त*
ओसो	*ओस*	सेंगल	*अंगार*
दिव्या	*दोपहर*	दिन ओलडेएन	*सूर्योदय*
तुमड़ी डेरी	*इंद्रधनुष*	धोनी	*धुँआ*
धारो	*धार*	आयूप जेन	*शाम*
उजार	*उजाला*	ठंडा दिनो	*शीत ऋतु*
धुधूड	*धूल*	मगर	*मगर*
गुडगुडी	*कंकड़*	केदे	*काला*
नहर	*नहर*	नडडा	*घोंघा*
भडी	*किनारा*	शंशान	*पीला*
टोंगो	*पत्थर*	खिरीच	*छिपकली*
कुप कोया	*तेज हवा*	लीला	*हरा*

मवासी	हिन्दी	मवासी	हिन्दी
थपडी	*पहाड़ी*	डोक्के(कुलागा मामाते)	*गिरगिट*
दा	*पानी*	पुलूम	*सफ़ेद*
पूनो	*पूर्णिमा*	पन्ने	*मेंढक*
भानी	*पोखर*	कम्बड़ी	*सर्प (साँप)*
उभेरा	*गरमी*	काकू	*मछली*
गारा	*बर्फ़*	अजगर	*अजगर*
चंदा	*चंद्रमा*	पुची	*चूहा*
आडी	*बाढ़*	केंदे बम्बडी	*काला नाग*
पोपा	*गुफा*	मीनू	*बिल्ली*
धापड़ी	*घाटी*	सीता	*कुत्ता*
बाद्रा	*बादल*	काटाम	*केंचुआ*

शरीर के अंग

मवासी	हिन्दी	मवासी	हिन्दी
डुई	*सिर*	लीहुर	*होंठ*
चुटी	*बाल*	कबजा	*सीना*
ताला रे सीर	*आंत्रनली*	कोखो आरा	*साँस छोड़ना*
कपाड	*कपाल*	साती	*छाती*
गर्दन	*गर्दन*	बुलू	*जाँघ*
पपडी	*पलकें*	भवडी	*पीठ*
कंधा	*कंधा*	टोना	*घुटना*
मेड	*आँख*	कमसिल	*फेफ़ड़े*
बोटो	*अँगूठा*	डका	*एड़ी*
मेडा गा गारा	*आँख की पुतली*	कलेजा	*हृदय*
अंगूठा	*उँगली*	झीलू	*मांस*
लुतूर	*कान*	कोमर	*बदन*
मोनिया अंगूठा	*पाँच उँगलियाँ*	पचना	*खून*
झोका	*गाल*	थी	*कलाई*
हथेडी	*हथेली*	कतडे	*चमड़ी*
थीडिन	*दाँत*	ईघडा	*घबराहट*
मादीरे लान	*जबान, जीभ*	नोक्को	*नाखून*
मूछी	*मूँछ*	मूंगा पोपा	*नाक के छेद*

मवासी	हिन्दी	मवासी	हिन्दी
टोर्रा	*गला*	पिंड्री	*पिंडली*
दाडी	*दाढ़ी*	कूरा	*पैर*
मोहर	*चेहरा*	भाडी गा हडगे	*रीढ़ की हड्डी*
हडगे	*हड्डी*	दिमाग	*दिमाग*
लाऐ	*अंतड़ी/पेट*	मैयान	*कमर*
कोयोसा	*साँस लेना*		

रिश्ते-नाते

मवासी	हिन्दी	मवासी	हिन्दी
ओया	*माता*	मामा	*फुफा*
भतीजी	*भतीजी*	त्या	*बहनोई*
ओबा	*पिता*	काका	*मौसा*
भतीजो	*भतीजा*	गंडा	*पुत्र*
आजा डोकडा	*दादा (पिता के पिता)*	काकी	*मौसी*
भानीजों	*भानजा*	एरकूम	*पुत्री*
आजी डोकडी	*दादी (पिता की माता)*	दाई	*भाई*
भानजी	*भानजी*	नाती	*नाती*
आजा	*नाना (माता के पिता)*	कोवासी	*बहन*
अक्कड सास	*दादी सास*	नातिन	*नातिन*
आजी	*नानी (माता की माता)*	देवर	*देवर*
कूनकार	*ससुर*	किमीन	*बहू*
मामा	*मामा*	जेठ	*जेठ*
कनकार	*सासू*	गंडाकू	*बच्चे*
मामी	*मामी*	देवरानी	*देवरानी*
समधी	*समधी*	नातिन	*नातिन*
काका	*काका*	जेठानी	*जेठानी*
समधन	*समधन*	त्या	*साला*
काकी	*काकी*	बाओन	*साली*
डोंकडा	*पति*	त्या	*जीजा*
पोपू	*बुआ*	जवाई	*जंवाई*
डोकडी	*पत्नी*	उत	*भाभी*

अनाज

मवासी	***हिन्दी***	**मवासी**	***हिन्दी***
गू	*गेहूँ*	उड़द	*उड़द*
तिल्मीन	*तिल*	बुट्टा	*मक्का*
चना	*चना*	बरबटी	*बरबटी*
बाबो	*धान*	ज्वारी	*ज्वार*
मूंग	*मूँग*	मेथी आरा	*मेथी*
कोदो	*कोदो*	बाजरा	*बाजरा*
चावली	*चावल*	सावा	*सांवा*

सब्जियाँ

मवासी	***हिन्दी***	**मवासी**	***हिन्दी***
अदरक	*अदरक*	काचारे माडागाउतु	*कच्चे बाँस की सब्जी*
आलू	*आलू*	भैद्रा	*टमाटर*
भिन्डी	*भिन्डी*	डोडकान	*गिलकी*
करेला	*करेला*	कुम्हड़ा	*कुम्हड़ा*
मूली	*मूली*	समार	*धनिया*
लहसुन	*लहसुन*	टाकर	*ककड़ी*
केला	*केला*	तरोई	*तरोई*
मुंगा	*मुनगा*	मिर्ची	*मिर्ची*
गाजर	*गाजर*	पालक गा आरा	*पालक*
वयदा सेंगा	*गवारफल्ली*	चिचको गा आरा	*बथुआ*
मलकान	*सेमी (बल्लर)*	कोयलारी गा आरा	*कोयलार की भाजी*
गोभी	*गोभी*	चाना गा आरा	*चने की भाजी*

पक्षी

मवासी	***हिन्दी***	**मवासी**	***हिन्दी***
कबूतर	*कबूतर*	सीम	*मुरगी*
होरिया	*तोता*	चिचरिय	*चिड़िया*
बग्गला	*बगुला*	मारा	*मोर*
काकेए	*कौआ*	चील	*चील*
बतख	*बत्तख*	बाजा	*बाज*

मवासी	हिन्दी	मवासी	हिन्दी
गीद	*गिद्ध*	काकरामजी	*तीतर*
कोमा	*मुर्गा*	घुघू	*उल्लू*
गरूड़	*गरूड़*		

सिक्के/नोट

मवासी	हिन्दी	मवासी	हिन्दी
मिया पैसा	*1 पैसा*	मोनिया पैसा	*5 पैसा*
पचास पैसा	*50 पैसा*	मोनिया रूपिया	*5 रुपये का नोट*
बारिया पैसा	*2 पैसा*	गलिया पैसा	*10 पैसा*
मिया रूपिया	*1 रुपया*	गलिया गा नोट	*10 रुपये का नोट*
अप्पिया पैसा	*3 पैसा*	पच्चीस पैसा	*25 पैसा*
बारिया रूपिया	*2 रुपये का नोट*		

नाप/दूरी/गहराई

मवासी	हिन्दी	मवासी	हिन्दी
आधा पाव	*आधा पाव*	बारिया कोष	*दो मील*
उपनिया पाइली	*चार सेर*	पिंडरी लो	*पिंडली तक*
पाव भर का	*पाव भर का*	टोर्रा लो	*गले तक*
किया मन	*एक मन*	टोना लो	*घुटने तक*
आधा पाईली	*आधा सेर का*	बुलो लो	*जाँघ तक*
मिया पाइली	*एक सेर का*	डोई लो	*सिर तक*
बिल्लास	*बालिस*	मियान लो	*कमर तक*
बोटो	*अंगूठे से बड़ी उँगली*	मिया कोरो	*एक पुरुष*
मिया कोष	*एक मील*	छाती लो	*सीने तक*
मुट्टी तोल	*मुट्ठी बंद*		

कीट-पतंगे

मवासी	हिन्दी	मवासी	हिन्दी
हुंजू	*कीड़ा*	सीखूकू	*जुँए*
खटमल	*खटमल*	पतंगा	*पतंगा*
बैगय	*जुगनू*	जगारी	*मकड़ी*
मच्छर	*मच्छर*	शाशन रे रूखू	*पीली मक्खी*
चाटीकू	*चींटी*	रूकू	*मक्खी*

मवासी	हिन्दी	मवासी	हिन्दी
कायूलि	*त्तिली*	रूखू	*नीली मक्खी*
डोगा	*चींटा*	नीलीकू	*मधुमक्खी*
नीदीरकू	*दीमक*		

अन्य शब्द

मवासी	हिन्दी	मवासी	हिन्दी
हाजरी	*हाजरी*	ईमानदारी	*ईमानदारी*
पैदा	*जन्म*	मजाक	*मज़ाक*
आदत	*आदत*	उपास	*उपवास*
जल्दीओ	*जल्दबाज़ी*	गातायेन	*मुनाफ़ा*
नीता	*निमंत्रण*	कीमत	*कीमत*
जिंदगी	*ज़िंदगी*	गोयन	*मृत्यु*
उमरदर	*आयु*	अच्छा	*कृपा*
गितीय	*नींद*	लम्बारे	*लम्बाई*
कल्ला	*आवाज़*	घुसा	*क्रोध*
त्तान	*प्यास*	चौडा	*चौड़ाई*
आसानी	*आसानी*	खबर	*खबर*
रागेंय	*भूख*	उंगातीन	*ऊंगना*
इच्छा	*इच्छा*	अकडू	*घमंड*
रिरीयेंन	*भूल*		

प्राणी

मवासी	हिन्दी	मवासी	हिन्दी
उटो	*ऊँट*	केन्देरे बन्द्रा	*काले मुँह का बंदर*
चमगादड़	*चमगादड़*	कूला	*शेर*
काटाम	*कछुआ*	बकरा	*बकरा*
चीता	*चीता*	सोकडी	*सूअर*
सीता	*कुत्ता*	हरना	*हिरन*
घोडगी	*घोड़ा*	हाथ्थी	*हाथी*
केकड़ा	*केकड़ा*	हरनाका	*हिरनी*
पुची	*चूहा*	मगर	*मगरमच्छ*
कोयाली	*खरगोश*	भैसों	*भैंसा*

मवासी	हिन्दी	मवासी	हिन्दी
तेंदुआ	*तेंदुआ*	मेंड्रा	*भेंड़*
गधा	*गधा*	भैसी	*भैंस*
नेवरा	*नेवला*	सियार	*सियार*
बन्द्रा	*बंदर*	चीतल	*चीतल*
गाइ	*गाय*	डोगोर गाइ	*नीलगाय*
बाघ	*बाघ*	बाना	*भालू*
किदीन	*बिच्छू*	डोगो सीता कू	*भेड़िया*
कोलया	*लोमड़ी*	पीला सीरीगा	*बकरी का बच्चा*
ढाड़ा	*बैल*	काकू	*मछली*
सांडो	*सांड*	सीमागा चिलीकू	*मुरगी के बच्चे*
सिरी	*बकरी*	पन्ने	*मेंढक*
जोब्बरे कूला	*सिंह*		

वाहन

मवासी	हिन्दी	मवासी	हिन्दी
घाडगी गाडे	*घोड़ागाड़ी*	मोटर	*मोटर*
छकड़ा	*छकड़ा*	उडिंग गाठोला	*हवाई-जहाज*
डोंगा	*नाव*	पटपाटी	*मोटर साइकिल*
बस	*बस*	धडाकु गाडे	*बैलगाड़ी*
रेल	*रेल*	साइकल	*साइकिल*

समय एवं दिन संबंधी शब्द

मवासी	हिन्दी	मवासी	हिन्दी
तेन	*आज*	तुरूई दिन	*शनिवार*
अई दिन	*रविवार*	बरसादो	*वर्ष*
कोल	*कल (गई)*	गर्मी	*गर्मी*
मिया दिन	*सोमवार*	दा आजे	*बरसात होना*
कोल आजेरे	*कल (आने वाला)*	दिन ओलोड	*प्रात:काल*
बरी दिन	*मंगलवार*	पारिपार	*मध्यान्ह*
आजेरे	*परसों आने वाला*	आयूपते	*संध्या*
अपई दिन	*बुधवार*	राती	*रात*

मवासी	***हिन्दी***	**मवासी**	***हिन्दी***
उपुन दिन	*गुरुवार*	काला राती	*पिछली रात*
मोनीय दिन	*शुक्रवार*	पहलेगा जुमू महिनोगा	*बहुत पहले*
महिना गा जुमू	*माह*	घंटा	*घंटा*

वेशभूषा/शृंगार प्रसाधन

मवासी	***हिन्दी***	**मवासी**	***हिन्दी***
लैंगा	*पोलका, लंहगा*	आरसो	*आइना*
धोती	*धोती*	सूरमा	*सुरमा*
घाघरा	*घाघरा*	कंघा	*कंघा*
चीटो	*ओढ़नी*	गुलाल	*गुलाल*
जूता	*जूते*	काजल	*काजल*
तारया	*चप्पल*	पावडर	*पावडर*
कुकू	*कुंकुम*		

कृषि व अन्य औजार/हथियार के शब्द

मवासी	***हिन्दी***	**मवासी**	***हिन्दी***
हर	*हल*	नाडी	*चमड़े का रस्सा*
तेंसला	*तसला*	जौंडा तोल की	*जिससे जुऐ को बाँधते हैं*
बोकोर	*बख्खर*	उरा	*कमान*
हाखे	*कुल्हाड़ी*	डंडा	*डंडा*
कुदारी	*कुदाली*	तीर	*तीर*
जुआंडा	*जुआं*	बडे डंडा	*बड़ा डंडा*
फावडा	*फावड़ा*	तलवार	*तलवार*
साबर	*सब्बल*	बुदोको	*बन्दूक*
हर गाफर	*हल का फर*	बन्दूक	*कारतूस*
लकडा	*पाटा*	गोफनी	*गोफ़न*
हर गा मुट्टी	*हल की मूठ*		

खाद्य व पेय पदार्थ

मवासी	***हिन्दी***	**मवासी**	***हिन्दी***
अटकोम	*अण्डा*	सोनूम	*तेल*
दाते	*रसा*	शाशन	*हल्दी*

मवासी	*हिन्दी*	मवासी	*हिन्दी*
अचार	*अचार*	टोरीगा सोनूम	*गुल्ली का तेल*
कोलम	*आटा*	चावली	*चावल*
गुरा	*गुड़*	सौडा	*सौंठ*
धहा	*शहद*	बुलूम	*नमक*
दूधुम	*दूध*	पापडी	*पापड़*
लाई चना गा	*फूटा चना*	राई	*राई*
आटा	*रोटी*	जोगम	*भोजन*
केदें मिर्ची	*काली मिर्च*	जीलू	*मांस*

घर के विभिन्न भागों के नाम

मवासी	*हिन्दी*	मवासी	*हिन्दी*
उरा	*घर*	भिवाडी	*दरवाजा*
पक्कारे	*पक्का मकान*	गोरसी	*ताख*
माठ	*बाँस*	गिल्ली	*आँगन*
झोपड़ी	*कुटिया*	सुतूरे कोली	*घर के आगे का बरामदा*
छप्परी	*छप्पर*	गोला	*घेरा*
मण्डा	*घास रखने का मचान*	तावरे भोली	*घर के पीछे का बरामदा*
बीतो	*दीवार*	डोर कू गा कोठा	*पशु कोठा*
कोली	*कमरा*	खंपरा	*खप्पर*
आटा ओंडर रे कोली	*रसोई घर*	मण्डा	*मंडप*
गारा	*गारा*	खंभा	*खंभा*

घर गृहस्थी का सामान

मवासी	*हिन्दी*	मवासी	*हिन्दी*
पूची	*चूल्हा*	कुतूरकू	*करछुला*
बाल्टी	*बाल्टी*	कप	*कप*
जाती	*चक्की*	गिलास	*गिलास*
कडाही	*कड़ाही*	बशी	*प्लेट*
पाटा	*मसाला पीसने की खरल*	शीशी	*बोतल*
कुकूप	*ताला*	बड़ा	*मिट्टी का घड़ा (बड़ा)*
सेल	*मूसल*	दूगां	*मिट्टी का घड़ा (छोटा)*

मवासी	*हिन्दी*	मवासी	*हिन्दी*
खाटो	*चारपाई*	गुण्डी	*पीतल का घड़ा*
किसीन	*सूपा*	सन्दूक	*सन्दूक*
झुनू	*झाड़ू*	चुरू	*लोटा*
चापनी	*चलनी*	केंदील	*लालटेन*
तवा मट्टी गा	*मिट्टी का तवा*	सुपारी	*सुपारी*
कांलेगा बानी	*कांसे की थाली*	सोतुम	*धागा*
लकड़ा	*लकड़ी*	पानी	*पान*
चादर	*दरी*	साबुन	*साबुन*
भेयला	*कोयला*	सुई	*सुई*
पडडा	*चादर*	तम्बाकू	*तम्बाकू*
चिमनी	*चिमनी*	चिलोमा गा सिरा	*चिलम का कपड़ा*
कटोरा	*कटोरी*	चिलोमा का खडा	*चिलम का कंकड़*
माचिस	*माचिस*	डुग डुगी	*डुग डुगी*
बानी	*थाली*	रजाई	*रजाई*

वनोपज/वृक्ष/पौधे

मवासी	*हिन्दी*	मवासी	*हिन्दी*
टेमडू जो	*तेंदूफल*	साली के झाड़	*पेड़ की छाल*
जामुन	*जामुन*	निंबू गा झाड़	*नीम का पेड़*
मूँ	*महुआ*	डार	*डाली*
रेरू	*गुल्ली*	परसा गा झाड़	*पलाश का पेड़*
बोरे	*बेर*	झाड़	*पेड़*
आवरे	*आँवला*	आमे गा झाड़	*आम का पेड़*
खजूर	*खजूर*	बबुरा गा झाड़	*बबूल का पेड़*
तारोब	*चिरोंजी*	साकोम	*पत्ते*
ईली	*बेल*	सीपना गा झाड़	*सागौन का पेड़*
चिचा	*इमली*	काटे	*कांटे*
आमे	*आम*	शीशम गा झाड़	*शीशम का पेड़*
सीताफल	*सीताफल*	फूल	*फूल*
तारबूजा	*तरबूजा*	आवरे गा झाड़	*आँवले का पेड़*

मवासी	*हिन्दी*	मवासी	*हिन्दी*
आलू	*आलू*	डिग्गो	*गोंद*
कन्दा	*शकरकन्द*	साली	*छिलका*
आरन पपीता	*पपीता*	बहेड़ा	*बहेड़ा*
भुटटा	*भुट्टा*	रोच्चो	*रस*
केला	*केला*	सालेम	*साल*
निबूं	*नींबू*	सोसो	*भिलमा*
अमरूद	*अमरूद*	पीपरा	*पीपल*

व्यवसाय

मवासी	*हिन्दी*	मवासी	*हिन्दी*
नाया	*नाई*	सोनार	*सुनार*
कुटवार	*कोटवार*	बड़ाई	*कारीगर*
धोबी	*धोबी*	लोहार	*लुहार*
तेली	*तेली*	तरया सोसूरे	*मोची*
ब्राम्हण	*ब्राह्मण*	टेलर	*दर्जी*
बनिया	*बनिया*	कोटर	*कोटवाल*
कसाई	*कसाई*		

न्यायालय संबंधी

मवासी	*हिन्दी*	मवासी	*हिन्दी*
मांदी दोखे	*अपील*	हखो	*पुकार*
इल्जाम	*इल्जाम*	चोर	*चोर*
हथकड़ी	*हथकड़ी*	फांसी	*फांसी*
बेडी	*बेड़ी*	जमानत	*जमानत*
ककानी	*अरजी*	बराबर	*फैसला*
गवाकू	*गवाह*		

अन्य शब्द

मवासी	*हिन्दी*	मवासी	*हिन्दी*
दिय बरे	*के लिए*	चोद्धा का लोभी	*तब तक*
मेरान	*गरीब*	उदार	*उदार*
मेरान	*निकट*	शाशव	*पीला*

मवासी	हिन्दी	मवासी	हिन्दी
उपयोवादा	*उपयोगी*	इतान	*नीचे*
पहले	*ऊँचा*	लीगा	*गीला*
सुतू	*पहले*	तातान	*प्यासा*
बादन	*बाद में*	तालाब	*बीच में*
कटीय	*कडुआ*	इंदर का	*जैसा*
सोगोन	*साथ में*	ईसा	*बासी*
रिता	*खाली*	रागेंय	*भूखा*
हलकासा	*छोटा*	गोयन	*मृत*
टेख	*टेढ़ा*		

संदर्भ

1. एल्विन, वेरियर, द *एबओरिजिनल्स,* ओ यू पी, बॉम्बे, 1944.
2. एल्विन, वेरियर, द *मुरिया एंड दिअर घोटुल,* ओ यू पी, बॉम्बे, 1967.
3. एल्विन, वेरियर, द *मुरिया गोंड ऑफ बस्तर,* ओ यू पी, बॉम्बे, 1967.
4. भाटिया, मनिन्दर सिंह, *छिंदवाड़ा जिले का सांस्कृतिक परिवेश : एक ऐतिहासिक अध्ययन* (1854 से 1975), छिंदवाड़ा (मध्य प्रदेश)।
5. भाटिया, सुखविंदर सिंह, *मवासी जनजाति का समाज शास्त्रीय अध्ययन,* अप्रकाशित शोध प्रबंध, छिन्दवाड़ा (मध्य प्रदेश)।
6. *मदरटंग/मल्टी लिंगुअल एज्यूकेशन, सहायक शिक्षण सामग्री*-गणित (भाषा-मवासी) कक्षा -1 सर्व शिक्षा अभियान -2006-07 जनपद शिक्षा केन्द्र, बिछुआ, छिन्दवाड़ा (मध्य प्रदेश)।
7. *मदरटंग/मल्टी लिंगुअल एज्यूकेशन, सहायक शिक्षण सामग्री*-हिन्दी (भाषा-मवासी) कक्षा -1 सर्व शिक्षा अभियान -2006-07 जनपद शिक्षा केन्द्र, बिछुआ, छिन्दवाड़ा (मध्य प्रदेश)।

21

मालवी

विनय सिंह चौहान

1. नाम

'मालव' शब्द उन्नति का सूचक है। यह क्षेत्र भौगोलिक दृष्टि से भारत का हृदय प्रदेश है। मालव प्रदेश की भाषा मालवी कहलाती है।

2. भौगोलिक स्थिति

किसी भी स्थान की भौगोलिक दशाएँ राजनैतिक और आर्थिक दशाओं को प्रभावित करती हैं। कबीर की यह अनुभूति अपने में एक शाश्वत सत्य को छिपाए हुए है।

'देस मालवा गहन गंभीर
डग-डग रोटी पग-पग नीर।'

मालवा से तात्पर्य मालवा के पठार से है। मालवा का यह क्षेत्र पश्चिम एवं उत्तर पश्चिम में अरावली की पहाड़ियों, दक्षिण में विंध्याचल, पूर्व में बुंदेलखण्ड, उत्तर में गंगाघाटी से घिरा हुआ है। मालवा का क्षेत्रफल 83687 वर्ग किलोमीटर है।

प्राचीन काल से मध्यकाल तक यहाँ तक कि आधुनिक काल में स्वतंत्रता प्राप्ति के पूर्व तक राजनैतिक हलचलों के कारण मालवा की राजनैतिक सीमाएँ परिवर्तित होती रही हैं जिनका उल्लेख समकालीन ग्रंथों में मिल जाता है। किन्तु मालवा की स्पष्ट और निर्दिष्ट भौगोलिक सीमाएँ है और भौगोलिक इकाई के रूप में इसका स्वतंत्र अस्तित्त्व है।

यदुनाथ सरकार (1901) ने अपने ग्रंथ *इण्डिया आफ औरंगजेब* में लिखा है कि–

"स्थूल रूप से दक्षिण में नर्मदा नदी, पूर्व में बेतवा, उत्तर पश्चिम में चम्बल नदी इस प्रांत की सीमा निर्धारण करती थी। पश्चिम में कांठल प्रदेश एवं बांगड प्रदेश मालवा को राजपूताना और गुजरात से अलग करते थे। उत्तर पश्चिम में इसकी सीमाएँ हडौती प्रदेश तक पहुँचती थीं।"

यदुनाथ सरकार की यह मान्यता मालवा सीमा में प्रचलित पंक्तियों/अनुश्रुति के बहुत अनुरूप हैं–

''इत चम्बल उत बेतवा, मालव सीम सुजान,
दक्षिण दिशि है नर्मदा, यह पूरी पहचान।''

उक्त कथन एवं प्राप्त जानकारी के अनुसार मालवा की प्रकृति का निर्धारण इस प्रकार से किया जा सकता है–

दक्षिण में नर्मदा नदी, उत्तर में चंबल, पश्चिम में गुजरात, पूर्व में गोंडवाना यह मालवा की पहचान है। यह सीमा निर्धारण मध्यकाल से चला आ रहा है।

3. क्षेत्र

वर्तमान में मालवा क्षेत्र के अन्तर्गत मध्य प्रदेश के धार, झाबुआ, रतलाम, देवास, इंदौर, उज्जैन, मंदसौर, शाजापुर, सीहोर, रायसेन, राजगढ़ और विदिशा जिले माने जाते हैं। इसके साथ ही राजस्थान का झालावाड़, बूँदी एवं कोटा भी मालवा में सम्मिलित माना जाता है।

4. संक्षिप्त इतिहास

मालवा का इतिहास अति प्राचीन है। वह प्रागेतिहासिक, आद्य ऐतिहासिक तथा ऐतिहासिक सभी कालों से सम्बद्ध रहा है। भारत के अन्य स्थानों की भांति मालवा का प्रागैतिहासिक जीवन पुरा पाषाण, अपर पाषाण, लघु पाषाण तथा नव पाषाण संस्कृतियों का साक्ष्य रहा है। इस काल में मालवा का कबीलाई जीवन असभ्य तो था लेकिन सामूहिक नृत्य, वादन, खेल, आखेट, मल्ल विद्या, पशुपालन आदि सांस्कृतिक एवं सामाजिक विधाओं में विशिष्टता विद्यमान थी।

ताम्राश्य युग (3000 बी.सी. से 1300 बी.सी.) में लघु-प्रस्तर उपकरणों के साथ-साथ ताम्र उपकरणों का प्रयोग भी मालवा के निवासियों ने सीख लिया। मालवा क्षेत्र में आवरा, मंदसौर, रूणीजा, दंगवाडा, आजाद नगद, नागदा, वैसनगर, कायथा, महेश्वर, नावडा, टोडी ऐरण, महिदपुर आदि स्थानों पर हुए उत्खनन से मालवा की ताम्राश्ययुगीन संस्कृति का पता चलता है।

ऐतिहासिक काल के पूर्व बहुत-सी ऐतिहासिक परम्पराएँ पुराणों से ज्ञात हुई हैं। इनसे ज्ञात होता है कि पूर्व में नर्मदा कांठे में कर्कोट नागों तथा मोनेय गन्धर्वों के मध्य संघर्ष होता रहा। इस स्थिति का लाभ अयोध्या के इक्ष्वाकुओं तथा यदुकुल की हैहय शाखा ने अपनी दक्षिण प्रसार योजना के माध्यम से किया। अंततः सफल रहे व महिष्पती (महेश्वर) को अपनी राजधानी के रूप में विकसित करके राज्य करते रहे।

हैहय वंश के शासकों में कृतवीर्य का नाम प्रमुख है। किन्तु जब उनके पुत्र अर्जुन (कार्तवीर्याजुन या सहस्राजुर्न) ने अपने पुरोहितों से बैर मोल ले लिया तो भार्गव - हैहय संघर्ष प्रारम्भ हो गया। भार्गव वंश के ब्राह्मण नेता परशुराम ने हैहय क्षत्रियों और सहस्त्रार्जुन का संहार किया, वे वीतिहोत्र, शर्यात, भोज, तुण्डीकर तथा अवन्ती नामक ताल जंघ शाखाओं के रूप में महिष्पती से भाग निकले। इसके उपरान्त अवन्ती जनपद का मुख्यालय उज्जैन बन गया। महाभारत के कुछ समय पूर्व श्री कृष्ण एवं बलराम शस्त्र और शास्त्र विद्या की शिक्षा ग्रहण करने उज्जैन आए।

ई. पू. प्रथम सदी में विक्रमादित्य योग्य व न्यायप्रिय, जनप्रिय शासक हुए। पूर्वी मालवा में शुंग काफी समय तक सत्ता में रहे। इस वंश के शक्तिशाली शासक भादप्रद के शासन काल में तक्षशिला के यवन शासक अन्तलिकतिस का दूत हेलियोडोर - विदिशा आया था तथा वहाँ उसने भागवत धर्म ग्रहण किया। पश्चिमी शकों की मुद्राओं से ज्ञात होता है कि ये शक शासक मालवा में गुप्त सम्राट चन्द्रगुप्त विक्रमादित्य के समय तक रहे। चन्द्रगुप्त के समय पूर्वी मालवा का विदिशा, सांची क्षेत्र गुप्तों के क्रियाकलापों का केन्द्र बिन्दु रहा।

पाँचवी सदी के अन्त एवं छठी के प्रारम्भ में मालवा अधिकाशंतः राष्ट्रकूटों के अधीन रहा, वे परमार वंश के थे। उनकी प्रारम्भिक राजधानी उज्जैन थी। कालान्तर में परमार कुल राजधानी धारानगरी (धार) ले गए। मालवा के परमार शासकों में सबसे उल्लेखनीय राजा भोज देव परमार हैं। उनका राज्यकाल सन् 1001 से लेकर 1055 तक रहा। वह एक महान लेखक एवं बहुमुखी प्रतिभा का विद्वान नृपति था। राजपूत कालीन भारत के श्रेष्ठ शासकों में उसकी गिनती होती है। परमारों की सत्ता का अंतिम रूप से समापन चौदहवीं सदी के प्रथम दशक में हो गया तथा इसी के साथ मालवा के प्राचीन काल की विदाई हो गई। गुलाम वंश के शासक के सेनापति दास सुल्तान शमशुद्दीन इल्तुतमिश ने उज्जैन और मालवा के प्रमुख नगरों को खूब लूटा और प्रमुख

मंदिरों एंव कला संस्कृतियों को ध्वस्त कर दिया। फिर शहंशाह गौरी ने मालवा की राजधानी माण्डव को बनाया। 1401 से 1707 के मध्य कई मुस्लिम शासक हुए जिन्होंने मालवा की कला संस्कृति को भारी आधात पहुचाया। केवल अफ़गानी शासक बाज बहादुर कला व संगीतप्रियता के लिए प्रसिद्ध रहा। कालान्तर में मराठा शक्ति का अभ्युदय हुआ, बाजीराज प्रथम के अनुज चिमना जी अप्पा के नेतृत्व में एक शक्तिशाली मराठा सेना ने 29 नवम्बर 1728 को अमझेरा के युद्ध में मालवा के मुगल सूबेदार गिरधर बहादुर और उनके अनुज दयाबहादुर को मार डाला। 17 जुलाई 1732 तक सिन्धिया, होलकर, पंवार आदि ने मराठा संघ के रूप में मालवा पर शासन किया, जब मराठा संघ और पेशवा का पद समाप्त होने तक मालवा में मराठे व अन्य रियासतें सम्प्रभुता दिखा रही थीं। उन्नीसवीं सदी के दूसरे-तीसरे दशक में कपंनी मालवा के राज्यों में सम्प्रभु हो गई फिर भी कुछ राज्य जो मुगल काल की देन थे अभी भी अपना अस्तित्त्व प्रदर्शित कर रहे थे, जिनमें कुछ राजपूत राज्य व कुछ मुस्लिम राज्य थे। राजपूत राज्यों में बडवानी, झाबुआ, मधवाड़ा, कट्ठिवाड़, रतलाम, सैलाना, सीतामऊ, जोवट, नरसिंहगढ़, खिलचीपुर, राजगढ़, अलीराजपुर, पिपलोदा आदि थे, जबकि मुस्लिम राज्यों में भोपाल, कुरवाई, मोहम्मदगढ़, पठारी, जावरा आदि थे। होलकर राज्य के संस्थापक मल्हार राव होलकर की पुत्रवधू अहिल्या बाई एक महान शासिका सिद्ध हुई। 1956 में मध्य भारत भी नवनिर्मित मध्य प्रदेश में विलीन हो गया। मालवा के इतिहास में नया अध्याय जुड़ गया।

5. भाषा की विशेषताएँ

मालवी के शब्द अनेक स्रोतों से आकर समेकित हुए हैं चाहे ये स्रोत देशज हो या आग्नेय प्रजाति के, वैदिक वाङ्मय से उत्पन्न हुए हों या लौकिक भाषा से। बहुत-से शब्द सीधे न आकर पाली-संस्कृत-अपभ्रंश साहित्य से यात्रा करते हुए मालवी के प्रांगण में पहुँचे हैं।

मालवी का इतिहास अति प्राचीन है। मालव शब्द उन्नत भूमि का सूचक है। धीरेन्द्र वर्मा (1933) मालवी को राजस्थानी की एक शाखा मानते हैं। सूर्यनारायण व्यास (1954) तत्कालीन मालवा क्षेत्र में विशिष्ट बोलियों का अस्तित्त्व मानते हैं साथ ही वे उन्हें परस्पर सम्बंधित भी अनुमानित करते हैं। उनका ऐसा निष्कर्ष बहुत कुछ उचित है क्योंकि हम इसी ग्रंथ का उल्लेख भी पाते हैं–

एवमेत्त् विज्ञेयं प्राकृतं संस्कृत तथा।
अत: ऊर्ध्व प्रवक्षामि देशभाषा प्रकल्पनम्।।
मागध्यवन्तिका प्राच्या सूरसेन्यर्ध मागधी।
वाह्लीका दक्षिणात्या च सप्तभाषा प्रकीर्तिता:।।

नाट्य शास्त्र, 17/3-4

उदय सिंह भटनागर उक्त आधार पर निष्कर्ष निकालते हैं कि ''संस्कृत के प्रथम प्रसार के समय जो भेद - उदीच्य, मध्यदेशीय और प्राच्य हो गए थे उनके आधार पर तीन प्रकार की प्राकृत भाषाएँ विकसित हुईं थीं। उक्त उल्लिखित उदीच्य प्राकृत से वाह्वीक, मध्य प्राकृत भाषा से शौरसेनी एवं अवन्ती तथा प्राच्य से अर्धमागधी, मागधी एवं प्राच्य रूप विकसित हुए। इस अवन्ती से आगे चलकर मालवा प्रदेश की भाषा विकसित हुई।'' मालवी की उत्पत्ति के संबंध में अवन्ती प्राकृत की काफी चर्चा विद्वानों और भाषा शास्त्रियों ने की है। यह प्राकृत उज्जैन के आसपास बोली जाती है। मालवी शब्द सम्पदा का जहाँ तक प्रश्न है यह भाषा अपभ्रंश से निकली होने पर भी इसका मूल संस्कृत ही होना चाहिए। संस्कृत के तत्सम और तद्भव शब्दों के अतिरिक्त त्रिर्यक रूप काफी मात्रा में पाए जाते हैं। इस लोकभाषा पर समीपवर्ती पश्चिमी हिन्दी की बोलियों का पर्याप्त प्रभाव पड़ा है। रामज्ञा द्विवेदी ''समीर'' ने जो कार्य इस क्षेत्र में किया उसके आधार पर मालवी को राजस्थानी की उपबोली के स्थान पर स्वतंत्र अस्मिता मिली। यह मालवी उत्तरी, दक्षिणी, पूर्वी एवं पश्चिमी रूप में विभक्त मानी गई है। उत्तरी मालवी के शोधवाड़ी, दसेड़ी, दंगेसरी या डंगरी, रतलामी विभेद किए गए हैं। चिन्तामणी उपाध्याय ने मालवी के चार प्रमुख उपभेद रांगड़ी, सोंधवाड़ी, निमाड़ी एवं उमठवाड़ी किए हैं।

विदेशी प्रभाव

मालवी पर अरबी-फारसी और अंग्रेज़ी जैसी विदेशी भाषाओं का भी पर्याप्त प्रभाव परिलक्षित है। कुछ शब्द ऐसे भी हैं जिनका मालवीकरण होकर अर्थ भिन्नता हो गई है। हिन्दी में प्रचलित 'पादरी' शब्द को ही लें, इसका प्रचलित अर्थ ईसाइयों के धर्मगुरु के अर्थ में व्यवहृत होता है किन्तु मालवी की सोंधवाड़ी उपबोली में इसका अर्थ होगा 'अच्छी पैदावार होना' यहाँ शब्द उत्कर्षता को प्राप्त हुआ है।

'काजी' शब्द अरबी-फारसी से आयतित होकर भी सोंधवाड़ी एवं रांगड़ी में स्त्रीवाचक तथा अनेकार्थी हो गया है। वैसे मूलार्थ में यह 'मुस्लिमों के धर्मगुरु' के लिए मानक है, तथापि मालवी में इस अर्थ के अतिरिक्त कज्जी (प्राकृत का मानक रूप) काई तथा सेवार के अर्थ में जाना जाता है।

6. व्याकरण

व्याकरण के अभाव में मालवी भाषा में प्रचलित लोकोक्तियाँ एवं मुहावरे दिए जा रहे हैं।

6.1 लोकोक्तियाँ

मांडा में टिपकी लगाए। (*काम होने के बाद पहुँचना*)

लाड़ो भी नचाय और लाड़ी में नचाये। (*दोनों तरफ बोलना*)

खाँक में छोरी मे ग्राम में रेड़। (*पास में लड़की होना और गाँव में ढूंढना*)

तीन तेरे ने बाट बिखेरे। (*अलग-अलग हो जाना*)

कागला के गले कबूतरी। (*बुरे को अच्छा मिलना*)

दाणा दाणा पे मोर। (*दाने दाने पे लिखा खाने वाले का नाम*)

की खेत की ने सुणी खलारी। (*बोलना कहीं का, जाना कहीं*)

जेसो धन खाय वेसी बुद्धि आय। (*जैसा अनाज खाते हैं वैसी बुद्धि होती है।*)

गोरी का गुण, बालम जाणे। (*पत्नि का गुण पति ही जानता है*)

पेट में दुखे तो अजमो माँगे। (*बात न पचा पाना*)

तू थारे म्हूँ म्हारे। (*तू तेरे रास्ते, मैं मेरे रास्ते*)

एकली दूजो भलो। (*एक से दो भले*)

नट्या ने कंद कट्या। (*हाथ खड़े करना, या किसी काम को मना करना*)

जे पे बिती उई जाणे। (जिसके ऊपर बीतती है वही जाने)

6.2 मुहावरे

घणो नखरो	*नखरे दिखाना*
बोरिया बिस्तर बांदना	*बोरिया बिस्तर उठाना*
म्हारो लाड़लो	*आँख का तारा*
दूध को दूध ने पाणी को पाणी	*दूध का दूध पानी का पानी*

6.3 मालवी में 'माथो' से संबंधित कहावतें

माथो माण्डणो	*कार्य अपने ऊपर ओढ़ना*
माथे पड़णो	*अनिच्छा से*
माथा–कूट	*लड़ाई–झगड़ा*
माथा–फोड़ी	*व्यर्थ उलझना*
माथा–पच्ची	*दिमागी कसरत*
माथो देणो	*जबरदस्ती दखल देना*
माथो खाणो	*निरर्थक बहस करना*
माथे होणो	*बेमतलब की लड़ाई*
माथे मांगणो	*अनाधिकार चेष्टा*
माथे मढ़णो	*व्यर्थ ही उत्तरदायी ठहराना*
माथो सड़नो	*एक ही बात बार–बार सुनाकर बोर करना*
माथो फटनो	*तीव्र सिरदर्द*
माथो कूटनो	*विलाप करना*
माथो मुंडाणो	*विपदा मोल लेना*

7. साहित्य (मालवी भाषा)

लोकगीत 1

मालवी में सौंदर्य बोध	*हिन्दी अनुवाद*
रेरे लोयो रेला रेला रे रेला रेला।	*युवती का मुख सुन्दर है*
रेरे लोयो रेला रे रेला रे रेला।।	*इमली के कच्चे फल–सा युवती का चिकना चेहरा*
नूनीन मोहा नूनीन सोभता नूनीन रोय रोय नूनीन	*युवती का सिर सुन्दर है*
तिर कर काया नूनीन न तामा नूनीन रोय रोय नूनीन,	*केले के तने–सा युवती का शरीर शोभन है*
केडीर गाभो नूनीन मेदुल, नूनीन रोय रोय नूनीन	*युवती के स्तन शोभन है*
नूनीन दुदो नूनील सोभता नूनी या रोय रोय नूनिन,	*ककड़ी के कच्चे फल–सी युवती की भुजा*
इड़का काया नूनीन डण्डा, नूनीन रोय रोय नूनिन	*युवती की भुजा, युवती को बहुत शोभा देती है।*
रे रे लोयो रेला रेला रे रेला रेला रेला रे रेला	

स्रोत : *मालवी की उपबोलियाँ और उनका सांस्कृतिक परिप्रेक्ष्य*, पृ. 68.

लोकगीत 2

भेरूजी-पूजन

ओ काँकड़ का भेरू लाड़ला,
हूँ थने मनावा ने आई रे।
काला-गोरा ने धोकावा ने आई रे।
ओ बाबा थने मनावा ने आई रे।
हाँ ... जेपुर तक तो आई रेल में,
पाछे पेदल म्हारा भेरू जी
हूँ थने धोकावा ने आई रे।

स्रोत : विनय सिंह चौहान, सीहोर।

हिन्दी अनुवाद
भेरूजी पूजा

भेरूजी समाज में आस्था के महत्त्वपूर्ण केन्द्र माने जाते हैं। कुछ जातियों में अपने-अपने कुल भेरू भी होते हैं। कालाजी और गोराजी दोनों के ओटले (चबूतरे) बनाए जाते है।

बालक का जन्म हो या मुंडन, विवाह हो या अन्य कोई धार्मिक अनुष्ठान। कुल भेरू को अवश्य धोकाया (नमन कराना) जाता है। ये आस-मुराद पूर्ण करने वाले देवता हैं तभी तो मालवांचल की नारियाँ भेरूजी से प्रार्थना करती है।

लोकगीत 3

छींक माता

लोक गीतों में पुराण प्रसिद्ध देवी-देवताओं के अतिरिक्त भी अन्य देवी-देवताओं को स्थान प्राप्त है। छींक शुभाशुभ की मान्यताजन्य देवी है, इसीलिए मांगलिक कार्यों में छींकमाता के गीत गाकर शुभफल की कामना की जाती है।

माथा रो भम्मर हदे वण्यो है माय।
काना रो झालज हदे वण्यो है माय।
टिलड़ी लागी जगा जोत चलो झूलवा वो माय।
चलो छातर पति झूलवा वो माय।
ये सरस्वती अइाई पाल चलो झूलवा वो माय।
ये अम्मरवाड़ी डाल चलो झूलवा वो माय।
झूले छातर पति पातलाए माय।

स्रोत : विनय सिंह चौहान, सीहोर।

लोकगीत 4

धर्म की महिमा

धरम की महिमा है भारी, धरम की महिमा है भारी
धरम बचायो बेटा की गर्दन पर धर आरी
कमर बांधने डट्यो धरम पर हरी चन्द्र महाराज।
डट्याया मोरध्वज महाराज।
दु:ख सुख समस्या एक बराबर, प्रभु ने राखी लाज
धरम छोड़नों महा पाप है, सुणलों माँ का लाल।
म्हारी भारत माँ का लाल।

हिन्दी अनुवाद

धरम (धर्म) की महिमा बहुत अधिक है, धर्म बचाने के लिए महाराज हरिशचन्द्र ने अपने बेटे की गर्दन पर आरी चला दी थी तथा वह अपने सत्य धर्म पर डटे रहे। सुख-दुख सब एक बराबर है, भगवान हमारी रक्षा करते हैं। धर्म छोड़ना महापाप है सुन लो मेरी भारत माँ के लाल। धर्म छोड़ने के कारण ही आज भारत में अकाल पड़ रहा है। बुरा करने से बुरा फल मिलता है क्योंकि भगवान सबकुछ देखता है। तथा वह कण-कण में बसा हुआ है। जानबूझ कर भी लोग अनजान बन रहे हैं। सब

धरम छोड़ना से भारत में आज पड़ीर्‌या काल
बुरो कर्‌या से बुरो होय सब हेखीर्‌या भगवान।
बस्या हे कण कण में भगवान।
जाणे करीने आज बणीरया क्यों सगला अणजाण
गांधी बीर जवाहर को सबके देणो है साथ।
बेती गंगा में उठो रे सगला धोइलो हाय।
मिली ने सब दो उनको साथ
स्वारथ से नातो तोड़ो ने हुई जाओ तैयार
वीरना हुई जाओ तैयार
पार लगईदो भारत नैया आज पड़ी मझदार

गीतकार : नरेन्द्र सिंह

लोगों को गाँधी जी व जवाहरलाल के रास्ते पर चलना चाहिए। आज सब बहती गंगा में हाथ धो रहे हैं, कोई गाँधी व जवाहर का साथ नहीं दे रहा है। अपने स्वार्थ को छोड़कर सब तैयार हो जाओ और भारत माता की रक्षा के लिए अपने प्राणों को न्यौछावर कर दो।

लोकगीत 5

विरहिण का संदेश

ना पाती सन्देसो न मेलो हरकारो
तू कीजे बिन मौत क्यों विरहिम के मारो
ले जा उड़ीने कागा कागद म्हारो।

लई प्याला मद का फरूँ रे छलकाती
हूँ उतरूँ चढ़ूँ मेड़्या राते मदमाती।
ऊ डूबे गगन में नी छैले जां लग तारो।
था डगमग नैया डोले रे मझधारे
हूँ बिन केवट बैठी एक दीवाला का सारे
थे बुझवा से पेलां म्हारा सूरज पधारो।

स्रोत : विनय सिंह चौहान, सीहोर।

हिन्दी अनुवाद

हे काक! तू उड़कर मेरा कागज पिया के पास ले जा और उनसे कह कि न ही आपने पाती भेजी है और न किसी हरकारे के माध्यम से कोई संदेश। उनसे कहना कि बिना मौत क्यों विरहिन को मार रहे हो।

मैं मद का प्याला छलकाती हूँ और रात को मदमाती हुई मेढ़ी पर तब तक चढ़ती-उतरती हूँ जब तक कि भोर का तारा नहीं निकल आता। मेरी केवट-विहीन जीवन-नौका मझधार में डगमगा रही है। मैं आगमन की आशा में बेसहारा बैठी हूँ। हे मेरे सूर्य, मरने के पूर्व तो आ जाना।

लोकगीत 6

मोहनसिंह जी द्वारा रचित माच राजा मोरध्वज को यामेरा की एक मालवी रंगता इस प्रकार है–

थारा तो बिछड़ा पे माता रोवे धरमारी।
किनरा धरे तम चाल्या बेटा पावना।।
पावना जाता तो बेटा पाछा घर आता।
अब तू कद आवेगा बेटा म्हारा आँगने।
हल्दी लगाती थारे, चीरा पेराती,

हिन्दी अनुवाद

मेरे लाड़ले पुत्र, तुम्हारे बिछोह पर तुम्हारी माता झर-झर आँसू बहा रही है। मेरे लाल, तुम अतिथि बनकर जाओगे, तो कहाँ जा रहे हो? मेहमान बनकर, मेरे आँगन में घुटरून कब चलोगे, कब मेरी गोदी को शोभित करोगे? मेरी कितनी कामनाएँ थीं कि मेरी आँखो के तारे लाड़ले को दूल्हा बनाऊँगी। तुम्हारे तन

आरती थारी उतारती बेटा कंचन थाल से।
वेन्याबाई बुलाती बेटा, मंगल गाती,
थारे तो बधाती बी हार का बारनें
घर-घर रोवे थारा सगरा संगाती,
दोड्या कुण आवेगा बेटा, म्हारा सामने।

पर हल्दी लगाऊँगी। विवाह के वस्त्र तुम पर शोभा पाते और विवाह की मंगल बेला में बहनें गीत गातीं (जब तुम चाँद-सी बहू लेकर घर आते।) तुम्हें द्वार पर बधाया जाता। किन्तु मुझ से बिछुड़ने वाले, हे मेरे लाल मुझे यह तो बताओ कि तुम्हारे बिना अब मेरा कौन सहारा बनेगा? दौड़कर कौन मेरी ममताली बाँहो में बँध जाएगा, मुझे सहारा देगा।

स्रोत : रचयिता : मोहन सिंह।

लोकगीत 7

स्वतंत्र भारत के जन-जन को नव प्रभात का संदेश देते हुए अपने 'नव परभात' नमक खेल में लिखते हैं।

माच

क्योंकि फिकर[1] करे तम[2], अच्छा दिन आया है अपना हेस का।
पाँच बरस की बनी योजना, कटल्यो[3] है ढराब[4]
मदद करो सरकार की क्यों मन में हस्ताब[5]।
कुंवा नवा[6] हम खोदला खोदाँ नहर तलाव
सड़क बनावाँ बिजली लावाँ[7], खेती कराँ सिचाव[6]
जगे-जगे[9] स्कूल बणावाँ विद्या खूब भणाव[10]।
घरे न्याव, मत लड़ो कचेरी[11]।। पंचायत में जाव।

स्रोत : विनय सिंह चौहान, सीहोर।

शब्दार्थ : 1. चिन्ता, 2. आप, 3. किया है, 4. संकल्प, 5. निराश होना, 6. नए, 7. लाये, 8. सिंचाई, 9. जगह, 10. पढ़ाना, 11. कचहरी।

माच : बदलते परिवेश में मालवी के माच के रूपरंग में पर्याप्त परिवर्तन आ गया है।

माच के कुछ और गुरुओं और मंडलियों की जानकारी उपलब्ध है। उदाहरणार्थ–जावरा में गुरु चम्पालाल, जो गुरु बालमुकुन्दजी के समकालीन थे, ने माच की स्थापना की थी। उनके ये माच जावरा, सैलाना आदि स्थानों पर खेले जाते रहे हैं। इस सिलसिले में माचकार सेवारामजी के प्रयास भी रेखांकन योग्य रहे हैं।

माच आज भी खेले जाते हैं एवं पर्याप्त लोकप्रिय भी हैं, किन्तु माच के खेल लिखे कम जाते हैं, पुराने खेलों का ही मंचन अधिक होता है। माच के खेलों का लेखन अभी बंद नहीं हुआ है। उज्जैन के नलिया बाखल निवासी श्री अनिल पांचाल् ने पिछले वर्षों मे दो ऐसे खेलों की रचना की है।

निष्कर्ष रूप में कहा जा सकता है कि अपनी सृजन-प्रतिभा एवं लगन के कारण इन माचकारों ने मालवी की भाव-गरिमा का संवर्धन किया और लोक रुचि को समयानुसार परिष्कृत करने का प्रयास भी किया है। संक्षेप में माच मालवा की महिमामयी माटी की ममता की मेहनत भरी कसौटी है।

लोककथा 1

नाम में कई धर्‌यो हे। एक आदमी नाम एँ लेकर घणो परेशान रेतो थो। ऊँको नाम ठनठन पाल थो। इको मतलब वेतो थो कि एक दम निर्धन आदमी। उ सोचतो थो-यो भी कई नाम में नाम हे - यानी पइसा कोड़ी को नाम निशान कोनी जबकि उ अच्छो रइस थो। यो विचार करतो करतो उ बारे खड़ ग्यो। तो रास्ता में वणने लोगानूएं मरया हुआ की अर्थी ले जाता हुआ देख्या। वण ने वणाँ ती पूछो खुण मरग्यो है? तो वो बोल्या "अमरो भई मरग्यो है।"

फेर थोड़ो ओग गयो तो वणे एक भीख माँगतो थको लोग मल्यो। वण ने भीख माँगवा वारा तो पूछो आपको नाम कई है? वण ने ख्यो- काव बेन आपको नाम कँई हे? वा बोली-''लक्ष्मी''। इ सारा नाम काम के विपरीत था ''अमरो यानी जो खदी नी मरे। कुबेर यानी जी को धन को खजानो खदी खाली नी वे। लक्ष्मी अथाह पैसा वाली।

इ सारी बाताँ देख ऊँका मूँह से बरबस ही यो दोहो फूटी पड्यो- '' अमर था सो मर गया कुबैर माँगे भीख। लक्ष्मी छाणा, बीणनी, आपी तो ठन ठन पाल ही ठीक। ऊँके बाद फेर उ नाम एँ लेकर कदी परेशान नी त्यो।

स्रोत : विनय सिंह चौहान, सीहोर।

लोककथा 2

श्री गणेशजी की कथा

एक दन गणपतिजी खेत में घूमता फिरी रिया था। चलता - चलता उनने उम्बी तोड़ ली। उमे बारह आँखाँ निकली, जिको गणपति जी के दोष लग्यो तो वणके बारह-बरस एक सेठ का याँ नौकरी करनी पड़ी। घूमता-घूमता गाँव में एक सेठ का योड़ी गया ने कियो - म्हारे नौकर रखी लो। सेठ ने कियो- 'भई तू कँई-कँई करेगो ने धारो नाम कँई, तो बोल्या- 'म्हारो नाम गणेस्यो ने मूं कीका बिस्तर नी उठाऊँगा, कीको झूठो नी उठाऊँगा, ने कीका पाँव नी दबाऊँगा।'

वां नदी किनारे कुभं को मेलो लग्यो थो, सेठ ने कियो जा गणेस्या सेठानी के मेला लीजा। गणेस्यो सेठानी की लीने मेला में गयो तो सेठानी घाट मे बैठी ने लोठ्या- लोठ्या न्हाय। गणेस्यो बोलयो 'यो कँई सेठानीजी। गंगाघाट मे कोई लोठ्या-लोठ्या न्हाय कँई। डुबकी तो मारनीज चइए, ने सेठानी के धक्को दई दियो। सेठानी घर अई ने बोली - 'सेठजी तमने नौकर हऊ नी रख्यो, मन्हे गंगा में धकाई दियो।'

गणेस्यो बोल्यो - 'अबे सेठजी, तमज को, कंई नदी पे लोठ्या-लोठ्या न्हानो चइए।' सेठजी ने किया - गणेस्यो सई की रियो है।

कुछ दिन माछे सेठानी जी राखोड़ी से हाथ धोई री थी तो, गणेस्यो बोल्यो - 'यो कँई सेठानी जी या तो शिवजी की भबूत है, मिट्टी से हाथ धोनु चइए।

सेठानी जी फिरी सेठजी से बोली - सेठजी तमने नौकर हऊ नी रख्यो। गणेस्यो बोल्यो - 'अक देखो सेठजी, इका से कँई हाथ धोवाँ।' सेठजी बोल्या- 'गणेस्यो सई की रिया है। असा करता - करता साल का साल निकली रिया था। एक दिन सेठजी ने कियो - 'चलो सेठानीजी हवन वग लिए तैयार हुई जाओ।' सेठानी ने कालो पोलको पेरी लियो। गणेस्यो बोल्यो- 'यो कँई सेठानीजी, कालो शुभ काम में कई पेरनो चइए? केसरियो पेनो, पील्यो पेनो।'

सेठानी बोली- 'सेठजी तमने नौकर हऊ नी रख्यो। इकी नीयत खराब है।' सेठजी ने कियो- 'गणेस्यो सई की रियो है।' हवन की तैयारी हुईगी, पण गणेशजी लानो यादज नी रियो, गणेस्या ने किया- 'म्हारे बठई दो।' ऊ सेठानी के कोनी मारतो जाए, म्हारे बठई दो, म्हारे बठई दो' सेठजी बोल्या - 'कँई तू कसे बैठेगो।' गणेस्यो बोल्यो के तम दोई जना आँख मीचो।

गणपति का दोष का बारह साल पूरा हुई ग्या था। वी जसाज बठ्या की पाषाण हुई ग्या। सेठजी पछताण्या कि यो कँई म्हने करियो, भगवान से सारो काम करायो। सेठानी पछताणी कि म्हने तो उनके कसो-कसो बोल्यो, पर कदी बुरो नी मान्यो। भगवान पाषाण का व्हाँज स्थापित हुई गीया, ने सेठ-सेठानी का वारा-न्यारा करी दिया।

हे भगवान जसा उनका याँ विराज्या असा सबका याँ विराज जो।

स्रोत : विनय सिंह चौहान, सीहोर।

कविता

परीक्षा

सैनिक जद जीती के आया। हिरदा-हिरदा मे योमाया।
सेना को लम्बो दल-बल थो। धूला को छइग्यो बादल थे।
सबकी मियान मे बिजली थी। जो रणखेतां मे मचली थी।
दुसमण के पाछा ठेल्या था। आँख्याँ मे भेरू खेल्या था।
सबकी तलवार उगाड़ी थी। चण्डी के खूब धपाड़ी थी।
तलवारो खण खण गूँजी थी। मीने में चण्डी यूँफी थी।
जद वीर मराठा लड़ता था। आँधी-सा आगे बढ़ता था।
मन से हिमालयो डरतो थो। माथे परसीनो झरतो था।
ऊका मन में योडर लाग्यो।सच्चो सैनिक जद भी जाग्यो।
वो म्हारो मान हटायो है। ऐसो तूफान मचायो है।
वे वीर मराठा मतवाला। अपणी जामण का रखवाला
जद राजमहल के कन आया तो बिगुल नगारा हरसाया।
गड़-गड़बादल सा गरज। नर नारी देखन के उमड़्या।
धरती गुलाल से लाल हुई। बिन्दु सुहाग की न्याल हुई।
जे गूंजीरी थी घड़ी घड़ी। राखी मे दूनी चमक चढ़ी।
सूरज से तपन झड़ीरी थी। चन्दा की चमक बड़ीरी थी।
सूरज सेनापति जोड़ा से। उतरया फिर अपना घोड़ा से।
माथे मंगल को तिलक लग्यो। मंगल गीतां को कण्ठ जग्ये।
पूरी हुई रीत बधावा की। स्वागत में तोप दगावा की।
इतरा में चाबेदार बोल्यो। थो बोल ऊंको नाप्यो तोथ्ये।
सूरज से ज्यादा बल वाला। जीजा माँ का जुझार लाल
जिनकी मुट्ठी मे हवा वसी। आँधी कम्मर मे कसी
जिनसे हर ताकत राजी है। अइट्या महाराज शिवाजी है।

स्रोत : रचनाकार श्री सुलतान मामा

शब्दार्थ : जद = जब, हिरदा = हृद्‌य, पोमाया = पोमाना, छइग्यो = छाया, पाछा = पीछे, ढेल्या = धकेला, खेल्या = खेला, उगाड़ी = खुली, धपाड़ी = तृप्त किया, खण खण = खन खनफ्हट, मूँजी = कंजूस, परसीना = पसीना, ऊका = उसके, अपमी = अपनी, जाएमा = जाए, माता कन = पास, हरसाया = हर्षित हुए, न्याल = धन्य, जे = जो, गूंजीरी = गूंज रही, झड़ीरी = झर रही, बड़ीरी = बढ़ रही, जोड़ा = साथ साथ, उतरया = उतरे, जग्यो = जगा, बधावा = स्वागत, इतरा में = इतने मे, नाप्यो तोल्यो = नपा-तुला/ज्यादा, जुझार = योद्धा, अइश्या = आ रहे है।

8. शब्दावली (मालवी-हिन्दी)

स्थान सूचक शब्दावली

मालवी	हिन्दी	मालवी	हिन्दी
कने	*निकट*	गंज कने	*निकटतम्*
दो पग	*दो कदम*	सौ कोस	*सौ कोस*
ऊबा हाना	*खड़ा होना*	चार पग	*चार कदम*
दूर	*दूर*	कोस	*कोस*
बखरना	*बिखरना*	चार अंगल	*चार उँगलियों बराबर*
थोड़ी कने	*निकट ही*	मंजोटा	*बीचों बीच कमरा*
नाल	*गलियारा*		

रिश्ते-नाते

मालवी	हिन्दी	मालवी	हिन्दी
बऊ/जी/माय	*दादी*	देवर	*पति का छोटा भाई*
दाईजी /बा	*दादा*	दिरानी	*देवर की पत्नि*
बाऊजी	*पिता*	जेठ	*पति का बड़ा भाई*
बाई/जी	*माता*	जेठानी	*जेठ की पत्नि*
बेन	*बहन*	जीजाजी/बहनोई	*बहन का पति*
बड़ा बा	*परदादा*	काका	*पिता का छोटा भाई*
दादाभई	*बड़े भाई*	काकी	*काका की पत्नि*
नानो भाई	*छोटे भाई*	नानी	*माता की माँ*
छोरा	*लड़का*	नाना	*माता के पिता*
छोरी	*लड़की*	मामा	*माता का भाई*
लाड़ा	*वर*	साला	*पत्नि का भाई*
लाड़ी	*वधु*	साली	*पत्नि की छोटी बहन*
धनी/खसम	*पति*	बड़सास	*पत्नि की बड़ी बहन*
बैरा, लुगाई	*पत्नि*	सालाहेली	*साले की पत्नि*
राँड	*विधवा*	साड़ो भाई	*बड़सास का पति*
रँडवा	*विधुर*	भतीजा	*भतीजा*
बुआजी	*बुआ (पिता की बहन)*	भतीजी	*भतीजी*
फूफाजी	*फूफा*	पियेर	*माता का घर*

मालवी	हिन्दी	मालवी	हिन्दी
भाणेज	*ननद का पुत्र*	सासरो	*पति का घर*
माँसी	*मौसी*	बीचला/मंझला	*बीच वाला भाई*
माँसाजी	*मौसा जी*	दुजवर	*दूसरे ब्याह वाला*
ननद	*पति की बहिन*	कुआरी	*बिन ब्याही लड़की*
ननदोई	*ननद का पति*	कुआरा	*बिन ब्याहा लड़का*
सुसराजी	*ससुर*	सोत	*सौतन*
सासुजी	*सास*		

ऋतुओं के नाम

मालवी	हिन्दी	मालवी	हिन्दी
चौमासा, बरखा	*बरसात*	भुनसार	*सुबह*
उनालो	*गर्मी*	सांझ, सन्जा	*शाम*
यालो/ जाड़ो	*ठंड*	दन	*दिन*

महीनों के नाम

मालवी	हिन्दी	मालवी	हिन्दी
चैत्र	*चैत्र*	कुआर	*आश्विन*
वैशाख	*वैशाख*	कार्तिक	*कार्तिक*
जेठ	*ज्येष्ठ*	अग्हन	*मार्गशीर्ष*
आषाठ	*आषाढ़*	पूष	*पौष*
सावण	*सावन*	माऊ	*माघ*
भादू	*भाद्रपद*	फागुण	*फाल्गुन*

अन्य शब्द

आगल	*अंदर बाहर से बंद करने का लीव्हर*	ओटलो	*मकान की बाहरी निकली कुर्सी*
पेली मजल	*तल मंजिल*	कीमची	*कटे बाँस का टुकड़ा*
कोठार	*सामान रखने का कमरा*	पटाव	*कच्ची छत*

संदर्भ

1. उपाध्याय, चिंतामणि, *मालवी भाषा शास्त्रीय अध्ययन*, मंगल प्रकाशन, जयपुर, 1974.

2. द्विवेदी, रामाग्या, *राजा भोज*, द हिन्दुस्तानी अकादमी, रीप्रिंट, 2010.

3. ...., *अवध कोश*, द हिन्दुस्तानी अकादमी, इलाहाबाद, 1934.

4. ...., *प्रज्ञा प्रदीप*, द हिन्दुस्तानी अकादमी, इलाहाबाद, 1937.

5. वर्मा, धीरेन्द्र, *हिन्दी भाषा का इतिहास*, द हिन्दुस्तानी अकादमी, इलाहाबाद, 1933.

6. व्यास, श्यामसुंदर, *मालवी की उपबोलियाँ और उनका सांस्कृतिक परिप्रेक्ष्य*, मध्य प्रदेश राष्ट्रभाषा प्रचार समिति, भोपाल, 2007.

7. व्यास, सूर्यनारायण, *मालव जनपद और उसका क्षेत्र विस्तार*, मालव लोकसाहित्य परिषद, उज्जैन, 1954.

8. विविध स्रोत : विद्या न्यास, *नई दुनिया*, 10.10.1998.

9. सरकार, यदुनाथ, *इंडिया ऑफ औरंगजेब*, केसिंगजर्स पब्लिशिंग लिगैसी, रीप्रिंट, 2007.

22

रजपूती

फूल सिंह नरवरिया

1. नाम

मध्य प्रदेश के भिण्ड जिलान्तर्गत सिन्ध नदी के कछार में स्थित मेहगाँव खण्ड के अमायन वृत्त के कई गाँव, रौन खण्ड का दक्षिणी भाग, लहार खण्ड के पश्चिम किनारे के कुछ गाँव तथा दतिया जिले के सेवढ़ा खण्ड के कुछ गाँव रजपूतघार के अन्तर्गत आते हैं। रजपूतघार में अधिकांशत: राजपूत क्षत्रिय निवास करते हैं, इसलिए इस घार की व्यवहृत बोली रजपूती कहलाती है।

2. क्षेत्र

रजपूतघार में चौरासी गाँव हैं, इसलिए इस घार को चौरासी भी कहा जाता है। इस चौरासी में अजीता, खैरोली, सढ़ा, सढ़ाकापुरा, टकपुरा, अडोखर, लहरा अमायन, आंतों, गएली, सायपुरा, गुजरख (बुजुर्ग), लालपुरा, किटी, जारेट, परघाना, सेखूपुरा, मोहद्दीपुरा, बडेरा (असोनी), अंधियारी (छोटी), अंधियारी (बड़ी), मेहरा, दानीपुरा, हरजूपुरा, पुराबडेरा, बडेराखोड, सेमरा, बछरेंटा, मडैय्यन, सींगपुरा, मदनपुरा, बछरोली, कमनपुरा, किटी, कमनपुरा, लक्ष्मण पुरा, रामपुरा, खेरिया सिंध, पिपरौआ, पिपरौली, गोरम, राजगढ़, मेवली, गुरुयांची, कैरोली, घासीपुरा, कछपुरा, अचलपुरा, गौरई, मानगढ, गुमानपुरा, मेहरा, इन्दुर्खी, मडैय्यन(कोंध), भीमनगर, दौलतपुरा, पड़ोनपुरा, चुरली, असवार, रहावली छोटी, रहावली बडी, सींगपुरा, हरपुरा, उदोदपुरा, मेहरा, मेहरी, रातपुरा, मलपुरा, खुर्द, लालपुरा, विरोना, चाचीपुरा, डुबका, बड़ोखरी, जगनपुरा, नीमडाडा, किटाना, डिरोलीपार, हेतमपुर, जसावली, रुरई, खिरिया, देभई, वस्तुरी, आदि गाँव सम्मिलित हैं।

3. भाषा की विशेषताएँ

रजपूती लोकभाषा पर बुंदेली, लोधान्ती और कछवायघारी का प्रभाव है। इस कारण रजपूती बोली में बुंदेली, लोधान्ती की ठसक व कछवायघारी का माधुर्य पाया जाता है। रजपूती लोकभाषा का समाज, कला व संस्कृति पर गहरा प्रभाव है।

4. संक्षिप्त इतिहास

रजपूतघार में व्यवहृत आम बोल-चाल की बोली को रजपूती लोकभाषा कहते हैं। रजपूती बोलने वालों की अनुमानित संख्या तीस हजार है।*

---

* लेखक के स्वयं के सर्वेक्षण के आधार पर।

सढ़ा गाँव की आजी माँ इस घार की कुलदेवी हैं। गंगा दशहरा के दिन यहाँ मेला लगता है और विधि-विधान से पूजा की जाती है। रजपूती संस्कृति में डंड़ा लोकनृत्य एंव हुक्का लोकगीत प्रसिद्ध है। रजपूती का केन्द्र- अड़ोखर है। अड़ोखर, भिण्ड जिले के ग्रामीण क्षेत्र का सबसे बड़ा शिक्षा का केन्द्र और संस्कृति उन्नयन की पौधशाला है।

5. व्याकरण

क्र.	नाम	रजपूती	*हिन्दी*
1.	संज्ञा	अम्मा, लौकिया	*माँ, लौकी*
2.	सर्वनाम	तुम, जे, कुछु	*तुम, यह, कुछ*
3.	क्रिया	नाचत हैगी।	*नाच रही है।*
4.	विशेषण	नीको, जादा	*अच्छा, अधिक*
5.	लिंग	धनियाँ, आदमी	*स्त्री, पुरुष*
6.	कारक चिह्न	ने, से, को	*ने, से, को*

6. साहित्य (रजपूती भाषा)

लोकगीत 1

बना

अबेरे बन्ना काहे सजे महाराज
सजत संज्जा हो गई महाराज।
बन्ना के बाबुल का भारी परिवार
सजत संज्जा हो गई महाराज। अबेरे बन्ना...
बन्ना के चाचुल का भारी परिवार
सजत संज्जा हो गई महाराज। अबेरे बन्ना...
बन्ना के फूफा का भारी परिवार
सजत संज्जा हो गई महाराज। अबेरे बन्ना...
बन्ना के मामा का भारी परिवार
सजत संज्जा हो गई महाराज। अबेरे बन्ना...
बन्ना के मौसुल का भारी परिवार
सजत संज्जा हो गई महाराज। अबेरे बन्ना...
बन्ना के जीजुल का भारी परिवार
सजत संज्जा हो गई महाराज। अबेरे बन्ना...

स्रोत : फूल सिंह नरवरिया, ग्वालियर।

हिन्दी अनुवाद
वरना

बन्ना महाराज देर से क्यों तैयार हुए थे।
तैयार होने में ही महाराज संध्या का समय हो गया है।
बन्ना के पिता का परिवार बहुत बड़ा है।
इसलिए तैयार होने में बन्ना महाराज को संध्या हो गई है।
बन्ना के चाचा, मामा, फूफा, मौसा, जीजा का भी
बहुत बड़ा परिवार है, इसलिए बन्ना को तैयार होने में संध्या हो गई है।

लोकगीत 2

भात	*हिन्दी अनुवाद* *भात*
भईया रघुवीर भात ले आइयो	*बहन कह रही है कि श्रीराम के समान भाई भात लेकर आना।*
एक जोड़ा मेरी सास को ले आइओ	*एक धोती का जोड़ा मेरी सास को ले आना*
बाऊ पे एक रुपया रख ले आइयो। भईया रघुवीर...	*उस धोती पर एक रुपया रख कर लाना। श्री राम...*
एक जोड़ा मेरी जैठानी को ले आइओ	*एक धोती का जोड़ा मेरी जेठानी को ले आना*
बाऊ पे एक अठन्नी रख ले आइयो। भईया रघुवीर...	*उस धोती पर कम-से-कम अठन्नी रख कर लाना। श्री राम...*
एक जोड़ा मेरी दुरनी को ले आइओ	*एक धोती का जोड़ा मेरी देवरानी को ले आना*
बाऊ पे एक चवन्नी रख ले आइयो। भईया रघुवीर...	*उस धोती पर एक चवन्नी रख कर लाना। श्री राम...*
एक जोड़ा मेरी नन्द को ले आइओ	*एक धोती का जोड़ा मेरी ननद को लेकर आना*
बाऊ पे दो ततैया रख ले आइयो। भईया रघुवीर...	*उस धोती पर (मजाक में) दो बर्र रख कर लाना। श्री राम...*
एक जोड़ा भईया हमको ले आइओ	*एक धोती का जोड़ा भाई हमको भी लेकर आना*
बाऊ पे एक मोहर रख ले आइयो। भईया रघुवीर...	*उस धोती पर भी एक सोने का सिक्का रख कर लाना। श्री राम...*

स्रोत : फूल सिंह नरवरिया, ग्वालियर।

लोकगीत 3

कुँआ पूजा	*हिन्दी अनुवाद* कुँआ पूजा
गिर्रा पे डोरी डार गुईयाँ।	*सखि, कुँआ की घिरनी पर रस्सी डालो।*
गिर्रा पे डोरी जब निकि लागे,	*(दूसरी सखि) घिरनी पर रस्सी तब अच्छी लगती है,*
रेशम रस्सी होई गुईयाँ। गिर्रा पे...	*जब वह रेशम की हो, सखि।*
रेशम रस्सी जब नीकि लागे	*रेशम की रस्सी जब अच्छी लगती है,*
जब मोतिन उड़री होये गुईयाँ। गिर्रा पे...	*जब इडुरी मोतियों से गुम्फित हो, सखि।*
मोतिन उड़री जब निकी लागे	*मोतियों से गुम्फित इडुरी तब अच्छी लगती है,*
जब पात्तर धनियाँ होये गुईयाँ। गिर्रा पे...	*जब विवाहित स्त्री की काया पतली हो, सखि।*
पात्तर धनियाँ जब नीकि लागे	*पतली काया वाली विवाहित स्त्री तब अच्छी लगती है,*
जब गोदी ललनबा होये गुईयाँ। गिर्रा पे...	*जब गोद में बच्चा हो, सखि।*
गोदी ललनबा जब नीकि लागे,	*गोद में बच्चा तब अच्छा लगता है,*
जब सास - नन्दियाँ होये गुईयाँ। गिर्रा पे...	*जब सास-ननद भी हो, सखि।*
सास - नन्दियाँ जब नीकि लागे,	*सास-ननद भी तब अच्छी लगती है,*
जब देवरा जैठनियाँ होये गुईयाँ। गिर्रा पे...	*जब देवरानी-जेठानी हों, सखि।*

देवरा जैठनियाँ जब नीकि लागे,
जब दस-दस बताशा होये गुईयाँ। गिर्रा पे...

स्रोत : फूल सिंह नरवरिया, ग्वालियर।

देवरानी-जेठानी भी तब अच्छी लगती हैं, जब उनका मुहँ मीठा करने के लिए कम-से-कम दस-दस बताशा हों, सखि।

लोकगीत 4

भाँवर

पहली भाँवर हो तो अबे तो बेटी बाप ही की
दूसरी भाँवर हो तो अबे तो बेटी बाप ही की
तीसरी भाँवर हो तो अबे तो बेटी बाप ही की
चौथी भाँवर हो तो अबे तो बेटी बाप ही की
पाँचवी भाँवर हो तो अबे तो बेटी बाप ही की
छटी भाँवर हो तो अबे तो बेटी बाप ही की
सँातवी भाँवर हो तो अब तो बेटी भयी है पराई।
मेरी रनियाँ की जाई हो तो झटपट फिर आई।।

स्रोत : फूल सिंह नरवरिया, ग्वालियर।

हिन्दी अनुवाद
भाँवर

पहली भाँवर पड़ने पर बेटी बाप की होती है,
दूसरी भाँवर पड़ने पर बेटी बाप की होती है,
तीसरी भाँवर पड़ने पर बेटी बाप की होती है,
चौथी भाँवर पड़ने पर बेटी बाप की होती है,
पाँचवी भाँवर पड़ने पर बेटी बाप की होती है,
छठवीं भाँवर पड़ने पर बेटी बाप की होती है,
सातवीं भाँवर पड़ने पर बेटी दूसरे की हो जाती है।
मेरी बिटिया, रानी पुत्री है; जो जाकर पुन: आ जाएगी।

लोकगीत 5

मल्हार

सावन आयो बहना मेरी बागन में जी
एजी कोई आई हरियाली तीजा।
कारे-कारे बदरा लगत सुहावने जी
एजी कोई घटा उठी है घनघोर
बादल गरजे चमके बीजुरी जी
एजी कोई मोर करे वन में शोर
नहनी- नहनी बंदिया मेहा बरसता जी
एजी कोई पवन चले झकझोर
कोयल कूके हरियल डार पे जी
एजी कोई दादुर कर रहे शोर
पापी पपीहा पिया-पिया मत करे जी
एजी तेरे डारुँगी पंख मरोर
मेरे पिया तो छाए परदेश मे जी
एजी मेरो जोवन लेत हिलोर।

स्रोत : फूल सिंह नरवरिया, ग्वालियर।

हिन्दी अनुवाद
मल्हार

वर्षा ऋतु में विशेष कर श्रावण के महीने में गाए जाने वाले लोकगीत में एक विरहणी स्त्री सखि से कह रही हैं कि-मेरे बाग में श्रावण आ गया है और उस महीने में हरियाली तीज का उत्सव है, सुहावने काले-काले बादल घुमड़ रहे हैं। बादल का गरजना, चमकना, मोर, पवन, कोयल, हरियल, दादुर आदि की आवाजें सुनाई दे रही हैं। यह सब अच्छा है। लेकिन पपीहा से कह रही हूँ कि तू पिया-पिया मत कर और हाँ यदि वह नहीं माना तो मैं उसके पंख मरोड़ डालूँगी। क्योंकि मेरा पिया परदेश गया है और मेरा यौवन हिलोरें ले रहा है।

लोकगीत 6

कुँआ पूजा

ऊपर बदर गहराए रे, तुम्हारी बहु पानी को निकरी।
जाये कहियो उन ससुरा बड़े से
आँगनियाँ में कुइया खुदाये
तुम्हारी बहु पानी को निकरी। ऊपर बदर...
जाए कहिओ उन जेठा बड़े से
चेकन घिरियाँ चाढ़े
तुम्हारी बहु पानी को निकरी। ऊपर बदर...
जाऐ कहियो उन छोटे देवर से
रेसम में रस्सी डराये
तुम्हारी बहु पानी को निकरी। ऊपर बदर...
जाऐ कहियो उन नन्देऊ बड़े से
सोने घड़ला बनवाये
तुम्हारी बहु पानी को निकरी। ऊपर बदर...

स्रोत : फूल सिंह नरवरिया, ग्वालियर।

हिन्दी अनुवाद
कुँआ पूजा

लोककवि कहता है कि बादल की काली घटाएँ छा गई हैं और तुम्हारी बहू कुएँ से पानी भरने के लिए निकली है।
बड़े ससुर से कह देना
आँगन में छोटा-सा कुँआ खोद लें
तुम्हारी बहू पानी भरने को निकली है।
जेठ, देवर और ननदोई से क्रमशः कह देना
चिकनी घिरनियाँ, रेशम की रस्सी और स्वर्ण-कलश बनवाएँ,
तुम्हारी बहू पानी भरने को निकली है।

लोककथा

कोरी को सगो

एक कोरी को सगो हतो। वो ससुराले गए थे। सो बिने भैसियाँ मिल गईं। वे चर रही थीं। वे भैसियाँ भरका में दसा आए। अब बिने हो गई रात। फिर वे पिछवारे बस रहे। अब बिनकी ससुरार में बातचीत हो रही है कि-दो रोटी और एक चंदिया बची है। मताई कहे कि तुम खायेले और बिटिया कहे के तुम खायेले। अब वे ससुरार में द्वारे पर आ गए। तब सास पूछे कि बेटा तुम कहा बसे थे, जो सबेरे आए गए। सगो बोलो कि तुम्हारे घरे दो रोटी और एक चंदिया हती। मताई कहे कि तुम खाऐ लेओ और बिटिया कहे कि तुम खाए लो। तासे नहीं आए थे। अब बिनने कह दई कि मेरो सगो बड़ो जनवा है। एक जने की गाँव मे भैसियां खोये गई थीं। सो वा आओ और बोलो कि भैया हमारी भैसियां बताए देओ। बिनने भैसियां बताए दई कि-भैसियां भरका में बिड़ी हैं। सो बा आदमी ले आयो। एक दिना नाईन गई सफरावे रानी को। रानी को हार खुटियां से टंगो हतो। सो नाईन ने बाये पत्थर के नीचे दबाए दयो। अब गाँव में हलचल मच गई कि- रानी को हार खो गयो। लोग-बाग राजा से कह उठे कि कोरी को सगो बहुत जनवा है। वो हाल बताए देगो। राजा के सिपाई आए कोरी के सगे के जरा और कहा कि- तुम्हारो भोर को बुलाऊआ राजा के यहाँ है। अब बिनने सोची का करें और सपर खोर के पर रहे। अब नाईन को नाम हतो सुखनिंदरिया। सो कोरी को सगो कह रहो थो कि- आजा री सुखनिंदरिया, भोर कटे तेरी धिचरिया। नाईन कान लगाए थी। वाने सुन ली। फिर नाईन आई और वाने कही धिचरिया जिन काटो रानी का हार पत्थर के नीचें दबो है। अब राजा के सिपाई आए सो कोरी के सगे को लिवाए ले गए। अब राजा ने कही कि बताओ हार कहाँ है। तुम बड़े जनवा हो। कोरी को सगो बोलो कि हार पत्थर के नीचे धरो है। फिर हार मिल गओ और राजा ने उसको अर्थात कोरी के सगे को असरफियाँ दी।

स्रोत : फूल सिंह नरवरिया, ग्वालियर।

हिन्दी अनुवाद

कोरी का दामाद

एक कोरी अर्थात तन्तुवाय जाति के व्यक्ति का दामाद था। वह ससुराल गया था। जंगल के रास्ते मे उसको भैंसें चरती हुई मिली। वह उन भैंसियों को एक जगह बन्द कर आया। अब उसे रात हो गई। वह ससुराल के घर के पिछवाड़े रुक गया। उसकी ससुराल में माँ और बेटी में बातचीत हो रही थी कि-दो रोटी और एक चंदियां (सूखी चटनी की एक टिकिया) बची है, माँ कह रही है बेटी तू खा ले, और बेटी कह रही कि माँ तू खा ले। वह सुबह-सुबह ससुराल के द्वार पहुँच गया। सुबह-सुबह दामाद को देखकर सास बोली–बेटा रात में कहाँ बसे थे। दामाद बोला–तुम्हारे घर में दो रोटी और एक चंदिया थी। वह कौन-कौन को खाने के लिए होती। इस कारण नहीं आए। अब सास ने सबसे कहा कि–मेरा दामाद बड़ा सगुन वाला अर्थात् सयाना है। गाँव में एक आदमी की भैंसें खो गई थीं। वह खबर सुनकर आया और बोला भैया हमारी भैसें खो गई हैं, उन्हें बता दो। उसने बता दिया कि चले जाओ जंगल में बन्द मिलेंगी। वह आदमी जंगल में गया और भैंसें ले आया। एक दिन नाईन रानी को स्नान कराने उसके घर गई। रानी का नौलखा हार खूंटी से टंगा था। नाईन ने चुराकर उसे पत्थर के नीचे छिपा दिया। अब गाँव में हलचल मच गई कि- रानी का हार खो गया। लोगों ने राजा को बताया कि-गाँव में कोरी का दामाद आया है, वह बहुत सयाना है अर्थात जानकार है। वह तुरन्त बता देगा कि–हार कहाँ है। यह सुन कर राजा के सिपाही कोरी के दामाद के पास आए और कहा कि कल का आपको राजा ने बुलावा भेजा है। वह सोचने लगा कि अब क्या करें और रजाई ओढ़ कर सो गया। नाईन का नाम सुखनिंदरिया था। (इधर स्वयं के प्राण संकट में देखकर) कोरी का दामाद कहने लगा कि-

आजा री सुखनिंदरिया
भोर कटे तेरी धींचरिया।

अर्थात् राजा के भय से उसकी नींद उचट गई है इसलिए वह कह रहा है कि सुख की नींद आजा और प्रात: होते ही तेरे सिर की कलम तो निश्चित ही है। नाईन यह सुन रही थी। यह सुनकर वह उसके पास गई और बोली मेरी गर्दन नहीं काटो रानी का नौलखा हार पत्थर के नीचे दबा है। अब सुबह होते ही राजा के सिपाही आ गए। वे कोरी के दामाद को साथ ले गए। अब राजा बोला बताओ हार कहाँ है। आप बड़े जानकार हो। कोरी का दामाद बोला कि–हार इस पत्थर के नीचे छुपा हुआ है। इस प्रकार खोया हुआ हार मिल गया और राजा ने कोरी के दामाद को काफी धन दिया।

7. शब्दावली (रजपूती-हिन्दी)

रिश्ते-नाते

रजपूती	*हिन्दी*	रजपूती	*हिन्दी*
अम्मा	*माता*	सारी	*साली*
बापू	*पिता*	सढ़वाई	*साढ़ू*
बाबा	*दादा*	सरहज	*सलहज*
अइया	*दादी*	देवर	*देवर*
भइया	*भाई*	भौजाई	*भाभी*
जीजी	*बहन*	जेठ	*जेठ*
आदमी	*पति*	जिठानी	*जेठानी*

रजपूती	***हिन्दी***	**रजपूती**	***हिन्दी***
घरसे, धनियाँ	*पत्नी*	मोंड़ा	*लड़का*
सगो	*दामाद*	मोंड़ी	*लड़की*
फूफा	*फूफा*	नाना	*नाना*
बुआ	*फूफी*	नानी	*नानी*
मामा	*मामा*	चाचा	*चाचा*
मायीं	*मामी*	चाची	*चाची*
मोंसिया	*मौसा*	कक्का	*ताऊ*
मौंसी	*मौसी*	काकी	*ताई*
बहनोई	*बहनोई*	नन्देऊ	*ननदोई*
सारो	*साला*	नंद	*ननद*

रंग शब्दावली

रजपूती	***हिन्दी***	**रजपूती**	***हिन्दी***
भटारंग	*बैंगनी*	नारंगी	*नारंगी*
आसमानी	*आसमानी*	लाल	*लाल*
नीलो	*नीला*	सपेत	*सफ़ेद*
हरो	*हरा*	कारो	*काला*
पीरो	*पीला*	गुलाबी	*गुलाबी*

समय

रजपूती	***हिन्दी***	**रजपूती**	***हिन्दी***
भुनसारो	*ब्रह्म मुहूर्त*	संझा	*शाम*
भोरई	*सुबह*	रात	*रात्रि*
दुफहरिया	*दोपहर*		

दिनवार

रजपूती	***हिन्दी***	**रजपूती**	***हिन्दी***
सुमवार	*सोमवार*	शुक्रवार	*शुक्रवार*
मंगलवार	*मंगलवार*	शनिवार	*शनिवार*
बुध	*बुधवार*	इतिवार	*रविवार*
बिसपित	*गुरुवार*		

पक्ष

रजपूती	*हिन्दी*	रजपूती	*हिन्दी*
पखवाड़ो	*पक्ष*	अमाऊस	*अमावस्या*
उजेला पखवाड़ा	*शुक्ल*	पूनों	*पूर्णिमा*
अंधेरा पखवाड़ा	*कृष्ण*		

ऋतुएँ

रजपूती	*हिन्दी*	रजपूती	*हिन्दी*
रित	*ऋतु*	गर्मियाँ	*ग्रीष्म*
जड़कालो	*शरद*	चौमासो	*वर्षा*

महीनों के नाम

रजपूती	*हिन्दी*	रजपूती	*हिन्दी*
चेंत	*चैत्र*	कुआँर	*आश्विन*
वैशाख	*वैशाख*	कातिक	*कार्तिक*
जेठ	*ज्येष्ठ*	अगहन	*मार्गशीर्ष*
अषाढ	*आषाढ़*	फूंस	*पौष*
सावन, साउन, साउँन	*श्रावण*	माव	*माघ*
भादों	*भाद्रपद*	फागुन	*फाल्गुन*

भोजन

रजपूती	*हिन्दी*	रजपूती	*हिन्दी*
कलेऊ	*नाश्ता*	ब्यारु	*शाम का भोजन*
खाना	*दोपहर का भोजन*		

फल एवं सब्जियों के नाम

रजपूती	*हिन्दी*	रजपूती	*हिन्दी*
तुरइया	*तोरई*	प्याज	*प्याज*
भिण्डी	*भिण्डी*	लाहसुन	*लहसुन*
लोकिया	*लौकी*	आलू	*आलू*
कदुआ	*कद्दू*	घुंइया	*अरवी*
करेला	*करेला*	भटा	*बैंगन*
ढेड्स	*टिण्डे*	पपीता	*पपीता*

रजपूती	***हिन्दी***	**रजपूती**	***हिन्दी***
सेम	*सेम*	गुना	*इमली*
टमाटर	*टमाटर*	बेर	*बेर*
मूरा	*मूली*	जमनी	*जामुन*
मिरच	*मिर्च*	जामफल	*अमरूद*

पशु/पक्षियों/के नाम

रजपूती	***हिन्दी***	**रजपूती**	***हिन्दी***
गइया	*गाय*	हिन्ना	*हिरण*
भैंसिया	*भैंस*	भिड़ा	*भेड़िया*
बैल	*बैल*	लिड़इया, गोदुआ	*सियार*
छिरिया	*बकरी*	मछ्छी	*मक्खी*
बुकरा	*बकरा*	गीदा	*गिद्ध*
रोज	*नीलगाय*	पड़ा	*भैंसा*
खरा	*खरगोश*		

फसल संबधी नाम

रजपूती	***हिन्दी***	**रजपूती**	***हिन्दी***
गोंहू	*गेहूँ*	उखारी	*गन्ना*
बाजरा	*बाजरा*	रार	*अरहर*
जुड़री	*ज्वार*	मूंग	*मूँग*
चना	*चना*	उद्द	*उड़द*
मसूर	*मसूर*	तिली	*तिल*
सरसों	*सरसों*	धान	*धान*
बेझर	*जौ*	चांउर	*चावल*

अन्य शब्दावली

रजपूती	***हिन्दी***	**रजपूती**	***हिन्दी***
नोन	*नमक*	कम	*थोड़ा*
गुम्मां	*ईंट*	अबेरे	*देर से*
सफरना	*स्नान करना*	गुईयाँ	*सखी*
भोरई	*सबेरा*	गिर्रा	*बड़ी घिरनी*
कुछु	*कुछ*	पात्तर	*पतली*
जादा	*बहुत*	ऐन	*बिल्कुल*

संदर्भ

1. चौहान, गोविन्द सिंह (ब्रह्मलीन), प्रधानाध्यापक शा.मा.वि. अड़ोखर जिला भिण्ड में 17.07.1986 से 30.04.1990 तक उनके साथ हुई आत्मीय बातचीत से।
2. चौहान, ठा. मोहन सिंह, *राजपूत क्षत्रिय वंश भास्कर*, क्षत्रिय विकास संघ, अमायन (भिण्ड) प्रथम संस्करण, 2008.
3. सिकरवार, भंवरसिंह, ग्राम, अजीता, अमायन जिला भिण्ड जिन्होंने लोकगीत, कथा संकलन में सहयोग किया।

लोधघारी

फूल सिंह नरवरिया, आशा नरवरिया

1. नाम

मध्य प्रदेश राज्य के भिण्ड जिले के अटेर खण्ड का दक्षिणी भाग (विशेषत: पीपरी वृत्त), भिण्ड खण्ड के कुछ गाँव तथा मेहगाँव खण्ड का उत्तरी-पश्चिमी भाग (विशेषत: गोरमी व मेहगाँव वृत्त का आंशिक क्षेत्र) लोधघार के नाम से जाना जाता है। इस लोधघार में अधिकांशत: लोधी क्षत्रिय निवास करते हैं। लोधी क्षत्रियों द्वारा व्यवहृत बोली को लोधघारी लोकभाषा के नाम से जाना जाता है।

2. क्षेत्र

लोधघार में जो गाँव सम्मिलित हैं, उनके नाम निम्नलिखित हैं–

1. खण्ड-मेहगाँव–डोंगरपुरा, विजयगढ़, कृपेकापुरा, रजपुरा (जेबरिया), लालपुरा, चक- हरगोविन्दकापुरा, राऊपुरा, कल्याणपुरा, गोरमी, रावतपुरा, मोहनपुरा, हसनपुरा, बालूपुरा, दौनियाँपुरा, प्रतापपुरा (अकलौनी), हीरापुरा, नुनहड़, असोखर, सेंपुरा, जरपुरा, अजनोधा, आलमपुरा, सूरजपुरा, विजयपुरा, जीसकपुरा, मुस्तरा, हरसिंगपुरा, रबियापुरा, कन्हारी, प्रतापपुरा (कन्हारी), मेघपुरा, सेंथरी, रजगढ़िया, अरेलेकापुरा, आदि।

2. खण्ड-अटेर–जमसारा, भगतुआपुरा, सोनेलालकापुरा, उदन्नखेड़ा, अनुरूद्धपुरा, बलारपुरा, कल्याणपुरा, मुड़ियाखेड़ा, बक्शीपुरा, पुर, लावन, पंडाकापुरा, लहारपुरा, मूर्तिपुरा, हर्‌राजपुरा, कमलपुरा, मृगपुरा, रजपुरा (मन्दिर), बेंदीपुरा, पीपरी, खिदरपुरा, जंजारीपुरा, रमपुरा, सोनपुरा, बीरमपुरा, रेंपुरा, चकरपुरा, महापुर, पवैयाकापुरा, सेंमरपुरा, सुजानपुरा, नायब, गोपालपुरा, मदनपुरा आदि।

3. खण्ड-भिण्ड–मानपुरा, मंगदपुरा, चन्द्रपुरा, हरनाथपुरा, राहला, चन्दूपुरा, लल्लूसिंहका- पुरा आदि।

इन गाँवों के अलावा, भिण्ड जिले के अन्य खण्डों में बहादुरजूकापुरा, बाराकलाँ, काथा, नानपुरा, शाहपुरा (कण्डेलगंज) चिरौली, मसेरन, मदनपुरा (मोरी), कीर्तिपुरा, लोधे की पाली आदि कई गाँव हैं, जहाँ लोधी क्षत्रिय निवास करते हैं। उनकी बोली में लोधघारी लोकभाषा का मिश्रित रूप पाया जाता है।

3. संक्षिप्त इतिहास

लोधघारी लोकभाषा के इतिहास से पूर्व लोधी क्षत्रियों के इतिहास को जानना आवश्यक है, क्योंकि यह उनकी ही प्रयुक्त बोली है।

लोधी मूलत: लोध शब्द का अपभ्रंश है। प्राचीनकाल में लोध शब्द क्षत्रियों की एक सैनिक उपाधि थी। लोध शब्द का विवरण ऋग्वेद में मिलता है–

न सायकस्य चिकिते जनासो लोधं नयन्ति पशुमन्य माना।
नावाजिनं वाजिना हासयन्ति न गर्दभं पुरो अश्वोन्नयन्ति।।

(*ऋग्वेद :* मण्डल 3, अध्याय 4, सूत्र 53, मंत्र 23)

इस श्लोक में 'लोध' शब्द का अर्थ वीरत्व के संदर्भ में किया गया है। जिसका स्पष्ट अर्थ है कि–''वे ही राजा के श्रेष्ठ वीर होवें, जो कि युद्ध विद्या को जानकर सेनाओं के अंगों की यथावत् रक्षा स्थिर करने और कराने को जानते हैं।''

लोध, लोधा, लोधी शब्द का अर्थ है–'लववत् धी यस्य स: लवधी' अर्थात लव के समान जो युद्ध विषारद थे, लवधी कहलाए। फिर लवधी कहते-कहते आजकल लोधी अथवा लोधा कहे जाने लगे हैं। 'शत्रुन रूण द्वीति लोधी' अर्थात् जो रण में शत्रु की गति को अवरुद्ध कर सकें, वही लोधी अथवा लोधा हैं।

मध्य प्रदेश के भिण्ड जिले में लोधघार का अभ्युदय 1707 में भदावर राज्य के प्रधान सेनापति धुआराम लोधी के गोहद राज्य पर चढ़ाई के अवसर पर हुए बलिदान से प्रारम्भ माना जाता है। इस प्रकार इस जिले में लोधी क्षत्रियों की वीरता का इतिहास पुराना है। इस जाति के मूल निवास के संबंध में बताया जाता है कि ये लोग राजस्थान से कछवाह क्षत्रियों के साथ नरवर (जिला-शिवपुरी, मध्य प्रदेश) होकर भिण्ड जिले में आए थे। बाद में इन लोगों ने भदावर राज्य में सैन्य-सेवा स्वीकार कर ली।

1707 में भदावर राज्य के प्रधान सेनापति धुआराम लोधी के अदम्य शौर्य से गोहद राज्य पर अधिकार हो गया था, जिसमें उन्हें शहादत भी देनी पड़ी थी। शहीद धुआराम लोधी की वीरता के किस्से आज भी समूची भदावरघार व लोधघार में सुनाए व गाए जाते हैं। अजनौधा निवासी पं. जीराम शर्मा (ढमोले) ने उनकी वीरता का बखान इस प्रकार किया है–

''धुआराम ने छाती रोपी, राणा भगौ धौलपुर जाय।''

भदावर राज्य के उत्कर्ष में शहीद धुआराम लोधी के अपूर्व योगदान को दृष्टिगत रख तत्कालीन भदावर नरेश ने धुआराम के अनुज भैंदेराम लोधी को नुनहड़ की जागीर प्रदान की थी। तदुपरान्त भिण्ड जिले में समूची लोध जाति मुख्यत: अटेर के दक्षिण तथा मेहगाँव के उत्तर पश्चिम चौरस इलाके में बस गई, जो कालान्तर में लोधघार कहलाई। इसी लोधघार की व्यवहृत बोली लोधघारी लोकभाषा कहलाती है।

वर्तमान में लोधघारी लोकभाषा व्यवहृत जनों की अनुमानित संख्या पचास हजार है।* लोधघारी लोकभाषा पर भदावरी लोकभाषा का सर्वाधिक प्रभाव है, इसलिए कई शब्द एक जैसे प्रतीत होते हैं।

4. व्याकरण

4.1	क्र.	नाम	लोधघारी	हिन्दी भाषा
	1.	संज्ञा	मोंड़ा, अम्मा, तूमरा, बध्दा	*लड़का, माँ, लौकी, बैल*
	2.	लिंग	जनीमान्सि, आदिमी	*स्त्री, पुरुष*
	3.	वचन	गइया, गंइयाँ	*गाय, गायें*
	4.	कारक चिह्न	नें, सों, कौं	*ने, से, को*
	5.	सर्वनाम	तूँ, जि, कछू	*तुम, यह, कुछ*

* लेखक के स्वयं के सर्वेक्षण के आधार पर।

6. विशेषण	अच्छौ, बुरौ, सिबु, निबुक	*अच्छा, बुरा, सब, अधिक*
7. क्रिया	नाचि रईए, पी रहौए	*नाच रही है, पी रहा है*
8. सहायक क्रिया	ऐ, हथौ, हती, होयगो	*है, था, थी, होगी*
9. काल	मोड़ा जातुऐ। (वर्तमान)	*बच्चा जाता है।*
	मोड़ा गऔ। (भूत)	*बच्चा गया।*
	मोड़ा जाएगौ। (भविष्य)	*बच्चा जाएगा।*
10. क्रिया विशेषण	धिद्धीरें चलिऔ।	*धीरे-धीरे चलिए।*
11. सम्बंध बोधक	वाकौ संगु छोंड़ि देउ।	*उसका साथ छोड़ दीजिए।*
12. समुच्चय बोधक	शैल औ अभि पडि रहेऐं।	*शैल और अभि पढ़ रहे हैं।*
13. विस्मयादिबोधक	अहा, छाबास	*आह, शाबास*

4.2 वाक्यांश

लोधघारी	***हिन्दी***
तेओ का नाउँऐ?	*आपका क्या नाम है?*
तूँ काँ जाइ रहोऐ?	*आप कहाँ जा रहे हो?*
जि मोंड़ा भौतु नीकोऐ।	*यह लड़का बहुत अच्छा है।*
जाहि भौतु डरू लगि रहोऐ।	*इसको बहुत डर लग रहा है।*
जि आमु मीठोऐ।	*यह आम का फल मीठा है।*
वे रामु-रामुऊ ना कत्तनें।	*वे नमस्कार भी नहीं करते हैं।*

4.3 कहावतें

1. आई महा की पाँचें
   बूढ़ी डुकरियाँ नाचें।
2. गेंगा-गेंगा बेलि पसारै,
   भूरी कुतिया धूरि उड़ावै।
3. गाँउ में परी मरी,
   अपनी-अपनी परी।
4. घर में नहिंऐ दाने,
   अम्मा चली भुनाने।
5. जरपुरा में वसिकें,
   फेंटा मारो कसिकें।

हिन्दी अनुवाद

1. माघ महीने की पंचमी तिथि अर्थात् बसन्त पंचमी का आगमन हो चुका है,
(बसन्त पंचमी, ऊर्जा और संचार की तिथि है, उस कारण) अति वृद्धाएँ भी नाच रही हैं।

2. गेंगा अर्थात प्रवासी पक्षी 'क्रौंच' (का शरद ऋतु पर आगमन हो चुका है और वे हजारों-हजारों की संख्या में) आसमान में दूर-दूर तक पंक्तिबद्ध होकर उड़ रहे हैं,

(गाँव में) एक सफ़ेद रंग की कुतिया है जिसको भ्रम है कि ऊपर आसमान में जो क्रौचें उड़ रही है वे भी कुतियाँ है, इसलिए (ईर्ष्यावश वह जमीन पर) धूल उड़ाने लगती है।

3. *गाँव में (या कि शहर में) जब भयंकर विपदा आती है,*
   तब (व्यक्तियों को कुछ नहीं सूझता है और) वे सिर्फ स्वंय के प्राण बचाने की सोचते हैं।
4. *(निर्धन के लिए व्यंग्य है कि) जब तुम्हारे पास कुछ नहीं है,*
   तो किस वस्तु का व्यापार करने जा रहे हो?
5. *(लोधघार का) जरपुरा नामक ग्राम (जहाँ की मिट्टी चिकनी और रपटीली है तथा वर्षा ऋतु में यह और दलदली हो जाती है, इस कारण यदि इस गाँव) में रहना है,*
   तो आपको अपने कपड़े कसकर कमर पर बाँधने पड़ेंगे (अन्यथा कीचड़ में गिरकर आप और आपके कपड़े गन्दे हो जाएँगे)

4.4 मुहावरे, वाक्यों में प्रयोग सहित

मुहावरे	वाक्यों में प्रयोग
1. वु तो कण्डेवा है।	*1. वह तो रोगग्रस्त (अर्थात् बेकार) है।*
2. तुम तो वैसेई मुसरिआई दे रहे औ।	*2. आप तो व्यर्थ की बात कर रहे हो।*
3. भइया जियत मंखी को लील लेइगौ?	*3. भाईसाहब, देखकर गन्दी वस्तु कौन खा सकता है?*
4. भइया, ऊँट पें बैठिकें सिबन्ऐं मलकइयाँ आवतीऐं।	*4. भाईसाहब, पद पाकर सभी को मद आ जाता है।*
5. जि जनीऐ कै मान्स खानी है।	*5. (झगड़ालू स्त्री के लिए) यह स्त्री है या डाइन है।*

4.5 पहेलियाँ

1. सुआ, परेवा, तीतुरा और बगुला की उनहार।
   पिया बजारें जात हौ, चीजें ल्याइयो चार।। (पानु)
2. जि गई, वु गई। (चितु)
3. जान जाउ। (जनेऊ)
4. पेहचान जाउ। (पैंचिया)
5. फेरि बताऊ। (फिरकतन्नी)
6. लौटि बताऊ। (लौटा)
7. नैकसी कुइया झकरनि छाई। डुबकि-डुबकि पानी भरि ल्याई।। (आँसू)

हिन्दी अनुवाद

1. *(वह) तोता, कबूतर, तीतर और बगुला (के रंग) के समान है।*
   (मेरे) प्रियतम बाजार जा रहे हो, इन चार चीजों को (एक साथ) लेकर आना है।। (अर्थात् पान)
2. *यह गई, वह गई। (अर्थात् चित्त)*

3. (आप जिसको) *जानते हो।* *(अर्थात् पूर्व ज्ञान)*
4. (आप जिसको) *पहचानते हो।* *(अर्थात् पहचान चिह्न)*
5. (आप) *घुमाकर बताओ।* *(अर्थात् फिरकी)*
6. (आप) *लौटकर बताओ।* *(अर्थात् लौटना)*
7. *एक बहुत छोटा-सा कुँआ है जिसके आस-पास*
   (बबूल के पेड़ की बहुत छोटी एवं पतली-पतली काली सूखी) टहनियाँ हैं,
   (पता नहीं कौन है जो) उसमे डूब-डूबकर पानी भर लाती है। *(अर्थात् आँसू)*

4.6 लोकगाथा

1. कच्चे बाँटन गेऊँ तौलें, जे तो ज्वान सेंपुरा के।
2. काँसु बेचिकें गड़ा बनावें, जे तो ज्वान जरपुरा के।
3. भरे ताल में कुच्चें मारें, जे तो ज्वान पुरा पुर के।
4. हर बाखरि पें तालु बनावें, जे तो ज्वान महापुर के।
5. लम्बी धोती के पहरैया, जे तो ज्वान पीपरी के।
6. जलिवारि को जलसा करते, जे तो ज्वान गोरमी के।

हिन्दी अनुवाद

1. *जो पत्थर के बाँट बनाकर तौल करते हैं, ऐसे जवान तो सेंपुरा ग्राम के निवासी हैं।*
2. *काँस (रेशेदार घास) बेचकर, काफी धन कमाते हैं, ऐसे जवान तो जरपुरा ग्राम के निवासी हैं।*
3. *पानी से भरे तालाब में क्रौंच पक्षी का शिकार करते हैं, ऐसे जवान तो पुर ग्राम के निवासी हैं।*
4. *प्रत्येक आठ-दस घर के समूह के सामने सरोवर बनाते हैं, ऐसे जवान तो महापुर ग्राम के निवासी हैं।*
5. *जो लम्बी धोती पहनने के शौकीन है, ऐसे जवान तो पीपरी ग्राम के निवासी हैं।*
6. *जलविहार मेला को उत्सव जैसा मनाते हैं, ऐसे जवान तो गोरमी ग्राम के निवासी हैं।*

5. साहित्य (लोधघारी भाषा)

लोकगीत 1

प्रसूता स्त्री को जच्चा कहा जाता है, बच्चों के जन्म के समय गाए जाने वाले गीत, जच्चा या सोहर कहे जाते हैं।

जच्चा	***हिन्दी अनुवाद*** ***जच्चा***
राजा दुवारे पें बगिया लगावें	*राजा अर्थात् नवजात के पिता ने दरवाजे पर बगीची लगाई है*
सिबई फल चखियावें।	*(चलो) सभी फलों का स्वाद लेते हैं,*

अँगना में निब्बू बइ दये
भीतर अनार बइ दये, रे...लाल
खिड़किन दाख छुआर
द्वारें बइ दई पीपरिया। राजा द्वारे पें...
अँगना में निब्बू सींचे
भीतर अनार सींचे रे...लाल
खिड़किन दाख छुआर
द्वारें सींची पीपरिया। राजा द्वारे पें...
अँगना में निब्बू लागे
भीतर अनार लागे, रे...लाल
खिड़किन दाख छुआर
द्वारें लागी पीपरिया। राजा द्वारे पें...
अँगना में निब्बू टोरे
भीतर अनार टोरे, रे...लाल
खिड़किन दाख छुआर
द्वारें टोरी पीपरिया। राजा द्वारें पें...
अँगना में निब्बू खाए
भीतर अनार खाए, रे...लाल
खिड़किन दाख छुआर
द्वारें खाई पीपरिया। राजा द्वारे पें...

आँगन में नींबू बो दिए हैं,
आँगन के पीछे अनार बो दिए हैं, वाह रे बालक
खिड़कियों के पास छुआरे का पेड़ व अंगूर की बेलें हैं,
दरवाजे पर पीपरि बो दी है। राजा...
आँगन में नींबू सींचते हैं,
आँगन के पीछे अनार सींचते हैं, वाह रे बालक
खिड़कियों के पास छुआरा और अंगूर को सींचते हैं
दरवाजे पर पीपरि को सींचते हैं। राजा...
आँगन में नींबू लगे हैं,
आँगन के पीछे अनार लगे हैं, वाह रे बालक
खिड़कियों पर छुआरे और अंगूर लगे हैं,
दरवाजे पर पीपरि लगी है। राजा...
आँगन में नींबू तोड़ते हैं,
आँगन के पीछे से अनार तोड़ते हैं, वाह रे बालक
खिड़कियों से छुआरे और अंगूर तोड़ते हैं
दरवाजे पर पीपरि तोड़ते हैं। राजा...
आँगन में नींबू खाते हैं
आँगन के पीछे अनार खाते हैं, वाह रे बालक
खिड़कियों पर छुआरे और अंगूर खाते हैं,
दरवाजे पर पीपरि खाते हैं। राजा...

स्रोत : फूल सिंह नरवरिया, आशा नरवरिया, ग्वालियर।

लोकगीत 2

जब गाँव के लोग सामूहिक रूप से तीर्थ-यात्रा को जाते हैं, तब यात्रा को सुखद तथा तीर्थ की महत्ता को दृष्टिगत रख स्त्रियाँ यह गीत गाती हैं।

तीथ्थ

लै लियो हरि को नाउँ, आगें गैल कठिन है।
आगें री आगें इक नदिया बहातिऐ
करि लियो इसनान, आगे गैल कठिन है। लै लियो...
आगें री आगें इक तुलसी कौ बिरूला
करि लियौ पूजा-पाठ, आगें गैल कठिन है। लै लियो...

हिन्दी में अनुवाद
तीर्थ यात्रा गीत

(सभी लोग) प्रभु का पुण्य स्मरण करो, (क्योंकि) आगे का रास्ता कठिन है।
बहुत आगे एक (गंगा) नदी बहती है,
(उसमें सभी लोग) स्नान कर लेना, (क्योंकि) आगे का रास्ता कठिन है।
बहुत आगे एक (पावन) तुलसी का घर है,

आगें री आगें इक गैया चरतिऐ
लै लियौ गउआ-दान, आगें गैल कठिन है। लै लियो...
आगें री आगें इक कन्या खिलतिऐ
लै लियौ कन्यादान, आगें गैल कठिन है। लै लियो...
आगें री आगें इक बालकु खिलतुए,
लै लियो भरि गोद, आगें गैल कठिन है। लै लियो...
आगें री आगें इक पोथी बचतिऐ
सुनि लियो धरि धियानु, आगें गैल कठिन है। लै लियो...

स्रोत : फूल सिंह नरवरिया, आशा नरवरिया, ग्वालियर।

(वहाँ सभी लोग) पूजा और प्रार्थना कर लेना, (क्योंकि) आगे का रास्ता कठिन है।

बहुत आगे एक (कामधेनु) गाय चर रही है,

(सभी लोग) गो-दान का संकल्प ले लेना, (क्योंकि) आगे का रास्ता कठिन है।

बहुत आगे एक (देवी-स्वरूपा) कन्या खेलती है,

(सभी लोग) कन्या-दान का संकल्प ले लेना (क्योंकि) आगे का रास्ता कठिन है।

बहुत आगे एक (वीर) बालक खेलता है,

(सभी लोग) उसे गोद में लेकर स्नेह करना, (क्योंकि) आगे का रास्ता कठिन है।

बहुत आगे एक (रामायण जैसी) पुस्तक पढ़ी जाती है,

(सभी लोग) उसे ध्यान से सुनना, (क्योंकि) आगे का रास्ता कठिन है।

लोकगीत 3

राम को गीतु

बैठे हैं रामु कदम तेरी छैयां।
ताती जलेबी, दूध के लाडू
खावेंगे रामु, सीता ढोरेंगी बिजनियाँ। बैठे हैं राम...
झंझर झाणी गंगा जल पानी
पिएगें रामु, सीता ढोरेंगी बिजनियाँ। बैठे हैं राम...
पकेरी पान, यक्षना की बिरियाँ
राचेंगे रामु, सीता ढोरेंगी बिजनियाँ। बैठे हैं राम...
रायसेन फूलनि को पंखा
सोमेंगे रामु, सीता ढोरेंगी बिजनियाँ। बैठे हैं राम...

स्रोत : फूल सिंह नरवरिया, आशा नरवरिया, ग्वालियर।

हिन्दी अनुवाद
राम के गीत

राम, कदम्ब नामक पेड़ की छाया के नीचे बैठे हुए हैं।
गर्म-गर्म जलेबी और पेड़े (नामक मिठाई)
राम खाएँगे और सीता बीजना (हाथ-पंखा) से हवा करेंगी।
अलंकृत सागर (टोंटीदार लोटा) में गंगा के निर्मल जल को
राम पिएँगे और सीता बीजना से हवा करेंगी।
भोजन करने के बाद, समधुर पान से
राम मुख-शुद्धि करेंगे और सीता बीजना से हवा करेंगी।
सुप्रसिद्ध रायसेन का फूलोंवाला पंखा (होगा)
(और) राम जब शयन करेंगे (तब) सीता बीजना से हवा करेंगी।

लोकगीत 4

मैया की भेंट

हो रही जै-जै कार माँ के मन्दिर में
जोति जलै दिन राति माँ के मन्दिर में।

पूजा करने को बिरमाजी आए
बिरमाजी आए संग में बिरमानी जी को ल्याए
फूल चढ़े दिन राति माँ के मन्दिर में। हो रही...
पूजा करने को विसुनू जी आए
विसुनूजी आए संग में लक्ष्मीजी को ल्याए
चक्र चलै दिन राति माँ के मन्दिर में। हो रही...
पूजा करन कों शंकरजी आए
शंकरजी आए संग में गौराजी को ल्याए
डमरू बजै दिन राति माँ के मन्दिर में। हो रही...
पूजा करन कों रामजी आए
रामजी आए संग में सीताजी को ल्याए
बाण चलें दिन राति माँ के मन्दिर में। हो रही...
पूजा करन को कृष्ण जी आऐ
कृष्णजी आए संग में राधाजी को ल्याए
बंशी बजै दिन राति माँ के मन्दिर में। हो रही...
पूजा करन को भक्तजी आए
भक्तजी आए संग में भगतिनि ल्याए
भेंट गवै दिन राति माँ के मन्दिर में। हो रही...

स्रोत : फूल सिंह नरवरिया, आशा नरवरिया, ग्वालियर।

हिन्दी अनुवाद
देवी माँ की भेट

देवी माँ के मन्दिर में जय-जयकार हो रही है,

देवी माँ के मन्दिर में दिन-रात्रि अर्थात् चौबीस घण्टे ज्योति जल रही है।

पूजा करने ब्रह्मा जी आते हैं,

ब्रह्मा जी के साथ ब्रह्मानी जी भी आती हैं,

(ब्रह्मा जी के हाथ में फूल है) माँ के मन्दिर में दिन-रात्रि फूल चढ़ते रहते हैं।

पूजा करने विष्णु जी आते हैं,

विष्णु जी के साथ लक्ष्मी जी भी आती हैं,

(विष्णु जी के हाथ में चक्र है) माँ के मन्दिर में दिन-रात्रि चक्र की प्रभा रहती है।

पूजा करने शंकर जी आते हैं,

शंकर जी के साथ गौरा जी भी आती हैं,

(शंकर जी के हाथ में डमरू है) माँ के मन्दिर में दिन-रात्रि डमरू बजता रहता है।

पूजा करने को राम जी आते हैं,

राम जी के साथ सीता जी भी आती हैं,

(राम जी के हाथ में धनुष-बाण है) माँ के मन्दिर में दिन-रात्रि बाण जैसे अस्त्र हैं।

पूजा करने कृष्ण जी आते हैं,

कृष्ण जी के साथ राधा जी भी आती हैं,

(श्रीकृष्ण जी मुरलीधर हैं) माँ के मन्दिर में दिन-रात्रि बंशी बजती रहती है।

पूजा करने देवी माँ के भक्त आते हैं,

भक्तों के साथ-साथ उनकी पत्नियाँ भी आती हैं,

(भेंट, जो कि देवी माँ से मिलन का गीत है) माँ के मन्दिर में रात्रि-दिन (भक्तगण) भेंट गाते रहते हैं।

लोकगीत 5

जब वरनी की ससुराल को विदाई होती है, उस अवसर पर स्त्रियों द्वारा गाया जाने वाला लोकगीत।

विदा गीतु (बन्नी)	*हिन्दी अनुवाद विदाई गीत (वरनी)*
मति रोवे रोलावो प्यारी बन्नी	*प्यारी वरनी तू मत रो और न ही किसी को रोने दे*
ससुराल तुझे अब जाना है। मति रोवे...	*(क्योंकि यह नियति है) अब तुझे ससुराल ही जाना है।*
तिरे रोने से आजुल दुखी हुए,	*तेरे रोने से दादाजी दुखित हैं*
दादी रानी ने नीर बहाया है। मति रोवे...	*दादी की आँखों में अश्रुओं की धार बह रही है।*
तिरे रोने से बाबुल दुखी हुए	*तेरे रोने से पिताजी दुखित हैं*
मैया रानी ने नीर बहाया है। मति रोवे...	*माँ की आँखों में अश्रुओं की धार बह रही है।*
तिरे रोने से चाचुल दुखी हुए	*तेरे रोने से चाचाजी दुखित हैं*
चाची रानी ने नीर बहाया है। मति रोवे...	*चाची की आँखों में अश्रुओं की धार बह रही है।*
तिरे रोने से बीरन दुखी हुए	*तेरे रोने से भाई दुखित है*
भावी रानी ने नीर बहाया है। मति रोवे...	*भाभी की आँखों में अश्रुओं की धार बह रही है।*
सारी दुनिया को दुख हुआ	*(इस बात से) सभी इष्ट-मित्र, परिवार के लोग दुखी हैं,*
बन्नी हो गई आज पराई है। मति रोवे...	*कि आज से वरनी दूसरे की हो गई है।*

स्रोत : फूल सिंह नरवरिया, आशा नरवरिया, ग्वालियर।

लोकगीत 6

जब वरनी ससुराल पहुँच जाती है तब वरनी और वरना की इशारों में क्या बातें होती हैं, उस अवसर को चित्रांकित करते हुए स्त्रियों द्वारा गाया जाने वाला वरना लोकगीत।

बन्ना	*हिन्दी अनुवाद वरना*
बन्ना बुलावै बन्नी न आवै	*वरना बुलाता है, वरनी नहीं आती है*
चली आ बन्नी रे..., अटरिया सूनी पड़ी	*(फिर वरना कहता है) वरनी तू आजा अटारी में कोई नहीं है।*
हों कैसे आऊँ आजुलजी खड़े हैं, बाबुलजी खड़े हैं	*(वरनी कहती है) मैं कैसे आऊँ, दादा जी और पिता जी खड़े हैं*
पायल मेरी बजनी रे..., अटरिया सूनी पड़ी। बन्ना...	*(चलने में) मेरी पायल बजती है (हाँ पता है कि) अटारी में कोई नहीं है।*
पायल को उतार लो, नैंना नीचे डार लो, लम्बा घूँघट काढ़ि लो	*(वरना कहता है) पायल को पैरों से उतार लो, आँखे नीचे को कर लो, घूँघट को और लम्बा कर लो,*
चली आ बन्नी रे...अटरिया सूनी पड़ी। बन्ना...	*(फिर) वरनी चली आओ, अटारी में कोई नहीं है।*

स्रोत : फूल सिंह नरवरिया, आशा नरवरिया, ग्वालियर।

लोकगीत 7

बन्नी

बन्नी मेरी पढ़त किताब, देखि-देखि दरपन में।
आजुल मेरी एक अरज सुनि लेउ
वारे में सादी जिन करियो,
लिखि-पढ़ि हो जाऊँ हुसियार
जब मेरो ब्याहु रचइयो।
बन्नी मेरी पढ़त किताब, देखि-देखि दरपन में।
बाबुल मेरी एक अरज सुनि लेउ
वारे में सादी जिन करियो,
लिखि-पढ़ि हो जाऊँ हुसियार
जब मेरो ब्याहु रचइयो।
बन्नी मेरी पढ़त किताब, देखि-देखि दरपन में।
चाचुल मेरी एक अरज सुनि लेउ
वारे में सादी जिन करियो,
लिखि-पढ़ि हो जाऊँ हुसियार
जब मेरो ब्याहु रचइयो।
बन्नी मेरी पढ़त किताब, देखि-देखि दरपन में।
बीरन मेरी एक अरज सुनि लेउ
वारे में सादी जिन करियो,
लिखि-पढ़ि हो जाऊँ हुसियार
जब मेरो ब्याहु रचइयो।
बन्नी मेरी पढ़त किताब, देखि-देखि दरपन में।
मामुल मेरी एक अरज सुनि लेउ
वारे में सादी जिन करियो,
लिखि-पढ़ि हो जाऊँ हुसियार
जब मेरो ब्याहु रचइयो।

स्रोत : फूल सिंह नरवरिया, आशा नरवरिया, ग्वालियर।

हिन्दी अनुवाद
वरनी

मेरी वरनी पुस्तक पढ़ रही है, ध्यान से दर्पण में देख-देख कर पढ़ रही है।
(वरनी दादा से) दादा मेरा एक निवेदन सुन लो
छोटी उम्र में मेरा विवाह नहीं करना
जब मैं पढ़-लिख कर होशियार हो जाऊँ
तब मेरा विवाह करना।
मेरी वरनी पढ़ रही है, ध्यान से पढ़ रही है।
(वन्नी यही निवेदन पिता, चाचा, भाई, मामा आदि से भी करती है)

लोकगीत 8

जब विवाह के अवसर पर आँधी, हवा, पानी आदि की प्राकृतिक बाधाएँ आती हैं तब स्त्रियों के द्वारा देवताओं की मनौती की जाती है, वे उनका आह्वान इस प्रकार करती हैं।

मलाउत

आँधी बैहरि बन्द करत हैं हाथन काजु समारौ,
पवन के हनुमत हैं रखवारे।
तुम तौ महावीर बाबा ऐसे गजत हौ, जैसे इन्द्र अखाड़े
पवन के हनुमत हैं रखवारे। आँधी बैहरि...
तुम तौ मातारानी ऐसे गजति हों, जैसे इन्द्र अखाड़े
पवन के हनुमत हैं रखवारे। आँधी बैहरि...
तुम तौ महादेव बाबा ऐसे गजत हौ, जैसे इन्द्र अखाड़े
पवन के हनुमत हैं रखवारे। आँधी बैहरि...
तुम तौ जगदेव बाबा ऐसे गजत हौ, जैसे इन्द्र अखाड़े
पवन के हनुमत हैं रखवारे। आँधी बैहरि...
तुम तौ गौण बाबा ऐसे गजत हौ, जैसे इन्द्र अखाड़े
पवन के हनुमत हैं रखवारे। आँधी बैहरि...
तुम तो तालवारे बाबा...

स्रोत : फूल सिंह नरवरिया, आशा नरवरिया, ग्वालियर।

हिन्दी अनुवाद
मनौती

आँधी, हवा को आप ही बन्द करते हो, यह शुभ कार्य आपके हाथों में है
पवनपुत्र हनुमान आप ही रक्षा करने वाले हो।
महावीर बाबा आपकी गर्जना, इन्द्रलोक के समान है
पवनपुत्र हनुमान आप ही रक्षा करने वाले हो।
देवी माँ आपकी गर्जना, इन्द्रलोक के समान है
पवनपुत्र हनुमान आप ही रक्षा करने वाले हो।
महादेव बाबा आपकी गर्जना, इन्द्रलोक के समान है
पवनपुत्र हनुमान आप ही रक्षा करने वाले हो।
जगदेव बाबा (लोधी क्षत्रियों के पशुपालन के लोकदेवता) आपकी गर्जना, इन्द्रलोक के समान है
पवनपुत्र हनुमान आप ही रक्षा करने वाले हो।
गोंड बाबा (लोधी क्षत्रियों के ग्राम देवता) आपकी गर्जना, इन्द्रलोक के समान है
पवनपुत्र हनुमान आप ही रक्षा करने वाले हो।
तालाब वाले बाबा अर्थात लोधी क्षत्रियों के पानी के देवता...

लोकगीत 9

कन्हैया

मधुवन में बोली मोर, गोकिल में जाको शोर भऔ।
कहाँ पें रहती कहाँ पे चुन्ती, कहाँ पें करति किलोर
गोकिल में जाको शोर भऔ। मधुवन में...
मथुरा में रहती विन्द्रावन चुन्ती, गोकिल करति किलोर,
गोकिल में जाको शोर भऔ। मधुवन में...
उड़ि-उड़ि पंख गिरें धरनी पें, बीनत नन्दकिशोर,

हिन्दी में अनुवाद
कन्हैया

मधुवन में मोरनी बोलती है और गोकुल में उसका शोर होता है।
(पर ये मोरनी) कहाँ रहती है, कहाँ चुनती है और कहाँ पर किलोल करती है
गोकुल में उसका शोर होता है। मधुवन में...
मथुरा में रहती है, वृन्दावन में चुनती है और गोकुल में किलोल करती है
गोकुल में उसका शोर होता है। मधुवन में...

गोकिल में जाको शोर भऔ। मधुवन में...
बिनि पंखन को मुकट बनाऔ, बाँधत नन्दकिशोर
गोकिल में जाको शोर भऔ। मधुवन में...

स्रोत : फूल सिंह नरवरिया, आशा नरवरिया, ग्वालियर।

(मोरनी) जब बार-बार उड़ती है तो उसके पंख धरती पर गिरते हैं और श्रीकृष्ण उन्हें बीनते हैं
गोकुल में उसका शोर होता है। मधुवन में...
उन (मोर) के पंखों का मुकट बनाया जाता है जिसे श्रीकृष्ण पहनते हैं
गोकुल में उसका शोर होता है। मधुवन में...

लोकगीत 10

स्त्रियों द्वारा गाया जाने वाला लोकगीत।

सुमिरन

तुम्हें सुमिरौं बारम्बार, मोइ भूलौ ज्ञान बताय जइयौ।
पैलें सुमिरौं मात अपनी कों, बिन्नें जनम दये अवतार
मोइ भूलौ ज्ञान बताय जइयौ। तुम्हें सुमिरौं...
दूजैं सुमिरौं गुरू अपने को बिन्ने विद्या दई पढ़ाय,
मोइ भूलौ ज्ञान बताय जइयौ। तुम्हें सुमिरौं...
तीजैं सुमिरौं पित अपने कों, बिन्नें वरू ढूँढे भगुवान,
मोइ भूलौ ज्ञान बताय जइयौ। तुम्हें सुमिरौं...
चौथे सुमिरौं सासु ससुर कों, बिन्नें सौंपो ऐ घर दुआर,
मोइ भूलौ ज्ञान बताय जइयौ। तुम्हें सुमिरौं...
पचयें सुमिरौं पति अपने कों, बिन्ने नैया लगाई बेड़ा पार,
मोइ भूलौ ज्ञान बताय जइयौ। तुम्हें सुमिरौं...

स्रोत : फूल सिंह नरवरिया, आशा नरवरिया, ग्वालियर।

हिन्दी में अनुवाद
सुमिरण

(प्रभु) आपका बार-बार स्मरण करती हूँ, मैं भूल जाती हूँ ज्ञान करा देना।

पहले मैं अपनी माँ का स्मरण करती हूँ, जिन्होंने मुझे इस रूप में जन्म दिया

मैं भूल जाती हूँ ज्ञान करा देना। आपका...

दूसरे मैं अपने गुरु का स्मरण करती हूँ, जिन्होंने मुझे विद्या दी और पढ़ाया

मैं भूल जाती हूँ...

तीसरे मैं अपने पिता का स्मरण करती हूँ जिन्होने मेरे भगवान जैसे पति ढूँढ़े।

मैं भूल जाती हूँ...

चौथे मैं अपने सास और ससुर का स्मरण करती हूँ, जिन्होंने मुझे घर-द्वार सब सौंप दिया।

मैं भूल जाती हूँ...

पाँचवे मैं अपने पति का स्मरण करती हूँ, जिन्होंने मेरी जीवनरूपी नाव को पार लगाया।

मैं भूल जाती हूँ...

लोककथा

बज रे तबले तम्मक तूँ (किस्सा)

एक गाँउ में डुकरिया रहै। वु डुकरिया चूले में गोड़ दयैं रोटी पइ रही। इतने में कितऊतें एक चुखरिया आई। वाने जब देखा कि जि डुकरिया का कर रही है, तो बु बोली–डुको-डुको जि का कर रही हो? डुकरिया बोली–बेटा का करें, घर में लकरियाँ ना हतीं। चुखरिया इतनी सुनिकें डांग में गई और मन्सें कछू लकरियाँ ल्याइकें डुकरिया को दे दईं। अब डुकरिया इन लकरिंयन सो रोटी पउन लगी। जब कछू रोटी पइ गईं तो चुखरिया रोटिन की पलरिया पें ऊलन लगी। जि देखिके डुकरिया ने चुखरिया से पूछो–कि चुखो चुखो जि का कर रहियौ? तब चुखरिया ने जुआब द्यो–

लै मैं डांग गई मैं डांग गई
डांग में ते लक्की ल्याई
लक्की मैंने तोय दई,
अब तूं मोय चन्दीउ ना देयगी।
तब डुकरिया ने कही–ले चन्दी ले जा।

वा रोटी को लैकें जब चुखरिया जाइ रही, तबहीं गैल में एक कुम्हार को मोड़ा रोउत भओ मिलो। जि देखिकें चुखरिया बोली–काये, जि मोंड़ा काये को रोइ रओ है। कुम्हार ने कही–कि बाय भूंख लगी है। इतनी सुनिकें चुखरिया ने अपनी रोटी कुम्हार के मोंड़ा को दे दई और फिरि कुम्हार की मथनिंयनि पें ऊलन लगी। जि देखिकें कुम्हार ने चुखरिया सों कही कि चुखो चुखो मथनिंयनि पें काये को ऊलि रही हो? तब चुखरिया ने कही–

लै मैं डांग गई मैं डांग गई
डांग में ते लक्की ल्याई
लक्की मैंने डुक्की दीन
डुक्की ने मोय चन्दी दीन
चन्दी मैंने तेरे मोंड़ा को दीन
अब तूं मोय मथ्थीउ नहिं देयगो।
तब कुम्हार ने कहा–लै, एक मथनिया लेजा।

चुखरिया मथनिया लेकें जब एक गाँव में से जाइ रही थी तो वाने देखो कि एक गूजर ओखरी में दूध फेर रहो है। जि देखिकें बु बोली कि दाऊ का कर रहे हो। गूजर बोलो दूध फेर रहे हैं। तब चुखरिया ने कहीं कि तुमपें एक मथनियऊ ना हति। वाने कही नाहीं। तो चुखरिया ने वाय बु मथनियां फाय दई और बु वा मथनिया में दूध फेन्न लगो। अब चुखरिया गूजर की भैंसिन पें ऊलन लगी। जि जब गूजर ने देखी तो वाने चुखरिया से कही कि चुखो चुखो जि का करि रहीं हौ। तो चुखरिया बोली–

लै मैं डांग गई मैं डांग गई
डांग में तें लक्की ल्याई
लक्की मैंने डुक्की दीन
डुक्की ने मोय चन्दी दीन
चन्दी मैंने कुम्हार के मोड़ा को दीन
कुम्हार ने मोय मथ्थी दीन
और मथ्थी मैंने तोय दीन
अब तूं मोय एक भैंसिउ न देयिगो।

इतनी सुनिकें गूजर नें चुखरिया को एक भेंसि दै दई। चुखरिया भेंसि लेकें जब जाइ रही थी तौ वाने देखो कि एक राजा नोंन धरिकें रोटी खाई रहौ है, तु बु बोली–काए राजा नोंन-रोटी कायकों खाइ रहे हौ। राजा नें कही–भैंसि ना हतिनें। भैंसि होती तौ दूधु-रोटी खाते। इतनी सुनिकें चुखरिया ने बाइ वु भैंसि दै दई। राजा की दौ रानी हतीं। अब चुखरिया वाकी रानिन पें ऊलन लगी। राजा ने कही चुखो-चुखो जि का कर रहीं हौ? तब चुखरिया ने कही–

लै मैं डांग गई मैं डांग गई
डांग में ते लक्की ल्याई
लक्की मैंने डुक्की दीन
डुक्की नें मोय चन्दी दीन
चन्दी मैंने कुम्हार के मोंड़ा को दीन
कुम्हार ने मोय मथ्थी दीन
मथ्थी मैंने गूजर को दीन
गूजर ने मोय भैंसि दीन
भैंसि मैंने तोय दीन
अब तूं एक रानीऊ न देयिगो।

इतनी सुनिकें राजा ने बाय एक रानी दै दई। चुखरिया रानीऐं लैकें जब जाइ रही थी तौ एक गाँउ में बाने एक कोरी राजा के घर में उझक्कें देखा। वा घर में कोरी राजा करम पें हाथ धरकें बैठो हतो। घर में उआँ न धुआँ। चुखरिया ने वासों पूछी कि घरवारी कहाँ है? कोरी राजा नें कही मरि गई। चुखरिया बोली–लेउ तुम्हें हम रानी देतऐं। रानी दैकें चुखरिया कोरी राजा के तबलन पें ऊलन लगी। जि देखिकें बु बोलो–चुखो चुखो जि का कर रही हो? तब चुखरिया बोली–

लै मैं डांग गई मैं डांग गई
डांग में ते लक्की ल्याई
लक्की मैंने डुक्की दीन
डुक्की नें मोय चन्दी दीन
चन्दी मैंने कुम्हार के मोंड़ा को दीन
कुम्हार ने मोय मथ्थी दीन
मथ्थी मैंने गूजर को दीन
गूजर ने मोय भैंसि दीन
भैंसि मैंने राजा को दीन
राजा नें मोय रानी दीन
रानी मैंने तोय दीन
अब तूं एक तबलऊ नहिं देयिगो।

तब कोरी ने कहा–जा लैजा। अब चुखरिया तबला बजाइ-बजाइ और यह गीतु गाइ-गाइके अपने घर कों चली गई–

"बज रे, तबले तम्मक तूँ।
रानी के बल्दें आया तूँ।।"

(किस्सा खत्म)

स्रोत : लोककथा-कथन : श्रीमती चिरोंजा बाई उर्फ बीजोबाई (1926-2006)
निवासी : ग्राम- जरपुरा, जिला- भिण्ड (मध्य प्रदेश) वर्ष : 1977

हिन्दी अनुवाद

बज रे तबले तम्मक तूँ (कहानी)

एक गाँव में एक बुढ़िया रहती थी। वह बुढ़िया चूल्हे में पैर देकर रोटी बना रही थी। उसी समय कहीं से एक चुहिया आई। उसने जब (आश्चर्य से) देखा कि यह बुढ़िया क्या कर रही है, तब वह बोली—बुढ़िया ओ बुढ़िया! यह क्या कर रही हो? बुढ़िया बोली—बेटा क्या करें, घर में लकड़ियाँ नहीं हैं। चुहिया इतना सुनकर जंगल में गई और वहाँ से कुछ लकड़ियाँ लाकर बुढ़िया को दे दीं। अब बुढ़िया इन लकड़ियों से रोटियाँ बनाने लगी। जब कुछ रोटियाँ बन गईं तो चुहिया रोटी वाली टोकरी पर उछल-कूद करने लगी। यह देखकर बुढ़िया ने चुहिया से पूछा—चुहिया ओ चुहिया! यह क्या कर रही हो? तब चुहिया ने उत्तर दिया—

(आपको पता नहीं है) मैं जंगल गई थी, जंगल गई थी
जंगल में से चुनकर लकड़ियाँ लाई थी
वह लकड़ियाँ मैने आपको दी थीं
अब आप मुझको रोटी भी नहीं देंगी।
तब बुढ़िया ने कहा—ले रोटी।

वह चुहिया जब रोटी लेकर जा रही थी तब रास्ते में एक कुम्हार का लड़का रोता हुआ मिला। यह देखकर चुहिया बोली—क्यों, यह लड़का क्यों रो रहा है? कुम्हार ने कहा कि उसे भूख लगी है। यह सुनकर चुहिया ने अपनी रोटी कुम्हार के लड़के को दे दी और फिर कुम्हार की मटकियों पर उछल-कूद करने लगी। यह देखकर कुम्हार ने चुहिया से कहा कि—चुहिया ओ चुहिया! मटकियों पर किसलिए उछल-कूद कर रही हो? तब चुहिया ने कहा—

(आपको पता नहीं है) मैं जंगल गई थी, जंगल गई थी
जंगल में से चुनकर लकड़ी लाई थी
वह लकड़ी मैंने बुढ़िया को दी थी
तब उस बुढ़िया ने मुझे रोटी दी थी
वह रोटी मैंने आपके लड़के को दी है
अब आप मुझको एक मटकी भी नहीं दोगे।
तब कुम्हार ने कहा—एक मटकी ले जाओ।

चुहिया मटकी लेकर जब एक गाँव से होकर जा रही थी, तो उसने देखा कि एक गूजर (पशुपालक जाति का एक व्यक्ति) ओखली में दूध को मथ रहा है। यह देखकर वह बोली कि—दाऊ (ताऊ का संबोधन) क्या कर रहे हो? गूजर बोला—दूध को मथ रहे हैं। तब चुहिया ने कहा आपके पास एक मटकी भी नहीं है। उसने कहा—नहीं। तब चुहिया ने उसे वह मटकी दे दी और वह उस मटकी में दूध को मथने लगा। अब चुहिया गूजर की भैंसियों पर उछल-कूद करने लगी। यह जब गूजर ने देखा तो वह चुहिया से बोला—चुहिया! ओ चुहिया यह क्या कर रही हो? तब चुहिया बोली—

(आपको पता नहीं है) मैं जंगल गई थी, जंगल गई थी
जंगल में से चुनकर लकड़ी लाई थी
वह लकड़ी मैंने बुढ़िया को दी थी
तब उस बुढ़िया ने मुझे रोटी दी थी
वह रोटी मैंने कुम्हार के लड़के को दी थी
कुम्हार ने मुझे मटकी दी थी
और वह मटकी मैंने आपको दी है

अब आप मुझको एक भैंस भी नहीं दोगे।

चुहिया की यह बात सुनकर गूजर ने उसे एक भैंस दे दी। चुहिया जब भैंस लेकर जा रही थी तब उसने देखा कि एक राजा नमक-रोटी खा रहा है, तब वह बोली–क्यों राजा, नमक-रोटी किसलिए खा रहे हो? राजा बोला–भैंस नहीं है। यदि भैंस होती तो दूध-रोटी खाते। इतनी सुनकर चुहिया ने उसे वह भैंस दे दी। उस राजा के दो रानियाँ थीं। अब चुहिया उसकी रानियों के ऊपर उछल-कूद करने लगी। राजा ने (यह देखकर) कहा–चुहिया ओ चुहिया! यह क्या कर रही हो? तब चुहिया ने कहा–

(आपको पता नहीं है) मैं जंगल गई थी, जंगल गई थी
जंगल में से चुनकर लकड़ी लाई थी
वह लकड़ी मैंने बुढ़िया को दी थी
तब उस बुढ़िया ने मुझे रोटी दी थी
वह रोटी मैंने कुम्हार के लड़के को दी थी
कुम्हार ने मुझे मटकी दी थी
और वह मटकी मैंने गूजर को दी थी
गूजर ने मुझको एक भैंस दी थी
और वह भैंस मैने तुमको दी है
अब आप एक रानी भी नहीं दोगे।

इतना सुनकर राजा ने उसे एक रानी दे दी। चुहिया, रानी को लेकर जब जा रही थी तब एक गाँव में उसने एक कोरी राजा के घर में झाँक कर देखा। उस घर में कोरी राजा सिर पर हाथ रखकर बैठा हुआ था। (उसके) घर में रोटी-पानी की कोई व्यवस्था नहीं थी। चुहिया ने उससे पूछा कि (तुम्हारी) पत्नी कहाँ है? कोरी राजा ने कहा–उसकी मृत्यु हो गई। चुहिया ने कहा–यह लो, आपको हम रानी देते हैं। रानी देकर चुहिया कोरी राजा (संगीतकार) के तबलों के ऊपर उछल-कूद करने लगी। यह देखकर वह बोला–चुहिया ओ चुहिया! यह क्या कर रही हो? तब चुहिया बोली–

(आपको पता नहीं है) मैं जंगल गई थी, जंगल गई थी
जंगल में से चुनकर लकड़ी लाई थी
वह लकड़ी मैंने बुढ़िया को दी थी
उस बुढ़िया ने मुझे रोटी दी थी
रोटी मैंने कुम्हार के लड़के को दी थी
कुम्हार ने मुझे मटकी दी थी
मटकी मैंने गूजर को दी थी
गूजर ने मुझको एक भैंस दी थी
भैंस मैने राजा को दी थी
राजा ने मुझे रानी दी थी
(वह) रानी मैंने आपको दी है
अब आप एक तबला भी नहीं दोगे।

तब कोरी राजा ने कहा–अच्छा, ले जाओ। अब चुहिया उस तबला को बजाने लगी तथा यह गीत गा-गा कर अपने घर को चली गई–

अरे! तबले इस प्रकार बजो-'तम्मक तूँ'।
तूँ रानी के बदले में आया है।।

6. शब्दावली (लोधघारी-हिन्दी)

रिश्ते-नाते

लोधघारी	हिन्दी	लोधघारी	हिन्दी
अम्मा	*माता*	मौसा	*मौसा*
ददा, दद्दा	*पिता*	मौसी	*मौसी*
भइया	*भाई*	नन्नूँ	*नाना*
ललो, (नाम का संबोधन भी)	*छोटी बहन*	नानीं	*नानी*
चाचा, कक्का	*चाचा*	दमाद, सगौ	*दामाद*
चाची, काकी	*चाची*	जिजी	*बड़ी बहन*
ताऊ, दादा, दद्दू	*ताऊ*	जीजा	*जीजा (बड़ी बहन का पति)*
ताई, बड़ी अम्मा	*ताई*	लला (नाम बहनोई)	*(छोटी बहन का पति)*
बाबा	*दादा*	नाती	*पुत्र का लड़का*
आजी, बूढ़ी अम्मा	*दादी*	नातिन	*पुत्र की लड़की*
मामा	*मामा*	भान्जा, भानेज	*बहन का लड़का (भाई से रिश्ता)*
माई	*मामी*	भान्जी, भानेजि	*बहन की लड़की (भाई से रिश्ता)*
फूपा, फूफा	*फूफा*	बहनोतु	*बहन का लड़का (बहन से रिश्ता)*
बुआ	*फूफी*	बहनोति	*बहन की लड़की (बहन से रिश्ता)*
ददा	*जेठ*	पन्ती	*नाती का लड़का*
जिठानी	*जेठानी*	पन्तिन	*नाती की लड़की*
देवरु	*देवर*	सन्ती	*पन्ती का लड़का*
दौरानी	*देवरानी*	सन्तिन	*पन्ती की लड़की*
सासु	*सास*	आदिमी	*पति*
ससुरु	*ससुर*	घरवारी, घन्नी, जनीमान्सि, जोरू	*पत्नी*
बहू	*बेटे की पत्नी*	मोड़ा, लरिका	*पुत्र*
भौजी	*भावी*	मोंडी, लरिकिनी	*पुत्री*
नन्द	*ननद*	पटसारौ	*साला का साला*
नन्देऊ	*ननदोई*	पटसारी	*साला की साली*

लोधघारी	हिन्दी	लोधघारी	हिन्दी
सारौ	*साला*	जिठसासु, (*सढ़वाइन, बड़ी*)	*बड़े साढ़ू की पत्नी*
सारैज	*सलहज*	मौसी	*सौतेली माँ*
सारी	*साली*	दूज्या, दूजा	*पुनर्विवाहित पुरुष (जिसकी पहली पत्नी मर गई हो)*
सड़वाई	*साढ़ू*		

रंग

लोधघारी	हिन्दी	लोधघारी	हिन्दी
भटइ्या	*बैंगनी*	गुलाबी	*गुलाबी*
जामुनी	*आसमानी*	हरौ चुआ	*गहरा हरा*
लीलौ	*नीला*	सुआपंखी	*हल्का हरा*
हरौ	*हरा*	गाजरी	*हल्का लाल*
पीरौ	*पीला*	जलेबी	*हल्का पीला*
नारंगी	*नारंगी*	स्याहुकारौ, करूआ निसोतु	*गहरा काला*
लालु	*लाल*	मटमेलौ, स्लेटी	*हल्का काला*
सफेत, भूरौ	*सफ़ेद*	केसरिया	*हल्का नारंगी*
कारौ	*काला*	कत्थयाऊ	*बादामी*
सुरख्ख लाल, सुरख्ख	*गहरा लाल*	रँगु	*रंग*
जद्द पीरौ, जद्द	*गहरा पीला*	गेरुआ	*गहरा नारंगी*

समय

लोधघारी	हिन्दी	लोधघारी	हिन्दी
राति को चोथौ पहारू	*ब्रह्म मुहूर्त (3–4 बजे)*	संझा	*शाम (5–7 बजे)*
भुरारो, सबेरो	*सुबह (4–5 बजे)*	दिन डूबें	*गोधूलि*
दिनउएँ	*उषाकाल (5–7 बजे)*	राति	*रात्रि*
कलेऊ को टेमु	*प्रात: (8–11 बजे)*	आधी राति	*अर्द्ध-रात्रि*
दुपार, दुपारु	*दोपहर (11–2 बजे)*	पहारू, घरी	*तीन घण्टे का समय (प्रहर)*
दिनफिरैं	*दोपहर के बाद (2–5 बजे)*		

दिनवार

लोधघारी	हिन्दी	लोधघारी	हिन्दी
सुम्मारु	*सोमवार*	शुक्करु	*शुक्रवार*
मंगरु	*मंगलवार*	सनीचरु	*शनिवार*

लोधघारी	हिन्दी	लोधघारी	हिन्दी
बुद्धु	*बुधवार*	ऐंतबारु	*रविवार*
बिसिपिति	*गुरुवार*		

पक्ष

लोधघारी	हिन्दी	लोधघारी	हिन्दी
पाखु	*पक्ष*	पूनों	*पूर्णिमा*
उत्तत, उँजेरो पाखु, सुदी	*शुक्ल*	अमावसु, अमाउसु	*अमावस्या*
लगत, अँधेरो पाखु, वदी	*कृष्ण*		

ऋतुएँ

लोधघारी	हिन्दी	लोधघारी	हिन्दी
जड़कालौ	*शीत*	चोमासौ	*वर्षा*
जेठमासु	*ग्रीष्म*		

महीनों के नाम

लोधघारी	हिन्दी	लोधघारी	हिन्दी
चेतु	*चैत्र*	कुआर	*आश्विन*
बैसाख	*बैसाख*	कातिक	*कार्तिक*
जेठ	*ज्येष्ठ*	अगान, अघान	*मार्गशीर्ष*
अषाढ़	*आषाढ़*	फूँस	*पौष*
सावन	*श्रावण*	माह, महा	*माघ*
भादों	*भाद्रपद*	फागुन	*फाल्गुन*

भोजन

लोधघारी	हिन्दी	लोधघारी	हिन्दी
कलेऊ	*नाश्ता*	पिछलारी	*शाम का भोजन*
रोटी	*दोपहर का भोजन*	ब्यारू	*रात्रि का भोजन*

सब्जी

लोधघारी	हिन्दी	लोधघारी	हिन्दी
आलू	*आलू*	तुरइया	*तोरई*
अरई	*अरवी (घुइयाँ)*	प्याजु	*प्याज*
टिमाटर	*टमाटर*	लाशन	*लहसुन*

लोधघारी	*हिन्दी*	लोधघारी	*हिन्दी*
सकरकण्डी	*शकरकन्द*	निबुआ	*नींबू*
भटा	*बैंगन*	कदुआ, सीताफलु	*कद्दू*
पालक	*पालक*	डेंद्स	*टिण्डे*
मूरा	*मूली*	आधौ	*अदरक*
गाजरि, गाजर	*गाजर*	कटार	*कटहल*
तूमरा	*लौकी (गोलाकार)*	मैंथी	*मेथी*
कुमेड़ो	*कुम्हड़ा*	लौकिया	*लौकी (लम्बी)*

फसलें

लोधघारी	*हिन्दी*	लोधघारी	*हिन्दी*
गेंऊँ, गेहूँ	*गेहूँ*	सस्सों	*सरसों*
बेझरि, बेजरि	*जौ*	सूज्जिमुखी	*सूर्यमुखी*
जोंडरी	*ज्वार*	उद्द	*उड़द*
बाजरा	*बाजरा*	मूँग	*मूँग*
मका	*मकई*	मसूर	*मसूर*
मूँगफरी	*मूँगफली*	चना	*चना*
अस्सी	*अलसी*	राहिरि	*अरहर*
तिली	*तिल*	उखारी	*गन्ना*

नाप-जोख

लोधघारी	*हिन्दी*	लोधघारी	*हिन्दी*
सेरभर	*एक किलो*	मनभर	*चालीस किलो*
पसेरी	*पाँच किलो*	कुण्डल, कुंटल	*एक सौ किलो*

कृषि-उपकरण

लोधघारी	*हिन्दी*	लोधघारी	*हिन्दी*
हरु	*हल*	कुड़रिया	*कुल्हाड़ी*
गाड़ी	*बैलगाड़ी*	फाँवरौ	*फावड़ा*
टेक्टर	*ट्रेक्टर*	खुरपी	*खुरपी*
ऐंसिया	*हँसिया*	तखरी	*तराजू*

पशुओं/वन्य जीवों/अन्य जीवों के नाम

लोधघारी	हिन्दी
बध्दा, बधिया	*बैल*
गइ्या	*गाय*
साँडु	*साँड*
बुकरा	*बकरा*
छिरिया	*बकरी*
मेड़ा	*भेड़ (नर)*
भेड़, भेड़ि	*भेड़ (मादा)*
ऊँटु	*ऊँट*
उटिनी	*ऊँटनी*
हाती, हाथी	*हाथी*
हतिनी, हथिनी	*हाथिन*
घुड़िया	*घोड़ी*
गधा	*गधा*
गधइ्या	*गधी*
खच्चरू	*खच्चर*
भैंसि, भैंसिया	*भैंस*
पड़ा	*भैंसा*
गोदुआ	*सियार (गीदड़)*
लुखरिया	*लोमड़ी*
खरा, खराह	*खरगोश*
शेरू	*शेर*
बघर्रा	*बाघ*
चीता	*चीता*
तेंदुआ	*तेंदुआ*
लरिया	*भेड़िया*
वनबिलवा	*वनबिलाव*
कुत्ता	*कुत्ता*
बिलइया	*बिल्ली (मादा)*
बिलौटा	*बिल्ली (नर)*
मगरमच्छ	*मगर*
कचुआ	*कछुआ*
करकेंटा	*केकड़ा*
बछरा	*बछड़ा*
बछिया	*बछिया*
पड़रा, लबेरू	*भैंस का बच्चा*
पड़िया	*भैंस की बच्ची*
रेंगटा	*गधे का बच्चा*
गेंडुआ	*केंचुआ*
चुखरा	*चूहा (नर)*
चुखरिया	*चुहिया (मादा)*
करूआ कीरा	*काला सर्प*
पनिहाँ कीरा	*पानी का सर्प*
कुचलेंड़	*कुचलेंड़ (सर्प)*
मिडुका	*मेंढक*
काँतरि	*कनखजूरा*
अँखफोरा	*टिड्ढा*
मछरी	*मछली*
झींगुरु	*झींगुर*
पतलइ्या	*तितली*
बीछू	*बिच्छू*
मकरी	*मकड़ी*
लीलु	*नीलगाय (नर)*
पहाड़	*नीलगाय (मादा)*
हिन्ना	*हिरण*
सूघर	*सूअर*
बन्दरा	*बन्दर*
रीछु	*भालू (रीछ)*
गोह	*गोह*
विषखपरा	*विषैली गोह*
गिलारी	*गिलहरी*

पक्षी

लोधघारी	*हिन्दी*	लोधघारी	*हिन्दी*
सुआ, हरिया	*तोता*	मुर्गी	*मुर्गी*
परेवा	*कबूतर*	जलमुर्गी	*जलमुर्गी*
कोटुबढ़इ्या	*कठफोड़वा*	मोर	*मोर (नर)*
कौआ	*कौआ*	हुक्का	*सोन चिरैया*
कोइल	*कोयल*	चमकदरा, चमकधरा	*चमगादड़*
चिरैया	*गौरैया*	लीलकण्ठु	*नीलकण्ठ*
तीतुरा	*तीतर*	श्याम चिरैया	*श्याम चिरैया*
बटेर	*बटेर*	शक्कर खोरा	*शकर खोरा*
गुलगुलिया	*मैना*	हारिल	*हाड़िल*
धौरैया	*गौरैया*	उल्लू, घुघ्घु	*उल्लू*
बाजु	*बाज*	मोरिया	*मोर (मादा)*
कुमरिया	*कुमरिया*	बगुला	*बगुला*
पेंगरी	*पेंगरी (सात बहनें)*	कुच्च, गेंगा	*क्रौंच*
गीधु	*गिद्ध*	टीटुरी, टिटुरिया	*टिटहरी*
चील	*चील*	महूक की मंखी	*मधुमक्खी*
वैला	*बया*	ततैया, भौंरमच्छ	*बड़ी मधुमक्खी*
सिस्सा	*सारस*	बर्रैया	*बर्र*
बदक, बदख	*बत्तख*	भौंरा	*भौंरा (भ्रमर)*
मुर्गा	*मुर्गा*		

पेड़

लोधघारी	*हिन्दी*	लोधघारी	*हिन्दी*
बमूरा	*बबूल*	केरा	*केला*
नीब	*नीम*	खजूरि	*खजूर*
आमु	*आम*	आँवरौ	*आँवला*
महुआ	*महुआ*	कदम	*कदम्ब*
इमिली	*इमली*	मौस्सिरी	*मौलश्री*
जमुनी	*जामुन*	पाकरि	*पाकरि*
बेरिया	*बेर*	वेल	*बिल्व*
जामफल	*अमरूद*	कटार	*कटहल*
कैंथु	*कैंथ*	साजना	*सहजन*

लोधघारी	हिन्दी	लोधघारी	हिन्दी
छेंकुरिया	*छेंकुर*	रेमझा	*रेंमजा (बबूल जैसा)*
पीपरा	*पीपल*	सफेता	*यूकेलिप्टस*
वर, वरु	*बरगद*	कनेरि	*कनेर*
सीसम	*शीशम*	पेड़ु	*पेड़*
छोला	*पलाश (टेसू, ढाक)*		

फल

लोधघारी	हिन्दी	लोधघारी	हिन्दी
आमु	*आम*	जाम्मफल	*अमरूद*
गुनियाँ, गुना	*इमली*	जमुनी	*जामुन*
बेरु	*बेर*	गिलौंदो	*महुआ*
कलींदौ	*तरबूज*	गेरि, गैहरि	*केला*
खरमूंजा	*खरबूज*		

शेष शब्दावली

लोधघारी	हिन्दी	लोधघारी	हिन्दी
मीठौ	*मीठा*	जींगना	*जुगनू*
नुनडारो	*नमकीन*	सूज्जि	*सूरज*
तिराहौ	*तिराहा*	चन्द्रिमा	*चन्द्रमा*
झाँ	*यहाँ*	दिया	*दीपक*
भाँ	*वहाँ*	गागरि, मथनिया	*मटका*
अँगुरिया	*उँगली*	पथनवारौ	*कण्डा थापने का स्थान*
फुलकिया	*गेहूँ की रोटी*	गोंड़ा	*पालतू पशु बाँधने का स्थान*
बेझरा, बेजरा	*गेहूँ + चना की रोटी*	गोंतु	*ईंधन रखने का स्थान*
धमका	*तेज गर्मी*	अरसोंड़ा	*अलसी का ईंधन*
कनिक	*आटा*	तिलसटा	*तिल का ईंधन*
डुकरा	*वृद्ध*	सरसोंड़ा	*सरसों का ईंधन*
डुकरिया	*वृद्धा*	मीठौ तेल	*तिल का तेल*
ज्वान	*जवान*	करूआ तेल, कडुआ तेल	*सरसों का तेल*
तला	*तालाब*	अण्डेलु	*अरण्डी का तेल*
तलैया	*छोटा तालाब*	भुसु	*भूसा*
पुखरिया	*अति छोटा तालाब*	नाजु	*अनाज*
छीप	*सीप*	मिरि्र	*एकता*

लोधघारी	हिन्दी	लोधघारी	हिन्दी
होरी	*होली*	टैना	*झुण्ड, समूह*
दिवारी	*दीपावली*	राँड़	*विधवा*
महूक	*शहद*	कपौ	*कीचड़*
घोंसुआ	*घौंसला*	नेंकु	*थोड़ा-सा*
सुहागिल	*विवाहित स्त्री*	का	*क्या*
काये, काहे	*क्यों*	अथांई	*पंचायती चबूतरा*
मछरा	*मच्छर*	पूजा-पता	*पूजा-पाठ*
मंखी	*मक्खी*	तेरहीं	*मृत्युभोज*
छिपकिया	*छिपकली*	छौलियाना	*पलाश के पेड़ों का समूह*

शरीर के अंग

लोधघारी	हिन्दी	लोधघारी	हिन्दी
चुटिया	*चोटी*	छाती	*वक्ष*
बार	*बाल*	पेटु	*पेट*
मूढ़ु	*सिर*	टुड़ी	*टुण्डी*
माथौ	*माथा*	करिहा, कमरि	*कमर*
कान	*कान*	पाएँ, पाँउँ, गोडु	*पैर*
आँखि	*आँख*	तरवा	*तलवा*
मौं	*मुँह*	कौहनी	*कुहनी*
नाक	*नाक*	घोंटू, घुटना	*घुटना*
गलउआ, कनपटी	*गाल*	अँगूठा	*अँगूठा*
मूँछ	*मूँछ*	दाँत	*दाँत*
तरूआ	*तालु*	ओठ	*होंठ (ओष्ठ)*
नारि, टेंटुआ	*गरदन*	हाथ, बाँहि	*हाथ*
अँगुरियाँ	*उँगलियाँ*		

अंक तालिका

लोधघारी	हिन्दी	लोधघारी	हिन्दी
रामजी, एक	*1 एक*	तीस	*30 तीस*
दोवा, दौ	*2 दो*	इकतीस	*31 इकतीस*
तीनि, बाढ़ि	*3 तीन*	उन्तालीस	*39 उनचालीस*
चारि	*4 चार*	चालीस	*40 चालीस*
पाँच	*5 पाँच*	इकतालीस	*41 इकतालीस*

लोधघारी	हिन्दी	लोधघारी	हिन्दी
छै	*6 छह*	उननचास	*49 उनचास*
सात	*7 सात*	पचास	*50 पचास*
आठ	*8 आठ*	इक्याउन	*51 इक्यावन*
नौ	*9 नौ*	उनसठि	*59 उनसठ*
दस	*10 दस*	साठि	*60 साठ*
ग्यारा	*11 ग्यारह*	इकसठि	*61 इकसठ*
बारा	*12 बारह*	उनत्तरि	*69 उनहत्तर*
तेरा	*13 तेरह*	सत्तरि	*70 सत्तर*
चऊदा	*14 चौदह*	इकत्तरि	*71 इकहत्तर*
पंदिरा	*15 पन्द्रह*	उन्यासी	*79 उन्यासी*
सोरा	*16 सोलह*	अस्सी	*80 अस्सी*
सत्तिरा	*17 सत्रह*	इक्यासी	*81 इक्यासी*
अठारा	*18 अठारह*	नबासी	*89 नवासी*
उनईस	*19 उन्नीस*	नब्बे	*90 नब्बे*
बीस	*20 बीस*	इंक्यानवे	*91 इक्यानवे*
इकईस	*21 इक्कीस*	निन्नयानवे	*99 निन्यानवे*
उन्तीस	*29 उन्तीस*	सौ	*100 एक सौ*

संदर्भ

1. त्रिपाठी, श्रवण कुमार, *क्रान्ति पथ*, मान सरोवर प्रकाशन, ताल बेहट, ललितपुर (उत्तर प्रदेश)।
2. नरवरिया, श्रीमती आशा: सभी लोकगीत गायन (2010).
3. श्रीमती चिरोंजादेवी उर्फ बीजो बाई (लेखक की स्वर्गीय दादी), ग्राम-जरपुरा, पोस्ट-सोनी, खण्ड- मेहगाँव (जिला-भिण्ड), 1977.
4. सेंगर, डॉ सुखदेव सिंह, डॉ. फूल सिंह नरवरिया (सम्पादक), *अमर शहीद सुल्तान सिंह नरवरिया स्मृति ग्रन्थ*, अमर शहीद प्रकाशन, भिण्ड (मध्य प्रदेश), संस्करण: जनवरी, 2000.

24

सहरियाई

फूल सिंह नरवरिया, मंजू नरवरिया

1. नाम

'सहर' अरबी भाषा का शब्द है, शब्दकोश के अनुसार जिसका अर्थ है- प्रात:काल या सबेरा। 'सहराई' का अर्थ है- जंगली या वन्य। अर्थात् वह जनजाति जिसकी सुबह जंगल में होती हो, जंगल के विविध उपादान उसके जीवन से जुड़े हों, सहरिया कहलाती है। सहरिया जनजाति द्वारा व्यवहृत बोली को 'सहरियाई' या सहरिया लोकभाषा के नाम से जाना जाता है।

2. क्षेत्र

मध्य प्रदेश के ग्वालियर एवं चम्बल संभाग के अन्तर्गत आने वाले जिलों (भिण्ड, मुरैना, श्योपुर, ग्वालियर, दतिया, शिवपुरी, अशोकनगर, गुना) में सहरिया जनजाति बहुतायत में पाई जाती है। इस जनजाति का बाहुल्य श्योपुर के करहल खण्ड, ग्वालियर के घाटीगाँव एवं शिवपुरी के पोहरी खण्ड में पाया जाता है। इसकी आजीविका जंगली वनोपज एवं मजदूरी पर निर्भर है।

3. संक्षिप्त इतिहास

सहरियाई जनजातीय लोकभाषा है, जो कि सहरिया जनजाति द्वारा बोली जाती है। सहरियाओं को कनिंघम (1871) ने 'सौर' या 'सवर' माना है और सजातीय सीथियन शब्द से जिसका अर्थ *कुल्हाड़ी* है, इस शब्द की तुलना की है। सहरियाओं के संबंध में यह मान्यता है कि वे अपने पास सदैव कुल्हाड़ी रखते हैं।

सहरिया जनजाति के लोग, जंगल से पलायन कर अब विभिन्न क्षेत्रों में आकर बस गए हैं। सहरिया जनजाति के निवास क्षेत्र को अधिकांशत: 'आदिवासी का पुरा' 'डेरा' या 'दफाई' कहा जाता है।

सहरिया जनजाति में कारेदेव, अमरसिंह की पूजा होती है। ये उनके लोकदेवता हैं। सहरिया जनजाति भी कई गोत्रों में विभाजित है, जिसमें ढोढ़िया, सेलिया, खड़िया, वरोदिया, गोभैया, सोलकिया, बढ़ेले, चचेंडिया, अतरिया, जवरोलिया, नरभैया, बदरेटिया, बिलोंडिया, कुमरिया आदि हैं।

सहरियाई लोकभाषा, बुंदेली, जादोंमाटी, सिकरवारी, ब्रज एवं पंचमहली लोकभाषाओं के क्षेत्र के मध्य की लोकभाषा है इसलिए उन लोकभाषाओं से भी कई शब्द इसमें समाहित हो गए हैं। वर्तमान में सहरियाई बोलने वालों की संख्या लगभग एक लाख है।*

---

* लेखक के स्वयं के सर्वेक्षण के आधार पर।

4. व्याकरण

4.1 सहरियाई लोकभाषा के कुछ वाक्यांश

सहरियाई	हिन्दी
वे चले जात हेंगे।	*वे चले जा रहे हैं।*
एक तिलगईयाँ से आग बिड़ गई।	*एक चिंगारी से आग लग गई।*
कहरे आज कितेक शिखार मारी?	*क्यों, आज कितने शिकार किए हैं?*
आज सुग रात टिवी चलागो का?	*आज, क्या सारी रात टी.वी. चलाएगा?*
कल ठेकेदार मोहि लेवे आजागो।	*कल, ठेकेदार मुझे बुलाने आएगा।*
फिर तो जानो परगो।	*फिर तो जाना पड़ेगा।*

4.2 व्याकरणिक तत्त्व

क्र.	नाम	सहरियाई	हिन्दी
1.	संज्ञा	मौड़ा, बाई,	*लड़का, मां,*
		गड़ेलू, बछुला	*लौकी, बैल,*
2.	लिंग	जनी, आदमी	*स्त्री, पुरुष*
3.	वचन	गैया, गायन	*गाय, गायें*
4.	कारक चिह्न	ने, से, य	*ने, से, को*
5.	सर्वनाम	तु, जे, कछू	*तुम, यह, कुछ*
6.	विशेषण	अच्छो, बुरो,	*अच्छा, बुरा,*
		सुग, मुतकी	*सब, अधिक*
7.	क्रिया	नाचति हैगी।	*नाच रही है।*
		पियत हैंगे।	*पी रहा है।*
8.	सहायक क्रिया	है, हतो,	*है, था,*
		हती, हेंगे	*थी, होगा*
9.	काल	1. बच्चा जात हेगो।	1. *बच्चा जाता है।*
		2. बच्चा गयो।	2. *बच्चा गया।*
		3. बच्चा जाएगो।	3. *बच्चा जाएगा।*
10.	क्रिया विशेषण	धीरे-धीरे चली आव।	*धीरे-धीरे चलिए*
11.	सम्बन्ध बोधक	बको संग मत करो।	*उसका साथ छोड़ दो।*
12.	समुच्चय बोधक	शैल और अभि पड़ि रहे हेंगे।	*शैल और अभि पढ़ रहे हैं।*
13.	विस्मयादि बोधक	आअ, साबास	*आह, शाबास!*

5. साहित्य (सहरियाई भाषा)

लोकगीत 1

(भोजन के अवसर का गीत, जिसमें एक सहरिया जनजाति का) श्याम (नाम का व्यक्ति) पत्थर वाली भूमि पर जिसको सभी 'पटपरिया' कहते हैं पर (नशे की हालत में) लाठी छोड़ आया है। (वह) गर्म रोटी और बासी सब्जी की माँग कर रहा है। यह बात (एक) रामकली (नामक स्त्री) सरमन (नामक पुरुष) से कह रही है।

जौनार

श्याम लठिया पटपरिया पे डाल आए।
ताती रोटी बासी साग की कह रहे हैं,
रामकली सरमन से कह रही है। श्याम...

स्रोत : फूल सिंह नरवरिया, मंजू नरवरिया, ग्वालियर।

हिन्दी अनुवाद
जौनार

लाठी को (सभी लोग) ढूंढ़ो,
वह श्याम की लाठी, नशीली लाठी
मेरे जो मित्र हैं, उन सभी से मैं ढूढ़ने को कह रही हूँ।

लोकगीत 2

भात

रात बड़ी दिन छोटो भतईयो
बुलट दबाएँ चल अईयो भतईयो।
आए मेरी डेरा पे शोर कर जईयो
आए मेरी सास को हरियल साड़ी,
एक जोड़ भात को ले अईयो। रात...
आए मेरे ससुरा को
सूट ले अईयो। रात...

स्रोत : फूल सिंह नरवरिया, मंजू नरवरिया, ग्वालियर।

हिन्दी अनुवाद
भात

(बहन भाई से कह रही है)

(आजकल) रात बड़ी और दिन छोटा हो रहा है, भातवाले (भाई) बुलट (मोटरसाईकल) लेकर जल्दी आ जाना, भातवाले (भाई) (इतना भात देना, जिससे) मेरे गाँव में तेरे नाम की चर्चा हो जाए, आकर मेरी सास को हरे रंग की साड़ी लाना, (मेरे लिए) भात में (साड़ी की) एक जोड़ी लेकर आना। मेरे ससुर को भी सूट लेकर आना।

लोकगीत 3

बन्ना

चले अईयो राम गोलई-गोला
टूट गई माला भजन कैसे होय
दूर डरे डेरा भजन कैसे होय।
कड़ गए लक्ष्मण राम कैर खैर की तरह
बगिया में मिलन कैसे होय।
दूर-दूर में खटिया पर डरी,

हिन्दी अनुवाद
वरना

राम सड़क-सड़क चले आना,
(मेरी) माला टूट गई है, (आपका) भजन कैसे करूँ?
मेरा डेरा अर्थात (निवास) भी दूर है, कैसे भजन करूँ?
राम-लक्ष्मण कैर खैर की तरह निकल गए हैं,
(मेरा) बगीचे में मिलन किस प्रकार हो?
(बीमार होकर) दूर चारपाई पर लेटी हुई हूँ।

डरी अर्ज कैसे करूँ	*लेटी हुई प्रार्थना कैसे करूँ?*
दूर-दूर डेरा भजन कैसे होय।	*(मेरा) डेरा भी दूर है, भजन कैसे करूँ?*

स्रोत : फूल सिंह नरवरिया, मंजू नरवरिया, ग्वालियर।

लोकगीत 4

माता के गीत	*हिन्दी अनुवाद* *माता के गीत*
लाल लाल लालन ही जाऐ	*(माँ को) लाल रंग पसन्द है,*
आओ मैया मेरा दिल घबड़ाये। हो मैया लाल...	*(माँ आप दर्शन देना) मेरा दिल घबड़ा रहा है,*
नथ ले आई मैं मैया के लिए	*माँ के लिए मैंने नथ बनवाई है*
चुड़ी ले आई मैं मैया के लिए। हो मैया लाल...	*माँ के लिए मैंने चूड़ियाँ बनवाई हैं।*
चोरो लाई मैं मैया के लिए	*माँ के लिए मैं चोली लाई हूँ।*
चुनरी लाई मैं मैया के लिए। हो मैया लाल...	*माँ के लिए मैं चूनर लाई हूँ।*

स्रोत : फूल सिंह नरवरिया, मंजू नरवरिया, ग्वालियर।

लोकगीत 5

गाना	*हिन्दी अनुवाद* *गाना*
बाबा तेरे गलमुच्छा लम्बे लटकन्ता	*बाबा आपकी बड़ी-बड़ी मूँछें लटक रही हैं,*
हम गा रहे गाना सुन रही जन्ता	*हम गाना गा रहे हैं और जनता सुन रही है*
टेंशन पहुँचे सब, लेन थी बरावर	*स्टेशन पर पहुँचकर हम देखते हैं, रेल की लाइन बराबर है,*
सिंगल लटकन्ता। बाबा तेरे...	*सिग्नल लटक रहा है।*
वे हरी जाते-जाते बगिया पहुँचे	*वे हरी जाकर बाग में पहुँच जाते हैं,*
बाबा बगिया में क्या देखा-	*बाबा के बाग में क्या देखते हैं*
बाबाजी सब किरियाँ थी बराबर	*बाबा जी के बाग में सभी (पेड़ों/सब्जियों) की क्यारियाँ बराबर हैं,*
भटा लटकन्ता। बाबा तेरे...	*(केवल) बैंगन लटक रहे हैं।*
जाते जाते मन्दिर पहुँचे,	*(वे) टहलते हुए मन्दिर पहुँच जाते हैं,*
सब देवता बराबर	*सभी देवताओं का स्थान बराबर है,*
घण्टा लटकन्ता। बाबा तेरे...	*(लेकिन केवल) घण्टा लटक रहा है।*

स्रोत : फूल सिंह नरवरिया, मंजू नरवरिया, ग्वालियर।

लोककथा 1

सुग की जीत

याँ डुकई डुकरा रह। ऐसे रहते रहते एक दिना आलू भटा लेकर एक बचैया आया। डुकइया ने कई एक किलो भटा मोईय तोन्दे। एक भटा चकिया में गिर परो। सुई भैया डुकईया रोटी साग बना रही थी इतने में भटा ने कई-ला अम्मां में दे आऊँ रोटी। डुकईया

बोली–रोटी पानी मैं ले जाऊँगी तू तो गिरा देगो। याँ अम्मां तू तो मेरे डाटिए में बाँद दे, में नहीं गिरागों। दद्दू वारो कुओ मेरे ते आगी ए। ले दद्दू रोटी खाले। सुई भैया बाने, खालई रोटी। बाने डुकरा ने जों कई में लेट लऊँ। तू याँ के हार को ई चला जा बैलनय लैके। फिर बाने असली धड़ा कर लयो फिर ऊपर थे फटबई दर लई। राजा के बाग में बैलनय चरान लगो। राजा ने जब सुनी तो संत्रइयों से कहा जाओ उसके बैल लायो। भटा ने एक लकैया ले लई लगे जामें लगे वामें लगे जामें फिर भैया वे संत्रइया भाग गए। राजा ने फिर बड़े संत्रइया भेजे फिर वाने लकैया ले लई लगे जामें लगे वामें लगे जामें...फिर ऊ संत्रइया बैल जवरई करके ले गए। फिर भैया वो घर को रोत रोत गयो।

घर जाकर भटा, दद्दू से बोलो–मोको गाड़ी ज्वार बना दे और मोय बताय दय में जागों अपय बैलनय लेवे। भैया फिर चेटी मिली भटा भैया भटा भैया काकों जा रहयो। राजा ने मेरे बैल ले लय तिन्ने लैवे जा रा में। फिर आग मिली भटा भैया भटा भैया काकों जा रहयो। के राजा ने मेरे बैल ले लय तिन्ने लैवे। मौइये ले चल। एक तिलगाइयां ले लई। और ऊन को लेके वो राजा से बोलो राजा साब मेरे बैल दे जाओ। इतनी सुनिके राजा ने संत्रइयों से कई उसे कोटी में मूद के आना। सुई भैया वे मूद आए। आग ने देखकें जों कई का देख रहे हो। राजा साब के महलन्नें रंचा दें।

अब राजा साब की रेंचें अर-रर, अर-रर ला। और सब चिल्लान लगे–राजा साब मेरे बैल दो। राजा ने फिर हुकम दिया–जाओ संत्रइया, हाथी, घोड़ा के पांयन में डाल के आना इनको रूँद कूछ दँगे। आग ने कई चेंटीं बहन का देख रही हो, जा इनके नाक कान में घुस बैठ। एक में थे चेटी चेंटी बन गई। बिनके नाक कान में घुस गई। ला राजा बैल दो, मेरे बैल दो राजा साब। राजा ने फिर भी नई सुनी। आग ने कई–अब कुंते कऊँ में कुदई चली जाती हूँ। आग की एक तिलगइयाँ में से महलन में आग ही आग बिड़ गई। सब बचने इधर उधर भागन लगे। भटा कोऊ मोकों मिल गओ और वो बैलनय लेके घर को भाग आयो। घर आयके डुकई डुकरा भटा मोंडा के संगे सुग को देखके खुश हुए और कई जो सुग की जीत है।

स्रोत : सहरियाई लोकभाषा, स्थान: बंगालीपुरा (बरई), खण्ड-घाटीगाँव, जिला : ग्वालियर
कथा कथन : फुन्दी पुत्र किसुना आदिवासी (70 वर्ष) 28.04.2011

हिन्दी अनुवाद

सब की जीत

एक वृद्ध दम्पति रहते थे। उनके यहाँ एक दिन सब्जी बेचने वाला आया। वृद्धा ने सब्जी वाले से एक किलो बैंगन लिए। (बैंगन लेते समय) एक बैंगन (वहाँ रखी) हाथ-चक्की में गिर गया। उसके बाद वृद्धा जब रोटी-सब्जी बना रही थी तब बैंगन ने कहा–(खेत पर जहाँ वृद्ध हल चला रहा है, उसके लिए) लाओ माँ मैं रोटी दे आऊँ। वृद्धा बोली–(तुम, बैंगन हो, कैसे ले जाओगे इसलिए) रोटी, पानी मैं ले जाकर जाऊँगी (और यदि तुम ले भी जाओगे) तो गिरा दोगे। (उसने कहा) अम्मा यहाँ मेरे डाँडुए से इसको बाँध दो, मैं नहीं गिराऊँगा। (जहाँ हल चल रहा है वह) दद्दू वाला कुँआ मेरी जानकारी में है। (पहुँचकर) दद्दू (मैं) रोटी लाया हूँ, खा लो। इस प्रकार भाइयों उसने रोटी खा ली। उस वृद्ध ने (रोटी खाने के बाद, बैंगन से) कहा कि मैं आराम कर लूँ तुम वहाँ बैलों को (चराने के लिए) ले जाओ। फिर उस (बैंगन) ने मनुष्य का रूप धारण कर लिया। (वह) राजा के बाग में बैलों को चराने लगा। राजा ने जब सुना तो सैनिकों से कहा कि (जो बाग में चरा रहा है) उसके बैल पकड़कर लाओ। (सैनिकों को देखकर) बैंगन ने एक लकड़ी ले ली और (सैनिकों को) एक-एक करके पीटने लगा, इस प्रकार सभी सैनिक भाग गए। राजा ने फिर बड़ी सेना भेजी, वह (बैंगन) उनको भी एक-एक करके पीटने लगा, अन्तत सैनिकों ने बैलों को जबर्दस्ती पकड़ लिया। फिर वह (बैंगन) रोता हुआ घर पहुँचा (और पूरी कहानी बताई।)

बैंगन घर जाकर, वृद्ध (दद्दू) से बोला–मुझे बैलगाड़ी दे दो, मैं अपनी बैलजोड़ी लेने जाऊँगा। बैंगन को रास्ते में चींटी, आग आदि कई सहयोगी मिले, उन्होंने सहयोग का हाथ बढ़ाया जिसको बैंगन ने सहर्ष स्वीकार किया। इसके बाद वह राजा से बोला–राजा साहब मेरे बैल मुझे वापिस दे दो। इतना सुनकर राजा ने सैनिकों से कहा उसे कोठी में बंद कर दो। इसके बाद भाइयों वे (सैनिक) उसे बंद कर आए। आग ने यह देखकर कहा क्या देख रहे हो? राजा साहब के महलों को हिला दो।

अब राजा साहब के महल शोर से हिलने लगे। सभी चिल्लाने लगे राजा साहब हमारे बैल दो। राजा ने फिर आदेश दिया– सैनिकों जाओ इन सबको हाथी, घोड़ों के पैरों के नीचे डालकर रौंद डालो। (यह देखकर) आग बोली–चींटी बहन क्या देख रही हो? जाओ इन के नाक-कान में घुसकर बैठ जाओ। एक चीटी में से कई चीटियाँ बन गईं। उनके नाक कान में घुस गईं। (फिर) सभी बैलों को वापिस करने की माँग राजा से करने लगे। राजा ने फिर भी अनसुनी कर दी। आग ने (अब स्वयं से) कहा–अब किससे कहूँ? मैं स्वयं ही चली जाती हूँ। आग के एक तिलंगे (चिंगारी) से महलों में आग लग गई। सभी (आग से) बचाव करते हुए इधर-उधर भागने लगे। बैंगन को भी बैलों के साथ भागने का अवसर मिल गया। घर पर वृद्ध दम्पत्ति बैंगन लड़के को सभी सथियों के साथ देखकर खुश हुए और कहा यह सबकी जीत है अर्थात् एकता और विश्वास की जीत है।

लोककथा 2

चन्दना और चार लड़इया

एक डुकईया और मोड़ा हतो। मोड़ा को नाम चन्दना हतो। चन्दना खेती बाड़ी को काम करतो। एक दिन चन्दना हर हाकवे गयो। वाकी बाई रोटी दैवे जा रही थी। बीच में एक नरिया हती। वो नरिया पर लड़ईया आ गए। लड़ईया बोले, ऐ डुकईया रोटी हमें दे। हम रोटी खाए तु पोद खुजा। तो बिनने आधी रोटी बचने दी। वो रोटी लेकर चन्दना के पास पहुँची। चन्दना ने आधी रोटी देखी तो बोलो–बाई आधी रोटी से का होगो। मोहे भूख लगी है। तो डुकईया बोली–बेटा चन्दना रोटी लड़ईया ने खा लई। वो बोलो–कैसे खा लई। वे मोसे बोले–तु पोद खुजा, हम रोटी खायेंगे। आधी बची, में तोहे ले आई। चन्दना बोलो–बाई, लड़ईयों को में कल देखंगो। कल चन्दना ने का करो? अपनी बाई के कपड़ा पैन के रोटी लेकर चलो। लड़ईया नरिया पर बैठे हते। आस कर रहे थे कि डुकईया रोटी लेकर कब आएगी। एक लड़ईया ने देखा तो बोला–वो आ गई डुकईया। अपन रोटी खायेंगे वो पोद खुजाएगी। जैसी नरिया पैं डुकईया पहुँची तो लड़ईया बोले–ला रोटी। इतने में डुकईया के रूप में चन्दना रोटी देने लगा। उसने बगल से एक डण्डा निकालो। उसने डन्डा लड़ईया में ठोक दियो तो लड़ईया भागे, चन्दना पीछे पड़ो। चन्दना बोलो–डुकईया नैयां, हम हैं। तुम्हारे पास चन्दना मक्का है, हम तेरी मक्का खाएंगे, कैंथ वाये खेत की कचंईया भी खाएंगे, लड़ईयों ने कहा। फिर चन्दना केंथ के पेड़ पर चड़ गयो तब लड़ईया गए मक्का खावे और कचईयां खावे। हाथ में चन्दना ने केंथ लियो और बन्डा लड़ईया को मारो। बन्डा लड़ईया की मूड में परी। बाने ऊपर को देखो। केंथ पर ऊपर चन्दना बैठो है। मेंरी मूड में केंथ मार दयो। इतने में चन्दना बोलो और खाओंगे बेटा मक्का की भुटिया। वह उनके पीछे पड़ो तथा रेद आओ। बन्डा लड़ईया बोलो–तु मरेगो, तब तेरी तेरवीं खायेंगे। अब चन्दना अपने घर आ गयो अपनी बाई से बोलो–के लड़ईया बहुत परेशान कर रहे हेंगे। अब अपन का करें। चन्दना ने विचार करके अपनी बाई से बोलो के बाई सबेरे तुम कन्डा बीनवे जईयो तो रो-रो कर कन्डा बीनइयो। डांड़े पर रो-रो कर डुकईया कन्डा बीनवे गई थी और कह रही थी कि मेरो चन्दना बेटा मर गया। तुमारो तेरवीं को न्योता है। तु आ जइयो। कन्डा बीन कर डुकइया जब घर गई तब चन्दना ने पूछो के बाई लड़ईया मिले का। तो ढुकईया बोली मेंने विनय तेरवीं का न्योता देदओ। तो बाई में बिन्हें देखांगो। तो उसने चार खुंटा बनाए। चार रस्सी बनाईं। रात को जब लड़इया न्योता में आए तब चन्दना घर के भीतर घुस गया। डुकईया से बोलो–बाई चारो लड़ईया को खाना खबाना सम्मान से। और चारों वो बांध दियो। थोड़ी देर में एक लोखो बाई भी आई। चन्दना बोलो एक सड़ी रस्सी से लोखो बाई को बांध दो। तो डुकईया खाट की सड़ी रस्सी से लोखो बाई को बांध दिया। तब डुकईया रोई–ओ चन्दना मोरो कितहु हो तो आजा इनको रोटी परस दे। इतने में चन्दना हाथ में डन्डा लेकर आया। तो दे लड़ईया में, दे लड़इया में, दे तेरह की दे तेरे की मचा दी। जब लोखो की तरफ दौड़ो तो लोखो सड़ी रस्सी तोड़कर बोली।

घर में हो धम्मा धाई।
बाहर नाचे लोखो बाई।।

स्रोत : सहरियाई लोकभाषा, **स्थानः** दफाईखोड़न (लोहगढ़), खण्ड- डबरा, जिला - ग्वालियर
कथा-कथन : बलवीर सिंह आदिवासी (35 वर्ष) 24.05.2011

हिन्दी अनुवाद

चन्दन और चार गीदड़

एक बुढ़िया और उसका एक लड़का था। लड़के का नाम चन्दन था। चन्दन खेती किसानी का कार्य करता था। एक दिन चन्दन हल चलाने (हार को) गया। उसकी माँ रोटी देने जा रही थी। बीच में एक नाला था। उस नाले पर गीदड़ आ गए। गीदड़ बोले–ए बुढ़िया! रोटी हमको दो। हम रोटी खाएंगे और तुम कमर हिलाओ। उन्होंने खाकर आधी रोटी बचा दी। वह आधी रोटी लेकर चन्दन के पास पहुँची। चन्दन आधी रोटी देखकर बोला- माँ आधी रोटी से क्या होगा? मुझको भूख लगी है। तब बुढ़िया बोली–बेटा चन्दन, रोटी गीदड़ों ने खा ली। वह बोला–कैसे खा ली। वे मुझसे बोले तुम कमर हिलाओ हम रोटी खाएँगे। (उन्होंने खाकर जो) आधी रोटी छोड़ी थी, वह मैं तेरे लिए ले आई। चन्दन बोला–माँ गीदड़ों को मैं कल देखूँगा। दूसरे दिन चन्दन ने क्या किया? अपनी माँ के कपड़े पहनकर रोटी लेकर गया। गीदड़ नाले पर बैठे थे। वे बुढ़िया के रोटी लेकर आने के इन्तजार में थे। एक गीदड़ ने देखकर कहा–वह आ गई बुढ़िया। हम सब अब रोटी खाएंगे और वह कमर हिलाएगी। जैसे ही नाले पर बुढ़िया पहुँची तब गीदड़ बोले–रोटी लाओ। इस प्रकार बुढ़िया के रूप में चन्दन उनको रोटी देने लगा। (इसी बीच) उसने पास से ही एक डण्डा निकाला। उसने (सबसे पहले एक) बिना पूँछ के गीदड़ को डण्डा मार दिया। तब गीदड़ भागने लगे और चन्दन ने उनका पीछा किया। चन्दन बोला–(यह) बुढ़िया नहीं है, हम (चन्दन) हैं। (फिर उत्तर में) गीदड़ बोले–चन्दन, तुम्हारे पास मक्का है। हम तेरी मक्का को खाएंगे और केंथ वाले खेत की कचरियाँ (एक प्रकार की ककड़ी) भी खाएंगे। (इधर) फिर चन्दन केंथ के पेड़ पर चढ़ गया, (उधर) जब गीदड़ मक्का एवं कचरिया खाने उसके खेत पर आए तब चन्दन ने हाथ में केंथ का फल लेकर बिना पूँछ के गीदड़ को मारा। केंथ उस गीदड़ के सिर पर पड़ा। उसने ऊपर की ओर देखा। केंथ के पेड़ के ऊपर चन्दन बैठा हुआ था। पूँछविहीन गीदड़, अन्य गीदड़ों से बोला–(सभी) भागो, पेड़ के ऊपर चन्दन बैठा हुआ है। (उसने) मेरे सिर में केंथ का फल मारा है। यह सुनकर चन्दन बोला–और खाओगे बेटा मक्का की भुटिया। वह फिर उन्हें दूर तक भगा आया। पूँछविहीन गीदड़ (चन्दन से) बोला–जब तुम मरोगे तब तुम्हारी तेरहवीं खाएंगे। अब चन्दन अपने घर आ गया। (वह) अपनी माँ से बोला–कि गीदड़ बहुत परेशान कर रहे हैं। अब क्या करना चाहिए? चन्दन ने फिर विचार कर अपनी माँ से कहा–कि माँ जब तुम सुबह कण्डा (उपला) इकठ्ठे करने जाओ तब रो-रो कर कण्डे इकठ्ठे करना। बुढ़िया जब डाँड़े (एक ऊँचा स्थान) पर कण्डे इकट्ठे करने गई तब कह रही थी कि मेरा बेटा चन्दन तो मर गया। (गीदड़ों को देखकर) तुम सबका तेरहवीं का निमंत्रण है। तुम आ जाना। कण्डे इकट्ठे कर बुढ़िया जब घर पहुँची तब चन्दन ने पूछा–कि माँ गीदड़ मिले थे क्या? तब बुढ़िया बोली–मैंने उन्हें तेरहवीं का निमंत्रण दे दिया है। तब माँ मैं उन्हें (जरूर) देखूँगा। तब उसने चार खूँटा बनाए। चार रस्सियाँ तैयार कीं। रात्रि के समय जब गीदड़ निमंत्रण में आए तब चन्दन घर के भीतर छिप गया। (चन्दन) बुढ़िया से बोला–चारों गीदड़ों को सम्मानपूर्वक भोजन कराना। और (बाद में) चारों को बाँध देना। थोड़ी-सी देर में एक लोमड़ी भी आ गई। चन्दन बोला–एक सड़ी रस्सी से लोमड़ी को भी बाँध देना। तब बुढ़िया ने चारपाई की सड़ी रस्सी से लोमड़ी को बाँध दिया। तब बुढ़िया रोने लगी–ओ! मेरे चन्दन अगर तुम कहीं हो तो आ जाओ और इनको रोटी परोस दो। इतनी सुनकर चन्दन हाथ में डण्डा लेकर आया। (वह डण्डा) तब दे (इस) गीदड़ में, दे (उस) गीदड़ में और दे-दे की आवाज आने लगी। जब (चन्दन) लोमड़ी की तरफ दौड़ा तो लोमड़ी सड़ी रस्सी को तोड़कर यह बोली–

'घर में हो धम्मा धाई।
अर्थात् घर में (गीदड़ों की)
पिटाई हो रही है और (यह दृश्य देखकर)
बाहर लोमड़ी (खुशी में) नाच रही है।
बाहर नाचे लोखो बाई।।'

6. शब्दावली (सहरियाई-हिन्दी)

रिश्ते-नाते

सहरियाई	*हिन्दी*	सहरियाई	*हिन्दी*
बाई, जिजी	*माता*	बड़ी बाई	*दादी*
दादा, भइया, कक्का	*पिता*	सारो	*साला*
भईया, भैया	*भाई*	सारेज	*सलहज*
जिज्जी, बहिन	*बहन*	जीजा	*बहनोई*
पाहुनो, नातेदार	*दामाद*	भाईसाहब	*साढ़ू*
भौजी	*भाभी*	मोंसिया	*मौसी*
बाबा	*दादा*	फुआ	*बुआ*

रंग

सहरियाई	*हिन्दी*	सहरियाई	*हिन्दी*
भटारी	*बैंगनी*	लाल	*लाल*
नीलो	*नीला*	सफेत, धोरौ	*सफ़ेद*
हरा	*हरा*	कारो, कारा, करिया	*काला*
पीरो	*पीला*		

समय

सहरियाई	*हिन्दी*	सहरियाई	*हिन्दी*
भोरऊँ, सकाएँ	*सुबह*	संझा, अथए	*शाम*
दौपर, दुपाई	*दोपहर*	राति	*रात्रि*

दिनवार

सहरियाई	*हिन्दी*	सहरियाई	*हिन्दी*
सोमार	*सोमवार*	शुकुर	*शुक्रवार*
मंगल	*मंगलवार*	शनिचर	*शनिवार*
बुधवार	*बुधवार*	ऐतवार	*रविवार*
बिसपित	*गुरुवार*		

पक्ष

सहरियाई	***हिन्दी***	**सहरियाई**	***हिन्दी***
पाख	*पक्ष*	पूनें	*पूर्णिमा*
उँजिरिया	*शुक्ल*	मावस	*अमावस्या*
कारो पाख	*कृष्ण*		

ऋतुएँ

सहरियाई	***हिन्दी***	**सहरियाई**	***हिन्दी***
ठण्ड, जाड़ो	*शीत*	चौमासा	*वर्षा*
घुवकाले, गरमी	*ग्रीष्म*	चौमासा	*चातुर्मास*

महीनों के नाम

सहरियाई	***हिन्दी***	**सहरियाई**	***हिन्दी***
चेंत	*चैत्र*	क्वांर	*आश्विन*
बैसाख	*बैसाख*	कातिक	*कार्तिक*
जेठ	*ज्येष्ठ*	अगेन	*मार्गशीष*
अशाढ़	*आषाढ़*	फूँस	*पौष*
सावन, साहुन	*श्रावण*	माव	*माघ*
भादों	*भाद्रपद*	फागु	*फाल्गुन*

भोजन

सहरियाई	***हिन्दी***	**सहरियाई**	***हिन्दी***
गिलेऊ	*नाश्ता*	रोटी	*शाम का भोजन*
रोटी	*दोपहर का भोजन*	ब्याऊ	*रात्रि का भोजन*

सब्जियाँ

सहरियाई	***हिन्दी***	**सहरियाई**	***हिन्दी***
शकरकन्दी	*शकरकन्द*	लहसन	*लहसुन*
भटा	*बैंगन*	कदुआ	*कद्दू*
पालिक	*पालक*	आदो	*अदरक*
मूरा	*मूली*	गोबी	*गोभी*
लोंकी, गड़ेलू	*लौकी*	कटेहर	*कटहल*
गोंदई	*प्याज*	शलगम	*शलजम*

विविध शब्दावली

सहरियाई	*हिन्दी*	**सहरियाई**	*हिन्दी*
लायची	*इलायची*	कुठीला	*टंकी*
चोंपे	*पशु*	छैई	*बकरी*
गैया	*गाय*	मोड़ी	*लड़की*
बिजार	*साँड*	लरका	*लड़का*
हरिया	*तोता*	डगार	*पेड़ की डाल*
परेबा	*कबूतर*	नाहर	*शेर*
चोंखओ	*चूहा*	कीरा	*कीड़ा*
दाँति	*पत्थर*	बिछौना	*बिछावट*
तुअर, रारि	*अरहर*	किबाई	*किवाड़*
ढोलिक	*ढोलक*	मेओ	*मेरा*
डाँग	*जंगल*	चिरवा	*गौरैया (नर)*
कछू	*कुछ*	चिरईया	*गौरैया (मादा)*
जामू	*जामुन*	लारो	*बकरी का बच्चा*
इतमें	*इधर*	कछू	*कुछ*
कुन्नें	*किसने*	भबूका	*लपट*
लकैया	*लकड़ी*	मस्कई	*चुपके से*
मोको	*मुझको*	नोनो	*अच्छा*
सूगर	*सूअर*	भओ	*हुआ*
हथो, हतो	*था*	गओ	*गया*
इतमें	*इधर*	बाने	*उसने*
छापरो, छपरो	*छप्पर*	सांटो	*गन्ना*
तोनों	*तब तक*	अगाई	*आगे*
कत्त हैं	*करते हैं*	पिछाई	*पीछे*
बजार	*बाजार*	रओ	*रहा*
गाट	*गार्ड*	गुदी	*गर्दन*
तिलगईयाँ	*चिंगारी*	दार	*दाल*
सुग	*सब*	पटपरिया	*पत्थर वाली भूमि*
पड़ना	*पढ़ना*	सुरारी लठिया	*नशीली लाठी*
गड़ैया	*गड़रिया*	गोलई-गोला	*सड़क-सड़क*

सहरियाई	हिन्दी	सहरियाई	हिन्दी
बाकी	*उसकी*	चोरो	*चोली*
हिरा गई	*खो गई*	आदिवासी	*जनजाति*
जे लेव	*भोजन करना*	डेरा	*अस्थाई घर जैसा*
मुतकी, सेलौ	*बहुत*	दफाई	*भागे हुए*
इतें	*यहाँ*	कड़ गए	*निकल गए*
घरें	*घर*	अर्ज	*प्रार्थना*
झोरा	*थैला*	गलमुच्छा	*बड़ी-बड़ी मूँछें*
नोंन	*नमक*	जन्ता	*जनता*
मिच्च	*मिर्च*	टेशन	*स्टेशन*
गड़ई	*लोटा*	सिंगल	*सिग्नल*
चैनुआं	*मुर्गी के बच्चे*	लटकन्ता	*लटकाने वाला*
खतरी	*गुदड़ी*	किरियाँ	*क्यारियाँ*

संदर्भ

1. आदिवासी, बलवीर सिंह (सहरिया), निवासी - दफाई खोड़न (लोहगढ़), खण्ड - डबरा, जिला - ग्वालियर।
2. ओझा, श्रीमती सुमनलता, डी.एड. द्वितीय वर्ष, डाइट, ग्वालियर (सत्र- 2011-12)।
3. कनिंघम, ए., द *एनसिएंट ज्याग्राफी ऑफ इंडिया*, ट्रबनेर एंड कंपनी, लंदन, 1871.
4. कुशवाह, हुकमसिंह, निवासी-छीमक, जिला ग्वालियर।
5. कृष्णन, व.सु., *ग्वालियर गजेटियर*, 1968, मध्य प्रदेश शासन।
6. तिवारी, डॉ. शिवकुमार शर्मा, डॉ. श्री कमल, *मध्य प्रदेश की जनजातियाँ : समाज एवं व्यवस्था*, प्रकाशक : मध्य प्रदेश हिन्दी ग्रन्थ अकादमी, भोपाल (तृतीय आवृत्ति: 1997)।
7. मथुरा पत्नी प्रभू सहरिया (60 वर्ष), निवासी बंगालीपुरा (बरई), खण्ड - घाटीगाँव जिला - ग्वालियर।
8. फुन्दी पुत्र किसुना सहरिया (70 वर्ष), निवासी - बंगालीपुरा (बरई), खण्ड - घाटीगाँव जिला - ग्वालियर।

25

सिकरवारी

फूल सिंह नरवरिया, मंजू नरवरिया

1. नाम

सिकरवार शब्द 'सीकरीवाले' या 'सीकरवाल' का अपभ्रंश है। सीकरी[1] से निकलकर आने वाले क्षत्रियों को सीकरीवाले, फिर सीकरवाल तथा बाद में सिकरवार नाम से पुकारा जाने लगा। लोकांचल में बरैंड़ से सिहौरी तक का क्षेत्र सिकरवारी कहलाता है तथा इस अंचल की बोली सिकरवारी कहलाती है।

2. क्षेत्र

मध्य प्रदेश राज्य के मुरैना जिला मुख्यालय के सिकरवारी बाजार से लेकर दक्षिण में जौरा, कैलारस, पूर्व में पहाड़गढ़ तथा पश्चिम में चम्बल नदी तक का क्षेत्र 'सिकरवारी' के नाम से जाना जाता है। इस भू-भाग में अधिकांशत: सिकरवार क्षत्रिय निवास करते हैं, इसलिए इस क्षेत्र को सिकरवारी कहा जाता है। सिकरवारी भाषा, मध्य प्रदेश के मुरैना जिले के अन्तर्गत मुरैना, जौरा, कैलारस एवं पहाड़गढ़ खण्ड में व्यवहृत है।

3. संक्षिप्त इतिहास

सिकरवार क्षत्रियों के पूर्वजों ने 593 ई. में राजस्थान के अलवर के पास राजौरगढ़ से निकलकर उत्तर प्रदेश के आगरा के पास सीकरी नगर बसाया था। सीकरी में पन्द्रहवीं शताब्दी तक सिकरवारों का राज्य रहा। कालान्तर में सल्तनतकालीन शासकों के आक्रमण से त्रस्त होकर दलकूराव ने 1498 ई. में इस क्षेत्र में सरसैनी को राजधानी बनाया और सिकरवारी का विस्तार किया। बाद में सिकरवारी की राजधानी पहाड़गढ़ हो गई। सिकरवार क्षत्रियों को बड़गूजर[2] के नाम से भी जानते हैं।

---

[1]**सीकरी**–सीकरी से तात्पर्य वर्तमान में 'फतेहपुर सीकरी' से है, जो कि उत्तर प्रदेश के आगरा जिले में स्थित एक नगर है। मध्यकाल में फतेहपुर सीकरी मुगल शासक अकबर की राजधानी थी, जहाँ बुलन्द दरवाजा, पंचमहल, इबादतखाना, दीवान-ए-आम, दीवान-ए-खास, बीरबल महल, मरियम महल आदि प्रसिद्ध इमारतें हैं। प्राचीन काल में सीकरी के शासक सिकरवार थे।

[2]**बड़गूजर**–जनश्रुति के अनुसार-क्षत्रियों के चार वंश और छत्तीस कुल हैं। चार वंशों में सूर्य, चन्द्र, अग्नि एवं ऋषि वंश वर्णित हैं। सूर्य वंश में दस कुल, चन्द्र में भी दस, अग्नि में चार और ऋषि वंश में बारह कुलों को बताया गया है।

सूर्य वंश में निम्नलिखित दस कुल हैं: 1. मौरी, 2. निकुम्भ, 3. रघु 4. कछवाहे, 5. बड़गूजर, 6. गहलौत, 7. गहरवार, 8. रैकवार, 9. गौड़ 10. निमि। सूर्यवंश में जो दस कुल हैं उनमें से एक कुल बड़गूजरों का भी है। इन्हीं बड़गूजरों को वर्तमान में सिकरवार कहा जाता है।

4. भाषा की विशेषताएँ

सिकरवारी भाषा के अध्ययन में सिकरवार क्षत्रियों के इतिहास का पर्याप्त प्रभाव पड़ा है। सिकरवारी भाषा का शब्द-भण्डार एवं ध्वनि उसकी एक अलग विशेषता प्रदर्शित करती है। सिकरवारी भाषा क्षेत्र को दो भागों में विभाजित कर सकते हैं–

(i) छोटी सिकरवारी–मध्य प्रदेश के मुरैना जिलान्तर्गत।

(ii) बड़ी सिकरवारी–राजस्थान का भरतपुर एवं उत्तर प्रदेश के आगरा जिलान्तर्गत।

प्रस्तुत विवरण में सिर्फ छोटी सिकरवारी अर्थात् मध्य प्रदेश के मुरैना जिलान्तर्गत व्यवहृत सिकरवारी भाषा के बारे में जानेंगे। व्यवहृत सिकरवारी लोकभाषा की जनसंख्या लगभग पाँच लाख है।*

5. व्याकरण

शब्द व्याकरण

क्र. नाम	सिकरवारी	हिन्दी
1. संज्ञा	अईयो, अर्रामिनि	*माँ, लौकी*
2. सर्वनाम	वु, तुम	*वह, तुम*
3. क्रिया	नाच रई है	*नाच रही है।*
4. विशेषण	अच्छो, मीठो	*अच्छा, मीठा*
5. कारकचिह्न	ने, सों, को	*ने, से, को*

6. साहित्य (सिकरवारी भाषा)

लोकगीत 1

बरनी

कटाओ केला छवाओ मण्डप, करो मेरी राम से साधी।

(i) बाबाजी मुझे ऐसा वर ढूड़ों, जैसे राम रघुराई
ससुर होए राजा दशरथ से, सासु कौशल्या महारानी
पति होय बाल ब्रह्मचारी, रखे मुझे जान से प्यारी। कटाओ...

(ii) पिताजी मुझे ऐसा वर ढूड़ों, जैसे राम रघुराई
ससुर होए राजा दशरथ से, सासु कौशल्या महारानी
पति होय बाल ब्रह्मचारी, रखे मुझे जान से प्यारी। कटाओ...

(iii) चाचाजी मुझे ऐसा वर ढूड़ों, जैसे राम रघुराई
ससुर होए राजा दशरथ से, सासु कौशल्या महारानी
पति होय बाल ब्रह्मचारी, रखे मुझे जान से प्यारी। कटाओ...

(iv) भईया जी मुझे ऐसा वर ढूड़ों, जैसे राम रघुराई
ससुर होए राजा दशरथ से, सासु कौशल्या महारानी
पति होय बाल ब्रह्मचारी, रखे मुझे जान से प्यारी। कटाओ...

स्रोत : कोल्हूडांड़ा, 25.01.2011

* लेखक के स्वयं के सर्वेक्षण के आधार पर।

हिन्दी अनुवाद

वरनी

वरनी अर्थात् वह कन्या, जिसका विवाह होने जा रहा है। अपने परिजनों से कह रही है–

हरित कदली वृक्षों को काटकर लाओ और मण्डपाच्छादन करो।

मेरा विवाह उस (वर)से करना, जो राम के समान हो।

(i) *दादा जी मेरा ऐसा वर ढूढ़ना, जैसे रघुवंश के राम हैं*
मेरे ससुर राजा दशरथ के समान हों, मेरी सास कौशल्या महारानी जैसी हो
पति, ब्रह्मचारी धर्म का पालन करने वाला हो
(तथा) मुझे प्राणों के समान रखने वाला हो।

(ii) *पिता जी मेरा ऐसा वर ढूढ़ना, जैसे रघुवंश के राम हैं*
मेरे ससुर राजा दशरथ के समान हों, मेरी सास कौशल्या महारानी जैसी हो
पति, ब्रह्मचारी धर्म का पालन करने वाला हो
(तथा) मुझे प्राणों के समान रखने वाला हो।

(iii) *चाचा जी मेरा ऐसा वर ढूढ़ना, जैसे रघुवंश के राम हैं*
मेरे ससुर राजा दशरथ के समान हों, मेरी सास कौशल्या महारानी जैसी हो
पति, ब्रह्मचारी धर्म का पालन करने वाला हो
(तथा) मुझे प्राणों के समान रखने वाला हो।

(iv) *भईया मेरा ऐसा वर ढूढ़ना, जैसे रघुवंश के राम हैं*
मेरे ससुर राजा दशरथ के समान हों, मेरी सास कौशल्या महारानी जैसी हो
पति, ब्रह्मचारी धर्म का पालन करने वाला हो
(तथा) मुझे प्राणों के समान रखने वाला हो।

लोकगीत 2

बरना

बरना उड़ावे जहाज हमारे बाग में।

(i) सहरा समारे बरना बाग में, कलगी समारे ससुराल हमारे बाग में। बरना...

(ii) बाली समारे बरना बाग में, लरियाँ समारे ससुराल हमारे बाग में। बरना...

(iii) पेन्ट समारे बरना बाग में, बेल्ट समारे ससुराल हमारे बाग में। बरना...

(iv) जूता समारे बरना बाग में, सॉक्से समारे ससुराल हमारे बाग में। बरना...

स्रोत : कोल्हूडांड़ा, 25.01.2011

हिन्दी अनुवाद

वरना

(वरना अर्थात् वह लड़का जो दूल्हा है और उसकी बारात एक बगीचे में है। वरनी अर्थात् दुल्हन की सखियाँ, वहाँ जाकर क्या देखती हैं) दूल्हे राजा बगीचे में स्वयं की ऐसे सजावट कर रहे हैं जैसे कोई जहाज उड़ने की तैयारी कर रहा हो।

(i) *दूल्हे राजा सेहरा अर्थात् मौर को इस बाग में सम्हाल रहे हैं*
ससुराल के इस बाग में, मौर की कलगी को भी सम्हाल रहे हैं।

(ii) *दूल्हे राजा, कानों की बालियों को इस बाग में सम्हाल रहे हैं,*
ससुराल के इस बाग में (बालियों की) लड़ियों को सम्हाल रहे हैं। वरना...

(iii) *दूल्हे राजा, पेन्ट को इस बाग में सम्हाल रहे हैं,*
ससुराल के इस बाग में कमरपेटा को सम्हाल रहे हैं। वरना...

(iv) *दूल्हे राजा, जूतों को इस बाग में सम्हाल रहे हैं,*
ससुराल के इस बाग में जुराबों (मौजे) को सम्हाल रहे हैं। वरना...

लोकगीत 3

भतईया

राम भतईया बनके, कृष्ण भतईया बनके, आकर द्वार खड़े, ऊँ जय जगदीश हरे।

(i) काँटेऊ लायो भईया, किलपेऊ लायो जूड़न रत्न जड़े
आएजा बहन चौकन पर भात पहनाऊँ तुझको। राम...

(ii) झुमकी भी लायो भईया, झालोऊ लायो बालन रत्न जड़े,
आएजा बहन चौकन पर भात पहनाऊँ तुझको। राम...

(iii) हरबऊ लायो भईया, कोलर लायो लरियन रत्न जड़े,
आएजा बहन चौकन पर भात पहनाऊँ तुझको। राम...

(iv) कंगना भी लायो भईया, चुड़ियऊँ लायो दस्ताने रत्न जड़े,
आएजा बहन चौकन पर भात पहनाऊँ तुझको। राम...

(v) पायल लायो भईया, छायल लायो बिछुअन रत्न जड़े,
आएजा बहन चौकन पर भात पहनाऊँ तुझको। राम...

स्रोत : कोल्हूडांड़ा, 25.01.2011

हिन्दी अनुवाद

भात

(भात अर्थात् भाई द्वारा बहन के बच्चों के वैवाहिक अवसर पर दिए जाने वाले विविध उपहार। भात देने वाले को भतइया कहा जाता है। प्रस्तुत लोकगीत में बहन, भाई के बारे में वर्णन कर रही है)

(मेरा भैया) श्रीराम और श्रीकृष्ण के समान भतईया बन कर आया है,
(भात लेकर) द्वार पर खड़ा है, प्रभु तेरी जय-जय कार हो।

(i) *भाई जूड़ा काँटे और क्लिपें लाया है, जिसमें कई प्रकार के रत्न लगे हुए हैं। (भाई पुकार रहा है)*
बहन चौक पर आ जाओ, जिससे मैं तुमको भात पहना सकूँ।

(ii) *भाई रत्नजड़ित झुमकी, झाले और बाले लाया है*
बहन चौक पर आ जाओ, जिससे मैं तुमको भात पहना सकूँ।

(iii) *भाई रत्नजड़ित हार, कॉलर और लड़ियाँ लाया है,*
बहन चौक पर आ जाओ, जिससे मैं तुमको भात पहना सकूँ।

(iv) *भाई रत्नजड़ित कंगन, चूड़ियाँ और दास्ताने लाया है,*
बहन चौक पर आ जाओ, जिससे मैं तुमको भात पहना सकूँ।

(i) *भाई रत्नजड़ित पायल, छायल और बिछुआ लाया है,*
बहन चौक पर आ जाओ, जिससे मैं तुमको भात पहना सकूँ।

लोकगीत 4

भेंट

दिन की उगन, करन की बेरा, सुरहन[1] वन को जाए हो माय।
एक वन नाखो सुरहन दुसरो वन नाखो, तीजे वन कजली में पहुँची हो माय।
एक मुख डालो दूसरो मुख डालो, तीजे मुख सिंगुला दहाड़े हो माय।
आज की भूल माफ कर सिंगुला, घर बछुला नादान
कोहरे सुरहन साख भरेगो, कोहरे देत गवाई हो माय।
चंदा सूरज मेरी साख भरेंगे, वन्सपति देत गवाई हो माय
देवी सारदा साख भरेगी, लांगुर देत गवाई हो माय। दिन...
एक वन नाखो दूजो वन नाखो, तीजो वन खिरक रमानी हो माय।
आजा मेरे बछुला, पीले मेरो दुधुआ, सिंह वचन हार आई हो माय।
वचन को बाँधो दूध, हम नहीं पीवें, चलें तुम्हारे साथ हो माय।
एक वन नाखो सुरहन दूजो वन नाखो तीजे वन कजली में पहुँचे हो माय।
ऊँचे पहाड़ पे से सिंगुला देखे, सुरहन अबऊ ना आई हो माय।
आवत देखी सुरहन गईया, सिंगुला फूले न समाये हो माय।

---

[1]**सुरहनः** सुरहन अर्थात् सुरइन शब्द से आशय 'देवता वाली' से है। यहाँ सुरहन शब्द गाय के सन्दर्भ में आया है, जैसे कि – सुरहन गाय। पुरातन काल में देवता ऋषि गायों का पालन करते थे। देवताओं की गायों को सुरइन कहा जाता था। वर्तमान सन्दर्भों में एक स्वस्थ सीधी, दुधारू गाय को सुरइन या सुरहन कहा जा सकता है।

ऊल फाँद बछुला भये आगे, पीछे से सुरहन गाय हो माय।
पहले तो मामा मेरे मोय डस लीनो, पीछे से मात हमारी हो माय।
कोने भनेजा तोय सिख बुध दीनी, कोन लगे हैं गुरू कान हो माय।
देवी सारदा सिख बुध दीनी, लांगुर लगे हैं गुरू कान हो माय।
जुग-जुग जीयो मेरे प्यारे भनेजा, होय राँड़ का साँड हो माय।
चरने को कजली वन दीनो, पीने को सागर ताल हो माय।
तेरे भवन की मइया देऊँ परिक्रमा, हम पर होऊ दयाल हो माय।

स्रोत : कोल्हूडांड़ा, 25.01.2011

हिन्दी अनुवाद

भेंट

(भेंट, नवरात्रि के अवसर लांगुरिया लोकगीत के अलावा गाया जाने वाला दूसरा प्रमुख लोकगीत है)

(प्रसंग : सुरहन नामक एक गाय है, जो कि देवी भक्त है, उसके साथ एक दुखद घटना का वर्णन इस लोकगीत में है)

जैसे ही सूर्योदय होता है और किरणें फैल जाती हैं
वैसे ही देवी माँ का नाम लेकर सुरहन नामक गाय वन को प्रस्थान करती है।
सुरहन एक वन को पार कर दूसरे वन को भी पार कर जाती है तीसरा वन, जो कजली है, वहाँ पर वह माँ का नाम लेकर पहुँच जाती है
(घास चरने को जैसे ही सुरहन) एक बार, फिर दूसरी बार मुख डालती है,
तीसरी बार जैसे ही मुख डालती है वैसे ही शेर दहाड़ कर सामने आ जाता है।
(वनराज) शेर, आज मुझसे भूल हो गई, माफ कर दो,
(क्योंकि) घर पर मेरा बछड़ा बहुत छोटा है (मुझे छोड़ दो)
(शेर पूछता है) सुरहन, वचन कौन देगा? (कि तुम फिर लौटकर आओगी)
और कौन है? जो इस बात का साक्षी बनेगा।
चन्द्रमा और सूरज मेरा वचन देंगे, समस्त वनस्पति इस बात की साक्षी है
(और) देवी शारदा (भी) वचन देंगीं
लांगुर वीर (भी) इस बात के साक्षी हैं।
(ऐसा कहकर, सुरहन) एक वन और दूसरे वन को पार करती है
(वापिस) तीसरा वन पारकर अपनी गौशाला में प्रविष्ट हो जाती है।
(बछड़े से कहती है) मेरे लाल आ मेरा दूध पी ले
मैं (वनराज) शेर को वापिसी का वचन देकर आई हूँ।
मुझे शीघ्र वापिस जाना है

(बछड़ा माँ से कहता है) जो दूध, वचन से बँधा है, उसे हम नहीं पिएँगे,
हम भी, माँ आप के साथ चलेंगे।
सुरहन, एक वन और दूसरा वन पार करती है,
तीसरा वन, जो कजली है (फिर) वहाँ पहुँच जाती है।
ऊँचे पर्वत से चढ़कर शेर देख रहा था,
कि सुरहन अभी तक वापिस नहीं आई है।
(ऐसा सोच रहा था, कि तभी उसने) सुरहन गाय को आते हुए देखा,
(ऐसा देखकर) शेर अति आनन्दित हुआ।
(एकाएक) उछल-कूद करता हुआ बछड़ा आगे हो गया
सुरहन गाय, अब बछड़े के पीछे हो गई।
(बछड़े ने कहा) शेर मामा, पहले तो तुम मुझे खाओ,
मेरे बाद, मेरी माँ को खा लेना।
(आश्चर्य से) भानजे, ऐसी शिक्षा और बुद्धि तुझे किसने दी,
तुझको कौन गुरु शिक्षा दे रहा है।
(आशीर्वाद देते हुए) मेरे भानजे, तुम युगों-युगों तक जीवित रहो,
और इस विधवा माँ के वीर पुत्र बनो।
मैं तुम्हें कजली वन की चरनोई उपहार में देता हूँ,
और पानी के लिए समुद्र जैसा तालाब देता हूँ।
(कवि कहता है) देवी माँ के मन्दिर की मैं भी परिक्रमा दूँगा, और देवी माँ मुझ पर दयालुता कर, मेरा कल्याण करेंगी।

लोकगीत 5

मल्हार

राजा जनक ने यज्ञ ऐसी रच दई, सब देशन पत्र पठाय, भूप अनेक आए हैं
एजी धनुष ना टूटे भेना, काऊ भूप पें जी। राजा जनक...
इतनी रे सुनके रावण उठ दयो जी, एजी कोई पहुँचो धनुष के पास
इतनी रे सुनके लक्ष्मण उठ दये जी, एजी कोई गुरुवर शीश नभाय। राजा जनक...
इतनी रे सुनके रघुवर उठ दये जी, एजी कोई गुरुवर शीश नभाय। राजा जनक...
धनुष को हाथ उठाया है, कर टूक टूक दिखलाया है, इतनी रे सुनके,
सिया ने माला डाल दई जी। राजा जनक...

स्रोत : कोल्हूडांड़ा, 25.01.2011

हिन्दी अनुवाद

मल्हार

(श्रावण मास में गाए जाने वाले प्रमुख लोकगीतों में से एक है- मल्हार। इस मल्हार में रामकथा के धनुष-यज्ञ का प्रसंग है)

(सखियाँ कहती हैं) राजा जनक ने (सीता-स्वयंवर के लिए)
धनुष-यज्ञ की ऐसी रचना की है,
सभी राज्यों को पत्र भेजे हैं, जहाँ से अनेक राजा आए हुए हैं।
मेरी सखी, सुनो धनुष टूटने वाला नहीं है,
कोई भी राजा नहीं तोड़ पा रहा है। राजा जनक...
जब यह बात सभा में लंकापति रावण ने सुनी तो खड़ा होकर,
वह धनुष के पास पहुँच जाता है।
जब यह बात सभा में लक्ष्मण जी ने सुनी तो खड़े होकर
गुरुश्रेष्ठ (वशिष्ठ) को प्रणाम किया। राजा जनक...
जब यह बात सभा में रघुकुल श्रेष्ठ (श्रीराम) ने सुनी, तो खड़े होकर
गुरुश्रेष्ठ (वशिष्ठ) को प्रणाम किया। राजा जनक...
(श्रीराम ने) धनुष को हाथ में उठा लिया
(फिर) धनुष-भंग कर टुकड़े-टुकड़े कर दिया।
यह (शुभ) समाचार जब सुना,
तब सीता ने (श्रीराम के गले में) जयमाला पहना दी। राजा जनक...

7. शब्दावली (सिकरवारी-हिन्दी)

रिश्ते-नाते

सिकरवारी	हिन्दी	सिकरवारी	हिन्दी
अम्मा, अइयो	*माता*	बड़ी अम्मा	*ताई*
बाप, डोकरा	*पिता*	बाबा	*दादा*
भईया	*भाई*	अम्मा	*दादी*
बाई, बाओ	*बहन*	सारो	*साला*
कक्का, कक्कू	*चाचा*	सरैज	*सलहज*
काकी	*चाची*	जीजा	*बहनोई*
दाऊ	*ताऊ*	साढ़ू	*साढ़ू*

रंग

सिकरवारी	हिन्दी	सिकरवारी	हिन्दी
भटा	*बैंगनी*	लालु	*लाल*
लीलो	*नीला*	धौरो	*सफ़ेद*
हरो	*हरा*	कारो	*काला*
पीरौ	*पीला*		

समय

सिकरवारी	हिन्दी	सिकरवारी	हिन्दी
सबेरो	*सुबह*	राति, रात	*रात्रि*
दोपर, धौपर	*दोपहर*	आधी राति, आधी रात	*मध्य रात्रि*
संझा, आंथो	*शाम*		

दिनवार

सिकरवारी	हिन्दी	सिकरवारी	हिन्दी
सुमवार, सोम्मार	*सोमवार*	शुक्कर	*शुक्रवार*
मंगलु	*मंगलवार*	शनीचर	*शनिवार*
बुध, बुद्ध	*बुधवार*	ऐंतवार	*रविवार*
बिसपिति	*गुरुवार*		

पक्ष

सिकरवारी	हिन्दी	सिकरवारी	हिन्दी
पाख	*पक्ष*	लगत	*कृष्ण*
उत्तत	*शुक्ल*		

ऋतुएँ

सिकरवारी	हिन्दी	सिकरवारी	हिन्दी
जड़कालौ	*शीत*	चौमासो	*वर्षा*
धमकालौ	*ग्रीष्म*		

महीनों के नाम

सिकरवारी	हिन्दी	सिकरवारी	हिन्दी
चैत	*चैत्र*	क्वार	*आश्विन*
बैसाख	*बैसाख*	कातिक	*कार्तिक*

सिकरवारी	हिन्दी	सिकरवारी	हिन्दी
जेठ	*ज्येष्ठ*	आघैन	*मार्गशीर्ष*
अशाड़	*आषाढ़*	फूँस	*पौष*
सामनु	*श्रावण*	माह	*माघ*
भादों	*भाद्रपद*	फागुन	*फाल्गुन*

भोजन

सिकरवारी	हिन्दी	सिकरवारी	हिन्दी
कलेऊ	*नाश्ता*	पिछलाई	*शाम का भोजन*
रोटी	*दोपहर का भोजन*	ब्यारू	*रात्रि का भोजन*

सब्जियाँ

सिकरवारी	हिन्दी	सिकरवारी	हिन्दी
टिमाटर	*टमाटर*	ढेंड्स	*टिण्डे*
सिकरकन्दी	*शकरकन्द*	प्याजु	*प्याज*
पलिकु	*पालक*	लैशन	*लहसुन*
मूरा	*मूली*	आदौ	*अदरक*
अर्रामनि	*लौकी*	निबुआ	*नींबू*
अरई	*अरवी (घुइयाँ)*	कदुआ	*कद्दू*

फसलें

सिकरवारी	हिन्दी	सिकरवारी	हिन्दी
गैहूँ	*गेहूँ*	अस्सी	*अलसी*
वेझरि	*जौ*	तिली	*तिल*
बाजरौ	*बाजरा*	सूज्जमुखी	*सूर्यमुखी*
मक्का	*मकई*	उड़द	*उड़द*
सस्सों	*सरसों*	राहिरि	*अरहर*
मूँगफरी	*मूँगफली*		

पशु/वन्य जीव

सिकरवारी	हिन्दी	सिकरवारी	हिन्दी
बद्ध	*बैल*	खोरि्रया	*भेड़िया*
गइ्या	*गाय*	बिलैया	*बिल्ली*

सिकरवारी	हिन्दी	सिकरवारी	हिन्दी
बिजार	*साँड*	चोंखो	*चूहा*
बोकरा	*बकरा*	मेढ़को	*मेंढक*
छेई	*बकरी*	गिड़ोरो	*केंचुआ*
गधइ्या	*गधी*	पतलइ्या	*तितली*
गेदुआ	*सियार (गीदड़)*	बीछू	*बिच्छू*
फ्याकुली, फ्याउली	*लोमड़ी*	मकई	*मकड़ी*
जरख, लरिया	*लकड़बग्घा*	स्यावड़	*कुचलेंड़*
खरा	*खरगोश*	खानखजूरा	*कनखजूरा*
वनबिलवा	*वनबिलाव*	अँखफोरा	*टिड्डा*

पेड़

सिकरवारी	हिन्दी	सिकरवारी	हिन्दी
बमूर	*बबूल*	आमु	*आम*
जामफल	*अमरूद*	पीपर	*पीपल*
कैंथर	*कैंथ*	बरू	*बरगद*
छोंकर	*छेंकुर*	आमरो	*आँवला*

कृषि उपकरण

सिकरवारी	हिन्दी	सिकरवारी	हिन्दी
फाँवरो	*फाँवड़ा*	हथोरा	*हथौड़ा*
खुरपा, खुरपी	*खुरपी*	हरू	*हल*
ऐंसियो	*हँसिया*		

संदर्भ

1. सिकरवार, मान सिंह, नि. कोल्हूडांडा, जिला-मुरैना, मध्य प्रदेश (25.01.2011)।
2. सिकरवार, राजवीर सिंह, नि. सबलगढ़, जिला-मुरैना, मध्य प्रदेश (29.01.2011)।

परिशिष्ट-I

लेखक-परिचय

मुख्य संपादकः डॉ. गणेश एन. देवी

गणेश एन. देवी (जन्म 1950) ने विलिंगडन कॉलेज, सांगली, शिवाजी विश्वविद्यालय, कोल्हापुर, एवं लीड्स यूनिवर्सिटी, इंग्लैंड से शिक्षा प्राप्त की। उन्होंने वर्ष 1980 से 1996 तक महाराजा सयाजी राव विश्वविद्यालय, बड़ौदा में अध्यापन कार्य किया। उनकी पुस्तक *आफ़्टर एम्नीज़िया (After Amnesia)* (ओरियंट लाँगमैन, 1992) को 1993 का साहित्य अकादमी पुरस्कार प्राप्त हुआ। डॉ. देवी ने अध्यापन कार्य को छोड़ने के पश्चात् बड़ौदा में भाषा रिसर्च सेंटर व तेजगढ़ में आदिवासी अकादमी का गठन किया, जहाँ उन्होंने आदिवासी एवं यायावर समूहों की संस्कृति, कला व भाषा के संरक्षण व विकास पर कार्य किया। उन्हें साहित्य, आदिवासी शिल्प एवं भाषा संरक्षण के क्षेत्र में उल्लेखनीय कार्य हेतु क्रमश: सार्क (SAARC) राइटर्स फाउंडेशन अवॉर्ड, द प्रिंस क्लाँज अवॉर्ड एवं लिंग्वापैक्स अवॉर्ड से सम्मानित किया गया है। वर्ष 2014 में डॉ. देवी को पद्मश्री से सम्मानित किया गया है। उन्होंने साहित्यिक आलोचना, मानव शास्त्र व विकास का अध्ययन जैसे क्षेत्रों में अंग्रेज़ी, मराठी व गुजराती भाषाओं में पुस्तकें प्रकाशित की हैं। वे अपना परिचय सांस्कृतिक कार्यकर्ता के रूप में देना पसंद करते हैं।

डॉ. देवी भारतीय भाषा लोक-सर्वेक्षण (People's Linguistic Survey of India (PLSI)) के प्रमुख प्रणेता व प्रस्तुत ग्रंथमाला के मुख्य संपादक हैं। उनकी PLSI ग्रंथमाला के अंतर्गत *राजस्थान की भाषाएँ, उत्तराखण्ड की भाषाएँ, झारखण्ड की भाषाएँ, छत्तीसगढ़ की भाषाएँ, हिमाचल प्रदेश की भाषाएँ, द लैंग्वेजेस ऑफ महाराष्ट्र, द लैंग्वेजेस ऑफ आसाम, द लैंग्वेजेस ऑफ जम्मू एंड कश्मीर, द लैंग्वेजेस ऑफ मेघालय, द लैंग्वेजेस ऑफ केरला एंड लक्षद्वीप, इंडियन साइन लैंग्वेजेस* एवं *द बीइंग ऑफ भाषा: जनरल इंट्रोडक्शन टु द पीपल्स लिंग्विस्टिक सर्वे ऑफ इंडिया* आदि ग्रंथ प्रकाशित हो चुके हैं। अन्य 80 खंड अभी प्रकाशनाधीन हैं।

खंड संपादक : दामोदर जैन

दामोदर जैन (जन्म 1963) हिन्दी साहित्य में एम.ए. हैं। व्यावसायिक योग्यता में वे बी.टी.आई., बी.एड. व एम.एड. की उपाधियों से सम्पन्न हैं। उन्होंने कई विशेष प्रशिक्षणों में भाग लिया, जैसे–सी.सी.आर.टी. नई दिल्ली का अनुस्थापन कार्यक्रम; डी.पी.आई.पी. के परिप्रेक्ष्य में "समर्थन" भोपाल द्वारा समूह आधारित ग्रामीण विकास पर केंद्रित बीस दिवसीय प्रशिक्षकों के लिए प्रशिक्षण कार्यक्रम; मध्य प्रदेश प्रशासन अकादमी, भोपाल का डी.टी.एस. कोर्स; उन्नत कृषि, जल एवं भूमि प्रबंधन पर केंद्रित पाँच दिवसीय विशिष्ट प्रशिक्षण; राज्य शिक्षा केंद्र, भोपाल द्वारा अकादमिक योजना निर्माण एवं मॉनिटरिंग; आई.आई.

टी. कानपुर द्वारा जीवन विद्या प्रशिक्षण शिविर एवं शिक्षा अधिकार कानून पर केंद्रित विभिन्न प्रशिक्षण आदि। उनकी विशिष्ट उपलब्धियों, सम्मान एवं पुरस्कारों में उन्हें वर्ष 2005 में भारत सरकार के मानव संसाधन विकास मंत्रालय की ओर से एन.सी.ई. आर.टी. की जनरल बॉडी में सदस्य के रूप में नामांकित किया जाना है। उन्हें रोटरी क्लब भोपाल द्वारा श्रेष्ठतम शिक्षक के रूप में तथा कलेक्टर टीकमगढ़ द्वारा "श्रेष्ठ जन शिक्षक" के विशिष्ट सम्मान से भूषित किया गया है। वे 'एड इट एक्शन' संस्था में शिक्षा विशेषज्ञ के रूप में चयनित हैं।

वर्ष 1990 से वे निरंतर साक्षरता अभियान से जुड़े रहे हैं। उन्होंने बच्चों के साथ संवाद "कैसा हो बच्चों का स्कूल" के निष्कर्षों पर आधारित शाला विकास योजना बनाने हेतु स्कूल विजनिंग कार्यक्रम को मूर्त रूप प्रदान किया। वे अनेक समाचार पत्रों, पत्रिकाओं में लेख लिखते हैं। उन्होंने *पलाश, समवेत* व *शिक्षक गरिमा* सरीखी शैक्षिक पत्रिकाओं का लेखन-संपादन भी किया। वे वर्ष 2010 से *स्कूल शिक्षा पत्रिका* के प्रकाशन में सहयोग दे रहे हैं। उन्होंने गाँधी के *हिन्द स्वराज* का लघु संस्करण भी प्रकाशित किया। उनका विविध पाठ्य पुस्तकों एवं प्रशिक्षण मॉड्यूल्स तैयार करने में सहयोग रहा है। वे शिक्षा के क्षेत्र में कार्यरत कई गैर-सरकारी संगठनों जैसे यूनीसेफ, समर्थन, अजीम प्रेमजी फाउंडेशन, सार्थक, प्रयास, प्रथम, एक्शन एड, केयर, एड इट एक्शन, एकलव्य, भारत ज्ञान-विज्ञान समिति इत्यादि के साथ जुड़े हुए हैं। वर्ष 2010 से वे शिक्षकों के रचनात्मक मैत्री समूह के रूप में सक्रिय शिक्षकों को संगठित कर शिक्षक संदर्भ समूह का संचालन कर रहे हैं। संप्रति श्री दामोदर जैन शासकीय शिक्षा महाविद्यालय, प्रगति शैक्षिक अध्यापन संस्थान (IASE) भोपाल में वरिष्ठ अध्यापक हैं।

सहयोगी लेखक

डॉ. शिव शंकर मिश्र 'सरस', सीधी

विगत अनेक वर्षों से शिक्षक हैं। आपने 'बघेली भाषा' का शोध कार्य पूरा किया है। आप साहित्य के क्षेत्र में निरंतर सक्रिय हैं। भाषा में आपकी विशेष रुचि है। आपके द्वारा लिखित पुस्तक *बघेली साहित्य* अवधेश प्रताप सिंह विश्वविद्यालय रीवा में प्रचलित है।

डॉ. फूल सिंह नरवरिया, ग्वालियर

जिला शिक्षा और प्रशिक्षण संस्थान, ग्वालियर (म.प्र.) में कार्यरत हैं। आपने एम.ए.(हिन्दी, इतिहास)एम.एड., पीएच.डी (इतिहास), यूजीसी नेट (हिन्दी) पी.जी. डिप्लोमा इन साइकोकांउसलिंग किया है। आप राष्ट्रीय पुरस्कार प्राप्त नवाचारी शिक्षक हैं। आपने अनेक कृतियों का सृजन किया है जिनमें *बूझ पहेली*, *अमर शहीद सुल्तान सिंह नरवरिया*, *मैत्री*, *वसुन्धरा*, आदि प्रमुख हैं। हिन्दी भाषा, साहित्य, लोक संस्कृति, शिक्षा में लेखन और अनुसंधान आपके प्रिय रुचि के क्षेत्र हैं।

श्री प्रवीण गोखले, इंदौर

आप 'जन पहल' नामक संस्था के निदेशक हैं। बच्चों की शिक्षा, शिशु शिक्षा एवं महिलाओं की बेहतरी के लिए कार्यरत रहते हुए आप साहित्यिक गतिविधियों में भी सहयोगी रहते हैं।

श्री शैलेन्द्र सिंह नरवरिया, ग्वालियर

शासकीय गणेश शंकर विद्यार्थी महाविद्यालय मुंगावली (अशोकनगर) में गैस्ट फैकल्टी के रूप में कार्यरत हैं। आप ने एम.ए., एम.फिल (अंग्रेज़ी) किया है। आपकी अभिनय, मिमिक्री एवं सिक्का संग्रह में विशेष रुचि है।

श्री बिजेन्द्र भदौरिया, भोपाल

शिक्षा के प्रति समर्पित कार्यकर्ता हैं। आप म.प्र. शिक्षक संघ के संगठन मंत्री है। आप वर्तमान में शोधार्थी हैं।

श्री राम गोपाल रैकवार, टीकमगढ़

जिला शिक्षा और प्रशिक्षण संस्थान कुण्डेश्वर (टीकमगढ़) में कार्यरत हैं। कई वर्षों से आप निरंतर राज्यस्तरीय शिक्षक प्रशिक्षण, पाठ्य पुस्तक लेखन, नवाचारी कार्यक्रम, शिक्षक संदर्शिका निर्माण आदि कार्यों से जुड़े हैं। आपके अनेक व्यंग्य आलेख, गीत, कविताएँ, कहानियाँ देश की प्रसिद्ध पत्र-पत्रिकाओं सहित आकाशवाणी और दूरदर्शन पर प्रसरित हुए हैं। आपकी लेखन और भ्रमण में विशेष रुचि है। अभी हाल ही में आपको राष्ट्रीय शिक्षाविद् सम्मान से अलंकृत किया गया है।

श्री सुरेश कुमार रामटेक, टिमरनी

हरदा जिले के टिमरनी विकासखण्ड में विगत कई वर्षों से शासकीय सेवारत हैं। शिक्षण के साथ-साथ आपकी विशेष रुचि शिक्षक प्रशिक्षण में होने से आपको जनशिक्षक एवं जनपद शिक्षाकेन्द्र में अकादमिक समन्वयक के रूप में कार्य करने का अवसर प्राप्त हुआ है। आपकी लोक भाषाओं के प्रति विशेष रुचि है।

श्री अभिमन्यु सिंह नरवरिया, ग्वालियर

आपने बी.ई (इलेक्ट्रॉनिक्स) किया है। आपकी अनेक रचनाएँ विभिन्न पत्र-पत्रिकाओं में प्रकाशित हुई हैं। पर्यटन, काव्यलेखन, व नवीनीकृत ऊर्जा में शोध एवं नवाचार, एवं समाजसेवा में आपकी विशेष रुचि है।

सुश्री सीमा प्रकाश खालवा, खण्डवा

'स्पंदन संस्था' की प्रमुख कार्यकर्ता हैं। यह बच्चों के कुपोषण पर कार्य करने वाली संस्था है। बच्चों के प्रति संवेदनशीलता के साथ-साथ आप आदिवासी क्षेत्र की भाषा कोरकू के लिए समर्पित होकर कार्यरत हैं।

श्री विनय सिंह चौहान, सीहोर

जिला शिक्षा एवं प्रशिक्षण संस्थान सीहोर (म.प्र.) में कार्यरत रहे हैं। आप स्कूल शिक्षा विभाग म.प्र. में शिक्षक हैं। आपने सभी प्रमुख भाषाओं में स्नातकोत्तर उपाधि प्राप्त की है। आपकी विशेष रुचि भाषा विकास के साथ-साथ शैक्षिक संदर्भ में परिणाम मूलक कार्य करना है।

श्री दीपक बुंदेले, भोपाल

शिक्षा एवं साहित्य के अलावा आप पत्रकारिता के क्षेत्र में सेवारत हैं। आप वर्तमान में 'पत्रिका' समाचार पत्र से जुड़कर युवाओं के साथ उनकी उन्नति के लिए कार्यरत है।

श्रीमती सुधा सक्सेना, ओंकारेश्वर

म.प्र. सर्व शिक्षा अभियान मिशन की साधारण सभा की सदस्या, म.प्र. शिक्षक संघ की महिला इकाई की संयोजिका रही हैं। विगत दिनों आकस्मिक रूप से अस्वस्थ होने के कारण आपका दु:खद निधन हो गया है।

मोहम्मद शाहिद खान, खण्डवा

मूलत: शिक्षक हैं। शिक्षा के साथ-साथ साहित्य और सामाजिक संदर्भ के क्षेत्र में भी आप निंरतर कार्यरत हैं। आप प्रदेश में कार्यरत कर्मचारी अधिकारी संगठन 'अपाक्स' के अध्यक्ष हैं।

श्री रमेश चन्द्र जोशी, भोपाल

सेवानिवृत प्रधानाध्यापक हैं। आपने सम्पूर्ण जीवन शिक्षा हेतु समर्पित किया है। आप अखिल भारतीय प्राथमिक शिक्षक संघ से जुड़े हैं। शिक्षा और साक्षरता अभियान के साथ-साथ आप अहिन्दी भाषी क्षेत्र में राष्ट्रभाषा प्रचार समिति से जुड़कर कार्य कर रहे हैं।

श्री संजय मिश्रा, सिवनी

आपकी सामाजिक विकास कार्यों में गहरी रुचि है। आप स्वयं सेवी संगठनों से जुड़कर कार्य कर रहे हैं। शिक्षा अभियानों के साथ भी आपका जुड़ाव है।

कु. मंजु नरवरिया, ग्वालियर

हिन्दी साहित्य में एम.ए. की उपाधि प्राप्त कर आपने साहित्य लेखन, चित्रकला, इंटीरियरडेकोरेशन, शिशु शिक्षा आदि क्षेत्रों में कार्य किया है विभिन्न पत्र-पत्रिकाओं में आपके संस्मरण, चित्र, कहानियाँ आदि प्रकाशित हुए हैं।

श्रीमती आशा सिंह नरवरिया, ग्वालियर

लोक कलाकार हैं, आपकी पुस्तक *चित्र हमारे शब्द तुम्हारे* प्रकाशनाधीन है। लोक सांस्कृतिक कार्यक्रमों में आपकी सहभागिता रहती है।

श्री दिनेश भट्ट, छिंदवाड़ा

आप मूलत: शिक्षक हैं। लम्बे समय से आप शिक्षा के साथ-साथ साहित्यिक जगत में भी सहभागी हैं। अनेक शैक्षिक नवाचारी परियोजनाओं से जुड़े हैं। आपके लेख एवं साहित्यिक रचनाओं का निरंतर प्रकाशन हो रहा है।

मोहम्मद महमूद मलिक खान, भोपाल

आप मॉडल उ.मा.वि. शाहजहांनाबाद भोपाल में कार्यरत हैं। आपकी साहित्यिक अभिरुचि के साथ-साथ सेवा कार्यों में भी रुचि है। आप एन.सी.सी. ऑफिसर हैं।

डॉ. आसिफ सईद खान, भोपाल

आप शासकीय शिक्षा महाविद्यालय भोपाल में कार्यरत हैं। आप उर्दू भाषा पर अपनी अधिकारिता रखते हैं व उर्दू भाषा पर शोध कार्य किया है।

श्री प्रवीण अरुण भोपे, भोपाल

आप 'एड इट एक्शन' संस्था के क्षेत्रीय प्रबंधक हैं। मूलत: इंजीनियरिंग की पढ़ाई करने के बाद विकास के क्षेत्र में अपनी सेवाएँ देने हेतु आपने इरमा आनंद, गुजरात से ग्रामीण विकास पर उपाधि अर्जित की है।

डॉ. गोपाल नारायण आवटे, सोहागपुर, होशंगाबाद

आप दलित संघ के निर्देशक हैं। आपकी अनेक पुस्तकें प्रकाशित हो चुकी हैं। आप समाज सेवा के साथ-साथ साहित्य सेवा में जुड़े हैं।

श्री रमेश सिंघाड, झाबुआ

आप वर्तमान में झाबुआ (भीलीक्षेत्र) में कार्यरत हैं। शिक्षा और साहित्य में आपकी गहरी रुचि है।

श्रीमती संध्या मायवाड़, रतलाम

आप शिक्षिका हैं। वर्तमान में रतलाम जिले के सैलाना विकासखण्ड में कार्यरत रहते हुए आप आदिवासी समाज के मध्य उनके शैक्षिक एवं साहित्यक विकास में अपना योगदान दे रही हैं।

परिशिष्ट-II

मानचित्र

- मध्य प्रदेश का राजनैतिक मानचित्र
- उर्दू, कछवायघारी एवं कोरकू भाषा क्षेत्र
- कौरवी, गोंडी एवं जटवारी भाषा क्षेत्र
- जादोंमाटी, तौरघारी एवं नहाल भाषा क्षेत्र
- निमाड़ी, पंचमहली एवं पवारी भाषा क्षेत्र
- भदावरी, सिकरवारी एवं भीली भाषा क्षेत्र
- मवासी, ब्रज एवं बारेला (भिलाली) भाषा क्षेत्र
- लोधघारी एवं बंजारी भाषा क्षेत्र
- रजपूती एवं सहरियाई भाषा क्षेत्र
- बघेली एवं बुंदेली भाषा क्षेत्र

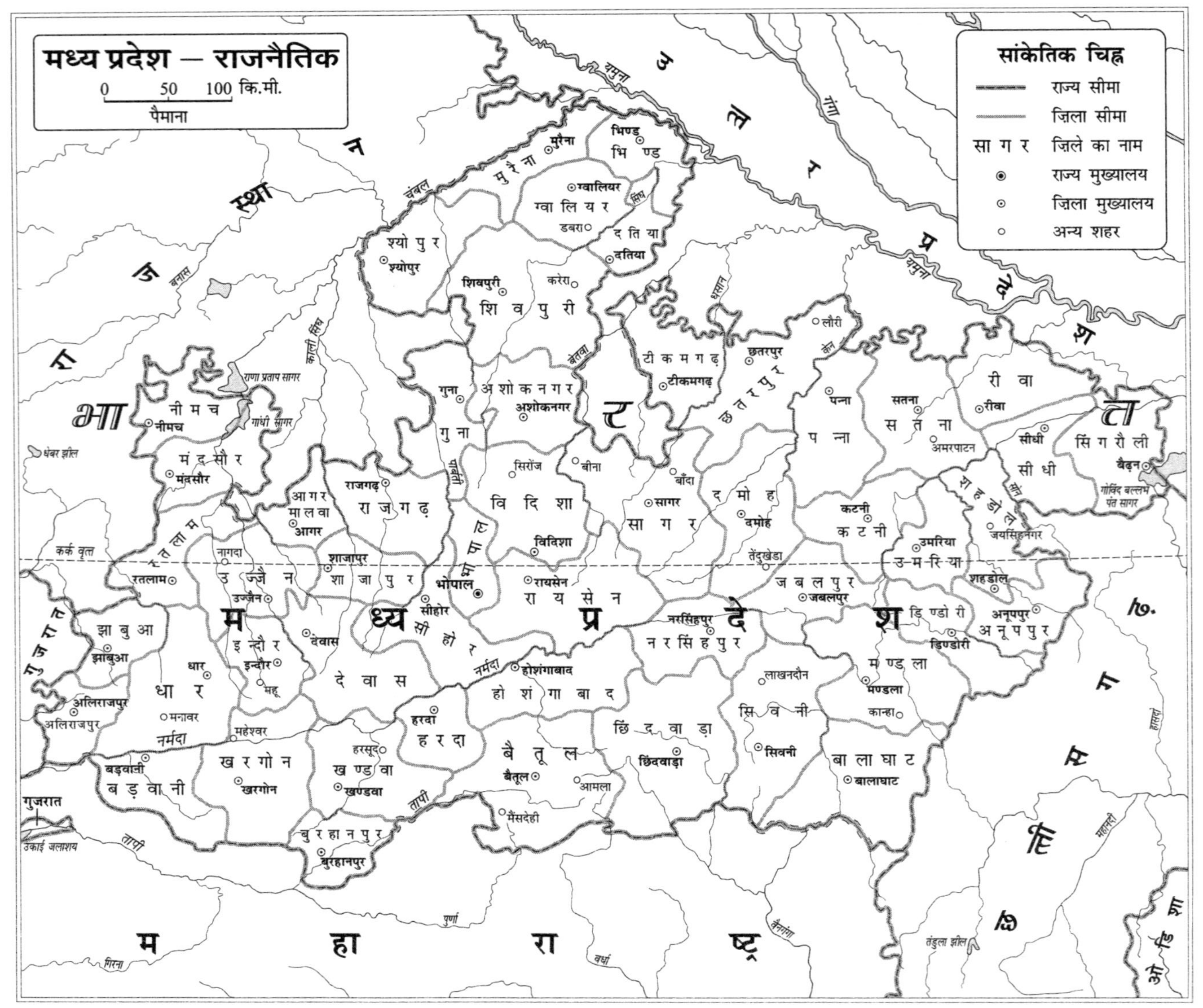
मध्य प्रदेश — राजनैतिक
0 50 100 कि.मी.
पैमाना
सांकेतिक चिह्न
राज्य सीमा
ज़िला सीमा
सा ग र ज़िले का नाम
राज्य मुख्यालय
ज़िला मुख्यालय
अन्य शहर
उत्तर प्रदेश
राजस्थान
गुजरात
महाराष्ट्र
छत्तीसगढ़
मध्य प्रदेश
मुरैना
भिण्ड
ग्वालियर
डबरा
दतिया
श्योपुर
शिवपुरी
करेरा
गुना
अशोकनगर
टीकमगढ़
छतरपुर
लौरी
पन्ना
सतना
अमरपाटन
रीवा
सीधी
सिंगरौली
बैढ़न
नीमच
मंदसौर
राजगढ़
आगर मालवा
आगर
रतलाम
नागदा
उज्जैन
शाजापुर
भोपाल
सिरोंज
बीना
विदिशा
सागर
बाँदा
दमोह
तेंदूखेड़ा
कटनी
उमरिया
शहडोल
जयसिंहनगर
रायसेन
जबलपुर
सीहोर
झाबुआ
धार
इन्दौर
महू
देवास
नरसिंहपुर
डिण्डोरी
अनूपपुर
मण्डला
होशंगाबाद
अलिराजपुर
मनावर
महेश्वर
हरदा
लाखनदौन
सिवनी
कान्हा
छिंदवाड़ा
खरगोन
हरसूद
खण्डवा
बैतूल
आमला
बालाघाट
बड़वानी
मैसदेही
बुरहानपुर
चंबल
यमुना
गंगा
बनास
सिंध
बेतवा
केन
सोन
पार्वती
नर्मदा
ताप्ती
पूर्णा
वर्धा
वैनगंगा
गिरना
महानदी
राणा प्रताप सागर
गांधी सागर
धेबर झील
उकाई जलाशय
गोविंद बल्लभ पंत सागर
तंदुला झील
कर्क वृत्त

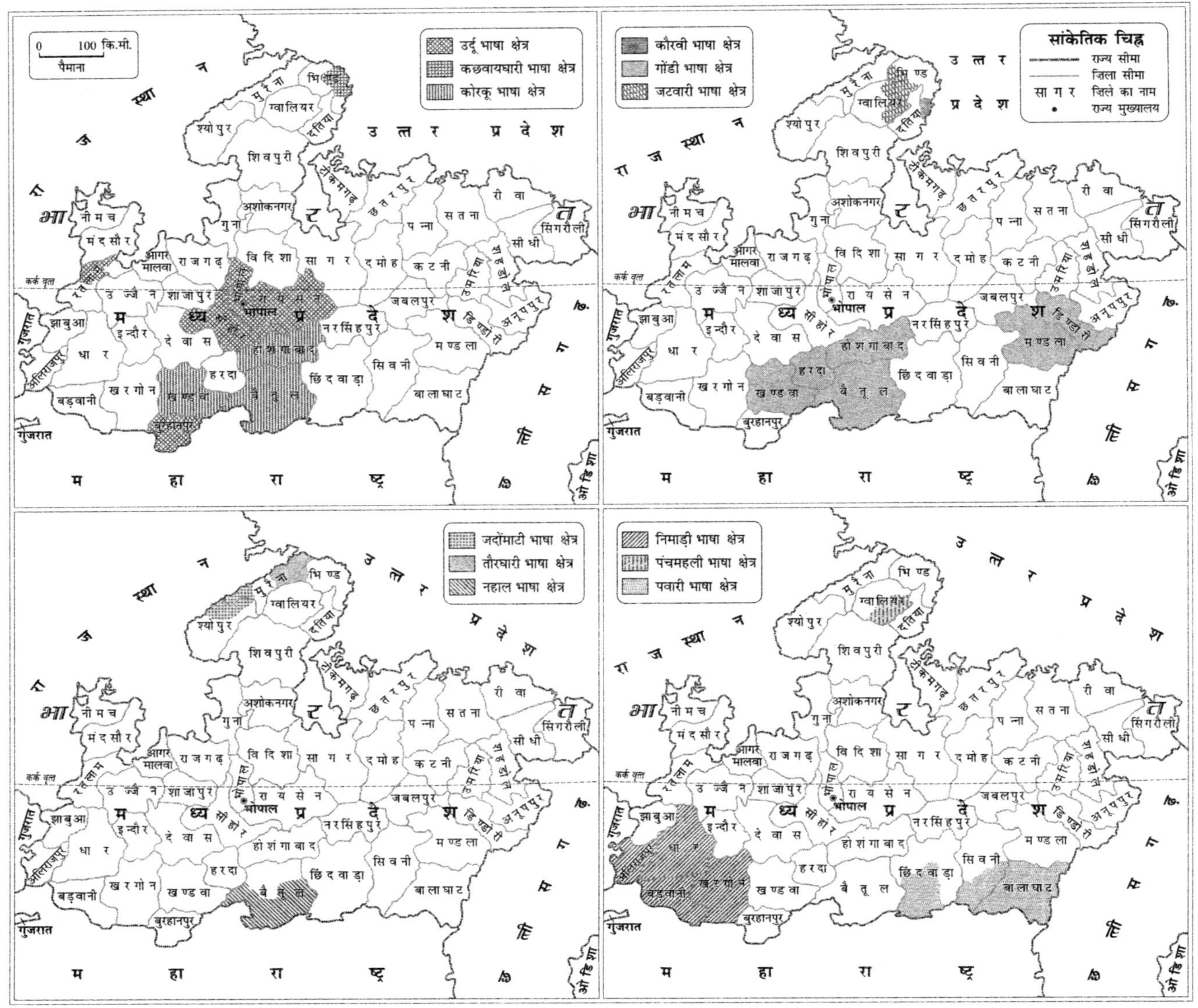
0 100 कि.मी.
पैमाना
उर्दू भाषा क्षेत्र
कछवायघारी भाषा क्षेत्र
कोरकू भाषा क्षेत्र
कौरवी भाषा क्षेत्र
गोंडी भाषा क्षेत्र
जटवारी भाषा क्षेत्र
सांकेतिक चिह्न
राज्य सीमा
जिला सीमा
सा ग र जिले का नाम
राज्य मुख्यालय
जदोंमाटी भाषा क्षेत्र
तौरघारी भाषा क्षेत्र
नहाल भाषा क्षेत्र
निमाड़ी भाषा क्षेत्र
पंचमहली भाषा क्षेत्र
पवारी भाषा क्षेत्र
उत्तर प्रदेश
राजस्थान
भारत
मध्य प्रदेश
महाराष्ट्र
छत्तीसगढ़
ओड़िशा
गुजरात
कर्क वृत्त
भिण्ड
मुरैना
ग्वालियर
दतिया
श्योपुर
शिवपुरी
टीकमगढ़
छतरपुर
रीवा
सतना
पन्ना
सिंगरौली
सीधी
अशोकनगर
गुना
नीमच
मंदसौर
रतलाम
आगर मालवा
राजगढ़
विदिशा
सागर
दमोह
कटनी
उमरिया
शहडोल
उज्जैन
शाजापुर
भोपाल
रायसेन
जबलपुर
अनूपपुर
झाबुआ
इन्दौर
देवास
सीहोर
नरसिंहपुर
डिण्डोरी
अलिराजपुर
धार
होशंगाबाद
मण्डला
हरदा
सिवनी
बड़वानी
खरगोन
खण्डवा
बैतूल
छिंदवाड़ा
बालाघाट
बुरहानपुर

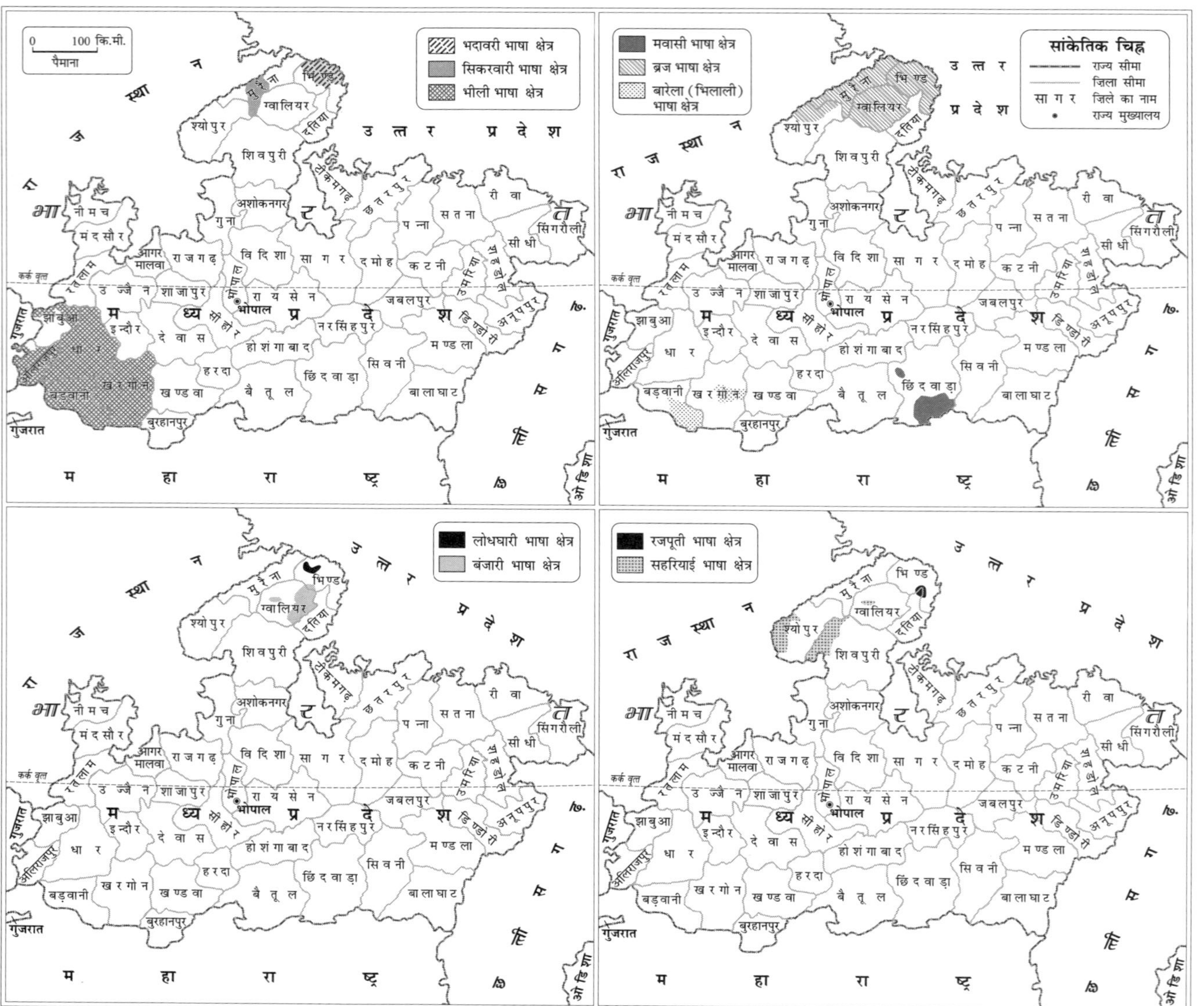
0 100 कि.मी.
पैमाना
भदावरी भाषा क्षेत्र
सिकरवारी भाषा क्षेत्र
भीली भाषा क्षेत्र
मवासी भाषा क्षेत्र
ब्रज भाषा क्षेत्र
बारेला (भिलाली) भाषा क्षेत्र
सांकेतिक चिह्न
राज्य सीमा
जिला सीमा
सा ग र जिले का नाम
राज्य मुख्यालय
लोधधारी भाषा क्षेत्र
बंजारी भाषा क्षेत्र
रजपूती भाषा क्षेत्र
सहरियाई भाषा क्षेत्र

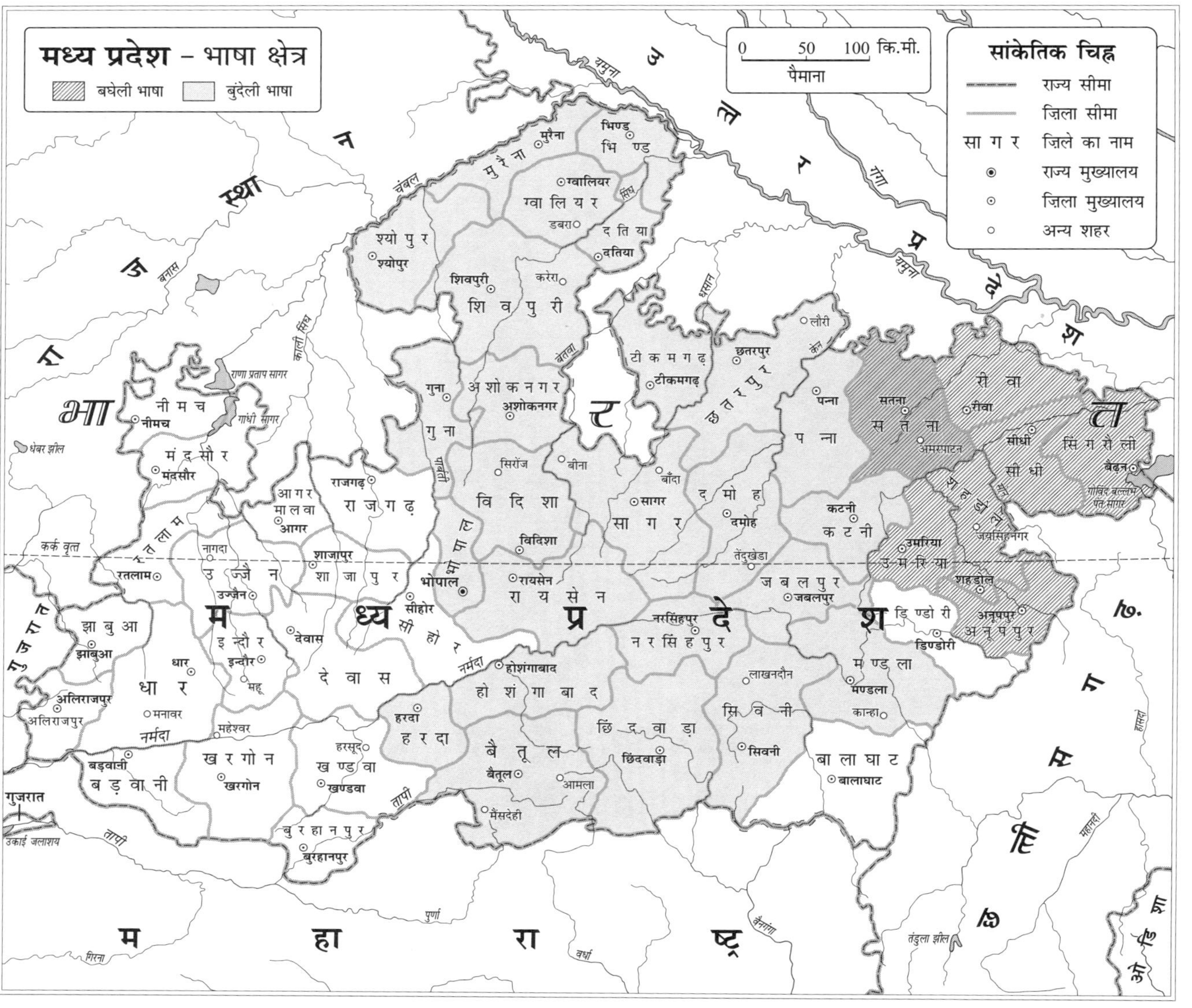
मध्य प्रदेश – भाषा क्षेत्र
बघेली भाषा
बुंदेली भाषा
0 50 100 कि.मी.
पैमाना
सांकेतिक चिह्न
राज्य सीमा
ज़िला सीमा
सा ग र ज़िले का नाम
राज्य मुख्यालय
ज़िला मुख्यालय
अन्य शहर
उत्तर प्रदेश
राजस्थान
गुजरात
महाराष्ट्र
छत्तीसगढ़
ओडिशा
मध्य प्रदेश
भिण्ड
मुरैना
ग्वालियर
डबरा
दतिया
श्योपुर
शिवपुरी
करेरा
टीकमगढ़
छतरपुर
लौरी
पन्ना
सतना
अमरपाटन
रीवा
सीधी
सिंगरौली
बैढ़न
गोविंद बल्लभ पंत सागर
गुना
अशोकनगर
नीमच
मंदसौर
राणा प्रताप सागर
गांधी सागर
धंबर झील
आगर मालवा
आगर
राजगढ़
सिरोंज
बीना
बांदा
विदिशा
सागर
दमोह
कटनी
उमरिया
शहडोल
जयसिंहनगर
अनूपपुर
डिण्डोरी
रतलाम
नागदा
उज्जैन
शाजापुर
भोपाल
सीहोर
रायसेन
तेंदूखेड़ा
जबलपुर
नरसिंहपुर
झाबुआ
धार
इन्दौर
महू
देवास
होशंगाबाद
मण्डला
लाखनदौन
अलिराजपुर
मनावर
महेश्वर
हरदा
छिंदवाड़ा
सिवनी
कान्हा
बालाघाट
बड़वानी
खरगोन
हरसूद
खण्डवा
बैतूल
आमला
मैंसदेही
बुरहानपुर
कर्क वृत्त
यमुना
गंगा
चंबल
सिंध
बनास
काली सिंध
बेतवा
धसान
केन
पार्वती
नर्मदा
ताप्ती
पूर्णा
वर्धा
वैनगंगा
गिरना
उकाई जलाशय
तंदुला झील
हसदेव
महानदी

परिशिष्ट-III

शब्द-अनुक्रमणिका